SWITZERLAND
스위스

백상현 지음

시공사

Contents

4 저자의 말
5 저스트고 이렇게 보세요
6 스위스 여행 버킷리스트

베스트 오브 스위스

16 한눈에 보는 스위스 기본 정보
18 여행하기 전 반드시 알아야 하는
   스위스 정보
28 알고 가면 더 좋은 스위스 정보
32 스위스 최고의 여행지 15
40 스위스 5대 특급 열차
44 몸과 마음이 힐링되는 온천 여행
46 스위스의 유네스코 세계 유산
50 스위스 알프스 하이킹
52 스위스 알프스의 야생화
54 스위스 최고의 스키 리조트
56 스위스의 여름 레포츠
58 스위스에서 맛볼 수 있는 음식
62 스위스에서 맛보는 다양한 치즈
64 스위스의 추천 쇼핑 아이템
68 스위스의 월별 이벤트
70 스위스 배경의 책과 영화
71 스위스 각 주의 문장

스위스 여행의 시작

74 MAP 유럽
76 MAP 스위스
78 MAP 주요 철도·버스 운행도
80 스위스의 역사
82 여행 목적과 기간에 따라 선택하는
   스위스 추천 코스
98 스위스 여행의 필수품 스위스 트래블 패스

102 스위스 입국 가이드
105 스위스 출국 가이드
106 시외 교통
115 산악 교통
116 시내 교통
120 숙소 선택
122 레스토랑 이용하기
126 쇼핑 노하우와 팁
127 여행 매너
128 하이킹과 고산병 대책
130 안전을 위한 주의사항과 트러블 대책

취리히 주변

134 취리히와 주변 지역 한눈에 보기
136 취리히
165 샤프하우젠
178 슈타인암라인

바젤 주변

188 바젤과 주변 지역 한눈에 보기
190 바젤
216 라인펠덴
221 바덴

루체른 주변

230 루체른과 주변 지역 한눈에 보기
232 루체른
257 필라투스
263 리기
272 티틀리스
278 피어발트슈테터제

융프라우 주변

284 융프라우와 주변 지역 한눈에 보기
286 인터라켄
304 그린델발트
324 융프라우요흐
334 라우터브룬넨
338 뮈렌
342 벵겐

베른 주변

348 베른과 주변 지역 한눈에 보기
350 베른
376 졸로투른
387 프리부르

제네바 주변

400 제네바와 주변 지역 한눈에 보기
402 제네바
440 로잔
458 몽트뢰
470 브베
478 그뤼에르

체르마트 주변

488 체르마트와 주변 지역 한눈에 보기
490 체르마트
526 로이커바트
535 크랑몬타나
548 사스페

장크트갈렌 주변

560 장크트갈렌과 주변 지역 한눈에 보기
562 장크트갈렌
571 아펜첼
585 마이엔펠트
596 바트라가츠

생모리츠 주변

606 생모리츠와 주변 지역 한눈에 보기
608 생모리츠
630 슈쿠올
636 뮈스테어
641 티라노

루가노 주변

646 루가노와 주변 지역 한눈에 보기
648 루가노
662 벨린초나
669 로카르노

스위스 여행 준비

680 여권과 비자
681 항공권 예약
682 환전과 여행 경비
683 융프라우 할인 쿠폰
684 영어 여행 회화
686 독일어 여행 회화
688 프랑스어 여행 회화
690 이탈리아어 여행 회화

692 INDEX

저자의 말

스무 해 넘게 유럽을 여행하면서 유난히 마음을 편안하게 해주는 힐링 여행지는 바로 스위스였습니다. 관광지로 친숙한 루체른, 융프라우, 취리히, 체르마트뿐만 아니라 스위스 곳곳에 산재한 도시들과 청정한 자연, 걷기 좋은 길, 최고의 특급 열차, 숨은 역사와 이야기들이 가득하다는 걸 깨달았습니다. 잘 알려진 중부와 남부의 도시들뿐만 아니라 아펜첼과 그라우뷘덴주 곳곳에 숨어 있는 명소들을 직접 발로 뛰어다니며 취재했습니다. 취재 목적지를 따라 동선을 그리고 손으로 하나하나 수정한 나만의 스위스 지도를 현지 스위스 역무원들이 보고는 그 디테일과 복잡한 동선에 깜짝 놀라기도 했습니다. 융프라우, 마터호른, 엥가딘 계곡 구석구석을 오르내리며 트레킹 코스들을 직접 걸었고 코스를 일일이 확인하기 위해 하루 12시간을 걷는 날이 다반사였습니다.《저스트고 스위스》는 바로 그런 시간과 노력의 결과물입니다. 첫 페이지부터 마지막 페이지까지 스위스를 사랑하는 마음으로 원고를 써 내려갔습니다.

코로나 팬데믹을 겪으며 장기간의 여행 부재라는 시간을 이겨내고 다시 스위스 여행을 준비하는 독자들을 위해 개정판의 원고와 사진을 최신 정보로 업데이트했습니다. 융프라우 지역 취재에 큰 힘이 되어주신 동신항운 송진 이사님, 스위스 취재에 늘 힘을 주시는 레일유럽 신복주 소장님께 특히 감사드립니다. 융프라우 철도 CEO 우르스 케슬러(Urs Kessler), 인터라켄 관광청 CEO 다니엘 슐처(Daniel Sulzer), 그린델발트 관광청 CEO 브루노 하우스비르트(Bruno Hauswirth) 씨에게도 심심한 감사를 전합니다. 개정판 작업을 위해 함께 고민하고 꼼꼼히 원고를 살펴준 이정원 편집자님을 비롯해 출판사 모든 관계자에게 마음 깊이 감사를 전합니다.

글·사진 백상현

소도시 여행자이자 여행작가. EBS 〈세계테마기행〉, 스카이트래블 〈손미나의 여행의 기술, 시즌 2〉, 평화방송 라디오 〈신부님 신부님 우리 신부님〉, 토스카나 순례길 UHD 다큐멘터리 〈I Walk Toscana〉에 주연으로 출연했다. WCC 사진공모전에서 금상(2012)을 수상했고, 현재 여행 관련 책 집필과 강의, 다양한 매체 기고에 힘쓰고 있다.

저서로는 《토스카나 소도시 여행》, 《저스트고 동유럽 3개국》, 《이탈리아 소도시 여행》, 《다시 여행을 가겠습니다》, 《길을 잃어도 당신이었다》 등 다수가 있다.

인스타그램 sanghyunbaik

저스트고 이렇게 보세요

이 책에 실린 모든 정보는 2024년 1월까지 수집한 정보를 기준으로 했으며, 이후 변동될 가능성이 있습니다. 특히 교통편의 운행 일정과 요금, 관광 명소와 상업 시설의 영업시간 및 입장료, 현지 물가 등은 수시로 변동될 수 있으므로 여행 계획을 세우기 위한 가이드로 활용하시고, 직접 이용할 교통편은 여행 전 홈페이지를 통해 검색하거나 현지에서 다시 확인하는 것이 좋습니다. 변경된 내용은 편집부로 연락 주시기 바랍니다.

편집부 justgo@sigongsa.com

- 이 책에서 소개하는 지명이나 상점 이름 등에 표시된 외국어 발음은 국립국어원의 외래어 표기법을 최대한 따랐습니다. 하지만 일부는 현지 발음에 가깝게 표기하거나 일반적으로 통용되는 방식으로 표기했습니다.
- 관광 명소, 식당, 상점 등의 휴무일은 정기 휴일, 공휴일을 기준으로 했습니다. 연말연시나 설날 등 명절에는 달라질 수 있으니 주의하시기 바랍니다.
- 관광 명소에는 추천 별점이 있습니다. 추천도에 따라 별 0~3개를 표시했습니다.
  ★★★ 놓치지 말아야 할 명소 ★★ 볼만한 명소 ★ 취향에 따라 선택할 명소
- 음식점의 예산은 1인 식사비 또는 메뉴를 기준으로 했습니다.
- 숙박 요금은 객실 타입을 기준으로 했습니다. 실제 요금은 예약 시기와 숙박 상품에 따라 달라집니다.
- 스위스의 통화는 스위스 프랑으로, 'CHF' 또는 'SFr'로 표기합니다. 보조 통화는 프랑스어권에서는 상팀(Ct), 독일어권에서는 라펜(Rp)으로 표기합니다. CHF1은 Ct100입니다.

지도 보는 법

각 명소와 상업 시설의 위치 정보는 '지도 p.56-F'와 같이 본문에 표시되어 있습니다. 이는 56쪽 지도의 F구역에 찾는 장소가 있다는 의미입니다.

지도에 삽입한 기호

숙박시설 ⓗ	주차장 ⓟ
음식점 ⓡ	학교 🏫
상점 ⓢ	병원 ⊕
우체국 ✉	교회 ⛪
관광안내소 🄸	공항 ✈
버스 정류장 ♀	기차역 ▄▄

스마트폰으로 아래의 QR코드를 스캔하면 이 책에서 소개한 장소들의 위치 정보를 담은 '구글 지도(Google Maps)'로 연결됩니다. 웹 페이지 또는 스마트폰 애플리케이션의 온라인 지도 서비스를 통해 편하게 위치 정보를 확인할 수 있습니다.

스위스 여행 버킷리스트 1
골든 패스 파노라마 특급 열차 타고 알프스 풍경 감상하기

스위스 여행 버킷리스트 2
아펜첼의 에서 빌트키르힐리에서 뢰스티 맛보기

스위스 여행 버킷리스트 3
라이제 호수 길에서 산책하고 피크닉 즐기기

스위스 여행 버킷리스트 6
마터호른의 만년설 체험하기

스위스 여행 버킷리스트 7
인터라켄에서 액티비티 즐기기

스위스 여행 버킷리스트 8
뮈렌에서 인생 사진 찍기

스위스 여행 버킷리스트 9
그뤼에르에서 스위스 전통 과자 머랭과 더블 크림 맛보기

스위스 여행 버킷리스트 10
라클레트, 치즈 퐁뒤 등 스위스 전통 요리 맛보기

스위스 여행 버킷리스트 11
스위스 와인 맛보기

베스트 오브 스위스

Best of Switzerland

한눈에 보는
스위스 기본 정보

라인강 변 3국 국경 도시
바젤

비자

여행 목적의 3개월 이내 체류는

무비자

중세로 떠나는 여행
베른

비행시간

인천~취리히 직항편 운항 중

직항편 **12시간**
경유편 **14~16시간**

융프라우 여행의 거점
인터라켄

유럽의 지붕
융프라우요흐

통화

프랑스 분위기의 국제도시
제네바

스위스 프랑

CHF

SFr로도 표기
CHF1=약 1,539원(2024년 1월 기준)

대자연 속의 노천 온천
로이커바트

최고의 알프스 리조트
체르마트

전압

우리나라와 동일하다.

220V
50Hz

콘센트

3pin

우리나라와 달라 어댑터 필요. 단, 호텔은
대부분 우리와 동일한 콘센트를 사용

한국 시간 − 8시간

한국보다 8시간 늦다. 스위스가 오후 6시라면,
한국은 다음날 오전 2시(서머타임 중에는 오전 1시).
*서머 타임은 3월 마지막 일요일~10월 마지막 일요일

스위스 여행의 관문
• **취리히**

바로크식 수도원의 도시
• **장크트갈렌**

국제 전화 국가 번호

스위스 **41** 한국 **82**

빌헬름 텔의 무대
피어발트슈테터제

평균 기온

7~8월 **18~28°C**

1~2월 **영하 2°C~
영상 7°C**

세계 최고의 휴양 리조트
생모리츠

화려한 휴양 도시
루가노

수도

베른 **Bern**

1848년 수도로 지정된 스위스 제4의
도시. 스위스 중심에 위치한다.

물가

커피 CHF5~6
생수 500ml CHF1 정도(Coop/Migros
마트 가격), CHF2(Kiosk 가격)
메인 요리 단품 CHF25~50
조식 포함 더블룸 1박 CHF200 내외
대중교통 1회권 CHF2.70~
영화 티켓 CHF20 내외
*평균 가격 기준

긴급 전화번호

경찰 ☎117
긴급 의료 ☎144
화재 ☎118
차량 고장 ☎140
각종 안내 ☎111

국기

원형은 1474~1477년 부르고뉴 전투에서
슈비츠주가 사용했던 깃발.
1889년 제정되었다.

여행하기 전
반드시 알아야 하는 스위스 정보

여행을 준비하면서 꼭 알아두어야 할 스위스의 기본 정보들을 한데 모았다.
준비물과 일정 등을 계획하기 위해 이 정도는 미리 인지하고 있어야 한다.

"스위스의 통화는 스위스 프랑"

통화 단위는 스위스 프랑. 일반적으로 'CHF' 또는 'SFr' 로 표기한다. 보조 통화는 동일한 동전이지만 언어에 따라 부르는 이름이 다르다. 프랑스어권에서는 상팀 (Ct, centime), 독일어권에서는 라펜(Rp, Rappen), 이 탈리아어로는 센테시모(centesimo), 로망슈어로 라프 (rap)라고 부른다. CHF1는 Ct100이다.

통용되고 있는 지폐로는 CHF10, 20, 50, 100, 200, 1000의 6종류가 있고, 동전은 현재 Ct5, 10, 20과 CHF ½, 1, 2, 5짜리가 있다(과거 Ct1짜리 동전이 있었으나 2007년부터 유통되지 않는다). CHF 1/2은 제일 작은 동전인데, Ct50에 해당한다. 스위스 프랑 단위의 동전 은 숫자 뒤에 Fr이라고 써 있으며 상팀 동전은 그냥 숫자만 써 있다.

"원화 → 스위스 프랑 환전은 반드시 국내에서"

원화는 스위스 현지에서 환전이 불가능하다. 다만 취 리히에 있는 UBS은행에서는 원화도 스위스 프랑으로 환전 가능하다. 대신 유로화나 달러는 스위스 전역의 은행, 공항, 주요 기차역, 주요 호텔에서 환전할 수 있 다. 외화에 대한 여행자 수표 또는 현금을 환전할 때 가장 좋은 환율을 적용하는 것은 스위스의 현지 은행 이다. 기차역, 공식적인 환전소나 호텔은 기본적으로 환전 수수료를 은행보다 높게 부과하기 때문에 스위 스에서 환전하려면 가급적 규모가 큰 은행에서 하는 편이 좋다.

"사계절의 스위스"

우리나라와 마찬가지로 사계절이 뚜렷하며 지형에 따 라 기후가 다양하다. 7~8월 기온은 대략 18~28℃ (65~82℉)이며, 1~2월 기온은 영하 2~영상 7℃ (28~45℉)이다. 봄과 여름에 낮의 온도는 8~15℃ (46~59℉) 정도. 산악 마을은 여름에도 선선한 편이 었으나 최근에는 이상 고온 현상이 나타나는 경우가 많다. 여름에도 고도에 따라 기온이 크게 변하므로 점 퍼나 스웨터, 걷기 좋은 신발, 선크림, 선글라스, 휴대 용 우산이나 우비 등을 꼭 준비하도록 한다. 날씨를 확 인하려면 스마트폰 애플리케이션 'Meteo Swiss'를 다 운로드해 두자.

"스위스의 언어는 4가지 이상?!"

스위스에서는 독일어, 프랑스어, 이탈리아어, 로망슈 어 등 4개의 공용어와 방언을 사용하고 있다. 스위스 인구의 65.6%는 독일어를, 22.8%는 프랑스어를 쓴다. 또한 세계적인 관광 국가인 만큼 관광지에서는 영어 가 잘 통한다. 이러한 환경으로 스위스인은 적어도 2개 언어를 구사하며, 3~4개 언어를 구사하는 사람도 많다.

실용편

"전압은 같지만 어댑터를 준비할 것"

스위스는 220V에 50Hz로 우리나라와 같은 전압을 사용하고 있지만, 3핀의 콘센트를 사용하고 있어 한국의 전자 제품을 그대로 사용할 순 없다. 스위스 또는 유럽용 어댑터가 필요하다.

최근 대부분의 호텔에서는 우리와 같은 2핀 콘센트를 사용하거나 어댑터를 대여해주는 곳이 많다. 하지만 만약을 위해 멀티 어댑터 하나 정도는 꼭 챙겨 가자.

"신용 카드 2장은 챙기자"

비자, 마스터, 마에스트로, 아멕스 카드가 주로 사용된다. 스위스 내의 수많은 은행에서는 시러스(CIRRUS) 또는 마에스트로(MAESTRO) 시스템을 갖춘 자동현금인출기(ATM)를 갖추고 있고 신용 카드로 현금을 인출할 수 있는 기기를 제공하고 있는 곳도 많다.

스위스에서는 비자와 마스터 카드가 가장 자주 쓰이므로 현금 분실이나 숙소 예약과 렌터카 보증금 등 만약을 위해 신용 카드를 다른 종류로 2장 정도 챙겨가는 편이 좋다.

"팁은 필요 없다"

스위스에서는 팁이 가격에 포함되어 있으니(15%) 따로 줄 필요가 없다. 특별하게 친절한 서비스를 받았다면 스위스 프랑의 마지막 단위를 반올림하여 요금을 지불하면 된다.

"스위스에서는 숫자를 조금 다르게 쓴다"

스위스 사람들이 손으로 쓴 숫자는 우리와는 모양이 조금 다르다. 손으로 전화번호나 가격표를 쓸 때 이를 잘 숙지하지 않으면 오해의 소지가 있으므로 손 글씨 필체의 특성을 잘 익혀놓을 필요가 있다. 특히 우리나라 사람들과 차이가 나서 오해를 불러일으키는 숫자는 1, 4, 7이다. 1은 머리 부분이 특히 길고 알파벳 V자를 거꾸로 한 모양이다. 4는 위쪽이 열려 있는 채로 오른쪽 교차 부분이 확실치 않아서 얼핏 보면 살짝 기울어진 알파벳 H처럼 보인다. 7은 세로획에 반드시 가로줄이 들어가 있다.

1, 2, 3, 4, 5,
6, 7, 8, 9, 10

슈퍼마켓 체인 Coop City

"스위스의 물은 깨끗하기로 유명하다"

전체 식수의 80%가 천연 온천수와 지하수이며, 나머지 20%는 호숫물이다. 스위스의 수돗물은 꼼꼼한 품질 관리로 안심하고 그대로 마실 수 있으므로 생수를 구입할 필요가 없다. 레스토랑에서 수돗물을 마시려면 '탭 워터(Tap Water)' 혹은 '워터 바이 카라페(Water by Carafe)'라고 말하면 된다. 레스토랑에서 물이나 음료를 주문하는 경우 단위는 데시리터(㎗)를 사용한다. 1㎗는 100㎖이다.

탄산가스가 들어간 물은 '미네랄 바서 미트 가스 (Mineral Wasser mit Gas)', 탄산가스가 들어 있지 않은 물은 '미네랄 바서 오네 가스(Mineral Wasser ohne Gas)'라고 한다. 먹을 수 없는 물은 '오 농 포타블(Eau Non Potable)'로 주로 표시된다.

"대도시 기차역은 유료 화장실이 많다"

시골의 작은 기차역에는 주로 무료 화장실이 있으나 최근 대도시 주요 기차역에는 MC Clean이라는 유료 화장실이 늘고 있다. 요금은 CHF2 정도. 기차에서 내리기 전이나 레스토랑, 호텔 등을 들렀을 때 틈틈이 볼일을 보는 편이 좋다. 화장실 설비는 잘되어 있으며 다른 국가에 비해 청결한 편이다.

"휴일, 일요일에는 상점이 문을 닫는다"

대부분의 상점은 공휴일, 일요일 등에는 영업을 하지 않지만, 주중 특정 요일에는 밤늦게까지 개점하기도 한다. 또한 기념품점, 여행 관련 업소, 약국, 식당 등은 일요일에도 영업하는 곳이 있다.

스위스의 국경일은 연방 정부 지정 공휴일과 각 주(칸톤) 정부 지정 공휴일로 나누어진다. 연방 정부 공휴일은 모든 주 정부에 적용되어 공휴일로 인정된다. 반면에 주 정부 공휴일은 해당 주에서만 공휴일로 인정된다.

주요 시설의 영업시간(예)

업소	영업 시간
은행	월~금요일 08:30~16:30, 토 · 일요일 휴무
우체국	월~금요일 07:30~12:00, 14:30~18:00 / 토요일 08:30~11:00
상점	08:30~12:00, 14:00~18:30 (대도시의 상점들은 점심시간에 문을 열거나 토요일에 문을 열기도 한다.)
사무실	월~금요일 08:00~12:00, 14:00~19:00

국경일

공휴일	날짜
신년(Neujahr)	1월 1일
부활절 연휴(Ostern)	3월 말~4월 초(*유동적)
노동절(Tag der Arbeit)	5월 1일
예수승천일(Auffahrt)	5월 중순(*유동적)
성령강림일(Pfingstmontag)	5월 하순(*유동적)
건국기념일(Bundesfeier)	8월 1일
크리스마스 연휴(Weihnachten)	12월 25일~26일

"높이, 넓이 단위가 다르다"

단위는 대부분 우리와 비슷해 속도는 km, 무게는 kg, 부피는 ℓ로 표기한다. 하지만 높이는 피트(ft), 넓이는 평방피트(ft²)를 사용한다.

> 1dℓ=100㎖ 1ft=약 30cm 1㎡=약 10ft²

"코인 로커 요금은 24시간 기준"

대부분의 역마다 코인 로커(짐 보관함)가 설치되어 있다. 대도시 중앙역에는 유인 짐 보관소를 갖추고 있는 경우도 있다. 요금은 24시간 기준으로 책정되며, 72시

간까지 보관할 수 있다. 24시간이 넘을 경우 추가 요금을 내야 한다.

요금 작은 사이즈 CHF6, 큰 사이즈 CHF9 정도(24시간 기준)

"스위스의 0층은 우리나라의 1층과 같다"

스위스에서는 우리나라의 1층을 0F, 2층을 1F로 표기한다. 즉, 엘리베이터(리프트)에서 3F 버튼을 누르면 4층으로 간다. 그라운드(Ground) 층인 1층으로 가려면 0F를 눌러야 한다.

"국내 입국 시 반입 금지 물품이 적발되면 벌금이 최대 1,000만 원"

즐거운 여행을 마치고 선물과 기념품을 사서 입국하다가 금지 품목에 해당하는 물건이 적발될 경우 최대 1,000만 원의 벌금을 부과받을 수 있다. 특히 스위스의 경우 축산물, 햄, 소시지 등 육가공품은 반입 금지 품목이므로 입국 시 소지하지 않도록 한다. 생과일이나 채소 등 농산품 역시 해충 전염의 위험이 있기 때문에 반입이 금지된다.

육가공품은 국내 반입 금지

TIP

세금 환급 받기

스위스에서는 물품 구입 시 8%의 부가가치세가 부과된다. 물건을 구입할 때 매장 직원에게 부가가치세 환급을 위해 글로벌 리펀드 체크(Global Refund Cheque)를 요청할 수 있다. 총 구매액이 CHF300(세금 포함)을 초과해야 환급받을 수 있고, 스위스 외의 국가에서 거주해야 하며, 구입한 물건은 30일 내에 반출되어야 한다.

홈페이지 www.globalblue.com

택스 리펀드 카운터

택스 프리 마크

부과세 환급 받는 방법

❶ 글로벌 리펀드 체크 받기

상품을 결제할 때 매장 직원에게 글로벌 리펀드 체크를 요청한다. 단, 택스 프리 마크가 있는 상점에서만 가능하다. 일반적으로 글로벌 블루(Global Blue), 택스 프리(TAX FREE), 프리미어(PREMIER) 등의 세금 환급 중개 업체 이름과 택스 프리(Tax Free) 마크가 상점 출입문에 표시되어 있다.

프리미어 택스 프리 텍스 리펀드 사무실 및 영업시간, 수수료 안내 사이트
premiertaxfree.com/refund-points
글로벌 블루 면세 환급 사무소(Tax Free Refund Offices) 위치 및 시내 지점, 공항 지점, 영업시간 안내 사이트
www.globalblue.com/customer-services/tax-free-shopping/refund-points/

❷ 공항에서 체크인하기 전에 세관 도장 받기

스위스 또는 유럽 연합(EU)을 떠날 때 공항 세관 직원에게 구입 물품과 영수증, 여권을 제시하고 글로벌 리펀드 체크에 도장을 받는다. 가끔 구입한 상품을 보여달라고 요구받는 경우가 있으니 반드시 짐을 부치기 전에 절차를 밟아야한다. 스위스는 EU 회원국이 아니기 때문에 스위스에서 EU 또는 기타 국가로 떠날 때 세금 환급을 받을 수 있다. 반대로 EU 국가에서 물품을 구매하고 스위스로 입국할 때는 국경에서 택스 리펀드 서류에 세관 확인 도장을 받은 후 스위스 공항에서 출국할 때 택스 리펀드를 받을 수 있다.

❸ 리펀드 오피스에서 환급 요청하기

근처에 자리한 리펀드 오피스(Refund Office)로 이동하여 글로벌 리펀드 체크에 찍힌 도장, 여권, 신용 카드를 보여준후 본인의 신용 카드로 환불을 요청하거나 현금으로 즉시 환불을 받을 수 있다. 신용 카드의 경우는 여행 후 1~2개월후에 환불이 된다. 환급 수수료는 보통 CHF3~5 정도이다.

"나에게 맞는 휴대폰 로밍 방법은?"

현지 유심을 사서 심 카드를 갈아 끼워 사용하는 것이 가장 저렴하긴 하지만, 자신의 전화번호가 바뀌기 때문에 원래 자신의 번호로 전화나 문자를 받을 수 없다는 단점이 있다. 단 유심을 갈아끼워도 카카오톡이나 왓츠앱(Whatsapp), 텔레그램(Telegram) 같은 어플을 이용한 문자는 그대로 이용할 수 있다. 자신의 번호를 그대로 사용하고픈 사람들은 통신사 휴대폰 로밍을 이용하면 된다. 요즘은 여행 인구가 늘어남에 따라 예전에 비해 가격대가 많이 저렴해졌고, 다양한 로밍 상품들이 출시되어서 자신의 여행 기간과 목적지에 따라 유심과 로밍 상품을 잘 비교해서 선택하는 편이 좋다.

통신사의 로밍 상품

국내에서 사용하는 휴대폰을 똑같은 번호로 그대로 사용하기 위한 방법 중에서 통신사의 로밍 상품을 이용하는 것이 가장 편리하다. 해외 출국 시 대부분 자동 로밍을 지원하기 때문에 그대로 쓸 수도 있지만 데이터 요금이 국내와는 다르게 책정되기 때문에 소위 요금 폭탄을 맞을 수 있다. 그래서 자신의 여행 일정에 따라 로밍 상품을 잘 비교해서 선택하도록 한다.

KT – 데이터로밍 함께ON 글로벌 상품의 경우 1~3명 이용 가능하며, 총 2GB(33,000원/15일), 총 4GB(44,000원/30일), 총 6GB(66,000원/30일)의 상품이 있다. 혼자 쓸 때는 본인만 신청하면 되고, 동행인들이 함께 쓸 때는 본인과 추가 고객이 각각 신청해야 한다.

SKT – baro 요금제 상품으로 3GB(29,000원/7일), 4GB(39,000원/30일), 7GB(59,000원/30일)가 있다. 만 18세~29세 YT고객은 데이터 1GB가 추가로 제공된다(YT 4/5/8GB).

LG유플러스 – 제로 라이트 3.5GB(33,000원/7일), 4GB(39,000원/30일), 8GB(63,000원/30일), 10GB(80,000원/60일) 등의 상품이 있다. 자세한 내용은 각 통신사 홈페이지 참고.

글로벌 심 카드

SIM 카드는 각자의 고유 번호와 가입자 정보가 있어서 휴대폰 뒤 슬롯에 꽂으면 현지에서도 자유롭게 쓸 수 있다. 국내에서도 판매하고 있는 선불 글로벌 심 카드를 구입해서 스위스 현지에서 사용할 경우 국제 로밍보다 훨씬 더 저렴하게 이용할 수 있다. 선불 유심의 정해진 금액을 다 사용했다면, 다시 일정 금액을 충전해서 사용하면 되므로 편리하다. 스위스 내에서는 Salt, Swiss.com, Sunrise 유심을 많이 사용한다. 단, 심 카드를 교체하면 전화번호가 바뀌므로 기존의 전화번호로 오는 전화, 문자는 받을 수 없으니 유의하자. 카카오톡이나 왓츠앱, 텔레그램 등 스마트폰 어플로는 문자나 통화가 가능하다. 만일 기간이 완료되거나 기간 전에 데이터를 소진하게 되면 현지 통신사에 들러서 추가로 요금을 내고 충전하면 된다.

최근에는 e-Sim도 안정적으로 사용할 수 있어서 통신사를 찾아가지 않고, e-Sim 어플을 통

해 바로 가입해서 현지에서 사용할 수 있다. 대표적인 e-Sim 어플은 Airalo로 스위스를 포함한 190개의 국가에서 쓸 수 있다. 어플에서 데이터 용량과 기간, 요금을 체크하고 신용 카드로 결제하면 된다. 기존에 사용하던 유심을 그대로 끼워둔 채로 사용할 수 있으며 자신의 번호로 연락을 하거나 받아야 할 경우 핸드폰 설정에서 유심 전환을 할 수 있어 편리하다. 스위스의 경우 1GB(USD4.5/7일), 2GB(USD8/15일), 3GB(USD10/30일), 5GB(USD14.50/30일), 10GB(USD24/30일) 등의 상품이 있다.

포켓 와이파이

포켓 와이파이는 이름처럼 주머니에 쏙 넣을 수 있는 휴대용 와이파이 기계를 늘 소지하고 다니면서 와이파이를 이용하는 것이다. 단말기 1대로 최대 5명까지 사용할 수 있기 때문에 가족 여행자나 일행이 여러 명일 때 유용하다. 단점은 단말기를 충전해야 하고 분실의 위험이 있다는 것. 각 통신사에서 서비스를 제공하고 있으며 도시락, 글로벌 와이파이 등 포켓 와이파이 전문 회사도 여러 곳 있다.

"현지의 무료 와이파이를 쓸 수 있나?"

스위스도 최근에는 호텔, 레스토랑, 카페 등 무료 와이파이 존이 늘고 있다. 호텔은 대부분 무료 와이파이 서비스를 투숙객들에게 제공하고 있다. 또한 일부 도시에서는 특정 장소나 광장 등지에 무료 와이파이 존을 설치해 두고 있다. 취리히와 제네바 공항에서는 1시간 동안 무료로 와이파이를 이용할 수 있다. 또한 스위스 연방 철도(SBB)는 스위스 주요 열차 역 80곳 이상에서 무료 60분의 와이파이 접속을 제공하고 있으며, 계속 확대 설치할 계획이라고 한다. 장거리 열차에 와이파이 중계기가 있고, 일반 열차에도 중계기를 설치하고 있다. 특히 융프라우요흐 정상역은 무료 와이파이 존이다. 참고로 스타벅스, 맥도날드에서도 무료 와이파이를 이용할 수 있다.

"휴대폰 없이 전화통화를 해야할 때"

공중전화

스위스에서도 공중전화가 점차 사라지고 있다. 공중전화를 찾을 수 있는 곳은 병원, 식당, 학교, 기차역, 우체국 정도이다. 스위스의 공중전화는 대부분 카드식이다. 카드는 CHF5, 10, 20의 세 종류가 있으며, 관광 안내소, 우체국, 슈퍼마켓, 키오스크 등에서 구입이 가능하다. 카드를 삽입하지 않고 고유 번호를 입력한 다음 사용하는 카드와, 카드를 삽입했다가 뺀 후 번호를 입력하는 카드가 있다. 이 중 스위스에서 가장 큰 통신 회사인 스위스콤(Swisscom)의 카드가 우리나라와 같은 방식을 사용하고 있어 이용하기에 편리하다. 또한 스위스콤 매장에서는 휴대전화 대여 서비스도 제공하고 있다.

호텔 객실 전화

호텔 객실 전화기로 한국으로 전화할 경우에는 '호텔 외선 번호(일반적으로 0, 8 또는 9)-00-82-0을 뺀 지역 번호+전화번호'를 누르면 된다. 단 객실에서 호텔 외부로 거는 전화는 유료이며 이용료가 엄청 비싸니 불가피한 경우가 아니면 이용하지 말 것.

우편함

"우편을 보내려면"

스위스의 우편 제도는 다른 유럽 국가들에 비해 매우 신뢰할 만하며 국영 스위스 체신청이 운영하고 있다. 스위스 내 일반 우편은 A–Post와 B–Post 2종으로 나뉜다. A–Post는 발송 하루 만에, B–Post는 2~3일 만에 배달된다. 보통 스위스-유럽 간 우편의 경우 약 2~5일, 그 외 지역의 경우 약 7~10일 정도 소요된다. 속달 우편인 '익스프레스 메일(Express mail)' 혹은 DHL이나 UPS로 한국까지 서류를 보낼 시 2~5일 정도 소요되며 비용은 무게에 따라 달라진다.

소포의 경우 항공 우편(air mail), 선편(surfacemail) 혹은 두 가지의 복합 방식인 국제 우편 서비스(SAL)로 보낼 수 있다. SAL은 대략 10~25일이 걸린다.

우편함

TIP 스위스에서 전화 거는 방법

스위스 국내 통화

스위스에서 스위스 내로 전화를 걸 때는 언제나 지역 번호까지 모두 눌러야 한다. 같은 도시 내로 걸 때에도 마찬가지다. 만일 취리히의 044-123-1234로 건다면,

지역 번호 – 전화번호

044	–	1231234

스위스에서 다른 나라로 걸 때

스위스에서 한국 등 다른 나라로 전화를 걸 때는 국제 전화 국가 번호를 눌러야 한다. 한국은 82, 독일은 49, 프랑스는 33 등이다. 만일 한국 서울의 02-1234-5678로 건다면, 다음과 같다. 참고로 휴대폰에서 0을 몇 초간 길게 누르면 +가 입력된다.

국제 전화 식별코드 – 국가 번호 –
앞의 0을 뺀 지역 번호 – 전화번호

+	–	82	–	2	–	12345678

한국에서 유선 전화로 스위스에 걸 때

한국에서 스위스로 걸 때는 통신사의 국제 전화 식별 번호를 먼저 누르고 스위스 국가 번호 그리고 앞의 0을 뺀 지역 번호와 상대방 전화번호를 누르면 된다. 만일 취리히의 044-123-1234로 건다면,

국제 전화 식별 번호 – 스위스 국가 번호 –
앞의 0을 뺀 지역 번호 – 전화번호

001, 002 등	–	41	–	44	–	1231234

교통편

"나에게 스위스 패스는 필요할까?"

스위스 패스는 도시 간 이동이 빈번한 여행자나 3일 이상 스위스를 여행하는 사람에게 유용하다. 한 도시에만 머문다면 오히려 불필요하다.

"철도 티켓은 예약해야 할까?"

특급 열차는 예약이 필수이므로 미리 예약을 해두어야 하고, 일반적인 도시 간 열차는 예약 필수라고 표시된 열차 외에는 굳이 미리 예약할 필요가 없다. 물론 출국을 위해 공항에 가야 하는 등 특수한 경우에는 미리 예약을 해두는 편이 좋다.

"도시 간 이동은 어떤 교통 수단이 좋을까?"

스위스 내 도시 간 주요 교통 수단은 열차, 버스, 유람선 등이다. 철도의 나라답게 가장 잘 발달된 교통 시스템은 열차이다. 스위스 철도청 SBB의 애플리케이션을 깔아두고 열차 시간 조회와 예약에 활용하면 편리하

다. 버스는 유럽 전역에서 여행자들이 많이 이용하는 플릭스버스(Flixbus)와 스위스의 포스트버스(Postbus)를 주로 이용한다. 플릭스버스도 애플리케이션을 깔아두면 편리하다.

"도시 내에서는 어떤 교통 수단이 편리할까?"

취리히, 제네바, 바젤, 로잔, 베른 등 스위스 주요 도시에는 트램이 발달되어 있어서 이동하기 편리하다. 이보다 규모가 작은 도시들은 버스나 도보로 충분히 돌아볼 수 있다. 제네바, 바젤, 로잔, 생모리츠 등의 주요 도시들은 호텔 투숙객들에게 대중교통을 무료로 이용할 수 있는 패스를 발급해 주고 있으므로 호텔 프런트 데스크에 반드시 확인하고 발급받도록 하자.

"융프라우 산악 열차 티켓은 어떤 게 좋을까?"

융프라우 지역은 스위스에서 반드시 들러야 할 관광 명소로 손꼽힌다. 출국 전에 융프라우 산악 철도 할인 쿠폰을 반드시 받아서 가도록 하자. 융프라우 철도 한국 총판인 동신항운 홈페이지에서 신청할 수 있다. (p.683). 융프라우 일정이 3일 이상이라면 융프라우 VIP 패스가 더 낫다. 하루 정도의 일정이라면 융프라우 정상역에 가는 티켓으로 올라갈 때는 라우터브룬넨이나 그린델발트 중에 한 곳으로 올라가고, 내려올 때는 다른 경로로 내려오면 된다.

동신항운 www.jungfrau.co.kr

알고 가면 더 좋은
스위스 정보

스위스를 이해하는 데 도움을 주는 정보들을 소개한다.
다음 배경지식을 알아두면 여행 퀄리티는 더욱 높아질 것이다.

"스위스? 스위철랜드?"

4개의 공용어를 사용하는 스위스는 언어별로 정식 국명이 여러 가지이다. 스위스의 국명은 프랑스어로 '콩페데라시옹 쉬스(Confédération Suisse)', 독일어로 '슈바이처리셰 아이트게노센샤프트(Schweizerische Eidgenossenschaft)', 이탈리아어로는 '콘페데라치오네 스비체라(Confederazione Svizzera)'이다.
일반적으로 '스위철랜드(Switzerland)'로 통용되는 스위스의 공식적인 국가명은 '스위스 연방'을 뜻하는 라틴어인 '콘페데라치오 헬베티카(Confederatio Helvetica)'이고 줄여서 'CH'라 표기한다.

"스위스 인구수는 세계 100위"

총 인구는 약 885만 1,431명(세계 101위 / 2024년 기준)으로, 평균 연령 상승과 이민자 증가 등이 인구에 영향을 미치고 있다. 과거에 비해 오래 살고, 아이를 적게 낳아 평균 수명은 증가하는 추세이다.

"가톨릭과 개신교 신도가 다수"

로마 가톨릭이 인구의 약 35%를, 개신교가 23%를 차지하고 있다(2018년 기준). 그 밖에 이슬람교 5%, 기타 37% 등이 있다.

"강대국에 둘러싸인 내륙 국가"

내륙 국가로 북쪽으로 독일, 동쪽으로 리히텐슈타인·오스트리아, 남쪽으로 이탈리아, 서쪽으로 프랑스에 접해 있다. 총면적은 4만 1285km²로, 남한(9만 9,394km²) 전체 면적의 약 40%, 한반도의 약 1/5 크기 정도이다. 북쪽부터 남쪽까지 거리는 220km, 동쪽부터 서쪽까지 거리는 346km이다.

"세계에서 가장 부자인 나라"

스위스의 1인당 국민 총소득(GNI)은 9만 360달러(2021
년 기준, 약 1억 1,730만 원)로 세계 1위이다. 우리나라
의 1인당 국민 총소득이 세계 23위로 3만 4,980달러
(약4,540만 원)이니, 약 2.5배이다. US News와 World
Report, 이코노미 인사이트와 펜실베니아 대학 와튼스
쿨, 글로벌 마케팅 커뮤니케이션 기업 BAV그룹이 73
개 항목을 평가해서 세계 85개국의 순위를 매기는 〈최
상의 나라(Best Countries)〉 보고서에서 스위스는
2016년부터 2020년까지 4년 연속 1위, 2022년에도
1위를 차지했다(우리나라는 2022년에 20위 랭크).
전 세계 부자들의 금고라고 불리는 스위스의 금융업
과 알프스 대자연으로 몰려오는 관광객 대상 서비스
업, 파텍 필립(Patek Phillipe), 롤렉스(Rolex), 오메가

(Omega), 바쉐론 콘스탄틴(Vacheron Constantin) 등
세계 최고의 고급 시계 산업, 노바티스(Novatis), 로슈
(Roche), 론자(Lonza) 등 수출품 1위 산업인 의약과 화
학 산업, 기계·전자·금속 산업까지 스위스의 경제는
아주 튼튼하고 지속적으로 유지 가능한 시스템을 갖
추고 있다.

"스위스인은 존재하지 않는다?!"

본래 라인강·마인강 유역에서 살다가 기원전 400년
경 침입하여 중부에 정착한 켈트인의 한 파인 헬베티
아이이 주체라고 할 수 있으나, 사실 인종적·민족적
으로 스위스인은 존재하지 않는다. 스위스에 사는 사
람들은 각 언어의 모국에 속한 사람들이다.

"세계에서 가장 살기 좋은 도시"

미국 뉴욕 소재의 세계적인 컨설팅사인 머서(Mercer)가 발표한 2019년 세계 삶의 질 보고서에 따르면 전 세계 231개 도시 중에서 취리히가 2위, 제네바가 9위, 그리고 바젤이 10위에 랭크될 정도로 스위스는 삶의 질이 높고 살기 좋은 곳으로 인정을 받고 있다. 다만 삶의 질이 높은 만큼 물가가 비싼 편이다.

"스위스는 연방 민주제 국가"

베른 연방 의회

연방 의회에는 200명의 대표자로 구성된 국가 의회와 26개 주를 대표하는 주 의회로 구성된 지역 대표 의회가 있다. 강력한 연방은 스위스의 특징이라 할 수 있다. 연방 의회는 7명으로 이루어진 주 대표 단체인 연방 정부를 선출하고 이 7명의 각료가 입각 순서에 따라 윤번제로 1년 임기의 대통령직을 수행한다.

"직접 민주주의가 남아 있다"

스위스의 각 주에는 독자적인 주법·정부·의회가 있는데, 몇몇 주에서는 주민 집회인 란츠게마인데(Landsgemeinde)라고 하는 직접 민주주의 정치가 행해지며, 참정권을 가진 주민이 4월 마지막 일요일, 때로는 5월의 첫 일요일에 모여 주법의 표결이나 주지사·주정부 각료 선출 등을 거수로 결정한다.

"알프스의 별, 에델바이스"

스위스의 국화는 에델바이스(Edelweiss)이다. 유럽과 아시아의 해발 1,800~3,000m 산악 고지대에서 자생하는 희귀한 여러해살이 식물로, 주로 7~9월 사이에 개화한다. 별처럼 생긴 모양 덕분에 '알프스의 별'이라고 불린다.

에델바이스

스위스 최고의 여행지 15

스위스는 알프스로 대표되는 천혜의 자연을 보유한 나라다.
아름다운 알프스의 산과 만년설이 녹아 흘러내린 강과 호수,
그리고 온전히 보존된 중세 도시들이 어우러져 최고의 여행지로서 손색없다.
스위스에서만 경험할 수 있는 최고의 여행지 15곳을 선정해 보았다.

1   아펜첼의 눈길 트레킹

수많은 크리스마스트리들이 가득한 숲을 꿈꿔 왔다면 겨울철 아펜첼에서 눈길 트레킹을 하면 된다. 마치 동화책 속 겨울 풍경으로 걸어 들어가는 듯한 기분이 든다. 숲속을 뛰어다니는 사슴을 만나는 일도 흔하다.

2 ___ 루체른의 야경

고풍스러운 중세 건축물이 그대로 보존된 루체른의 구시가는 유럽에서 가장 오래된 목조 다리 카펠교를 중심으로 우아한 아름다움을 자랑한다.

3 ___ 스위스인들의 자부심 마터호른

스위스인들이 융프라우보다 더 사랑하고 자랑하는 마터호른은 스위스 산악 여행의 로망이다. 스위스의 산 중에서 가장 드라마틱하며 포토제닉하다.

4 ___ 융프라우요흐 전망대 오르기

유럽에서 가장 높은 철도역인 융프라우요흐 전망대역에 올라 만년설을 밟으며 알레치 빙하를 감상하자. 전망대 내부의 다양한 볼거리도 놓칠 수 없다.

5 ___ 골든 패스 파노라마 타고 눈꽃열차 탐험

낭만적인 호반의 도시 몽트뢰에서 출발해 루체른으로 향하는 특급 열차, 골든 패스 파노라마. 전면이 통유리로 된 좌석에 앉아 눈꽃 세상을 통과하는 경험은 스위스 알프스에만 가능하다.

6 ___ 피르스트-바흐알프 호수 하이킹

깊은 알프스 산속 보석 같은 바흐알프 호수와 그 호수에 비친 대자연의 경관은 비현실적일 정도로 아름답다. 몸과 마음까지 정화되는 듯하다.

7 예술의 향기가 가득한 바젤

스위스의 그 어떤 도시보다 박물관과 미술관, 현대적인 건축물이 많은 도시가 바로 바젤이다. 근교의 비트라 디자인 박물관 등 다양한 분야의 박물관과 미술관이 도시 곳곳에 자리하고 있다.

8 인터라켄 호수 유람선에서 만나는 툰 호수의 비경

만년설이 녹은 물이 모여든 옥빛 호숫물과 초록빛 알프스의 산들, 그리고 새파란 하늘이 어우러진 아름다운 풍경은 호수 유람선의 갑판 위가 아니라면 좀처럼 목격하기 힘들다.

9 베른 구시가 산책

아레강이 U자형으로 휘감고 돌아가는 멋진 구시가를 걷다 보면 마치 중세로 시간 여행을 떠난 듯한 착각이 든다.

10 라보 지구의 포도밭 테라스 산책

바다 같은 레만 호수와 그 호수를 따라 길게 형성된 계단식 포도밭. 마을마다 포도 향 가득한 와이너리가 있다. 와인 열차가 여행자를 싣고 포도밭 사이를 달린다.

11 슈타인암라인의
시청사 광장 프레스코화

슈타인암라인의 시청사 광장에 들어서서 360도 한 바퀴 돌아보면 마치 동화책의 한 장면이 거대하게 펼쳐져 있는 듯한 착각이 든다. 춤 바이센 아들러(Zum Weissen Adler) 건물의 다양한 프레스코화가 숨 막힐 정도로 아름답다.

12 알프스의 진주
사스페에서 즐기는 여름 스키

가장 무더운 7~8월에도 사스페의 해발 3,500m 알라린 전망대는 온통 순백의 눈 세상이다. 사계절 스키와 스노보드 코스가 있어서 여행자들로 늘 붐빈다.

13
스위스 최고의 전망대, 하더 쿨름

최고의 전망 포인트인 하더 쿨름 전망대는 3개의 강철 프레임이 전망대를 받치고 있어 마치 허공에 떠 있는 듯한 느낌을 준다. 전망대에 오르면 알프스 대표 봉우리 3개와 툰 호수, 브리엔츠 호수, 인터라켄을 모두 감상할 수 있다.

14
유럽 제일의 폭포, 라인 폭포

유럽에서 가장 큰 폭포로, 멀리서 보기엔 사뭇 평범해 보이지만 가까이 다가가보면 폭포가 만들어내는 웅장한 물소리와 다이내믹한 물의 흐름에 압도된다.

15
필라투스, 구름 위의 산책

가파른 절벽 아래로 푸른 초원과 멀리 베르너 오버란트의 알프스 산들이 바라다보이고, 발아래로는 구름이 피어오른다. 여름에는 알프스의 야생화들이 만발해 멋진 풍경 사진을 담기에도 부족함이 없는 코스다.

14

15

스위스 5대 특급 열차

스위스만큼 다양한 열차 노선을 갖춘 나라는 거의 없다고 해도 과언이 아니다. 유럽에서 가장 높은 곳에 위치한 철도역이 있으며 유럽 최초로 등산 철도를 개통했고, 아직도 운행 중인 증기기관차를 만날 수 있는 나라가 바로 스위스다. 빙하 특급, 골든 패스 파노라마, 베르니나 특급 등 다양한 테마 열차를 타보는 것은 스위스 여행에서만 누릴 수 있는 즐거움이다. 스위스 패스를 이용하면 무료 혹은 할인 혜택이 다양하게 있으므로 자신의 일정과 이동 구간에 적합한 스위스 패스를 반드시 확인할 것. 스위스 패스는 박물관 패스(Museum Pass) 혜택을 포함하고 있으므로 박물관 입장권의 역할도 한다.

1
—

빙하 특급 Glacier Express
세계에서 가장 유명한 특급 열차

마터호른이 있는 체르마트에서 다보스와 생모리츠를 연결하는 빙하 특급은 익스프레스(Express)라는 이름과는 달리 세상에서 가장 느린 특급 열차로도 유명하다. 마터호른 고타르트 철도(Matterhorn Gotthard Bahn)와 레티슈 철도(Rätische Bahn)가 공동 운행하고 있으며 약 8시간에 걸쳐 훼손되지 않은 알프스의 산, 깊은 계곡과 협곡, 91개의 터널, 291개의 다리를 지나 그림 같은 풍경 속을 달린다. 한 번의 열차 여행으로 스위스의 모든 것을 볼 수 있다고 해도 과언이 아니다. 단, 빙하 특급이라고 하지만 빙하를 감상하기는 어렵다. 하지만 스위스의 다양한 자연을 마음껏 감상하며 이동할 수 있기에 여전히 최고의 인기를 누리고 있다. 예약 필수.

2

골든 패스 라인 Golden Pass Line
파노라마 차창으로 스위스의 자연을 만끽

몽트뢰와 루체른 사이를 오가는 골든 패스 파노라마는 기차의 맨 앞부분, 원래는 기관사의 자리였을 공간에 파노라마 창이 있는 VIP 좌석을 설치해서 기관사만이 볼 수 있는 탁 트인 시야를 제공한다.

또한 골든 패스 클래식 열차는 몽트뢰와 츠바이짐멘 구간 사이에서 운행되는데, 낭만적인 레트로 풍 분위기의 객실을 자랑한다. 오리엔트 특급 열차 스타일의 럭셔리한 열차를 타고 달리면 마치 옛날 영화의 주인공이 된 듯한 기분이 든다. 예약 필수.

3

초콜릿 열차 Train du Chocolat
초콜릿을 따라가는 달콤한 기차 여행

브록에 있는 초콜릿 공장을 방문하는 이 테마 열차는 단순히 초콜릿만 맛보는 열차가 아니다. 레만 호숫가의 낭만적인 도시 몽트뢰에서 아침에 출발해서 치즈의 고장인 그뤼에르에 들러 치즈 공장을 견학하고 그뤼에르성이 있는 마을에 들러 관광과 식사를 한 후 버스로 브록까지 이동해 스위스를 대표하는 초콜릿 공장 메종 까이에-네슬레를 견학한다.

1915년대에 운행했던 벨 에포크 풀만 딜럭스(Belle Epoque Pullman deluxe) 객차 1등석을 타고 달리는 여정은 특별함을 안겨준다. 5~10월 사이에 한시적으로 운행하는 특별 테마 열차이다. 예약 필수.

4
—

베르니나 특급 Bernina Express
최근 가장 인기 높은 기차

스위스의 시원한 북부 지역과 따뜻한 남부를 이어주는 베르니나 특급 열차는 요즘 여행자들 사이에서 빙하 특급보다 더 인기 있는 노선으로 각광을 받고 있다. 그라우뷘덴주의 쿠어, 다보스, 생모리츠에서 출발해 베르니나 고개의 최고 지점인 해발 2,253m의 오스피지오 베르니나를 넘어 이탈리아의 티라노까지 간다. 아름다운 협곡과 모르테라치 빙하, 브루시오 360도 루프 다리와 같은 그림 같은 풍경을 감상할 수 있다. 이 구간 중 일부는 유네스코 세계 문화유산으로 등재되었다. 예약 필수.

5
—

리기산 등산 철도 VRB
유럽 최초의 등산 철도

산의 여왕이라는 찬사를 받는 리기산은 누구나 손쉽게 등산 철도를 이용해 그 정상에 올라갈 수 있다. 리기산 등산 철도인 VRB는 유럽 최초로 1871년에 개통한 등산 열차다. 작가 빅토르 위고와 음악가 멘델스존도 리기산 정상에 올라 그 풍경에 감동했다고 전해진다.

몸과 마음이 힐링되는 온천 여행

스위스에는 오랜 역사와 전통을 지닌 온천(독일어 Bad, 프랑스어 Bains)이 곳곳에 많다. 특히 대자연에 둘러싸인 노천 온천과 현대적으로 레노베이션을 거친 고급 온천도 발달해 있어 스위스인뿐 아니라 유럽과 세계 각국에서 온천 센터를 찾는 이들이 점점 늘어나고 있다. 남녀노소 누구나 즐길 수 있으니, 알프스의 자연을 감상하며 여행의 고단한 피로를 풀어보는 특별한 경험을 해보자.

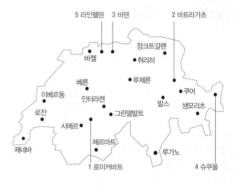

5 라인펠덴 3 바덴 2 바트라가츠

장크트갈렌

바젤 취리히

베른 루체른

이베르동 인터라켄 쿠어

로잔 발스 생모리츠

그린델발트

시에르

제네바 체르마트

루가노

1 로이커바트 4 슈쿠올

1 로이커바트 Leukerbad
대자연에 둘러싸인 노천 온천

스위스에는 곳곳에 온천 마을이 있지만, 발레주의 로이커바트만큼 대자연을 감상하며 온천욕을 즐길 수 있는 곳은 없다고 해도 과언이 아니다. 겜미 고개와 알프스의 산들이 병풍처럼 둘러싼 로이커바트는 로마 시대부터 온천으로 유명한 도시다. 매일 300만 리터의 온천수가 매일 솟아나는 로이커바트의 대표 욕장으로는 부르거바트 온천과 알펜테름 온천이 있다.

2 바트라가츠 Bad Ragaz
알프스 소녀 하이디에도 등장한 온천 리조트

스위스 여류 작가 요한나 슈피리의 작품 《하이디》의 배경 도시인 바트라가츠는 장크트갈렌주의 온천 리조트 도시다. 대중 온천 센터 타미나 테름, 5성급 최고급 온천 호텔인 그랜드 호텔 퀠렌호프와 그랜드 호텔 호프 라가츠, 골프장 등 최고의 설비가 한 곳에 모여 고급 온천 리조트를 이루고 있다. 스위스인들뿐만 아니라 세계 각국의 부유한 여행자들이 즐겨 찾는다.

3 바덴 Baden
로마 시대부터 이어져온 고풍스러운 온천 도시

취리히에서 당일치기로 다녀오기에 좋은 바덴은 이름 자체가 독일어로 목욕이란 뜻이다. 로마 제국 시대부터 온천 휴양지로 발전했고 고풍스러운 구시가는 옛 모습을 그대로 간직하고 있다. 리마트강 변에 위치한 포티세븐 웰니스 테르메에서는 포도밭이 펼쳐진 산기슭과 아름다운 전원풍의 빌라들을 감상하며 온천을 즐길 수 있다.

4 슈쿠올 Scuol
독특한 벽화 장식이 있는 온천 마을

오스트리아 국경 근처 계곡에 위치해 있는 그라우뷘덴주의 온천 리조트. 온천 센터인 엥가딘 바트 슈쿠올에는 다양한 온천욕을 즐기는 기쁨과 함께 구시가 주택들 벽면에 새겨진 기하학적인 문양이나 꽃 모양의 장식들을 구경하는 즐거움이 있다. 높은 돔 천장에 모던하게 꾸며진 실내 온천 풀장은 다양한 테마 공간으로 구성되어 있으며, 야외 온천 풀장에서는 엥가딘의 아름다운 계곡을 감상하며 휴식을 취할 수 있다.

5 라인펠덴 Rheinfelden
독일 국경의 온천 리조트

독일, 프랑스, 스위스 국경 도시인 바젤 근교에 위치해 있는 도시로, 중세 시대부터 알려진 온천 마을이다. 라인펠덴은 라인강을 사이에 두고 독일과 바로 마주보고 있어서 더욱 독특한 분위기를 풍긴다. 온천 리조트인 파크 리조트 졸레 우노는 다양한 테마의 온천과 부대시설을 갖추고 있다.

스위스의 유네스코 세계 유산

스위스 내에 혹은 스위스 영토와 관련해 유네스코 세계 유산에 등록된 유산은 12개가 있다.
12개 중 9개는 문화유산, 3개는 자연 유산이다. 2016년에는 스위스를 비롯해 전 세계에 있는
르 코르뷔지에(Le Corbusier)의 건축물이 문화유산으로 선정되었다.

1 융프라우, 알레치 빙하, 비에치호른
Swiss Alps Jungfrau-Aletsch

등록년도 2001년 **분류** 자연 유산
소재지 베른주와 발레주(Cantons of Bern and Valais)

스위스 관광의 하이라이트인 융프라우요흐 전망대에서 남쪽(발레주 방향)으로 길게 형성되어 있다. 융프라우(4,158m)에서부터 알레치호른(4,195m), 유럽 최장인 약 23km의 알레치 빙하, 비에치호른(3,934m)에 걸쳐 알프스에서 빙하가 가장 많은 지역이다.

2 라보 지구 포도밭 테라스
Lavaux, Vineyard Terraces

등록년도 2007년 **분류** 문화유산
소재지 보(Vaud)주

라보 지구의 포도밭 테라스는 시옹성에서 보주 로잔 동쪽 외곽까지 레만 호수의 북쪽 기슭을 따라 남쪽으로 무려 30km에 걸쳐 이어진다. 푸르른 레만 호수와 초록의 계단식 포도밭이 어울린 풍경이 장관이다.

3 벨린초나의 3개 성과 성곽
Three Castles, Defensive Wall and Ramparts of the Market-Town of Bellinzona

등록년도 2000년 **분류** 문화유산
소재지 티치노주 벨린초나(Bellinzona)

중세부터 스위스와 이탈리아를 연결하는 교통 요충지 벨린초나의 카스텔그란데성, 몬테벨로성, 사소코바로성과 고성으로부터 뻗어 있는 구시가를 둘러싼 성곽이 문화유산으로 등록되었다.

4 뮈스테어성 요한 베네딕트 수도원
Benedictine Convent of St John at Müstair

등록년도 1983년 **분류** 문화유산
소재지 그라우뷘덴주 뮈스테어(Müstair)

이탈리아 국경에 가까운 그라우뷘덴주의 깊은 골짜기 속 작은 마을 뮈스테어에 위치한 수도원으로, 8세기에 건설되었다. 교회 내부의 프레스코화는 9~12세기의 것으로, 특히 '최후의 심판'을 묘사한 작품은 세계에서 가장 오래된 그림으로 추정되고 있다.

5 베른 구시가
Old City of Bern

등록년도 1983년 **분류** 문화유산
소재지 베른주 베른

12세기 무렵 체링겐 가가 U자형으로 흐르는 아레강으로 둘러싸인 언덕 위에 도시를 형성하기 시작했다. 대성당, 시계탑, 석조 아케이드, 수십 개의 분수 등 중세의 유산이 구시가에 그대로 남아 있으며, 현대 도시로서의 기능 또한 잘 갖추고 있다.

6 알불라·베르니나 지역의 레티슈 철로
Rhaetian Railway in the Albula

등록년도 2008년 **분류** 문화유산
소재지 그라우뷘덴주(Graubünden)와 티라노(Tirano)

알불라 · 베르니나 지역을 거쳐 스위스 알프스를 가로질러 국경 너머 이탈리아의 티라노까지 이르는 역사적인 2개의 철로로, 주변 풍경이 압권이다. 특히 높이 65m의 란트바서 비아둑트 고가교는 이 라인의 랜드마크이며, 브루시오의 루프 다리는 열차가 360도 회전하는 지점으로 유명하다.

7 장크트갈렌 수도원
Convent of St. Gallen

등록년도 1983년 **분류** 문화유산
소재지 장크트갈렌주 장크트갈렌

카롤링거 왕조 시대의 수도원. 이 수도원에 부속된 도서관은 8~12세기에 걸친 세계에서 가장 오래된 필사본을 유럽에서 가장 많이 소장하고 있다. 그뿐만 아니라 로코코 양식의 최고 걸작으로 인정받을 정도로 우아한 아름다움을 자랑한다.

TIP 스위스에서 만나는 르 코르뷔지에의 건축물

천재적인 건축가이자 디자이너, 화가, 도시계획 설계자, 작가 등 다양한 재능을 가진 르 코르뷔지에(Le Corbusier)는 단연 근대 건축의 선구자로 손꼽힌다. 스위스에서 태어나 1930년에 프랑스 시민이 되었고, 전 세계에 건축물들을 세웠다. '집은 사람이 살기 위한 기계이다'라는 철학은 그의 건축을 압축한 말이다.
유네스코 세계 유산에 등재된 르 코르뷔지에의 건축물 중 스위스 여행 시 들를 수 있는 곳은 두 곳이다.

빌라 레 락(호숫가의 작은 집, 1923년) Villa Le Lac
스위스 레만 호숫가에 있는 아름다운 도시, 브베(Vevey) 근처 코호소(Corseaux)라는 작은 마을에 있다. 1923년 르 코르뷔지에가 그의 부모님을 위해 주거용 건물로 세웠다. 그가 지은 건축물들 중에 규모는 가장 작지만 생활을 위한 기능성과 창의력이 뛰어난 혁신적인 작품으로 인정받는다.

주소 Route de Lavaux 21 CH-1802 Corseaux
홈페이지 www.villalelac.ch
개방 금·일 11:00~17:00, 12명 이상 단체는 예약 필수
휴무 월~목, 계절에 따라 변동되므로 미리 홈페이지에서 확인 필요 **요금** 성인 CHF14, 학생 CHF12, 아동(만 6~10세) CHF 9 **교통** 브베 기차역에서 도보 20분, 버스 201번을 타고 Bergère 하차

클라르테 공동주택단지(1932년) Immeuble Clarté
아방가르드 건축의 걸작으로 평가받는 작품. 1928년 건축을 시작해서 1932년에 완성된 8층짜리 공공주택단지이다. 강철 프레임, 유리, 슬라브를 이용한 구조물로서 강인하면서도 부드러운 양면을 갖고 있다. '유리의 집'이라고도 불린다. 근대 건축의 원칙들을 정립해 나간 르 코르뷔지에의 초기 프로젝트 중의 하나이다. 내부는 공개되지 않고 있다.

주소 Rue Saint-Laurent 2-4 CH-1207 Genève
홈페이지 www.sites-le-corbusier.org/fr/immeuble-clarte **개방** 내부는 비공개
교통 버스 1·25번, 트램 12번을 타고 Terrassière에 하차해 도보 3분

스위스 알프스 하이킹

스위스는 국토 자체는 넓지 않으나 5만km에 이르는 하이킹 코스가 있다.
이는 세계에서 가장 긴 하이킹 코스로, 지구를 한 바퀴 도는 거리보다 더 길다.
웅장한 산, 아름다운 색색의 고산 식물과 야생화, 폐가 정화될 정도로 맑은 공기를
하이킹 코스 어디에서나 만날 수 있다.

우리나라에서는 올라갔다가 내려오는 코스가 많은 반면, 스위스는 산악 교통이 잘 발달되어 있어 등산 열차나 케이블카로 고지대에 올라가 그곳에서 내려가거나 수평으로 걷는 하이킹 코스가 일반적이므로, 체력 소모가 적어 초보자도 충분히 걸을 수 있다. 어린이나 노인들도 부담없이 즐길 수 있으며, 주말에는 가족 단위로 걷는 모습을 흔히 볼 수 있다.

하이킹 코스는 잘 정비되어 있으며 표지판도 체계적으로 통일되어 있어 초행자도 길을 잃을 염려가 적다. 코스 곳곳에 행선지와 소요 시간이 적힌 표지판을 쉽게 만날 수 있다. 일반 코스인 반더벡(Wanderweg)은 워킹 슈즈나 스니커즈를 신고 가볍게 걸을 수 있고, 전문가 코스인 베르크벡(Bergweg)은 등산화가 반드시 필요하다. 어느 코스든 여름에도 스웨터와 방수 윈드재킷, 선글라스, 모자는 필수이며, 겨울에는 일반 코스라도 미끄러지지 않는 신발을 신어야 한다. 하이킹을 하기 전에는 반드시 현지 관광 안내소에 들러서 하이킹 코스 지도(반더카르테 Wanderkarte)를 챙겨두어야 한다. 만일 주요 코스 외의 코스를 갈 경우는 서점에서 등고선이 표시된 상세 지도를 구입할 것.

스위스는 환경 보호 선진국으로, 산에 쓰레기를 버리거나 고산 식물을 꺾는 행위를 금지하고 있으므로 주의해야 한다. 아름다운 자연을 즐기는 것은 우리의 권리이지만, 지키는 것 또한 우리의 의무임을 절대 잊지 않도록 하자.

홈페이지 www.wanderland.ch
www.swisshiking.ch

하이킹 정보
리기산 하이킹 ································· p.269
융프라우 하이킹 ······························ p.316
마터호른 산악 하이킹 ························ p.508
크랑몬타나 하이킹 ·························· p.540
알프슈타인 하이킹 ·························· p.577
마이엔펠트 하이킹 ·························· p.592

하이킹 코스 이정표

아펜첼 눈길 트레킹

TIP **알프스 하이킹 준비물**

미끄러지지 않는 신발   방수 윈드재킷   선글라스, 모자   하이킹 코스 지도

스위스 알프스의 야생화

스위스 알프스는 세계에서도 손꼽히는 고산 식물의 보고로 유명하다. 특히 여름에는 색색의 야생화들이 만발해 트레킹을 더욱 즐겁게 만들어 준다. 스위스는 자연 보호가 철저해 꽃을 따거나 손상시키는 행위를 엄격하게 금지하고 있으니, 반드시 눈으로만 감상할 것. 고산 식물에 관심이 많은 사람은 현지에서 고산 식물 도감을 구입해도 좋다. 꽃 색깔별로 분류된 영어판을 구입하는 것이 보기 편하다.

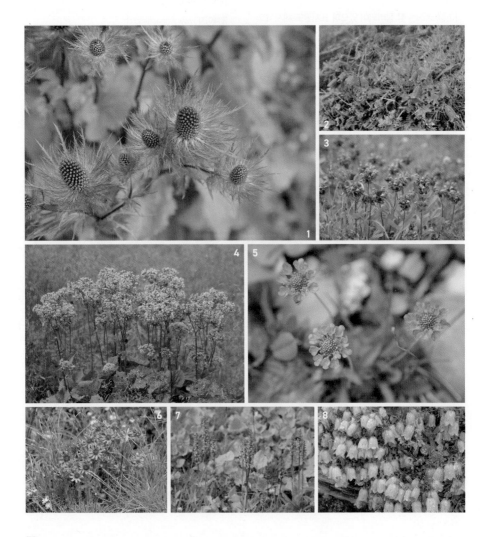

① 알펜 만스트로이 Alpen-Manstreu
학명 Eryngium alpinum 개화 7~9월
② 쇼이철스 글로켄블루메
Scheuchzers Glockenblume
학명 Campanula scheuchzeri 개화 6~8월
③ 쥐트알펜 룽겐크라우트 Südalpen-Lungenkraut
학명 Pulmonaria australis 개화 4~7월
④ 그라우 알펜도스트 Graue Alpendost
학명 Adenostyles alliariae 개화 7~9월
⑤ 글란츠 스카비오제 Glanz-Skabiose
학명 Skabiosa lucida 개화 6~8월
⑥ 슈핀베프 하우스뷔르츠 Spinnweb Hauswurz
학명 Sempervivum arachnoideum 개화 6~8월
⑦ 맨리헤 크나벤크라우트 Männliche Knabenkraut
학명 Orchis mascula 개화 5~7월
⑧ 베르티게 글로켄블루메 Bärtige Glockenblume
학명 Campanula barbata 개화 6~8월
⑨ 에델바이스 Edelweiss
학명 Leontopodium alpinum 개화 7~9월

⑩ 줌프 헤르츠블라트 Sumpf-Herzblatt
학명 Parnassia palustris 개화 6~9월
⑪ 쿠겔리게 토이펠크랄레 Kugelige Teufelskralle
학명 Phyteuma orbiculare 개화 5~9월
⑫ 게프레크테스 요하니스크라우트
Geflektes johanniskraut
학명 Hypercum maculatum 개화 6~8월
⑬ 알펜 볼그라스 Alpen-Wollgras
학명 Eriophorum scheuchzeri 개화 5~8월
⑭ 타우벤크로프 라임크라우트 Taubenkropf-Leimkraut
학명 Silene vulgaris 개화 5~7월
⑮ 실버디스텔 Silberdistel
학명 Carline acaulis 개화 5~9월
⑯ 베빈퍼터 슈타인브레히 Bewinperter Steinbrech
학명 Saxifraga aizoides 개화 6~8월
⑰ 알펜 마르게리테 Alpen-Margerite
학명 Leucanthemopsis alpine 개화 6~8월
⑱ 클라이너 하비히츠크라우트 Kleines Habichtskraut
학명 Hieracium pilosella 개화 5~8월

스위스 최고의 스키 리조트

겨울 시즌 최고의 야외 스포츠는 단연코 스키다. 알프스 산비탈을 따라 자연적으로 형성된 슬로프들이 전 세계 여행자들을 사로잡는다. 체르마트, 융프라우와 함께 여름철에도 스키를 즐길 수 있는 사스페가 대표적인 스키 리조트 지역이다.

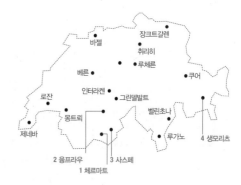

1 ___ 체르마트 스키 지역

스위스의 상징과도 같은 세계적인 영봉 마터호른 아래에 스키 리조트인 마터호른 글레이셔 파라다이스가 있다. 이 스키 지역은 유럽 최장의 스키 활강 코스로도 유명하다. 체르마트 스키 지역에서 제일 높은 고도인 해발 3,820m 지점에 있는 클라인 마터호른부터 체르마트 마을까지 스키를 타고 활강할 수 있다. 또한 체르마트에서 출발하는 고르너그라트 열차를 타고 해발 3,089m의 고르너그라트역에 내려서 바로 스키를 타고 활강할 수도 있다. 그 외에 수네가 파라다이스 스키 코스, 로트호른 파라다이스 지역 등 스키의 천국이라 부를 만하다. 등산 열차와 케이블카, 체어 리프트 등 다양한 편의 시설을 갖추고 있어 스키어들에게는 최고의 장소이다.

2 융프라우 스키 지역

인터라켄에서 쉽게 접근할 수 있는 융프라우 스키 지역은 세계적으로 유명한 알프스의 세 봉우리인 아이거, 묀히, 융프라우 아래 펼쳐져 있다. 그린델발트, 피르스트, 벵겐, 멘리헨, 클라이네 샤이데크, 뮈렌, 쉴트호른 등에서 스키를 마음껏 즐길 수 있다. 총 241km 길이의 스키 슬로프가 있고, 50km 길이의 눈썰매 코스, 100km에 이르는 하이킹 코스가 있어서 가족 여행자들이 즐기기에 적합하다. 인터라켄의 주요 호텔들과 그린델발트를 잇는 스키 버스도 운행한다.

3 사스페 스키 지역

스위스에서 여름 스키를 즐길 수 있는 최고의 장소가 바로 사스페의 미텔알라린 빙하 지역이다. 해발 3,500m의 알라린 전망대 밖에는 눈밭이 끝없이 펼쳐져 있다. 다른 지역과는 달리 사람들로 붐비지 않아서 좀 더 한적하게 스키를 즐길 수 있다.

4 생모리츠 스키 지역

예전부터 유럽 상류층들의 겨울 휴양지로 명성이 높은 곳이다. 생모리츠에서 접근하기 쉬운 리조트는 바트 지구와 가까운 코르빌리아(Corviglia)와 코르바치(Corvatsch) 지역이다. 초보자나 가족 여행자들에게는 코르빌리아를 추천한다.
반면 디아볼레차(Diavolezza)와 라갈브(Lagalb)는 난이도가 높은 편. 그만큼 경치도 아름답다.

스위스의 여름 레포츠

스위스는 야외 스포츠의 천국이다. 스위스에서는 나이 지긋한 백발의 노인들이 알프스 산길을 따라 하이킹(p.50)이나 사이클링을 하는 모습을 쉽게 볼 수 있다. 안전에 대한 배려와 기준이 높아 남녀노소 누구나 안전하게 다양한 야외 활동을 즐길 수 있다.

1
사이클링·산악자전거

스위스 내에는 총 3,300km에 이르는 9개의 전국적인 사이클 루트가 있으며 각각의 루트는 기차역 근처에서 출발한다. 가장 대표적인 사이클 루트가 알파인 파노라마(Alpine Panorama)로 480km 거리를 달리는 루트다. 십여 개가 넘는 산들을 넘어 해발 1,948m의 클라우젠 고개(Klausenpass)에서 끝난다.
청정한 대자연 속 다양한 루트를 따라 달리는 산악자전거도 인기가 높다. 스위스 내 주요 관광 명소나 리조트마다 그 지역에 적합한 산악자전거 루트들을 소개하고 있으며 인터넷으로도 정보를 얻을 수 있다. 대부분의 주요 기차역이나 시내의 지정된 곳에서 자전거를 대여할 수 있어 편리하다.

라 스위스 아 벨로 www.suisse-a-velo.ch
www.veloland.ch
산악자전거 루트 정보 www.mountainbikeland.ch
산악자전거 대여 www.rentalbike.ch

2 낚시

낚시 애호가들에게 스위스는 방대한 호수와 다양한 강들을 갖춘 최고의 장소다. 강의 총 길이는 3만 2,000km에 이르고, 호수의 넓이는 13만 5,000ha에 달한다. 낚시에 관한 규칙과 허가, 시즌에 대한 정보는 각 지역 관광 안내소나 스위스 낚시 연합회에서 얻을 수 있다.

스위스 낚시 연합
주소 Wankdorffeldstrasse 102 CH-3000 Bern
☎ 031 330 28 02 **홈페이지** www.sfv-fsp.ch

3 등산

알프스의 나라답게 스위스 전국에 다양한 등산 루트들이 있다. 특히 베르너 오버란트에 있는 페라타 탤리 (Via Ferrata Tälli) 루트는 초보자를 포함해 모든 레벨의 등산가들에게 적합한 루트를 가지고 있어 인기. 주요 산악 지대마다 등산 학교를 운영하고 있으므로 체계적인 도움도 받을 수 있다.

스위스 관광청 www.myswitzerland.com

4 수상 스포츠

스위스는 평화로운 알프스의 구석구석에서 익스트림 스포츠의 스릴을 즐길 수 있는 최고의 여행지로 손꼽힌다. 레포츠의 천국이라고 불리는 인터라켄은 융프라우의 관문이자 다양한 액티비티를 즐길 수 있는 최적의 장소다. 특히 알프스의 만년설이 녹아 흐르는 계곡 사이 급류에서 즐기는 래프팅은 최고의 수상 스포츠 중의 하나다. 또한 카약킹과 카누잉도 스위스 곳곳의 호수와 강에서 즐길 수 있다.

5 행글라이딩·패러글라이딩

알프스 대자연의 절경을 하늘에서 내려다볼 수 있는 특별한 체험이다. 패러글라이딩 전문가와 함께 동승해서 창공을 마음껏 날 수 있기 때문에 처음 시도해보는 이들도 안전하게 도전할 수 있다. 특히 인터라켄과 아펜첼란트에서 즐기는 패러글라이딩은 단연 최고다. 이 외에도 번지점프나 조빙(커다란 투명 비닐 공 안에 사람이 들어가서 그 공을 언덕 위에서 아래로 굴리며 내려오는 스포츠)도 인기가 높다.

스위스에서 맛볼 수 있는 음식

스위스는 26개의 독자적인 주(칸톤)로 구성되어 있을 뿐만 아니라, 4가지 언어를 사용하기 때문에 그 문화 또한 매우 다양하다. 음식도 지역 특색에 맞춰 다양하게 발달되어 있다. 스위스의 대표 음식인 퐁뒤와 뢰스티를 비롯해 각 지역의 개성 넘치는 현지 음식을 즐겨보자. 스위스 여행의 색다른 기쁨을 맛볼 수 있을 것이다.

1 뢰스티 Rösti
독일식 감자전

가장 보편적이고 인기 있는 요리로, 독일식 감자전이라 할 수 있다. 감자를 뢰스티용 강판에 가늘게 간 후에 버터로 볶은 요리로 일반적으로 치즈나 달걀 프라이, 베이컨을 호수 지역에서는 생선 등을 올려 먹는다.

2 브라트부어스트 Bratwurst
구운 소시지

스위스인들이 일상적으로 즐겨 먹는 음식이 바로 구운 소시지다. 간단한 식사대용으로 노점상에서 담백한 빵과 함께 판매하는 모습을 자주 볼 수 있다.
지역마다 종류가 수백 종에 이르며 특히 장크트갈렌의 쉬브릭(Schublig)과 칼브스브라트부어스트(Kalbs-bratwurst)가 유명하다.

3 알펜 마카로니/앨플러 마그로넨(독일어)
Alpen Macaroni / Älplermagronen
목장식 마카로니 요리

융프라우, 체르마트와 같은 산악 지대 향토 요리로 알프스 지방의 목장식 마카로니 요리다. 집에 조금씩 남아 있는 감자, 채소, 파스타, 양파, 베이컨 등에 치즈를 얹어 오븐으로 구워낸 것으로, 그라탕과 비슷하다.

4 치즈 퐁뒤/케제 퐁뒤(독일어)/ 퐁뒤 프로마주(프랑스어) Cheese Fondue/Käse Fondue/ Fondue Fromage
스위스를 대표하는 치즈 퐁뒤

원래 추운 산악 지방의 겨울철 음식이다. 주로 그뤼에르 치즈나 에멘탈 치즈 등을 냄비에 넣고 화이트 와인과 과일 증류주인 키르슈(kirsch)로 녹인 다음 한 입 크기로 자른 빵이나 감자를 녹인 치즈에 넣었다 꺼내 먹는다. 화이트 와인이나 홍차를 곁들여 먹는다.

5 퐁뒤 시누아 Fondue Chinoise
스위스식 샤부샤부 요리

프랑스어로 중국풍이라는 뜻의 시누아에서 알 수 있듯이 중국을 비롯한 아시아 각국에서 즐겨 먹는 음식인 샤부샤부를 스위스식으로 변형한 것이다. 동으로 만든 냄비에 육수나 콩소메 수프를 넣고 끓인 후에 얇게 저민 쇠고기나 돼지고기를 직접 냄비에 넣어 살짝 익혀서 여러 가지 소스에 찍어 먹는다.

6 미트 퐁뒤 Meat Fondue
기름에 고기를 튀기는 퐁뒤

'오일 퐁뒤'라는 별칭처럼 튀김 냄비에 기름을 가열해서 가늘고 긴 퐁뒤용 포크에 한 입 크기로 썬 쇠고기나 돼지고기를 꽂아 직접 튀긴 다음, 여러 가지 소스에 찍어 먹는 요리. 프랑스어를 사용하는 문화권에서 인기가 높은 퐁뒤로, 프랑스어로 퐁뒤 부르기뇽(Fondue Bourguignonne)이라고 부른다.

7 베르너 플라테 Berner Platte
겨울철 농가의 가정 요리

베른주의 향토 요리로서 주로 겨울철 농가에서 먹던 가정식 요리다. 햄, 소시지, 돼지고기 안심이나 삼겹살, 감자, 식초에 절인 양배추 등을 콩소메 수프로 끓인 음식이다.

8 오소부코 Ossobuco
티치노주의 전통 고기 요리

이탈리아와 국경을 맞대고 있는 티치노주의 전통 요리
로 소 정강이 살과 잘게 썬 채소, 진한 데미글라스
(demi-glace) 소스를 함께 넣고 오랫동안 끓인 요리
다. 인접한 이탈리아 북부의 영향으로 이탈리아 북부
의 전통 음식인 옥수수 가루로 만든 폴렌타(Polenta)를
곁들여 나오는 경우가 많다.

9 피렛 드 페르슈 Filet de Perche
레만 호수 주변에서 맛보는 농어 구이

제네바와 로잔 등 레만 호수 일대의 향토 생선 요리로
서 레만 호수에서 잡은 페르슈(농어)에 버터와 화이트
와인을 넣고 구운 요리다. 겉은 바삭하고 하얀 속살은
촉촉하고 담백하다.

10 게슈네첼테스 Geschnetzeltes
뢰스티를 곁들인 송아지 고기 스튜

송아지 고기를 얇게 썰어서 양송이와 버터로 볶은 후
화이트 와인과 생크림을 넣어 끓인 스튜 요리로, 취리
히의 명물 음식이다. 일반적으로 뢰스티를 곁들여 먹
는다. 취리히 지역 전통 요리이지만 현재 스위스 전 지
역으로 널리 퍼져 있어서 스위스 어디서나 맛볼 수 있
다.

11 취겔리파스테테 Chügelipastete
파이 그릇에 담긴 송아지고기 스튜

루체른의 역사적인 명물 요리. 생크림과 키르슈
(Kirsch)를 넣고 푹 끓인 송아지 고기 스튜를 파이로 만
든 그릇에 넣어 오븐에 구워낸 요리다. 바삭바삭하게
구워진 파이와 진한 송아지 고기 스튜의 조화가 훌륭
하다.

12 라클레트 Raclette
___ 녹인 치즈를 올린 감자 요리

퐁뒤와 함께 스위스를 대표하는 치즈 요리로 원래 산악 지대의 향토 요리다. 소금기가 있는 라클레트 치즈를 반으로 자른 후 자른 면을 전열 기구나 장작불로 녹이면서 나이프로 얇게 도려내서 접시에 담는다. 이렇게 잘라 낸 부드러운 치즈에 삶은 감자를 찍어 먹는데 그 맛이 일품이다.

13 케제슈니테 Käseschnitte
___ 스위스식 치즈 토스트

발레주와 베르너 오버란트 지역에서 인기 있는 스위스식 치즈 토스트이다. 빵 위에 치즈를 듬뿍 올려 오븐에 구운 가장 기본적인 형태부터 햄이나 달걀 프라이를 올린 것까지 다양한 케제슈니테가 있다. 주로 겨울에 먹는 따뜻한 요리 중 하나다.

14 뷘트너 게르스텐주페
___ Bündner Gerstensuppe
오트밀풍의 수프

생모리츠를 비롯한 그라우뷘덴주에서 주로 먹는 요리로서 보리에 뷘트너플라이쉬, 베이컨, 콩, 양파, 당근, 셀러리 등을 잘게 썰어 넣고, 우유를 첨가해서 끓인 수프다.

15 뷘트너플라이쉬(독일어) / 비앙드 세슈(프랑스어)
___ Bündnerfleisch / Viande Sesche
그라우뷘덴 스타일의 생햄

그라우뷘덴주의 향토 요리로 대표적인 겨울철 저장 음식이다. 쇠고기 덩어리에 소금과 향신료를 뿌린 후 일정 기간 건조시킨다. 소금이 육질 속에 스며들어 짭짤한 맛이 난다. 종이처럼 얇게 썰어서 주로 와인이나 맥주와 곁들여 먹는다. 간단한 아침 식사나 전채 요리로 먹는 경우도 많다.

스위스에서 맛보는 다양한 치즈

전통적인 치즈 제조장은 고지대에 위치해 있다. 아침에 젖소의 젖을 짜서 큰 냄비에 넣고
유산균과 효소를 첨가하여 장작불로 데운다. 45도로 약 30분 정도 끓인 다음, 커다란 나무 막대로 젓는다.
계속 저으면 단백질이 응고되기 시작한다. 이것을 천으로 걸러 형태를 만든 다음, 무거운 돌로 눌러서 수분을 뺀다.
이렇게 만든 생 치즈를 숙성시키면 우리가 흔히 보는 치즈가 된다. 치즈는 여름철에만 생산한다.
스위스의 대표적인 치즈들을 소개한다. 치즈 마니아라면 다양한 치즈의 맛을 비교해 봐도 재미있을 것이다.

1
___ 그뤼예르 Gruyère

프리부르주의 그뤼예르에서 생산되는 하드 타입의 치
즈. 딱딱하면서 맛은 풍부하고 진하다. 치즈 퐁뒤에 사
용된다.

2 ___ 라클레트 Raclette

라클레트 요리에 사용되는 세미 하드 타입 치즈. 발레
주에서 생산된다. 1개에 5~7kg 정도의 원반형이며, 반
으로 잘라 자른 면에 열을 가해 부드럽게 녹여 먹는다.

3 ___ 아펜첼러 Appenzeller

아펜첼주에서 생산되는 워시 타입 치즈. 허브가 들어
간 화이트 와인으로 치즈 표면을 닦아내어 향이 좋다.

4 ___ 에멘탈 Emmental

베른주의 에멘탈이 원산지인 하드 타입 치즈. 1개의 무
게가 75~120kg에 달하며, 커다란 구멍이 여기저기 뚫
린 것이 특징이다. 일반적으로 스위스 치즈 하면 떠오
르는 이미지가 바로 에멘탈 치즈이며 〈톰과 제리〉에서
제리가 좋아하는 치즈로 나와 일명 만화 치즈라고도
한다. 치즈 퐁뒤에 사용된다.

5 ___ 테트 드 무안 Tête de moine

'수도승의 머리'라는 의미를 가진 이 치즈는 지롤
(Girolle)이라고 하는 전용 기구에 올려놓고 회전시켜
얇은 프릴 모양으로 잘라 먹는다. 향이 좋고 섬세한 맛
이다. 쥐라주에서 생산된다.

6 ___ 알프케제 Alpkäse

'알프스의 치즈'라는 뜻. 알프스 일대에서 생산되는 세
미 하드 타입 치즈. 껍질이 딱딱해 벗겨내고 먹는 사람
도 많다.

스위스의 추천 쇼핑 아이템

실용성과 강인함을 추구하는 스위스인들의 국민성이 투영된 진정한 'Made in Switzerland' 제품은 심미적인 아름다움과 현실적인 실용성, 품질 면에서 모두 만족을 준다. 스위스 여행을 추억하는 기념품으로, 가족이나 사랑하는 이에게 마음을 담은 선물로도 적격인 스위스 필수 쇼핑 아이템을 살펴본다.

1 빅토리녹스 스위스 아미 나이프
Victorinox Swiss Army Knife
만능 맥가이버 칼

1884년 처음 세상에 선보인 이래 전 세계인들의 사랑을 받고 있는 스위스의 대표 상품. 우리에게는 미드 〈맥가이버〉의 주인공이 위기의 순간에 활용하던 맥가이버 칼로 잘 알려져 있다. 크고 작은 칼, 병따개, 가위 등을 하나로 만든 스위스 군용 칼로서 가격대별로 종류도 다양하다. 보통 CHF20 정도로 여행이나 레저 활동 시에 무척 유용하다.

홈페이지 www.victorinox.com

2 자수 제품
스위스풍의 핸드 메이드 제품

스위스에서는 긴 겨울을 보내기 위해 소일거리로 자수나 레이스 뜨기가 발달했다고 한다. 에델바이스나 스위스의 야생화, 전통 소몰이 등 스위스 느낌이 물씬 풍기는 제품들이 많다. 예전만큼은 아니어도 전통을 이어받은 자수 제품들을 기념품 가게에서 쉽게 만날 수 있다. 손수건이나 테이블보 등 종류도 다양하다. 전국에 지점이 있는 스위스 기념품점인 하이마트베르크(Heimatwerk)에서도 자수 제품을 판매하고 있다.

3 스위스 초콜릿
___ 세계 최고 품질의 초콜릿

스위스만큼 다양하고 훌륭한 초콜릿 제품을 맛볼 수 있는 나라도 드물다. 면세점에서 흔히 볼 수 있는 토블론(Toblerone) 외에도 Cailler, Lindt, Frey, Suchard, Favargar 등 유명 브랜드들이 셀 수 없이 많다. 최고의 재료와 제조 공정으로 최고 품질의 초콜릿을 만드는 초콜릿 기업부터 오랜 연륜과 비법을 바탕으로 대를 이어 내려오는 초콜릿 장인에 이르기까지 스위스 초콜릿의 세계는 무궁무진하다. 백화점이나 대형 슈퍼마켓에 가면 저렴한 가격에 다양한 초콜릿을 고를 수 있다. 프리부르주의 브록(Broc)에 있는 카이예 초콜릿 공장에서는 견학과 함께 저렴한 가격에 초콜릿을 구입할 수도 있다. 주요 도시들마다 래더라흐(Läderach), 슈테틀러(Stettler), 바흐만(Bachmann), 슈프륑글리(Sprüngli)와 같은 초콜릿 전문 체인점들이 있다. 트뤼플과 같은 생 초콜릿은 빨리 먹어야 하므로 여행 마지막 날에 구입하도록 하자.

4 스위스 명품 시계
___ 시계 왕국 스위스

스위스는 저렴하면서도 실용적이고 잔고장이 없는 브랜드부터 최고의 기술력과 최고의 가격을 자랑하는 명품 브랜드에 이르기까지 수많은 시계 브랜드들이 있다. 최고가의 스위스 예술 시계로 인정받는 부동의 1위는 파텍 필립(Patek Philippe)이다. 1839년 제네바에서 창립된 이 회사는 시계 기술의 결정체인 뚜르비옹, 퍼페츄얼 캘린더, 알람 등 그 기술력을 최고로 인정받고 있다. 우리나라에서 고급 시계로 명성이 높은 롤렉스(Rolex), 오메가(Omega), 론진(Longines) 등의 브랜드는 정작 스위스에서는 최고급 시계 취급을 받지 못하고 있다. 스위스에서는 장신구로서의 가치를 지닌 것을 최고급 시계로 간주하며, 이러한 브랜드로는 다이아몬드를 많이 사용하는 파텍 필립, 쇼파드(Chopard), 피아제(Piaget), 그리고 스켈레톤 시계로 유명하고, 스위스에서 가장 오래된 시계 브랜드인 바쉐론 콘스탄틴(Vacheron Constantin) 등이 있다. 가격은 수천만 원에서 수억 원에 달한다.

그 밖에 20~40대 남성들에게 인기 있는 태그 호이어(Tag Heuer)나 브라이틀링(Breitling), 20~40대 여성들에게 인기 있는 에벨(Ebel) 등은 수십만~수백만 원정도에 구입할 수 있다.

또한 내구성을 중시한 스위스 아미 와치(Swiss Army Watch)나 캐주얼 시계인 스와치(Swatch)는 수만 원이면 구입할 수 있어 선물로도 좋다. 스와치는 스위스가 본고장인 만큼 디자인이 다양하며 한정 모델도 만나볼 수 있다.

5 지그 물병 SIGG
___ 스위스의 대표 하이킹 용품

1908년 창업한 이래 100년 이상 스위스를 대표하는 '오리지널 스위스 물병'으로 자타가 공인하는 제품이다. 뛰어난 품질과 깔끔한 디자인, 친환경 원료로, 일부 제품은 뉴욕의 현대 미술관에 전시될 정도로 물병 이상의 가치를 인정받고 있다. 하이킹 등의 야외 활동을 위해 필수로 구비하는 제품이다.

홈페이지 www.sigg.com

6 비트라 가구 Vitra
혁신적인 디자인의 가구 브랜드

1950년 창업한 비트라는 스위스 비르스펠덴 (Birsfelden)에 본부를 두고 있는 가구 회사이다. 14개 국에 분점을 두고 있는 비트라는 장 프루베(Jean Prouve), 조지 넬슨(George Nelson), 찰스 앤 레이 임스(Charles and Ray Eames), 베르너 팬톤(Verner Panton) 등과 같은 국제적으로 유명한 가구 디자이너들의 혁신적인 가구로 명성을 높여갔다.

또한 비트라가 스위스 바젤 근처 독일의 바일 암 라인 (Weil am Rhein)에 세계적인 건축가들과 함께 건설한 비트라 디자인 박물관과 비트라 하우스(P.205)에는 수많은 가구 애호가들과 디자이너들, 건축가들의 발길이 끊이지 않고 있다. 비트라 하우스에서는 다양한 가구와 생활 소품들을 전시하고 있으며 구입과 배송도 바로 할 수 있다.

홈페이지 www.vitra.com

7 스위스 와인
다양한 종류의 각 지역 전통 와인

로마 제국 시대부터 그 역사가 시작된 스위스 와인은 프랑스와 이탈리아에 비해 명성은 높지 않지만, 스위스인들에게 무척 사랑받고 있어서 거의 내수로 소비된다고 한다. 스위스인 인구당 와인 소비량은 세계 10위 정도라고. 와인 생산 지역은 발레주, 보주, 제네바주, 스위스 서쪽 3개의 호수 지역, 스위스 동부 독일어권 지역, 그리고 이탈리아어를 사용하는 티치노주의 6개 지역이다. 와인 생산으로 유명한 스위스 주변 4개국 (프랑스, 이탈리아, 독일, 오스트리아)의 영향으로 와인의 특성이나 종류가 상당히 다양하다. 가장 전형적인 화이트 와인 품종은 샤슬라(Chasselas)이며, 레드 와인 품종 중에서는 피노 누아르(Pinot Noir)가 가장 널리 퍼져 있다. 레만 호숫가 산비탈에 형성된 라보 지구 포도밭은 유네스코 세계 유산으로 지정될 만큼 그 가치를 인정받고 있다. 스위스 각 지역 전통 와인을 음미하는 즐거움을 누려보자.

⬦ TIP 그밖의 쇼핑 아이템

액세서리 고급 시계 브랜드에서 시계와 함께 오리지널 제품을 만들고 있는 경우가 많다. 시계와 세트로 된 반지나 펜던트 등은 스위스 오리지널 제품으로 인기.

오르골 시계와 더불어 스위스의 정교한 장인 정신이 빛나는 특산품. 오르골 전문점에서는 연주되는 곡과 오르골 케이스를 원하는 대로 선택할 수 있다. 유명 메이커로는 뢰주(Reuge)가 있다.

구두 스위스를 대표하는 유명한 구두 브랜드로는 발리(Bally)가 있다. 본거지인 만큼 주요 도시에 직영 부티크를 운영하고 있다.

민속 공예품 소의 목에 거는 방울 미니어처, 뻐꾸기 시계, 나무 인형, 에델바이스를 소재로 한 상품 등의 민속 공예품은 전국 각지의 기념품점에서 구입할 수 있다.

기타 와인 오프너나 식탁보 등의 주방용품, 인테리어 잡화, 치아 관리 제품, 문구 등 디자인과 성능이 뛰어난 소품이 많다.

8 허브 제품
___ 허브의 메카 스위스

알프스의 맑은 자연에서 재배된 허브는 식초, 오일, 소금, 사탕, 차 등 다양한 식품으로 활용되고 있다. 스위스를 대표하는 허브 제품 중 하나가 바로 리콜라(Ricola)다. 오리지널 허브 사탕인 리콜라는 13가지의 약용 허브를 1940년부터 내려오는 전통 비법으로 섞어서 만드는데 감기, 기침, 목쉼에 효과가 좋다. 스위스의 산악 지대에서 화학 살충제를 사용하지 않고 유기농법으로 키운 깨끗한 양질의 허브로 제품을 만든다. 크기와 종류가 다양해서 스위스 여행 기념 선물로도 안성맞춤이다. 백화점이나 대형 슈퍼마켓에서 쉽게 구입할 수 있다.

9 프라이탁 Freitag
___ 인기 높은 신개념 가방 브랜드

비 오는 날 자전거를 탈 때면 늘 가방이 젖어 고민이던 프라이탁 형제가 트럭에 씌운 방수포를 보고 영감을 얻어 개발하게 된 신개념 가방 브랜드. 재활용 재료만을 이용해 가방을 수작업으로 제작한다. 방수포의 색깔과 무늬, 글자 배치에 따라 재단되는 가방의 겉모습이 다 달라서 소비자는 세상에 단 하나뿐인 제품을 구입할 수 있다.

홈페이지 www.freitag.ch

스위스의 월별 이벤트

스위스는 작은 나라지만 다양한 축제가 연중 내내 열리는 활기 넘치는 나라이기도 하다. 각 지역 관광 안내소는 지역 축제, 박람회, 카니발과 다양한 이벤트에 대한 정보를 소책자나 웹사이트를 통해 여행자들에게 제공하고 있다. 사순절 시기(대략 2월경)에 열리는 파스나흐트, 8월 1일 건국기념일과 같은 전국적인 규모의 축제도 있고, 주(칸톤)별로 특색을 지닌 행사들도 다양하다. 자신의 여행 시기에 열리는 다양한 축제와 이벤트들을 확인하고 방문하면 스위스 여행이 더욱 풍성한 추억으로 채워질 것이다.

홈페이지 www.myswitzerland.com(매년 일정이 바뀌므로 정확한 일자는 홈페이지에서 확인)

월	지역	이벤트	홈페이지
1월	졸로투른	스위스 필름 페스티벌	www.solothurnerfilmtage.ch
	다보스	세계 경제 포럼	www.weforum.org
	샤토데 (Chateau-d'oex)	국제 열기구 축제	www.festivaldeballons.ch
	바젤	포겔 그리프 (Vogel Gryff, 그리핀 축제)	www.vogel-gryff.ch
2월	전국	파스나흐트(Fasnacht)	www.fasnachts-comite.ch/en/(바젤) www.luzerner-fasnacht.ch(루체른) www.fasnacht.be(베른) www.zurichcarneval.ch(취리히)
	슈쿠올	홈 스트롬 불태우기 (2월 첫째 주말)	www.myswitzerland.com/en/hom-strom-in-scuol-gr.html
3월	프리부르	국제 필름 축제	www.fiff.ch
	벨린초나	라바단(Rabadan) 카니발	www.rabadan.ch
	제네바	국제 모터쇼	www.salon-auto.ch/en/
	바젤	유럽 시계, 보석 박람회	www.baselworld.com
	루체른	클래식 음악 축제	www.lucernefestival.ch
	제네바 근교(Versoix)	초콜릿 축제	www.festichoc.ch
4월	취리히	젝쉐로이텐 ※눈사람을 태우는 축제	www.sechselaeuten.ch
	아펜첼	란츠게마인데 야외 집회 (직접 민주주의 투표행사)	www.appenzell.info/en/appenzell/landsgemeinde-open-air-assembly.html
	모르주(Morges)	튤립 축제 (4월 중순~5월 중순)	www.morges-tourisme.ch/en/tulip-festival-morges
	몽트뢰	국제 골든 로즈 텔레비전 축제	

월	지역	이벤트	홈페이지
5월	베른	국제 재즈 축제	www.jazzfestivalbern.ch
	아펜첼, 프리부르, 사스페 등	코푸스 크리스티(성체축일) 목요일 행진	www.fribourgtourisme.ch(프리부르)
6월	바젤	국제 아트 페어	www.artbasel.com
	시에르	국제 코믹 북 페스티벌	
	루가노	재즈 페스티벌(6~7월)	www.estivaljazz.ch
	아스코나	뉴올리언스 재즈 페스티벌	www.jazzascona.ch
	인터라켄	빌헬름 텔 야외공연 (6월 말~9월)	www.tellspiele.ch
7월	프리부르	국제 재즈 페스티벌 (짝수 해만 실시)	
	몽트뢰	국제 재즈 페스티벌	www.montreuxjazzfestival.com
	몽트뢰, 브베 등	레만 전통 축제 (7월 말~8월 초)	www.region-du-leman.ch/en/loisirs-printemps/ FestivalsFestivities/Tradition
8월	전국	스위스 건국 기념일 (8월 1일)	※전국적으로 기념 행사와 축제, 행진, 불꽃놀이가 펼쳐진다.
	로카르노	국제 필름 페스티벌	www.pardolive.ch/pardo/festival-del-film-locarno/home.html
	몽트뢰	코미디 페스티벌 (8월 중순~9월 초)	www.montreuxcomedy.com
	루체른	국제 음악 주간	www.lucernefestival.ch
	프리부르	국제 민속 축제	www.fribourgtourisme.ch/en/folklore-festival.html
	취리히	스트리트 퍼레이드	www.streetparade.com
9월	사스페	호헨 슈티게(Hohen Stiege) 예배당 순례 걷기	www.kapellenweg.ch/pdf/Kapellenweg.pdf
	로카르노	포도 축제	cittadelgusto.ch
	로잔	스위스 무역 페어	
	브베	이미지 페스티벌(사진, 영화)	www.images.ch
10월	장크트갈렌	전국 유제품 & 낙농 산업 쇼	www.olma.ch
	루가노	가을 축제	www.luganoturismo.ch/festadautunno
	뷜(Bulle)	그뤼에르 음식 페어 (10월 말~11월 초)	www.gouts-et-terroirs.ch
	바젤	바젤 와인 페어(10월 말~11월)	www.baslerweinmesse.ch
11월	베른	양파 시장(Zibelemärit, 4번째 월요일)	www.myswitzerland.com/en/zibelemaerit-in-bern-be.htm
	루체른	루체른 피아노 페스티벌	www.lucernefestival.ch
12월	프리부르	산타클로스 퍼레이드	※12월 6일경 전국적으로 산타클로스 (St. Nicholas) 축제가 열린다.

스위스 배경의 책과 영화

마이엔펠트를 배경으로 한 《하이디》, 스위스의 작은 마을 테신에 머물며 그림 산문집을 남긴 헤세의 작품, 베른과 융 프라우를 배경으로 한 영화 등 이야기 속 장면과 현실을 비교해 보는 즐거움도 스위스 여행의 묘미 중 하나다.

책

《리스본행 야간열차》(파스칼 메르시어 저, 들녘)

주인공 그레고리우스 교수는 베른의 대학 교수이다. 베른의 다리 위에서 한 여인과 우연히 만나면서 베른을 떠나 야간열차를 타고 리스본으로 향하는 여정이 펼쳐진다. 동명의 영화가 2013년 개봉되어 인기를 얻었다.

《하이디》(요한나 슈피리 저, 시공주니어)

그라우뷘덴주 마이엔펠트를 배경으로 한 동화. 건강하고 호기심 넘치는 소녀 하이디를 주인공으로 아름다운 알프스의 자연과 마을 사람들의 일상을 사실적으로 들려준다. 이 동화를 원작으로 만든 일본 애니메이션 〈알프스 소녀 하이디〉도 큰 사랑을 받았다.

《테신, 스위스의 작은 마을》(헤르만 헤세 저, 민음사)

헤르만 헤세의 그림 산문집. 작가가 스위스의 작은 마을 테신에 머물며 얻은 자연 친화적 생활의 의미와 직접 그린 수채화들을 담아냈다.

《작은 집》(르 코르뷔지에 저, 열화당)

근대 건축의 3대 거장 중 한 명이자 스위스 태생의 프랑스 건축가인 르 코르뷔지에의 책. 스위스 레만 호숫가에 지어진 '작은 집(La Petite Maison, 1923~1924)'은 '어머니의 집'이라고도 불린다. 르 코르뷔지에가 나이 드신 부모님을 위해 지은 작품으로, 직접 편집에도 참여했다.

영화

《노스페이스》(Nordwand, 2008)

융프라우 지역 아이거 북벽을 오르는 등산가들의 도전과 모험을 다룬 작품. 필립 슈톨츨 감독, 벤노 퓨어만 주연.

《애정의 운명》 (Les Destinées Sentimentales, 2000)

사랑과 전쟁, 인간의 운명에 대한 이야기. 올리비에 아사야스 감독, 엠마누엘 베아르, 샤를스 베를링 주연.

《비투스》(Vitus, 2006)

천재 피아노 소년의 이상과 현실, 그리고 가족의 이야기가 스위스를 배경으로 펼쳐진다. 프레디 M 뮤러 감독, 브루노 간츠, 테오 게오르규 주연.

《클라우즈 오브 실스마리아》 (Clouds of Sils Maria, 2014)

진정한 자아를 찾아가는 여주인공의 이야기가 스위스 그라우뷘덴주의 실스마리아 계곡을 배경으로 펼쳐진다. 올리비에 아사야스 감독, 줄리엣 비노슈 주연.

《007 여왕 폐하 대작전》 (On Her Majesty' Secret Service, 1969)

고전 007 시리즈 영화. 융프라우 봉우리들 중 하나인 쉴트호른을 배경으로 많은 장면이 촬영되었다. 피터 헌트 감독, 조지 라젠비 주연.

스위스 각 주의 문장

스위스인들은 자신이 살고 있는 주에 대한 귀속 의식과 자부심이 상당히 강한 편이다. 총 26개의 주/반주는 각자 자신의 주를 대표하는 문장을 가지고 있으며, 이를 시 청사에 게양하고, 기념품 장식에 사용하는 경우가 많다. 주의 문장을 사진으로 담아보거나 기념품을 사보는 것도 스위스 여행의 특별한 추억으로 남을 것이다.

아르가우주
Aargau[AG]
주도 : Aarau

아펜첼아우서로덴 반주
Appenzell-Ausserrhoden[AR]
주도 : Herisau

아펜첼이너로덴 반주
Appenzell-Innerrhoden[AI]
주도 : Appenzell

바젤란트 반주
Basel-Land[BL]
주도 : Liestal

바젤슈타트 반주
Basel-Stadt[BS]
주도 : Basel

베른주
Bern[BE]
주도 : Bern

프리부르(프랑스어) /
프라이부르크(독일어)주
Fribourg / Freiburg[FR]
주도 : Fribourg

제네바주
Genève[GE]
주도 : Genève

글라루스주
Glarus[GL]
주도 : Glarus

그라우뷘덴주
Graubünden[GR]
주도 : Chur

쥐라주
Jura[JU]
주도 : Delémont

루체른주
Luzern[LU]
주도 : Luzern

뇌샤텔주
Neuchâtel[NE]
주도 : Neuchâtel

니트발덴 반주
Nidwalden[NW]
주도 : Stans

옵발덴 반주
Obwalden[OW]
주도 : Sarnen

장크트갈렌주
St. Gallen[SG]
주도 : St. Gallen

샤프하우젠 주
Schaffhausen[SH]
주도 : Schaffhausen

슈비츠주
Schwyz[SZ]
주도 : Schwyz

졸로투른주
Solothurn[SO]
주도 : Solothurn

투르가우주
Thurgau[TG]
주도 : Frauenfeld

티치노주
Ticino[TI]
주도 : Bellinzona

우리주
Uri[UR]
주도 : Altdorf

발리스(독일어) /
발레(프랑스어) 주
Wallis / Valais[VS]
주도 : Sion

보주
Vaud[VD]
주도 : Lausanne

추크주
Zug[ZG]
주도 : Zug

취리히주
Zürich[ZH]
주도 : Zürich

스위스 여행의 시작

travel in Switzerland

유럽
Europe
0   200km

Inverness
Aberdeen
Glasgow   Edinburgh
Belfast   Carlisle   Newcastle upon Tyne
아일랜드
더블린
Dublin
Liverpool   York
Holyhead   Manchester
Cork   Rosslare   영국
Nottingham
Birmingham   케임브리지
Cambridge   Norwich
옥스포드
Oxford
Cardiff   윈저   그리니치
Windsor   Greenwich
Exeter   런던   Dover
London
Southampton   Calais
Penzance
Cherbourg
Le Havre
오베르 쉬
뭉생미셸   Auvers-su
Mont Saint Michel   Caen   지베르니
Giverny
Brest   파르
Rennes   Le Mans   Orléans
Nantes   Loire
Tours   프랑스

Limoges   Clermo
Ferrand
Bordeaux

A Coruña   Toulouse
Santander   Nart
Bilbao   Perpi
Porto   스페인
세고비아   Zaragoza   바르셀로나
Coimbra   Salamance   Segovia   Barcelona
포르투갈   마드리드
리스본   Madrid
Lisboa   톨레도
Toledo
Valencia
코르도바
세비야   Córdoba   Alicante
Sevilla   Bailen
Murcia
그라나다
Granada   Almeria
Málaga
Gibraltar

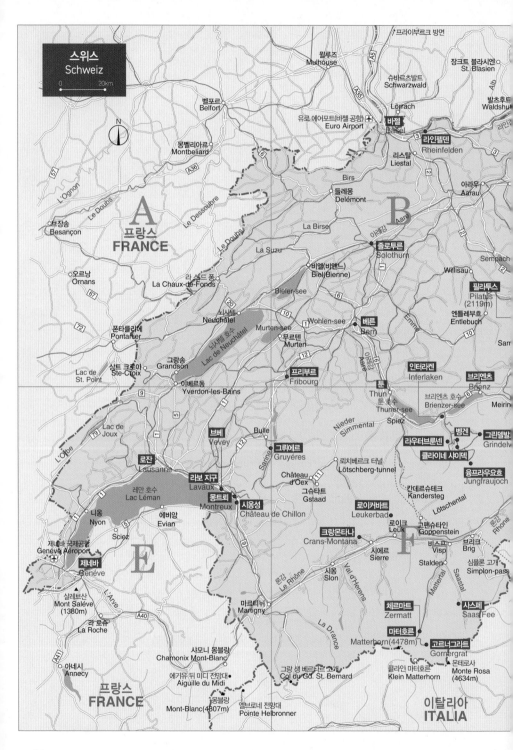

스위스
Schweiz

0   20km

N

프라이부르크 방면
뮐루즈
Mulhouse

장크트 블라시엔
St. Blasien

슈바르츠발트
Schwarzwald

발츠후트
Waldshu

벨포르
Belfort

로라흐
Lörrach

유로 에어포트(바젤 공항)
Euro Airport

바젤
Basel

라인펠덴
Rheinfelden

몽벨리아르
Montbeliard

리스탈
Liestal

아라우
Aarau

Birs

들레몽
Delémont

A
프랑스
FRANCE

La Birse

B

졸로투른
Solothurn

Sempach

브장송
Besançon

La Suzu

비엘(비엔느)
Biel(Bienne)

Willisau

필라투스
Pilatus
(2119m)

오르낭
Ornans

라 쇼드 퐁
La Chaux-de-Fonds

Bieler-see

엔틀레부흐
Entlebuch

누샤텔
Neuchâtel

Wohlen-see

베른
Bern

Sarr

폰타를리에
Pontarlier

Murten-see

무르텐
Murten

인터라켄
Interlaken

샤트 크로아
Ste-Croix

그랑송
Grandson

누샤텔 호수
Lac de Neuchâtel

프리부르
Fribourg

브리엔츠
Brienz

Lac de
St. Point

이베르동
Yverdon-les-Bains

툰
Thun

브리엔츠 호수
Brienzer-see

Meirin

Lac de
Joux

Bulle

Nieder
Simmental

툰 호수
Thuner-see

Spiez

벵겐
Wengen

그린델발
Grindelw

브베
Vevey

그뤼에르
Gruyéres

라우터브룬넨
Lauterbrunnen

클라이네 샤이덱
Kleine Scheidegg

로잔
Lausanne

라보 지구
Lavaux

Château
d'Oex

뢰치베르크 터널
Lötschberg-tunnel

융프라우요흐
Jungfraujoch

레만 호수
Lac Léman

몽트뢰
Montreux

시옹성
Château de Chillon

그슈타트
Gstaad

칸데르슈테크
Kandersteg

니옹
Nyon

에비앙
Evian

로이커바트
Leukerbad

뢰치탈
Lötschental

Rhône

Sciez

로이크
Leuk

고펜슈타인
Goppenstein

크랑몬타나
Crans-Montana

시에르
Sierre

비스프
Visp

브리크
Brig

제네바 국제공항
Genéve Aéroport

제네바
Genéve

Stalden

심플론 고개
Simplon-pass

시옹
Sion

Val d'Herens

E

살레브산
Mont Salève
(1380m)

마르티뉘
Martigny

체르마트
Zermatt

사스페
Saas Fee

라 로슈
La Roche

La Drance

마터호른
Matterhorn(4478m)

고르너그라트
Gornergrat

아네시
Annecy

프랑스
FRANCE

샤모니 몽블랑
Chamonix Mont-Blanc

에기유 뒤 미디 전망대
Aiguille du Midi

그랑 생 베르나르 고개
Col du Gd. St. Bernard

클라인 마터호른
Klein Matterhorn

몬테로사
Monte Rosa
(4634m)

몽블랑
Mont-Blanc(4807m)

엘브로네 전망대
Pointe Helbronner

이탈리아
ITALIA

F

로이크바트
Leukerbad

Matterhorn

Saastal

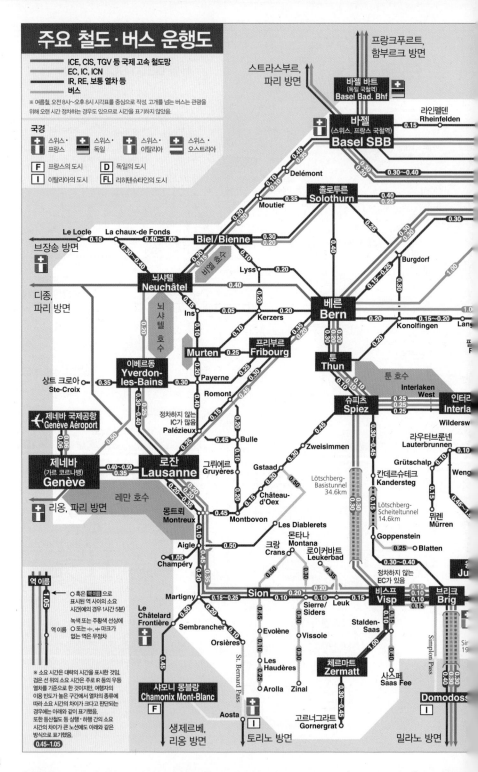

주요 철도·버스 운행도

ICE, CIS, TGV 등 국제 고속 철도망
EC, IC, ICN
IR, RE, 보통 열차 등
버스

※ 여름철, 오전 8시~오후 8시 시각표를 중심으로 작성. 고개를 넘는 버스는 관광을
위해 오랜 시간 정차하는 경우도 있으므로 시간을 표기하지 않았음.

국경

스위스·프랑스   스위스·독일   스위스·이탈리아   스위스·오스트리아

F 프랑스의 도시   D 독일의 도시
I 이탈리아의 도시   FL 리히텐슈타인의 도시

프랑크푸르트,
함부르크 방면

스트라스부르,
파리 방면

바젤 바트
(독일 국철역)
Basel Bad. Bhf

바젤
(스위스, 프랑스 국철역)
Basel SBB

라인펠덴
Rheinfelden

Delémont

졸로투른
Solothurn

Moutier

Burgdorf

Le Locle   La chaux-de Fonds

브장송 방면

Biel/Bienne

비엘 호수

Lyss

뇌샤텔
Neuchâtel

디종,
파리 방면

Ins   Kerzers

베른
Bern

Konolfingen   Lang

뇌샤텔 호수

Murten

프리부르
Fribourg

툰
Thun

이베르동
Yverdon-les-Bains

Payerne

Romont

툰 호수

상트 크로아
Ste-Croix

제네바 국제공항
Genève Aéroport

Palézieux

슈피츠
Spiez

Interlaken West

인터
Interla

제네바
(가르 코르나뱅)
Genève

로잔
Lausanne

그리에르
Gruyères

Bulle

Zweisimmen

Gstaad

Wildersw

라우터브룬넨
Lauterbrunnen

Grütschalp

Weng

레만 호수

리옹,
파리 방면

몽트뢰
Montreux

Montbovon

Château-d'Oex

Les Diablerets

Lötschberg-Basistunnel 34.6km

칸데르슈테크
Kandersteg

Lötschberg-Scheiteltunnel 14.6km

Goppenstein

뮈렌
Mürren

Aigle

Champéry

크랑 몬타나
Crans Montana

로이커바트
Leukerbad

Blatten

정차하지 않는 EC가 있음

Ju

역 이름

Martigny

Sion

Sierre/Siders

Leuk

비스프
Visp

브리크
Brig

역 이름

Le Châtelard Frontière

Sembrancher

Orsières

Evolène

Vissoie

Stalden-Saas

Sir 19

※ 소요 시간은 대략의 시간을 표시한 것임.
검은 선 위의 소요 시간은 주로 IR 등의 우등
열차를 기준으로 한 것이지만, 여행자의
이용 빈도가 높은 구간에서 열차의 종류에
따라 소요 시간의 차이가 크다고 판단되는
경우에는 아래와 같이 표기했음.
또한 등산철도 상행·하행 간의 소요
시간의 차이가 큰 노선에도 아래와 같은
방식으로 표기했음.

0.45~1.05

Les Haudères

Zinal

체르마트
Zermatt

사스페
Saas Fee

Simplon Pass

샤모니 몽블랑
Chamonix Mont-Blanc
F

Arolla

Aosta
I

고르너그라트
Gornergrat

Domodoss
I

생제르베,
리옹 방면

토리노 방면

밀라노 방면

St. Bernard Pass

78

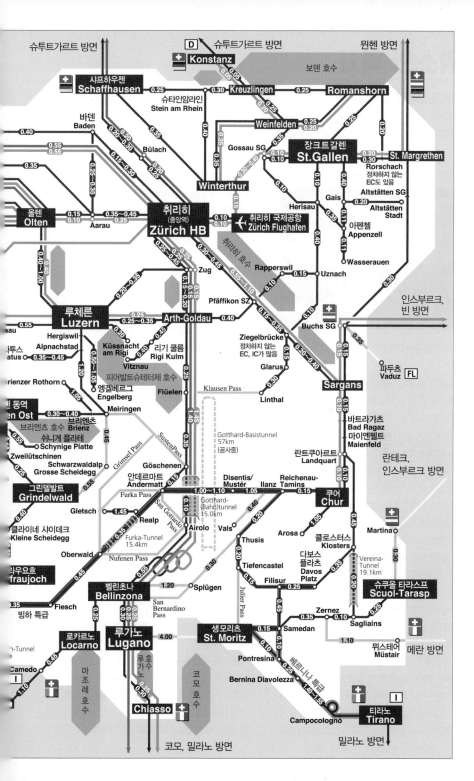

스위스의 역사

스위스에서 가장 오래된 인류의 자취는 구석기 시대로 거슬러 올라간다. 신석기 시대에는 취리히 호반, 레만 호반 등에서 사람들이 집단을 형성했던 것으로 추측된다. 역사상 스위스가 처음 등장하는 때는 켈트인이 살고 있는 헬베티아(Helvetia)에 로마인이 침입한 기원전 58년이다. 헬베티아는 현 스위스 지역의 옛 이름이다.

게르만 민족의 대이동

스위스는 로마 제국의 속령으로 번영을 누렸다. 남쪽에서 알프스를 넘는 군사 도로가 정비되었으며, 상인의 왕래가 시작되어 도시다운 모습을 갖춘 촌락이 생겨났다. 현재의 제네바, 취리히, 바젤 등은 모두 로마 제국 통치 시대에 형성되었다.

4세기 말, 게르만 민족의 대이동이 시작되자, 스위스에도 새로운 민족이 들어오게 된다. 이들은 모두 게르만 민족의 일족인 알레만족(독일어계), 부르군트족(프랑스어계), 랑고바르드족(이탈리아어계)이었다. 원래 이곳에 살던 켈트인의 한 부족이었던 레토로망인(로망슈어계)은 그라우뷘덴 지방의 계곡 지대로 옮겨갔다. 다언어 국가 스위스의 원점은 바로 여기에 있다.

6세기 들어 유럽 전역을 지배하던 프랑크 왕국의 지배하에 들어가게 되었으며, 11세기 초에는 신성 로마 제국에 병합되었다.

그 사이에 힘을 비축한 부류가 봉건 귀족 계급이었으며, 특히 베른을 거점으로 한 체링엔가는 광대한 영지를 소유했다. 현재 베른주의 주 깃발은 체링엔가의 문장에서 유래한 것이기도 하다. 1218년 후계자가 없어 체링엔가가 사라지자 사보이가와 합스부르크가에서 영토를 절반씩 나누어 가졌다. 그리고 합스부르크가의

루돌프 1세가 독일 황제가 된 무렵부터 스위스에 독립 기운이 고조되기 시작했다.

스위스 연방의 탄생

13세기 후반, 합스부르크가의 루돌프 1세는 왕권이라는 이름으로 신성 로마 제국의 직할령을 합스부르크가의 영지로 바꾸려 했다. 여기에 반대하여 투쟁했던 곳이 피어발트슈테터제 주변의 우리, 슈비츠, 운터발덴 3원주(原州)다.

1291년 3주는 독립을 위한 동맹 '뤼틀리 맹약'을 맺었다. 이것이 스위스 연방의 기원이 되었으며, 이 해가 스위스 건국 원년이다. 또한 유명한 빌헬름 텔의 이야기는 건국을 둘러싼 이 시대를 배경으로 한 것이다.

1315년 합스부르크가의 레오폴트 1세를 이긴 동맹군은 '브룬네르 협정'을 체결하고 이때부터 스위스라는 이름을 사용하게 되었다. 스위스(슈바이츠)는 3주 중 한 주인 슈비츠가 어원이다.

그 후 1353년까지 3원주에 루체른, 취리히, 추크, 글라루스, 베른이 동맹을 맺어 8주가 되었다. 또 오스트리아 황제 막시밀리안의 군대를 이긴 1513년에는 13주가 동맹을 맺어 사실상 신성 로마 제국으로부터 독립했다. 이 무렵부터 스위스의 군사력이 맹위를 떨치게 되었으며 각국은 앞 다투어 스위스인 병사를 용병으로 삼았다. 스위스는 그 보상으로 많은 토지와 재력을 손에 넣었다.

동맹 13주의 결속을 더욱 강화시킨 사건은 16세기에 일어난 종교 혁명 운동이었다. 취리히를 중심으로 활약했던 츠빙글리가 전사하자 혁명 운동의 거점은 13주의 동맹과 밀접한 관계가 있었던 제네바로 옮겨갔으며, 칼뱅 등에 의해 운동은 보다 강력하게 추진되었다.

베른 구시가

이윽고 유럽에서 종교 전쟁으로는 최대 규모인 30년 전쟁(1618~1648)이 발발하자 중립을 고수했던 스위스는 국력을 증강했으며, 전쟁 후인 1648년 '베스트팔렌 조약'을 맺음으로써 신성 로마 제국으로부터 정식으로 독립을 쟁취했다.

영세 중립국으로 거듭나는 길

1798년 프랑스 나폴레옹군의 침입에 의해 13주의 동맹은 붕괴되었다. 중앙 집권 국가인 헬베티아 공화국이 일시적으로 성립되었지만 1803년 다시 연방국가가 되었다. 이때 주는 19주로 늘어났다. 그리고 나폴레옹이 실각한 후, 1815년 비엔나 의회에서 22주로 구성된 연방국가가 정식으로 인정되었고, 동시에 유럽 각국에 영세 중립을 확인시켰다. 30년의 전쟁 이래 스위스의 전통이었던 중립의 자세가 이때 확실한 형태로 자리잡았다.

하지만 종교의 대립으로 스위스는 다시 흔들렸다. 1846년 가톨릭 신앙을 가지고 있던 주들이 동맹에서 탈퇴하여 '분리 동맹'을 결성한 것이다. 하지만 베른에서 열린 중앙회의에서 나머지 모든 주가 결속하여 '분리 동맹'의 해체를 선언하고 무력 개입을 결정했다. 이로 인해 일어난 분리 동맹 전쟁에서 분리 동맹군이 패

배하면서 화해의 길이 열렸다. 이후 1848년 연방 정부 · 연방 헌법이 탄생했으며 수도를 베른으로 정했다. 19세기 후반부터 20세기 전반에 걸친 파란의 시대에 두 번의 세계대전을 비롯하여 많은 전쟁이 있었지만 스위스는 완강하게 중립을 지켜냈다. 그리고 중립만이 스위스의 방침이자 스위스가 살아갈 길이 되었다.

중립을 지키는 스위스에 국제기관의 본부가 설치되며, 세계 외교의 무대로 적합하기 때문에 특히 제네바에 관련 기관이 집중되어 있다. 현재 제네바에는 국제 연합 유럽 본부를 비롯하여 여러 국제기관의 본부가 있다. 또한 중립성을 살려 스위스는 인도주의의 기수로서 활약하고 있다. 대표적인 것이 1863년 스위스인 앙리 뒤낭에 의해 설립된 국제 적십자(본부는 제네바)다. 우리에게 익숙한 국제 적십자 마크(흰 바탕에 붉은 십자)는 앙리 뒤낭의 조국 스위스에 경의를 표하는 뜻에서 스위스의 국기(붉은 바탕에 흰 십자)의 배색을 반대로 한 것이다. 또 하나가 국경을 넘어 활약하는 스위스 구조대다. 전 세계에서 재해가 나면 지원에 나서는 정부 관련 조직이다. 오랜 시간에 걸쳐 이르게 된 '중립'이라는 결론, 이것이 현대 스위스의 초석이 되었다.

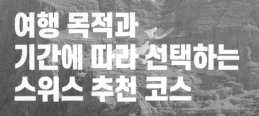

여행 목적과
기간에 따라 선택하는
스위스 추천 코스

1주일 코스부터 1개월 코스까지 다양한 코스를 소개한다. 여기서 제시한 코스를 골라 그대로 따라가도 되고, 자신의 취향에 따라 세부적인 이동 경로를 적절히 변경하면서 알찬 여행을 즐겨보자.

허니문과 휴가를 위한 1주 코스

일자	도시	숙박	이동 방법
1일째	취리히(in)→베른	베른 1박	취리히 중앙역→베른역, IC 열차로 1시간 소요
2일째	베른→몽트뢰	몽트뢰 1박	베른역→로잔역(환승)→몽트뢰역, IC와 IR 열차로 1시간 30분 소요
3일째	몽트뢰→제네바(로잔)	제네바 1박	몽트뢰역→제네바 코르나뱅역, IR 열차로 1시간 5분 소요
4일째	제네바→인터라켄 (융프라우)	인터라켄 2박	제네바 코르나뱅역→베른역(환승)→인터라켄 서역, IR과 IC 열차로 2시간 40분 소요
5일째	인터라켄		
6일째	인터라켄→루체른	루체른 1박 (또는 당일치기)	인터라켄 동역→루체른 중앙역, IR 열차로 1시간 50분 소요
7일째	루체른→취리히(out)		루체른 중앙역→취리히 중앙역, IR 열차로 1시간 소요

짧은 일정으로 스위스를 처음 여행하는 이들에게 추천한다. 취리히를 출발점으로 스위스 중심부의 주요 도시와 알프스를 돌아보는 코스다. 베른과 루체른으로 대표되는 스위스의 중세 도시와 쇼핑의 천국 제네바, 레만 호숫가의 낭만적인 도시 몽트뢰, 스위스 알프스의 대명사 융프라우를 포함하고 있다. 몽트뢰에서는 레만 호수를 따라 브베, 라보 지구 포도밭을 돌아보면 좋고, 제네바에서는 로잔을 당일치기로 다녀오기 좋다. 융프라우에서는 그린델발트에 숙소를 잡고 VIP 패스를 활용해서 융프라우요흐 전망대와 그린델발트 주변 하이킹 코스까지 돌아보는 것도 좋다. 일정을 고려해서 루체른은 1박 혹은 당일치기로 탄력 있게 조절하면 된다.

인터라켄에서 만난 요들송 합창단

리기산 하이킹

몽트뢰의 시용성

취리히
IN OUT
베른
루체른
인터라켄
몽트뢰
제네바

대표 여행지 콕 집어 둘러보기 2주 코스

일자	도시	숙박	이동 방법
1일째	취리히(in)→바트라가츠	바트라가츠 1박	취리히 중앙역→바트라가츠역, 직행 RE 열차로 1시간 15분 소요, 또는 IC와 S선으로 1시간 5분 소요(자르간스에서 환승)
2일째	바트라가츠→생모리츠	생모리츠 1박	바트라가츠역→쿠어역(환승)→생모리츠역, RE 열차로 2시간 25분 소요
3일째	생모리츠→루가노	루가노 1박	생모리츠역→티라노역, 베르니나 특급 열차로 2시간 30분 소요. 티라노에서 베르니나 특급 버스로 환승. 루가노 하차(총 3시간 20분 소요)
4일째	루가노→체르마트 (마터호른)	체르마트 2박	루가노역→벨린초나역→괴세넨(Göschenen) 역→ 비스프(Visp)역→체르마트역(3회 환승), 5시간 40분 소요
5일째	체르마트		
6일째	체르마트→몽트뢰	몽트뢰 1박	체르마트역→비스프역(환승)→몽트뢰역, IR과 R 열차로 2시간 40분 소요
7일째	몽트뢰(브베, 라보 지구)→그뤼에르	그뤼에르 1박	몽트뢰역→몽보봉(Montbovon)역(환승)→그뤼에르역, R과 S선 열차로 1시간 15분 소요
8일째	그뤼에르→제네바	제네바 1박	그뤼에르역→뷜(Bulle)역→로몽(Romont)역 →제네바 코르나뱅역(2회 환승), S선과 RE 열차로 2시간 10분 소요
9일째	제네바(로잔)→베른	베른 1박	제네바 코르나뱅역→베른 중앙역, IR이나 IC 열차로 1시간 40분 소요
10일째	베른→인터라켄	인터라켄 2박	베른 중앙역→인터라켄 서역, IC 열차로 47분 소요
11일째	인터라켄(융프라우)		
12일째	인터라켄→루체른(리기)	루체른 1박	인터라켄 동역→루체른 중앙역, IR 열차로 1시간 50분 소요
13일째	루체른→바젤	바젤 1박	루체른 중앙역→바젤 SBB역, IR 열차로 1시간~1시간 15분 소요
14일째	바젤→취리히(out)		바젤 중앙역→취리히 중앙역, IR · IC 열차로 1시간 내외 소요

여름철의 바덴

바츠라가츠의 평화로운 풍경

기차역에서 본 그뤼에르

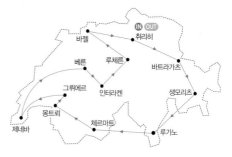

스위스의 대표적인 여행지를 돌아보는 루트. 취리히를 출발점으로 시계 방향으로 스위스를 한 바퀴 돌아본다. 취리히에서 온천 도시 바트라가츠, 유럽 귀족들의 휴양 도시 생모리츠, 이탈리아풍 도시 루가노를 거쳐 마터호른이 있는 체르마트로 이동한다. 체르마트에서 레만 호수 방향으로 몽트뢰, 브베, 라보 포도밭 지구를 돌아보고 치즈로 유명한 그뤼에르에 들린 후 제네바로 들어간다. 쇼핑의 천국 제네바와 로잔을 돌아본 후 스위스 수도인 베른, 융프라우를 탐험할 수 있는 루체른으로 이동한다. 루체른에서 오전과 낮 시간에 리기산을 당일치기로 다녀오고 나머지는 시내를 돌아보면 좋다. 3국 국경 도시인 바젤에서는 독일과 프랑스까지 여행할 수 있는 지리적인 이점이 있다. 일정을 살펴보고 융통성 있게 조절한다. 취리히에서 온천 도시인 바덴이나 라인펠덴(바젤에서 가도 된다)에 당일치기로 다녀오는 것도 좋다.

융프라우요흐로 향하는 JB 열차

장기 여행자를 위한 한 달 살기 코스

일자	도시	숙박	이동 방법
1일째	취리히(in)→장크트갈렌	장크트갈렌 1박	취리히 중앙역→장크트갈렌역, IC나 EC 열차로 1시간~1시간 15분 소요
2일째	장크트갈렌→아펜첼	아펜첼 1박	장크트갈렌역→아펜첼역, S선으로 50분 소요
3일째	아펜첼→바트라가츠	바트라가츠 2박	아펜첼역→장크트갈렌역(환승)→바트라가츠역, S선과 RE 열차로 1시간 55분 소요
4일째	바트라가츠(마이엔펠트 당일치기)		바트라가츠역→마이엔펠트역, S선 열차로 2분, 버스로 15분 소요
5일째	바트라가츠→생모리츠	생모리츠 2박	바트라가츠역→쿠어(Chur)역(환승)→생모리츠역, RE 열차로 2시간 25분 소요
6일째	생모리츠		
7일째	생모리츠→티라노	티라노 1박(또는 당일치기)	생모리츠역→티라노역, 베르니나 특급이나 R 열차로 2시간 30분 소요
8일째	티라노→루가노	루가노 1박	티라노 버스 정류장→루가노역, 버스로 3시간 20분 소요
9일째	루가노→로카르노	로카르노 1박	루가노역→쥬비아스코(Giubiasco)역(환승)→로카르노역, S선 열차로 1시간 소요
10일째	로카르노→벨린초나	체르마트 2박	로카르노역→벨린초나역, IR이나 S선 열차로 20~25분 소요
	벨린초나→체르마트		벨린초나역→괴쉐넨(Göschenen)역 →비스프역→체르마트역(2회 환승), IR과 R 열차로 5시간 10분 소요
11일째	체르마트		
12일째	체르마트→사스페	사스페 1박	체르마트역→슈탈덴 사스(Stalden–Saas)역 (버스로 환승)→사스페 버스 터미널, 총 1시간 50분~2시간 소요
13일째	사스페→로이커바트	로이커바트 1박	사스페 버스 터미널→로이커바트 버스 터미널(2회 환승), 총 2시간 15분 소요. ※사스페~비스프는 버스로, 비스프~로이크(Leuk)는 기차로, 로이크~로이커바트는 버스로 이동
14일째	로이커바트→크랑몬타나	크랑몬타나 1박(또는 2박)	로이커바트 버스 터미널→몬타나 푸니쿨라역(2회 환승), 총 1시간 30분 소요 ※로이커바트~로이크는 버스로, 로이크~시에르(Sierre)는 기차로, 시에르~몬타나는 푸니쿨라로 이동

⋮ 다음 페이지로 코스가 이어진다.

당일치기로 가기 좋은 마이엔펠트의 포도밭 풍경

1개월 정도의 일정으로 스위스를 구석구석 돌아보고 싶은 장기 여행자에게 추천하는 코스. 취리히에서 출발해 시계 방향으로 스위스의 대표 도시들을 포함해서 크고 작은 도시들과 알프스 대자연 속 트레킹, 신나는 액티비티도 즐기고 온천 마을에서 휴식도 취하면서 스위스의 모든 면들을 즐길 수 있다.

스위스 패스를 구입해서 열차 이용을 주로 하는 편이 여러모로 유용하고 교통비 절감 차원에서도 효율적이다. 독특한 목조 주택과 청정한 자연으로 둘러싸인 아펜첼을 거쳐 알프스 소녀 하이디의 마을 마이엔펠트와 바트라가츠에 들러 동화 속 풍경들을 감상할 수 있다. 동계 올림픽의 도시이자 고급 휴양지 생모리츠에서 베르니나 특급 열차를 타고 이탈리아 국경 마을 티라노에 도착한 후 연계된 베르니나 버스를 타고 루가노까지 이어지는 여정은 낭만적이기까지 하다. 루가노 주변의 도시들을 거쳐 발레주를 대표하는 알프스 휴양 마을 체르마트에서 2박 정도 머무르며 마터호른 주변의 대자연 속에서 트레킹을 즐기며 알프스 자연을 만끽하자.

숨어 있는 보석 같은 사스페를 거쳐 스위스 대표 온천 휴양지 로이커바트는 발레주 여행의 특별한 즐거움이다. 프랑스어권에 속하는 몽트뢰, 로잔, 그뤼에르, 제네바는 아름다운 호수와 치즈, 그리고 스위스 와인을 즐길 수 있는 지역이다. 프리부르와 수도이자 중세 도시 베른을 거쳐 스위스 알프스를 대표하는 융프라우를 탐험하는 전초 기지인 인터라켄에서 3박 정도 머물면서 알프스 트레킹과 자연 속 다양한 액티비티를 즐겨보자. 스위스 중부에서 가장 아름다운 중세 도시 루체른에 2박 정도 머물면서 리기, 필라투스, 티틀리스 중에서 체력과 일정이 맞는 곳에 당일치기로 다녀오자. 스위스 북부에서 가장 풍요로운 도시이자, 3국 국경이 만나는 도시 바젤을 거쳐 취리히와 근교 도시 여정으로 마무리하면 스위스 일주 여행이 완성된다.

로이커바트의 노천 온천

사스페의 전통 가옥

일자	도시	숙박	이동 방법
15일째	크랑몬타나→몽트뢰	몽트뢰 2박	몬타나 푸니쿨라역→몽트뢰역(1회 환승), 총 1시간 40분 소요 ※몬타나~시에르는 푸니쿨라로, 시에르~몽트뢰는 기차로 이동
16일째	몽트뢰(브베, 라보 지구)		
17일째	몽트뢰(브베, 라보 지구)→그뤼에르	그뤼에르 1박	몽트뢰역→몽보봉(Montbovon)역(환승)→그뤼에르역, R 열차와 S선 열차로 1시간 15분 소요
18일째	그뤼에르→로잔	로잔 1박	그뤼에르역→뷜(Bulle)역→로몽(Romont)역→로잔역(2회 환승), 열차로 총 1시간 20분~1시간 40분 소요
19일째	로잔→제네바	제네바 2박	로잔역→제네바 코르나뱅역, IR 열차로 40분 소요
20일째	제네바		
21일째	제네바→프리부르	프리부르 1박	제네바 코르나뱅역→프리부르역, IR · IC 열차로 1시간 20분 소요
22일째	프리부르→베른	베른 1박	프리부르역→베른 중앙역, IR · RE · IC 열차로 22분 소요
23일째	베른→인터라켄	인터라켄 3박	베른 중앙역→인터라켄 서역, IC 열차로 50분 소요
24일째	인터라켄(융프라우)		
25일째	인터라켄(융프라우)		
26일째	인터라켄→루체른	루체른 2박	인터라켄 동역→루체른 중앙역, IR 열차로 1시간 50분 소요
27일째	루체른(리기 · 필라투스 · 티틀리스)		
28일째	루체른→바젤	바젤 2박	루체른 중앙역→바젤 중앙역, IR 열차로 1시간~1시간 15분 소요
29일째	바젤		
30일째	바젤→샤프하우젠	취리히 2박	바젤 중앙역→취리히 중앙역(환승)→샤프하우젠역, 열차로 1시간 50분 소요
	샤프하우젠→슈타인암라인		샤프하우젠역→슈타인암라인역, S선 열차로 24분 소요
	슈타인암라인→취리히		슈타인암라인역→빈터투어(Winterthur)역(환승)→취리히 중앙역, 열차로 1시간 5분 소요
31일째	취리히		
32일째	취리히(out)		

라보 지구의 포도밭길 하이킹

샤프하우젠의 기사의 집

티틀리스산의 트림제

꽃을 따라가는 여행

일자	도시	숙박	이동 방법
1일째	제네바(in)→몽트뢰	몽트뢰 1박	제네바 코르나뱅역→몽트뢰역, IR·EC 열차로 1시간 소요
	몽트뢰 호반 산책로 '꽃의 길' ·레 플레이아드 수선화 언덕		몽트뢰역→브베역(환승)→레 플레이아드역, 1시간 소요. 레 플레이아드 구경 후 다시 몽트뢰로.
2일째	몽트뢰→ 크랑몬타나	크랑몬타나 2박	몽트뢰역→몬타나 푸니쿨라역, 총 2시간 30분 소요 ※몽트뢰~시에르는 기차로 이동(브베에서 환승), 시에르~몬타나는 푸니쿨라로 이동
3일째	크랑몬타나 대폭포 주변 초원 하이킹		
4일째	크랑몬타나→ 쉬니게 플라테 (고산 식물원)	인터라켄 2박	몬타나 푸니쿨라역→쉬니게 플라테역, 총 2시간 40분 소요. 쉬니게 플라테 감상 후 인터라켄에서 숙박 ※몬타나~시에르는 푸니쿨라로 이동, 시에르~쉬니게 플라테는 기차로 이동 (비스프, 슈피츠, 인터라켄 동역, 빌더스빌에서 4회 환승)
5일째	인터라켄, 융프라우 하이킹·고산 지대 야생화 감상		융프라우 철도 이용
6일째	인터라켄→베른 장미 정원	베른 1박	인터라켄 동역→베른 중앙역, 열차로 1시간 소요
7일째	베른→취리히(out)		베른 중앙역→취리히 중앙역, IC 열차로 1시간 소요

스위스 알프스만큼 아름다운 꽃들로 가득한 청정한 자연을 가진 곳은 드물다. 꽃 여행을 하기에 가장 좋은 계절은 봄부터 여름까지. 꽃 여행의 출발은 제네바 근처 몽트뢰가 적당하다.

'꽃의 길'이라고 불리는 몽트뢰 호반 산책로, 5~6월 흰색의 수선화로 뒤덮이는 레 플레이아드 언덕, 야생화와 고산 식물의 천국인 크랑몬타나의 대폭포가 있는 초원, 쉬니게 플라테 고산 식물원(5~10월 개방), 베른의 소박한 장미 정원 등을 거쳐 취리히에서 여행을 마무리한다.

레 플레이아드의 수선화 언덕

쉬니게 플라테 고산 식물원

최고의 트레킹 코스

일자	도시	숙박	이동 방법
1일째	취리히(in)→아펜첼 (제알프제 트레킹)	아펜첼 1박	취리히 중앙역→고사우(Gossau) SG역 또는 장크트갈렌역(환승)→ 아펜첼역, 열차로 1시간 50분 소요
2일째	아펜첼→루체른 (리기 쿨름 트레킹)	루체른 1박	아펜첼역→고사우역 또는 헤리자우(Herisau)역(환승)→루체른역, 열차로 2시간 50분 소요
3일째	루체른→그린델발트 (피르스트 트레킹, 보르트-그린델발트 트레킹)	그린델발트 1박	루체른역→인터라켄 동역(등산 열차로 환승)→그린델발트, 총 2시간 35분 소요
4일째	그린델발트→체르마트 (5 호수의 길 & 로텐보덴-리펠알프 트레킹)	체르마트 1박	그린델발트 역→체르마트역, 열차로 총 2시간 55분 소요. ※인터라켄 동역, 슈피츠(Spiez), 비스프(Visp)역에서 3회 환승
5일째	체르마트→크랑몬타나 (대폭포 트레킹)	크랑몬타나 1박	체르마트역→비스프역(환승)→시에르역/ 시에르 푸니쿨라역(푸니쿨라로 환승)→몬타나 역, 총 2시간 25분 소요
6일째	크랑몬타나→몽트뢰 (라보 포도밭길 트레킹)	몽트뢰 1박	몬타나→시에르 푸니쿨라역(푸니쿨라)/시에르역→몽트뢰역(열차), 총 1시간 35분 소요
7일째	몽트뢰→제네바(out)		몽트뢰역→제네바역, 직행열차로 1시간 10분 소요 ※로잔에서 환승하는 경우 1시간 20분 소요

아펜첼 트레킹

5 호수의 길 중 라이제

피르스트 트레킹

취리히 IN
아펜첼
루체른
그린델발트
몽트뢰
크랑몬타나
제네바 OUT
체르마트

세계에서 가장 긴 트레킹 코스가 있는 스위스는 그야말로 트레킹 애호가들에게는 천국과도 같은 곳이다. 트레킹에 적합한 시기는 6∼9월이다. 취리히로 입국해서 스위스 북부와 중부, 남부 알프스를 거쳐 제네바로 이어지는 코스가 무난하다. 센티스산을 중심으로 한 아펜첼란트의 대자연은 아직은 일반 여행자들에게 덜 알려져 있어 여유롭게 트레킹을 즐길 수 있다.

루체른에서는 당일치기로 다녀올 수 있는 리기산이 트레킹에 딱 적당하다. 리기 쿨름까지 VRB 등산 철도를 타고 올라가, 루체른 호수를 내려다보면서 산길을 내려오는 비교적 편안한 코스이다. 루체른에서 좀 더 여유가 있다면 세계 최고의 급경사를 자랑하는 필라투스산 정상역을 나와서 능선을 따라 이어지는 트레킹을 추천한다. 그린델발트에서는 피르스트∼바흐알프 호수 코스가 힘들지 않으면서도 대자연의 깊은 속살을 느낄 수 있어 좋다. 피르스트 아래쪽 보르트에서 그린델발트까지 내려오는 코스는 내리막이어서 힘이 덜 들면서 아이거 북벽을 바라보며 여유롭게 트레킹을 즐길 수 있다.

체르마트 주변의 추천 트레킹 코스는 알프스의 여왕이라고도 불리는 마터호른을 바라보며 걸을 수 있다. 마터호른 일대의 5개 호수를 이어주는 5 호수의 길은 조금 가파른 구간도 있지만 청정한 대자연을 만끽할 수 있는 코스다. 좀 더 무난한 구간은 로텐보덴에서 리펠알프까지 이어지는 구간이다. 크랑몬타나로 이동해서 대폭포 트레킹 코스를 걸어보자. 그리 힘들지 않으며 물길을 따라 걷는 평화로운 코스다. 몽트뢰에서 로잔까지 이어지는 라보 지구의 포도밭 코스는 와인 마을을 군데군데 들르며 와인을 맛보는 체험도 할 수 있다.

리기 쿨름 트레킹

최고의 철도 여행 코스

일자	도시	숙박	이동 방법
1일째	취리히(in)→루체른 (리기산 등산 철도)	루체른 2박	취리히역→루체른역, IR 열차로 50분 소요. 루체른→리기산, 호수 유람선과 철도 이용
2일째	루체른 (필라투스산 등산 철도)		루체른역→알프나흐슈타트역, S5 열차로 17분 소요. 맞은편에서 필라투스 등산 철도 이용, 정상까지 30분 소요
3일째	루체른→브리엔츠 (로트호른행 BRB 등산 열차)→인터라켄	인터라켄 2박	루체른역→브리엔츠역, 골든패스 파노라마 또는 IR 열차로 1시간 30분 소요. 브리엔츠역→인터라켄역, IR 열차로 20분 소요
4일째	인터라켄 (융프라우 등산 열차)		
5일째	인터라켄→몽트뢰	몽트뢰 1박	인터라켄역→슈피츠역→비스프역→몽트뢰역(2회 환승), 총 2시간 20분 소요
6일째	몽트뢰(초콜릿 열차) →체르마트	체르마트 2박	몽트뢰역→비스프역(환승)→체르마트역, 총 2시간 30분 내외 소요
7일째	체르마트(고르너 그라트 등산 열차)		
8일째	체르마트(빙하 특급) →생모리츠	생모리츠 1박	체르마트역→생모리츠역, 빙하 특급으로 8시간 소요
9일째	생모리츠 (베르니나 특급)→루가노	루가노 1박	생모리츠역→티라노역(베르니나 특급 열차로 약 2시간 10분 소요), 티라노 버스 정류장→루가노 (버스 약 3시간 10분 소요), 대기 시간 포함 총 6시간 40분 소요
10일째	루가노→밀라노(out)		루가노역→밀라노 국제공항, 말펜사 익스프레스(버스)로 1시간 15분 소요

베르니나 특급 구간 중 브루시오 360도 루프 다리

리기의 VRB 등산 열차

빙하 특급 내부

알프스의 대자연 구석구석 깊숙이 닿을 수 있는 다양한 등산 철도와 테마 열차로 색다른 기차 여행을 즐겨보자. 루체른에서는 리기산 정상(리기 쿨름)까지 올라가는 유럽 최초의 등산 철도 VRB 철도와 필라투스산 정상까지 세계 최고의 급경사를 올라가는 PB 등산 철도를 타보자. 루체른에서 인터라켄으로 이어지는 구간은 골든패스 파노라마 특급 열차가 달리는데, 통유리로 된 객실 덕분에 마치 스위스의 자연 속을 맨몸으로 달리는 기분이 든다. 브리엔츠에서는 5~10월 사이에 증기 기관차를 운행하므로 색다른 철도 여행의 즐거움을 맛볼 수 있다. 인터라켄에서는 융프라우의 자연 속을 달리는 등산 열차를 타고 클라이네 샤이데크까지 올라간 후 융프라우 열차를 타고 유럽에서 가장 높은 곳에 자리 잡은 융프라우요흐 정상역(해발 3,454m)까지 올라가서 빙하와 만년설을 즐겨보자.

인터라켄에서 골든패스 파노라마 특급 열차를 타고 몽트뢰로 이동한 후 몽트뢰에서 출발하는 초콜릿 열차를 타보자. 체르마트에서 빙하 특급 열차를 타고 생모리츠까지 이동한다. 생모리츠에서는 베르니나 특급 열차를 타고 국경 너머 이탈리아의 티라노까지 갔다가 티라노에서 연계된 베르니나 특급 버스를 타고 루가노까지 이동하면 된다. 그라우뷘덴주의 다채로운 마을과 계곡, 빙하와 산들을 지나며 최고의 풍경을 선사한다. 루가노에서는 이탈리아 밀라노 국제공항까지 버스로 쉽게 이동할 수 있으므로 밀라노에서 출국하는 것이 편리하다.

빙하 특급 식당칸

빙하 특급 열차

초콜릿 열차 내부

필라투스 등산 열차

유네스코 세계 유산 여행

일자	도시	숙박	이동 방법
1일째	취리히(in)→장크트갈렌 (장크트갈렌 수도원 도서관)	장크트갈렌 1박	취리히 중앙역→장크트갈렌역, IC 열차로 1시간 10분 소요
2일째	장크트갈렌→생모리츠 (뮈스테어성 요한 베네딕트 수도원)	생모리츠 1박	장크트갈렌역→쿠어(Chur)역(환승)→생모리츠역, RE 열차로 3시간 30분 소요 ※생모리츠에서 체르네츠(Zernez)까지 기차로 이동 후 체르네츠에서 버스로 갈아타고 수도원까지 이동. 총 2시간 40분 소요
3일째	생모리츠→벨린초나 (벨린초나 3개의 중세 성)	벨린초나 1박	생모리츠역→투시스(Thusis)역 / 투시스(버스로 환승)→벨린초나, 열차와 버스로 총 3시간 15분 소요.
4일째	벨린초나→인터라켄 (융프라우요흐 전망대, 알레치 빙하)	인터라켄 1박	벨린초나역→루체른역(환승) →인터라켄 동역, IR 열차로 총 4시간 20분~4시간 50분 소요
5일째	인터라켄→베른 (베른 구시가)	베른 1박	인터라켄 서역→베른역, IC 또는 ICE 열차로 약 52분 소요
6일째	베른→몽트뢰 (라보 지구 포도밭)	몽트뢰 1박	베른역→로잔역(환승)→몽트뢰역, IR 열차로 1시간 35분 소요
7일째	몽트뢰→제네바(out)		몽트뢰역→제네바역, IR 열차로 1시간 5분 소요

스위스에는 9개의 세계 문화유산과 3개의 자연 유산이 있다. 모험길에 나서는 이야기 속 주인공처럼 스위스 구석구석 감춰진 유네스코 세계 유산들을 찾아 떠나는 여행을 해보는 건 어떨까?

일단 여행은 취리히에서 시작하는 것이 무난하다. 장크트갈렌의 수도원을 둘러본 다음에는 생모리츠에 숙소를 정해 두고 당일치기로 뮈스테어를 다녀오는 게 좋다. 생모리츠에서 벨린초나로 이동해서 당일치기로 벨린초나의 중세 고성 3곳을 둘러본다. 또는 베르니나 특급 열차를 타고 이탈리아 티라노에 도착한 후 연계된 베르니나 특급 버스로 갈아타고 루가노로 향한다. 루가노의 산 살바토레 전망대에 오르면 공룡을 비롯해 트라이아스기(삼첩기)의 다양한 생물 화석이 발굴된 성 조지산을 조망할 수 있다.

인터라켄으로 이동한 후 융프라우요흐 전망대로 올라가서 알레치 빙하 등 대자연의 파노라마를 감상한다. 베른에서는 아름다운 구시가를 둘러보고 몽트뢰로 이동, 라보 지구 포도밭을 감상한다.

라보 지구

라보 포도밭

벨린초나 몬토벨로성

베른 구시가

장크트갈렌 대성당 수도원

스위스 여행의 필수품
스위스 트래블 패스
Swiss Travel Pass

교통비가 비싼 스위스를 구석구석 여행한다면 외국인 여행자용 철도 할인 패스를 구입하는 것이 좋다.
패스는 출발하기 전에 한국에서 미리 구입해야 한다. 좌석 예약은 레일유럽 홈페이지에서 할 수 있다.
레일유럽 www.raileurope.co.kr

스위스 트래블 패스의 장점과 활용법

스위스의 국유 철도인 스위스 연방 철도뿐만 아니라 스위스 교통 시스템에 가맹된 모든 사철과 운송회사에 적용되기 때문에 스위스 여행에서는 특히 유용하다. 또한 스위스 내에서는 프랑스, 독일, 오스트리아 열차도 스위스 패스로 무료 이용이 가능하다. 뮤지엄 패스 겸용이기 때문에 스위스 내 대부분의 박물관, 미술관, 유적지 등에서 무료 또는 할인 요금이 적용되므로 경제적이다.

융프라우 지역에서는 융프라우 VIP 패스(동신항운 홈페이지 참조)와 함께 이중으로 할인 받을 수도 있다. 레만 호수, 툰 호수, 브리엔츠 호수, 취리히 호수 등 스위스 내 호수 유람선도 무료 이용 가능하며 스위스 대부분의 도시에서 대중교통을 무료로 이용할 수 있다. 리기산, 슈탄저호른, 슈토스 등 산악 열차와 케이블카도 무료이다. 스위스 트래블 패스를 소지한 부모와 동행하는 만 16세 미만 아동은 무료로 발급되는 패밀리 카드로 트래블 패스의 혜택을 이용할 수 있다.

스위스 트래블 패스의 주요 혜택

- 스위스 주요 도시에서 대중교통 무료 이용
- TGV Lyria 특별 패스 소지자 요금 적용
- 시티나이트라인(스위스 출발 또는 도착 노선에 한해) 특별 패스 소지자 요금 적용
- 스위스 내 500곳 이상의 박물관과 전시 무료 입장(뮤지엄 패스와 동일한 혜택). 간혹 무료가 아닌 할인 요금이 적용되는 박물관도 있으니 뮤지엄 패스 홈페이지에서 확인해 본다.
뮤지엄 패스 홈페이지 www.museumpass.ch
- 스위스 패스 적용 범위에 속하지 않는 케이블카, 등

산 열차 50% 할인. 선택 사용 패스 소지자의 경우는 할인을 받으려면 이용일을 기입한 뒤 사용해야 한다.
- 리기산 등산 철도 무료

패스의 종류

스위스 트래블 패스(연속 패스)

잦은 이동을 하는 여행자라면
스위스 트래블 시스템 네트워크 내의 모든 교통수단, 즉 열차, 포스트버스, 호수 유람선, 37개 도시의 트램과 시내버스를 유효 기간 동안 무제한 이용할 수 있는 패스. 3일, 4일, 6일, 8일, 15일 연속 패스로 나뉜다. 만 25세까지 약 30% 할인되는 유스 패스도 있다.

장점
❶ 티켓을 매번 사야 하는 번거로움과 시간 낭비를 줄일 수 있다.
❷ 1회권을 여러 번 구입하는 것보다 훨씬 경제적이며, 유효 기간 내에는 무제한 탑승이 가능하므로 교통수단을 자주 이용할수록 이익이다. 이동이 많은 여행자에게는 더할 나위 없이 좋은 패스다.
❸ 스위스 국철은 모두 무제한 이용 가능하며 빙하 특급, 베르니나 특급, 골든패스 파노라마 등 특급 열차도 추가 요금 없이 이용할 수 있다(단 예약 요금은 별도로 지불해야 한다).
❹ 리기산을 오르는 등산 철도를 무료로 이용할 수 있다. 무료 적용 범위에서 제외되는 등산 철도(대표적으로 융프라우 산악 철도, 체르마트 고르너그라트반 등)와 케이블카는 할인 혜택을 받을 수 있다.

스위스 트래블 플렉시 패스 (사용일 선택 패스)

한 여행지에 오래 체류하는 여행자라면
스위스 트래블 패스와 조건이 같지만, 1개월의 유효 기간 내에 자신이 원하는 날짜를 지정해서 사용이 가능하다.
스위스 트래블 패스는 정해진 기간이 지나면 쓸 수 없

스위스 트래블 패스 요금표(단위: 스위스 프랑 CHF, 2024년 기준)   ※ 만 6세 미만은 무료

패스 종류	성인(만 25세 이상)		어린이(만 6~15세)		유스(만16~24세)	
	1등석	2등석	1등석	2등석	1등석	2등석
3일 연속	389	244	194.50	122	274	172
4일 연속	469	295	234.50	147	330	209
6일 연속	602	379	301	189.50	424	268
8일 연속	665	419	332.50	209.50	469	297
15일 연속	723	459	361.50	229.50	512	328
3일 선택(1개월 내)	445	279	225.50	139.50	314	197
4일 선택(1개월 내)	539	339	269.50	169.50	379	240
6일 선택(1개월 내)	644	405	322	202.50	454	287
8일 선택(1개월 내)	697	439	348.50	219.50	492	311
15일 선택(1개월 내)	755	479	377.50	239.50	535	342

지만, 이 패스는 자신의 일정에 맞춰 날짜를 기입하면 그날은 스위스 트래블 패스처럼 대중교통을 무제한으로 이용할 수 있다.

3일, 4일, 6일, 8일, 15일 선택 패스가 있으며 패스를 사용하려면 교통수단에 탑승하기 전, 해당 칸에 날짜를 기입해야 한다.

장점

❶ 매일 혹은 자주 이동하는 여행자보다는 한 도시에 며칠 머물고 나서 이동하는 체류형 여행자에게 경제적이다.

❷ 패스 유효일인 시작일과 종료일 사이에 있는 날짜 중에서 패스에 사용일로 기입한 날짜에는 산악 열차, 일반 열차, 포스트버스 등 다양한 교통수단을 25~50% 할인된 요금으로 이용할 수 있다. 매표소에서 직원에게 패스를 제시해야 한다.

스위스 반액 카드

1개월 사용의 절반 요금으로 이용 가능

스위스 75개 도시에서 기차, 보트(유람선), 버스, 트램 등 대중교통 50% 할인 혜택을 받을 수 있는 반액 카드. 1개월 이내 연속 사용 가능.

요금 성인 CHF120

구입하기

스위스 트래블 패스는 스위스 연방 철도청의 공식 티켓샵인 스위스 트래블 센터(shop.switzerland travelcentre.com)에서 구매하면 된다. 구매 시 직접 프린트할 수 있는 티켓이나 전자 티켓(e-ticket)으로 발급받을 수 있어 편리하다. 혹시 출국 전에 미리 준비하지 못했더라도 스위스 기차역에서 역무원에게 여권을 제시하고 자신의 일정에 맞는 티켓을 바로 구입할 수 있다. 구입 시에는 여권상의 정확한 영문명, 생년월일, 유효한 여권 번호 기입이 필수다. 연령은 예약일 기준이 아닌 스위스 패스 개시일 기준이므로 유스 패스(만 16세 이상 만 25세 이하) 할인을 받기 전에 잘 확인하도록 한다.

스위스 기차역 사무실

가족 여행자는 패밀리 카드를 발급받을 수 있는데, 만 6세 이상 15세 이하의 자녀와 동반할 경우에는 5명까지 패밀리 카드 한 장으로 이용 가능하다. 스위스 패스를 소지한 법적인 보호자 최소 1인과 동반하는 만 6~15세의 아동은 무료로 제공되는 스위스 패밀리 카드로 탑승할 수 있다. 스위스 패밀리 카드는 이메일을 통해서 PDF 파일로 발송되며, 여행 전에 A4 사이즈에 맞춰 출력해 가면 된다.

좌석 예약하기

대부분의 스위스 기차들은 예약을 하지 않아도 된다. 스위스 패스가 있다면 자신이 타고자 하는 기차에 탄 뒤, 빈 자리에 앉아서 여행을 하면 된다. 다만 베르니나 익스프레스, 초콜릿 열차, 빙하 특급, 빌헬름 텔 익스프레스와 같은 특급 열차나 관광 열차는 예약이 필수이다. 특급 열차를 타기로 했다면 미리 예약비를 지불하고 예약하면 된다.

열차 예약은 레일유럽 홈페이지나 각 특급 열차 홈페이지에서 할 수 있다. 예약한 티켓은 이메일로 전자 티켓 형태로 발급되므로 인쇄해서 챙겨가는 편이 좋다. 현지에서 일정이 여유롭다면 현지 해당역 기차 사무실에서도 예약이 가능하다. 다만 좌석 확보를 위해 미리 국내에서 예약하고 가는 편이 좋다. 예약한 티켓과 스위스 패스를 소지하고 열차를 탑승하면 된다. 또한 스위스 내로 들어오는 국제선 열차도 예약이 필수이다. 국제선 열차 구간을 이용할 경우에는 미리 예약해야 한다.

개시하기

패스를 사용하기 전에 반드시 여권을 지참하고 기차역의 역무원에게 패스 사용 개시 스탬프를 받아야 한다. 역무원에게 패스와 신분증을 제시 후 밸리데이션(Validation)을 해달라고 요청하면 해당 역무원이 스탬프와 패스 개시 날짜와 종료 날짜를 기입해 준다. 여권 번호와 자신의 이름을 해당 칸에 기입하면 된다.

 스위스 트래블 패스의 유용한 정보

16세 미만의 자녀와 함께 여행한다면
스위스 패밀리 카드

스위스 패스(스위스 트래블 패스, 스위스 트래블 플렉시 패스, 스위스 트랜스퍼 패스, 스위스 트래블 패스 또는 스위스 트래블 플렉시 패스와 반액 카드 콤비 상품)를 소지한 부모 중 최소한 1명이 만 6~15세의 자녀와 함께 동행할 경우 스위스 패밀리 카드를 받을 수 있다. 스위스 패스 예약 시 자녀 동반 여부를 확정하면 받을 수 있는데, 이 패스로 자녀 1명은 무료로 이용할 수 있다.

 그 외 유용한 패스

세이버 데이 패스 Saver Day Pass

세이버 데이 패스는 스위스 철도청(SBB)에서 판매하는 데이 패스이다. 1일 CHF52으로 스위스 내 산악 열차를 제외한 기차, 배, 버스, 케이블카, 트램 등 스위스 내 대중교통을 무료로 이용할 수 있다. 만일 스위스 반액 카드(Half Fare Travelcard)를 소지하고 있다면 CHF29으로 이 패스를 이용할 수 있다. 반액 카드는 CHF185인데, 한 달간 대중교통을 절반 금액으로 이용할 수 있다. 5일 이상의 일정으로 스위스를 여행한다면 반액 카드와 함께 세이버 데이 패스를 구입해 기차와 대중교통 비용을 줄여 보자. 다만 세이버 데이 패스는 해당 날짜 기준 60일 전부터 판매하기 때문에 날짜를 정해서 사야 한다. 일정 수량이 소진되면 가격이 오르거나 판매하지 않는다. 60일 전에 오픈되자마자 사는 편이 좋다. 스위스 철도청 SBB사이트에서 구매할 수 있다.

스위스 철도청 www.sbb.ch/en/

스위스 입국 가이드

한국에서 취리히 국제공항까지는 대한항공 직항편으로 12시간이 걸리며
환승편을 이용하는 경우에는 약 14~16시간이 걸린다.
한국에서 제네바 국제공항까지는 환승편으로 약 14~16시간이 걸린다.

비행기에서 내린 다음

취리히 출구 Exit Zürich나 제네바 출구 Exit Genève 표지판을 따라간다. 취리하나 제네바 외에서 내릴 때는 환승 Transit 표지판을 따라간다.

스위스 입국 절차

입국 심사 Passport Control
3개월 이내의 체류라면 비자나 입국 카드는 필요 없다. 입국 도장도 찍어주지 않는다.
입국 심사 카운터는 스위스 · EU(Switzerland · EU)와 기타 국가(All Nationalities)로 나뉘어져 있다. 한국의 경우 기타 국가 카운터에 줄을 선다.

세관 Customs
구매한 물품 금액이 면세 범위 내라면 녹색의 면세 카운터로 향한다. 면세 범위를 넘는다면 기내에서 배부하는 신고서에 내용을 기입하여 빨간색의 과세 카운터로 향한다.
스위스의 면세 범위는 아래와 같다. 한국이 아닌 유럽 각국에서 입국하는 경우(환승은 포함하지 않음)에는 면세 범위가 절반이므로 주의한다. 또한 17세 미만의 경우 술과 담배는 면세 범위에 포함되지 않는다. 참고로 스위스는 세계 금융업의 중심 국가인 관계로 현금이나 수표의 반입과 반출에 대해 금액 제한이 없다.

스위스의 면세 범위

알코올 도수 15% 이상의 술	1ℓ
알코올 도수 15% 미만의 술	2ℓ
필터 담배	200개피
선물	금액 총 합계 CHF300 이하

스위스의 국제공항

취리히 국제공항
스위스 하늘의 대표적인 현관문인 취리히 국제공항(Zürich Flughafen)은 취리히 시내에서 북동쪽으로 약 11km 지점에 위치해 있다.
지하 2층이 국철 '취리히 공항 역', 지하 1층이 국철과 자가용으로 온 사람들을 위한 '체크인 3', 1층이 도착층으로 '어라이벌 1'과 '어라이벌 2', 2층이 '스카이메트로'와 '독 E', 그리고 3층이 출발층으로 '체크인 1'과 '게이트 A · 게이트 B', 4층이 '체크인 2'다. 스위스 항공과 스타 얼라이언스 그룹의 항공사는 '어라이벌 1'과 '체크인 1'을 이용하고 그 밖의 항공사는 '어라이벌 2'와 '체크인 2'를 이용한다.

홈페이지 www.flughafen-zuerich.ch

제네바 국제공항
스위스 하늘의 제2 현관문에 해당하는 제네바 국제공항(Genève Aéroport)은 제네바 시내에서 북서쪽으로 6km 떨어진 지점에 위치해 있다.
터미널 빌딩은 하나로 아담하고 복잡하지 않다. 지하 1층이 국철 '제네바 공항 역', 1층이 '도착층', 2층이 '체크인 층', 3층이 '출발층', 4층이 '식당가'로 구성되어 있다.
스위스와 프랑스 각 도시를 연결하는 비행편은 2층 오른편 끝의 '프렌치 섹터(French Sector)'에서 도착과 출국 수속을 밟는다.

홈페이지 www.gva.ch

제네바 국제공항

그 밖의 국제공항

바젤(유로 에어포트), 베른, 루가노에도 국제공항이 있으며, 유럽 내 노선과 국내선이 발착한다. 루가노에서 여행을 시작할 경우 이탈리아의 밀라노 말펜사 국제공항을 이용해도 편리하다. 말펜사 국제공항~루가노는 셔틀버스로 1시간 정도 걸리며, 요금은 CHF30. 시각표는 www.malpensa-express.com에서 확인한다.

공항에서 환전하기

도착층에 환전 카운터가 있으며, 비행기 발착 시간대에 영업하고 있다. 또한 곳곳에 24시간 이용할 수 있는 자동 환전기도 있다.

짐 탁송 서비스

라이제게팩 Reisegepäck

철도로 개인의 수하물을 탁송해 주는 서비스가 바로 라이제게팩(Reisegepäck)이다. 스위스 내 주요 역 사이에서 서비스된다. 라이제게팩 서비스를 하는 역에서 짐을 부친 후 이틀 후에 목적지 역에서 찾으면 된다. 예전에 제공했던 당일 배송 서비스는 이제 없어졌다. 목적지 역의 서비스 운영 시간 외 이른 아침이나 늦은 저녁에는 찾을 수 없다. 수하물을 바로 찾을 수 없는 경우에는 목적지 역에서 4일 동안은 무료로 보관을 해 준다. 그 이후부터는 1일 CHF5의 추가 요금이 붙는다. 한 곳에 최소 이틀 이상 머문다면 보내는 기차역에서 머물 예정인 주소지(숙소)로 배송할 수도 있다. 보내는 날 기준 이틀 후, 서로 약속한 시간대에 주소지로 배송이 된다.

수하물의 무게는 25kg을 넘지 않아야 하고, 일반적인 여행용 캐리어뿐만 아니라 자전거나 스키, 스노보드 등도 배송된다. 수하물에는 보내는 이의 이름, 주소, 전화번호를 적어서 잘 부착해야 한다. 접수할 때 발급받은 영수증을 잘 보관하고 있어야 한다. 요금은 수하물 1개당 CHF12, 자전거 1대당 CHF18.

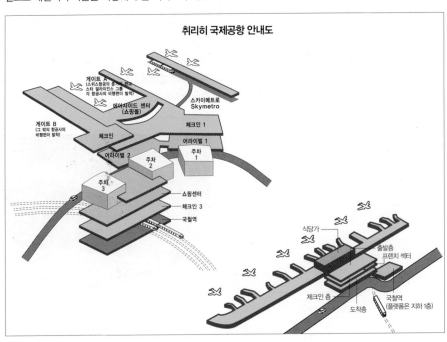

취리히 국제공항 안내도

스위스 출국 가이드

아쉽지만 여행을 끝내고 돌아가야 하는 시간. 공항으로 출발하기 전에 아래 내용을 미리 숙지해 스위스 여행을 완벽하게 마무리하자.

공항 도착 전에

짐 탁송
최종 체류지의 철도역에서 '라이제게팩(p.104 참조)' 서비스를 이용하여 취리히 공항 역이나 제네바 공항 역까지 짐을 보내거나 '플루그게팩(플라이 레일 베기지)'를 이용하여 한국의 국제공항으로 보낼 수 있다.
최종 체류지의 철도역에서 취리히 공항 역이나 제네바 공항 역까지의 거리에 따라 접수 기한이 조금씩 다르므로 스위스 정부 관광청 홈페이지나 최종 체류지의 철도역에서 미리 확인하자.
스위스 정부 관광청 www.myswitzerland.co.kr

사전 체크인
스위스 항공과 제휴 항공사 이용자는 최종 체류지의 철도역에서 짐을 '플루그게팩(플라이 레일 베기지)'으로 맡기면서 귀국편 사전 체크인도 할 수 있다. 사전 체크인을 할 수 있는 주요 철도역은 스위스 관광청 홈페이지나 스위스 항공에서 확인한다.

스위스 공항에서

부가가치세(VAT) 환급 p.23 참조
체크인 Check-in 공항에는 출발 시각 2시간 전에 가도록 한다. 이용 항공사 카운터에서 여권과 e-티켓을 인쇄물을 제시하고, 좌석을 정한 후 짐을 맡긴다.
출국 심사 Passport Control 체크인이 끝나면 출국(Departure)이나 출국 심사(Passport Control) 표지판을 따라 출국 심사대로 향한다. 입국 심사와 마찬가지로 여권만 보여주면 심사가 끝난다.
면세품 구입 Duty Free Shopping 출국 심사대를 빠져나오면 면세점이 나온다. 신용 카드, 스위스 프랑, 유로화 등으로 상품 구입이 가능하다.
환전 Exchange 다른 유럽 국가에서 스위스에 입국했다가 다시 다른 유럽 국가로 가는 경우, 사용하고 남은 스위스 프랑을 유로화나 그 나라의 통화로 다시 환전한다.

 TIP **스위스 출국 시에 유용한 플루그게팩(플라이 레일 베기지)**
Fluggepäck(Fly Rail Baggage)

출국 전날 탁송 서비스를 제공하는 기차역에서 짐을 부친 후, 출국일에는 취리히 공항에 있는 SBB 수하물 카운터에서 수하물을 찾고 체크인을 하면 된다. 32kg 이내. 수하물 하나 당 CHF22.
수하물을 부친 당일에 출국을 할 경우에는 급행(Express) 서비스를 이용해야 하며, 급행 서비스가 가능한 기차역은 그린델발트, 인터라켄 동역, 라우터브룬넨, 뮈렌, 벵겐, 체르마트 등이 있다. 급행 서비스 요금은 짐 하나 당 CHF30.
세부 내용과 예약 정보는 스위스 연방 철도(SBB) 홈페이지 참조.
홈페이지 www.sbb.ch/en/station-services/services/luggage.html

시외 교통

스위스 시외 교통에서는 거미줄처럼 연결된 철도 노선의 비중이 가장 크다.
여행의 동선과 일정에 따라 철도를 기본 이동 수단으로 삼고
그 외 다양한 교통 수단을 적절히 선택하는 편이 좋다.

철도

스위스 철도는 시간이 정확하고 안전하다. 또한 승차감이 좋고 쾌적하여 좋은 평을 받고 있다. 주요 간선은 국철이, 지선과 등산 철도는 민영 철도 회사가 운영하고 있으며 국철과 민영 철도를 합쳐 총 길이가 약 5,000km나 되는 철도망이 스위스 구석구석을 연결하고 있다. 옥의 티라면 운임이 비싸다는 점. 철도를 자주 이용할 예정이라면 각종 할인 패스(p.98 참조)를 구입하면 좋다.

참고로 철도는 독일어로 Eisenbahn(아이젠반), 프랑스어로 chemin de fer(슈맹 드 페르)이다.

국철 SBB / CFF / FFS

지역선 열차

주요 간선을 커버하는 국철의 정식 명칭은 스위스 연방 철도. SBB(독일어), CFF(프랑스어), FFS(이탈리아어)라고 줄여 말하기도 하며, 차량 측면에 3개의 약칭이 병기되어 있다. 모든 열차는 속도가 빠르며 흔들림이 적어 승차감이 매우 좋다. 각 방면에서 오는 열차가 모두 같은 시간대에 환승역에 도착하는 네트 다이어그램제를 적용하고 있어, 환승이 매끄럽다. 참고로, 우리나라의 경부선, 호남선과 같은 노선명은 없다.

민영 철도

지역선과 등산 철도를 커버하는 민영 철도의 우수성도 정평이 나 있다. 국철과 마찬가지로 요금 체계나 환승에 편리한 네트 다이어그램제를 적용하고 있다. 국철과 선로 폭이 같아서 병용하는 경우도 많다. 여행의 정취를 느낄 수 있는 관광 열차(p.40 참조)도 다양하다.

철도역 Bahnhof(반호프) / Gare(가르)

구내 시설 구내에는 현지 관광 안내소, 철도 안내소, 환전소, 라이제게팩 카운터, 코인 로커, 뷔페식 레스토랑 등이 있다. 구내의 화물 카트는 손잡이의 동전 투입구에 보증금 CHF2~5을 넣으면 자유롭게 이용할 수 있다. 사용하고 나서는 가까운 카트 보관소에 가서 다른 화물 카트에 연결하고 열쇠를 걸면 보증금이 다시 나온다. 화물 카트나 휠체어 사용을 고려하여 바닥에 턱이 없다. 또한 중앙역(Hauptbahnhof)은 HB 또는 Hbf라고 줄여 말하기도 한다.

1등석 표시　　2등석 표시

플랫폼 개찰구는 없으며 누구나 자유롭게 플랫폼이나 열차에 출입할 수 있다. 플랫폼은 선로와 높이가 같은데, 선로를 가로질러 가는 것은 금지되어 있으며 어기면 엄벌을 받게 된다. 주요 역에는 열차가 몇 번 플랫폼에서 출발하는지 알려주는 종합 안내판이 있다.

열차 1등 차량(1st Class)과 2등 차량(2nd Class)이 있다. 빙하 특급 등의 관광 열차를 제외하고 모든 좌석은 자유석이다. 행선지가 다른 차량이 연결되어 있는 경우도 많으므로 각 차량의 측면에 붙어 있는 행선 표시를 확인한다. 문은 손잡이를 돌리거나 문 옆의 버튼을 누르면 자동으로 열린다.

표 검사 스위스에서는 차내 표 검사 시스템을 운영하고 있다. 열차가 출발한 후, 차장이 돌아다니며 표 검사를 한다. 무임승차에 대한 처벌이 엄격하므로 반드시 승차권을 구입하도록 한다.

시각표 Fahrpläne(파르플랜) / l'horaire(로레르)

게시판 시각표(현지에서)
역 구내 곳곳에 그 역에서 발착하는 열차 시각표가 게시되어 있다.

열차시각표

열차 시각표 보는 법

	Zürich HB	**Basel SBB**			Zürich HB
Hinfahrt			Rückfahrt		
	ab	an		ab	an
	800 ✕	909 ✕	IC Ⓐ	808 ✕	903 ✕
IR	838 ✕	938 ✕	EC	821 ✕	922 ✕
	900 ✕	1009 ✕	IR	851 ❢	1000 ❢
	938 ❢	1038 ❢	IC	FA 908 ✕	FA1003 ✕
EC	957 ✕	1052 ✕	IR	921 ✕	1022 ✕
IR	1000 ❢	1109 ❢	ICE	948 ✕	1043 ✕
IR	FA1038 ✕	FA1138 ✕		951 ✕	1100 ✕
IR	FA1100 ✕	FA1209 ✕	IR	1021 ✕	1122 ✕
IR	1138 ❢	1238 ❢	IR	1051 ❢	1200 ❢
ICE	1157 ✕	1252 ✕	IC	1108 ✕	1203 ✕

취리히 중앙역 → 바젤

Hinfahrt = 가는 편　　Rückfahrt = 오는 편
ab = 출발 시간　　an = 도착 시간
IR = 특급 인테레기오
EC = 국제 특급 유로시티
IC = 특급 인터시티
ICE = 국제 특급 인터시티 익스프레스
FA = 어린이용 패밀리 왜건이 딸린 차

역내 전광판

'아프파르트(Abfart) / 데파르(Départ)'라고 쓰인 노란 시각표가 출발용이고, '안쿤프트(Ankunft) / 아리베(Arrivée)'라고 쓰인 하얀 시각표가 도착용이다. 시각표는 행선지 · 출발지, 출발 시각 · 도착 시각, 발착 플랫폼 번호 순으로 표시되어 있다.

역 구내의 철도 안내소에서는 해당 역 ↔ 주요 도시 간 열차의 일람 시각표(Städtefahrpläne)를 무료로 배포하고 있다. 일반 여행이라면 이것으로도 충분하다. 창구에서 주기도 하지만 대체로 안내소 구석의 바구니에 쌓여 있으므로 자유롭게 가져갈 수 있다.

인터넷 시각표(한국에서)
스위스의 철도, 포스트 버스, 호수 정기선, 등산 철도, 케이블카, 로프웨이의 최신 시각표를 인터넷에서 검색할 수 있으며 무료로 애플리케이션을 다운받을 수 있다.

스위스 정부 관광청 www.myswitzerland.co.kr
스위스 철도청 www.sbb.ch(모바일 무료 앱 SBB mobile)

승차권 Billette(빌레테) / Billet(비예)

자동발권기

장거리·중거리는 승차권 판매 카운터에서, 근거리는 승차권 판매 카운터나 자동발권기에서 구입한다. 스위스에서는 은행을 비롯하여 현금을 취급하는 카운터가 모두 그렇듯, 승차권 판매 카운터도 이용자와 직원 사이에 방재 유리가 가로막고 있어 아래의 턴테이블(회전 접시)을 사용하여 요금이나 승차권을 주고받는다. 왕복(return)인지, 편도(single)인지 / 행선지 / 1등 차량(1st Class)인지, 2등 차량(2nd Class)인지를 말하면 운임을 알려주므로 턴테이블에 돈을 올려놓고 반회전시킨다. 직원은 돈을 받고 승차권과 거스름을 올려 턴테이블로 반회전시켜 맞은편으로 넘겨준다. 행선지 이름은 발음을 하는 것보다 메모지에 철자를 적어 보여주는 것이 확실하다. 최근에는 승차권 구입 애플리케이션인 '오미오(Omio)'를 많이 이용한다. 앱을 통해 구입 시 모바일 티켓을 받게 된다.

종이 승차권은 펀칭이 필수!

열차에 탑승하기 전에 종이 승차권은 반드시 탑승 플랫폼 입구나 역사 내에 설치된 주황색 펀칭 기계에 넣어서 탑승하는 날짜와 시간이 표에 찍히도록 해야 한다. 단, 승차권 구매 어플인 '오미오(Omio)'나 스위스 철도청 'SBB mobile' 앱을 통해 모바일 승차권을 구매한 경우에는 펀칭할 필요가 없다. 모바일 승차권은 탑승 열차의 시간이 다 입력되어 있으며 본인이 구매한 그 열차만 탑승해야 하기 때문이다.

열차와 좌석의 종류

열차는 크게 국제 특급, 특급, 보통 열차로 나뉜다. 주요 도시 간을 이동할 때는 속도가 빠르고 운행 편수도 많은 국제 특급 EC(유로시티), 특급 IC(인터시티)와 특급 IR(인터레기오)이 가장 편리하다.
좌석의 경우 1등 차량(1st Class)은 우리나라의 특실, 2등 차량(2nd Class)은 일반석에 해당한다. 1등 차량은 시트 공간이 넉넉하며 승객이 적어 한산하다.

열차의 종류

특급 IC(인터시티)	주요 도시를 연결하는 특급 열차로 장거리 구간을 운행한다. 정차역이 적으며, 속도가 빠르고 운행 편수가 많다.
특급 ICN(인터시티 나이게추크)	제네바, 취리히, 장크트갈렌의 간선 노선을 연결하는 진자식 특급 열차이다.
특급 IR(인터레기오)	주요 도시 사이를 연결하는 특급 열차로 중거리 구간을 운행한다. 정차역이 적으며, 속도가 빠르고 운행 편수도 많다.
특급 RE(레기오 익스프레스)	중거리 구간을 운행하는 특급 열차이다.
보통 Regionalzug(레기오날추크)	각 역에 정차하며 단거리 구간을 운행한다.
에스 반 S-Bahn	주요 도시와 근교를 연결하는 열차. 정차역이 많다.
국제 특급 EC(유로시티)	유럽 주요 도시 간을 연결하는 특급 열차로, 스위스 전국에서 탈 수 있다. 스위스 주요 도시와 프랑스, 독일, 오스트리아, 이탈리아의 주요 도시를 연결한다.
국제 특급 ICE(인터시티 익스프레스)	최고 시속 300km의 독일 고속 특급. 스위스 주요 도시와 독일 주요 도시를 연결한다.
국제 특급 TGV(테제베)	최고 시속 300km의 프랑스 고속 특급. 스위스 주요 도시와 프랑스 주요 도시를 연결한다.
국제 특급 CIS(치잘피노)	이탈리아와 스위스가 공동으로 운행하는 특급. 스위스 주요 도시와 이탈리아 주요 도시를 연결한다.

렌터카

스위스는 도로가 잘 정비되어 있고 고속도로망이 발달해 있으며 교통 표식을 쉽게 이해할 수 있어 운전하기 좋다. 철도를 비롯하여 공공 교통 기관의 요금이 비싸므로 일행이 2명 이상이거나 이동 거리가 길 때는 렌터카를 이용하는 것이 더 저렴하다. 렌터카를 이용하면 교통편의 시각에 신경 쓸 필요 없이 자유롭게 일정을 짤 수 있으며, 무거운 짐 때문에 고생할 일도 없다. 또한 이동 중에 원하는 곳에 정차하거나 경로를 바꾸어 자유롭게 여행할 수 있다.

스위스의 도로

고속도로

고속도로(독일어 아우토반 Autobahn/프랑스어 오토루트 Autoroute/이탈리아어 아우토스트라다 Autostrada)를 나타내는 표지판은 녹색 바탕에 흰색 글자로 자동차 전용 도로의 도안이 그려져 있으며, 전국적으로 통일되어 있다. 이 마크를 따라가면 고속도로에 진입할 수 있다. 각 고속도로에 빨간색 바탕에 흰색 글자로 도로 번호가 표시되어 있다. 도시 이름 다음에 출구(Ausgang/Sortie/Uscita)라고 표시된 파란색 표지판이 출구 표시다. 입체 교차로가 많아, 지도 상에는 출구가 오른쪽이더라도 표지판은 왼쪽에 있는 경우가 많다.

고속도로를 나와 역(Bahnhof/Gare/Stazione)이나 중심지(Zentrum/Centre/Centro) 표지판을 따라가면 도시의 중심부로 갈 수 있다. 고속도로의 제한 속도는 시속 120km이며 우리나라와 달리 톨게이트가 없다. 비네트(Vignette)라는 연간 통행 스티커(CHF40)를 구입하여 앞 유리창에 붙이면 자유롭게 고속도로를 이용할 수 있으며 렌터카에는 비네트가 붙어 있다.

일반 도로

국도, 주도, 시도 등을 총칭하여 일반 도로라고 한다. 일반 도로의 표지판은 파란색이다. 제한 속도는 시가지는 시속 50km, 교외는 시속 80km다. 대도시의 시가지에서는 트램도 운행되고 있으므로 운전할 때 주의가 필요하다. 렌터카는 대도시보다 도시 간을 이동할 때 이용할 것을 권한다. 특히 제네바에서 체르마트로 빠지는 길은 렌터카를 이용하는 것이 좋다. 고속도로 1번·9번을 타고 가다 보면 시에르(Sierre)에서 고속도로 9번이 끝나고 일반 도로 9번으로 바뀐다. 일반 도로에는 종종 도시 이름 표지판과 함께 '트랜짓(Transit)'이라고 쓰인 표지판이 나온다. 그 도시에 들른다면 도시 이름 표지판 쪽으로, 그냥 통과하려면 트랜짓 표지판 쪽으로 간다.

겨울철 도로 폐쇄 상황

겨울철에는 산촌으로 이어지는 산길이나 고갯길이 눈으로 인해 폐쇄되는 경우가 있다. 산기슭에 마을 이름과 도로 개폐 상황을 기록한 표지판이 있다. '오픈(open)'이 개통, '클로즈드(closed)'가 폐쇄를 뜻한다.

카 트레인

스위스에서는 자동차에 탄 채로 올라탈 수 있는 자동차 전용 열차인 카 트레인(Car Train)이 운행되고 있다. 너무 험하여 고갯길을 만들 수 없는 뢰치베르크 고개나 겨울철에 길이 폐쇄되는 푸르카 고개와 심플론 고개 등에서는 고개 아래를 관통하여 만든 철도 터널을 달리는 카 트레인을 타고 자동차에 탄 채로 고개 반대편으로 넘어간다.

카 트레인 역의 요금소에서 요금을 지불하고 일렬로 게이트에서 대기한다. 카 트레인이 도착해 게이트가 열리면 일렬로 카 트레인에 차례대로 진입하여 앞자리부터 채운다. 자리를 잡았으면 시동을 끄고 브레이크와 사이드 브레이크를 채우고 차 안에 있어야 한다.

여행자가 가장 많이 이용하는 구간은 칸데르슈테크(Kandersteg)~고펜슈타인(Goppen~stein) 구간이다. 매일 06:00~24:00에 여름철은 15~20분 간격, 그 외의 시기에는 30분 간격으로 운행한다. 약 15분 소요. 요금은 승용차 1대 기준으로 평일 CHF20, 주말 CHF25다.

운전 규범

스위스 운전자은 운전 매너가 상당히 좋은 편이며 매너가 없는 운전자를 보는 시선은 매우 따갑다.

우측통행

스위스는 우리나라와 마찬가지로 차량은 우측통행을 한다. 2차선 이상의 길에서는 오른편이 주행 차선이며 왼편이 추월 차선이다. 우측 차선에서는 추월이 금지되어 있다.

우선권

신호가 없는 T자로나 교차로, 로터리는 우측에 있는 차에게 우선권이 있다. 또한 산길에서는 올라가는 차에 우선권이 있다.

아이들링(idling) 금지

정차 시는 물론 적신호 시에 정지해 있을 때도 반드시 엔진을 끄도록 한다.

스쿨버스는 추월 금지

스쿨버스와 산악 루트를 달리는 포스트버스(모두 차량이 노란색)는 절대로 추월해서는 안 된다.

안전벨트 착용

운전석과 조수석 안전벨트 착용은 절대적인 의무 사항이다. 또한 12세 미만의 어린이는 뒷좌석에, 7세 미만의 어린이는 카시트에 앉혀야 한다.

스위스 국외로 운전 시

스위스와 독일의 국경 도로

프랑스나 독일 등의 인근 국가로 운전을 해서 갈 때 반드시 표지판을 신경 써야 한다. 스위스는 고속도로 표지판이 녹색이고, 일반 도로 표지판이 파란색인데, 프랑스와 독일은 반대로 고속도로 표지판이 파란색이고 일반 도로 표지판이 녹색이다. 또한 프랑스는 일부 고속도로가 유료다. 고속도로 입구에 톨게이트가 있고 선불카드 지불, 거스름이 필요 없는 현금 지불, 거스름이 필요한 현금 지불의 3개 레인으로 나뉘어져 있으므로 주의해야 한다.

렌터카 이용

렌터카 회사

허츠(Herz), 에이비스(Avis) 등 국제 체인 렌터카 회사를 비롯한 약 10개의 렌터카 회사가 있는데, 스위스에서 가장 규모가 큰 회사는 허츠다.

차를 빌리기 위해서는 여권, 국제 운전 면허증, 국내 운전 면허증, 신용 카드, 1년 이상의 운전 경력, 25세 이상(렌터카 회사에 따라 규정이 다름)의 조건을 갖추어야 한다.

렌터카는 빌리는 도시에 관계없이 세제 관계로 AI(아펜첼 이너로덴 반주)나 FR(프리부르주) 번호판을 달고 있다. 최근에는 전기차 차종이 조금씩 늘어나고 있다.

허츠 Herz www.hertz.co.kr **에이비스 Avis** www.avis.com

렌털 요금

차종에 따라 다르지만, 빌리는 기간이 길수록 하루당 렌털 요금이 저렴해진다. 허츠를 예로 들면, 피아트 등 저렴한 차종을 1~2일 렌털하는 경우 하루당 CHF124, 3~4일은 하루 CHF82, 5~7일은 하루당 CHF74, 1주일 이상은 하루당 CHF53 정도다. 2~4명이 타는 경우 철도를 이용하는 것보다 저렴하다.

자동차 피해 배상 보험(대인ㆍ대물 보험)은 렌털 요금에 포함되어 있지만, 임의 가입을 해야 하는 차량 손해 보상 제도(CDW), 탑승자 피해 보험(PAI), 도난 보험(TP)은 별도로 요금을 지불해야 한다.

예약 방법

허츠나 에이비스는 한국에서 예약이 가능하며, 사전에 예약하면 할인을 받을 수 있으므로 한국에서 예약하는 것이 좋다. 특히 스위스는 오토매틱 차량이 적으므로 오토매틱 차량을 운전하려면 반드시 예약을 해야 한다.

한국 지사에 연락하여 희망하는 차종, 렌트 일시와 영업소, 반납 일시와 영업소, 이름과 연락처, 신용 카드 번호를 알려주면 예약 확인서를 전송해 준다. 예약 확인서를 지참하고 가면 현지에서 간단하게 렌터카를 받을 수 있다.

반납과 지불

반납하기 전에 기름을 가득 채워 넣는다. 시간이 없어서 기름을 넣지 못했다면 부족한 만큼의 요금을 렌터카 회사에 지불하면 된다. 차를 반납하면 직원이 차량 손상 여부를 확인하고, 문제가 없으면 렌털료를 지불한다. 차량을 빌릴 때 보증으로 제시했던 신용 카드 복사본에 합계 금액을 기입해 주므로 여기에 서명을 하면 된다.

국제공항에서 반납하는 경우

'렌털 카 리턴(Rental Car Return)' 안내 표지판을 따라가면 렌터카 전용 주차장이 나온다. 업체명이 표시된 공간에 차를 세우면 직원이 차량 손상 여부를 확인하고, 문제가 없으면 부근에 있는 카운터에서 요금을 지불한다.

주유 방법

스위스의 주유소는 셀프 서비스 방식이다. 자동판매기에 넣은 금액만큼 주유되는 선불식과 직접 필요한 양의 기름을 넣고 계산대로 가서 지불하는 후불식이 있다. 가격은 1리터 기준으로 일반 휘발유가 CHF1.70, 고급 휘발유가 CHF1.80, 경유가 CHF1.70 정도다.

선불식(자동판매기)

① 자동판매기에 CHF10~50(비어 있는 상태에서 가득 채워도 CHF50)을 넣는다. 신용 카드나 유로화도 사용 가능하다.

② 기름의 종류를 선택한다. 기름은 일반 휘발유(Bleifrei), 고급 휘발유(Super Plus), 경유(Diesel) 3가지가 있다.

③ 급유구를 열고 노즐을 꽂아 넣는다. 손잡이를 쥐면 급유가 시작된다. 넣은 금액만큼 기름이 나오며 자동적으로 멈춘다.

후불식

① 선불식 ②와 동일

② 선불식 ③과 같지만, 미터기를 보면서 필요한 양만큼 들어갔을 때 손잡이를 놓으면 급유가 정지된다. 또한 연료통이 가득 차면 자동으로 급유가 정지되므로 걱정할 필요가 없다.

③ 계산대(Kasse/Caisse/Cassa)로 가서 급유기 번호를 알려주고 기름값을 지불한다.

주차장 이용 방법

주차장

① 입차 시, 입구 게이트에서 주차권을 뽑는다.

② 출차 전, 주차장 내의 자동정산기(Kasse/Caisse/Cassa)에서 정산을 한다. 자동정산기에 주차권을 넣으면 요금이 표시되므로 금액만큼 투입한다. 요금은 스위스 프랑이나 유로화로 지불할 수 있다. 요금을 지불하면 주차권이 다시 나온다.

③ 주차권을 출구 게이트에 꽂으면 게이트가 열린다.

노상 주차

① 비어 있는 공간에 차를 세운다.

② 부근의 발권기에서 주차권을 구입한다. 요금표가 게시되어 있으므로 자신의 차를 세워둔 공간의 번호를 누르고 주차 예정 시간만큼 요금(스위스 프랑 CHF 동전만 사용 가능한 경우가 많다)을 투입하면 주차권이 나온다. 단, 최근에는 컴퓨터로 관리되어 주차권이 나오지 않는 타입도 있다.

③ 주차권을 차의 대시보드 위에 잘 보이도록 놓는다.

그 밖의 교통

포스트버스 Postbus

철도가 다니지 않는 산 속이나 계곡 안쪽의 마을과 가장 가까운 철도역까지 스위스 전 국토를 그물과 같이 연결하고 있는 것이 노란 차체와 호른 마크의 포스트버스다.

이름 그대로 옛 우편 마차가 발전한 것으로 지금도 승객은 물론 우편물도 같이 운반하고 있다. 따라서 각 도시와 마을의 우체국 앞이 터미널이 된다.

우리나라와 마찬가지로 앞문으로 타면서 요금을 지불하며, 승차할 때 운전사에게 행선지를 말하고 승차권을 구입한다. 우체국 앞에서 타는 경우에는 미리 우체국에서 승차권을 사 두는 것이 좋다. 스위스 패스 이용자는 무료로 이용할 수 있으므로 승차권을 별도로 구입할 필요가 없다.

호수 정기선·강 정기선
Schiff(시프) / Bateau(바토)

레만 호수, 뇌샤텔 호수, 툰 호수, 브리엔츠 호수, 피어발트 슈테터 호수, 루가노 호수, 마조레 호수, 라인강,

아레강에는 호수나 강기슭의 도시들을 연결하는 정기 연락선이 운항되고 있어 여행자에게는 관광을 겸한 이동 수단으로, 현지 주민들에게는 생활 수단으로 유용한 역할을 하고 있다. 대부분의 배가 1등석과 2등석으로 나뉘어져 있으며, 레스토랑과 카페가 완비되어 있다. 승선권은 선착장에서 구입하며 스위스 패스 이용자는 무료로 이용할 수 있다.

국내선 비행기
Flugzeug(플루그조이크) / l'avion(라비옹)

스위스는 국토가 좁기 때문에 철도나 자동차를 이용하여 어디든 갈 수 있지만, 주요 도시를 연결하는 국내선 비행기도 취항하고 있다. 운항 회사는 스위스 항공의 자회사인 스위스 유러피안 에어라인이다. 취리히~제네바 50분 소요, 취리히~루가노 45분 소요.

> TIP **무료 배포하는 시각표**
>
> 포스트버스, 호수 정기선, 등산 철도, 케이블카, 로프웨이의 시각표는 현지의 관광 안내소, 호텔, 우체국(포스트버스의 경우), 각 승차장 등에서 무료로 배포되고 있다. 인터넷 홈페이지와 모바일 앱으로 간단하게 검색할 수 있다(무료).
>
> **스위스 철도청** www.sbb.ch

산악 교통

스위스는 산악 교통이 발달해 있어 누구나 쉽게 알프스 관광을 즐길 수 있다. 단, 기상 상황의 영향을 받는 산악 교통의 특성상 계절에 따라 운행 시간이나 편수가 달라진다는 것을 알아두자.

등산 철도

또한 산기슭에서 중턱까지는 케이블카를, 중턱부터 산 정상까지는 로프웨이를 이용하는 경우도 많다.
케이블카는 독일어로는 드라트자일반(Drahtseilbahn), 프랑스어로는 퓌니퀼레르(Funiculaire)라고 한다.

산악 교통 기관의 하나인 등산 철도는 융프라우나 리기산을 비롯하여 전국 10곳의 산에 개통되어 있다. 속도는 느리지만 천천히 표고가 올라가면서 점차 바뀌는 차창 밖 풍경을 보는 재미가 쏠쏠하다. 등산 철도는 관광 성수기인 여름철에만 운행하거나 여름철과 겨울철에만 운행하는 등 계절에 따라 운행 편수가 다르므로 사전에 현지에서 확인해야 한다. 등산 철도는 독일어로 베르크반(Bergbahn), 프랑스어로 슈맹 드 페르 드 몽타뉴(chemin de fer de montagne)라고 한다. 스위스 패스 소지자에게는 할인 요금이 적용된다. 특히 융프라우 등산 철도 이용자는 동신항운 할인 쿠폰을 반드시 활용하자. 홈페이지에서 신청할 수 있다.

동신항운 www.jungfrau.co.kr

케이블카

산을 비롯하여 루가노와 로카르노 등 급경사의 언덕길이 많은 도시 등 여러 곳에 케이블카가 설치되어 있다. 또한 체르마트의 수네가 전망대로 가는 케이블카 등 산을 파서 만든 터널을 오가는 지하식 케이블카도 있다.

로프웨이

체르마트 주변이나 융프라우 주변을 비롯하여 산악 지대에서 쉽게 볼 수 있다. 험한 산의 경사지를 미끄러지듯 올라가는 것, 깊은 계곡 사이를 건너가는 것이 있으며, 창밖으로 보이는 경관이 아름답다. 비수기인 봄철이나 가을철에는 운행 시간이 단축되기도 하므로 사전에 현지에서 확인해야 한다.
상시 가동하고 있는 4~6인승 정도의 소형 로프웨이를 독일어로는 곤델반(Gondelbahn), 프랑스어로는 뗄레까빈(Télécabine)이라고 한다. 또한 정해진 시각에 발차하는 30~80인승 정도의 대형 로프웨이(우리나라에서 흔히 말하는 곤돌라)를 독일어로는 루프트자일반(Luftseilbahn), 프랑스어로는 뗄레페리끄(Téléphérique)라고 한다.
스위스 패스 소지자에게는 할인 요금이 적용된다.

시내 교통

취리히, 제네바, 바젤, 루체른 같은 대도시들은 트램 노선이 잘 발달해 있고,
연착되는 경우도 많지 않다. 중소 도시들은 대부분 도보로 충분히 돌아볼 수 있으며
이동 거리가 멀다면 버스나 택시를 이용하는 편이 좋다.

차내 전광판

트램 Tram

취리히와 제네바, 바젤, 베른 등 대도시 교통의 주역은
트램(Tram)이라고 하는 2~3량으로 편성된 노면 전차
다. 철도역 앞이나 광장을 종착지로 하고 중심가를 비
롯한 시내 주요 도로를 운행한다. 정류장 사이의 거리
가 짧아서 매우 편리하다. 노선 지도(현지 관광 안내소
에서 무료 배포)만 있으면 여행자도 아주 유용하게 이
용할 수 있다. 제네바, 바젤 등 일부 도시들은 숙소 투
숙객에게 체류 기간 이용 가능한 무료 교통 패스를 발
급하므로 프런트 데스크에서 미리 발급받도록 하자.
스위스 패스 소지자는 트램을 무료로 탑승할 수 있다.
선택 패스는 이용일을 기재해야 하니 주의하자.

정류장

300~400m마다 설치되어 있으며, 양쪽 길가나 길 중
앙의 노면보다 약간 높게 만든 플랫폼에 안내판과 티
켓 판매기가 있다. 안내판에는 위쪽에 해당 정류장의
이름, 아래쪽에 정차하는 트램의 노선번호와 행선지가
표시되어 있다. 타기 전에 차량에 적혀 있는 노선 번호
뿐 아니라 행선지도 잘 확인해야 실수하지 않는다.

승차 · 하차

차량은 전철과 구조가 같다. 개찰과 검찰이 없으며 타
고 내리는 것도 자유롭다.
탈 때는 문 옆에 붙어 있는 버튼을 누르면 문이 열리
고, 내릴 때는 문 부근에 있는 할트(Halt) 버튼을 누르
면 문이 열린다. 닫힐 때는 자동으로 닫힌다.

차내

차내 구조는 버스와 같으며, 진행 방향을 향해 좌우
2줄 또는 우측 1줄의 좌석이 배치되어 있다.

⟨TIP⟩ 불시에 표 검사가 이뤄진다

운전사에 의한 개찰이나 차장의 표 검사가 없이 자
유롭게 승하차하는 시스템이므로 승차권을 사지 않
아도 된다고 생각할 수도 있겠지만, 무임승차만큼
은 절대로 하지 말아야 한다. 불시에 직원이 승차하
여 표 검사를 하며, 무임승차가 발각되면 상당한 액
수의 벌금을 물어야 한다.

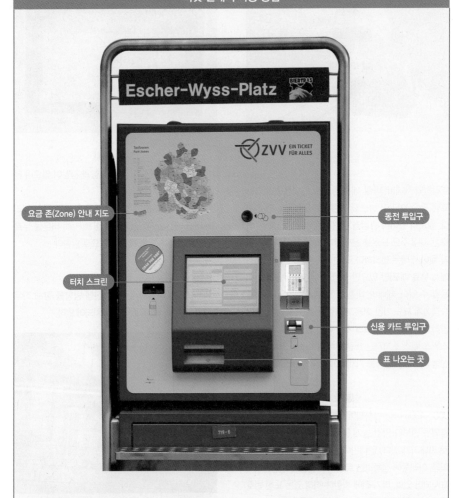

요금 존(Zone) 안내 지도

터치 스크린

동전 투입구

신용 카드 투입구

표 나오는 곳

① 터치 스크린을 눌러 영어 화면으로 전환한다.
② 구입하려는 티켓을 선택한다.
③ 요금이 표시되면 금액을 투입한다(동전 또는 해외용 신용 카드).
④ 화면 아래 배출구에서 티켓을 꺼낸다.

버스 Autobus(아우토부스)

시내 버스나 트롤리 버스가 운행되고 있지만 노선이 복잡하여 일반 여행자가 이동 수단으로 이용하기에는 꽤 어렵다.

이용하고 싶을 때는 숙박 호텔의 안내 데스크에 가고자 하는 곳을 알려주고 노선 번호와 버스 정류장 위치를 물어보는 것이 좋다.

택시 Taxi

공항, 철도역, 시내 중심부에 있는 택시 승차장에서 타거나 전화로 호출해야 한다. 우리나라처럼 빈차로 길을 지나가는 택시는 없다. 택시 호출은 관광 명소의 안내소나 호텔, 레스토랑에 "Please call a taxi"라고 부탁하면 흔쾌히 들어준다.

스위스의 택시는 전 세계에서 손꼽힐 정도로 요금이

비싸다. 요금은 미터제이며 도시마다 기본요금이나 가산 요금이 다르지만, 기본요금이 CHF6~8 정도다. 10초 간격의 엄청난 속도로 수십 상팀(centime)씩 가산된다. 쉴 새 없이 미터기가 올라가는 모습에 처음 스위스를 방문한 사람이라면 걱정하기 마련인데, 약 10km (약 15분 거리)에 CHF50 정도 나온다.

여기에 스위스는 팁이 없는 나라이지만 택시에는 팁을 건네는 경우가 많다. 요금의 5~10% 정도가 적정 금액이라고 하는데, 대체로 거스름 동전을 받지 않고 팁으로 대신한다. 우리나라 사람들은 지나치게 팁을 신경 쓰는 경향이 있지만 팁은 어디까지나 감사의 마음을 표시하는 것이므로 서비스의 질로 판단하면 된다.

마차 Coach

체르마트, 인터라켄 등 환경 보호를 위해 자동차의 진입을 금지하고 있는 알프스 리조트에서는 마차(산악 도시의 경우 겨울에는 말 썰매)를 주로 이용한다.

특히 마차가 많은 곳이 인터라켄인데, 인터라켄 서역 앞에는 프리랜스 마차(일류 호텔의 투숙객 송영용 마차 등이 아닌 개인이 운영하는 마차)가 늘어서서 대기하고 있다.

프리랜스 마차는 택시 대신 이용할 수 있을 뿐만 아니라(요금은 정해져 있지만 각 도시나 마을에 따라 다르다) 시간 단위로 대절해 투어용으로 이용할 수도 있다. 또한 피크닉 런치가 포함된 마차 여행 등의 프로그램을 운영하기도 한다.

숙소 선택

스위스를 관광대국이라고 부르는 이유는 전국적으로 숙박 시설이 잘 정비되어 있기 때문이다. 아무리 작은 마을이나 산이라도 제대로 된 호텔이 있으며, 청결함과 쾌적함은 어느 호텔이든 보증할 만하다.

호텔의 등급 구분 / 종류 구분

전국에 약 5,600개의 호텔이 있으며, 이 가운데 과반수가 스위스 호텔 협회(Hòtellerie Suisse)에 가입되어 있다. 협회 가맹 호텔은 협회의 기준에 의해 5성 슈피리어(★★★★★), 5성(★★★★★), 4성 슈피리어(★★★★), 4성(★★★★), 3성 슈피리어(★★★), 3성(★★★), 2성(★★), 1성(★)의 8개 등급으로 나뉘어 있다.

등급은 객실 수나 객실 면적, 종업원 수, 미니바나 텔레비전의 유무, 레스토랑 영업시간, 룸서비스의 유무 등 주로 시설을 기준으로 정해지므로 등급이 낮아도 청결함 등에는 큰 차이가 없다. 3성급 정도면 충분히 쾌적하게 묵을 수 있지만 전통 있는 호텔의 호화로운 분위기를 즐기고 싶다면 4성이나 5성급을 이용할 것을 권한다. 또한 가맹 호텔은 등급과 상관없이 영어가 가능한 종업원을 두도록 의무화되어 있어 영어가 통하지 않는 곳은 없다.

스위스에는 일류 호텔이라도 가족이 경영하는 아담한 호텔이 많으며, 대규모 체인 호텔이 적은 것이 특징이다. 가정적인 분위기의 호텔에서 스위스에서만 느낄 수 있는 따뜻함을 만끽해 보자.

숙박 형태

B&B

B&B는 Bed & Breakfast의 약자로 '숙박 & 조식'의 숙박 형태를 말한다. 취리히나 제네바와 같은 대도시의 5성급 호텔 등 극히 일부를 제외하고 스위스의 호텔은 B&B가 기본이다. 조식은 뷔페식으로 3성급 이하의 경우 커피, 홍차, 주스, 우유, 빵, 치즈, 햄, 요구르트 정도가 나온다. 4성급 이상이라면 더 다양하게 구성되는데, 보통 뷘트너플라이쉬, 훈제 연어, 샐러드, 달걀이나 소시지 등의 따뜻한 요리, 비르허뮈슬리와 과일 등이 추가된다.

하프 펜션 Half Pension(하프 보드 Half Board)

'숙박 & 조식 & 석식'의 숙박 형태를 말한다. 알프스 · 온천 리조트의 호텔은 B&B로도 묵을 수 있지만, 대부분 하프 펜션이다.

저녁 식사는 호텔의 메인 식당에서 먹는다. 메뉴는 '오늘의 코스(전채, 메인 요리, 디저트)'로 각각 2~3가지의 메뉴 중에서 선택한다. 음료 값은 별도이다.

주위에 레스토랑이 없고 호텔만 단독으로 있는 경우에는 하프 펜션을 이용하는 것이 편리하다. 스위스는 외식 물가가 비싸므로 하프 펜션이 오히려 경제적이다.

풀 펜션 Full Pension(풀 보드 Full Board)

'숙박 & 조식 & 중식 & 석식'의 숙박 형태를 말한다. 알프스 · 온천 리조트의 호텔은 장기 체류 요양객을 위해 풀 펜션을 운영하고 있지만, 낮 시간에 자리를 비우는 관광객에게는 적합하지 않다.

숙박 요금

숙박 요금은 대체로 등급에 비례하며 도시와 호텔에 따라 다르다. 도시에서는 비수기와 성수기(이벤트나 국제회의가 열리는 시기) 2단계, 알프스 · 온천 리조트의 호텔에서는 비수기와 중성수기(부활절 휴가 기간이나 여름휴가 기간), 그리고 성수기(스키 시즌) 3단계로 나누어 요금을 설정하고 있다.

휴업 기간

알프스 리조트의 호텔 대부분은 여름철(6월 중순~9월 중순)과 겨울철(12월 상순~4월 하순)에만 영업하며, 5월 상순~6월 중순과 9월 중순~12월 상순은 휴업하므로 예약 시 미리 확인해야 한다.

예약 방법

① 한국의 호텔 예약 사무소(예약 대행사)를 통해 예약한다.
② 이메일이나 팩스로 호텔에 직접 예약한다.
③ 스마트폰의 숙소 예약 애플리케이션(booking.com, hotels.com, trivago 등)을 통해 예약한다.

체크인·체크아웃 시간

체크인은 보통 오후 2시경부터 가능하지만 호텔에 따라. 또한 비어 있는 객실의 상황에 따라 빨리 객실로 들어갈 수 있는 경우도 있다. 저녁 6시 이후에 도착할 때는 예약이 취소되지 않도록 미리 연락을 해 둔다. 체크아웃은 보통 오전 11시~오후 12시이다.

객실 사용 시 주의 사항

수동으로 잠기는 객실 문

옛날 방식인 수동으로 문이 잠기는 경우에는 객실 문 안쪽의 열쇠 구멍에 열쇠를 꽂은 다음 두 번 돌리고, 열쇠를 꽂은 채로 두면 된다.

투웨이 개폐형 창

호텔 객실의 창은 손잡이를 옆으로 하면 옆으로 열리며, 위로 하면 창 상부를 세로로 들어 열 수 있는 투웨이 개폐형이 많다.

조명이나 전자 제품의 스위치

ON이 'I', OFF가 'O'로 표시되어 있다.

객실층 복도의 조명

센서식이나 벽의 스위치를 누르면 일정 시간만 조명이 들어왔다가 꺼지는 절전형이 많다.

수건 교체 요청 신호

환경 보호를 위해 수건은 고객의 요청 시에만 교체해 주는 경우가 많다. 수건을 바꾸고 싶다면 사용한 수건을 욕실 바닥에 두면 된다. 수건걸이에 걸어두면 계속 사용하겠다는 뜻으로 이해하는 경우가 많다. 객실의 호텔 안내 자료에 명시되어 있으니 잘 확인한다.

⟨TIP⟩ 이 책의 표기법

호텔 요금 표기법

이 책에서 소개하는 요금은 비수기 더블룸이나 트윈룸 1실(2인용)의 1박 요금이다. 조식 포함이라고 기재된 곳은 2인분의 조식, 하프 펜션이라고 기재된 곳은 2인분의 조식과 석식을 뜻한다.

호텔 층수 표기법

스위스에서는 우리나라에서 말하는 1층을 '지상층'이라고 하며 2층을 '1F'라고 한다. 지상층의 표기는 독일어 · 프랑스어 · 이탈리아어 등 언어권에 따라 다르므로 이 책에서는 전국 공통으로 이용되는 '0F'로 표기했다.

레스토랑 이용하기

낙농국가 스위스에서는 소시지, 햄 등의 육류와 우유, 크림, 치즈, 요구르트, 아이스크림 등
유제품을 즐겨 먹는다. 특히 칼슘을 다량 함유하고 있는 고단백 식품인 치즈와 빵은
우리나라의 밥과 국처럼 아침부터 반드시 식탁에 올라온다.

요리

아침 식사

일반적인 아침 식사 메뉴는 커피(또는 홍차, 우유, 오렌지 주스), 빵, 치즈, 햄, 요구르트(또는 비르허뮈슬리)로 구성된다. 미국이나 영국식 아침 식사와 달리 달걀 요리 같은 따뜻한 요리는 나오지 않는다.

비르허뮈슬리(Birchermüesli)는 비르허 박사가 고안한 건강식으로 보리 등의 곡물 시리얼을 하룻밤 우유에 불렸다가 사과와 같은 과일을 잘게 잘라서 요구르트에 버무린 것으로 약 20종류의 식품을 한꺼번에 섭취할 수 있다.

점심 식사

점심 식사는 샌드위치, 수프 또는 샐러드와 빵 등으로 가볍게 해결한다. 스위스의 샌드위치는 빵에 치즈나 햄이 들어가는 정도로 간단하다.

저녁 식사

주로 샐러드나 전채, 고기 요리, 디저트의 3코스로 구성된 저녁 식사를 한다. 고기 요리는 쇠고기나 닭고기 또는 소시지를 그릴에 굽거나 끓이는 등 단순하게 조리한 요리가 많다. 5~9월, 일반 가정에서는 발코니의 테이블에서 식사를 하는 것이 보통이며, 바비큐 그릴에 소시지를 굽는 모습을 자주 볼 수 있다. 대표적인 스위스 요리는 p.58를 참조, 대표적인 치즈는 p.62를 참조한다.

비르허뮈슬리

계절의 미각
초여름인 5월에는 화이트 아스파라거스가 많이 난다. 레스토랑에는 화이트 아스파라거스로 만든 그라탱을 비롯해 화이트 아스파라거스로 만든 메뉴가 나온다. 가을인 10~11월에는 지비에(gibier. 오리나 사슴 등의 사냥 고기), 버섯, 밤을 즐겨 먹는다. 시내에서는 군밤을 파는 노점도 볼 수 있다. 겨울인 12~2월에는 따뜻한 치즈 퐁뒤를 많이 먹는다.

레만 호수의 생선
스위스에는 바다가 없지만, 레만 호수 등의 호수에서 페르슈(Perche), 페라(Féra), 로트(Lotte) 등의 생선이 많이 잡힌다. 담백한 흰살 생선의 특성을 살려서 버터로 지진 다음, 화이트 와인으로 향을 내는 것이 일반적이다. 피렛 드 페르슈는 p.60 참조.

스위스 와인
스위스의 모든 주에서 와인을 만들고 있지만, 생산량이 적어서 대부분 국내에서 소비되므로 수출은 많이 하지 않는다. 즉, 스위스 와인은 스위스에서만 마실 수 있는 셈이다.
이탈리아와 가까운 티치노주에서만 레드 와인을 주로 생산하며, 나머지 주에서는 화이트 와인을 주로 생산한다. 명산지는 레만 호반에 있는 보주와 론강 변에 위

치한 발레주다. 특히 발레주의 펭당(Fendant)은 스위스 와인을 대표하는 유명 상표다. 와인 제조에 사용되는 포도 품종은 샤슬라, 샤도네이, 소비뇽 블랑, 리슬링 등이 있다.

레스토랑

영업시간
일반적인 영업시간은 점심은 12:00~14:00, 저녁은 19:00~22:00다. 점심 식사와 저녁 식사 시간 사이에는 문을 닫는 곳이 많아, 타이밍을 놓치면 제대로 식사하기 어려우므로 주의하도록 한다. 시간대가 많이 지

났거나 많은 레스토랑이 문을 닫는 일요일에는 주요 철도역 인근의 뷔페 레스토랑을 이용하면 좋다. 이런 곳은 연중무휴이거나 24시간 영업하는 곳도 있다.

도심 레스토랑의 정기 휴무와 휴업

일반적으로 도심 레스토랑은 일요일이 정기 휴무일이다. 개인이 경영하는 곳은 여름휴가 기간에 3주 정도 휴업하는 것이 보통이므로 여름에 도시로 여행을 떠날 때는 이 점을 염두에 두자. 방문 전 영업 여부를 미리 전화로 확인해 두는 것이 좋다.

알프스 리조트 레스토랑의 휴업

일반적으로 알프스 리조트의 레스토랑은 관광 성수기인 여름과 겨울에는 쉬지 않고 영업하며, 비수기인 봄과 가을은 휴업하는 것이 보통이다. 봄과 가을에 알프스 리조트를 찾을 때는 미리 전화로 영업 여부를 확인하는 것이 좋다.

요리 메뉴

고급 레스토랑의 메뉴판에는 대체적으로 영어가 같이 적혀 있다. 독일어, 프랑스어, 이탈리아어로 적혀 있다면 직원에게 물어보거나 번역기의 도움을 받는다(p.58 참조). 요리 메뉴의 패턴은 대체로 정해져 있으며, 전채, 샐러드, 수프, 고기 요리, 생선 요리, 디저트 순으로 적혀 있다. 요리 메뉴를 이해하는 데는 어학 실력보다는 익숙해지는 것이 중요하다.

이런저런 상상을 하면서 요리를 선택한 다음, 상상한 대로 나올지 설레는 마음으로 기다리는 것이 '여행의 즐거움'이 될지, '여행의 괴로움'이 될지는 마음먹기에 달려 있다.

지불

지불은 테이블에서 한다. 점원이 지나갈 때 "Check, please"라고 말하며 청구서를 부탁하거나 한 손을 들어 올려 점원이 쳐다보면 계산을 해달라는 뜻으로 허공에 사인을 하는 몸짓을 보이면 된다. 스위스 프랑, 유로, 신용 카드로 지불하며 팁은 필요 없다. 계산을 마치고 레스토랑을 나올 때는 "Thank you"라고 말하는 것이 매너.

식료품 가격

물가가 비싸기로 유명한 스위스에서는 특히 식료품 가격이 놀랄 정도로 비싸다. 노점에서 파는 빵에 치즈나 햄만 끼워 넣은 샌드위치가 CHF7~13, 패스트푸드점의 가장 저렴한 세트는 CHF10 정도 한다. 달걀도 한 팩에 CHF5이나 하는데, 식당 종업원의 시급이 CHF25(약 29,650원)인 것을 감안하면 비싼 물가는 어쩔 수 없는 것 같다.

외국인 여행자에게는 놀랄 만큼 비싼 게 당연한데, 법정 최저 임금이 월 CHF3,300인 스위스인조차도 부담이 되는 모양인지 아이가 있는 가정에서는 좀처럼 외식을 하지 않는다. 도시 규모가 작아서 그런지, 점심시간이면 집으로 돌아와 먹는 것이 보통이다. 또한 가족 단위로 놀러갈 때도 반드시 빵, 치즈, 햄 등 간단한 요깃거리를 챙겨서 나간다.

상황이 이러하기 때문에, 외식을 하려면 점심 식사의 경우 CHF50, 저녁 식사의 경우 CHF70 정도는 각오해야 한다.

쇼핑 노하우와 팁

스위스는 시계나 오르골로 대표되는 정교한 공예품이 특산품으로 유명하다. 민속 공예품 중에도 손재주를 살린 레이스와 자수 등이 잘 알려져 있다. 저렴한 제품을 많이 사는 것보다는 다소 비싸도 오래 사용할 수 있는 좋은 물건을 잘 살펴보고 구입하는 것이 낫다.

부가가치세(VAT)

스위스에서는 물품 구입 시 8%의 부가가치세가 부과된다. 물건을 구입할 때 매장 직원에게 부가가치세 환급을 위한 글로벌 리펀드 체크(Global Refund Cheque)를 요청할 수 있으며 총 구매액이 CHF300(세금 포함)을 초과해야 환급받을 수 있다. 스위스 외의 국가에서 거주해야 하며, 구입한 물건은 30일 내에 반출되어야 한다. 환급 방법은 p.23 참조.

홈페이지 www.globalblue.com

영업시간

도심의 상점
매장에 따라 다르지만 대체로 월~금요일은 09:00~18:00, 토요일은 09:00~16:00에 영업하며, 일요일은 정기 휴무다. 일요일은 대부분의 상점이 문을 닫으므로 일정을 세울 때 참고한다.

알프스 리조트의 상점
매장에 따라 다르지만 일반적으로 09:00~12:00, 16:00~19:00다. 낮 시간대에 문을 닫는 것은 관광객이 산으로 관광을 가기 때문. 성수기인 여름과 겨울에는 쉬지 않고 영업하며, 비수기인 봄과 가을에는 휴업하는 곳이 많다.

이탈리아어권 상점
매장에 따라 다르지만 일반적으로 09:00~12:00, 15:00~18:00다. 이탈리아어권 상점은 시에스타(낮잠) 때문에 낮에 문을 닫는 시간이 긴 편이다.

지불 방법

대부분의 상점에서 주요 신용 카드를 사용할 수 있으므로 신용 카드로 지불하는 것이 가장 편리하다. 현금이나 여행자 수표는 스위스 프랑과 유로화 모두 가능하지만 스위스 프랑에 대한 유로의 환율은 상점에 따라 상당히 다르며 거스름돈은 스위스 프랑으로 받게 된다.

여행 매너

스위스인들이 입을 모아 말하는 것이 외국인 여행자(특히 단체 여행자)의 나쁜 매너. '로마에 왔으면 로마법을 따르라'는 격언이 있음에도 불구하고 많은 여행자들이 매너를 지키지 않는 것은 스위스의 매너를 잘 모르기 때문. 스위스에서 지켜야 할 기본 매너를 소개하니 여행 전에 읽고 숙지해 두자.

비행기 좌석 위의 짐 수납함 매너

기내 좌석 위의 짐 수납함은 자신의 짐을 넣어도 공간이 남을 때는 다른 승객에게 알리는 의미로 그대로 열어두고 더 이상 공간이 없다면 문을 닫는다.

뒷사람을 위한 배려

스위스의 호텔, 레스토랑, 상점에는 자동문보다는 수동문이 더 많다. 일단 수동문을 열고 나오면 문에서 손을 놓지 말고, 뒤에 오는 사람이 있는지 확인하고 사람이 있으면 그 사람이 문을 잡을 때까지 잠시 문을 잡고 기다리는 것이 기본적인 매너다.

급한 사람을 위한 배려

에스컬레이터나 자동 보도에서는 한쪽에 한 줄로 서고, 다른 한쪽은 급한 사람을 위해 비워두는 것이 매너다. 일행과 나란히 서서 길을 가로막지 않도록 한다.

줄을 설 때는 일렬로 선다

화장실 · 매표소 · 은행 등에서 줄을 서서 기다릴 때는 입구에 일렬로 서서 앞 사람부터(먼저 온 순서대로) 차례로 빈 부스 → 방 → 창구로 가는 것이 원칙이다.

먼저 인사말을 건네고 용건을 말한다

'안녕하세요?'(그뤼에찌 / 봉주르 / 본조르노)라고 인사말을 건넨 다음에 용건을 말하는 것이 매너다.

악수를 하면서 고개 숙이지 않는다

우리나라와 마찬가지로 악수를 하는 것이 스위스의 인사법이다. 우리나라 사람들은 악수를 하면서 고개를 숙이는 버릇이 있는데, 스위스인에게는 비굴해 보일 수 있으므로 조심하는 것이 좋다.

초대를 받았다면 5분 정도 늦게 간다

스위스인의 집에 식사 초대를 받았다면 약속 시간보다 몇 분 늦게 가는 것이 매너다. 우리나라에서는 약속 시간보다 일찍 가는 것이 예의지만 스위스에서는 일찍 가는 것은 예의에 어긋난다.

시선을 움직이지 않는다

대화할 때는 상대의 눈을 똑바로 쳐다본다. 스위스에서는 눈을 맞추지 않으면 거짓말을 하는 거라고 여긴다.

코를 훌쩍이지 않는다

스위스에서는 큰 소리로 코를 풀어도 예의에 어긋나지 않는 대신, 코를 훌쩍이거나 딸꾹질을 하는 것을 매우 싫어한다. 감기 기운이 있거나 꽃가루 알레르기가 있을 때는 코를 훌쩍이지 말고 푼다.

식사 시에는 '후루룩' 소리를 내지 않는다

스위스인들은 식사를 할 때 '후루룩' 소리 내는 걸 싫어하니 주의한다.

하이킹과 고산병 대책

스위스의 대표적인 즐길 거리라고 하면 당연히 하이킹이다. 전국에 총 길이 5만km에 이르는 하이킹 코스가 있으며, 길이나 표지판도 잘 정비되어 있다. 우리나라에서의 하이킹은 산기슭에서 정상으로 올라갔다가 다시 내려가는 것이 일반적이지만, 스위스에서는 등산 철도나 로프웨이 등을 이용하여 정상까지 간 다음, 다시 정상에서 고저 차이가 적은 '수평' 코스 또는 '산을 내려가는' 코스가 일반적이다. 따라서 초보자도 쉽게 즐길 수 있으며 고도가 높은 곳에서 멋진 전망을 감상할 수 있다.

하이킹 시즌

보통 6월 상순~9월 하순이 하이킹 시즌이다. 표고가 높은 곳은 7월 상순~9월 상순이 하이킹을 즐기기에 제격이다.

하지만 날씨가 조금이라도 나쁘면 무리하지 말고 하이킹을 중단해야 한다. '모처럼 스위스까지 왔으니까'라는 생각으로 무리하게 감행하면 조난을 당할 수도 있기 때문. 스위스 알프스를, 대자연의 힘을 우습게 여겨서는 안 된다.

하이킹 코스 지도

이 책에서는 리기산, 그린델발트 주변, 체르마트, 크랑몬타나, 마이엔펠트의 하이킹 코스 지도를 간략하게나마 소개하고 있다.

잘못된 코스에 접어들지 않으려면 현지에서 하이킹 코스 지도인 반더카르테(Wanderkarte)를 입수하여 자신이 가는 코스를 매직이나 형광펜으로 표시해 두자.

주요 코스로 갈 때는 현지 관광 안내소에서 얻을 수 있는 하이킹 코스 지도만 있어도 충분하지만, 전문가 코스로 가려면 현지 서점이나 기념품점 등에서 판매하는 등고선이 표시된 상세 지도를 구입하는 것이 좋다.

온난화·이상 기후

지구 온난화와 이상 기후의 영향으로 빙하나 영구적으로 얼어 있던 땅이 녹아 암반이 물러져 낙반 사고가 일어나기도 하고 하천의 물이 불어나 지형이 변형된 곳도 있다. 하이킹을 떠나기 전에 현지 관광 안내소에 가서 자신이 가려는 코스의 최신 정보를 알아두자.

길 표지판

일반적인 하이킹 코스는 '반더벡(Wanderweg)'이라고 하며, 코스를 따라 노란색 표지판(사진 ❶)이 서 있다. 상급자를 위한 알프스 하이킹 코스는 '베르크벡(Bergweg)'이라고 하며 코스를 따라 빨간 줄이 들어간 노란색 표지판(사진 ❷)이 서 있다.

표지판에는 행선지 이름과 소요 시간이 쓰여져 있는

데, 가령 '1h 30min'라고 표시되어 있으면 약 1시간 30분이 걸린다는 뜻이다. 단, 시간은 하이킹에 익숙한 스위스인의 도보 속도를 기준으로 한 것이므로 일반 한국인의 걸음이라면 1.5~2배 정도 걸린다고 봐야 한다. 또한 표지판에는 오른쪽과 왼쪽 모두 같은 지명이 표시되어 있는 경우가 종종 있다. 이는 코스가 여러 개이기 때문. 즉 어떤 코스로 가더라도 최종 도착지는 같다. 하지만 거리와 소요 시간이 크게 다르므로 주의해야 한다. 오른쪽 코스는 1시간이 걸리지만, 왼쪽 코스는 8시간이나 걸리는 경우도 있다. 표지판을 잘 보고 오른쪽과 왼쪽의 지명이 같다면 각각의 소요 시간을 확인한 다음 어느 방향으로 갈 것인지 정하도록 하자.

복장과 소지품

표고가 높은 곳에서는 그늘이 지면 갑자기 추워지기도 하는 등 산의 날씨는 변덕이 심하므로 방한과 방수 대책에 만전을 기해야 한다. 또한 자외선이 강하고 공기가 건조하므로 자외선과 피부 건조에도 유의하도록 한다.
신발은 일반 하이킹 코스인 '반더벡'에서는 워킹 슈즈나 스니커즈를 신으면 문제없지만, 알프스 하이킹 코스인 '베르크벡'에서는 트래킹 슈즈가 필요하다.
반드시 챙겨야 할 것으로는 모자와 선글라스, 자외선 차단 크림, 입술 보습 크림 등의 자외선 차단 도구와 장갑, 두꺼운 스웨터 등의 방한 도구, 윈드 재킷 등의 방수 도구, 물통과 초콜릿, 땅콩 등의 비상식량, 하이킹 코스 지도와 매직 또는 형광펜이 있다.

화장실 이용

일반 하이킹 코스인 '반더벡'에서는 대체로 1시간 정도 걸어가면 카페나 레스토랑이 나오므로 이곳의 화장실을 이용하면 된다.

고산병 대책

스위스는 산악 교통이 잘 발달되어 있어 4,000m대의 산들이 바라보이는 3,000m대 전망대에 쉽게 올라갈 수 있다. 융프라우는 해발 3,571m, 클라인 마터호른은 해발 3,883m, 에기유 뒤 미디는 해발 3,842m로 매우 고도가 높으므로 두통, 어지러움, 부종, 호흡 곤란, 심장의 두근거림, 구토감 등을 동반하는 고산병에 걸리는 사람도 있다. 특히 빠듯한 일정으로 체력이 떨어진 사람이나 노약자, 고혈압이 있는 사람, 심장이나 폐에 지병이 있는 사람은 주의가 필요하다.
고산병을 예방하기 위해서는 고도에 적응하면서 천천히 올라가는 것이 가장 좋다. 어떤 전망대든 올라가는 도중에 산악 교통편을 갈아타야 하는데, 환승을 할 때 휴식을 취하며 따뜻한 홍차 등으로 수분을 보충하고 올라가도록 한다. 고도가 높으면 산소가 희박해져(기압이 내려가면 산소 양도 줄어든다) 걸음이 빠르면 숨이 금방 차오르므로 천천히 움직이도록 하자. 또한 높은 곳에 위치한 산악 호텔에 투숙할 때는 뇌의 저산소 상태를 초래하는 음주와 수면제 복용은 금물이다. 만일 몸 상태가 이상하다면 전망대 직원에게 산소통(전망대에는 반드시 비치되어 있다)을 요청해 산소를 흡입하도록 한다. 그리고 가급적 빨리 낮은 곳으로 내려가는 것이 제일 좋은 고산병 치료법이다.

안전을 위한 주의사항과 트러블 대책

최근 해외에서 한국인이 범죄를 당하는 사례가 늘어나고 있다. 경제가 발전하면서 해외로 나가는 한국인 수는 폭발적으로 늘었지만 대부분의 사람들이 위기관리 능력이 부족하며, 한국에서 있을 때와 같이 행동하므로 범죄의 표적이 되기 쉽다. 스위스는 세계에서 가장 치안 상태가 좋은 나라 중 하나지만 그렇다고 한국에서처럼 행동한다면 범죄의 표적이 되기 쉽다. 안전한 여행을 위해서는 '자신의 신변이나 재산은 자신이 지켜야 한다.'는 말을 마음에 새기도록 하자.

주의사항

수트 케이스는 눈에 띄도록 표시를 해 둔다
한국인 관광객의 수트 케이스는 새것이거나 깨끗한 것이 많고, 디자인이 비슷한 것이 많아 한눈에 알아볼 수 있도록 표시를 해두지 않으면 들치기의 표적이 되기 쉽다. 수트 케이스는 가급적 오래된 것을 사용하고 겉에 스티커를 붙이는 등 한눈에 자신의 것임을 알 수 있도록 표시해 두는 것이 좋다.

가방을 둘 때는 양발 사이에 끼워둔다
가방을 땅에 내려 놓을 때는 반드시 양발 사이에 끼워두는 습관을 들이면 들치기 피해를 막을 수 있다.

수상한 사람은 피한다
호텔에서 리프트(엘리베이터)에 수상한 사람이 타고 있거나 같이 탈 것 같으면 타지 말고 보낸다.

뒤를 확인한 후 객실로 들어간다
객실에 들어갈 때는 뒤에 누군가 있는지를 확인한 다음 문을 연다. 이것은 안전의 기본 중 기본이다.

객실 번호는 다른 사람에게 알려주지 않는다
강도나 성폭행 등을 예방하는 차원에서 자신의 객실 번호를 모르는 사람에게 알려주지 않는다. 열쇠고리에 객실 번호가 크게 적힌 열쇠를 호텔 안에서 보이도록 들고 다니지 않는다.

열차나 버스에서 졸지 않는다
해외에서 열차나 버스 안에서 조는 것은 위험한 행동이다. 졸다가 소매치기나 들치기를 만나지 않도록 주의하자.

우리나라식의 '자리 맡기'를 하지 않는다
레스토랑이나 패스트푸드점에서 자신의 짐으로 자리를 맡아두는 행동은 하지 않는다. 우리나라와 달리 해외에서는 위험하다. 물건을 도둑맞을 수 있다.

핸드백은 무릎 위나 발밑에 둔다
레스토랑에서 의자 등받이에 핸드백을 두는 행동 역시 바로 들치기의 표적이 된다. 핸드백은 반드시 무릎 위나 발밑에 두도록 한다.

타인 앞에서 현금을 보이지 않는다
단체 여행객의 경우, 종종 레스토랑에서 더치페이를 하기 위해 각자 현금이 오가는 경우가 많다. 이러한 행동은 범죄의 대상이 될 수 있으므로 한 사람이 대표로 지불하고 나중에 보는 사람이 없는 곳에서 따로 계산하도록 한다.

쇼핑백을 드러내고 거리를 돌아다니지 않는다
명품 브랜드나 유명 면세점의 큰 쇼핑백을 들고 다니면 돈이 많은 사람으로 보여 강도 피해를 당하기 쉽다. 명품 브랜드나 유명 면세점에서 물건을 사더라도 다른 쇼핑백에 바꾸어 넣는 식의 경계가 필요하다.

정리를 잘 한다
핸드백은 칸막이가 많은 것을 사용하고, 서류, 영수증 등을 따로따로 정리하여 구분해서 넣어 두자. 필요한 물건을 꺼낼 때마다 여권이나 지갑까지 하나하나 꺼내는 행동은 위험하다.

처음 보는 사람을 신용하지 않는다
거리에서 "저는 한국어를 할 줄 압니다. 한국에 대해서 더 알려주세요."라고 말하며 접근하는 사람은 대부분이 꿍꿍이가 있는 사람이므로 상대해서는 안 된다.

분실 Lost / 도난 Stolen

여권
여권 번호 · 발행지 · 발행 일자 등이 있는 표지 뒷면을 복사하여 복사본과 여분의 여권 사진 2장을 챙겨간다. 이들은 여권과 따로 보관한다.
여권을 분실 · 도난 당했다면 우선 경찰에 신고한 다음 여권 복사본, 여권 사진 2장을 갖고 한국 대사관에 가서 '귀국을 위한 여행자 증명서'를 발급받는다.

경찰 ☎ 117 한국 대사관(베른) ☎ 031-356-2444

현금 · 물품
현지에서 여분의 현금과 귀중품은 호텔의 안전 금고에 보관하고 갖고 다니지 않는다. 현금과 물품을 분실 · 도난 당했다면 경찰에 신고하여 분실 신고 수리 증명서나 도난 신고 수리 증명서를 받는다. 휴대품 특약이 있는 여행자 보험 가입자는 보험 회사 현지 지점에 신고한다.

신용 카드
미리 카드 번호, 유효 기한을 다른 곳에 적어둔다. 신용 카드를 분실 · 도난 당했다면 바로 카드 회사의 긴급 콜 센터에 신고하여 분실 · 도난 카드를 해지한다.

비행기 수하물
분실에 대비하여 수트 케이스에는 특정 문양을 표시하거나 이름표를 붙여 둔다. 체크인을 하기 전에 혼란을 피하기 위해 이전 비행편의 태그는 제거한다.
비행기 수하물을 분실 · 도난 당했다면 우선 이용 항공사에 신고한다. 출국 시에는 여행 일정과 숙소를 알려두면 짐을 찾는 대로 숙소로 보내준다. 귀국 시에는 자택으로 보내준다(우리나라의 세관에 별송품 신고를 해

둘 것). 담당 직원의 이름과 연락처를 물어본 후 메모해 둔다.

기타
호텔 객실에서는 문에 체인을 걸어두고 누가 오면 감시창으로 확인한 다음 문을 열어준다. 낯선 사람이라면 체인을 걸어둔 채 문을 연다.
강도를 당했다면 생명의 안전을 우선으로 생각하고 현금 등을 바로 건네준다. 강도가 사라진 다음에 호텔을 통해 현지 경찰에 신고한다.

질병 Illness / 부상 Injury

여행 중이라고 무리하지 말고 평소처럼 수면 시간을 확보하고 건강 유지에 힘쓴다.
질병 · 부상을 입었다면 호텔에 의사를 불러달라고 요청한다. 여행자 보험에 가입했을 경우에는 진단서와 영수증을 받아둔다.

구급차 ☎ 144

교통사고 Traffic Accident

렌터카의 경우 반드시 2명 이상이 함께 이용한다. 한 사람은 운전에 전념하고 다른 한 사람이 길을 안내한다. 교통사고를 당했다면 바로 140번으로 전화해서 사고 상황을 알리고, 경찰과 구급차를 부른다. 여행자 보험에 가입했을 경우에는 보험 회사 현지 지점에도 연락한다.

자동차 사고 ☎ 140

호텔의 오버부킹 Overbooking

호텔 예약 확인서를 반드시 지참할 것. 일단 호텔에 강하게 항의하고 그래도 해결되지 않는다면 좋은 대안을 내도록 요청한다.

취리히 주변
Around Zürich

취리히와 주변 지역
한눈에 보기

취리히 호수 북서쪽 끝에 위치한 취리히는 취리히주의 수도이자 스위스 연방에서 제일 큰 도시로 인구는 39만 명에 이른다. 라인강의 유일한 폭포인 라인 폭포를 볼 수 있는 샤프하우젠, 아름다운 벽화로 유명한 중세 도시 슈타인암라인 등은 취리히에서 당일치기로 가볍게 다녀오기에 좋은 여행지다.

취리히 p.136

세계적인 도시들에 비하면 취리히는 작은 도시에 불과하지만, 스위스 연방에서는 최대 규모를 자랑한다. 50여 개의 박물관, 100곳이 넘는 미술관, 패션과 디자인, 젊음의 활기가 넘치는 도시다.

여행 소요 시간 1~2일 **지역번호 ☎** 044 **주 이름** 취리히(Zürich)주
관광 ★★★ 미식 ★★★ 쇼핑 ★★★ 유흥 ★★★

샤프하우젠 p.165

'배의 집'이라는 뜻을 지닌 샤프하우젠의 이름에서 알 수 있듯이 라인강의 수운 교역으로 발전한 도시다. 그 역사의 흔적이 고풍스러운 구시가 주택들의 창틀과 벽면에 벽화와 장식으로 화려하게 남아 있다. 취리히에서 가까워 당일치기 여행지로도 적합한 곳이다.

여행 소요 시간 3시간
지역번호 ☎ 052 **주 이름** 샤프하우젠(Schaffhausen)주
관광 ★★ 미식 ★ 쇼핑 ★ 유흥 ★

취리히 주변
Around Zürich
0   20km

검은숲
Schwarzwald

유로 에어포트(바젤 공항) ✈
Euro Airport

바젤
Basel

라인펠덴
Rheinfelden

졸로투른
Solothurn

베른
Bern

뇌샤텔 호수
Lac de Neuchâtel

라인 폭포 (p.174)

총길이 1,320km에 이르는 라인강에서 유일한 폭포. 눈 앞에서 쏟아지는 라인 폭포는 압도적인 풍경으로 다가온다. 샤프하우젠에서 열차로 쉽게 접근할 수 있어 샤프하우젠 여행을 계획할 때 함께 다녀오기에 좋다.

여행 소요 시간 1~2시간
지역번호 ☎ 052 **주 이름** 샤프하우젠(Schaffhausen)주
관광 ★★ 미식 ★ 쇼핑 ★ 유흥 ★

슈타인암라인 (p.178)

'라인강의 보석'이라고 불릴 만큼 아름다운, 라인강 변의 작은 중세 마을이다. 광장을 둘러싼 우아한 중세 건축물의 벽면을 수놓은 벽화가 압권이다. 라인강에서 잡아올린 생선으로 만든 요리로 허기를 달래기에도 좋은 곳이다. 여름 시즌에는 라인강 유람선을 타고 샤프하우젠과 함께 둘러볼 수 있다.

여행 소요 시간 3시간
지역번호 ☎ 052 **주 이름** 샤프하우젠(Schaffhausen)주
관광 ★★★ 미식 ★ 쇼핑 ★ 유흥 ★

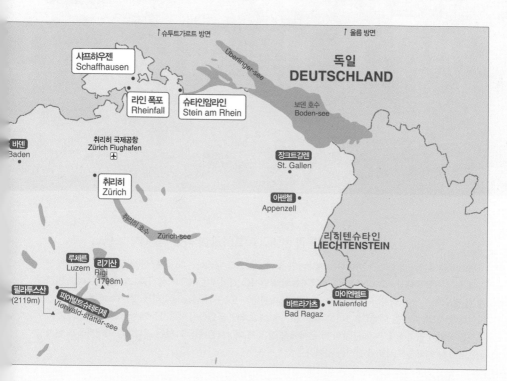

↑슈투트가르트 방면 ↑울름 방면

샤프하우젠
Schaffhausen

Überlinger-see

독일
DEUTSCHLAND

라인 폭포
Rheinfall

슈타인암라인
Stein am Rhein

보덴 호수
Boden-see

바덴
Baden

취리히 국제공항
Zürich Flughafen ✈

장크트갈렌
St. Gallen

취리히
Zürich

아펜첼
Appenzell

취리히 호수
Zürich-see

리히텐슈타인
LIECHTENSTEIN

루체른
Luzern

리기산
Rigi
(1798m)

필라투스산
(2119m)

피어발트슈테테제
Vierwald-stätter-see

바트라가츠
Bad Ragaz

마이엔펠트
Maienfeld

취리히
ZÜRICH

언어 독일어권 | **해발** 277m

자연과 문화, 전통과 현대가 독특하게 어우러진 도시

스위스의 경제 수도라 불리는 취리히는 제네바와 함께 스위스를 대표하는 도시다. 취리히는 자연과 문화, 전통과 현대가 독특하게 어우러져 있다. 미식가들의 감탄사를 자아내는 최고의 음식들, 쇼퍼홀릭마저도 지치게 할 정도로 무한한 쇼핑의 즐거움, 50곳 이상의 박물관과 100곳이 넘는 갤러리들, 스위스의 가장 활기찬 나이트라이프와 무수한 이벤트, 그리고 셀 수 없이 많은 초록의 공원들이 여행자들의 밤낮을 기쁘게 하고 이 도시를 끝없이 탐색하게 만든다. 삶의 질 분야에서 전 세계 최상위권에 들고 있는 취리히는 여행자들과 현지인들에게 늘 최고의 도시로 손꼽히는 곳이다.

ACCESS
취리히 가는 법

주요 도시 간의 이동 시간

인천 → 취리히 비행기 직항 12시간, 경유 15시간 이상
루체른 → 취리히 기차 50분
제네바 → 취리히 기차 1시간 40분
인터라켄 → 취리히 기차 2시간
바젤 → 취리히 기차 1시간
파리 → 취리히 기차(TGV) 4시간, 자동차 6시간
밀라노 → 취리히 기차 4시간
로마 → 취리히 기차 7시간 30분
프랑크푸르트 → 취리히 기차 4시간

스위스 교통망의 종점인 취리히는 국제선과 국내선 철도망뿐 아니라 제네바-베른-취리히를 연결하는 고속도로 1번을 비롯한 고속도로망도 집결하는 곳이다. 다양한 국제 노선 항공편도 취리히 공항에 취항한다. 유럽의 주요 도시로부터 비행기, 열차, 버스 등을 이용해 취리히에 손쉽게 접근할 수 있다.

비행기로 가기

우리나라에서는 대한항공이 매주 화, 목, 토요일 주 3회 취리히 직항편을 운항하고 있다. 소요 시간은 12시간 내외다.

유럽에서는 대부분의 주요 항공사들이 취리히에 취항하고 있다. 스위스 국적기인 스위스항공이 가장 많은 노선을 자랑한다.

파리(1시간 20분), 런던(1시간 30분), 빈(1시간 30분), 로마(1시간 35분), 밀라노(1시간), 마드리드(2시간 20분), 바르셀로나(1시간 45분), 리스본(2시간 50분), 프랑크푸르트(1시간), 뮌헨(1시간), 브뤼셀(1시간 20분), 부다

페스트(1시간 45분) 등 유럽 주요 도시에서 직항 비행편이 운항되고 있어 편리하다. 대부분 2시간 내외면 취리히에 도착한다.

저가 항공사 이지젯(Easyjet)은 런던 개트윅 공항(London Gatwick Airport)에서 취리히까지 저가 항공 노선을 운항하고 있다(약 2시간 40분 정도 소요). 스위스 국내에서는 제네바에서 직항 노선이 운항 중이다(50분 소요).

취리히 공항 Zürich Flughafen
스위스 최대의 공항인 취리히 공항은 스위스의 관문에 해당한다. 하루에 350편의 열차, 700대의 버스, 400대의 트램이 취리히 공항에서 출발하고 도착한다. 취리히 공항은 스위스 내에서도 최고의 연결망을 갖춘 곳으로 인정받고 있다. 공항에서 취리히 시내까지 약 11km의 거리이며 약 12분 간격으로 운행하는 열차를 타고 10분 정도면 취리히 중심부에 도착할 수 있어 무척 편리하다.

홈페이지 www.zurich-airport.com

공항에서 시내로 이동하기
SBB 열차(스위스 연방 열차)
SBB 열차로 취리히 중앙역까지 IR이나 S선으로 10분

취리히 중앙역의 SBB 열차 안내 센터

소요. 거의 5~10분마다 1대씩 운행하며 이른 아침이나 늦은 밤에는 운행 간격이 길어진다. 직행은 10분이면 도착한다. 완행은 시간이 상당히 많이 소요되므로 소요 시간을 잘 확인하고 타도록 한다. SBB 트래블 센터가 공항 체크인 3구역 아래에 있으며, 열차 매표소는 오전 6시 15분에서 오후 10시 30분까지 연다. 세관 검사(Customs) 홀 1, 2에서 도착하는 승객들은 티켓 판매기에서 표를 구입할 수도 있다. SBB 트래블 센터 옆에도 티켓 판매기가 설치되어 있다.

스위스 연방 열차 안내 서비스
☎ 900 300 300

버스
취리히 공항의 버스 터미널은 스위스 최대 규모를 자랑한다. 지역 버스와 포스트버스 16개 노선이 취리히 공항과 취리히 오엘리콘(Zürich Oerlikon)을 포함한 주변 지역을 연결하고 있다. 배차 시간은 10분~1시간 간격으로 이루어진다. 취리히 중심부까지는 버스보다는 SBB 열차가 편리해 대부분의 여행자는 SBB 열차를 이용하는 편이다. 취리히의 주요 호텔들은 투숙객들을 위해 공항에서 호텔까지 무료 셔틀버스 서비스를 제공하고 있다. 도착층 1과 2(Arrivals 1, 2) 바깥으로 나가면 셔틀버스를 탈 수 있다. 스키 시즌에는 공항에서 알프스 스키 리조트까지 버스를 운행하기도 한다.

트램
취리히 공항에서 시내까지 트램을 이용해서 갈 수도 있다. 10번 트램은 취리히 중앙역까지 거의 10분 간격으로 운행하며, 35분 정도 소요된다. 12번 트램은 15분 간격으로 운행되며, 공항과 슈테트바흐(Stettbach)역을 24분 만에 연결해 준다. 슈테트바흐역은 공항과 취리히 시내를 연결하는 역이다. 슈테트바흐역에서 7번 트램으로 환승해 취리히 중앙역까지 23분 소요된다.

택시
도착층 1과 2(Arrivals 1 & 2) 바깥에 택시 승강장이 있다. 취리히 공항에서 취리히 시내까지 택시로 약 15분 소요되며, 요금은 약 CHF60~70. 교통 상황에 따라 요금은 변동될 수 있다.

기차로 가기

스위스의 다른 도시나 유럽의 주요 도시로부터 취리히에 접근할 수 있는 가장 효율적인 방법은 바로 열차를 이용하는 것이다. 공항이나 스위스의 주요 도시뿐 아니라 유럽의 주요 도시를 이어주는 다양한 철도 노선은 취리히 여행을 더욱 편리하게 해준다. 매시 30분마다 취리히 중앙역과 스위스의 주요 도시(루체른, 바젤, 베른, 제네바 등)를 잇는 연결편이 있다. ICE(독일), TGV(프랑스), Pendolino(이탈리아)와 같은 초고속 열차들이 취리히와 유럽의 주요 도시를 연결한다.

파라데 광장을 지나는 트램

취리히 중앙역

취리히 중앙역 내부

스위스 내에서의 이동

바젤, 루체른, 인터라켄, 베른, 제네바 등 스위스 내 주요 도시로부터 직행열차로 취리히에 쉽게 도착할 수 있다. 바젤에서 IC(InterCity), IR(InterRegio) 열차로 1시간, 루체른에서 IR 열차로 50분 내외, 인터라켄에서는 베른에서 환승을 해서 2시간, 베른에서 IC 열차로 1시간, 제네바에서 IC나 ICN 열차로 1시간 40분 소요된다.

유럽 주요 도시에서의 이동

유럽의 주요 도시로부터 특급 열차나 야간열차가 수시로 운행되고 있어 편리하다. 파리 리옹 역(Paris-Gare de Lyon)에서 TGV를 타고 4시간 5분, 바르셀로나 산츠(Barcelona Sants)역에서 TGV를 타고 파리 리옹 역에서 1회 환승해 11시간, 프랑크푸르트 중앙역(Frankfurt am Main Hauptbahnhof)에서 ICE를 타고 바젤에서 1회 환승해 4시간, 빈 서역(Wien Westbahnhof)에서 RJ열차를 타고 7시간 50분, 밀라노 중앙역(Milano Centale)에서 EC 열차를 타고 4시간, 로마 테르미니 역(Roma Termini)에서는 밀라노에서 1회 환승을 해서 7시간 30분 정도 소요된다.

버스로 가기

장거리 국제 노선 버스를 타고 취리히에 들어가는 것도 쉽고 편리하다. 버스 터미널이 시내 중심에 자리 잡고 있어 관광하기에도 편리하다.

스위스 내에서의 이동

제네바(6시간 45분), 베른(4시간 15분), 바젤(5시간 30분) 등 스위스 내 주요 도시에서 버스를 이용해 취리히에 갈 수 있지만 열차보다 시간이 2배 이상 걸리기 때문에 버스보다는 열차를 이용하는 편이 여러모로 편리하다.

유럽 주요 도시에서의 이동

크로아티아, 폴란드, 스페인, 프랑스, 벨기에 등 유럽 주요 나라들과 다양한 국제 노선 버스를 운행하는 회사가 많다. 대표적으로 유로라인(Eurolines), 마인페른버스(Meinfernbus), 플릭스버스(Flixbus) 등이 있다. 프랑크푸르트, 함부르크, 밀라노, 로마, 빈, 파리, 자그레브, 브라티슬라바, 프라하 등 주요 도시가 취리히와 연결된다. 취리히의 질케 버스 터미널은 스위스 국립 박물관 뒤쪽으로 취리히 중앙역 측면 리마트강 변 근처에 있다. 버스 터미널에서 구시가, 취리히 중앙역, 반호프 거리 등 주요 명소까지 도보로 이동 가능하다.

취리히 질케 버스 터미널
주소 Ausstellungsstrasse 15 8005 Zürich
지도 p.145-A

취리히의 시내 교통

취리히의 대중교통 시스템은 매우 안전하고 청결하며 효율적인 것으로 명성이 높다. 이 대중교통망은 ZVV(Zürcher Verkehrsverbund)가 운영하는데, 트램과 버스뿐 아니라 노란색의 포스트버스, 근교 철도 노선인 S반(S-Bahn), 케이블카, 보트, SBB 열차까지도 포함되어 있어 편리하다.

취리히 대중교통 시스템 홈페이지 www.zvv.ch

구시가 관광은 도보가 편리

취리히는 일반적으로는 걸어서 대부분의 명소를 돌아보기에 충분할 정도로 볼거리가 집중되어 있는 편이다. 대부분의 명소가 구시가와 신시가를 관통하는 리마트강 양쪽 기슭을 따라 위치하고 있다. 리마트강을 중심으로 서쪽은 번화한 쇼핑가인 반호프 거리로 대표되는 신시가, 동쪽은 대부분의 관광 명소가 몰려 있는 니더도르프 거리로 대표되는 구시가다. 취리히 중앙역에서 대표적인 쇼핑가인 반호프 거리를 따라 시가지를 관통해 걸으면 취리히 호수까지 도보로 20분 정도 소요된다.

승차권

취리히의 대중교통은 버스, S-Bahn(근교 열차), 트램을 모두 통합해 운영된다. 따라서 모든 대중교통은 승차권을 공통으로 이용할 수 있다. 취리히와 주변 지역의 대중교통망은 다양한 요금 존(Zone)으로 분류된다. 취리히 시내 중심은 110존에 속해 있으며 중심부에서 멀어질수록 요금이 올라간다.

티켓은 각 정류장의 티켓 판매기나 키오스크에서 구입할 수 있다. 티켓 판매기는 영어, 독일어, 프랑스어, 이탈리아어 중에서 선택할 수 있다. 전체 존(Zone)이 표시된 지도가 화면에 나오니 참고한다. 티켓 판매기를 이용할 때는 사고자 하는 표의 종류를 선택하면 된다. 짧은 단거리권(Short-Distance)은 5개 정류장까지 유효하며 요금은 CHF2.70, 1시간 유효한 싱글 티켓(Single Ticket)은 CHF4.40, 24시간 동안 유효한 1일권(Day Pass)이 CHF8.80이다.

하루 2회 이상 대중교통을 이용할 계획이 있다면 이동할 때마다 따로 표를 구입하는 것보다는 1일권을 구입하는 것이 경제적이다. 24시간 이용 가능한 1일권은 싱글 티켓 2장 가격과 같기 때문이다.

스위스 패스 이용자는 패스 유효 기간 내에는 취리히 내 모든 대중교통을 무료로 이용할 수 있다. 유레일패스는 연속 패스의 경우 사용 기간 내에서, 선택 패스의 경우 사용일에 해당할 때, S반(S-Bahn)과 유람선을 추가 요금 없이 무료로 이용할 수 있다.

티켓 판매기

도로 위 철로를 달리는 쯜리반 트램

이용하기에 가장 편리하다. 트램 정류장마다 정차하는 트램의 시간표가 붙어 있으며, 정류장에 설치된 전광판에도 곧 도착할 트램 번호와 도착하기까지 남은 시간이 실시간으로 표시된다. 트램은 7~15분 간격으로 운행된다. ZVV 무료 앱을 이용해 트램 운행 정보를 확인하는 것도 좋은 방법이다. 취리히 호수까지 바로 가려면, 중앙역에서 호수 앞 브뤼클리 광장을 잇는 11번 트램을 이용하면 된다. 중앙역과 반호프 거리의 파라데 광장을 오가는 트램은 6 · 7 · 11 · 13번이다.

취리히 카드 Zürich Card

24시간 또는 72시간 유효한 취리히 카드를 구입하면 취리히와 주변 지역을 운행하는 트램, 버스, 열차, 보트, 케이블카를 정해진 시간 동안 무제한 이용할 수 있다. 또한 취리히의 박물관 대부분을 무료로 입장할 수 있고, 취리히의 지정 상점에서 10% 가격 할인, 지정 레스토랑에서 특별한 서비스를 받을 수 있다. 취리히 공항의 서비스 센터나 취리히 중앙역의 여행자 센터, 취리히 공항의 여행자 서비스 센터, ZVV나 SBB 티켓 판매기, 취리히의 주요 호텔에서 구입할 수 있다.

요금 24시간용 성인 CHF27, 아동(6~16세) CHF19
72시간용 성인 CHF53, 아동(6~16세) CHF37

S반 S-Bahn

S반은 편리하고 빠른 교외선 열차로 취리히 중앙역과 취리히주 전 지역, 이웃한 아르가우(Aargau), 샤프하우젠(Schaffhausen), 슈비츠(Schwyz), 장크트갈렌(St. Gallen) 주의 일부 지역을 연결해 준다. 지리적인 특성상 대부분 독일어권 지역이다. S2번부터 S55번까지 있으며 중간에 빠진 번호가 많다. 전 좌석의 5분의 1이 1등석으로 구성되어 있을 정도로 고급화된 서비스를 제공하려고 노력한다. S2는 취리히 공항과 취리히 중앙역을 연결한다.

나이트 버스·열차

대략 밤 12시가 지나면 일반적인 버스와 트램, S반 운행이 끝난다. 주말에는 밤 12시 이후부터 나이트 버스와 S반이 운행된다. 운행 간격이 30분 정도로 늘어나며, 주간에 이용하던 기본 요금에 야간 추가 요금으로 CHF5을 더 지불해야 한다. 티켓은 티켓 판매기에서 살 수 있다.

트램 Tram

전기로 운행하는 트램은 취리히 시내 교통의 주축이다. 정확하고 안전하며 시내 중심 구석구석을 연결하고 있어 취리히 관광을 할 때 가장 편리한 수단이다. 일정이 많은 여행자나 도보 이동이 어려운 여행자가

렌털 자전거, 취리 롤트 Züri Rollt

스위스는 자전거 도로가 잘 갖춰진 대표적인 나라다. 취리히도 자전거 도로가 잘 정비되어 있다. 시내 몇 곳의 대여소에서 자전거를 무료로 대여할 수 있는데, 4월 중순부터 10월경까지만 운영한다. 취리히 중앙역

트램 정류장

남쪽 유로플라츠(Europlatz) 대여소는 연중무휴다. 대여 시 약간의 예치금(일반 자전거 CHF20, 전기 자전거 CHF30)과 여권(신분증)이 필요하다. 대여 시간은 오전 8시에서 오후 9시 30분까지. 당일 반납은 무료. 당일 반납을 하지 못하면 하루에 CHF10 요금을 내야 한다. 인기가 많아 성수기에는 자전거가 모두 대여되고 재고가 없을 수도 있다. 일반 자전거는 대여소에서 바로 받을 수 있고, 전기 자전거는 미리 온라인으로 예약해야 한다.

전기 자전거 예약 사이트 https://portal.wyby.ch/lessors/aoz#/home

Velostation Europlatz
주소 Kasernenstrasse 100(Europaallee 7)
☎ 044 291 94 33
오픈 매일 월~금 07:00~22:00, 토~일 08:00~22:00

Züri rollt Velowerkstatt
주소 Affolternstrasse 247
☎ 044 281 05 16
오픈 월 · 금 08:00~12:00, 13:00~18:30, 화 · 목 13:00~18:30, 수 · 토 · 일 휴무

Züri Rollt Bahnhof Enge
주소 Tessinerplatz 1
☎ 079 336 36 12
오픈 매일 월~금 7:00~22:00, 토~일 08:00~22:00

배 Boat

취리히에서 배를 이용한 대중교통은 2가지 종류가 있다. 리마트강에서 취리히 호수 일부 구간까지 운항하는 보트버스와 취리히 호수에서 운항하는 호수 증기선이다. 보트버스는 여름철에만 운행한다.

레이크 크루즈 Lake Cruises

취리히 호수 운송회사(ZSG)는 반호프 거리가 끝나는 뷔르클리 광장(Bürkliplatz)에서 출발하는 호수 증기선을 운항한다. 재즈 브런치, 고증에 따라 복원한 증기선 등 다양한 종류의 테마를 가진 증기선을 운항하고 있다. 표는 뷔르클리 광장 매표소와 ZVV(취리히 대중교통 시스템) 창구에서 구입한다. 출발 시간과 횟수는 계절이나 휴일과 평일 여부에 따라 조금씩 변동된다. 4월 초부터 10월 중순까지는 대체로 오전 9시 30분부터 운행한다.

☎ 044 487 13 33
홈페이지 www.zsg.ch
운행 4~10월 뷔르클리 광장에서 출발.
요금 짧은 순환 투어(Kleine Rundfahrt) 1시간 30분 소요. 2등석 CHF6.80, 1등석 CHF13.60(09:10~19:30. 매 30분마다 출발. 계절에 따라 출발 시간은 변동될 수 있다).
긴 순환투어(Grosse Rundfahrt) 4시간 소요. 2등석 CHF21.40, 1등석 CHF42.80

리버보트 Riverboats

리마트강 보트버스는 중앙역 근처에 있는 스위스 국립 박물관에서 리마트강을 따라 취리히 호숫가에 있는 티펜 분수(Tiefenbrunnen)까지 운항한다. 리마트강의 7개 다리를 지나며 아름다운 구시가와 취리히 호수를 1시간 정도 돌아본다.

요금 성인 CHF4.40, 아동 CHF3. 4월 초~10월 중순 운항하며 계절에 따라 운항 시간과 횟수가 조금씩 변동된다.
탑승 장소 스위스 국립 박물관(Landesmuseum) 승선장

취리히 시내 가이드 투어

취리히 관광 안내소는 다양한 테마의 도보 투어 프로그램을 운영하고 있다. 취리히 웨스트 탐방(산업 지구가 최신 유행 지역으로 변화한 지역, 1~10월, 매주 화), 취리히 역사 지구 재발견(구시가 이야기), 식문화 탐방 투어(취리히 최초의 피체리아, 유럽에서 가장 오래된 채식주의자 식당 등), 돈의 길을 찾아서(금융 중심지 취리히의 금융 역사), 취리히와 길드, 츠빙글리 종교개혁 투어, 크라이스 4지구 탐방(최신 유행을 선도하는 지역) 등 특색 있는 투어 프로그램을 마련해 놓고 있다. 대부분 1년 내내 운영되는 투어 프로그램이고 그룹으로 진행되고 있다. 투어 소요 시간은 2~3시간 정도다. 취리히 카드 소지자는 50% 할인 받을 수도 있으므로 관광 안내소에 문의하자.

☎ 44 215 40 00
홈페이지 www.zuerich.com/en/visit/city-tours-in-zurich

취리히 트롤리 체험 시티 투어
Zürich Trolley Experience – City Tour

클래식한 트롤리 버스를 타고 시내 주요 명소를 돌아보는 프로그램. 반호프 거리, 주요 박물관, 리마트강 변, 그로스뮌스터(대성당), 성 피터 교회, 프라우뮌스터, 대학 지구 등을 둘러보면서 제공되는 이어폰을 통해 해설을 들을 수 있다(영어, 독일어, 프랑스어, 일본어 등 제공). 뒤쪽 좌석은 오픈 카 형태라 여름에는 탁 트인 시야로 시원한 바람을 느끼며 관람할 수 있다.

출발 시간 09:45, 12:00, 14:00, 연중무휴 **소요 시간** 1시간 30분~2시간
요금 성인 CHF34 **출발 장소** 질케 버스 터미널(Sihlquai Bus Station)

취리히 시티 투어와 보트 크루즈 결합 투어
Circle Tour – Zürich City Tour and Boat Cruise

트롤리 버스 투어에 1시간 30분 정도의 취리히 호수 보트 크루즈가 결합된 프로그램. 시내버스 투어가 끝난 후 뷔르클리 광장(Bürkliplatz) 부두에서 보트를 탄다. 취리히 호수를 따라 포도밭과 과수원이 펼쳐지는 그림 같은 마을을 감상할 수 있다. 겨울 시즌(10~3월)에는 보트 탑승 대기 시간이 1시간 정도 소요될 수 있다.

탑승 시간 4~10월 말 09:45, 12:00, 14:00, 10월 말~3월 말 12:00(연중무휴)
소요 시간 3시간 30분 **요금** 성인 CHF44, 아동 CHF22 **출발 장소** 질케 버스 터미널(Sihlquai Bus Station)

취리히의 추천 코스

취리히에서 여행자들이 돌아보아야 할 관광 명소는 리마트강을 중심으로 주로 동쪽에 있는 구시가에 몰려 있다.
만일 여유가 있다면 근교 소도시 여행까지 포함해 최소한 2~3일 정도 잡고 여유롭게 둘러보면 좋다.

DAY 1

스위스 국립 박물관

↓ 도보 5분

반호프 거리

↓ 도보 10분

린덴호프

↓ 도보 4분

성 피터 교회　★ 관광 후 점심 식사

↓ 도보 3분

프라우뮌스터

↓ 도보 3분

그로스뮌스터(대성당)

↓ 도보 6분

쿤스트하우스

↓ 도보 10분

니더도르프 거리　★ 쇼핑과 저녁 식사

↓ 도보 7분

취리히 야경 감상

린덴호프에서 내려다본 전망

반호프 거리

◇TIP◇ 취리히의 야경 명소

뮌스터 다리 아래 그로스뮌스터를 마주볼 수 있는
슈토르헨 거리(Storchengasse/지도 p.147-C)에서
리마트강을 앞에 두고 바라보는 그로스뮌스터와 구
시가 전망이 아름답다. 린덴호프(p.153)의 언덕에서
바라보는 구시가 전망도 좋다. 혹은 뮌스터 다리(지
도 p.147-C) 위에서 그로스뮌스터나 프라우뮌스터,
성 피터 교회 방향으로 구도를 잡아도 예쁜 야경을
감상할 수 있다.

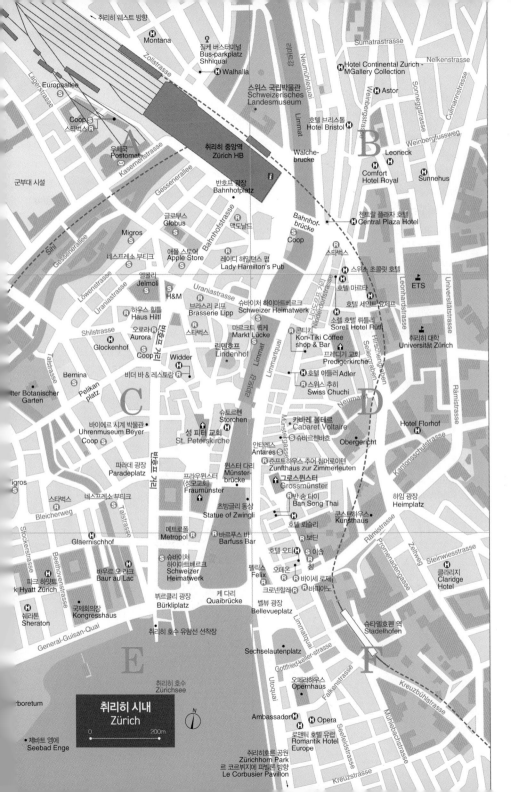

취리히 웨스트 방향

Montana

Zollstrasse

집케 버스터미널
Bus-parkplatz
Shhlquai

Walhalla

스위스 국립박물관
Schweizerisches
Landesmuseum

Sumatrastrasse

Nelkenstrasse

Hotel Continental Zurich -
MGallery Collection

Astor

Sonneggstrasse

Culmannstrasse

Europaallee

Weinbergstrasse

호텔 브리스톨
Hotel Bristol

B

Weinbergfussweg

Coop

스타벅스

우체국
Postomat

취리히 중앙역
Zürich HB

Walche-
brucke

Leoneck

Comfort
Hotel Royal

Sunnehus

군부대 시설

Gessnerallee

반호프 광장
Bahnhofplatz

Bahnhof-
brücke

첸트랄 플라자 호텔
Central Plaza Hotel

Sihl

글로부스
Globus

맥도날드

Bahnhofstrasse

Coop

Migros

네스프레소 부티크

애플 스토어
Apple Store

레이디 해밀턴스 펍
Lady Hamilton's Pub

스타벅스

스위스 초콜릿 호텔

ETS

Universitätstrasse

Löwenstrasse

Uraniastrasse

Jelmoli

H&M

브라스리 리프
Brasserie Lipp

슈바이처 하이마트베르크
Schweizer Heimatwerk

호텔 마르타

호텔 세인트 요제프

Leonhardstrasse

Shilstrasse

하우스 힐틀
Haus Hiltl

오로라
Aurora

스타벅스

마르크트 뤼케
Markt Lücke

콘티키
Kon-Tiki Coffee
shop & Bar

소렐 호텔 뤼틀리
Sorell Hotel Rütli

취리히 대학
Universität Zürich

Rämistrasse

Glockenhof

Coop

Widder

린덴호프
Lindenhof

Limmat

프레디거 교회
Predigerkirche

Talstrasse

Bernina

Pelikan
platz

비더 바 & 레스토랑

호텔 아들러 Adler

스위스 추치
Swiss Chuchi

D

tter Botanischer
Garten

C

슈토르헨
Storchen

카바레 볼테르
Cabaret Voltaire

Hotel Florhof

Kantonsschulstrasse

바이에르 시계 박물관
Uhrenmuseum Beyer

Coop

성 피터 교회
St. Peterskirche

슈바르첸바흐

Obergericht

파라데 광장
Paradeplatz

인타레스
Antares

뮌스터 다리
Münster-
brücke

프라우뮌스터
(성모교회)
Fraumünster

준프트하우스 주어 침머로이텐
Zunfthaus zur Zimmerleuten

그로스뮌스터
Grossmünster

하임 광장
Heimplatz

igros

스타벅스

네스프레소 부티크

Bleicherweg

Talstrasse

초빙글리 동상
Statue of Zwingli

반 송 타이
Ban Song Thai

쿤스트하우스
Kunsthaus

Rämistrasse

Promenadengasse

Steinwiesstrasse

Glarnischhof

메트로폴
Metropol

바르푸스 바
Barfuss Bar

보딘

클라리지
Claridge
Hotel

Stockerstrasse

Beethovenstrasse

바우르 오 라크
Baur au Lac

슈바이처
하이마트베르크
Schweizer
Heimatwerk

호텔 오터
이솜

펠릭스
Felix

바이세 로제

Zeltweg

파크 하얏트 취리히
k Hyatt Zürich

국제회의장
Kongresshaus

뷔르클리 광장
Bürkliplatz

케 다리
Quaibrücke

오데온

크로넨할레

카피아노

쉐라톤
Sheraton

취리히 호수 유람선 선착장

General-Guisan-Quai

벨뷰 광장
Bellevueplatz

슈타델호펜 역
Stadelhofen

F

Limmatquai

E

취리히 호수
Zürichsee

Sechselautenplatz

Gottfried-Keller-strasse

Kreuzbühlstrasse

boretum

제바트 엥에
Seebad Enge

취리히 시내
Zürich

0   200m

N

Utoquai

오페라하우스
Opernhaus

Falkenstrasse

Seefeldstrasse

Ambassador

Opera

로맨틱 호텔 유럽
Romantik Hotel
Europe

취리히호른 공원
Zürichhorn Park
르 코르뷔지에 파빌론 방향
Le Corbusier Pavillon

Mühlebachstrasse

Kreuzstrasse

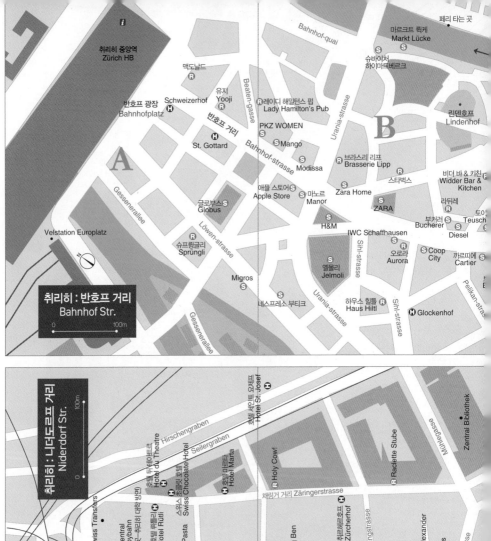

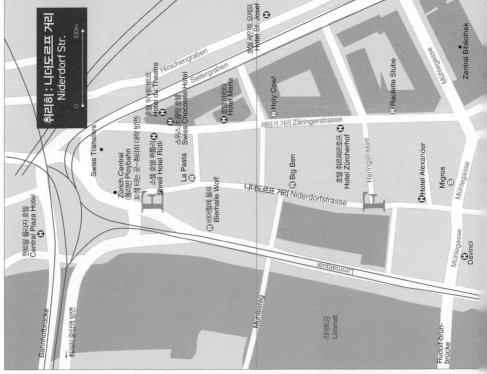

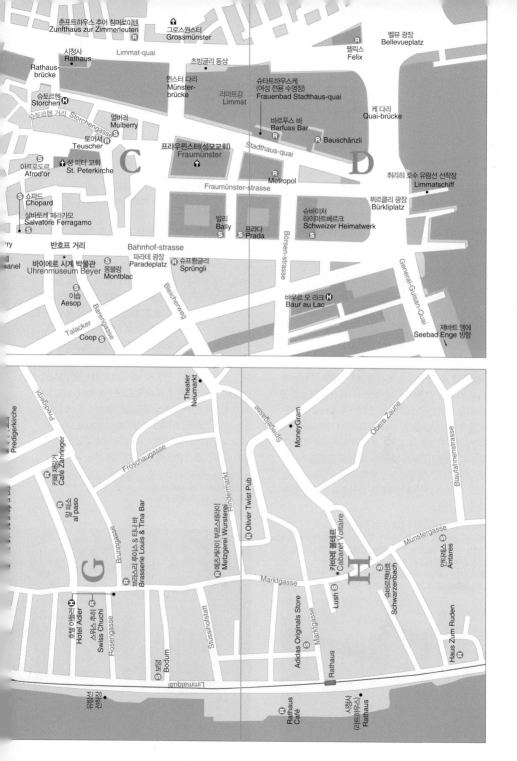

춘프트하우스 추어 침머로이텐
Zunfthaus zur Zimmerleuten

그로스뮌스터
Grossmünster

벨뷰 광장
Bellevueplatz

펠릭스
Felix

시청사
Rathaus

Limmat-quai

초빙글리 동상

Rathaus-brücke

뮌스터 다리
Münster-brücke

슈타트하우스케
(여성 전용 수영장)
Frauenbad Stadthaus-quai

케 다리
Quai-brücke

슈토르헨
Storchen

리마트강
Limmat

바르푸스 바
Barfuss Bar

슈토르헨 거리 Storchengasse

멀버리
Mulberry

바우셴츨리
Bauschänzli

토이셔
Teuscher

프라우뮌스터(성모교회)
Fraumünster

Stadthaus-quai

C

D

취리히 호수 유람선 선착장
Limmatschiff

아프로도르
Afrod'or

성 피터 교회
St. Peterkirche

Fraumünster-strasse

Metropol

뷔르클리 광장
Bürkliplatz

쇼파드
Chopard

살바토레 페라가모
Salvatore Ferragamo

빌리
Bally

프라다
Prada

슈바이처
하이마트베르크
Schweizer Heimatwerk

Börsen-strasse

ry

반호프 거리
Bahnhof-strasse

파라데 광장
Paradeplatz

슈프륑글리
Sprüngli

anel

바이에르 시계 박물관
Uhrenmuseum Beyer

몽블랑
Montblanc

Bleicherweg

General-Guisan-Quai

이솝
Aesop

바우르 오 라크
Baur au Lac

제바트 엥에
Seebad Enge 방향

Barengasse

Talacker

Coop

Predigerkirche

Theater
Neumarkt

Obere Zaune

MoneyGram

Spiegelgasse

Blaufahnenstrasse

Pfadergasse

카페 체링거
Café Zähringer

Froschaugasse

알 파소
al paso

Brunngasse

Münstergasse

메츠게라이 부르스트베라이
Metzgerei Wursterei

Hirtenmarkt

Oliver Twist Pub

카바레 볼테르
Cabaret Voltaire

안타레스
Antares

G

H

브라스리 루이스 & 티나 바
Brasserie Louis & Tina Bar

Marktgasse

Lush

호텔 아들러
Hotel Adler

스위스 추히
Swiss Chuchi

Rosengasse

Stüssihofstatt

아디다스 오리지널스 스토어
Adidas Originals Store

Marktgasse

슈바르첸바흐
Schwarzenbach

하우스 춤 루덴
Haus Zum Ruden

Bodum

Rathaus

Limmatquai

Rathaus
Café

시청사
(라트하우스)
Rathaus

취리히의 관광 명소

스위스 국립 박물관
Schweizerisches Landesmuseum ★★★

100년 된 건물에 자리한 스위스 최대 박물관

중세 성처럼 생긴 이 박물관에는 선사 시대부터 현대에 이르는 스위스의 역사와 문화, 예술의 유산이 가득하다. 0층에는 선사 시대의 유물들과 중세 종교 예술 작품을 전시하고 있다. 특히 유네스코 세계문화유산에 등록된 뮈스테어의 성 요한 베네딕트 수도원(p.638)에서 옮겨온 프레스코화는 반드시 봐야 할 작품이다. 1층은 16~17세기 생활상과 인테리어, 가구들을 살펴볼 수 있다. 1층의 남쪽 건물은 청동기 시대 유물들부터 20세기에 이르기까지 스위스의 역사를 한눈에 보여준다. 2~3층에서는 18~19세기 의상과 장난감들을 볼 수 있는데, 특히 아펜첼 지역의 목자들이 입은 빨강과 노란색의 전통 의상들이 볼만하다. 다 돌아보는 데 반나절은 걸릴 정도로 방대한 규모를 자랑한다.

주소 Museumstrasse 2 CH–8021 Zürich
☎ 044 218 65 11 **개관** 화~수 10:00~17:00, 목 10:00~19:00, 금~일 10:00~17:00 **휴관** 월 **입장료** 성인 CHF10, 학생 & 만 65세 이상 CHF8, 아동(만 16세 미만) 무료
홈페이지 www.landesmuseum.ch
교통 취리히 중앙역에서 도보 1~2분. **지도** p.145–B

반호프 거리
Bahnhofstrasse ★★★

세계에서 가장 유명한 고급 쇼핑 거리

취리히 중앙역에서부터 취리히 호수까지 일직선으로 뻗어 있는 신시가의 우아한 대로. 불가리, 까르띠에, 샤넬, 디올, 구찌, 에르메스, 프라다, 루이비통 등 헤아릴 수 없이 많은 고급 명품 브랜드 매장들이 중앙역에서부터 1.4km 길이의 대로를 따라 취리히 호수에 인접한 파라데 광장(Paradeplatz)까지 이어진다. 특히 시계 산업의 본고장답게 오메가, 브라이틀링, 태그호이어, 롤렉스, 파텍 필립 등 명품 브랜드 시계 숍도 즐비하다. 마노르(Manor), 옐몰리(Jelmoli), H&M, 글로부스(Globus) 같은 대형 쇼핑 매장도 곳곳에 있다. 반호프 거리가 끝에 있는 파라데 광장에는 스위스 최대 은행인 UBS와 크레딧 스위스 그룹(Credit Suisse Group)의 본사가 위치해 있다. 특히 이 광장에는 초콜릿 가게이자 카페인 슈프륑글리(p.159)가 유명하다.

주소 Bahnhofstrasse CH–8001 Zürich
홈페이지 www.bahnhofstrasse–zuerich.ch
교통 취리히 중앙역에서 바로.
지도 p.145–C, p.146~147

성 피터 교회
St. Peterskirche ★★

취리히에서 제일 오래된 교회

8세기에 처음 건설되었고 13세기와 1705년에 크게 개축되었다. 시내 어디에서나 성 피터 교회의 13세기 종탑을 볼 수 있을 정도로 눈에 잘 띈다. 중세 시대에 이 교회 종탑 꼭대기 작은 창문이 나 있는 공간은 취리히 시 파수꾼의 집이었다. 그의 의무는 화재에 대비해 15분마다 창밖을 내다보는 일이었다. 이 교회 첨탑에 파수꾼을 둔 덕분에 취리히는 유럽의 다른 도시들과는 달리 큰 화재로 피해를 입지 않았다. 특히 1534년에 제작된 종탑의 시계 직경이 8.7m로 유럽에서 가장 큰 시계판으로 알려져 있다. 분침은 거의 4m나 된다. 교회 내부는 바로크식 회중석과 로마네스크 양식의 성가대석이 인상적이다. 성가대석 벽에는 희미하게 중세 벽화가 남아 있다. 특히 설교단 위쪽에 독일어 성경 구절과 함께 히브리어로 하나님의 이름을 적어 놓았는데, 이는 종교 개혁의 정신을 반영하고 있다.

주소 St. Peterhofstatt CH-8001 Zürich
개방 월~금 08:00~18:00, 토 08:00~16:00, 일 11:00~17:00 **홈페이지** www.st-peter-zh.ch
교통 취리히 중앙역에서 도보 11분. **지도** p.145-C

바이에르 시계 박물관
Uhrenmuseum Beyer Zürich ★★

골동품 시계 박물관

스위스에서 가장 오래된 시계 전문점 바이에르(Beyer)의 지하에 있는 시계 박물관. 기원전 1400년경부터 현대에 이르기까지 시간 측정과 관련된 해시계, 기름시계, 물시계, 탁상시계, 손목시계, 포켓용 시계 그리고 항해와 과학과 관련된 초정밀 시계에 이르기까지 연대순으로 250여 점이 전시되어 있다. 현재는 파텍 필립의 최첨단 수정 시계 두 점이 마지막 자리를 차지하고 있다.

주소 Bahnhofstrasse 31 CH-8001 Zürich
☎ 043 344 63 63 **개관** 월~금 14:00~18:00 **휴관** 토~일
입장료 성인 CHF10, 학생 CHF5, 어린이(12세 이하) 무료
홈페이지 www.beyer-ch.com
교통 취리히 중앙역에서 도보 10분. 반호프 거리 중간 지점에 있다. **지도** p.145-C, p.147-C

프라우뮌스터(성모 교회)
Fraumünster ★★★

샤갈의 장미창이 눈부신 교회

뮌스터 다리 바로 앞에 있는 프라우뮌스터는 853년 독일의 루이(Louis) 왕에 의해 설립되었다. 교회 건축의 특징을 잘 보여주는 것은 로마네스크 양식의 성가대와 높은 아치형의 내부 천장이다. 이 성당 관람 시 최고의 하이라이트는 단연코 스테인드글라스 창문이다. 북쪽에 있는 9m나 되는 창은 아우구스토 자코메티(Augusto Giacometti)가 1945년에 제작했다. 성가대의 5개 창문(1970)과 남쪽의 장미창(1978)은 바로 마르크 샤갈(Marc Chagall)의 작품이다. 이 장미창은 5가지 성경 이야기를 묘사하고 있다. 왼쪽에서 오른쪽으로 예언자 엘리야의 승천, 야곱의 싸움과 천국의 꿈, 예수의 생애, 세상의 끝날 트럼펫을 부는 천사, 백성들의 고통을 내려다보는 모세와 계명 순이다.

주소 Münsterhof 2 CH-8001 Zürich
☎ 044 221 20 63 **개방** 3월~10월 10:00~18:00, 11월~2월 10:00~17:00(일요일에는 10시 주일 예배로 인해 12시부터 개방) **입장료** 성인 CHF5, 아동 무료
홈페이지 www.fraumuenster.ch
교통 취리히 중앙역에서 트램 11·13번을 타고 파라데 광장(Paradeplatz)에서 하차 후 도보 2분.
지도 p.145-C, p.147-C

취리히 호수 유람선
Zürichsee Schiffahrt ★

클래식한 증기선을 타고 호수 한 바퀴

증기선을 타고 취리히 호수를 한 바퀴 돌아보거나, 퐁
뒤 디너나 댄스 파티가 포함된 디너 크루즈 등 다양한
유람선 상품을 이용할 수 있다. 취리히 관광청에서 추
천하는 클래식 트램을 이용한 시내 관광과 크루즈를
연계한 투어 '취리히 시티 투어 & 레이크 크루즈'도 있
으며 관광청에서 예약을 받는다. 홈페이지에서 좀 더
자세한 상품 정보를 알 수 있다.

☎ 044 487 13 33(스케줄 문의) **홈페이지** www.zsg.ch
교통 취리히 중앙역 앞에서 트램 11번을 타고 5번째 정류장인

뷔르클리 광장(Bürkliplatz)에서 하차 후 호수 방향으로 도보
1분(총 10분 소요). 승선장은 뷔르클리 광장에서 호수 방향으
로 길을 건너면 바로 나온다. **지도** 선착장 p.145-E

TIP 취리히 호수에서 수영하기

제바트 엥에 Seebad Enge

알프스의 만년설이 덮인 산들을 보며 취리히 호수에서 수영을 즐길 수 있다.
멋쟁이 취리히 시민이 즐겨 찾는 곳이기도 하다. 주말에는 많이 붐비는 편이
다. 오후에는 바를 열고, 작은 콘서트가 펼쳐지기도 한다.

주소 Mythenquai 9 CH-8002 Zürich ☎ 044 201 38 89 **개방** 5월 중순~5월 말
09:00~19:00, 6월 초~8월 08:00~20:00, 9월~9월 중순 09:00~19:00
요금 CHF8 **홈페이지** www.seebadenge.ch **교통** 뷔르클리 광장(Bürkliplatz) 트램 정류장에서 도보 10분. **지도** p.145-E

슈타트하우스케 Stadthausquai

그로스뮌스터(대성당)가 보이는 구시가 안에 있는 여성 전용 야외 수영장. 작은 도서관, 가게, 주스 바를 갖추고 있다.
저녁에는 남성들도 입장 가능한 바르푸스 바(Barfuss Bar)로 바뀐다. 이 바는 그 이름처럼 맨발로 입장해야 한다. 프라
우뮌스터에서 취리히 호수 방향으로 강을 따라 조금만 걸으면 나온다.

주소 Stadthausquai CH-8001 Zürich ☎ 044 211 95 92 **개방** 5월 중순~9월 중순 09:00~19:30 **요금** CHF8
홈페이지 www.zuerch.com **교통** 트램 415번을 타고 헬름하우스(Helmhaus)에서 하차, 또는 트램 2·5·6·7·8·9·11·13번
을 타고 파라데 광장(Paradeplatz)에서 하차. **지도** p.147-D

TIP 취리히 호수 산책 즐기기

취리히 호수가 시작되는 벨뷰에서 취리히호른까지 이르는 호숫가 산책은 취
리히 여행에서 가장 유쾌한 경험이 될 것이다. 45분~1시간 정도 소요되는 이
산책 코스를 따라 걷다 보면 취리히 시민들, 거리의 악사들, 아이스크림 노점
상들 그리고 취리히의 전통 체르벨라트(Cervelat) 소시지를 파는 노점상을 만
날 수 있다. 취리히호른 공원에서는 스위스의 대표 조각가 장 팅겔리(Jean
Tinguely)의 1964년 조각품 '호이레카(Heureka)'를 영구 전시하고 있다.

교통 벨뷰(Bellevue) 트램 정류장에서 호수를 따라 걸으면 된다.

그로스뮌스터(대성당)
Grossmünster ★★★

츠빙글리가 종교 개혁의 불을 지핀 곳

샤를마뉴 황제가 이 도시의 순교자인 펠릭스와 레굴라의 무덤을 발견하고 그 장소에 이 성당을 세웠다는 전설이 전해져 온다. 16세기 전반 스위스의 종교 개혁가 츠빙글리(Ulrich Zwingli)와 불링거(Heinrich Bullinger)가 종교 개혁을 시작한 역사적인 장소가 바로 이 성당이다. 이 성당에 연결된 신학 대학은 노벨상 수상자를 21명이나 배출한 취리히 대학의 초기 원형이었다.

시그마르 폴케(Sigmar Polke)가 제작한 창문과 아우구스토 자코메티가 1932년에 제작한 성가대 창문, 오토 뮌히(Otto Münch)가 1935~1950년에 제작한 청동문 그리고 종교 개혁 박물관(월~금 09:00~18:00, 주말 휴관)은 찾아볼 만한 가치가 충분하다. 특히 이 성당의 두 개의 탑 중 남쪽 탑인 칼스투름 탑 전망대(Karlsturm)는 취리히와 주변의 멋진 전경을 파노라마로 볼 수 있는 감상 포인트다.

가이드 투어는 일반 투어와 야간 투어가 있다. 일반 투어(CHF10)는 매달 둘째 주 일요일 오전 12시 15분에 시작해 1시간 소요된다. 야간 투어(자율적 헌금)는 밤 10시에 시작해 1시간이 걸리는 투어로, 특정일에만 진행되니 홈페이지를 참조한다. 성당 내부를 둘러보고 교회 탑에 올라 취리히의 야경을 감상할 수 있다. 투어는 정문에서 시작되고, 독일어로 진행된다.

주소 Grossmünsterplatz CH-8001 Zürich
☎ 044 252 59 49
대성당 개방 3~10월 월~토 10:00~18:00, 11~2월 월~토 10:00~17:00, 일요일은 예배가 끝난 후 공개한다. 특별한 행사가 있을 경우 일반인에게 공개되지 않는 때도 있다. **입장료** 무료
칼스투름 탑 개방 3~10월 월~토 10:00~17:30, 일 12:30~17:30/11~2월 월~토 10:00~16:30, 일 12:30~16:30, 특별한 행사가 있을 경우 개방 시간 변경 가능 **입장료** 성인 CHF5, 아동 · 학생 CHF2
홈페이지 www.grossmuenster.ch
교통 취리히 중앙역에서 리마트강 변을 따라 도보 15분. 또는 중앙역 앞에서 4번 트램을 타고 헬름하우스(Helmhaus)에서 하차(5분 소요).
지도 p.145-D, p.147-C

츠빙글리 동상
Zwingli Denkmal ★

스위스 출생의 종교 개혁가 츠빙글리의 동상

프라우뮌스터와 그로스뮌스터를 잇는 뮌스터 다리의 동쪽 끝, 취리히 최초의 공립 도서관이었던 바서키르헤(Wasserkirche) 앞에 검을 세운 채 우뚝 서 있다. 츠빙글리는 그로스뮌스터의 사제로서 가톨릭의 부패를 비판하고 스위스의 용병 제도를 비인도적이라고 주장하며 반대했던 인물이다. 종교 개혁을 완성한 장 칼뱅(Jean Calvin, 1509~1564)이 그의 후계자였다.

주소 Bahnhofstrasse CH-8001 Zürich
홈페이지 www.bahnhofstrasse-zuerich.ch
교통 취리히 중앙역 앞에서 트램 4번을 타고 헬름하우스(Helmhaus)에서 하차한 후 헬름하우스 건물 뒤편으로 도보 1분(총 6분 소요).
지도 p.145-C, p.147-C

쿤스트하우스
Kunsthaus Zürich ★★

취리히의 대표적인 현대 미술관

1787년에 문을 연 곳으로, 취리히에서 가장 인상적이고 대표적인 현대 미술 작품을 보유하고 있다. 입구에는 조각의 거장 로댕의 〈지옥의 문〉이 우뚝 솟아 있다. 플랑드르 회화의 거장, 렘브란트와 루벤스의 작품을 비롯해 쿠르베, 들라크루아, 로트렉, 르누아르, 드가, 마티스 등의 프랑스 회화와 피카소, 샤갈, 뭉크, 마그리트 등의 17~18세기 명화들이 가득하다. 1층에는 20세기 초 스위스의 대표 화가 페르디난트 호들러(Ferdinand Hodler)의 작품이 전시되어 있다. 회화 외에도 사진이나 그래픽, 조각 컬렉션도 많고 다양한 팝아트 작품도 감상할 수 있다.

주소 Heimplatz 1 CH-8001 Zürich
☎ 044 253 84 84
개관 화 · 금~일 10:00~18:00, 수~목 10:00~20:00 **휴관** 월
입장료 오디오 가이드 포함 콤비 티켓(상설전+특별전) 성인 CHF23, 학생 CHF18, 16세 이하 무료, 매주 수요일 무료 / 취리히카드 소지자 할인, 특별전은 요금 추가
홈페이지 www.kunsthaus.ch
교통 취리히 중앙역에서 반호프 거리 방향에 있는 반호프 광장에서 버스 31번이나 트램 3번을 타고 쿤스트하우스 앞에서 하차(6분 소요). 또는 취리히 중앙역에서 도보 20분.
지도 p.145-D

카바레 볼테르
Cabaret Voltaire ★★

다다이즘 무정부주의 예술 운동의 본거지

취리히의 나이트클럽 이름이기도 한 카바레 볼테르는 1916년에 예술적 · 정치적 목적으로 설립된 카바레였다. 이곳은 다다이즘(Dadaism, 20세기 초 예술 문학상의 전위주의)으로 알려진 무정부주의 예술 운동의 중추가 된 곳이다. 당시 젊은 예술가와 작가들은 이곳에 몰려들어 음악 공연도 하고 독서 토론도 했다. 칸딘스키, 파울 클레, 막스 에른스트 등 수많은 예술가가 이곳에서 전위적인 예술 운동을 함께 했다. 현재는 그 역사적인 공간이 그대로 남아 있는 내부와 동명의 카페 바가 공존하고 있다.

주소 Spiegelgasse 1 CH-8001 Zürich
☎ 043 268 57 20, 카페 바 ☎ 043 268 56 30
개방 월~목 17:30~24:00, 금~토 11:30~02:00, 일 11:30~23:00 **홈페이지** www.cabaretvoltaire.ch
교통 취리히 중앙역에서 도보 11분.
지도 p.145-D, p.147-H

니더도르프 거리
Niederdorfstrasse ★★

현지 젊은이들과 쇼핑객들이 즐겨 찾는 거리

중앙역에서 강을 건너면 구시가를 따라 길게 이어지는 거리. 고급 상점가인 반호프 거리와는 대조적으로 니더도르프 거리는 저렴하지만 독특하고 세련된 상점이 많아 현지 젊은이들이 즐겨 찾는다. 골목마다 다채로운 잡화점과 카페와 화랑, 고서점과 액세서리 가게들이 숨어 있다. 밤이 되면 수많은 바, 카페, 레스토랑이 불을 밝히고 손님을 불러 모은다. 이 거리를 따라가다 보면 그로스뮌스터에 닿는다.

교통 취리히 중앙역에서 도보 5분.
지도 p.145-D, p.146~147

린덴호프
Lindenhof

취리히의 역사가 시작된 유서 깊은 언덕

리마트강 좌안 조금 높은 언덕 위에 형성된 로마 시대의 세관 자리로, 리마트강과 니더도르프 거리가 있는 구시가를 조망하기에 좋다. 1747년에 이곳에서 고대 로마 시절 취리히의 옛 이름인 투리쿰(Turicum)이 기록된 2세기 무렵 로마 시대의 묘석이 발굴되었고, 1798년 취리히 시민들이 스위스 연방 가입에 대한 서약을 한 곳이 바로 이곳 린덴호프 언덕이었다. 오늘날은 넓은 평지에 수목이 우거져 있어 취리히 시민들의 휴식처가 되고 있다.

교통 취리히 중앙역에서 리마트강 변을 따라 도보 10분.
지도 p.145-C, p.146-B

르 코르뷔지에 파빌론
Le Corbusier Pavillon ★

코르뷔지에의 생애 마지막 건축 설계 작품

스위스 출신의 세계적인 건축가 코르뷔지에의 마지막 건축 설계 작품으로, 취리히 호숫가 취리히호른 공원에 인접해 있다. 이 건축물은 몬드리안의 작품을 3차원적으로 표현한 것처럼 독특한 외관과 색채를 띤다. 특히 자유롭게 떠 있는 지붕은 뛰어난 건축적 요소로 손꼽힌다. 건축물 내부에는 그의 건축 설계 도안과 그림, 가구와 책들이 소장되어 있다.

주소 Höschgasse 8(Zürichhorn Park) CH-8008 Zürich
☎ 044 383 64 70
개관 4월 하순~11월 하순 화~수, 금~일 12:00~18:00, 목 12:00~20:00 **휴관** 월, 동절기
입장료 성인 CHF12, 아동 CHF8
홈페이지 www.pavillon-le-corbusier.ch
교통 취리히 중앙역에서 반호프 다리를 건너 첸트랄(Central) 정류장에서 티펜브룬넨(Tiefenbrunnen) 방향 트램 4번을 타고 회슈 거리(Höschgasse)에서 하차 후 도보 3분(총 16분 소요). 또는 벨뷰 광장에서 취리히 호수를 산책하며 도보 20분.
지도 p.145-F

> **TIP** 취리히 근교 자연 하이킹, 위에틀리베르크와 펠세네크
> **Üetliberg and Felsenegg**

위에틀리베르크(해발 871m)는 지역 사람들이 즐겨 찾는 근교의 작은 산이다. 도착역에서부터 알프스의 정상들이 펼치는 멋진 장관을 감상할 수 있다. 벨베데레 타워가 있는 정상까지 올라가면 취리히 시내 전체와 리마트 계곡, 취리히 호수와 주변 알프스 산악 지대를 한눈에 볼 수 있는 압도적인 파노라마가 펼쳐진다. 맑은 날에는 동쪽으로는 센티스(Säntis), 남서쪽으로는 융프라우요흐까지 보인다. 여기서부터 펠세네크(해발 804m)로 이어지는 산등성이를 따라 하이킹을 해도 좋다. 펠세네크에서 케이블카를 타고 아들리스빌(Adliswil)로 가서 S4 열차(S-bahn)를 타고 취리히로 돌아가면 된다. 하이킹 외에도 자전거 라이딩이나 패러글라이딩도 즐길 수 있다. 위에틀리베르크에서 펠세네크까지 6km의 하이킹 코스이며 난이도는 쉬운 편이고, 예상 소요 시간은 1시간 30분이다. 하이킹 시즌은 3~11월까지다.

홈페이지 www.uetliberg.ch **교통** 취리히 중앙역 21~22번 승강장에서 S10 열차로 20분, 위에틀리베르크 하차. 30분 간격으로 운행.

취리히의 식당

스위스 추히 Swiss Chuchi

호텔 아들러 1층에 위치한 전통 스위스 레스토랑. 건물 정면 외벽 상단에 설치된 젖소 조형물이 눈에 띈다. 대표 메뉴로는 전통 퐁뒤(Traditionel les Waadtländer Fondue), 미니 소시지를 곁들인 라클레트(Raclette mit Mini Kalbsbratwurst) 등이 있다. 메뉴 가격은 CHF30~, 런치 메뉴는 CHF19 내외.

주소 Rosengasse 10 am Hirschenplatz CH-8001 Zürich
☎ 044 266 96 96
영업 11:30~23:15, 연중무휴 / 아침 식사 월~금 07:00~10:00, 토~일 07:00~10:30
홈페이지 www.hotel-adler.ch
교통 취리히 중앙역에서 도보 10분, **지도** p.145-D, p.147-G

바피아노 Vapiano

모던한 분위기의 셀프 서비스 레스토랑. 관광객보다는 현지인들에게 인기 있는 곳이다. 피자, 파스타의 양이 푸짐하고 즉석에서 요리해 주므로 맛도 괜찮은 편이다. 피자, 파스타의 가격은 각각 CHF18~24, 샐러드는 CHF10~20.

주소 Rämistrasse 8 CH-8001 Zürich ☎ 044 252 00 62
영업 월~목 11:00~22:30, 금~토 11:00~23:30, 일 11:00~22:30 **홈페이지** www.vapiano.com
교통 취리히 중앙역에서 트램 4·11번을 타고 벨뷰(Bellevue) 정류장에서 하차 후 도보 1분(총 10분 내외 소요).
지도 p.145-F

보딘 Vohdin

부부가 운영하는 소박한 수제 빵집. 두어 평 남짓되는 작고 허름한 가게지만 현지 언론에 보도가 될 정도로 나름 유명세가 있다. 치거 도넛(Ziger Krapfen), 초콜릿빵(Schoggibrötli), 애플크라펜(Apfelkrapfen) 등을 추천한다. 가격은 CHF2~.

주소 Oberdorfstrasse 12 CH-8001 Zürich
☎ 044 252 49 19 **영업** 화~금 07:30~18:30 **휴무** 토~월
교통 취리히 중앙역에서 트램 4번을 타고 헬름하우스(Helmhaus)에서 하차 후 도보 3~4분(총 10분 소요).
지도 p.145-F

바이세 로제 Weisse Rose

100년 전통을 자랑하는 와인과 맥주 전문 레스토랑. 현지인들이 단골로 즐겨 찾는 소박한 식당이다. 메뉴로는 버섯과 크림소스를 곁들인 게슈넷첼테스(Grosis Butter-Pastetli mit Schweinsgeschnetzeltem an Rahmsauce mit Erbsli und Champignons) CHF28, 치즈와 애플소스를 곁들인 샐러드(Soja-Gehacktes mit Gemüse Öpfelmues und Reibkäse) CHF25 등이 있으며, 와인은 주로 스위스나 이태리산을 제공한다. 작은 식당이므로 5명 이내로 방문할 것을 권한다.

주소 Torgasse 9 CH-8001 Zürich ☎ 044 251 45 71
영업 수~토 13:00~24:00, 일 16:00~22:00, 소그룹은 미리 예약
휴무 월~화
교통 취리히 중앙역에서 트램 4·11번을 타고 벨뷰(Bellevue) 정류장에서 하차 후 도보 1~2분(총 10~12분 소요).
지도 p.145-F

브라스리 리프 Brasserie Lipp

프랑스 전통 요리와 함께 신선한 굴 요리를 맛볼 수 있는 아르데코풍의 멋진 레스토랑. 월요일부터 금요일까지 제공되는 런치 메뉴가 가격에 비해 실속이 있으며 현지인들로 늘 붐빈다. 감자튀김을 곁들인 홍합 요리 550g(Petit pot de moules Portion Muscheln mit Pommes Frites, 550g) CHF37.50, 연어 타르타르(Tartare de saumon) CHF39, 런치 메뉴(CHF26~33) 등 다양한 요리를 맛볼 수 있다. 메뉴당 가격은 CHF40~.

주소 Uraniastrasse 9 CH-8001 Zürich
☎ 043 888 66 66
영업 화~금 12:00~14:30, 18:00~22:00, 토 12:00~23:00
휴무 일~월
홈페이지 www.brasserie-lipp.ch
교통 취리히 중앙역에서 도보 5~6분. **지도** p.146-B

브라스리 루이스 & 티나 바
Brasserie Louis & Tina Bar

80석 규모의 실내 좌석이 있는 모던한 레스토랑. 프랑스 요리를 비롯해 다양한 요리를 제공한다. 점심 메뉴로 나오는 닭고기 프리커시(Frikasse vom Poulet mit Butter Reis und Marktgemüse, CHF21.50)는 가격 대비 실속 있다. 그외 비프스테이크 타르타르, 홍합 요리

(Moules) 등 다양한 고기 요리와 채소 요리를 맛볼 수 있다. 메뉴당 가격은 CHF29~. 바로 옆에 붙어 있는 티나 바에서는 시원한 음료와 칵테일, 와인을 맛볼 수 있다. 바질 바시(Basil Bash), 모스카우 뮬(Moscow Mule)을 추천한다.

주소 Niederdorfgasse 10 CH-8001 Zürich
☎ 044 250 76 80
영업 레스토랑 월~수 11:30~14:00, 17:30~22:00, 목~토 11:30~23:00, 일 11:30~22:00 / 티나 바 화~목 17:00~24:00, 금~토 17:00~02:00, 일~월 17:00~23:00
홈페이지 www.brasserie-louis.ch, www.tina-bar.ch
교통 취리히 중앙역에서 도보 10분.
지도 p.147-G

레이디 해밀턴스 펍 Lady Hamilton's Pub

취리히에서 가장 유명한 펍 중 하나. 40가지 이상의 맥주뿐 아니라 와인, 칵테일, 위스키를 맛볼 수 있다. 주말에는 DJ들이 라이브 공연을 펼친다. 옥상에도 바가 있어 젊은이들에게 인기가 많다. 취리히의 구시가 지붕을 바라보며 휴식을 취할 수 있다. 옥상 바는 예약 필수.

주소 Beatengasse 11 CH-8001 Zürich
☎ 043 344 88 60
영업 월~수 16:30~23:30, 목 17:00~24:00, 금 17:00~04:30, 토 19:00~04:30 **휴무** 일
홈페이지 www.ladyhamilton.ch
교통 취리히 중앙역에서 반호프 거리를 거쳐 도보 5분.
지도 p.145-A, p.146-B

바르푸스 바 Barfuss Bar

리마트강 변의 여성 전용 수영장인 슈타트하우스케에 딸려 있는 바. 5월 중순부터 9월 중순까지 저녁에 오픈하며, 남성도 출입할 수 있다. 워낙 인기가 많아 미리 예약하는 편이 좋다. 바의 이름처럼 입구에서 신발을 벗고 맨발로 들어가야 한다. 나무 데크의 느낌이 좋다. 물에 발을 담그고 리마트강 변을 바라보며 휴식을 취할 수 있다. 취리히에서 가장 낭만적인 장소 중하나.

주소 Stadthausquai CH-8001 Zürich
☎ 044 251 33 31
영업 5월 중순~9월 중순 매일 20:00~24:00
홈페이지 www.barfussbar.ch
교통 취리히 중앙역 앞 반호프 거리(Bahnhof-strasse) 정류장에서 트램 11번을 타고 뵈르젠 거리(Börsenstrasse) 정류장에서 하차한 후 도보 2분(총 8분 소요).
지도 p.147-D

콘티키 Kon-Tiki Coffee shop & Bar

현지인들이 즐겨 찾는 50년이 넘는 전통을 가진 바 겸 카페. 예전에는 취리(Züri)라는 이름으로 운영을 했고, 최근에 좀 더 트렌디한 콘티키 카페 겸 바로 변모했다. 하지만 내부의 예스러운 인테리어는 정감을 느끼게 한다. 밤에는 단골들이 편하게 들러 맥주와 와인을 즐긴다. 주말에는 다양한 콘서트가 열리기도 한다. 보행자 전용 도로인 니더도르프 거리에 있다.

주소 Niederdorfstrasse 24 CH–8001 Zürich
☎ 044 251 35 77 **영업** 월~목 13:00~24:00, 금~토 13:00~02:00, 일 13:00~24:00
교통 취리히 중앙역에서 트램 4번을 타고 루돌프브룬 다리 (Rudolf–Brun–Brücke)에서 하차 후 도보 1분(총 5분 소요).
지도 p.145–D, p.147–G

알 파소 al paso

니더도르프 중심부에 해당하는 프레디거 광장 (Predigerplatz)과 히르셴 광장(Hirschenplatz) 사이에 위치한 아담한 샌드위치 숍이다. 테이블이 적어서 테이크아웃 주문이 많다. 신선한 제철 재료를 이용해서 만드는 샌드위치가 인기 메뉴이며 비건 샌드위치도 인기다. 더운 계절엔 차가운 멜론 수프, 추운 계절에는 따뜻한 보리 수프를 제공하며, 신선한 샐러드 종류도 갖추고 있다. 대학가 근처라 젊은이들에게 인기가 많으며 이탈리아 와인들과 로컬 맥주, 청량음료, 페루산 유기농 커피와 유기농 허브차 등 간단한 음료도 즐길 수 있다. 런치 메뉴가 특히 인기인데, 샌드위치와 수프 혹은 샐러드 세트(CHF12)가 있으며, 월~금 오전 11시에서 오후 1시 30분까지 제공한다.

주소 Spitalgasse 12 CH–8001 Zürich ☎ 044 252 33 44
영업 월~금 11:00~16:00 **휴무** 토~일
홈페이지 alpaso.ch **지도** p.147–G

펠릭스 Felix

맛 좋은 페이스트리와 스위스 최고급 수제 초콜릿인 토이셔 제품 등 다양한 디저트를 맛볼 수 있는 카페이다. 아침 식사와 브런치도 먹을 수 있다.
간단한 메뉴는 CHF10~300이며, 스위스 브런치(Swiss Brunch)는 CHF42.50.

주소 Bellevueplatz 5 CH–8001 Zürich
☎ 044 251 80 60 **영업** 월~목 09:00~21:00, 금~토 09:00~24:00, 일 09:00~21:00
홈페이지 www.felixambellevue.com
교통 취리히 중앙역에서 트램 4 · 11번을 타고 벨뷰(Bellevue) 정류장에서 하차 후 도보 1분(총 8분 소요). **지도** p.147–D

카페 채링거 Cafe Zähringer

대학가 주변에 자리한 소박한 카페. 조용하고 학구적인 느낌이 물씬 풍긴다. 채식주의자를 위한 유기농 음식을 판매하고 있다. 일요일에는 채식주의자와 일반인을 위한 각각의 브런치 메뉴(CHF21.50)를 맛볼 수 있다. 그 밖에도 메인 메뉴 (CHF23~28), 오늘의 수프(Tagessuppe, CHF7.5 ~10.5) 등이 있다.

주소 Zähringerplatz 11 CH–8001 Zürich
☎ 044 252 05 00
영업 화~토 10:00~24:00, 일 10:00~22:00(식사 주문 가능 시간 화~금 11:30~14:30, 17:30~22:00, 토 11:30~22:00, 일 11:30~21:00) **휴무** 월
홈페이지 www.cafe-zaehringer.ch
교통 취리히 중앙역에서 도보 10분. **지도** p.147–G

비더 바 & 키친 Widder Bar & Kitchen

비더 호텔에서 운영하는 레스토랑. 전통적인 공간을 우아하고 현대적으로 단장을 해 분위기도 좋고 직원도 친절하다. 라비올리 (Ravioli) CHF32, 쇠고기 앙트레코트(Entrecôte vom Schweizer Rind) CHF32 등 메인 메뉴 CHF24~40.

주소 Widdergasse 6 CH–8001 Zürich
☎ 044 224 24 12
영업 레스토랑 점심 목~금 12:00~13:30, 저녁 수~토 19:00~23:00(라스트 오더 21:30) / 비더 바 월~목 12:00~01:00, 금~토 12:00~02:00, 일 12:00~24:00
홈페이지 www.widderhotel.com
교통 취리히 중앙역에서 트램 11 · 13 · 17번을 타고 렌베크 (Rennweg) 정류장에서 하차 후 도보 3분(총 7분 소요).
지도 p.145–C, p.146–B

오데온 Odeon

아르누보 양식의 인테리어가 인상적인 카페. 단골이었던 아인슈타인이 자신이 가르치던 스위스 연방 공과대학 학생들을 데리고 이 카페에서 토론을 즐겼다고 한다. 세련된 분위기와 맛있는 음식, 질 좋은 와인도 갖추고 있다. 계절과 요일에 따라 변동되는 오늘의 메뉴는 CHF26∼31에 먹을 수 있다.

주소 Limmatquai 2 CH-8001 Zürich ☎ 044 251 16 50
영업 월∼목 07:00∼24:00, 금 07:00∼02:00,
토 09:00∼02:00, 일 09:00∼24:00
홈페이지 www.odeon.ch
교통 취리히 중앙역에서 트램 4·11번을 타고 벨뷰(Bellevue)
정류장에서 하차한 후 도보 1분(총 8분 소요). **지도** p.145-F

크로넨할레 Kronenhalle

가난한 화가였던 샤갈, 피카소, 미로에게 음식 값 대신 작품을 받고 예술가들을 보살펴주던 곳. 1862년 처음 문을 연 역사적인 레스토랑이다. 소장하고 있는 작품 컬렉션이 훌륭하다. 샤갈 방, 스위스 갤러리 방도 있어서 방마다 독특한 분위기를 제공한다. 전채 요리 CHF24∼38, 뢰스티(Rösti) 등 식사 메뉴는 CHF55∼.

주소 Rämistrasse 4 CH-8001 Zürich
☎ 레스토랑 044 262 99 00, 바 044 262 99 11
영업 12:00∼24:00, 연중무휴
홈페이지 www.kronenhalle.com
교통 취리히 중앙역에서 트램 4·11번을 타고 벨뷰(Bellevue)
정류장에서 하차한 후 도보 1분(총 10분 소요). **지도** p.145-F

하우스 힐틀 Haus Hiltl

현재 취리히 최대의 샐러드 뷔페와 아시아 요리 뷔페를 갖추고 있는 레스토랑이다. 대표 메뉴로는 마라케시 쿠스쿠스(Marrakesch Couscous, CHF23.50), 채소 파에야(Vegetable Paella, CHF27.50), 디저트 포함 100가지 요리를 먹을 수 있는 힐틀 뷔페(Hiltl Buffet 100g당 CHF5.80 혹은 A la carte CHF6.50∼32.50) 등이 있다. 옐몰리 백화점 지하 푸드 홀에도 지점이 있다.

주소 Sihlstrasse 28 CH-8001 Zürich ☎ 044 227 70 00
영업 월∼목 07:00∼22:00, 금 07:00∼23:00, 토 08:00∼
23:00, 일 10:00∼22:00 **홈페이지** www.hiltl.ch
교통 취리히 중앙역에서 도보 10분. **지도** p.146-B

반 송 타이 Ban Song Thai

태국 요리 레스토랑으로 MSG를 사용하지 않는다. 런치에는 가격이 저렴한 뷔페 요리를 제공한다. 팟 타이(Phat Thai) 등 단품 메뉴 CHF24.50∼. 런치 뷔페 가격은 CHF29.80. 인기가 많으니 예약은 필수. 테이크아웃도 가능.

주소 Kirchgasse 6 CH-8001 Zürich ☎ 044 252 33 31
영업 월∼금 점심 11:30∼14:00, 저녁 18:00∼23:30(주방은
∼22:15), 토 저녁 18:00∼23:00 (주방은 22:15까지)
휴무 일 **홈페이지** www.bansongthai.ch
교통 취리히 중앙역에서 4번 트램을 타고 헬름하우스
(Helmhaus)에서 하차 후 도보 2분(총 8분 소요).
지도 p.145-D

비어할레 울프 Bierhalle Wolf

독일의 맥주 축제인 옥토버페스트의 분위기가 가득한 비어홀이다. 스프나 샐러드 선택이 포함된 오늘의 메뉴가 CHF20~30으로 실속 있다. 리마트강 변에 있으며 저녁에는 다양한 라이브 음악 공연이 펼쳐진다. 공연이 있는 주말에는 입장료 CHF7. 요리 메뉴는 단품 CHF20~38.

주소 Limmatquai 132 CH-8001 Zürich
☎ 044 251 01 30 **영업** 월~목 11:00~23:00, 금~토 11:00~01:00, 일 11:00~22:00
홈페이지 bierhalle-wolf.ch
교통 취리히 중앙역에서 반호프 다리를 건너 도보 3분. 리마트강을 바라보고 있다. **지도** p.146-E

춘프트하우스 추어 침머로이텐
Zunfthaus zur Zimmerleuten

그로스뮌스터 대성당 근처 뮌스터 다리 옆에 위치해 있다. 야외 테이블에 앉으면 리마트강과 강 너머 프라우뮌스터 성당을 비롯한 구시가 풍경이 멋지다. 식당 바로 앞 도로로 자주 오가는 트램이 정겨운 풍경으로 다가온다. 추천 메뉴는 퐁뒤 1인 CHF38, 클래식 샐러드(Klassischer Salatteller) 작은 사이즈(Klein) CHF14, 큰 사이즈(Gross) CHF21, 취리히 전통 게슈네첼테스 (Zürcher Geschnetzeltes) CHF39.50. 오늘의 메뉴는 CHF22 내외.

주소 Limmatquai 40 CH-8001 Zürich ☎ 044 250 53 63
영업 월~일 11:30~14:00, 18:00~22:30, 연중무휴
홈페이지 zunfthaus-zimmerleuten.ch
교통 취리히 중앙역에서 도보 11분. 그로스뮌스터에서 도보 2분 **지도** p.147-C

칭 Tschingg

간편하게 먹을 수 있는 파스타 레스토랑. 가격이 저렴하며 테이크아웃도 가능하다. 신선한 과일을 바로 짜서 주는 과일 주스는 가격 대비 만족도가 높다. 파스타 메뉴는 크기와 종류에 따라 가격이 다르며 과일 주스는 양에 따라 가격이 다르다. 파스타는 CHF10~, 생과일 주스는 CHF4.80~.

주소 Oberdorfstrasse 2 CH-8001 Zürich
☎ 043 210 38 08 **영업** 월~토 08:00~22:00
휴무 일 **홈페이지** www.tschingg.eu
교통 취리히 중앙역에서 트램 4·11번을 타고 벨뷰(Bellevue) 정류장에 하차한 후 도보 3분(총 10분 소요).
지도 p.145-F

토이셔 Teuscher

1932년 아돌프 토이셔가 스위스 알프스의 한 마을에서 시작한 토이셔는 최고급 천연 재료로 만드는 최고의 수제 초콜릿 가게. 어떠한 첨가물도 사용하지 않고 전통 방식대로 100여 종의 초콜릿을 생산하고 있다. 수제 초콜릿이기 때문에 유통 기한이 짧은 편이다. 테이크아웃만 가능.

주소 Bahnhofstrasse 46 CH-8001 Zürich
☎ 044 211 13 90
영업 월~금 10:00~18:30, 토 10:00~18:00, 일 12:00~18:00
홈페이지 www.teuscher.com
교통 취리히 중앙역에서 도보 5분. **지도** p.146-B

슈프링글리 Sprüngli(파라데 광장점)

1836년 처음 문을 연, 전통을 자랑하는 제과점. 스위스 초콜릿과 룩셈부르크산 호두, 송로버섯으로 만든 스프링글리 제품의 품질과 맛은 정평이 나 있다. 선물용으로도 좋다. 스위스 주요 도시마다 지점이 있다.

주소 Bahnhofstrasse 21 CH-8001 Zürich
☎ 044 224 46 46
영업 카페 & 레스토랑 월~금 08:30~18:30, 토 09:00~18:30, 일 09:00~17:00 / 초콜릿 상점 월~금 07:30~18:30, 토 08:30~18:00 **휴무** 일
홈페이지 www.spruengli.ch
교통 취리히 중앙역에서 트램 11·13·17번을 타고 파라데 광장(Paradeplatz) 정류장에 하차(총 6분 소요). **지도** p.147-C

아프로도르 Afrod'or

아기자기한 수제 액세서리 가게. 직접 제작한 팔찌, 반지, 목걸이 등이 인상적이며 아프리카 가나에서 수입한 액세서리도 눈에 띈다. 성 피터 교회 맞은편 광장 한구석에 있다.

주소 St. Peterhofstatt 3 CH-8001 Zürich
☎ 043 497 25 10, 076 369 14 03
영업 화~금 11:00~18:30, 토 11:00~16:00 **휴무** 일~월
홈페이지 www.afrodor.com
교통 취리히 중앙역에서 반호프 거리를 지나 도보 12분.
지도 p.147-C

안타레스 Antares

뮌스터 거리에 있는 아담한 가게다. 예쁜 소품이나 장신구, 기념품이 가득하다. 아기자기한 소품을 찾는 여행자들이 편하게 들를 수 있는 곳이다.

주소 Münstergasse 9 CH-8001 Zürich
☎ 043 243 60 46 **영업** 월~수 11:00~18:00, 목~금 11:00~18:30, 토 10:00~18:00 **휴무** 일
홈페이지 www.antaresshop.ch
교통 취리히 중앙역에서 트램 4번을 타고 시청사(Rathaus) 정류장에서 하차한 후 도보 3분(총 7분 소요).
지도 p.147-H

마르크트 뤼케 Markt Lücke

재활용품을 활용한 기발한 아이디어 상품을 제작 판매하는 곳. 컵으로 만든 등, 컵케이크 받침 종이로 만든 전등갓, 식탁보로 만든 가방 등 멋진 디자인과 혁신적인 사고를 바탕으로 한 재활용 제품들이 감탄을 자아낸다. 문구류, 생활소품, 인테리어 소품 등 품목이 다양하며 가격도 저렴한 편이다.

주소 Schipfe 24 CH-8001 Zürich ☎ 044 212 77 25
영업 월~금 10:00~19:00, 토 10:00~17:00 **휴무** 일
홈페이지 www.markt-luecke.ch
교통 취리히 중앙역에서 리마트강 변을 따라 도보 10분.
지도 p.146-B

슈바르첸바흐 Schwarzenbach

차와 커피, 말린 과일 전문 판매점. 1864년부터 5대째 가족이 대를 이어 운영하고 있다. 간식용으로 다양한 말린 과일과 헤이즐넛 누가 조각 등을 추천한다. 바로 옆에 같은 이름의 티 카페를 운영하고 있다.

주소 Münstergasse 19 CH-8001 Zürich
☎ 044 261 13 15
영업 월~금 09:00~18:30, 토 09:00~17:00 **휴무** 일
홈페이지 www.schwarzenbach.ch
교통 취리히 중앙역에서 트램 4번을 타고 시청사(Rathaus) 정류장에서 하차한 후 도보 2분(총 7분 소요).
지도 p.147-H

이솝 Aesop

1987년 호주 멜버른에서 설립된 이솝은 최고 품질의 스킨, 헤어, 보디용품을 제조하는 미용 관련 기업이다. 주로 식물성 재료와 안전성이 입증된 재료로 만든 제품을 선보이고 있으며 핸드 크림, 페이셜 크림, 오일 제품이 인기 있다.

주소 Oberdorfstrasse 2 CH-8001 Zürich
☎ 043 541 87 00
영업 월~금 10:00~19:00, 토 10:00~18:00 **휴무** 일
홈페이지 www.aesop.com
교통 취리히 중앙역에서 4번 트램을 타고 벨뷰(Bellevue) 정류장에서 하차 후 도보 2분(총 10분 소요). **지도** p.147-C

슈바이처 하이마트베르크
Schweizer Heimatwerk

스위스 공예 기념품 전문점. 전통 의상, 뻐꾸기시계 등 스위스의 느낌이 물씬 풍기는 기념품이나 생활용품, 주방용품, 장난감, 액세서리를 구입할 수 있다.

주소 Uraniastrasse 1 CH-8001 Zürich
☎ 044 222 19 55
영업 월~토 10:00~19:00 **휴무** 일
홈페이지 www.heimatwerk.ch
교통 취리히 중앙역에서 리마트강 변을 따라 도보 6분.
지도 p.146-B

옐몰리 Jelmoli

1883년 문을 연 취리히 최초이자 스위스에서 가장 큰 백화점이다. 세계적인 명품 브랜드 대부분이 입점해 있어, 일명 '브랜드의 집'이라고도 불린다. 지하에 있는 푸드 코너도 평이 좋고 현지인들이 즐겨 찾는다.

주소 Seidengasse 1 CH-8001 Zurich
☎ 044 220 44 11
영업 월~금 10:00~20:00, 토 09:00~20:00 **휴무** 일
홈페이지 www.jelmoli.ch
교통 취리히 중앙역에서 도보 7분.
지도 p.146-B

새롭게 부상한 쇼핑 핫 플레이스, 취리히 웨스트
Zürich West

반호프 거리와 니더도르프 거리가 전통적으로 상징되던 취리히
의 쇼핑 지역이라면 요즘 새롭게 각광받는 쇼핑 구역은 취리히
서쪽, 웨스트다. 이곳은 과거 취리히의 공업 시설이 몰려 있던 지
역이었는데, 공장과 창고들이 다른 곳으로 이주하면서 비게 된
공간을 개조해 각종 레스토랑과 카페, 상점, 클럽으로 변모했다.
현재 취리히에서 가장 트렌디하고 핫한 공간으로 취리히 젊은이
들이 즐겨 찾는 곳이다.

교통 취리히 중앙역에서 S반 3·5·6·7·9·12·15·16번을 타고 약 2분 후 하드브뤼케(Hardbrücke)역 하차. 역에서 하드브
뤼케 웨스트 지구까지 도보 5~10분. **지도** p.145-A

프라이탁 플래그십 스토어
Freitag Flagship Store

취리히 웨스트의 프라이탁 플래그
십 스토어는 특이하게 19개의 콘테
이너를 이용해 9층 높이(26m)로 쌓
아 올려 만들었다. 이 타워의 1~4층
에 프라이탁의 다양한 가방과 생활
용품 1,600점을 전시, 판매하고 있
다. 프라이탁 마니아들에게는 성지
와 같은 곳이다.

주소 Geroldstrasse 17 CH-8005 Zürich ☎ 044 366 95 20 **영업** 월~금 11:00~19:00, 토 10:00~18:00 **휴무** 일
홈페이지 www.freitag.ch **교통** 하드브뤼케역에서 비아둑트 상점가 방향으로 도보 5분. 혹은 트램 4, 11, 13, 17번을 타고 담베
크(Dammweg)에서 하차 후 도보 10분

마르크트할레 임 비아둑트
Markthalle Im Viadukt

하드브뤼케의 임 비아둑트 36번에
서 하드브뤼케가 끝나는 지점인
52번에는 치즈, 포도주, 빵, 과일,
전통 과자 등 다양한 식료품점과
레스토랑이 들어서 있는 실내 시
장이자 푸드코트가 있어 간단한 식사도 해결할 수 있다. 신용 카드 사용이 가능하다.

주소 Limmatstrasse 231 CH-8005 Zürich ☎ 044 201 00 60 **영업** 월~토 09:00~20:00 **휴무** 일
홈페이지 markthalle.im-viadukt.ch **교통** 취리히 중앙역에서 트램 4·13·17번을 타고 담베크(Dammweg) 정류장에서 하차하
면(8분 소요) 철길 아래 번호가 매겨진 비아둑트 상점들이 길게 이어진다. 하드브뤼케역에서는 도보 12분.

소렐 호텔 뤼틀리 Sorell Hotel Rütli

소렐 호텔의 체인 호텔로 취리히 구시가에 위치해 있
으며 중앙역에서도 가깝다. 구시가의 주요 명소를 도
보로 둘러볼 수 있어서 편리하다. 그로스뮌스터까지
도보 10분 정도면 도착할 수 있다. 객실은 2014년에
새롭게 리모델링을 해서 깔끔한 편이다. 객실 요금에
조식이 포함되어 있으며 호텔에서 무료로 대여해주는
자전거를 타고 구시가를 둘러볼 수도 있다.

주소 Zähringerstrasse 43 CH-8001 Zürich
☎ 044 254 58 00 **객실 수** 58실
예산 더블 CHF210~, 조식 포함
홈페이지 sorellhotels.com/de/ruetli
교통 취리히 중앙역에서 반호프 다리를 건너 도보 7분.
지도 p.146-E

호텔 취르헤르호프 Hotel Zürcherhof

니더도르프 거리와 가깝고 구시가 도보 여행에 적합
한 위치에 있다. 객실 공간이 넓고 인테리어는 심플하
다. 스위스식 뷔페 아침 식사가 포함되어 있으며 무료
로 와이파이 사용이 가능하다. 프런트 데스크는 24시
간 운영.

주소 Zähringerstrasse 21 CH-8021 Zürich ☎ 044 269 44
44 **객실 수** 36실 **예산** 더블 CHF240, 조식 포함
홈페이지 www.bestwestern.ch/zuercherhof
교통 취리히 중앙역에서 반호프 다리를 건너 도보 7분.
지도 p.146-F

호텔 세인트 요제프 Hotel St. Josef

구시가 및 중앙역이 가깝다. 객실 공간이 넓고 청결하
며 모던하게 꾸며져 있다.
취리히 대학이 호텔 뒤쪽에 있으며, 호텔 주변 골목길
에 커피숍이나 상점들이 있어 한가롭게 구경하며 산
책하기에도 좋다. 무료 와이파이 서비스를 제공한다.

주소 Hirschengraben 64/68 CH-8001 Zürich
☎ 044 250 57 57 **객실 수** 46실
예산 더블 CHF210~
홈페이지 www.st-josef.ch
교통 취리히 중앙역에서 도보 7분.
지도 p.146-F

호텔 브리스톨 Hotel Bristol

중앙역에서 도보로 5분 거리에 있는 신고전주의풍 호
텔이다. 스위스 국립 박물관 앞에 있는 발헤 다리
(Walchebrücke)를 건너면 바로 닿는 위치에 있다.
비교적 조용하고 쾌적한 분위기다. 객실은 모던하고
모든 방에서 무료로 인터넷 사용이 가능하다.

주소 Stampfenbachstrasse 34 CH-8006 Zürich
☎ 044 258 44 44
객실 수 56실
예산 더블 CHF190~, 조식 포함
홈페이지 www.hotelbristol.ch
교통 취리히 중앙역에서 도보 5~6분.
지도 p.145-B

로맨틱 호텔 유럽 Romantik Hotel Europe

1898~1900년에 네오바로크 양식의 성으로 건설된 이 호텔은 1989년 이래로 예술사적, 역사적, 문화적으로 중요한 건물로 지정되었다. 방마다 벽지나 골동품 가구 등을 다양하게 장식해 개성이 넘친다. 무료로 와이파이 서비스를 제공하며 뱅앤올룹슨 위성TV, MP3 플레이어도 설치되어 있다.

주소 Dufourstrasse 4 CH-8008 Zurich
☎ 043 456 86 86 **객실 수** 39실
예산 더블 CHF368~
홈페이지 www.europehotel.ch
교통 취리히 중앙역에서 트램 4번을 타고 오페른하우스(Opernhaus)에서 하차 후 도보 2분(총 10분 소요).
지도 p.145-F

첸트랄 플라자 호텔 Central Plaza Hotel

1883년에 처음 문을 열었고 130년의 긴 역사를 자랑한다. 직원들도 친절하고 모든 방이 방음 설비와 최신 설비를 갖추고 있다. 리마트강과 구시가가 내려다보는 전망도 좋다. 무료 와이파이 서비스를 제공하며, 1층에는 투숙객을 위한 체육관도 있다. 스위스의 베스트 디자인 호텔 중 하나로 선정되었다.

주소 Central 1 CH-8001 Zürich
☎ 044 256 56 56 **객실 수** 105실
예산 더블 CHF432~ **홈페이지** www.central.ch
교통 취리히 중앙역에서 반호프 다리를 건너면 바로 앞에 있다. 도보 3분. **지도** p.145-B

슈토르헨 Storchen

리마트강 변에 바로 붙어 있는 슈토르헨은 650년 이상의 오랜 역사를 자랑한다. 파라데 광장, 반호프 거리, 프라우뮌스터 등 주요 관광지를 도보로 돌아보기에도 편한 위치다. 취리히 호수로 이어지는 호텔 전용 보트 탑승장이 있다. 무료 와이파이 서비스를 제공한다.

주소 Weinplatz 2 CH-8001 Zürich
☎ 044 227 27 27 **객실 수** 67실
예산 더블 CHF700~, 스위스식 조식 뷔페 포함
홈페이지 www.storchen.ch
교통 취리히 중앙역에서 4번 트램을 타고 시청사(Rathaus)에서 하차 후 도보 1분(총 5분 소요).
지도 p.147-C

호텔 뢰슬리 Hotel Rössli

7번가에 있는 건물은 14~15세기에 지어졌고 역사적인 가치가 있어 보호를 받고 있다. 각 방마다 앤티크와 현대가 어우러진 개성을 보여준다. 뢰슬리가 8번지에 있는 두 번째 건물은 20세기에 지어져 모던하다.

주소 Rössligasse 7 CH-8001 Zürich
☎ 044 256 70 50 **객실 수** 27실 **예산** 더블 CHF275~
홈페이지 www.hotelroessli.ch
교통 취리히 중앙역에서 트램 4번을 타고 헬름하우스(Helmhaus)에서 하차 후 도보 2분(총 8분 소요).
지도 p.145-D

호텔 아들러 Hotel Adler

구시가의 중심인 니더도르프 거리에 자리하고 있는 호텔. 각 방마다 화가 하인즈 블룸(Heinz Blum)이 취리히의 흥미로운 부분을 깔끔하게 묘사한 벽화들이 있다. 새롭게 레노베이션을 해서 전통과 현대적인 감각이 어우러진 분위기이다.

주소 Rosengasse 10 CH-8001 Zürich
☎ 044 266 96 96 **객실 수** 52실
예산 더블 CHF278~, 조식 포함
홈페이지 www.hotel-adler.ch
교통 취리히 중앙역에서 트램 4번을 타고 루돌프 브룬 다리(Rudolf-Brun-Brücke)에서 하차 후 도보 1~2분(총 5분 소요). 중앙역에서 도보 10분. **지도** p.147-G

스위스 초콜릿 호텔 Swiss Chocolate Hotel

1950년대에 브로드웨이 스타일의 무대가 있었던 곳이 우아하고 독특한 개성의 호텔로 변모했다. 56개의 객실은 스위스 초콜릿의 역사를 테마로 한 밝은 분위기의 인테리어, 개성 있는 디자이너의 작품으로 구성되어 있다. 원래 호텔명은 '극장'을 의미하는 '테아트르'였으나 2021년 스위스 초콜릿 호텔로 변경되었다. 중앙역과 가깝고 구시가 안에 있어 도보 여행에 편리하다.

주소 Zähringerstrasse 46 CH-8001 Zürich ☎ 044 267 26 70 **객실 수** 56실 **예산** 더블 CHF180~
홈페이지 byfassbind.com/hotel/swisschocolatezurich **교통** 취리히 중앙역에서 반호프 다리를 건너 도보 5분.
지도 p.146-E

호텔 마르타 Hotel Marta

새롭게 리모델링해서 깔끔하고 모던한 호텔. 옅은 파란색 톤이 호텔의 분위기를 밝게 살려준다. 넓진 않지만 편안한 욕실과 독특한 컬러 콘셉트로 여행자들을 맞이한다. 거리 쪽 객실의 요금이 저렴하며 파노라마 객실의 요금이 높다.

주소 Zähringerstrasse 36 CH-8001 Zürich
☎ 044 269 95 95
객실 수 39실
예산 더블 CHF176~, 콘티넨탈 조식 포함
홈페이지 www.hotelmarta.ch
교통 취리히 중앙역에서 반호프 다리를 건너 도보 6분.
지도 p.146-E

호텔 오터 Hotel Otter

그로스뮌스터 뒤편에 있는 아담한 호텔이다. 방마다 서로 다른 디자인과 파스텔 톤의 인테리어로 개성 있으면서도 편안한 분위기다. 부엌이 딸려 있는 아파트도 대여 가능하다. 각 층마다 3개의 객실에 공용 욕실이 있다.

주소 Oberdorfstrasse 7 CH-8001 ZZürich
☎ 044 251 22 07 **객실 수** 16실
예산 싱글 CHF125, 더블 CHF155~,
아파트(2~4인) CHF200~240, 조식 포함
홈페이지 www.hotelotter.ch
교통 취리히 중앙역에서 트램 4·11번을 타고 벨뷰(Bellevue) 정류장에 하차 후 도보 3분(총 12분 소요). **지도** p.145-F

샤프하우젠

SCHAFFHAUSEN

언어 독일어권 | 해발 400m

라인강 변의 유구한 역사를 지닌 퇴창의 도시

샤프하우젠은 '배의 집'이라는 뜻을 지닌 지명에서 알 수 있듯이 예전부터 라인강의 수운 교역으로 번영을 누렸던 도시다. 구시가 동쪽 언덕 위에 서 있는 무노트 요새가 강력했던 중세의 역사를 말해준다. 화려한 벽화가 그려진 구시가 건물을 보며 산책하는 것도 좋고, 무노트 요새에서 바라보는 구시가와 포도밭, 라인강이 어우러진 전망도 일품이다. 구시가 골목길을 따라 늘어선 고딕·르네상스 양식의 건축물에 화려한 장식이 더해진 창문인 퇴창은 샤프하우젠의 가장 큰 볼거리 중 하나. 퇴창은 18세기에 부유한 상인들이 자신들의 부와 고상한 취향을 자랑하기 위해 그리고 실내에 있는 사람들이 거리 풍경을 잘 내다볼 수 있도록 고안한 창문이었다. 그래서 샤프하우젠은 '퇴창의 도시(Erkerstadt)'라는 별명을 얻기도 했다.

샤프하우젠 가는 법

기차로 가기

샤프하우젠 기차역은 아담한 구시가의 북서쪽 가장자리에 있다. 독일 국경과 가까운 도시여서 스위스 SBB 열차와 독일의 DB 열차가 주로 같이 운행되고 있다. 취리히에서 IC, IR, RE 열차로 약 40분 소요되며, 열차는 1시간에 2~3대 운행한다.

배로 가기

라인강 변에 위치한 지리적 특성상 라인강 상류의 크로이츨링겐 (Kreuzlingen)에서 출발해 슈타인암라인(Stein am Rhein)을 경유하는 보트를 타고 접근할 수도 있다(4월 초~10월 중순 운행). 보트는 무노트 요새 근처인 구시가 남동쪽 프라이어 광장(Freierplatz)에 정박한다. 5~9월에 매일 3대 정도 운행한다. 자세한 시간표와 내용은 홈페이지를 참고한다.

홈페이지 www.urh.ch **지도** 선착장 p.167-B

INFORMATION

시내 교통

구시가는 여유롭게 도보로 구경하며 돌아보기에 충분하다. 차량 통행이 금지된 구시가는 170여 개의 다양한 퇴창과 화려하게 채색된 파사드로 스위스에서 가장 예쁜 구시가 중 하나이다. 샤프하우젠 기차역에 내려서 반호프 거리(Bahnhofstrasse)를 지나 뢰벤게셴(Löwengässchen) 골목을 통해 포르슈타트(Vorstadt) 거리로 나오면 바로 구시가 중심 골목이다. 포르슈타트 거리에서 기차역을 등지고 왼쪽으로 슈바벤 문(Schwaben Tor)이 있고, 오른쪽으로 구시가 중심 거리가 펼쳐져 있다.

추천 코스

황금 황소의 집 → (도보 2분) → 프론바그 탑 → (도보 5분) → 알러하일리겐 뮌스터 대성당 → (바로 옆) → 알러하일리겐 박물관 → (도보 1분) → IWC 샤프하우젠 박물관 → (도보 7분) → 무노트 요새 → (도보 7분) → 기사의 집 → (도보 4분) → 세 왕의 집

관광 안내소

구시가 중심 거리인 보르더 거리 73에 위치해 있으며, 샤프하우젠뿐만 아니라 근교에 있는 라인 폭포, 벽화로 유명한 슈타인암라인, 그리고 주변의 와인 산지 등에 대한 다양한 정보와 투어 프로그램을 안내해 준다. 관광 안내소에 비치된 다양한 브로슈어를 통해 원하는 정보를 얻을 수 있다. 여행자의 일정에 따른 추천 코스도 안내받을 수 있으므로 꼭 들러서 정보를 챙기도록 하자.

주소 Vordergasse 73 CH-8200 Schaffhausen
☎ 052 632 40 20 **개방** 월~금 10:00~17:00,
토 10:00~14:00 **휴무** 일
홈페이지 www.schaffhauserland.ch
교통 샤프하우젠 기차역에서 도보 5분 **지도** p.167-A

샤프하우젠의 관광 명소

프론바그 광장
Fronwagplatz ★★★

중세 시대 샤프하우젠의 중심

포르슈타트(Vorstadt) 거리와 연결되어 있는 이 광장
은 중세 시대에는 시장이 열리던 곳으로 암 마르크트
(Am Markt, 시장)라고 불렸다. 지금도 채소와 빵 가판
대들이 들어서 있다. 이 광장에서 우뚝 솟은 프론바그
탑(Fronwag-turm)은 도시의 랜드마크다. 또 놓치지
말아야 할 것은 광장 3번지에 있는 헤렌슈투베
(Herrenstube)인데, 화려한 후기 바로크 양식의 파사
드가 볼거리다. 14세기에 귀족들의 음주 장소였다고
한다.

또한 이 광장에는 인상적인 두 개의 분수가 있다. 스위
스 용병 상이 있는 메츠게브룬넨(Metzgerbrunnen)과
무어인의 분수(Mohrenbrunnen)이다.

주소 Fronwagplatz CH-8200 Schaffhausen
교통 샤프하우젠 기차역에서 도보 3분.
지도 p.167-A

프론바그 탑(프론바그투름)
Fronwagturm ★★

천문 시계로 유명한 랜드마크

프론바그 광장의 랜드마크로 우뚝 서 있는 탑이다. 1564년 요아힘 하브레히트(Joachim Habrecht)가 제작한 천문 시계가 탑 상부에 달려 있는데, 시간, 요일, 달의 경로, 달의 뜨고 지는 것, 황도 내에서 태양의 위치, 계절, 춘분과 추분, 달의 매듭(the moon knots), 일식, 태양과 달의 각도 등 10가지 정보를 알려준다고 한다.

주소 Fronwagplatz 4 CH-8200 Schaffhausen
교통 샤프하우젠 기차역에서 도보 5분. **지도** p.167-A

황금 황소의 집
Zum Goldenen Ochsen ★★

화려한 프레스코화의 집

포르슈타트(Vorstadt) 거리 중심에 자리 잡은 이곳은 17세기 샤프하우젠의 가장 화려한 집 중 하나다. 파사드의 프레스코화는 이 집의 상징으로 황금 황소를 보여주고 있다. 또한 바빌론 역사와 고대 그리스의 유명 인사들을 묘사하고 있다. 특히 우아한 퇴창은 다섯 개의 패널로 표현되고 있는데, 인간의 오감을 각각 구현하는 여성을 보여준다. 거울(시각), 장갑(촉각), 꽃(후각), 현악기(청각), 케이크(미각) 등 다섯 가지 사물로 오감을 표현하고 있어 눈길을 끈다.

주소 Vorstadt 17 CH-8200 Schaffhausen
교통 샤프하우젠 기차역에서 도보 3분, 기차역을 등지고 포르슈타트 거리 중심에 있다. **지도** p.167-A

무어인의 분수
Mohrenbrunnen ★

번영했던 시절을 상징하는 분수

무어인의 분수라는 이름은 예수가 탄생했을 때 아기 예수를 경배하기 위해 동방에서 온 세 박사(혹은 왕들) 중 가장 나이가 어렸던 무어인을 따서 지었다고 한다. 분수에 서 있는 무어 왕은 칼과 황금 술잔, 깃이 있는 방패를 들고 있다.

주소 Fronwagplatz CH-8200 Schaffhausen
교통 샤프하우젠 기차역에서 도보 3분, 프론바그 광장(Fronwagplatz)에 위치. **지도** p.167-A

보르더 거리
Vordergasse

샤프하우젠의 주요 쇼핑 거리

쇼핑 거리이자 레스토랑들이 밀집한 거리. 보르더 거리를 따라 걸으며 빌헬름 텔 분수(Tellenbrunnen)와 성 요한 교회(Kirche St. Johann)를 둘러보자. 폭이 34m나 되는 이 교회는 특히 국제 바흐(Bach) 축제의 공연 장으로 이용되기도 한다.

교통 샤프하우젠 기차역에서 도보 5분, 성 요한 교회에서 빌헬름 텔 분수까지 도보 2분.
지도 p.167-A

기사의 집
Haus zum Ritter ★★

르네상스 시대 프레스코화가 압권

1566년에 지어졌으며 1568~1570년에 토비스 슈티머
(Tobis Stimmer)가 파사드에 있는 프레스코화를 그렸
다. 알프스 북쪽에 남아 있는 르네상스 시대의 프레스
코화 중 가장 뛰어나고 아름답다고 인정받는 이 그림
의 원본은 박물관에 소장 중이다. 현재 건물에 있는 그
림은 1930년대에 복제된 것이다. 3층에 걸쳐 있으며
기사의 다양한 미덕을 표현하고 있다.

주소 Vordergasse 65 CH-8200 Schaffhausen
교통 샤프하우젠 기차역에서 도보 5분.
지도 p.167-A

알러하일리겐 박물관
Museum zu Allerheiligen

샤프하우젠의 역사와 예술의 보고

구시가 중심 대성당 건물
과 함께 있는 박물관. 전
세계에서 수집한 고고학
유물들, 1000년의 역사
를 지닌 샤프하우젠의 변
화상, 15세기부터 현재에
이르기까지의 스위스의
유명 작가들의 예술 작품
등을 3개 층에 걸쳐 감상할 수 있다.

주소 Klosterstrasse 16 CH-8200 Schaffhausen
☎ 052 633 07 77 **개관** 화~일 11:00~17:00 **휴무** 월
입장료 성인 CHF12, 학생 CHF9, 매달 첫째 주 토 무료,
스위스 패스 이용자 무료
홈페이지 www.allerheiligen.ch
교통 샤프하우젠 기차역에서 도보 8분. 대성당 바로 옆에 있
다. **지도** p.167-B

세 왕의 집
Zu den Drei Königen

세 명의 왕을 표현한 파사드

보르더 거리에서 프론바그 광장, 포르슈타트 거리를
거슬러서 카르스트 거리를 거쳐 플라츠 7번지에 다다
르면 화려한 로코코 양식의 파사드에 세 왕을 형상화
한 사다리꼴 퇴창이 눈에 띈다.

주소 Platz 7 CH-8200 Schaffhausen
교통 샤프하우젠 기차역에서 도보 2분. **지도** p.167-A

알러하일리겐 뮌스터 대성당
Münster zu Allerheiligen ★★

로마네스크 양식의 대성당과 아름다운 회랑

1100년경에 건설된 이 대성당은 히르사우(Hirsau) 학
파의 로마네스크 양식을 보여주고 있다. 1200년경에
건설된 탑은 스위스에서 가장 아름다운 교회 탑 중 하
나이다. 내부에는 12개의 거대한 사암 기둥이 줄지어
서 있다. 대성당 옆에는 로마네스크-고딕 양식의 회랑
이 귀족들의 묘지(Junkernfriedhof)를 둘러싸고 있다.
대성당 안뜰에는 1486년에 주조된 거대한 실러의 종
(Schiller Bell)이 있다. 독일의 시인 실러는 샤프하우젠
을 방문한 적이 없지만 이 종에 괴테가 라틴어로 새긴
문구에 영감을 받아 '시계의 노래(The Song of Clock)'
를 지었다고 전해진다. 바로 너머에는 수도승들이 가
꿨다고 전해지는 허브 정원이 있다.

주소 Klosterstrasse 16 CH-8200 Schaffhausen
개방 매일 여름 시즌 09:00~18:00, 겨울 시즌 09:00~17:00
입장료 무료
홈페이지 www.muenster-schaffhausen.ch
교통 샤프하우젠 기차역에서 프론바그 광장과 보르더 거리를
거쳐 도보 8분. **지도** p.167-B

IWC 샤프하우젠 박물관
IWC Schaffhausen ★

IWC 역사를 한눈에 볼 수 있는 박물관

1868년 창업한 스위스 시계 산업의 대표 브랜드이자 명품 시계로 명성이 높은 IWC. IWC의 본부에서 IWC의 역사를 한눈에 살펴볼 수 있는 박물관을 운영하고 있다. 부티크도 함께 운영하고 있어 실제 제품을 보고 구입할 수도 있다.

주소 Baumgartenstrasse 15 CH-8201 Schaffhausen
☎ 052 635 65 65
개관 화~금 09:00~17:30, 토 09:00~15:30,
휴무 월 · 일 · 공휴일
입장료 성인 CHF6, 12세 이하 무료
홈페이지 www.iwc.com/en
교통 대성당에서 도보 1~2분. **지도** p.167-B

무노트 요새
Munot ★★★

샤프하우젠을 조망할 수 있는 요새

라인강 변 높은 언덕에 자리 잡고 있는, 이 독특한 원형의 요새는 1564년 종교 개혁 전쟁 후에 강제 노역으로 건설되었다. 어두컴컴한 내부는 4만 톤에 이르는 상부 구조를 지탱하기에 충분할 정도로 강하고 거대한 아치형 돌 천장으로 이루어져 있다. 무노트 요새에 올라가는 길은 크게 두 곳이 있는데, 운터슈타트(Unterstadt) 거리에 들어서서 조금만 걸어가다가 왼쪽의 작은 공터로 계단을 올라 포도밭을 통과해 탑으로 들어가는 방법과 운터슈타트 거리를 따라 계속 걷다가 프라이어 광장을 지나자마자 왼쪽에 있는 계단길을 따라 올라가는 방법이 있다. 올라가는 길과 내려오는 길을 다르게 하면 다양한 풍경을 볼 수 있다. 요새 내부로 들어서면 나선형 계단을 통해 지붕으로 올라갈 수 있다. 요새 바로 아래에 펼쳐진 포도밭과 중세의 느낌 가득한 구시가, 유유히 흐르는 라인강이 어우러진 멋진 풍경을 360도로 볼 수 있다.

주소 Munotstieg 17 CH-8200 Schaffhausen
☎ 052 625 42 25 **개방** 내부 매일 08:00~20:00,
10~4월 09:00~17:00, 연중무휴 **입장료** 무료
홈페이지 www.munot.ch
교통 샤프하우젠 기차역에서 도보 15분. **지도** p.167-B

무노트 요새

슈첸슈투베 Schützenstube

샤프하우젠과 주변 지역에서 나는 신선한 육류와 채소, 치즈 등으로 요리하는 곳이다. 오늘의 메뉴가 저렴하고 실속이 있다. 오늘의 메뉴는 요일에 따라 다르며, CHF20 정도면 먹을 수 있다.

주소 Schützengraben 27 CH–8200 Schaffhausen
☎ 052 625 42 49
영업 월~금 09:30~23:00(주방 11:30~13:45, 18:00~21:30)
휴무 토~일 · 공휴일
홈페이지 www.schuetzenstube.ch
교통 샤프하우젠 기차역에서 도보 2~3분. **지도** p.167-A

라 피아차 La Piazza

대성당 근처에 있는 규모가 큰 레스토랑. 매일 바뀌는 오늘의 메뉴(CHF29 내외)가 현지인들에게 인기가 높

다. 메뉴는 슈바인슈니첼, 뢰스티, 볼로냐 뇨키 등 스위스 요리와 이탈리아 요리 위주로 구성되어 있다.

주소 Münsterplatz 38 CH–8200 Schaffhausen
☎ 052 620 30 30
영업 월~토 09:30~24:00, 일 10:00~24:00
홈페이지 www.lapiazza-restaurant.ch
교통 대성당에서 도보 1분. 샤프하우젠 기차역에서 도보 6분.
지도 p.167-A

가스트하우스 아들러 Gasthaus Adler

매일 7가지 종류의 저렴한 런치 메뉴를 먹을 수 있는 식당. 밥과 함께 나오는 연어 필레 요리(Fillet of Salmon Asian Style, CHF30 내외), 코르동 블루를 비롯한 다양한 육류 요리(CHF25~40) 등을 맛볼 수 있다.

주소 Vorstadt 69 CH–8200 Schaffhausen
☎ 052 625 55 15
영업 수~토 08:30~23:00(주방 11:30~13:45, 17:30~20:45), 일 · 공휴일 09:00~22:00(주방 11:30~13:45, 17:30~20:30)
휴무 월~화 **홈페이지** www.gasthaus-adler.ch
교통 샤프하우젠 기차역에서 도보 3분.
지도 p.167-A

비르트샤프트 춤 프리덴
Wirtschaft Zum Frieden

겉보기와는 달리 1층은 상당히 분위기 있는 선술집 스타일이며 뒤쪽에는 조용하고 운치 있는 정원도 있다. 실제로 이 건물은 500년의 역사를 자랑하는 유서 깊은 건물이다. 육류와 생선 요리가 주 메뉴로 CHF42~62. 채식주의자를 위한 메뉴는 CHF30~34.

주소 Herrenacker 11 CH-8200 Schaffhausen
☎ 052 625 47 67 **영업** 화~금 11:30~14:30, 17:00~23:30, 토 10:00~14:30, 17:00~23:30, **휴무** 일~월
홈페이지 www.wirtschaft-frieden.ch
교통 샤프하우젠 기차역에서 도보 7분. **지도** p.167-A

보르더가세 카페 Vordergasse Café

1968년 처음 문을 연 이래로 가족이 경영해오고 있는 보석 같은 카페. 분위기 있는 인테리어는 깔끔하고 우아함이 넘친다. 직원들도 친절하며, 런치 스페셜이 가격에 비해 알차다. 비스트로 샐러드(Bistro Salad, Small CHF15.90, Large CHF20.90), 훈제 치즈 샌드위치(Smoked Cheese Sandwich, CHF12.90 내외) 등을 맛볼 수 있다.

주소 Vordergasse 79 CH-8200 Schaffhausen
☎ 052 625 50 30 **영업** 월~금 07:30~18:00, 토 07:30~17:00, 일 10:00~17:00
홈페이지 www.facebook.com/CafeVordergasse
교통 샤프하우젠 기차역에서 도보 5분. **지도** p.167-A

토마스 뮐러 Thomas Müller

다양한 색채와 모양, 맛을 자랑하는 초콜릿 전문점. 토마스 뮐러가 직접 개발한 다양하고 깊은 맛의 수제 초콜릿의 세계를 경험해 보자. 9개 세트가 CHF19 정도이며, 낱개로도 판매한다.

주소 Schwertsrasse 4 CH-8200 Schaffhausen
☎ 052 620 26 00
영업 월~금 09:00~18:30, 토 09:00~16:00 **휴무** 일
홈페이지 www.thomasmuller.ch
교통 샤프하우젠 기차역에서 도보 2분.
지도 p.167-A

팔켄 Falken

퇴창들이 아름다운 구시가 중심에 위치한 곳으로, 좋은 품질의 스위스 요리를 맛볼 수 있다. 겉보기와는 달리 내부는 상당히 넓고 좌석도 많다. 식사 메뉴의 가격은 CHF25~40.

주소 Vorstadt 5 CH-8200 Schaffhausen
☎ 052 625 34 04 **영업** 월~목 08:00~22:30, 금~토 08:00~24:00, 일 09:00~22:00
홈페이지 www.falken-schaffhausen.ch
교통 샤프하우젠 기차역에서 도보 2분. **지도** p.167-A

TIP 샤프하우젠의 이벤트

3년마다 바흐의 음악이 연주되는 국제 바흐 축제(5월), 스위스 재즈에서 가장 중요한 자리를 차지하고 있는 샤프하우젠 재즈 페스티벌(5월), 와인 셀러 방문과 시음을 할 수 있는 포도 개화 축제(6월), 포도 밟기(Trottenfeste) 축제(9월) 등 다양한 축제가 열린다. 주말에는 뮌스터 대성당 근처 넓은 잔디밭에서 벼룩시장도 열리니 가볍게 둘러봐도 좋다.

홈페이지 www.schaffhauserland.ch

자크 호텔 백패커스
Zak Hotel & Backpackers

호텔과 배낭여행자들을 위한 도미토리를 함께 운영하고 있다. 1층은 바로 운영되고 있다. 또한 장기 체류자나 단체 여행자를 위해 부엌을 갖춘 스튜디오도 대여하고 있다. 리셉션은 아침 7시부터 밤 11시 30분까지 운영.

주소 Webergasse 47 CH-8200 Schaffhausen
☎ 052 625 42 60, 076 322 66 66, 079 430 30 31
객실 수 14실 **예산** 호텔 더블 CHF110~,
도미토리(6인실) CHF45~, 스튜디오 1~2명 CHF150~,
1인 추가 시, CHF50 추가
홈페이지 sites.google.com/view/hotel-zak-schaffhausen
교통 샤프하우젠 기차역에서 도보 3분. **지도** p.167-A

호텔 반호프
Hotel Bahnhof

기차역 바로 맞은편에 위치한 모던한 베스트 웨스턴 계열의 비즈니스 호텔. 호텔 바로 뒤편이 구시가지로 도보 여행자에게 편리하다. 기차로 이동하는 여행자에게 최적의 호텔이다. 와이파이 서비스를 무료로 제공한다.

주소 Bahnhofstrasse 46 CH-8200 Schaffhausen
☎ 052 630 35 35 **객실 수** 45실
예산 더블 CHF235~
홈페이지 www.hotelbahnhof.ch
교통 샤프하우젠 기차역 바로 앞에 있다. 도보 1분 이내.
지도 p.167-A

호텔 크로넨호프 Hotel Kronenhof

구시가 중심 성 요한 교회와 인접한, 별 세 개짜리 모던하고 깨끗한 호텔이다. 포도밭과 무노트 요새 전망이 아름다운 방도 있다. 40개의 방이 있고, 특히 스위트는 쾌적하고 우아하며 전통과 현대가 조화된 멋스러움을 보여준다. 4~9월 성수기에는 가격이 조금 오른다.

주소 Kirchhofplatz 7 CH-8200 Schaffhausen
☎ 052 635 75 75 **객실 수** 40실
예산 더블 주말 CHF180~, 주중 CHF200~,
스위트 CHF255~(성수기 기준)
홈페이지 www.kronenhof.ch
교통 샤프하우젠 기차역에서 도보 6분. **지도** p.167-A

소렐 호텔 뤼덴 Sorell Hotel Rüden

14~15세기에 건설된 멋진 길드홀이었던 건물을 멋지게 호텔로 변모시켰다. 우아한 파사드를 들어서는 순간 현재에서 중세로 들어가는 느낌이 든다. 내부는 현대적인 설비와 인테리어로 여행자들이 편안하게 묵을 수 있게 해놓았다. 기차역에서 도보 4~5분 거리에 있으며, 구시가 한가운데에 있어서 도보 여행에 적합하다. 모든 객실에서 와이파이 무료 사용 가능.

주소 Oberstadt 20 CH-8200 Schaffhausen
☎ 052 632 36 36 **객실 수** 30 **예산** 더블 CHF200~
홈페이지 sorellhotels.com/de/rueden/schaffhausen
교통 샤프하우젠 기차역에서 도보 4분 내외. 구시가 프론바그 광장과 가깝다. **지도** p.167-A

라인강 유일의 폭포이자
유럽 최대의 폭포

라인 폭포
Rheinfall

라인 폭포의 웅장한 모습

스위스 알프스에서 발원해 유럽 중부를 구비구비 가로질러 흐르다가 북해로 그 여정을 마무리하는 라인강은 총 길이가 무려 1,320km에 이른다. 그 기나긴 강줄기에 있는 유일한 폭포가 바로 라인 폭포(Rheinfall)다. 라인 폭포는 유럽에서 가장 큰 폭포인데, 멀리서 보기엔 사뭇 평범하지만 가까이 다가가면 폭포가 만들어내는 웅장한 물소리와 다이내믹한 물의 흐름에 압도당하게 된다. 라인강을 따라 물자를 실어나르던 배들은 이 폭포 때문에 샤프하우젠에서 짐을 내리고 육로로 지나가야 했다. 이로써 샤프하우젠은 중세 시대 교역 도시로 번영을 누릴 수 있었다.

가는 방법
샤프하우젠 → 슐로스 라우펜 암 라인팔역
라인 폭포는 샤프하우젠에서 남쪽으로 약 4km 거리에 있는데, 샤프하우젠역에서 S33 열차를 타고 두 번째 정류장인 라인 폭포의 슐로스 라우펜 암 라인팔(Schloss Laufen am Rheinfall)역에서 하차하면 된다(5분 소요). 이 역은 4~10월 오전 7시 45분에서 오후 18시 20분 사이에만 운영된다.

슐로스 라우펜 암 라인팔역 → 라인 폭포
역에 내린 후 짧은 오르막길을 걸어 올라가면 라우펜성 매표소가 나온다. 입장권을 사서 성 내부로 들어서면 폭포로 내려가는 산책로가 있다. 폭포 위, 중간, 아래 세 군데에 전망대가 있다. 가장 아래쪽 전망대 테라스 오른편 동굴로 들어서면 폭포 바로 옆으로 나오게 된다.
왼쪽의 작은 길로 가면 유람선 승선장인 쉬파르트

라인강 변의 아름다운 풍경

암 라인팔(Schiffahrt am Rheinfall)이 있다. 이곳에서는 폭포 가운데 있는 작은 섬이나 반대편 기슭의 노이하우젠(Neuhausen) 마을로 가는 유람선이 운항하고 있다. 폭포 가운데 있는 섬의 꼭대기에는 스위스 국기가 꽂혀 있고, 유람선이 섬에 잠시 정박해서 승객들을 내려준다. 섬 정상에 올라가면 라인 폭포의 장관을 감상할 수 있다. 매표소 옆에 운

라우펜성 매표소

행 노선과 지도, 요금을 알려주는 커다란 그림판이 있으니 참조한다.

시간적 여유가 있는 여행자라면
샤프하우젠에서 노이하우젠(Neuhausen) 외곽까지 라인강 변을 따라 여유롭게 도보로 갈 수 있다. 45분 정도 소요된다. 혹은 샤프하우젠에서 1번이나 6번 버스를 타고 노이하우젠 마을 중심까지 간 후 버스에서 내려서 이정표를 따라 5분 정도 걸으면 라인 폭포가 보이는 강변 선착장 슐뢰슬리 뵈르트(Schlössli Wörth)에 닿는다.

유람선 라이팔 멘들리 Rhyfall Mändli
☎ 052 672 48 11 운항 4월 11:00~17:00, 5~9월 09:30~18:30, 10~11월 11:00~17:00
휴무 12~3월
요금 Felsenfahrt(30분 소요) 성인 CHF20, 아동(0~16세)

CHF15, Kleine Rundfahrt(15분 소요) 성인 CHF8, 아동(만 6~16세) CHF5
홈페이지 rhyfall-maendli.ch

샤프하우젠으로 돌아가는 방법
온 길을 되돌아서 성으로 올라가지 말고 라인 폭포 전망대에서 성 아래쪽 기차역으로 가는 이정표를 따라가면 슐로스 라우펜 암 라인팔(Schloss Laufen am Rheinfall)역에 금방 닿을 수 있다. 혹은 승선장에서 반대편 기슭으로 가는 유람선을 타고 1번 버스를 이용해 샤프하우젠으로 돌아갈 수도 있다.

주요 볼거리

라우펜성
Schloss Laufen

라인강 변에 우뚝 솟은 천년 역사의 성

라우펜성은 일반적으로 라인 폭포에 접근하는 통로로만 인식이 되어 여행 명소로서는 외면받기도 하지만, 사실 1000년의 역사를 가진 멋진 성이다. 성 내부의 역사를 살펴볼 수 있는 히스토라마(Historama) 전시관, 벨베

성 안에 자리한 레스토랑

라인 폭포
Rheinfall

압도적인 장관의 폭포
폭포 높이(낙차)는 23m로 짧은 편이지만, 그 폭은 150m나 된다. 매초 700㎥나 되는 엄청난 양의 물이 쏟아진다. 라우펜성을 통과해 폭포 전망대로 내려가는 벨베데레 산책길이 폭포를 감상하기에 가장 좋은 전망 포인트다.

데레 산책로, 통유리 파노라마 리프트 등을 갖추고 있다. 통유리로 된 리프트는 성에서 바로 기차역과 라인 폭포가 있는 강둑으로 손쉽게 내려가게 해준다. 성에는 훌륭한 레스토랑들이 입점해 있다.

주소 Schloss Laufen am Rheinfall CH−8447 Dachsen
☎ 052 659 67 67
개방 2~3월 09:00~17:00, 4~5월 09:00~18:00,
6~8월 08:00~19:00, 9~10월 09:00~18:00,
11월 09:00~17:00, 1 · 12월 10:00~16:00
요금 성인 CHF5, 아동(6~16세) CHF3
홈페이지 www.schlosslaufen.ch
교통 슐로스 라우펜 암 라인팔(Schloss Laufen am Rheinfall) 역에서 성 입구까지 도보 2~3분.

켄첼리 전망대

라인 폭포 유람선

특히 폭포 속에 들어가 있는 듯한 느낌을 주는 켄첼리 (Känzeli) 전망대에 서면 라인 폭포의 웅장한 힘을 실감할 수 있다.

개방 12~1월 10:00~16:00, 11월, 2~3월 09:00~17:00, 6~8월 08:00~19:00, 9~10월, 4~5월 09:00~18:00
요금 성인 CHF5, 아동(6~16세) CHF3
홈페이지 www.rheinfall.ch
교통 라우펜성 매표소에서 도보 2분.

라인 폭포 유람선
Schiffahrt am Rheinfall

라인 폭포에 근접해서 볼 수 있는 유람선

유람선을 타고 폭포 물보라를 헤치며 폭포 가운데 섬으로 접근해 다양한 각도에서 라인 폭포를 바라보는 경험은 스릴이 넘친다. 특히 폭포 가운데 있는 섬 정상에 올라 라인강의 웅장한 물살과 라우펜성을 바라보면 환상적이다. 선착장은 라우펜성 아래 선착장

(Schloss Laufen)과 강 건너편 노이하우젠 강변 선착장 슐뢰슬리 뵈르트(Schlössli Wörth) 두 군데가 있다. 유람선 펠젠파르트 코스를 추천한다.

유람선 라이팔 멘들리 Rhyfall Mändli

펠젠파르트 라인을 타면 라인 폭포 가운데 있는 바위섬의 봉우리에도 올라갈 수 있다.

☎ 052 672 48 11
운항 4월 11:00~17:00, 5~9월 09:30~18:30, 10~11월 11:00~17:00
휴무 12~3월
요금 펠젠파르트(Felsenfahrt)에서 바위까지 가는 여정(30분) 성 인 CHF20, 아동 CHF15 / 짧은 왕복 여정(15분) CHF8/ 라인강을 건너는 여정(5분) CHF2 / 아동(6~16세) CHF5
홈페이지 rhyfall-maendli.ch

유람선 쉬프 멘들리 Schiff Mändli

슐뢰슬리 뵈르트(Schlössli Wörth)에서 출발해서 다시 돌아오는 코스. 30분 코스와 1시간 코스가 있다.

☎ 052 659 69 00
운항 4~10월 주로 주말에 운항하며, 7~8월에는 거의 매일 운항한다. 대체로 첫 배는 11:30~12:00, 마지막 배는 17:00~18:30에 운항한다.
요금 35분 코스 성인 CHF9, 아동(6~16세) CHF4.50 / 80분 코스 성인 CHF16, 아동(6~16세) CHF8
홈페이지 www.schiffmaendli.ch

TIP 운항 기간과 시간은 계절과 날씨에 따라 변동될 수 있으므로 홈페이지를 확인하거나 관광 안내소, 유람선 사무실에 미리 문의할 것.

슈타인암라인
STEIN AM RHEIN

언어 독일어권 | 해발 413m

라인강의 보석 같은 중세 도시

샤프하우젠에서 동쪽으로 20km 떨어진 곳에 위치해 있는 작은 도시로, 라인강 변 도시들 중에서도 중세의 모습이 가장 완벽하게 보존되어 있는 도시다. 또한 구시가의 건물마다 화려하고 섬세하게 장식된 16세기의 프레스코화는 슈타인암라인이 왜 라인강의 보석으로 불리는지에 대해 고개를 절로 끄덕이게 한다. 건축 유산을 잘 보존하고 있는 도시에 수여되는 바커 상(Wakker Prize)을 1972년에 최초로 받은 마을이기도 하다. 작은 도시여서 다양한 프레스코화를 살펴보며 도보로 가볍게 둘러보기에 충분하며 라인강 변을 따라 산책을 하거나 현지 여행자들처럼 라인강에서 수영을 해보는 것도 색다른 즐거움이다. 하류 방향의 샤프하우젠이나 상류의 보덴제 방향으로 가는 라인강 유람선을 타고 여행을 이어가기에도 좋다.

슈타인암라인 가는 법

슈타인암라인 기차역

기차로 가기

샤프하우젠에서는 25분 소요되며(1시간에 2~3대), 빈터투어(Winterthur)에서는 40분~1시간 정도 소요된다(1시간에 3대 정도). 취리히에서 갈 때는 샤프하우젠이나 빈터투어에서 1회 환승해 1시간~1시간 20분 정도 걸린다.

슈타인암라인 기차역은 라인강을 사이에 두고 마을 남쪽 건너편에 있다. 기차역에서 4~5분 정도 걸으면 라인강을 가로질러 마을로 들어가는 다리에 다다른다. 다리를 건너 그대로 직진하면 바로 구시가의 중심인 시청사(Rathaus)가 나온다.

배로 가기

라인강 상류의 크로이츨링겐(Kreuzlingen)이나, 하류의 샤프하우젠에서 배를 타고 갈 수 있다. 여름 시즌에는 매일 3대 정도씩 운행한다. 운행 시간과 노선은 홈페이지를 참고한다. 샤프하우젠에서는 약 2시간, 크로이츨링겐에서는 2시간 30분 소요된다.

홈페이지 www.urh.ch

시내 교통

라인강을 사이에 두고 기차역과 마을은 조금 떨어져 있다. 기차역에서 구시가까지 도보로 10분 정도 소요된다. 구시가는 시청사를 중심으로 운터슈타트(Unterstadt) 거리와 오버슈타트(Oberstadt) 거리로 길게 달걀형으로 형성되어 있다. 구시가 중심인 시청사에서 운더슈타트 거리가 끝나는 지점에 있는 옛 성문 운터토르(Untertor)까지는 10분이면 충분히 도달할 수 있다. 규모가 작아 도보로 충분히 돌아볼 수 있다.

추천 코스

시청사 광장 → (도보 3분) → 린트부름 박물관 → (도보 5분) → 크리펜벨트 박물관 → (도보 2분) → → 클로스터 장크트 게오르겐 박물관

관광 안내소

다양한 가이드 투어 프로그램을 운영하고 있다.

주소 Oberstadt 3 CH-8260 Stein am Rhein
☎ 052 632 40 32
개방 화~금 10:00~12:30, 13:30~16:00
휴무 토·일·공휴일
홈페이지 tourismus.steinamrhein.ch
교통 시청사에서 도보 1분.
지도 p.181

관광 안내소의 개성 넘치는 간판

슈타인암라인의 관광 명소

시청사 광장
Rathausplatz ★★★

다채로운 프레스코화 건물로 둘러싸인 광장

슈타인암라인의 시청사 광장에서 360도 한 바퀴 돌아보면 마치 동화책 속 장면이 거대하게 펼쳐져 있는 듯한 착각이 든다. 시청사 광장을 둘러싼 중세 건축물마다 화려하고 정교하고 아름다운 프레스코화가그려져 있다. 광장을 실제로 본 사람이라면 누구나 이 광장이 스위스에서 가장 아름다운 광장으로 꼽힌다는 말에 수긍하게 된다.

시청사는 16세기에 거상의 집이자 곡물과 옷 가게 그리고 시청으로 건설되었다. 절반이 목재로 구성된 꼭대기층은 16세기 원형 그대로이며 가운데 층은 1745년 개축 시에, 제일 아래층의 파사드와 입구는 1865년에 추가되었다. 현재는 시청사로 이용되고 있다. 칼 폰 헤베를린(Karl von Häberlin)이 역사를 담아 그린 그림이 인상적이며, 지붕 처마에 장식된 용의 머리 형태를 한 가고일(gargoyle)도 눈에 띈다.

시청사를 등지고 광장의 오른편 바로 옆에는 가장 화려하면서도 이 도시에서 가장 오래된 프레스코화이자 홀바인 양식인 춤 바이센 아들러(Zum Weissen Adler) 건물이 있다. 라인강 방향인 왼편이 남쪽 방향인데, 이 방향으로 늘어선 다양한 프레스코화가 숨 막힐 정도로 아름답고 광장의 전체적인 그림을 완성한다.

각 건물의 이름은 건물을 장식하고 있는 벽화의 특징을 따서 이름이 붙여졌다. 그중 붉은 황소를 뜻하는 로터 옥센(Rother Ochsen)은 고딕식 파사드를 가지고 있고, 이 도시에서 가장 오래된 선술집이다.

교통 슈타인암라인 기차역에서 도보 10분.
지도 p.181

린트부름 박물관
Museum Lindwurm ★

19세기 부르주아와 농민의 생활상 재현

시청사 광장에서 운더슈타트 거리로 운터토르를 바라
보며 조금만 걸어내려오면 오른쪽에 단아하게 서 있
는 4층 건물이 보인다. 건물의 파사드는 용으로 장식
되어 있고, 내부는 19세기 우아한 부르주아의 가정 생
활이 잘 재현되어 있다. 뒤편에 붙어 있는 건물은 소박

했던 농경 생활 모습을 재현하고 있다. 박물관 전면 건
물은 13세기, 후면의 농경 생활 전시관은 1712년 이래
로 그 형태를 거의 그대로 유지하고 있다. 이 박물관은
1995년에 '올해의 유럽 박물관' 상을 받기도 했다.

주소 Unterstadt 18 CH-8260 Stein am Rhein
☎ 052 741 25 12
개관 3~10월 매일 10:00~17:00 **휴관** 11~2월
입장료 성인 CHF5, 학생 CHF3, 가족 CHF12.
스위스 패스 이용자 무료
홈페이지 www.museum-lindwurm.ch
교통 시청사에서 도보 3분. **지도** p.181

> TIP **여름의 슈타인암라인**

여름에는 수많은 관광버스가 이 작은
마을로 몰려든다. 매년 거의 100만 명
에 가까운 여행자들이 이곳을 방문한
다. 아직 관광버스가 몰려들기 전인
오전 10시 전에는 조금 한가로운 산책
을 할 수 있다.
여름철에는 라인강 변을 따라 간이음
식점과 맥주 판매대가 늘어서서 다양
한 이벤트를 펼치며 먹거리를 판매한
다. 라인강에서 잡은 생선을 주재료로
하는 요리가 인기 있고 가격대도 적당
하다.

크리펜벨트 박물관
Krippenwelt Museum ★★

스위스에서 유일무이한 예수 탄생 박물관

스위스 유일의 예수 탄생 박물관이다. 예수 탄생과 관련된 다양한 전통 의상과 조형물, 인형들이 전시되어 있다. 독일의 하르틀(Hartl) 가족과 스위스의 암라인(Amrein) 가족이 전 세계에서 수집한 수백 점의 예수 탄생 조형물과 인형들은 진정한 크리스마스의 기원과 각 나라의 독특한 전통 예술을 보여준다. 1층에는 간단한 음료와 케이크를 먹을 수 있는 비스트로와 기념품 숍이 있다.

주소 Oberstadt 5 CH–8620 Stein am Rhein
☎ 052 721 00 05
개관 3월 하순~11월 수~일 10:00~17:00
12~1월 중순 매일 10:00~17:00 **휴관** 1월 중순~3월 중순
입장료 성인 CHF10, 아동 CHF7, 7세 이하 무료.
홈페이지 www.krippenwelt-ag.ch
교통 시청사에서 도보 1분.
지도 p.181

클로스터 장크트 게오르겐 박물관
Museum Kloster Sankt Georgen ★

라인강 변에 위치한 수도원 박물관

1007년에 베네딕트 수도원으로 처음 건설되었고, 여러 번 개축되면서 현재는 박물관으로 이용되고 있는 후기 고딕 양식의 건물로 '성 게오르겐 수도원 박물관'으로도 불린다. 19세기에는 대수도원이 크게 손상을 입고 황폐해졌지만, 페르디난트 베터(Ferdinand Vetter) 부자에 의해 복구되었다. 정교하게 장식된 수도원장의 거실이 인상적이다. 특히 그리자유 화법(grisaille, 회색만으로 엷게 부각되어 보이게 그리는 장식 화법)으로 그려진 홀바인(H. Holbein)과 슈미트(T. Schmid)의 프레스코화가 있는 만찬장(Festsaal)은 특히 장엄하고 화려하다.

주소 Fischmarkt 3 CH–8260 Stein am Rhein
☎ 052 741 21 42 **개관** 4월 초순~5월, 9~10월 화~일
11:00~17:00, 6~8월 화~일 11:00~18:00
휴관 11~4월 초
입장료 성인 CHF5, 스위스 패스(박물관 패스) 이용자 무료,
16세 이하 무료 **홈페이지** www.klostersanktgeorgen.ch
교통 시청사에서 도보 1분. **지도** p.181

TIP 라인강 유람선 선착장 주변에서 한가로운 시간 보내기

여름 시즌에는 라인강 유람선 선착장(Schiffländi Quai)을 따라 강변에 간이음식점과 맥주 판매대가 설치되어 수많은 사람들이 한가로운 시간을 즐긴다. 라인강에서 수영도 즐기는 사람도 많다. 강을 바라보며 맥주 한 잔, 혹은 간단한 한 끼 식사를 즐기며 여유로운 시간을 가져보자.

라인펠스 Rheinfels

라인강 변에 있는 동명의 호텔이자 레스토랑이다. 라인강을 바라보며 식사를 할 수 있는 테라스석도 넉넉하다. 분위기 있는 목조 인테리어는 편안함을 더해준다. 신선한 생선 요리 메뉴를 특히 추천한다. 메뉴는 CHF40 내외. 미슐랭 가이드를 비롯해 많은 기관으로부터 추천을 받은 최고의 레스토랑 중 하나다.

주소 Rhigass 8 CH-8260 Stein am Rhein
☎ 052 741 21 44
영업 목~화 09:00~22:00 **휴무** 수(7~8월은 수요일도 오픈)
휴무 1~2월 **홈페이지** www.rheinfels.ch
교통 시청사에서 도보 1분. **지도** p.181

아들러 Adler

시청사 광장에 있는 호텔이자 레스토랑. 시청사 바로 옆에 있으며 화려한 벽화로도 유명하다. 창의적이면서

도 정성이 가득한 스위스 음식을 제공한다. 다양한 육류와 생선 요리가 있으며 라인강에서 잡은 생선으로 만든 요리가 유명하다. 식사 메뉴는 CHF36~.

주소 Adlergässli 4 8260 Stein am Rhein
☎ 052 742 61 61
영업 월 09:30~23:00,
수~토 09:30~23:00, 일 08:30~23:00 **휴무** 화
홈페이지 www.adlersteinamrhein.ch
교통 시청사 바로 옆. **지도** p.181

레스토랑 라인게르베
Restaurant Rheingerbe

가족이 경영하는 호텔 겸 레스토랑으로 운치 있는 라인강 변에 위치해 있다. 전통적인 스위스 요리부터 다양한 육류와 생선 요리, 파에야에 이르기까지 메뉴가 다양하다. 신선한 스위스 연어 필레 CHF42, 요구르트 소스를 더한 스위스 연어 버거 CHF31, 취리히 전통의 게슈네첼테스 CHF42, 폴렌타와 버섯을 곁들인 스위스 소고기 안심 요리 CHF45, 다양한 파에야 요리 CHF24~34. 오늘의 메뉴는 CHF25 내외로 실속 있다.

주소 Schiffländi 5 CH-8260 Stein am Rhein
☎ 052 741 29 91
영업 수~일 11:00~21:00
휴무 월~화·동절기
홈페이지 rheingerbe.ch
교통 시청사에서 도보 2분
지도 p.181

바인슈투베 춤 로터 옥센
Weinstube zum Rother Ochsen

1446년에 선술집으로 기록에 등장했던 이곳은 슈타인 암라인의 시청사 광장 중심에 자리 잡고 있다. 고풍스런 나무 패널이 이 레스토랑의 역사를 느끼게 해준다. 전 세계 와인을 맛볼 수 있고, 스위스 전통 요리 또한 훌륭한 가격에 맛볼 수 있다. 요리 재료로 지역 특산물을 사용하는 훌륭한 로컬 식당이다. 여름철 인기 메뉴는 프로슈토와 멜론(Rohschinken mit Melone), 소시지와 치즈 샐러드(Wurst Käse Salat Rother Ochsen), 파르메산 치즈가 들어간 쇠고기 카르파초 (Rindfleisch Carpaccio mit Parmesan) 등으로 대부분 CHF20 내외다.

주소 Rathausplatz 9 CH-8260 Stein am Rhein
☎ 052 741 23 28
영업 수~토 10:00~14:30, 17:30~22:00, 일 10:00~20:00,
휴무 월~화, 1~2월(계절에 따라 영업 시간과 휴무일 변동)
홈페이지 www.weinstube-rotherochsen.ch
교통 시청사 광장 중심에 위치.
지도 p.181

잘멘스튜블리 Salmenstübli

구시가 안 운더슈타트 거리 중간에 자리 잡은 소박한 식당이다. 스위스 전통 요리와 태국 요리를 제공하고 있다. 크림소스를 곁들인 얇게 썬 돼지고기와 뢰스티 (Geschnetzeltes Schweinefleisch an Rahmsauce und Rösti), 닭고기 코르동 블루, 계절 채소, 사과 수플레(Poulet-Cordon bleu, Saison Gemuese und pommes-soufflees), 오리 그릴구이와 채소, 재스민 쌀밥(Ente gegrillt Gemuese und Jasmin Reis) 등을 맛볼 수 있다. 가격대는 CHF25~45.

주소 Understadt 15 CH-8620 Stein am Rhein
☎ 052 741 69 69 **영업** 금~일 10:00~21:00
휴무 월~목(계절에 따라 변동 가능)
교통 시청사에서 도보 2분. **지도** p.181

라 프티 크레프리 La P'tite Creperie

마리 앤(Mary-Ann)이 운영하는 자그마한 크레페 가게는 현지인들과 여행자들에게 상당히 유명한 곳이다. 가장 스위스다운 크레페로 치즈와 뷘트너플라이쉬(Bündnerfleisch: 공기 중에 건조시킨

쇠고기), 메이플 시럽이 들어간 크레페를 추천한다. 크레페 가격은 CHF8~17 정도. 직접 양조한 폴몬트 (Vollmond) 맥주도 인기가 높다.

주소 Understadt 10 CH-8260 Stein am Rhein
☎ 052 741 59 55 **영업** 11:00~19:00 **휴무** 비수기 화 · 수
교통 운터토르 근처에 있으며 시청사에서 도보 2분.
지도 p.181

슈타인암라인의 쇼핑

슈타인암라인의 숙소

쇼기박스 Schoggibox

스위스의 대표 브랜드를 비롯해 300가지 이상의 온갖 종류의 초콜릿 제품 판매한다. 린트(Lindt), 카이예 (Cailler), 문츠(Munz) 등 유명 브랜드를 비롯해 다양한 브랜드의 제품을 구매할 수 있다. 60여 종의 마시는 초콜릿, 초콜릿 시가 제품도 있다. 기념품이나 선물용 으로도 좋다. 운더슈타트 거리를 따라 운더토르 근처 에 있다.

주소 Understadt 27 CH-8260 Stein am Rhein
☎ 052 741 36 62
영업 1~2월 토 10:00~16:00, 일(날씨가 좋을 때만) 13:30~ 16:00
3월 화~금 10:00~17:00, 토 10:00~16:00
4~9월 매일 10:00~18:00
11~12월 화~금 10:00~12:00, 14:00~17:00, 토10:00~ 16:00, 일 13:30~16:00(화창한 날만)
연말연시 매일 오픈
휴무 성탄절(변동될 우려가 있으므로 정확한 오픈 시간은 홈 페이지 참조)
홈페이지 www.schoggibox.ch
교통 시청사에서 도보 3분. **지도** p.181

호텔 아들러 Hotel Adler

시청사 바로 옆에 있는 이 도시의 대표 호텔 중 하나. 화려한 프레스코화로 뒤덮인 아름다운 건물이다. 내 부는 단순하지만 모던하고 깔끔하다. 무료로 와이파 이 서비스를 제공한다.

주소 Adlergässli 4 8260 Stein am Rhein
☎ 052 742 61 61 **객실 수** 23실
예산 더블 CHF185~, 조식 포함
홈페이지 www.adlersteinamrhein.ch
교통 시청사 바로 옆 도보 1분. **지도** p.181

호텔 라인펠스 Hotel Rheinfels

수백 년의 역사를 자랑하는 건축물에 들어서 있는 호 텔로 라인강 전망이 가장 좋다. 방은 아름답고 화려하 게 장식되어 있다.

주소 Rhigass 8 CH-8260 Stein am Rhein
☎ 052 741 21 44 **객실 수** 17실
예산 더블 CHF190~
홈페이지 www.rheinfels.ch
교통 시청사에서 도보 1분. **지도** p.181

바젤 주변

Around Basel

바젤과 주변 지역
한눈에 보기

바젤슈타트주(Canton of Basel-Stadt)는 바젤, 베팅겐(Bettingen), 리헨(Riehen)을 주요 자치 도시로 포함하고 있는데, 스위스 26개 주에서 가장 크기가 작은 주(칸톤)이다. 스위스의 가장 북쪽에 있는 이곳은 지리적으로 프랑스, 독일과 국경을 이루고 있다.

바젤 p.190

스위스에서 가장 큰 축제 중 하나인 바젤 파스나흐트(Basler Fasnacht)와 아트바젤, 바젤월드와 같은 다양한 박람회가 해마다 열린다. 수십 개의 박물관을 도시 곳곳에 안고 있는 바젤은 예술을 사랑하는 여행자들에게는 최고의 여행지다.

여행 소요 시간 1~2일 **지역번호** ☎ 061
주 이름 바젤슈타트(Basel-Stadt)주
관광 ★★★ 미식 ★★ 쇼핑 ★★★ 유흥 ★★★

라인펠덴 p.216

'라인강의 들판'이라는 뜻을 지니고 있는 라인펠덴은 온천뿐 아니라 스위스에서 가장 유명한 맥주 중 하나인 펠트슐뢰센(Feldschlösschen)의 생산지로 명성이 높다. 라인강을 사이에 두고 독일의 라인펠덴과 국경을 접하고 있다.

여행 소요 시간 3~4시간 **지역번호** ☎ 061
주 이름 아르가우(Aargau)주
관광 ★★ 미식 ★ 쇼핑 ★ 휴양 ★★★

바덴 p.221

바덴은 바젤에서 동쪽으로 70km 거리에 있는 유명한 온천 휴양 도시다. 고대 로마 시대부터 유황 온천으로 명성을 떨쳐왔다. 로마 시대 유적과 스위스 국가 중요 유산이 많이 남아 있으며 스위스에서 그림처럼 아름다운 소도시로 여행자들의 사랑을 받고 있다.

여행 소요 시간 3시간(온천 이용 유무에 따라 체류시간 변동)
지역번호 ☎ 056 **주 이름** 아르가우(Aargau)주
관광 ★★ 미식 ★ 쇼핑 ★ 휴양 ★★★

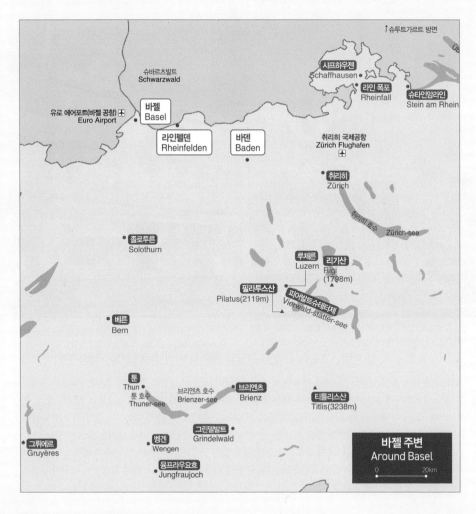

↑슈투트가르트 방면

슈바르츠발트
Schwarzwald

샤프하우젠
Schaffhausen

라인 폭포
Rheinfall

슈타인암라인
Stein am Rhein

유로 에어포트(바젤 공항) ✈
Euro Airport

바젤
Basel

라인펠덴
Rheinfelden

바덴
Baden

취리히 국제공항
Zürich Flughafen ✈

취리히
Zürich

취리히 호수
Zürich-see

졸로투른
Solothurn

루체른
Luzern

리기산
Rigi
(1798m)

필라투스산
Pilatus(2119m)

피어발트슈테터제
Vierwald-stätter-see

베른
Bern

툰
Thun
툰 호수
Thuner-see

브리엔츠 호수
Brienzer-see

브리엔츠
Brienz

티틀리스산
Titlis(3238m)

그루에르
Gruyères

벵겐
Wengen

그린델발트
Grindelwald

융프라우요흐
Jungfraujoch

바젤 주변
Around Basel

0   20km

바젤
BASEL

언어 독일어권 | 해발 277m

스위스·독일·프랑스 3국의 국경과 맞닿은 라인강 변의 매력 넘치는 예술 도시

취리히에 이어 스위스 제2의 도시로 성장한 바젤은 스위스 북서부의 정점에 위치하고 있다. 스위스·독일·프랑스 3국의 국경 도시이자 유럽의 대동맥인 라인강 수운의 기점 도시로서 중세 시대부터 번영해 왔다. 또한 스위스에서 가장 오랜 역사를 자랑하는 대학이 위치하고 있어 학문의 중심지로 자리 잡았다. 시민들이 세운 유럽 최초의 미술관을 비롯해 만화 박물관, 종이 박물관, 약학 박물관 등 개성 넘치는 박물관 등을 볼 수 있는 문화의 도시이기도 하다. 또한 중세의 모습이 남아 있는 구시가지와 세계적인 건축가 에르조그와 드 뫼롱(Herzog & de Meuron), 마리오 보타(Mario Bota) 등이 건설한 세련된 디자인의 현대 건축물들이 공존해 이색적인 풍경을 자아내고 있다.

ACCESS

바젤 가는 법

주요 도시 간의 이동 시간

취리히 → 바젤 기차 1시간 **파리 → 바젤** TGV 3시간

바젤은 스위스 북서부의 제일 위쪽, 프랑스와 독일의 국경에 자리하고 있다. 국제선뿐만 아니라 스위스 내 주요 도시와 열차 연결이 잘되어 있다.

비행기로 가기

유럽 각국이나 스위스 국내 주요 도시에서 비행기로 바젤에 갈 수 있다. 바젤 근교에 유로 에어포트(Euro Airport, 바젤 국제공항)가 있다. 유로 에어포트는 지리적으로는 프랑스에 속해 있지만 프랑스와 스위스가 함께 관리하고 있다. 두 개의 독립된 구역으로 나뉘어 있으며, 중간에 통관 구역도 있다.

저가 항공사 이지젯(Easyjet)은 런던 개트윅 공항 (London Gatwick Airport)에서 취리히까지 저가 항공 노선을 운항하고 있다(2시간 40분 정도 소요). 스위스 국내에서는 제네바에서 직항 노선이 운항 중이다(50분 소요).

유로 에어포트 Euroairport
안내 데스크는 터미널 건물 레벨2(Level 2)에 위치해 있다.

스위스에서 ☎ 061 325 31 11 / **프랑스에서** ☎ 03 89 90 31 11
독일에서 ☎ 0761 1200 31 11 **개방** 05:30~24:00

공항에서 시내로 이동하기
공항에서 바젤 시내까지는 약 9km 거리. 공항에서 50번

버스를 타고 20분 정도면 바젤 SBB역에 도착한다(편도 CHF4,70).

BVB(Basel Bus Company)
☎ 061 685 14 14 홈페이지 www.bvb.ch

기차로 가기

바젤 SBB역

스위스 영토인 바젤 시내 안에 스위스 바젤역 (Basel SBB), 프랑스 바젤역(Bâle SNCF), 독일 바젤역(Basel Badischer Bahnhof) 3개국의 기차 역이 각각 자리 잡고 있다. SBB와 SNCF는 같은 건물에 있지만 세관과 출입국 시설로 구역이 분리되어 있고, 기차를 탑승하는 플랫폼도 다르다. 독일 바젤역은 SBB역이 있는 곳에서 라인강을 건너 도시의 다른 쪽에 위치하고 있다. 스위스 내에서 연결되는 열차는 모두 바젤 SBB역에 정차한다.

취리히 중앙역에서 출발
IR · IC · TGV · ICE 등 특급 열차를 타고 1시간 내외. 1시간에 4대씩 운행.

바젤 SBB역 내부

스위스 열차 1등석 내부

열차 내 식료품 판매 카트

기차역 열차 티켓발매기

베른역에서 출발
IC · ICE 특급 열차를 타고 55분 소요. 1시간에 2대씩 운행. IR 열차는 올텐(Olten)에서 1회 환승해야 한다. 1시간에 2대 정도씩 운행.

루체른역에서 출발
IR 열차를 타고 1시간~1시간 15분 소요. 1시간에 2대씩 운행.

자동차로 가기

취리히에서 출발
고속도로 3번을 타고 1시간 소요. 약 85km.

베른에서 출발
고속도로 1번을 타고 오다가 2번으로 갈아탄 후 바젤 이정표를 보고 계속 가면 된다. 1시간 10분 소요. 97km.

루체른에서 출발
2번과 3번 고속도로를 타고 1시간 10분 소요. 약 100km.

유용한 패스
모빌리티 티켓 Mobility Ticket
바젤의 호텔에서 숙박하는 여행자는 무료 교통 패스의 일종인 모빌리티 티켓을 무료로 발급받을 수 있다. 숙박하는 동안 바젤 시내와 주변 지역(유로에어포트 포함)의 대중교통을 무제한으로 무료로 이용할 수 있으며, 도착하는 날에는 호텔 예약 확인서만 있어도 호텔까지 무료로 이동할 수 있다. 호텔 안내 데스크에서 모빌리티 티켓에 숙박 호텔명과 숙박 기간, 이용자의 이름을 적어 발급해 준다.

관광 안내소
바젤의 관광 안내소 본국은 바르퓌서 광장(Bar-füsserplatz)에 있는 카지노 건물 0층에 있으며, 지국은 바젤 SBB역 안에 있다. 열차로 바젤에 도착했을 경우에는 바젤 SBB역 안에 있는 관광 안내소에서 지도와 트램 노선도를 받도록 한다. 관광 안내소에서 호텔 예약도 가능하다.

관광 안내소
바르퓌서 광장 관광 안내소
주소 Steinenherg 14 CH-4051 Basel
☎ 061 268 68 68
홈페이지 www.basel.com
개방 월~금 09:00~18:30, 토 09:00~17:00, 일 · 공휴일 10:00~15:00

바젤 SBB역 관광 안내소
안내소에서 호텔 예약도 가능하다
☎ 061 268 68 68
홈페이지 www.basel.com
개방 월~금 08:00~18:00, 토 09:00~17:00, 일 · 공휴일 09:00~15:00

바르퓌서 광장 관광 안내소

바젤의 시내 교통

바젤은 대부분의 스위스 도시와는 달리 라인강을 중심으로 상당히 크게 형성된 도시여서 도보로 다니기에는 무리가 있다. 구시가와 신시가의 관광 명소 구석구석을 연결해 주는 트램과 버스를 적절히 활용하자.

바젤 대중교통(BVB)
주소 Claragraben 55 CH-4005 Basel
☎ 061 685 12 12 **홈페이지** www.bvb.ch

승차권

티켓 편칭

교통 요금은 트램과 버스 모두 동일한 요금 체계로 적용되며 정류장마다 티켓 판매기에서 승차권을 살 수 있다. 대부분의 관광 명소는 1·2존 범위 내에서 다닐 수 있다. 짧은 구간을 이용한다면 저렴한 단거리 구간 티켓을 구입한다. 30분만 유효하며(같은 방향일 경우 환승도 가능) 4개 정류장까지 갈 수 있다. 스위스 패스 이용자나 모빌리티 티켓(p.192) 소지자는 트램과 버스를 무제한 무료로 이용할 수 있다. 둘 중 어느 것도 없다면 1일권을 구입하는 것이 경제적이다.

요금 단거리 구간 성인 CHF2.30/ 아동(6~16세) CHF1.80
1존 성인 CHF3.80, 아동 CHF2.60
2존 성인 CHF4.70, 아동 CHF3.10
1일권 성인 CHF9.90, 아동 CHF6.90

트램 Tram·버스 Bus

승차권 발권기

바젤은 트램만 잘 활용해도 어디든 편리하고 쉽게 이동할 수 있다. 총 12개의 트램 노선과 다수의 버스 노선을 BVB와 BLT 두 개의 회사가 운행하고 있다. 관광 안내소에서 트램과 버스 노선도를 받아두면 편리하다. 스위스 패스 이용자, 모빌리티 티켓 소지자는 무제한 무료로 이용할 수 있다. 바젤 SBB역에서 네 번째 정류장인 마르크트 광장(Marktplatz)이 바젤 관광의 중심이라고 생각하면 된다. 시청사가 있는 이 광장을 중심으로 동선을 짜면 편리하다.

트램

사람 얼굴 그림 표시는 걷기 코스를 의미한다.

COURSE

바젤의 추천 코스

바젤은 잘 보존된 구시가와 여유가 넘치는 라인강 변과 40개가 넘는 박물관들로 인해 구석구석 돌아보려면 하루로는 부족하다. 바젤에서 숙박을 하는 여행자에게 발급되는 모빌리티 카드(모든 대중교통 무료 이용권)를 소지하고 트램이나 버스를 잘 활용해 효율적으로 다녀야 한다. 3국 국경 도시 테마 여행까지 즐기려면 여기에 하루를 추가하자.

DAY **1**

마르크트 광장 · 시청사
↓ 도보 8분
바젤 대성당
↓ 도보 4분
시립 미술관
↓ 도보 5분
바르퓌서 교회 역사 박물관
↓ 도보 2분
장난감 세계 박물관
↓ 도보로 바로
구시가 주택가 산책
↓ 도보 10분
슈팔렌토르
↓ 도보 7분
약학 역사 박물관
↓ 도보 2분
마르크트 광장 ★ 주변에서 점심 식사

↓ 8번 트램 12분+도보 10분
3국 국경 지점
↓ 36번 버스 10분+도보 6분
팅겔리 미술관
↓ 버스 10분
라인강 변 산책로
↓ 도보 5~10분
라인강 나룻배
↓ 배 5분
바젤 대성당

◇ TIP 구시가 주택가 산책

구시가는 마르크트 광장을 중심으로 앞뒤로 형성되어 있다. 장난감 세계 박물관에서 바르퓌서 광장 방향으로 돌아온 후 광장 맞은편에 있는 작은 골목 론호프게슬라인(Lohnhof-gässlein)을 거쳐 호이베르크(Heuberg) 거리를 따라가면 수백 년 역사를 자랑하는 구시가의 주택들을 볼 수 있다. 집집마다 연도 표시가 되어 있으며, 현재도 사람들이 생활하고 있다. 슈팔렌토르까지 천천히 거닐어 본다.

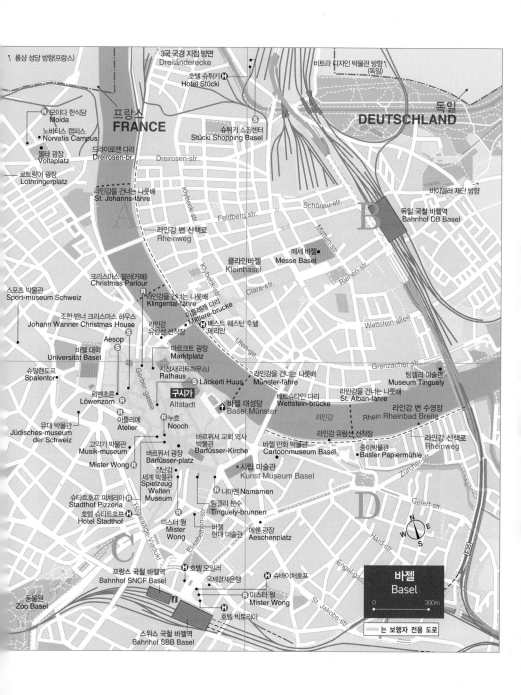

↖ 롱샹 성당 방향(프랑스)

3국 국경 지점 방면
Dreiländerecke

비트라 디자인 박물관 방향↗
(독일)

호텔 슈튀키
Hotel Stücki

모이다 한식당
Moida

프랑스
FRANCE

독일
DEUTSCHLAND

노바티스 캠퍼스
Norvatis Campus

슈튀키 쇼핑센터
Stücki Shopping Basel

볼타 광장
Voltaplatz

드라이로젠 다리
Dreirosen-br.

Dreirosen-str.

로트링어 광장
Lothringerplatz

바이엘러 재단 방향↗

독일 국철 바젤역
Bahnhof DB Basel

라인강을 건너는 나룻배
St. Johanns-fähre

Klybeck-str.

Feldberg str.

Schönau-str.

Matten-str.

Riehen-str.

Wettstein-allee

A

B

라인강 변 산책로
Rheinweg

스포츠 박물관
Sport-museum Schweiz

메세 바젤
Messe Basel

클라인바젤
Kleinbasel

크리스마스 팔러(카페)
Christmas Parlour

Clara-str.

조한 반너 크리스마스 하우스
Johann Wanner Christmas House

라인강을 건너는 나룻배
Klingental-fähre

라인강
유람선 선착장

미틀레레 다리
Mittlere-brucke

베스트 웨스턴 호텔
메리안

Aesop

바젤 대학
Universität Basel

마르크트 광장
Marktplatz

Uten-ga

Grenzacher-str.

슈팔렌토르
Spalentor

시청새(라트하우스)
Rathaus

라인강을 건너는 나룻배
Münster-fähre

팅겔리 미술관
Museum Tinguely

로벤초른
Löwenzorn

구시가
Altstadt

래클리 후스
Läckerli Huus

베트슈타인 다리
Wettstein-brücke

라인강을 건너는 나룻배
St. Alban-fähre

Zurcher-str.

유대 박물관
Jüdisches-museum
der Schweiz

아틀리에
Atelier

누흐
Nooch

바젤 대성당
Basel Münster

라인강 변 수영장
Rhein Rheinbad Breite

라인강
Rheinweg

고악기 박물관
Musik-museum

바르퓌서 광장
Barfüsser-platz

바르퓌서 교회 역사
박물관
Barfüsser-Kirche

바젤 만화 박물관
Cartoonmuseum Basel

라인강 유람선 선착장

종이박물관
Basler Papiermühle

라인강 산책로
Rheinweg

Mister Wong

슈타트호프 피체리아
Stadthof Pizzeria

장난감
세계 박물관
Spielzeug
Welten
Museum

시립 미술관
Kunst Museum Basel

나마멘 Namamen

D

호텔 슈타트호프
Hotel Stadthof

미스터 웡
Mister
Wong

팅겔리 분수
Tinguely-brunnen

바젤
현대 미술관

에쉔 광장
Aeschenplatz

C

Heuwaage-Viadukt

Elisabethen-str.

프랑스 국철 바젤역
Bahnhof SNCF Basel

호텔 오일러

국제결제은행

슈바이처호프

St. Jakobs-str.

Engel-gas

Hard-str.

Gelert-str.

E35

바젤
Basel

동물원
Zoo Basel

미스터 웡
Mister Wong

호텔 빅토리아

0   300m

스위스 국철 바젤역
Bahnhof SBB Basel

N
W + E
S

는 보행자 전용 도로

SIGHTSEEING

바젤의 관광 명소

시청사(라트하우스)
Rathaus ★★★

500년 역사의 붉은 사암 건축물

바젤 주 정부와 의회가 들어서 있는 시청사는 구시가 중심인 마르크트 광장(Marktplatz)에 위치해 있다. 16세기 후기 고딕 양식의 시청사는 붉은 사암으로 지어져 온통 붉은색을 띠고 있다. 특히 금색의 탑과 벽면에 그려진 프레스코화가 인상적이다. 안뜰 오른쪽 계단 옆에 서 있는 조각상은 바젤 지역에 최초로 로마 정착지를 세운 로마 원로원 의원이자 집정관이었던 루치우스 무나티우스 플란쿠스이다. 안뜰과 안뜰 오른편 계단까지는 올라가 볼 수 있으며 내부 견학은 단체에 한해 사전 요청 시 가능하다(관광 안내소에 문의).

교통 트램 6 · 8 · 11 · 14 · 15 · 16번을 타고 마르크트 광장 (Marktplatz)에서 하차. **지도** p.195-C, p.197-A

마르크트 광장
Marktplatz ★★★

구시가의 중심

화려한 시청사 바로 앞에 펼쳐져 있는 광장. 일요일을 제외한 매일 오전 이곳에서 꽃, 과일, 채소, 소시지, 치즈 등 식료품 시장이 열린다. 특히 이곳의 아이허(Eiche) 소시지 노점상은 현지인들에게 인기가 높다.

교통 트램 6 · 8 · 11 · 14 · 15 · 16번을 타고 마르크트 광장 (Marktplatz)에서 하차. **지도** p.195-C, p.197-A

> **TIP** 바젤의 5가지 산책로
>
> 바젤 관광국은 구시가 도보 여행을 위해 5가지 산책로를 소개하고 있다. 이 코스는 바젤과 관련 있는 유명 인사들의 이름을 따서 구성해 놓았다. 에라스무스(Erasmus) 산책로(30분), 야콥 부르크하르트(Jacob Burckhardt) 산책로(45분), 토마스 플라터 (Thomas Platter) 산책로(45분), 파라셀수스(Paracelsus) 산책로(60분), 한스 홀바인 (Hans Holbein) 산책로(90분). 구시가 곳곳에 있는 이정표와 인물들의 얼굴이 그려진 방향 표시 안내판을 잘 따라가면 바젤의 구석구석을 구경할 수 있다.

바젤 대성당
Basel Münster ★★★

바젤을 대표하는 랜드마크

1019년에서 1500년 사이에 로마네스크와 고딕 양식으로 건설되었다. 빨간 사암으로 지어진 건물로, 두 개의 탑과 다채로운 색채의 지붕 타일이 인상적이다. 원래 가톨릭 성당이었으나 현재는 프로테스탄트 개혁 교회로 바뀌었다. 바젤에 살았던 중세의 대학자이자 사제였던 에라스무스(Erasmus)의 묘가 대성당의 북쪽 통로에 있다. 높이 솟아오른 고딕식 첨탑(입장료 CHF4)에 올라가면 라인강과 바젤 시가지를 한눈에 내려다볼 수 있다. 대성당 뒤편에 있는 전망 테라스인 팔츠(Pfalz)에서는 라인강과 강 건너 클라인바젤 (Kleinbasel, '작은 바젤'이란 뜻), 3국 국경 지점 (Dreiländereck), 멀리 독일의 슈바르츠발트와 프랑스 동부 보스게스(Vosges) 산맥도 보인다.

주소 Rittergasse 3 CH–4051 Basel ☎ 061 272 91 57
개방 겨울 월~토 11:00~16:00, 일·공휴일 11:30~16:00 / 어름 월~금 10:00~17:00, 토 10:00~16:00, 일·공휴일 11:30~17:00

홈페이지 www.muensterbasel.ch
교통 마르크트 광장에서 도보 10분
지도 p.195–C, 197–B

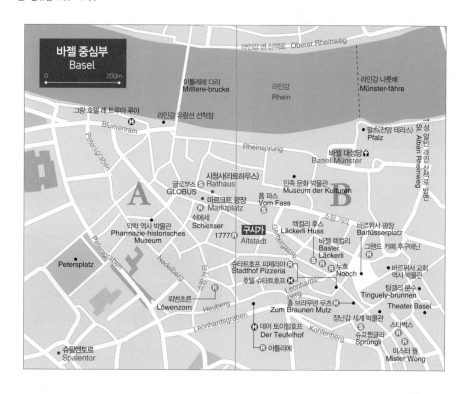

슈팔렌토르
Spalentor ★★

스위스에서 가장 아름다운 문 중 하나

15세기 초에 건설된 슈팔렌토르는 1866년에 파괴된 바젤의 성벽에 남아 있는 3개의 성벽 중 가장 웅장한 문이다. 스위스에서 가장 아름다운 문 중 하나로 여겨진다. 두 개의 둥근 첨탑과 색색의 타일로 덮인 삼각형 지붕, 불그스름한 사암 벽면이 인상적이다.

교통 트램 3번이나 버스 30번 타고 슈팔렌토르(Spalentor) 하차. **지도** p.195-C, p.197-A

구시가
Altstadt ★★★

온전히 보존된 바젤의 구시가

바젤은 얼핏 현대적으로 보이지만 마르크트 광장을 중심으로 하는 구시가가 의외로 잘 보존되어 있다. 특히 마르크트 광장과 슈팔렌토르 사이 낮은 언덕에 형성된 구시가의 골목길은 고풍스러운 바젤의 속살을 보여준다. 중세 시대 모습 그대로 수백 년 그 자리를 지켜온 주택들과 슈팔렌베르크(Spalenberg), 호이베르크(Heuberg), 레온하르트베르크(Leonhard-sberg)와 같은 중세의 길들은 여유로운 산책길로 제격이다. 건물마다 지어진 연도가 표시되어 있으며 예전의 형태를 그대로 유지한 채 바젤 주민들이 실제로 생활하고 있어 바젤의 과거와 현재를 모두 엿볼 수 있다.

교통 마르크트 광장을 중심으로 발달되어 있다.
지도 p.197-B

팅겔리 분수
Tinguely-brunnen ★★

'축제 분수'라고 불리는 기계 작품

극장이 위치한 부지에 있는 큰 물웅덩이에 설치된 장 팅겔리(Jean Tinguely)의 9개 기계 조각품들이다. 과거 극장 무대에서 사용되었던 잡다한 물건을 재활용해 1977년에 완성된 이래로 바젤의 새로운 랜드마크로 자리매김했다. 계속 움직이면서 물을 뿜어내는 기계들은 마치 마임 배우 같기도 하고 무용수 같기도 한 활기찬 모습으로 '축제 분수(Fasnacht-brunnen)'라고도 불린다.

교통 테아테르 광장(Theaterplatz)에 있다. 바젤 SBB역에서 트램 10번(로더스도르프 행)을 타고 테아테르(Theater) 정류장에서 하차.
지도 p.195-C, p.197-B

라인강 나룻배
Münster-fähre LEU ★★

나룻배를 타고 건너는 라인강

바젤을 여행하는 즐거움 중 하나는 나룻배를 이용해 라인강 변을 건너볼 수 있다는 것이다. 현재 바젤 가운데로 흐르는 라인강 위로 놓여 있는 5개의 다리 사이로 총 4곳에 나룻배 선착장이 있다. 그중에서도 제일 아름다운 풍경을 볼 수 있는 곳은 바젤 대성당 북쪽 강변을 출발하는 나룻배다. 나룻배를 타고 바라보는 대성당과 구시가, 라인강과 다리들이 무척 아름답다. 이 나룻배는 어떤 동력 장치도 없이 강변을 가로지르는 로프에 이끌려 강의 유속을 이용해 강을 건너는데 의외로 속도가 빠르다.

운행 여름 09:00~20:00, 겨울 11:00~17:00
요금 성인 CHF2, 아동 CHF1
홈페이지 www.leu-faehri.ch **지도** p.197-B

TIP 3국이 공존하는 도시, 바젤

스위스, 독일, 프랑스 3국 국경 지대에 위치한 지리적인 특성상 바젤 안에는 프랑스 기차역 SNCF, 독일 기차역 DB, 그리고 스위스 바젤 SBB역이 각각 존재하고 있다. 3개국이 한 도시 안에 존재하는 곳이 바로 바젤이다. 독일의 슈바르츠발트와 유럽 최대의 놀이동산 유로파 파크, 콜마르와 스트라스부르로 대표되는 프랑스 알자스 지방이 바젤에서 엎어지면 코 닿을 거리에 있다. 국경은 아주 멀리 존재하는 게 아니라 바젤 시민들의 삶 속에 녹아 있다. 바젤의 큰 슈퍼마켓 체인인 COOP에서 계산원으로 일하는 중년의 아주머니는 프랑스 사람이다. 아침에 스위스로 출근해 저녁에는 프랑스의 자기 집으로 돌아간다.

라인강 변 산책로
Rheinweg ★★

라인강 변 따라 여유로운 산책

라인강 변 산책로는 바젤 대성당 건너편, 오베레 라인 산책로(Oberer Rheinweg)와 바젤 대성당 쪽 강변의 성 알반 라인 산책로(St. Alban Rheinweg) 두 군데가 있다. 오베레 라인 산책로는 베트슈타인 다리(Wettsteinbrücke)에서부터 드라이로젠 다리(Dreirosenbrücke)까지 약 2km 구간이며, 25~30분 소요된다. 성 알반 라인 산책로는 바젤 대성당 옆에 있는 베트슈타인 다리에서 고속도로 입구까지 약 1.5km 구간이며 15~20분 정도 소요된다. 추천하는 코스는 오베레 라인 산책로이며 라인강과 함께 대성당과 구시가가 만들어내는 멋진 스카이라인을 바라보며 걸을 수 있다.

지도 p.195-A, D

라인강 수영장
Rheinbad Breite ★

여름철 바젤 시민들의 즐거운 일상

여름이면 바젤 한가운데로 흐르는 라인강 곳곳에서 자유롭게 수영을 하거나 강가에서 수영복 차림으로 일광욕을 하는 바젤 시민을 쉽게 만날 수 있다. 강이 깊기 때문에 반드시 구명조끼나 물에 뜨게 하는 보조 장비를 휴대하고 수영해야 한다.

주소 St. Alban-Rheinweg 195 CH-4052 Basel
홈페이지 rheinbad-breite.ch
교통 바젤 SBB역에서 트램 3번을 타고 발덴부르거 거리(Waldenburgerstrasse)에서 하차 후 도보 3분(총 13분 소요).
지도 p.195-D

라인강 유람선
Basler Personenschifffahrt ★★★

라인강 따라 운치 있는 3국 유람

마르크트 광장에서 가까운 미틀레레 다리(Mittle rebrücke) 끝에 라인강 유람선 선착장(Schifflände)이 있다. 3국 국경 도시답게 독일과 프랑스의 도시를 넘나들면서 바젤 근교의 중세 온천 도시인 라인펠덴(Rheinfelden)까지 연결되며, 봄~가을에만 운항한다. 홈페이지, 관광 안내소, 승선장, 투숙하고 있는 호텔에서 프로그램을 안내받을 수 있다.

주소 Schifflände CH-4051 Basel
☎ 061 639 95 00
운항 4월 중·하순~10월 중·하순(정확한 시기는 홈페이지 참고)
요금 바젤 쉬플렌데(Schifflände) 선착장에서 라인펠덴(Rheinfelden)까지 성인 편도 CHF26, 왕복 CHF48
홈페이지 www.bpg.ch
교통 마르크트 광장에서 도보 2분
지도 p.197-A

3국 국경 지점
Dreiländereck ★★

3국 국경 지점을 눈앞에서 볼 수 있는 곳

라인강이 어느 지점에 이르면 프랑스, 스위스, 독일 3개국으로 갈라지는데, 그 지점 바로 앞에 3국 국기를 휘감은 듯한 커다란 창 같은 조형물을 세워놓고 3국 국기를 그려놓았다. 조형물이 있는 곳은 스위스, 강의 오른쪽은 독일, 왼쪽은 프랑스로 한곳에서 3개국을 둘러볼 수 있다. 근처에 3국 국경 지점(Dreiländereck)이란 이름의 레스토랑도 있다.

교통 바젤 SBB역 앞에서, 또는 구시가 마르크트 광장에서 8번 트램(클라인휘닝겐행)을 타고 종점인 클라인휘닝겐(Kleinhünigen)에서 하차한다. 바로 옆에 있는 클라인휘닝거 거리(Kleinhüningerstrasse)를 따라 작은 다리를 건너자마자 좌회전해서 수로를 따라 호흐베르거 거리(Hochberger-strasse)를 200m, 베스트쿠아이 거리(Westquaistrasse)를 600m 정도 직진하면 3국 국경 기념 조형물이 솟아 있다. 트램 종점에서 3국 국경 지점까지 도보 10분 소요.
지도 p.195-A

바젤의 다양한 축제

바젤 파스나흐트 Basler Fasnacht

스위스 최대 규모의 축제이며 매년 2~3월에 3일간 열린다(날짜는 매년 변동되니 홈페이지 참조). 새벽 4시 정각에 행진과 함께 연주가 시작되는데, 구시가의 모든 불빛이 다 꺼지고, 행렬의 불빛만이 거리를 밝힌다. 레스토랑이나 바들은 72시간 동안 계속 영업하며 바젤 파스나흐트의 전통 음식인 츠비벨쿠헨(Zwiebelkuchen)이나 케제베헤(Käsewähe) 같은 요리를 맛볼 수 있다. 메인 퍼레이드는 월요일과 수요일 오후에 있으며, 이때는 큰 수레가 이동하면서 과일, 꽃, 사탕 등을 군중들에게 던진다. 바젤 구시가의 주요 광장인 마르크트 광장, 바르퓌서 광장, 클라라 광장, 뮌스터 광장과 구시가 일대에서 펼쳐진다.

홈페이지 www.fasnacht.ch

바젤 무제움스나흐트 Museumsnacht

매년 1월에 바젤에 있는 모든 박물관이 참여하는 행사. 평소보다 저렴한 공통 입장권을 사면 바젤의 모든 박물관에 입장할 수 있으며 트램과 버스 등 대중교통과 셔틀버스, 라인강의 보트도 무료로 이용할 수 있다. 이날 바젤의 모든 박물관은 저녁 6시부터 새벽 2시까지 다채로운 행사와 이벤트를 열고, 와인을 비롯한 먹거리들을 판매하며 방문객들을 맞는다. 표는 12월 하순부터 바젤의 박물관과 매표소, 관광 안내소에서 구입할 수 있다. 날짜는 매년 변동되니 홈페이지 참조.

요금 공통 입장권 성인 CHF24, 어린이와 25세까지 무료, 스위스 패스 이용자 CHF19
홈페이지 www.museumsnacht.ch

아트 바젤 Art Basel

세계에서 가장 크고 중요한 아트 페어 중 하나다. 매년 6월 300곳의 선별된 갤러리들이 참가해 바젤 곳곳이 예술의 향기로 흘러넘친다.

☎ 061 701 20 77
시기 매년 6월 중순~하순, 퍼블릭 데이 4일간 11:00~19:00 **요금** 1일권 CHF67, 퍼머넌트 티켓(기간 전체 입장 가능) CHF230, 이브닝 티켓(오후 5시 이후) CHF35, 학생 1일권 CHF54, 친구 3명 티켓 CHF186(1인 CHF62), 아동(만 12세 이하, 부모 동반 시) 무료 / 아트 바젤 티켓으로 바젤 시내 대중교통 무료 이용 가능.
홈페이지 www.artbasel.com

바젤 타투 Basel Tattoo

세계에서 두 번째로 큰 규모의 군악대 축제. 요금은 공연 시간과 좌석에 따라 CHF59.90부터 CHF160까지 다양하다. 공연은 바젤 타투 아레나(Basel Tattoo Arena)에서 열린다.

주소 Schneidergasse 27 CH-4001 Basel ☎ 061 266 1002
홈페이지 www.baseltattoo.ch

틴겔리 미술관

바젤은 박물관의 도시라 해도 과언이 아니다. 디자인과 현대 미술, 역사, 만화, 장난감에 이르기까지 그 종류가 무척 다양하며 시내와 근교에 고루 분포해 있다. 자신의 취향과 일정에 따라 박물관 몇 곳을 골라 둘러보는 것도 좋다.

틴겔리 미술관
Museum Tinguely

틴겔리의 기발한 오브제로 가득한 곳

스위스 현대 미술의 거장이자 키네틱 아트(Kinetic Art)의 1인자인 장 틴겔리(Jean Tinguely, 1925~1991)의 작품과 스케치를 전시하고 있는 미술관. 특히 라인강 변에 있는 멋진 이 미술관은 티치노 출신의 세계적인 건축가 마리오 보타(Mario Bota)가 설계한 것으로 개성 넘치는 외관이 흥미롭다. 틴겔리 특유의 기발하고 독특한 오브제에서 영감을 받아 휘갈기듯 그린 스케치가 인상적이다. 키네틱 아트의 특성상 작품과 연결된 바닥의 버튼을 누르면 기괴하게 움직이는 작품은 즐거움과 흥미를 자아낸다. 특히 아이를 동반한 가족 단위 여행자들에게 많은 사랑을 받고 있다.

주소 Paul Sacher-Anlage 2 CH-4002 Basel

☎ 061 681 93 20
개관 화~일 11:00~18:00, 목요일 ~21:00 **휴관** 월
요금 성인 CHF18, 학생 · 장애인 CHF12, 아동(16세까지, 성인 동행 시) 및 스위스 패스 이용자 무료
홈페이지 www.tinguely.ch
교통 바젤 SBB 기차역 앞에서 트램 2번을 타고 베트슈타인 광장(Wettsteinplatz)에서 하차 후 버스 31번으로 갈아타고 틴겔리 미술관에서 하차(총 25분 소요). 바젤 시청사(마르크트 광장)에서 갈 경우에는 라인강 변 쉬플렌데(Schifflände) 정류장에서 버스 38번을 타고 6번째 정류장에 내리면 도착한다(11분 소요).
지도 p.195-D

바르퓌서 교회 역사 박물관
Barfüsserkirche Historiches Museum

박물관으로 변신한 프란치스코파 교회

네 곳으로 나뉘어 있는 바젤역사 박물관(Historisches Museum Basel) 중 하나. 14세기에 건설된 프란치스코파 교회를 개조한 독특한 박물관이다. 바젤과 그 주변 라인강 상류 지역의 미술품, 금 세공품, 태피스트리, 생활용품을 비롯해 바젤 대성당의 보물과 스테인드글라스, 조각품 등 수많은 종교 미술품도 소장 전시하고 있다.

주소 Barfüsserplatz 7 CH-4051 Basel **☎** 061 205 86 00
개관 화~일 10:00~17:00 **휴관** 월
요금 성인 CHF15, 청소년(13~20세) CHF8, 아동(12세 이하) 및 스위스 패스 이용자 무료, 매월 첫째 주 일 무료, 화~토 마지막 시간 무료 **홈페이지** www.hmb.ch
교통 트램 3·6·8·11·14·16번을 타고 바르퓌서 광장(Barfüsserplatz)에서 하차. **지도** p.197-B

시립 미술관
Kunst Museum Basel

바젤을 대표하는 미술관

스위스를 대표하는 화가 파울 클레(Paul Klee)를 비롯해 한스 홀바인(Hans Holbein)의 대표작 '무덤 안의 그리스도' 등 15~16세기 스위스와 독일 화가의 작품을 보유하고 있다. 특히 인상파에서 큐비즘에 이르는 근대 회화 작품은 유럽에서도 손꼽힐 정도. 피카소의 초기 대표작도 눈에 띈다. 시립 미술관 근처에 있는 현대 미술관(Museum für Gegenwartskunst)에도 작품이 전시되고 있다.

주소 St. Alban-Graben 16 CH-4010 Basel
☎ 061 206 62 62

개관 화, 목~일 10:00~18:00, 수 10:00~20:00 **휴관** 월
요금 성인 CHF26, 청소년(만 13~19세) CHF8, 학생(만 20~30세) CHF13, 스위스 패스 이용자 무료, 매월 첫째 주 일요일 무료, 화·목·금 17:00~18:00, 수 17:00~20:00 무료
※특별전은 무료 아님
홈페이지 www.kunstmuseumbasel.ch
교통 바젤 SBB역에서 2번 트램을 타고 시립 미술관(Kunstmuseum) 정류장에서 하차(4분 소요). **지도** p.195-C

바젤 현대 미술관 Museum für Gegenwartskunst
주소 St. Alban-Rheinweg 60 CH-4010 Basel
☎ 061 206 62 62
개관 화·목~일 10:00~18:00, 수 10:00~20:00 **휴관** 월
요금 성인 CHF12, 청소년(13~19세)·학생(20~30세)·장애인 CHF5 **홈페이지** www.kunstmuseumbasel.ch
교통 시립 미술관에서 도보 7분. **지도** p.195-C

장난감 세계 박물관
Spielzeug Welten Museum

테디 베어 애호가에게 추천

6,000개 이상의 테디 베어와 인형, 인형 집, 미니어처를 보유한 유럽 유일의 박물관이다. 유명 재봉사이자 인형 제조업자였던 마가레트 슈타이프의 공방에서 나온 희귀한 테디 베어부터 현대적인 테디 베어까지 테디 베어 종류만 2,500점이 넘는다. 1:12의 축척 미니어처로 만들어진 수많은 인형 집은 세부 묘사가 뛰어나 탄성을 자아낸다.

주소 Steinenvorstadt 1 CH-4051 Basel
☎ 061 225 95 95
개관 1~11월 화~일 10:00~18:00 **휴관** 월
12월 매일 10:00~18:00 **휴관** 성탄절과 파스나흐트 기간
요금 성인 CHF7, 아동(16세까지) 및 스위스 패스 이용자 무료
홈페이지 www.spielzeug-welten-museum-basel.ch
교통 바젤 SBB역에서 도보 15분. **지도** p.197-B

약학 역사 박물관
Pharmazie-Historisches Museum

중세 연금술사가 거주한 집

옛날 약재와 약국 가구, 실험용 도구, 약학 고서적, 도예품 등 제약에 관한 방대한 컬렉션을 보유하고 있다. 박물관이 들어서 있는 중세 시대의 건물(Zum Vorderen Sessel)에는 유명 인문학자 에라스무스와 연금술사 파라셀수스가 거주하기도 했다. 약학 전문가뿐 아니라 일반인도 흥미롭게 구경할 수 있다.

주소 Totengässlein 3 CH-4051 Basel
☎ 061 264 91 11
개관 화~일 10:00~17:00 **휴관** 월
요금 성인 CHF8, 학생 CHF5, 스위스 패스 이용자 무료
홈페이지 www.pharmaziemuseum.ch
교통 마르크트 광장에서 성 페터 교회(Peter-skirche) 방향 토텐게슬라인(Totengässlein) 골목으로 들어가면 왼편에 있다. 도보 2분 소요.
지도 p.197-A

바젤 만화 박물관
Cartoonmuseum Basel

스위스 유일의 만화 박물관

캐리커처에서 만화에 이르기까지 전적으로 풍자 예술을 다루는 스위스에서 유일한 만화 박물관이다. 약 40개국 700명 이상의 작가들이 그린 거의 3,400점에 이르는 원본 작품을 보유한 박물관으로 명성이 높다.

주소 St. Alban-Vorstadt 28 CH-4052 Basel
☎ 061 226 33 60
개관 화~일 11:00~17:00 **휴관** 월
요금 성인 CHF12, 학생(25세까지) CHF7, 아동(10세까지) 및 스위스 패스 이용자 무료
홈페이지 www.cartoonmuseum.ch

교통 바젤 SBB역 앞에서 에글리제(Eglisee)행 트램 2번을 타고 시립 미술관(Kunstmuseum)에서 하차 후 도보 1분.
지도 p.195-D

민족 문화 박물관
Museum der Kulturen

파스나흐트 가면과 복장 전시

세계 각국의 민족 문화와 관련된 다양한 수집품을 전시하고 있다. 특히 태평양 지역 관련 전시물이 충실한 것으로 정평이 나 있다. 바젤의 대표적인 축제인 파스나흐트(Fasnacht)와 관련된 가면이나 복장, 수레 등도 전시되고 있다.

주소 Münsterplatz 20 CH-4051 Basel ☎ 061 266 56 00
개관 화~일 10:00~17:00, 매월 첫째 주 수요일 10:00~20:00 **휴관** 월 **요금** 성인(만 19세 이상) CHF16, 학생(만 29세까지) CHF5, 청소년(만 13~18세) CHF5, 아동(만 13세 미만) 무료, 매월 첫째 주 일요일 무료, 화~토 16:00~17:00 무료, 매월 첫째 주 수요일 19:00~20:00 무료
홈페이지 www.mkb.ch
교통 뮌스터 광장(Münsterplatz)에서 바젤 대성당을 마주봤을 때 광장 왼편에 있는 큰 문이 입구다. **지도** p.197-B

바이엘러 재단
Fondation Beyeler

미술상 바이엘러가 수집한 최고의 컬렉션

50년 동안 유능한 미술상으로 일했던 에른스트 바이엘러(Ernst Beyeler)가 수집한 작품을 전시한다. 고흐, 모네, 세잔 등 인상파의 거장들부터 피카소와 마크 로스코(Mark Rothko, 1903~1970) 등 근현대 예술에 이르기까지 훌륭한 컬렉션을 자랑한다. 바젤 교외 리헨(Riehen)의 자연 속 녹지대에 자리 잡은 미술관은 이탈리아 출신의 세계적인 건축가 렌조 피아노(Renzo Piano)가 주변의 자연과 조화를 이루도록 설계하고 건설해 건축적으로도 유명하다.

주소 Baselstrasse 101 CH-4125 Riehen Basel
☎ 061 645 97 00 **개관** 월·화·목·토·일 10:00~18:00, 수 10:00~20:00, 금 10:00~21:00, 연중무휴
요금 성인 CHF25, 만 25세까지 청소년 무료, 바젤 카드 소지자 50% 할인, 스위스 패스 소지자 무료 폐지
홈페이지 www.fondationbeyeler.ch
교통 바젤 SBB역에서 2번 트램을 타고 마르크트 광장에서 내린 후 리헨 그렌제(Riehen Grenze)행 6번 트램으로 갈아탄 후 바이엘러 재단(Fondation Beyeler) 정류장에서 내린다(총 25분 소요). 또는 마르크트 광장에서 리헨 그렌제행 6번 트램을 타면 된다. **지도** p.195-B

비트라 디자인 박물관
Vitra Design Museum

세계적인 디자인 박물관과 유명 건축물들

바젤 근교 독일 국경 도시 바일 암 라인(Weil am Rhein)에 있는 디자인 박물관. 1989년 이래 디자인과 건축 면에서 세계적인 명성을 얻고 있는 이곳은 디자인 및 건축 전문가와 애호가라면 반드시 들러야 할 곳이다. 스페인의 빌바오에 있는 구겐하임 미술관(Guggenheim Museum)을 건설한 프랭크 오 게리(Frank O. Ghery)가 건설한 비트라 디자인 박물관은 건축물 자체로도 명성이 높다. 박물관 옆에 있는 헤르조그와 드 뫼롱(Herzog & de Meuron)의 비트라 하우스(Vitrahaus)는 비트라의 디자인으로 만든 홈 컬렉션을 판매, 전시하고 있어 여성들의 사랑을 듬뿍 받고 있다. 비트라 디자인 박물관은 유료이고, 비트라 하우스는 누구나 마음껏 둘러보고 제품도 구입할 수 있다. 박물관을 포함한 주변 부지를 일컫는 비트라 캠퍼스에는 프랭크 오 게리가 유럽에서 건설한 최초의 건축물뿐 아니라 자하 하디드(Zaha Hadid)의 최초의 건축물도 있다. 안도 다다오(Ando Tadao), 니콜라스 그림쇼(Nicholas Grimshaw), 알바로 시자(Alvaro Siza) 등 수많은 건축가들의 건물들이 넓은 부지에 세워져 있다. 2016년 6월에는 바젤의 세계적인 건축가 헤르조그와 드 뫼롱에 의해 샤우데포(Schaudepot) 전시관이 개관되어 비트라의 새로운 명물이 되고 있다.

주소 Charles-Eames-Str. 2 D-79576 Weil am Rhein
☎ +49 7621 702 3200
개관 10:00~18:00, 연중무휴 / 건축 가이드 투어(매일, 2시간 소요) 독어 - 매일 11:00, 금~일·공휴일 14:00, 여름 시즌(6~8월) 매일 14:00 / 영어 - 매일 12:00, 금~일·공휴일 15:00, 여름 시즌(6~8월) 매일 15:00
요금 박물관 성인 €15, 학생 €12 / 건축 가이드 투어(2시간 소요) 성인 €16, 학생 €14 / 샤우데포 성인 €12, 학생 €9 / 박물관+샤우데포 성인 €21, 학생 €19
홈페이지 www.design-museum.de
교통 독일 국철 바젤역(Bahnhof DB Basel) 앞에서 55번 버스를 타고 15분이면 비트라 디자인 박물관 바로 앞에 도착한다. 국경을 넘기 때문에 여권을 반드시 소지할 것.
지도 p.195-B

SPECIAL
Trip 2

창의력이 넘치는
현대 건축의 메카
바젤 건축 기행

메세 바젤

바젤에서는 렌조 피아노(Renzo Piano), 마리오 보타(Mario Botta), 프랭크 오 게리(Frank O. Ghery) 등 세계적인 건축가들이 지은 현대 건축물들을 도시 곳곳에서 만날 수 있다. 건축계의 노벨상으로 불리는 프리츠커 건축상(Pritzker Architecture Prize) 수상자들의 3분의 1이나 되는 건축가들이 바젤에 건축물을 세웠다는 사실만 봐도, 바젤은 현대 건축의 메카라 부를 만하다.

국제 결제 은행
Bank for International Settlements(BIS)

마리오 보타의 건축물

에쉔 광장(Aeschenplatz)에 있는 6층 건물로, 마리오 보타의 작품이다. 90년대 초에 건설된 이 건물은 두 가지 색깔의 화강암으로 구성된 파사드와 마리오 보타의 건축적인 특징인 둥글고 각진 형태의 상호 작용이 인상적인 건축물이다. 바젤 SBB역에서 한 정거장 거리에 있다.

교통 트램 3·8·10·11·15번이나 버스 37·80·81번을 타고 에쉔 광장(Aeschenplatz)에 하차. 바젤 SBB역에서 2분 소요.
지도 p.195-C

로트링어 광장
Lothringerplatz

바젤의 미래를 보여주는 공간

바젤 북쪽의 고속도로 터널이 이 광장 아래를 지나는데, 이 터널 공사로 인해 광장이 새롭게 디자인되는 계기가 되었다. 로트링어 광장에는 부흐너 브륀들러(Buchner Bründler), 크리스트(Christ) & 간텐바인(Gantenbein), 하인리히 데겔로(Heinrich Degelo) 등 유명 건축가들이 지은 건물들이 서로 마주보고 있다. 바젤 현대 건축의 교차로로서 새로운 이정표가 되고 있다.

교통 바젤 SBB역 앞에서 드라이로젠브뤼케(Drei-rosenbrücke)행 1번 트램을 타고 Bahnhof St. Johann 정류장에서 하차(11분 소요). **지도** p.195-A

메세 바젤
Messe Basel

바젤의 새로운 랜드마크

세계적인 명성을 얻고 있는 시계와 보석 박람회인 바젤월드를 비롯해 다양한 박람회가 열리는 메세 바젤은 스위스 박람회를 대표하는 복합 전시관이다. 2013년에 들어선 모던하고 파격적인 건물로 세계적인 건축가 헤르조그와 뒤 모롱의 작품이다. 8만 3,000㎡에 이르는 장대한 3층 건축물이며, 길이 420m에 달한다. 건물 한가운데 동그랗게 큰 구멍이 뚫려 있어서 하늘을 올려다 볼 수 있다는 점이 인상적이다.

교통 마르크트 광장에서 트램 6 · 14번을 타고 6분 소요. 도보로는 미텔레레 다리를 건너 15분 소요 **지도** p.195-B

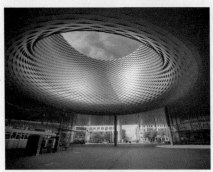

노바티스 캠퍼스
Novartis Campus

세계적인 제약회사의 본사

바젤에 본사를 두고 있는 세계적인 제약회사인 노바티스는 이미 현대 건축의 중심으로 명성이 높다. 유명 이탈리아 건축가인 비토리오(Vittorio Magnago Lampugnani)가 계획을 수립하고, 각각의 건물들은 프랭크 오 게리, 디너 & 디너(Diener & Diener), 사나(Sanaa) 등 서로 다른 유명 건축가들에 의해 디자인되었다. '도시 속의 도시'라는 컨셉의 실현은 아직도 진행 중이다. 관광 안내소에서는 2주마다 이곳의 가이드 투어를 진행하고 있다.

교통 바젤 SBB역 앞에서 드라이로젠브뤽케행 1번 트램을 타고 노바티스 캠퍼스(Navartis Campus) 정류장에서 하차. 또는 St. Lous Grenze행 11번 트램을 타고 볼타 광장(Voltaplatz)에서 하차. **지도** p.195-A

롱샹 성당(프랑스)
Notre-Dame du Haut in Ronchamp

르 코르뷔지에의 대표작

천재 건축가 르 코르뷔지에(Le Corbusier)의 대표작이자 건축의 창세기를 열었다는 극찬을 받은 롱샹 성당은 1954년에 완공되었다. 바젤에서 2시간 조금 넘게 걸리는 프랑스의 작은 시골 마을 롱샹의 산 속에 있는 순례자 성당이다. 르 코르뷔지에는 제2차 세계대전을 겪으면서 끔찍한 살상도구로 변해버린 기계를 목격한 후 '직각의 건축'을 버리고 곡선과 자연, 원시적인 형태를 살린 건축을 추구했는데, 그 결과물이 바로 롱샹 성당이다. 장중하면서 독특한 외관과 스테인드글라스로 비치는 자연광이 아름다운 실내가 압권이다. 건축에 관심 있는 사람이라면 가 볼 만하다.

주소 13 rue de la Chapelle F-70250 Ronchamp
☎ 03 84 20 73 27, 예약 03 84 20 73 27
홈페이지 www.collinenotredameduhaut.com
개방 10월 중순~4월 초 10:00~17:00, 4월 초순~10월 중순 10:00~18:00
요금 성인 CHF9, 학생(만 30세까지) CHF6.50, 아동(만 8~17세) CHF5, 만 8세 미만 무료
교통 바젤 SBB역 한구석에 있는 프랑스역 SNCF로 간다. 승강장(Gleis) 30~35번이 프랑스 기차역이다. 뮐루즈 빌(Mulhouse Ville)과 벨포르(Belfort)를 거쳐 롱샹(Ronchamp)까지 2시간 20분 정도 소요된다. 롱샹 기차역에서 도보 30분(약 2km). 만일을 위해 여권을 소지할 것. **지도** p.195-A

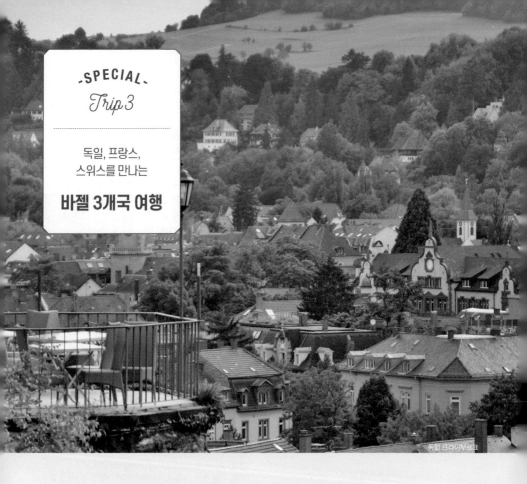

독일 프라이부르크

독일, 프랑스, 스위스 3국 국경에 위치한 지리적인 특성상 바젤에는 3개국의 기차역이 각각 자리 잡고 있다. 이처럼 바젤과 인접한 독일과 프랑스의 관광 명소를 돌아볼 수 있다는 점이 바젤이란 도시가 지닌 색다른 매력이다. 바젤에서 당일치기로 접근할 수 있는 도시로는 독일의 검은 숲 슈바르츠발트(Schwarzwald, 1시간 30분 소요) 지역, 자유 도시 프라이부르크(Freiburg, 40분 소요)와 비트라 디자인 박물관이 있는 바일 암 라인(Weil am Rhein, 20분 소요), 프랑스의 알자스 지방의 대표 도시인 콜마르(Colmar, 45분 소요)와 스트라스부르(Strasbourg, 1시간 20분 소요) 등이 있다.

독일 프라이부르크
Freiburg im Breisgau

검은 숲이 있는 중세 도시

독일 남서부 바덴뷔르템베르크(Baden–Württemberg) 주에 위치하며 와인과 목재 거래의 중심지다. 독일의 검은 숲인 슈바르츠발트의 서쪽 기슭에 해당한다. 중세 모습이 그대로 남은 구시가와 함께 슈바르츠발트

의 깨끗한 자연이 공존하는 아름다운 도시다. 구시가와 주요 관광 명소는 도보로 돌아보기에 충분하다. 웅장한 대성당과 광장에 들어서는 재래시장, 인도를 따라 난 인공 수로 등 볼거리가 다양하다.

교통 자동차로 갈 경우에는 바젤에서 5번 고속도로를 타고 약 50분 소요, 72km. 바젤 SBB역에서 프라이부르크 중앙역(Freiburg im Breisgau)행 ICE 열차를 타고 40분 정도 소요된다. 1시간에 1~2대씩 운행.

프랑스 콜마르
Colmar

알자스 와인의 수도로 일컫는 아름다운 도시

프랑스 동북부 알자스 지방의 도시로 알자스 와인 루트에 위치한다. 잘 보존된 구시가와 파스텔 톤의 동화 같은 건물들, 이젠하임 제단화(Isenheim Altarpiece)를 소장하고 있는 운터린덴 박물관(Musée d'Unterlinden) 등으로 유명하다. 프랑스 혁명 시기나 두 차례의 세계 대전 속에서도 온전히 보존된 구시가는 일본의 유명한 애니메이션 영화 〈하울의 움직이는 성〉의 배경이 되기도 했다. 구시가 한가운데를 흐르는 운하인 프티 베니스는 더욱 운치가 넘친다. 독일과 프랑스의 지배를 받았던 역사로 인해, 현재 프랑스의 땅이지만 독일의 느낌도 남아 있는 독특한 소도시다.

교통 바젤 SBB역의 한구석에 있는 프랑스 SNCF 승강장(Gleis) 30~35번에서 RE 열차를 탄다. 콜마르까지 가는 직행은 45분 소요. 2시간에 1대 정도 있다. 뮐루즈 빌(Mulhouse Ville)에서 1회 환승해서 가는 경우에는 1시간 20분 정도 소요. 2시간에 1대 정도 운행.

프랑스 스트라스부르
Strasbourg

프랑스 동부 알자스 지방의 수도

유럽 의회를 비롯한 다수의 국제기구가 자리한 독일 국경의 유서 깊은 도시다. 독일과 프랑스의 지배를 받았던 역사로 인해, 프랑스이면서도 독일의 느낌이 강한 곳이다.

스트라스부르의 구시가는 1988년 유네스코 세계 문화유산으로 지정되었는데, 구시가 전체가 세계 문화유산으로 지정된 세계 최초의 도시다. 프랑스와 독일의 가교이자 가톨릭과 개신교가 공존하며 프랑스에서 가장 큰 이슬람 모스크를 보유한 다양한 문화의 완충 지대다. 스트라스부르의 랜드마크는 구시가 중심에 우뚝 솟아 있는 장미색 사암으로 지어진 고딕식 노트르담 대성당(Cathedrale de Notre-Dame de Strasbourg)이다. 1176년에 짓기 시작해 1880년에야 비로소 현재 모습을 갖추게 되었다. 무려 높이가 142m나 되는 대성당의 첨탑은 1439년에 완성되었다. 성당 안으로 들어가면 13세기에 만든 '천사의 기둥'과 12세기에서 14세기에 걸쳐 만들어진 스테인드글라스가 특히 인상적이다. 1838년에 완성된 내부의 웅장한 천문 시계가 매일 오후 12시 30분에 종소리를 내며 시선을 끈다. 또한 목재 프레임이 외관에 드러나는 알자스 지방 특유의 건축 양식으로 지어진 건물이 인상적인데, 이런 건물은 프티 프랑스(Petit France) 혹은 게르버피어텔(Gerberviertel)로 일컫는 구역에서 흔히 볼 수 있다. 프티 프랑스와 보반 댐(Vauban Dam) 주변의 구시가는 그림처럼 아름답다.

교통 바젤에서 자동차로 고속도로 A35번을 타고 1시간 30분 소요. 약 141km.
바젤 SBB역 내 프랑스 SNCF 승강장 30~35번에서 RE나 IC 열차를 타고 1시간 20분 소요. 1~2시간에 1대 정도씩 운행.

춤 브라우넨 무츠 Zum Braunen Mutz

스위스 전통 요리와 계절별 특별 요리를 맛볼 수 있다. 칠리소스를 곁들인 비너슈니첼(Wienerschnitzel mit Chili) CHF37.50. 메인 요리 CHF25~42.

주소 Barfüsserplatz 10 CH-4051 Basel
☎ 061 261 33 69
영업 월~수 11:00~23:00,
목~금 11:00~24:00, 토 10:00~24:00,
일 10:00~22:30
홈페이지 www.brauner-mutz-basel.ch
교통 바젤 SBB역에서 8·11번 트램을 타고 바르퓌서 광장(Barfüsserplatz)에서 하차하면 바로 근처에 있다
(6분 소요). **지도** p.197-B

뢰벤초른 Löwenzorn

16세기 르네상스 스타일의 고풍스러운 인테리어가 돋보이는 전통 식당. 식사는 런치 오전 11시 30분부터 오후 2시 사이, 디너 오후 6시부터 10시 30분 사이에 제공된다. 치즈 퐁뒤(Käsefondue) CHF28, 코르동 블루(Cordon Bleu) CHF46, 뢰스티(Rösti) CHF34.

주소 Gemsberg 2/4 CH-4051 Basel
☎ 061 261 42 13
영업 월~금 11:00~14:00, 16:30~23:00, 토 12:00~23:00,
일 14:00~22:00
홈페이지 www.loewenzorn.ch
교통 마르크트 광장(Marktplatz)에서 도보 5분.
지도 p.197-A

모이다 한식당 Moida

한국인이 운영하는 바젤 최초의 한식당. 김밥, 잡채, 불고기, 김치 등 한국의 맛을 그대로 느낄 수 있다. 바젤 SBB역에서 트램을 타고 손쉽게 갈 수 있으며, 노바티스 캠퍼스 바로 근처에 위치해 있다. 불고기 김밥 CHF10, 김치를 비롯해 밑반찬 2~3가지와 쌀밥, 불고기가 담겨 나오는 테이크아웃 도시락 CHF14.

주소 Elsässerstrasse 126 CH-4056 Basel
☎ 078 236 29 93 **영업** 월~금 11:00~14:30, 16:30~19:45
휴무 토~일
홈페이지 www.instagram.com/moidabasel
교통 바젤 SBB역 앞에서 드라이로젠브뤼케(Dreirosenbrücke)행 트램 1번을 타고 볼타플라츠(Voltaplatz) 정류장에서 하차 후 도보 1분. 노바티스 캠퍼스 바로 근처. 약 15분 소요. **지도** p.195-A

아틀리에 Atelier

데어 토이펠호프 호텔의 레스토랑으로, 주로 스위스와 지역 전통 요리를 선보인다. 송아지 고기 커틀릿을 특별 요리로 선보이며 유럽 와인 400여 종을 갖추고 있다. 고

르곤졸라와 배가 들어간 홈메이드 탈리아텔레(Unsere Tagliatelle mit Gorgonzola und Birnen) CHF36, 발사믹과 마늘을 곁들인 양고기 볼살(Berner Oberländer Lammbäckli mit Acetojus und Bärlauchplätzchen) CHF48 등을 맛볼 수 있다.

주소 Leonhardsgraben 49 CH-4051 Basel
☎ 061 261 10 10 **영업** 12:00~13:30, 18:00~24:00(라스트 오더 21:30), 연중무휴(크리스마스 전후 휴무)
홈페이지 www.teufelhof.com
교통 바르퓌서 광장(Barfüsserplatz)에서 도보 4분.
지도 p.197-B

미스터 윙 Mister Wong

현지인들에게 엄청난 인기를 얻고 있는 아시안 음식점. 가격 대비 양도 많고 맛도 좋아 현지인들과 여행자들 모두에게 인기다. 닭고기 볶음밥(Chicken Fried Rice, CHF15), 튀김 우동(Fried Udon, CHF18~19), 카레(Curry, CHF19) 등이 무난하다.

주소 Centralbahnplatz 1 CH-4051 Basel
☎ 061 272 12 00
영업 월~금 11:00~21:00, 토~일 12:00~21:00, 연중무휴
홈페이지 www.mister-wong.ch
교통 바젤 SBB역에서 도보 1분.
지도 p.195-C

슈타트호프 피체리아 Stadthof Pizzeria

바르퓌서 광장에 있는 피체리아. 스위스 퐁뒤를 비롯해 다양한 육류와 채식주의자를 위한 요리를 제공하는 레스토랑도 운영하고 있다. 19가지 종류의 피자를 판매하며, 가격은 CHF24~27.50.

주소 Gerbergasse 84 CH-4001 Basel
☎ 061 261 87 11 **영업** 11:00~24:00, 연중무휴
홈페이지 www.stadthof.ch
교통 마르크트 광장(Marktplatz)에서 도보 5분.
지도 p.197-B

1777 1777

최근 바젤 젊은이들 사이에 큰 인기를 얻고 있는 카페 겸 레스토랑이다. 구시가 중심 시립 도서관(Stadtbibliothek) 맞은편 한적한 공간에 위치해 있으며 비엔나 커피하우스 스타일의 커피를 지향한다. 손님들의 선택에 따라 신선하고 다양한 재료로 만들어 주는 샐러드와 바게트, 200g 소고기 패티가 들어간 1777 버거(CHF19.70)와 샌드위치가 인기 있다. 기본 바게트(CHF10~17)에 원하는 재료를 추가할 때마다 금액이 가산된다. 저녁에는 와인과 치즈를 즐기기에도 적당하다.

주소 Im Schmiedenhof 10 CH-4001 Basel
☎ 061 261 77 77, 061 261 10 04
영업 월~수 10:00~20:00, 목~토 10:00~23:00 **휴무** 일
홈페이지 www.1777.ch **교통** 시청사 앞 마르크트 광장(Marktplatz)에서 도보 3분 **지도** p.197-B

나마멘 Namamen

현지인들에게 인기가 높은 일식 라면 전문점. 다양한 라면 종류 외에도 우동, 소바, 롤, 미소 수프도 있다. 라면 나투레(ramen nature, CHF17.50), 교자라면(CHF21.50), 해물라면(CHF24.50) 등이 대표 메뉴이며, CHF2에 김치를 추가할 수 있다.

주소 Steinenberg 1 CH-4051 Basel
☎ 061 271 80 68
영업 월~금 11:00~14:30, 18:00~21:30, 토 11:00~21:30, 일 12:00~21:00(주방은 영업 종료 30분 전 마감)
홈페이지 www.namamen.ch **교통** 바젤 SBB역 앞에서 구시가 방면 트램 1·2·8·10·11번을 타고 방크베라인(Bankverein) 정류장에서 하차. **지도** p.195-C

쉬에세 Schiesser

1870년 오픈한 바젤의 유명 전통 과자점 & 찻집. 바젤 명물 과자 렉컬리(Läckerli)뿐 아니라 각종 케이크, 초콜릿 등을 맛보거나 포장해 갈 수 있다. 1층 티룸에 올라가면 고풍스러운 인테리어의 티룸에서 분위기 있게 여유를 즐길 수 있다. 수제 핫초콜릿(CHF6.20), 케이크나 쿠키류(개당 CHF3.20) 등을 맛볼 수 있다.

주소 Marktplatz 19 CH-4051 Basel
☎ 061 261 60 77 **영업** 월~토 09:00~18:00 **휴무** 일
홈페이지 www.confiserie-schiesser.ch
교통 마르크트 광장을 사이에 두고 시청사와 마주보고 있다.
지도 p.197-A

아이헤 Eiche

시청사 앞 마르크트 광장에서 월~토요일에 열리는 노천 시장에 자리 잡은 소시지 노점상이다. 흰색의 브라트부어스트나 붉은색의 쉬브릭부어스트가 인기 있다. 가격은 빵 한 조각을 곁들여 CHF7 내외. 시청사를 마주봤을 때 왼편에 있다. 보통 시장이 열리는 월~토요일의 오전부터 점심시간까지 영업을 한다.

주소 Marktplatz 1 CH-4001 Basel
☎ 061 322 71 71 **홈페이지** www.eiche-metzgerei.ch
교통 시청사 앞 마르크트 광장(Marktplatz) 노천 시장에 위치.
지도 마르크트 광장 p.197-A

그랜드 카페 후구에닌
Grand café Huguenin

1934년 처음 문을 연 바젤의 유서 깊은 카페로 구시가의 중심인 바르퓌서 광장에 위치해 있다. 2018년 새롭게 리뉴얼이 되었으며 바젤 시민들이 즐겨 찾는 명소이다. 커피와 차, 초콜릿을 비롯한 다양한 디저트를 갖추고 있다. 카푸치노 CHF5.90, 라떼 마키아토 CHF5.40, 바나나 초콜릿 아이스크림(Bananensplit) CHF14.40

주소 Barfüsserpl. 6 CH-4051 Basel ☎ 061 272 05 50
영업 월~목 07:00~19:00, 금~토 07:00~22:00,
일 08:00~19:00 **휴무** 성탄절
홈페이지 www.cafehuguenin.ch
교통 바르퓌서 광장의 교회 역사 박물관 바로 옆 **지도** p.197-B

<TIP> **바젤의 명물과자, 바젤 렉컬리**
Basler Läckerli

바젤을 대표하는 전통 과자는 바로 렉컬리다. 설탕이 보급되기 전인 14세기에 이 지역의 향신료 상인에 의해 만들어졌다고 한다. 스위스의 주요 도시에서도 바젤의 렉컬리를 판매하고 있을 정도로 바젤 시민들뿐 아니라 스위스 국민이 사랑하는 전통 과자 중 하나이다. 스위스의 전통 과자나 케이크가 대부분 단맛을 강한데, 렉컬리도 단맛이 강하다. 꿀, 말린 과일, 헤이즐넛, 체리로 만든 전통 술인 키르쉬(Kirsch)와 다양한 향신료를 섞은 반죽을 1cm 정도의 두께로 구워 직사각형 형태로 잘라 먹는다. 시나몬 향이 특히 강한 편이며 질감은 쫀득한 편이다. 전문점 렉컬리 후스(Läckerli Huus)가 구시가 내에 있다.

주소 Gerbergasse 57 CH-4001 Basel **지도** p.197-B

프라이에 거리 & 슈팔렌 거리
Freiestrasse & Spalenberg

바젤의 대표적인 쇼핑 거리는 시청사 옆으로 이어진
프라이에 거리(Freiestrasse)와 슈팔렌 문으로 이어지
는 슈팔렌 거리(Spalenberg)다. 프라이에 거리는 우리
에게 친숙한 브랜드들과 상점들로 가득하다. 슈팔렌
거리는 개성 있고 아기자기한 상점들이 들어서 있는
조금은 소박한 거리이다. 글로부스(Globus)나 쿱시티
(Coop City) 같은 대형 쇼핑몰도 구시가 안에 있어 편
리하다.

조한 반너 크리스마스 하우스
Johann Wanner Christmas House

1년 내내 온갖 크리스마스 장식 소품을 판매하는 크리
스마스 장식품 전문점. 주인 조한 씨는 크리스마스 장
식과 요리법에 관한 책도 출간한 바젤의 유명 인사다.
가게 바로 근처인 슈나이더 거리(Schneidergasse)
7번지 2층에는 내부를 온통 크리스마스 장식으로 동
화 속 한 장면처럼 꾸며놓은 그의 카페 크리스마스 팔
러(Christmas Parlour)가 있다.

주소 Spalenberg 14 CH–4051 Basel
☎ 061 261 48 26 **영업** 월~금 09:30~18:30,
토 10:00~17:00 **휴무** 일
홈페이지 www.johannwanner.ch
교통 시청사 앞 마르크트 광장(Marktplatz)에서 도보 2분.
지도 p.195–A

슈프륑글리 Sprüngli

1836년 처음 문을 연 전통
제과점이며 취리히를 중심
으로 스위스 주요 도시에
지점이 많다. 공항 면세점
에도 입점해 있다. 수많은
종류의 트뤼프(truffes), 마
카롱, 전통 케이크 등을 맛
볼 수 있다. 바르퓌서 광장의 관광 안내소 바로 옆에
있으며, 바젤 SBB역에도 지점이 있다.

주소 Steinenberg 14 CH–4051 Basel
☎ 061 201 16 80 **영업** 월~금 09:00~18:30,
토 09:00~18:00 **휴무** 일 **홈페이지** www.spruengli.ch
교통 바젤 SBB역 앞에서 트램 11번을 타고 바르퓌서 광장
(Barfüsserplatz)에서 하차 후 도보 1분(총 7분 소요).
지도 p.197–B

폼 파스 Vom Fass

1994년 독일의 한 작은 도시에서 처음 시작한 폼 파스
는 와인, 양조 술, 오일, 식초 등 식료품 전문 가게다.
100여 종 이상의 식료품을 판매하고 있다. 현재 스위
스를 비롯한 유럽의 주요 도시와 아시아, 북미 등 세계
각지 250여 곳에 지점을 두고 있다.

주소 Freie Str. 10 4001 Basel ☎ 061 263 37 67
영업 월~화 12:00~18:00, 수~토 10:00~18:00,
12월 월~토 09:00~18:30 **휴무** 일
홈페이지 basel.vomfass.ch **교통** 바젤 SBB역 앞에서 30번 버
스를 타고 바젤 대학(Universität)에서 하차 후 도보 1분(총 5분
소요).
지도 p.197–B

데어 토이펠호프 Der Teufelhof

구시가 조용한 주택가에 자리 잡은 호텔. 예술과 숙박을 결합해 단순히 잠만 자는 공간이 아니라 갤러리를 방문한 듯한 느낌을 주는 독특한 호텔이다. 예술적인 감성을 강조한 아트 호텔(객실 8실)과 좀 더 모던한 갤러리 호텔(객실 23실)로 구분된다. 무료로 와이파이 서비스를 제공한다.

주소 Leonhardsgraben 49 CH-4051 Basel
☎ 061 261 10 10 **객실 수** 33실
예산 더블 CHF174~, 조식 포함
홈페이지 www.teufelhof.com
교통 바젤 SBB역 앞에서 버스 30번을 타고 바젤 대학(Universität) 정류장에서 하차 후 도보 3분 이동(총 7분 소요).
지도 p.197-B

호텔 슈타트호프 Hotel Stadthof

1800년대에 여관을 겸한 선술집으로 시작한 유서 깊은 호텔. 1906년 오픈한 브뢰틀리 바(Brötli bar)는 지금까지 이어져 오고 있다. 구시가 중심 바르퓌서 광장에

있어 구시가 관광에도 제격이다.

주소 Gerbergasse 84 CH-4001 Basel
☎ 061 261 87 11 **객실 수** 9실
예산 더블 CHF130~, 공용 욕실 **홈페이지** www.stadthof.ch
교통 바젤 SBB역 앞에서 트램 8·11번을 타고 바르퓌서 광장(Barfüsserplatz)에서 하차하면 바로 옆에 있다(6분 소요).
지도 p.197-B

그랑 호텔 레 트루아 루아
Grand Hotel Les Trois Rois

유럽에서 오랜 역사를 자랑하는 호텔 중 하나. 1681년에 처음 문을 열었다. 바젤의 심장부인 구시가에서도 중심부에 있으며 라인강 변에 위치해 있어 전망도 뛰어나다. 나폴레옹, 엘리자베스 2세 여왕, 피카소, 괴테, 토마스 만 등 수많은 유명 인사들이 이곳에 머물렀다.

주소 Blumenrain 8 CH-4001 Basel
☎ 061 260 50 50 **객실 수** 101실 **예산** 더블 CHF670~, 조식 포함 **홈페이지** www.lestroisrois.com
교통 바젤 SBB역 앞에서 트램 8·11번을 타고 쉬플렌데(Schifflände) 정류장에서 하차하면 바로 근처에 있다(10분 소요). **지도** p.197-A

> TIP **바젤 숙소 이용 시**
>
> 바젤에 최소 1박 이상을 하는 여행자들은 묵고 있는 숙소 프런트에 요청해서 반드시 무료 대중교통 패스인 모빌리티 티켓(Mobility Ticket)을 발급받도록 하자.

호텔 빅토리아 Hotel Victoria

바젤 SBB역 바로 앞에 위치한 호텔. 빅토리아 시대 분
위기의 객실에는 현대적인 편의 시설이 완비되어 있
다. 트램 정류장도 바로 앞에 있어 바젤 근교 여행을
하려는 여행자에게 적극 추천한다. 무료로 와이파이
서비스를 제공한다.

주소 Centralbahnplatz 3-4 CH-4002 Basel
☎ 061 270 70 70
객실 수 107실
예산 더블 CHF239~
홈페이지 www.hotel-victoria-basel.ch
교통 바젤 SBB역에서 도보 1~2분.
지도 p.195-C

슈바이처호프 Schweizerhof

1864년 바젤 SBB역 앞에 문을 연 호텔이다. 2009년
레노베이션을 통해 전통과 모던함이 어우러진 호텔로
탈바꿈했다. 객실은 상당히 넓은 편이며 편의 시설도
잘 갖추어져 있다. 주말에는 주중보다 요금이 저렴하
다. 무료 와이파이를 사용할 수 있다.

주소 Centralbahnplatz 1 CH-4002 Basel
☎ 061 560 8585 **객실 수** 82실
예산 더블 CHF295~, 조식 포함
홈페이지 www.schweizerhof-basel.ch
교통 바젤 SBB역 앞 트램 정류장 바로 옆에 있다. 도보 2분.
지도 p.195-D

베스트 웨스턴 호텔 메리안

Best Western Hotel Merian

1960년대 후반 라인강 변에 문을 연 모던한 4성급 비
즈니스 호텔. 모든 객실에 네스프레소 머신이 있어 객
실에서 편안하게 커피를 즐길 수 있다. 강변 방향 객실
과 테라스에서 바라보는 뮌스터와 구시가 전망이 좋
다. 무료 와이파이를 편리하게 이용할 수 있다.

주소 Rheingasse 2 CH-4058 Basel
☎ 061 685 11 11 **객실 수** 63실
예산 더블 CHF230~, 조식 포함
홈페이지 www.hotel-merian.ch
교통 바젤 SBB역 앞에서 트램 8번을 타고 라인가세
(Rheingasse) 정류장에서 하차(10분 소요).
지도 p.195-A

호텔 오일러 Hotel Euler

1867년 아브라함 오일러에 의해 세워진 유서 깊은 4성
급 비즈니스 호텔이다. 1981년부터 만츠(Manz) 가족이
경영하고 있다. 2008년 레노베이션을 했다. 무료 와이
파이 서비스를 제공한다.

주소 Centralbahnplatz 14 CH-4002 Basel
☎ 061 275 80 00 **객실 수** 66실
예산 더블 CHF216~
홈페이지 www.hoteleuler.ch
교통 바젤 SBB역 앞 트램 정류장 왼편에 있다. 도보 2분.
지도 p.195-C

라인펠덴

RHEINFELDEN

언어 독일어권 | 해발 285m

바젤 근교의 온천 리조트

바젤 동쪽으로 17km 떨어진 라인강 변에 위치한 라인펠덴은 아르가우(Aargau) 주에 속한 중세의 온천 도시다. 라인강을 가로지르는 다리 하나만 건너면 바로 독일 땅이며, 실제로는 라인강을 절반으로 나눈 다리 중간 지점에 눈에 보이지 않는 국경선이 있다. 1802년 나폴레옹이 국경선을 긋기까지는 하나의 도시였다고 한다. 라인강을 사이에 두고 스위스의 라인펠덴과 독일의 라인펠덴이 공존하고 있다. 이곳은 스위스 현지인들뿐 아니라 라인강 너머 독일 국민도 즐겨 찾는 온천 스파로 중세 시대부터 명성이 높다. 스위스에서 가장 인기 있는 맥주인 펠트슐뢰센(Feldschlösschen)의 본고장이기도 하다.

라인펠덴 가는 법

주요 도시 간의 이동 시간

바젤 → 라인펠덴 기차 11분
취리히 → 라인펠덴 기차 57분

배로 가기

바젤 쉬플렌데(Basel Schifflände) 선착장에서 유람선을 타고 약 2시간 30분 소요. 라인펠덴에서 바젤로 돌아가는 배는 약 2시간 소요.

비행기로 가기

바젤 SBB역에서 출발
IR선으로 11분, S1선으로 17분 소요. 1시간에 각각 2대씩 운행.

취리히 중앙역에서 출발
IR선으로 1시간 소요. 1시간에 2대씩 운행.

자동차로 가기

바젤에서 3번 고속도로를 타고 취리히 방면으로 가다가 라인펠덴 출구로 나온다. 바즐러 거리(Baslerstrasse) 방향으로 계속 직진한다. 약 15분 소요.

INFORMATION

시내 교통
도시의 규모가 작아서 도보로도 충분히 돌아볼 수 있다. 기차역에서 구시가 중심까지는 도보 5분이면 충분히 도달한다. 온천 센터까지 바로 가려면 기차역에서 버스 86번을 타면 된다.

추천 코스
기차역 → (도보 10분) → 펠트슐뢰센 양조장 → (도보 15분) → 구시가 → (도보 1분) → 산양 시계 → (도보 5분) → 칼의 탑 → (도보 7분) → 파크리조트 졸레우노 온천 센터 → (도보 2분) → 라인강 변 → (도보 10분) → 인셀리섬 → (도보 10분) → 독일 라인펠덴

관광 안내소
구시가 중심 시청사(Rathaus) 건물에 있다.
주소 Marktgasse 16 CH-4310 Rheinfelden
☎ 061 835 52 00
홈페이지 www.tourismus-rheinfelden.ch
개방 월 13:30~18:30, 화~금 08:00~12:00 & 13:30~17:00 휴무 토~일

라인펠덴역

스위스와 독일 국경 표지판

라인펠덴의 관광 명소

파크리조트 졸레 우노
Parkresort Sole uno ★★★

새롭게 단장한 온천 리조트

다양한 온천과 부대시설을 이용할 수 있는 곳으로, 최근 리뉴얼했다. 나트륨, 칼륨, 마그네슘을 풍부하게 함유해 류머티즘이나 관절염에 효과가 있다. 냉온탕, 트로피칼 레인(Tropical Rain), 알프스 폭포(Alpine Waterfalls), 아로마 스팀(Aromatic Steam) 등 다양한 테마의 온천이 있으며 화려한 색채의 조명을 활용해 모던함이 넘친다. 스위스 사람들은 물론이고 라인강 건너 독일인들도 즐겨 찾는 명소다.

주소 Roberstenstrasse 31 CH-4310 Rheinfelden
☎ 061 836 67 63 **영업** 08:00~22:30(공휴일에는 영업시간이 변동될 수 있음), 연중무휴
요금 2시간권 CHF33, 3시간권 CHF38, 1일권 CHF52(수건 제공) **홈페이지** www.soleuno.ch
교통 라인펠덴 기차역에서 버스 86번을 타면 리조트 바로 앞까지 갈 수 있다. 구시가 중심 시청사(Rathaus)에서 도보 10분. **지도** p.219

산양 시계
Glockenspiel ★★

라인펠덴의 역사가 담긴 상징물

30년 전쟁 때, 라인펠덴까지 쳐들어온 스웨덴 군은 라인펠덴 시민들이 굶주려서 항복할 때까지 라인펠덴을 포위하고 기다리는 작전을 썼다. 결국 라인펠덴의 모든 식량이 바닥나고 산양도 1마리만 남게 되었다. 그때 라인펠덴의 한 재봉사가 마지막 산양의 가죽을 기워서 입고 성벽 위를 산양처럼 계속 왔다 갔다 했다. 이를 본 스웨덴 군인들은 라인펠덴에는 아직 식량이 많을 거라고 지레짐작을 하고는 결국 포위를 풀고 철수했다고 한다. 그 후 산양 시계를 만들어 라인펠덴의 재봉사를 기리고 있다. 매일 아침 9시, 낮 12시, 오후 3시와 5시에 양이 통로를 오가고, 아름다운 종소리가 울린다.

주소 Rindergasse CH-4310 Rheinfelden
교통 시청사(Rathaus)에서 도보 1분. 린더 거리(Rindergasse)에 있는 휘어진 모퉁이 집(Hauszum-schiefen Eck) 벽면에 있다.
지도 p.219

구시가
Altstadt ★★

반원형의 아담한 중세 구시가

작고 예쁜 반원형의 구시가를 가진 라인펠덴은 중세의 성문과 방어용 탑들과 분수 그리고 성벽 일부가 구시가 곳곳에 남아 있다. 보행자 전용 거리인 마르크트 거리(Marktgasse) 곳곳에는 아기자기한 상점들, 식당들과 선술집들이 늘어서 있다. 라인강 변이나 다리 위에서는 칼의 탑과 아름답고 아기자기한 구시가 풍경을 조망할 수 있다. 파크리조트 방면 성벽 바깥에는 산양을 키우는 작은 우리가 있다.

지도 시청사 p.219

칼의 탑
Messerturm ★

라인강 변에 솟아 있는 날카로운 탑

구시가의 라인강 변에 날카롭게 우뚝 서 있는 긴 삼각형 모양의 탑으로 15세기에 건설된 것으로 추정된다. 과거에는 고문을 하기 위해 칼들이 나란히 세워진 공간이 있었고, 아랫부분은 라인강으로 바로 열려 있는 구조로, 죄수들을 그곳에 떨어뜨렸다는 이야기가 전해 내려온다.

교통 시청사(Rathaus)에서 도보 3분. 요한니터 거리(Johannitergasse)를 따라 가다가 성문을 나서자마자 왼쪽 라인강 변으로 가면 된다. **지도** p.219

펠트슐뢰센 양조장
Feldschlösschen Brewery ★★

라인펠덴에서 시작된 전통 맥주 양조장

스위스에서 가장 인기 있는 맥주인 펠트슐뢰센의 역사는 1876년 라인펠덴에서 시작되었다. 다양한 투어를 통해 양조 과정과 역사를 둘러보고 맥주도 맛볼 수 있다. 가이드 투어(그룹당 15명)가 약 1시간 30분 독일어, 프랑스어, 이탈리아어, 영어로 진행된다(1인당 CHF 15).

주소 Theophil-Roniger-Strasse CH-4310 Rheinfelden
☎ 058 123 42 58
견학 수~일 08:30~18:00
휴무 월~화
요금 가이드 투어 1인 CHF20, 일요일 요금 1인 CHF30
홈페이지 www.feldschloesschen.swiss
교통 라인펠덴 기차역에서 구시가 반대 방향으로 도보 10분.
지도 p.219

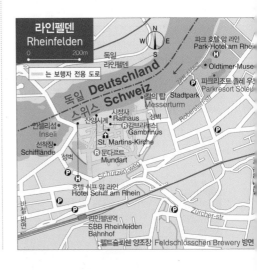

인셀리섬
Inseli ★

스위스와 독일 국경 라인강에 있는 섬

구시가 중심에 있는 보행자 거리인 마르크트 거리 서쪽 끝에는 20세기 초에 건설된 라인 다리(Rheinbrücke)가 있다. 라인강을 가로질러 스위스 라인펠덴과 독일 라인펠덴을 잇는 다리로, 이 다리를 건너면 국경을 넘게 된다. 다리 옆에는 인셀리섬이 있다. 한때는 요새였으나 지금은 작은 공원으로 조성되어 있다. 공원에서는 스위스 라인펠덴과 독일 라인펠덴, 그리고 그 사이의 라인강을 동시에 조망하기 좋다.

교통 마르크트 거리 서쪽 끝 라인 다리 중간 지점에서 왼편에 있다. **지도** p.219

독일 라인펠덴
Rheinfelden ★

라인강 건너편 독일에 있는 라인펠덴

마르크트 거리 서쪽 끝에 있는 알테 라인 다리를 건너면 바로 독일 라인펠덴이다. 다리를 건너자마자 오른쪽에 국경 검문소가 있다. 실제로 검사를 잘 하지는 않지만 만일을 대비해 여권을 챙겨가야 한다. 독일에서 바라보는 스위스 라인펠덴의 풍경도 예쁘다. 독일 라인펠덴쪽 알테란트 거리(Altelandstrasse)에는 고풍스러운 양조장 리겔러 비어(Riegeler Bier) 건물이 있다. 마을 중심 광장인 프리드리히 광장(Friedrich-platz)까지 가볍게 산책을 해보자.

교통 알테 라인 다리를 건너면 바로. **지도** p.219

라인펠덴의 식당

감브리누스 Gambrinus

현지인들에게 인기 있는 레스토랑. 아늑한 인테리어가 편안한 분위기를 만들어준다. 메인 메뉴에 샐러드나 오늘의 수프를 고를 수 있는 런치 메뉴(CHF20 내외)가 인기다(11시 30분부터 제공). 대표 메뉴로는 코르동 블루 감브리누스(Cordon Bleu Gambrinus, CHF29.50), 감브리누스 파에야(Paella al Gambrinus, CHF34) 등이 있다.

주소 Marktgasse 17 CH-4310 Rheinfelden
☎ 061 831 51 48 **영업** 화~토 17:00~23:00
휴무 일~월
교통 라인펠덴 시청사(Rathaus) 맞은편에 있으며 기차역에서 도보 7분. **지도** p.219

문다르트 Mundart

보행자 전용 거리인 마르크트 거리에서 라인강 전망이 좋은 곳에 위치해 있다. 이탈리아 커피와 초콜릿 케이크 카사블랑카도 인기 있다. 여름철에는 13가지 종류의 젤라토도 판매한다. 요일마다 바뀌는 런치 메뉴는 CHF16.50~18.50의 가격으로 실속있다. 18시 이후에는 결혼식이나 생일 파티, 기업체 등의 행사장으로 대여되므로 저녁 식사는 할 수 없다.

주소 Marktgasse 48 CH-4310 Rheinfelden
☎ 061 831 01 59
영업 월 · 수~일 09:00~18:00 **휴무** 화
홈페이지 www.mundart-rheinfelden.ch
교통 라인강 다리(Rheinbrücke) 근처에 있으며 기차역에서 반호프 거리를 따라 걷다가 마르크트 거리로 들어서면 바로 나온다. 도보 7분 거리. **지도** p.219

바덴
BADEN

언어 독일어권 | 해발 385m

로마 제국 시대부터 명성을 떨친 전통의 유황 온천

아르가우(Aargau)주의 도시인 바덴은 리마트(Limmat)강 서쪽에 있는 고즈넉한 중세 도시다. 로마 제국 시대부터 이어져온 온천 도시로서 지명도 광물 온천에서 유래했다. 현재도 47℃의 유황천이 솟아나고 있다. 15~16세기 동안 스파이자 치료 리조트로 인기를 얻으면서 괴테, 니체, 토마스 만, 헤르만 헤세 등 수많은 유명 인사들이 이곳을 다녀갔다. 특히 헤르만 헤세는 30년이 넘는 세월 동안 매년 이곳을 찾았다고 한다. 온전히 보존된 구시가 골목과 리마트강 변을 따라 운치 있는 산책을 즐길 수 있으며 리마트강 건너편에서 바라보는 구시가 풍경은 아름답고 낭만적이다.

바덴 가는 법

주요 도시 간의 이동 시간

바젤 → 바덴 기차 50분   **취리히 → 바덴** 기차 15분
베른 → 바덴 기차 1시간

바덴은 취리히–바젤 노선과 취리히–베른 노선의 중간에 위치해 있어 열차로 접근하기에 무척 편리하다.

기차로 가기

바젤 SBB역에서 출발
IR 열차를 타고 약 50분 소요. 1시간에 2대씩 운행.

취리히 중앙역에서 출발
IR 열차를 타고 15분 소요. S12번 열차를 타고 약 30분 소요. 1시간에 각각 2대 정도씩 운행. S6번도 바덴으로 간다.

바덴 중앙역

바덴 중앙역 플랫폼

베른역에서 출발
IR 열차를 타고 1시간 소요. 매시 36분에 출발.

자동차로 가기

바젤에서 출발
고속도로 3번을 타고 동쪽으로 계속 직진하면 된다. 약 55분 소요. 약 70km.

취리히에서 출발
고속도로 1H선을 타고 북서쪽으로 계속 올라가다가 55번 출구 노이엔호프(Neuenhof)로 나간다. 출구를 나온 후 Bahnhof(역)나 Zentrum(중심부) 표지판을 따라가면 된다. 출구에서 바덴 중앙역까지 약 5분 소요. 총 25분 소요. 약 23km

베른에서 출발
고속도로 1번을 타고 1시간 15분 정도 소요. 약 104km.

INFORMATION

시내 교통
바덴은 기차역과 구시가도 가깝고 구시가의 규모도 작아 도보로 충분히 돌아볼 수 있다.

추천 코스
바덴 중앙역 → (도보 5분) → 슈타트투름 → (도보 2분) → 시청사 → (도보 1분) → 테디 베어 박물관 → (도보 4분) → 호흐 다리 → (도보 5분) → 역사 박물관 → (도보 1분) → 홀츠 다리 → (도보 1분) → 구시가 크로넨 거리 → (도보 2분) → 리마트강 변 산책로 → (도보 12분) → 포티세븐 웰니스 테르메 → (도보 12분) → 바덴 중앙역

바덴의 관광 명소

포티세븐 웰니스 테르메
FORTYSEVEN Wellness Therme ★★★

로마 제국 시절부터 명성 높은 유황 온천

취리히와 바젤, 베른 등 주요 도시에서 당일치기로도 충분하지만, 스위스에서 가장 오래되고 명성 높은 유황 온천으로 유명한 바덴에서 머물며 여유롭게 온천을 즐기는 것도 좋다. 온천은 리마트강 변의 정원풍 부지에 위치해 있다. 음수대에서 온천수를 마실 수 있는데, 강렬한 유황 냄새가 상당히 자극적이지만 위장에

좋다고 한다. 야외 온천장에서는 강 건너 산기슭에 펼쳐진 포도밭과 아름다운 전원주택을 감상할 수 있다. 원천은 47℃인데, 온천은 36℃로 우리나라 사람들에게는 좀 미지근한 느낌이다. 기존 온천 설비가 노후화되면서, 스위스의 유명 건축가 마리오 보타의 지휘 아래 오랜 기간 전면 보수 공사를 진행했고, 2021년 전면 리뉴얼을 통해서 포티세븐 웰니스 테르메라는 이름으로 오픈했다. 온천, 사우나를 비롯해 우주를 유영하는 듯한 체험을 할 수 있는 코스모스 등 다양한 시설을 이용할 수 있다.

주소 Grosse Bäder 1 CH-5400 Baden
☎ 056 269 18 47 **영업** 월~일 08:00~22:00, 연중무휴
요금 3시간권 월~금 CHF39, 토~일 · 공휴일 CHF45 / 1일권 월~금 CHF59, 토 · 일 · 공휴일 CHF65
홈페이지 www.fortyseven.ch
교통 바덴 중앙역에서 구시가와 반대 방향인 카지노를 지나 슈바이처호프 호텔이 있는 강변으로 내려가면 된다. 도보 12분 소요. **지도** p.223

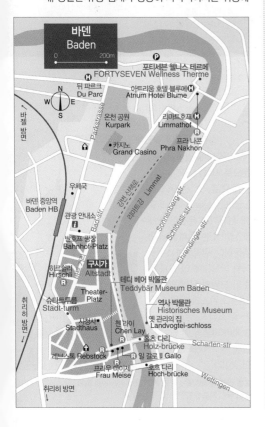

구시가
Altstadt ★★

로마 제국 시절의 유적이 남아 있는 온천 도시

서쪽에는 슈타인(Stein)성이 있는 언덕이, 동쪽에는 리마트강(Limmat)이 흐르는 산비탈에 자리한 바덴 구시가는 스위스에서도 손꼽히는 아름다운 구시가로 알려져 있다. 바트 거리(Badstrasse), 시청사 골목(Rathausgasse)과 강변 쪽 크로넨 거리(Kronen-gasse) 등이 구시가를 이루고 있다. 16세기에서 18세기에 걸친 고딕과 바로크 양식의 건축물이 많이 남아 있으며, 13세기 중엽의 흔적이 남아 있는 곳도 있다. 시의 탑문 슈타트투름(Stadtturm)과 시청사, 지붕이 있는 목조다리인 홀츠 다리, 역사 박물관을 비롯해 크로넨 거리의 고풍스러운 주택들 등, 도시 곳곳에 중세의 흔적이 고스란히 남아 있다.

지도 p.223

슈타트투름
Stadtturm ★★

스위스 국립 박물관에 있는 탑의 원조

5세기 중엽에 건설되어 북문으로 사용된 시계탑이자 탑문으로 옛 관리의 집(Landvogteischloss)과 함께 현재까지 온전한 형태로 남아 있는 중세 시대 건축물이다. 취리히의 스위스 국립 박물관에 이 탑과 비슷한 모양의 탑이 있는데, 이는 스위스의 유명 건축가 구스타프 굴(Gustav Gull)이 바덴의 이 탑을 모방해 1892~1898년에 건설한 것이다.

교통 바덴 중앙역에서 바트 거리(Badstrasse)를 따라 도보 5분. **지도** p.223

역사 박물관
Historisches Museum ★

역사 박물관으로 운영 중인 옛 관리의 저택

옛 관리의 집(Landvogteischloss)과 현대적으로 확장된 별관 건물로 구성되어 있다. 바덴 지역의 역사 및 생활과 관련된 각 시대의 유물과 회화 등을 전시하고 있다.

주소 Wettingerstrasse 2 CH-5400 Baden
☎ 056 222 75 74, 056 200 84 60
개관 화·수·금·토 13:00~17:00, 목 12:00~19:00,
일 10:00~17:00 **휴관** 월 **입장료** 성인 CHF8, 학생 CHF6,
가족 CHF12, 아동(16세까지) 및 스위스 패스 이용자 무료
홈페이지 www.museum.baden.ch
교통 홀츠 다리(Holzbrücke) 건너편에 있으며 시청사
(Rathaus)에서 도보 5분. **지도** p.223

테디 베어 박물관
Teddybär Museum Baden ★

개인이 30년 이상 수집한 테디 베어 컬렉션

30년 이상 수집한 앤티크 테디 베어 컬렉션을 전시하고 있는 개인 박물관. 소박한 옛 주택에 들어서 있다. 1904년부터 1970년대까지 슈타이프(Steiff), 헤르만(Hermann), 슈코(Schuco), 빙(Bing) 등 다양한 회사들이 생산한 테디 베어를 수집해 전시하고 있다.

주소 ObereHalde 24 CH-5400 Baden
☎ 056 221 21 04, 056 426 72 39
개관 토~일 14:00~17:00 **휴관** 월~금
입장료 성인 CHF6, 어린이 CHF3
홈페이지 www.teddybaermuseum.ch
교통 시청사(Rathaus)에서 도보 1분.
지도 p.223

홀츠 다리
Holzbrücke ★★

바덴에서 가장 아름다운 목조다리

홀츠(Holz, '나무'라는 뜻)라는 이름에서 알 수 있듯이 나무로 만든 지붕이 얹혀져 있는 독특한 다리다. 리마트강을 가로질러 바덴 구시가와 옛 관리의 집(Landvogteischloss)을 연결하고 있다.

길이가 39m인 홀츠 다리 내부의 커다란 목조 트러스에서 긴 세월이 느껴진다. 다리 중간에 있는 두 개의 반원형 창문으로는 자연광이 흘러든다. 다리의 서쪽 끝(구시가 방면)에는 1707년 사암으로 만든 실물 크기의 성 네포묵(St. Nepomuk) 상이 세워져 있다. 홀츠 다리에서 100m 거리에 있는 호흐 다리(Hochbrücke)에 올라가면 바덴 구시가와 홀츠 다리를 조망할 수 있다.

교통 슈타트투름(Stadtturm)에서 도보 5분.
지도 p.223

바덴의 식당

프라우 마이제 Frau Meise

동네 사람들이 즐겨 찾는 앙증맞고 예쁜 카페이자 부티크. 직접 만든 수제 케이크와 브런치가 인기가 높다. 카페 바로 위층은 펜션으로 운영되고 있는데 방이 단 2개이므로 미리 예약하는 편이 좋다. 월·목·토·일요일은 12시부터, 수·금요일은 오후 2시부터 스페셜 베이글(Special Bagel, CHF15.50), 크림 치즈 베이글(CHF11.50) 등의 메뉴를 제공한다.

주소 UntereHalde 15 CH-5400 Baden ☎ 056 535 59 01
영업 월 09:30~18:00, 수~일 09:30~18:00 **휴무** 화
홈페이지 www.fraumeise.ch
교통 시청사(Rathaus)에서 도보 2분. **지도** p.223

일 갈로 Il Gallo

프라우 마이제 카페 바로 옆에 있는 작은 이탈리안 식당 겸 피체리아(pizzeria). 이탈리아 출신의 주인장이 직접 요리하는 전통 이탈리안 스타일의 요리와 피자가 인기다. 피자는 종류에 따라 CHF16~33. 마르게리타(Margherita) 피자 CHF17, 라자냐(Lasagna della casa) CHF23, 송로버섯 파파델레(PAPPARDELLE PORCINI E TARTUFO) CHF34.

주소 UntereHalde 11 CH-5400 Baden
☎ 056 282 54 00
영업 월~토 18:00~23:00(주방 ~21:30, 피체리아 ~22:00)
휴무 일 **홈페이지** www.ilgallo-baden.ch
교통 시청사(Rathaus)에서 도보 2분.
지도 p.223

프라 나콘 Phra Nakhon

리마트호프 바덴 호텔에서 운영하고 있던 골데네 슈뤼설을 인수해 새롭게 리뉴얼해서 2022년 12월에 오픈한 태국 음식 레스토랑. 프라 나콘은 '오래된 큰 수도'라는 의미로 바덴이 옛 남부 동맹의 수도였던 점에서 착안한 이름이라고 한다. 똠양꿍(Tom Yam Gung) CHF17, 카레 CHF35~48, 육류 요리 CHF35 내외.

주소 Limmatpromenade 29 CH-5400 Baden
☎ 076 230 23 27
영업 월·목~일 18:00~23:00
휴무 화~수 **홈페이지** www.phranakhon.ch
교통 바덴 기차역에서 포티세븐 웰니스 테르메 방면으로 도보 10분. **지도** p.223

레브스톡 Rebstock

구시가의 한적한 강변에 위치한 소박한 레스토랑. 외관은 상당히 낡아서 고풍스럽기까지 하다. 스위스와 지중해식 요리를 메인으로 하고 있으며 인도 요리도 선보이고 있다. 치킨 카레라이스(Chicken Curry mit Jasminireis, CHF33), 감자튀김과 코르동 블루(CHF34) 등을 맛볼 수 있다.

주소 UntereHalde 21 CH-5400 Baden
영업 화~토 17:00~23:00 **휴무** 일~월
홈페이지 www.rebstockbaden.ch
교통 시청사(Rathaus)에서 도보 2분. **지도** p.223

히르쉴리 Hirschli

바덴의 와이너리에서 생산한 다양한 와인 셀렉션을 갖추고 있으며 일본 맥주와 스시 메뉴도 인기가 높다. 스시는 저녁 6시 이후부터 판매한다. 파스타 CHF23, 송아지 코르동 블루(Kalbs Cordon bleu) CHF25 등 매일 바뀌는 런치 메뉴가 가성비 좋다. 런치에는 수프나 샐러드가 포함되어 있다.

주소 Badstrasse 9 5400 Baden
☎ 056 210 09 55
영업 월~토 11:00~24:00 **휴무** 일
홈페이지 hirschli.ch
교통 바덴 기차역에서 도보 5분 거리.
지도 p.223

⟨TIP⟩ **팩토리 아웃렛의 천국, 쇠넨베르트**
Schönenwerd

스위스 바젤과 취리히 사이에 있는 작은 마을 쇠넨베르트(Schönenwerd)는 팩토리 아웃렛의 천국이라 해도 과언이 아니다. 유명 브랜드 1,000여 개가 입점해 있는 패션 피시 팩토리 아웃렛, 스포츠 아웃렛, 발리 팩토리 아웃렛 등이 자리하고 있기 때문이다. 이곳에서는 30~70%까지 할인된 가격으로 유명 브랜드 제품을 구입할 수 있다.

교통
◎ **자동차** 취리히, 베른, 바젤, 루체른, 올텐(Olten), 아라우(Aarau) 등에서 접근이 용이하다. 취리히에서 고속도로 1번을 아라우 출구로 나온 후 10분 정도 5번 도로를 따라 달리면 된다. 총 53km, 약 45분 소요. 바젤에서 고속도로 3번을 타고 계속 달리다가 아라우 방면 17번 출구인 프릭(Frick)으로 나온 후, 24번 도로를 타고 계속 아라우 방향으로 이동한다. 총 59km, 약 50분 소요.
◎ **열차** 취리히에서는 아라우나 올텐에서 1회 환승한 후 도착할 수 있다. 약 35~45분 소요. 1시간에 약 3대 정도씩 운행. 바젤에서도 아라우나 올텐에서 1회 환승한 후 도착한다. 약 45~55분 소요. 기차역 뒤편에 패션 피시 아웃렛 매장이 바로 붙어 있어 찾기가 쉽다.

패션 피시 프리미엄 팩토리 아웃렛 Fashion Fish Premium Factory Outlet
쇠넨베르트 기차역에 도착하면 2번 승강장 방향 뒤로 빨간색 외관의 패션 피시 팩토리 아웃렛 건물이 보인다. 세계적인 톱 브랜드 1,000여 개가 입점해 있으며 일요일을 제외하고 매일 문을 연다. 프라다, 캘빈 클라인, DKNY, 토즈, D&G, 에트로, 조르지오 아르마니, 구찌 등이 입점해 있다.

주소 Parkstrasse 1 CH−5012 Schönenwerd ☎ 062 858 21 21
영업 월~수 · 금 10:00~18:30, 목 10:00~20:00, 토 10:00~18:00 **휴무** 일
홈페이지 www.fashionfish.ch **위치** 쇠넨베르트역 바로 뒤편

발리 스토어 Bally Store
30~70% 할인된 놀라운 가격으로 발리 제품을 구입할 수 있다. 아웃렛 매장인 만큼 최신 모델은 없지만 그래도 다양한 신발과 가방, 액세서리를 저렴함 가격에 구입할 수 있다. 패션 피시 프리미엄 팩토리 아웃렛 바로 옆에 있다.

주소 Parkstrasse 4 CH−5012 Schönenwerd ☎ 062 849 35 40
영업 월~수 · 금 10:00~18:30, 목 10:00~20:00, 토 10:00~18:00 **휴무** 일
교통 아레강 변 방향, 패션 피시 프리미엄 팩토리 아웃렛 바로 옆.

루체른 주변
Around Luzern

루체른과 주변 지역
한눈에 보기

중앙 스위스 지방은 빌헬름 텔의 활동 무대이자 합스부르크 왕가로부터 독립한 스위스 연방의 발상지다. 그런 이유로 이 지역은 '스위스인의 마음의 고향'이라 불릴 정도로 스위스인에게는 특별한 의미를 지닌다.

루체른 p.232

중세 시대부터 교통의 요지이자 최고의 관광 명소로 유럽인들에게 사랑받았으며 오늘날 스위스를 여행하는 이들이 반드시 들르는 필수 관광도시다. 호수 피어발트슈테르제와 주변에 있는 리기, 필라투스, 티틀리스산을 돌아보기 위한 최적의 거점 도시이기도 하다.

여행 소요 시간 2일 **지역번호** ☎ 041 **주 이름** 루체른(Luzern)주
관광 ★★★ **미식** ★★ **쇼핑** ★★★ **액티비티** ★★★

필라투스 p.257

불을 뿜는 용이 살았다는 전설 때문에 '악마의 산'으로 불리며 공포의 대상이 된 바위산이다. 톱니바퀴 열차를 타고 가파른 경사의 암벽 사이로 난 철길을 따라 정상에 오르면 73개의 알프스 봉우리들이 펼치는 파노라마에 탄성이 절로 나온다.

여행 소요 시간 6시간 **지역번호** ☎ 041
주 이름 옵발덴(Obwalden)주, 니트발덴(Nidwalden)주, 루체른주
관광 ★★★ **미식** ☆ **쇼핑** ☆ **액티비티** ★★

리기 p.263

리기산은 1871년 유럽 최초의 등산 열차가 개통된 곳이며 '산들의 여왕'이라는 영예로운 이름으로 불린다. 정상인 리기 쿨름(Rigi Kulm)은 해발 1,797m로 등산 열차를 타고 사계절 내내 누구나 쉽게 오를 수 있다. 여름철에는 하이킹을, 겨울에는 스키와 눈썰매를 즐기려는 여행자들이 즐겨 찾는다.

여행 소요 시간 5시간 **지역번호** ☎ 041
주 이름 슈비츠(Schwyz)주와 루체른주 일부
관광 ★★★ **미식** ☆ **쇼핑** ☆ **액티비티** ★★

티틀리스 p.272

중부 스위스 왕관의 보석이라고 불리는 티틀리스산은 해발 3,238m로 스위스 중심부에서 유일하게 빙하에 접근할 수 있는 곳이기도 하다. 세계 최초로 360도 회전하는 곤돌라, 티틀리스 로테어(Titlis Rotair)는 티틀리스 여행의 특별한 즐거움이다. 편안하게 360도로 펼쳐지는 중부 스위스 산들의 파노라마를 감상하며 해발 3,000m가 넘는 정상을 오를 수 있다.

여행 소요 시간 6시간 **지역번호** ☎ 041
주 이름 옵발덴주
관광 ★★★ **미식** ☆ **쇼핑** ☆ **액티비티** ★★

피어발트슈테터제 p.278

편의상 '루체른 호수'라고 불리지만, 원래 지명은 '피어발트슈테터제'다.

'4(Vier)개의 숲(Wald)'으로 둘러싸인 땅(Stätte)의 호수(See)'라는 뜻으로 여기에서 말하는 4개의 칸톤은 스위스 연방 건국의 기원이 된 뤼틀리 맹약을 맺은 슈비츠, 우리주, 운터발덴주의 3개 주와 루체른주를 말한다. 스위스 건국의 역사와 빌헬름 텔의 전설이 어우러진 아름다운 호수와 주변 산들, 그리고 신화와 전설, 역사가 어우러진 도시 탐방이 가능한 최적의 여행지다.

여행 소요 시간 1~2일
지역번호 ☎ 041
주 이름 루체른주, 슈비츠주, 우리주, 운터발덴주
관광 ★★★ **미식** ★ **액티비티** ★★

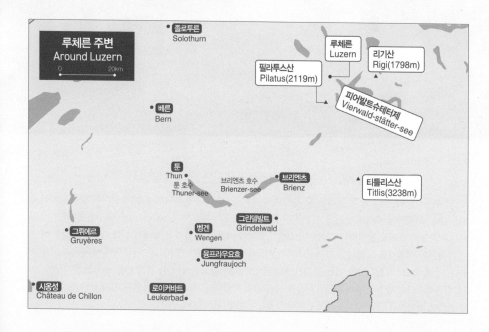

루체른 주변
Around Luzern
0   20km

졸로투른
Solothurn

루체른
Luzern

리가산
Rigi(1798m)

필라투스산
Pilatus(2119m)

피어발트슈테터제
Vierwald-stätter-see

베른
Bern

툰
Thun
툰 호수
Thuner-see

브리엔츠 호수
Brienzer-see

브리엔츠
Brienz

티틀리스산
Titlis(3238m)

그뤼에르
Gruyères

벵겐
Wengen

그린델발트
Grindelwald

융프라우요흐
Jungfraujoch

시옹성
Château de Chillon

로이커바트
Leukerbad

루체른
LUZERN

언어 독일어권 | 해발 436m

중세의 모습을 간직한 중앙 알프스 여행의 출발지

스위스를 여행하는 이들이 꼭 들러야 할 곳이 바로 피어발트슈테터제(루체른 호수)의 북서쪽 끝에 위치한 루체른이다. 13세기에 유럽의 남북을 연결하는 중요한 통로인 고타르트패스(Gotthard Pass)가 개통되면서 루체른은 교통의 요지로 발전했다. 1868년 8월에 빅토리아 여왕이 긴 휴가를 보내기 위해 이곳을 찾았을 때 이미 루체른은 여행자들로 붐비는 도시 중 하나였다. 현재 연간 500만 명 이상의 관광객이 이 작은 도시를 찾는다. 중세 모습 그대로 남아 있는 구시가와 그림 같은 피어발트슈테터제, 그 주변을 둘러싼 필라투스, 리기, 티틀리스산이 만들어내는 풍경이 탄성을 자아낸다. 아름다운 벽화들로 가득한 구시가 골목은 가벼운 도보 여행에 적합하고 골목 구석구석 트렌디한 상점들이 여행자들의 마음을 사로잡는다.

루체른 가는 법

주요 도시 간의 이동 시간

취리히 → 루체른 기차 45~50분
바젤 → 루체른 기차 1시간~1시간 13분
베른 → 루체른 기차 1시간~1시간 30분

기차로 가기

루체른 중앙역

루체른은 스위스 주요 도시에서 열차로 접근하기 편리한 교통의 요지다. 1856년 처음 문을 연 루체른 중앙역(Luzern Bahnhof)은 스위스 철도 교통망의 중심과도 같다. 구시가에 인접해 있어 기차를 이용하는 여행자들에게도 편리하다. 기차역을 나오면 바로 루체른 시내와 주변 지역을 오가는 지역 버스들로 가득한 반호프 광장(Bahnhofplatz)과 루체른 호수 주변 곳곳을 운항하는 호수 유람선 선착장이 있다. 기차역 지하에는 다양한 상점이 자리하고 있다.

기차역 앞 반호프 광장

취리히 중앙역에서 출발
IR 열차로 45~50분 소요, 1시간에 2대씩 운행.

바젤 SBB역에서 출발
IR, ICN 열차로 1시간~1시간 13분 소요, 1시간에 2대씩 운행.

베른역에서 출발
매시 정각 IR 열차로 1시간 소요, 매시 36분 RE 열차로 1시간 30분 소요.

자동차로 가기

취리히에서 출발
루체른 구시가는 보행자 전용 구역과 일방통행이 많아 자동차로 다니기에는 다소 불편하다. 미리 호텔 측에 주차 정보를 문의한 뒤, 호텔 주차장이나 공용 주차장에 주차한다.
루체른 주차장 정보 www.parking-luzern.ch

취리히에서 출발
고속도로 3 · 4 · 14번을 차례로 갈아타며 루체른 출구로 나온다. 약 52km로 40분 소요.

바젤에서 출발
고속도로 2번을 타고 계속 내려온다. 약 100km로 1시간 10분 소요.

베른에서 출발
고속도로 1번을 타고 오다가 2번으로 갈아탄다. 약 110km로 1시간 20분 소요.

루체른의 시내 교통

구시가 중심부는 그리 크지 않아서 대부분 도보로 충분히 돌아볼 수 있다. 시내 교통수단으로는 트램과 버스가 있다.

시내는 도보로 충분

로이스강 양쪽으로 형성된 구시가는 도보로 돌아보기에 충분할 정도로 아담하다. 루체른 중앙역 정면으로 나오면 바로 앞에 반호프 광장(Bahnhofplatz)이 있다. 이 넓은 광장은 버스 정류장으로 이용되고 있다. 광장을 그대로 통과해 걸으면 바로 호수 피어발트슈테터제가 있고 호수 유람선 승선장이 있다. 승선장 근처에는 제 다리(Seebrücke)가 있다. 제 다리에서 로이스강과 카펠교 구시가를 조망할 수 있다. 제 다리에서 카펠교를 바라봤을 때 오른쪽에 주요 관광 명소가 몰려 있다.

버스 Bus

루체른 중앙역에서 중심부까지는 거리가 상당하므로 대중교통을 이용하는 편이 좋다. 버스 요금은 거리에 따라 다르지만, 관광 명소는 대부분 1존에 속한다. 버스는 1등석과 2등석이 있는데, 승객이 많을 때는 1등석이 좀 더 여유롭다. 그러나 큰 차이는 없으므로 2등석을 이용하는 편이 무난하다.
루체른 중앙역 앞이나 각각의 버스 정류장마다 파란색 티켓 판매기가 있다. 자신이 원하는 표를 선택한 후 동전을 넣으면 된다. 버스에 타면 버스 안의 빨간색 박스에 버스표를 넣고 펀칭해야 탑승이 유효하다. 버스표를 소지하고 있더라도 펀칭을 하지 않으면 무임승차로 간주되어 벌금을 내야 한다.
스위스 패스 이용자는 모든 대중교통을 무료로 이용할 수 있다. 스위스 패스가 없는 경우, 2회 이상 대중교통을 이용한다면 1일권을 사는 편이 더 경제적이다.

요금 단거리권(Kurzstrecke) CHF2.50(6정류장까지 편도 구간권, 30분 유효)
1존(45분 유효) 2등석 CHF3.70, 1등석 CHF6.40
1일권(Tageskarte) 1존 2등석 CHF7.40, 1등석 CHF12.80
홈페이지 www.vbl.ch / www.postauto.ch

택시 Taxi

루체른 시내는 대부분 도보로 충분히 이동 할 수 있다. 하지만 스위스 교통 박물관(p.243)은 거리가 멀기 때문에 대중교통이나 택시를 이용하는 편이 좋다. 기본 요금은 CHF6이며, 1km당 CHF4이 추가된다. 루체른 기차역에서 스위스 교통 박물관까지 CHF18 내외의 요금이 나온다(약 5분 소요). 기차역에서 빙하 공원(p.241)까지는 CHF13 내외다(약 3분 소요).

반호프택시 Bahnhoftaxi
☎ 041 210 33 33

COURSE
루체른의 추천 코스

오전 관광 코스를 마치면 슈프로이어교 근처의 식당에서 점심을 해결하고 박물관을 탐방하거나 유람선에 탑승해 피어발트슈테터제를 돌아보며 오후 시간을 보내면 좋다.

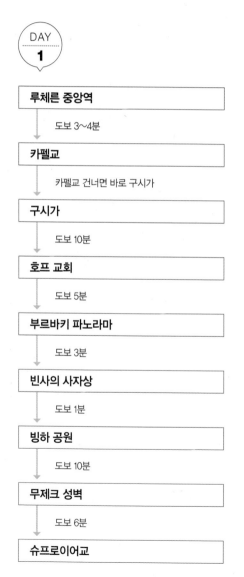

DAY 1

루체른 중앙역

↓ 도보 3~4분

카펠교

↓ 카펠교 건너면 바로 구시가

구시가

↓ 도보 10분

호프 교회

↓ 도보 5분

부르바키 파노라마

↓ 도보 3분

빈사의 사자상

↓ 도보 1분

빙하 공원

↓ 도보 10분

무제크 성벽

↓ 도보 6분

슈프로이어교

↓ 슈프로이어교를 건너 오른편

자연사 박물관

↓ 도보 12분

루체른 문화 컨벤션 센터 & 시립 미술관

↓ 6·8·24번 버스로 10분

스위스 교통 박물관

↓ 바로 옆

한스 에르니 미술관

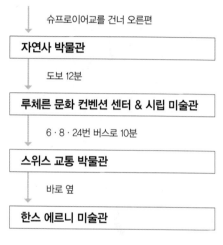

> **TIP 구시가 산책하기**
>
> 카펠 광장(Kapellplatz)에서 출발해 카펠교를 건넌 뒤, 반호프 거리를 따라가면 오른쪽에 작은 보행자 다리인 라트하우스슈테크(Rathaussteg)가 나온다. 이 다리에서 바라보는 카펠교와 바서투름 그리고 로이스강과 구시가가 어우러진 풍경은 매우 아름다워 사진 스폿으로 유명하다. 이 다리 끝 오른편에는 구시청사가 있고, 왼편에는 벽화가 멋진 레스토랑 피스테른(Pfistern)이 있다. 근처 계단을 올라가면 예전 곡물 시장이었던 코른마르크트 광장이 나온다. 바로 근처에는 벽화가 그려진 건물로 덮인 바인마르크트 광장과 히르센 광장 등이 있어, 천천히 거닐며 둘러보기 좋다.

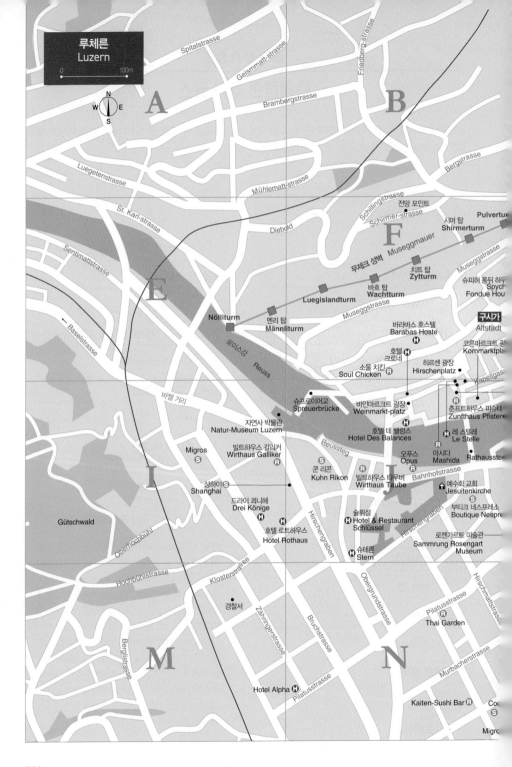

루체른
Luzern

0   100m

A

B

Spitalstrasse

Geismatt-strasse

Bramberastrasse

Friedberg-strasse

Bergstrasse

Luegetenstrasse

Mühlematt-strasse

St. Karl-strasse

Diebold

Schillingstrasse

전망 포인트

Schirmer-strasse

시머 탑
Shirmerturm

Pulvertu

F

Museggmauer

Museggstrasse

Sentimattstrasse

무제크 성벽

치트 탑
Zyttturm

E

바흐 탑
Wachtturm

루이스강

Luegislandturm

Museggstrasse

슈피허 퐁뒤 하우
Spych
Fondue Hou

Baselstrasse

Nölliturm

멘리 탑
Männliturm

바라바스 호스텔
Barabas Hoste

구시가
Altstadt

Reuss

소울 치킨
Soul Chicken

호텔
크로네

히르셴 광장
Hirschenplatz

코른마르크트 광
Kornmarktpla

Kapellgas

바젤 거리

슈프로이어교
Spreuerbrücke

바인마르크트 광장
Weinmarkt-platz

춘프트하우스 피슈테
Zunfthaus Pfister

자연사 박물관
Natur-Museum Luzern

Reussteg

호텔 데 밸렁스
Hotel Des Balances

레 스텔레
Le Stelle

Migros

빌트하우스 갈리커
Wirthaus Galliker

오푸스
Opus

마시다
Mashida

Rathausste

I

쿤 리콘
Kuhn Rikon

빌트하우스 타우버
Wirthaus Taube

Bahnhofstrasse

상하이
Shanghai

드라이 쾨니헤
Drei Könige

예수회 교회
Jesuitenkirche

Gütschwald

Hirschengraben

슐뤼셀
Hotel & Restaurant
Schlüssel

부티크 네스프레소
Boutique Nespre

호텔 로트하우스
Hotel Rothaus

로젠가르트 미술관
Sammrung Rosengart
Museum

Obergrundstrasse

Hirschmattstrasse

슈테른
Stern

Oberhochbühl

Hochbühlstrasse

경찰서

Klosterstrasse

M

Zähringerstrasse

Bruchstrasse

N

Pilatusstrasse

타이 가든
Thai Garden

Berglistrasse

Murbacherstrasse

Hotel Alpha

Pilatusstrasse

Kaiten-Sushi Bar

Coo

Migro

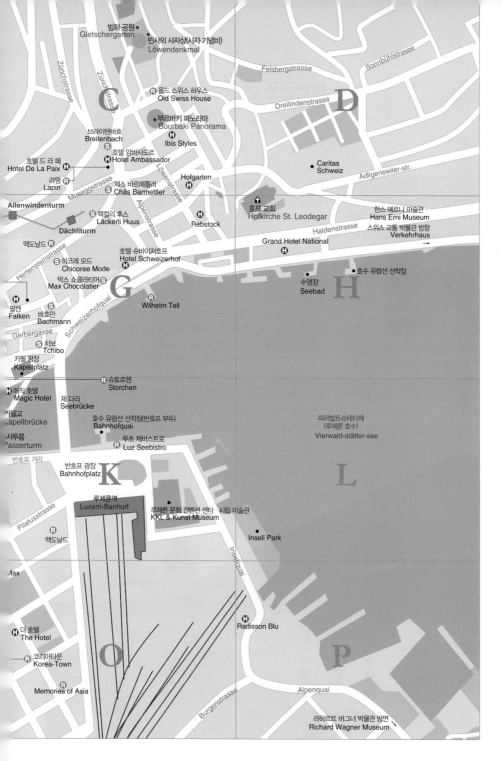

방하 공원 •
Gletschergarten

반사의 사자상(사자 기념비)
Löwendenkmal

Felsbergstrasse

Sonnbühlstrasse

Zürichstrasse

Zürichstrasse

올드 스위스 하우스
Old Swiss House

Dreilindenstrasse

D

브라이텐바흐
Breitenbach

부르바키 파노라마
Bourbaki Panorama

Ibis Styles

호텔 암바사도르
Hotel Ambassador

호텔 드 라 페
Hotel De La Paix

라팽
Lapin

Museggstrasse

체스 바르메틀러
Chäs Barmettler

Hofgarten

Caritas
Schweiz

Adligenswiler-str.

Allenwindenturm

Alpenstrasse

렉컬리 후스
Läckerli Huus

Rebstock

호프 교회
Hofkirche St. Leodegar

한스 에르니 미술관
Hans Erni Museum

Dächliturm

Haldenstrasse

스위스 교통 박물관 방향
Verkehrhaus

맥도날드

Hertensteinstrasse

히코레 모드
Chicoree Mode

호텔 슈바이처호프
Hotel Schweizerhof

Grand Hotel National

막스 쇼콜라티어
Max Chocolatier

G

Wilhelm Tell

수영장
Seebad

H

호수 유람선 선착장

팔켄
Falken

바흐만
Bachmann

Schweizerhofquai

Gerbergasse

치보
Tchibo

카펠 광장
Kapellplatz

매직 호텔
Magic Hotel

슈토르헨
Storchen

카펠교
Kapellbrücke

제 다리
Seebrücke

호수 유람선 선착장(반호프 부두)
Bahnhofquai

피어발트슈테터제
(루체른 호수)
Vierwald-stätter-see

서투름
Wasserturm

루츠 제비스트로
Luz Seebistro

반호프 거리

반호프 광장
Bahnhofplatz

K

L

루체른역
Luzern-Banhof

루체른 문화 컨벤션 센터 · 시립 미술관
KKL & Kunst Museum

맥도날드

Inseli Park

Pilatusstrasse

Inseliquai

Max

더 호텔
The Hotel

Radisson Blu

코리아타운
Korea-Town

O

P

Memories of Asia

Burgenstrasse

Alpenquai

리하르트 바그너 박물관 방면
Richard Wagner Museum

루체른의 관광 명소

카펠교·바서투름
Kapellbrücke & Wasserturm ★★★

유럽 최고(最古)의 목조 다리

유럽에서 가장 오래된 목조다리이자 세계에서 가장 오래된 트러스교(truss bridge)인 카펠교는 루체른의 랜드마크라 해도 과언이 아니다. 지붕이 있는

카펠교 지붕 아래 그림들

목조식 보행 다리인 카펠교는 살짝 구부러진 대각선 모양으로 로이스강을 가로질러 뻗어 있다.

1333년 강의 북쪽과 남쪽을 연결하는 교통로이자 호수에서 침입하는 적을 막기 위한 방어 시설로 건설되었다. 원래 길이는 200m가 넘었지만 보수 과정을 거치며 현재 길이는 170m 정도라고 한다. 카펠교 지붕

아래에 보이는 그림들은 스위스와 루체른의 역사 속 의미 있는 장면을 묘사하고 있다. 루체른의 수호성인인 성 레오데가르(St. Leodegar)와 성 마우리스(St. Maurice)의 일대기를 묘사한 100여 점의 연작 판화도 포함되어 있다. 원래 158점의 그림이 있었지만 1993년 화재로 그림의 3분의 2 정도가 불에 타버렸고 다시 복원했다. 다리 중간에서 조금 벗어난 지점에는 34m 높이의 물의 탑, 바서투름(Wasserturm)이 웅장한 모습으로 강 한가운데에 서 있다. 물의 탑이라는 이름처럼 카펠교보다 30년 앞선 1300년경에 성벽의 일부로 로이스강 한가운데에 세워졌으며 수세기 동안 감옥, 고문실, 기록 보관실 등 다양한 용도로 사용되었다. 현재 탑의 내부는 공개되지 않으며, 일부만 기념품 상점으로 이용되고 있다. 카펠교와 함께 스위스에서 여행자들의 카메라에 가장 많이 담기는 관광 명소다.

교통 루체른 중앙역에서 도보 3~4분. **지도** p.237-K

카펠교

바서투름

구시가
Altstadt ★★★

아름다운 벽화로 꾸며진 중세의 집들

구시가는 루체른의 중심을 흐르는 로이스강의 북쪽 강변에 펼쳐져 있다. 우아한 벽화로 수놓은 중세의 집과 울퉁불퉁한 돌길, 작은 분수가 세워진 광장 등이 그대로 남아 있는 고풍스러운 구시가는 옛 정취가 가득하다.

구시가는 카펠교와 이어지는 카펠 광장(Kapellplatz), 구시청사 건물이 있는 코른마르크트 광장(Kornmarktplatz), 벽화로 꾸며진 건물이 특히 아름다운 바인마르크트 광장(Weinmarktplatz)과 히르센 광장(Hirschenplatz) 등이 구시가를 관통하는 카펠 거리(Kapellgasse)로 연결되어 있다.

중세 분위기가 가득한 구시가를 자세히 살펴보면 곳곳에서 최신 유행을 선도하는 모던한 상점들도 찾을 수 있다. 낭만적인 구시가를 여유롭게 산책하며 쇼핑의 즐거움에 빠질 수 있다는 것이 루체른 구시가가 가진 특별한 매력이라 할 수 있다.

교통 루체른 중앙역에서 코른마르크트 광장(Kornmarktplatz)까지 도보 7분. **지도** p.236-F

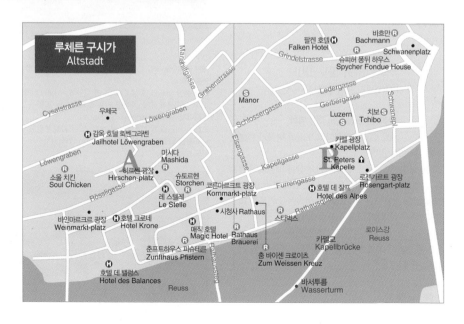

호프 교회
Hofkirche St. Leodegar ★★

2개의 첨탑이 인상적인 대성당

카펠교와 함께 루체른의 랜드마크인 호프 교회는 루체른에서 가장 중요한 대성당 역할을 하고 있는 교회다. 후기 르네상스 양식의 2개의 첨탑이 있는 파사드는 당당한 품격을 자랑한다. 교회 안으로 들어서면 그리스도상을 중심으로 오른편에 마리아의 제단, 왼편에 영혼의 제단이 있다. 5,949개의 파이프로 이루어진 파이프오르간은 스위스에서 가장 아름다운 음색으로 유명하다.

주소 Sankt Leodegarstrasse 6 CH-6006 Luzern
☎ 041 229 95 00
개방 월~일 07:00~19:00
요금 무료
홈페이지 www.hofkirche.ch
교통 루체른 중앙역에서 도보 12분. 또는 기차역 앞 반호프 광장에서 버스 1·6·8·19·73번을 타고 루체르너호프 (Luzernerhof)에서 하차 후 도보 3분(총 7분 소요).
지도 p.237-H

빈사의 사자상(사자 기념비)
Löwendenkmal ★★★

스위스 용병들의 죽음을 기리는 암벽 조각상

1792년 프랑스 혁명 당시 파리 튈르리 궁에서 루이 16세와 마리 앙투아네트 왕비 일가를 지키기 위해 끝까지 싸운 스위스 용병들의 영웅적인 죽음을 기리기 위해 자연 암벽에 새긴 거대한 사자상. 사자의 발치에 있는 방패의 백합 문양은 프랑스 왕가를 상징하며, 십자가 방패는 스위스를 의미한다. 죽어가는 사자상 위에는 'Helvetiorum Fidei Ac Virtuti'라는 문구가 새겨져 있는데, 이는 '스위스인의 충성과 용맹'이라는 뜻의 라틴어다. 조각상 아래에도 새겨진 작은 글자들이 있는데, 이는 그 당시 스위스 장교들의 이름이다. 누구나 무료로 관람할 수 있으며 야외에 있어 시간 제한도 없다.

주소 Denkmalstrasse 4 CH-6002 Luzern
교통 부르바키 파노라마에서 도보 3분.
지도 p.237-C

부르바키 파노라마
Bourbaki Panorama ★★

장대한 원형 파노라마 벽화

길이 112m, 높이 10m의 거대한 파노라마 벽화가 원형 돔에 설치되어 있다.
1870~1871년의 프랑코–프러시안 전쟁을 배경으로 한 이 거대한 벽화는 에두아르 카스트레(Edouard Castres)의 작품으로, 길가에서 죽어가는 군인들과 피난을 가는 시민들의 모습을 사실적이면서도 장대하게 표현하고 있다. 다양한 인물상과 소품을 배치하고 사운드 효과까지 더해 3차원적인 입체감과 현장감을 느낄 수 있게 했다.

주소 Löwenplatz 11 CH-6000 Luzern 6
☎ 041 412 30 30

개방 4~10월 매일 10:00~18:00, 11~3월 매일 10:00~17:00, 연중무휴
요금 성인 CHF15, 학생 CHF12, 아동(만 6~16세) CHF7, 스위스 패스 이용자 무료. 루체른 카드 소지자 20% 할인
홈페이지 www.bourbakipanorama.ch
교통 루체른 중앙역에서 도보 15분. 또는 기차역 앞에서 버스 1·19번을 타고 부르바키 파노라마 바로 앞에 하차.
지도 p.237-C

빙하 공원
Gletschergarten ★★★

2만 년 전에 형성된 거대한 빙하 유적들

빙하 공원은 야외 공원과 박물관으로 크게 나뉜다. 박물관에는 세계에서 가장 오래된 산악 구조 관련 자료와 거울 미로가 있어 관람객의 흥미를 끈다. 야외 공원에는 관측 타워가 있어 루체른 시내와 날씨가 맑은 날이면 필라투스산까지 감상할 수 있다.

특히 약 2만 년 전 빙하기에 형성된 거대한 빙하 돌개구멍(빙하에서 녹은 물이 바위를 침식하며 생기는 소용돌이 모양의 깊은 구멍)이 유명하다. 가장 큰 구멍은 직경이 약 8m, 깊이는 무려 9.5m에 이른다. 2천만 년 전 아열대 해변 지역에서 볼 수 있는 조개 화석과 야자수 잎 화석들을 통해 루체른이 아주 먼 옛날에는 아열대 해변 지역이었음을 유추할 수 있다.

주소 Denkmalstrasse 4 CH-6006 Luzern
☎ 041 410 43 40 **개방** 4~10월 매일 10:00~18:00, 11~3월 매일 10:00~17:00, 연중무휴
요금 성인 CHF22, 학생 CHF17, 아동(만 6~16세) CHF12, 가족 티켓 A(성인2명 + 만 16세 미만 자녀 5명까지) CHF59, 티켓 B(성인 1명 + 만 16세 미만 아동 5명까지) CHF44, 스위스 패스 이용자 무료
홈페이지 www.gletschergarten.ch
교통 빈사의 사자상 바로 옆. **지도** p.237-C

무제크 성벽
Museggmauer ★★★

구시가와 호수를 조망하기 좋은 중세 성벽

구시가 북쪽에 위치한 루체른을 둘러싼 요새 성벽의 유적으로 1386년에 건설되었다. 약 900m 길이의 성벽과 9개의 감시탑이 거의 옛 모습 그대로 온전히 보존되어 있다. 9개의 탑 중 4개는 대중에게 공개되고 있다. 공개된 4개의 탑인 시머 탑(Schirmerturm), 치트 탑(Zytturm), 바흐 탑(Wachtturm), 멘리 탑(Männliturm) 구간은 자유롭게 산책할 수 있고, 그중 치트 탑과 멘리 탑은 탑 위로 올라갈 수도 있다. 특히 시계탑을 의미하는 치트 탑(31m)은 꼭 올라가 보도록 하자. 이 탑에 걸려 있는 시계는 1535년 한스 루터(Hans Luter)가 제작한 것으로 루체른의 다른 시계보다 1분 일찍 울린다고 한다. 또한 다이얼과 숫자가 상당히 커서 호수에 있던 어부들은 이 시계탑의 시계를 보고 시간을 알 수 있었다고 한다. 탑에 오르면 루체른 구시가와 호수와 필라투스산 전경을 감상할 수 있다. 요새의 벽을 보려면 벽 뒤쪽에 있는 시머 거리(Shirmerstrasse)의 전망 포인트로 가면 된다.

주소 Luzern Tourismus CH-6002 Luzern
☎ 041 227 17 17
개방 멘리 탑-바흐 탑-치트 탑-시머 탑 구간 4~10월 08:00~19:00
요금 무료(자발적인 기부금을 넣을 수 있는 통이 있다.)
홈페이지 www.museggmauer.ch
교통 루체른 중앙역에서 도보 10분. 구시가 중심인 코른마르크트 광장(Kornmarktplatz)에서 도보 4분.
지도 p.236-F

슈프로이어교
Spreuerbrücke ★★

중세의 흔적이 온전히 남아 있는 목조다리

루체른에서 카펠교와 함께 현존하는 두 개의 지붕이 덮인 목조 보행자 전용 다리 중 하나. 원래 1408년 도시의 요새의 일부로 완성되었지만 폭풍 때문에 파괴된 후 1568년에 재건되었다. 다리 중간쯤에 있는 작은 예배당은 이때 건설된 것이다. 17세기 초에 카스파 메그링거(Kaspa Meglinger)가 '죽음의 무도(Danse Macabre)'를 표현하는 67점의 연작 판화를 삼각형 액자에 담아 다리 내부 지붕 대들보에 추가했다. 당시 유행했던 역병으로 인한 비극을 표현하고 있으며 현재 45점이 남아 있다. 카펠교가 루체른을 대표하는 중세 목조다리이긴 하지만 1993년 화재로 인해 다시 복구된 다리이기 때문에 사실상 중세의 흔적이 온전히 남아 있는 다리는 슈프로이어교다.

교통 루체른 중앙역에서 로이스강을 따라 반호프 거리를 10분 정도 걸으면 도착한다.
지도 p.236-J

자연사 박물관
Natur-Museum Luzern ★

방대한 곤충 표본들이 인상적인 자연사 박물관

로이스강의 좌안 슈프로이어교 바로 옆에 위치한 3층 건물. 지구 과학(Earth Science) 전시관은 지질학에 대한 이해 및 중부 스위스의 원시 시대 바다와 알프스의 생성, 진화를 보여준다. 특히 생물학(Biology) 전시 중 경이로운 곤충의 세계(Wonder World of Insects)는 엄청난 양의 곤충 표본을 자랑한다.

주소 Kasernenplatz 6 CH-6003 Luzern
☎ 041 228 54 11
개관 화~일 10:00~17:00 **휴무** 월(공휴일인 경우에는 월요일도 오픈), 루체른 파스나흐트(카니발)이 있는 2월 말~3월 초
요금 성인 CHF10, 학생 CHF8, 아동(6~16세) CHF3, 스위스 패스 소지자 무료 **홈페이지** www.naturmuseum.ch
교통 루체른 중앙역에서 로이스강 좌안을 따라 도보 10분.
지도 p.236-I

한스 에르니 미술관
Hans Erni Museum ★★

스위스 최고 인기 화가 에르니의 미술관

스위스에서 가장 인기 있는 화가인 한스 에르니(1909~2015)의 작품을 모아놓은 미술관으로 스위스 교통 박물관 부지에 있다. 1979년 처음 문을 열었고 한스 에르니의 회화와 드로잉, 그래픽, 세라믹, 조각상 300여 점이 전시되어 있다. 미술관 앞 정원에는 에르니의 조각 작품과 세라믹 벽화가 곳곳에 배치되어 있다. 스위스 교통 박물관과 별도로 입장권을 구입해야 한다.

주소 Lidostrasse 6 CH-6006 Luzern ☎ 041 370 44 44
개관 겨울 시즌 10:00~17:00, 여름 시즌 10:00~18:00, 연중무휴 **요금** 성인 CHF15, 학생(만 25세 미만) CHF12
홈페이지 www.verkehrshaus.ch
교통 스위스 교통 박물관과 동일. **지도** p.237-H

루체른 문화 컨벤션 센터·시립 미술관
Kultur und Kongresszentrum
Luzern & Kunst Museum ★★

루체른 호숫가에 위치한 모던한 건축물

루체른 기차역과 이웃하고 있는 루체른 문화 컨벤션 센터(KKL)는 콘서트홀과 다목적 홀인 루체른홀, 시립 미술관, 크게 세 부분으로 구성된 복합 기능 건축물이다. 세계적인 프랑스 건축가 장 누벨(Jean Nouvel)이 설계한 KKL 콘서트홀의 음향 시설은 세계 정상급 수준이다. 여름 축제 기간에는 세계적인 수준의 연주가 펼쳐지기도 한다.

KKL 꼭대기인 4층에 자리 잡은 시립 미술관(Kunst Musuem)은 주로 르네상스 시기부터 현대에 이르기까지의 스위스 예술품을 전시하고 있다. 미술관 테라스에서 바라보는 호수 피어발트슈테터제와 맞은편 구시가 풍경 또한 예술이다.

주소 Europaplatz 1 CH-6002 Luzern
☎ 041 226 78 00
개관 화~일 11:00~18:00, 수 11:00~19:00 **휴관** 월
요금 성인 CHF15, 만 25세 이하 청년·학생 CHF6, 만 16세 이하 아동 무료, 매달 첫째 일요일 무료 입장, 스위스 패스 소지자 무료 입장
홈페이지 www.kunstmuseumluzern.ch
교통 루체른 중앙역 바로 옆. **지도** p.237-K

스위스 교통 박물관
Verkehrhaus ★★★

스위스 최대의 교통 박물관

스위스에서 교통수단으로 사용된 모든 탈것의 과거와 현재를 직접 만져보고 체험할 수 있는 스위스 최대의 교통 박물관이다. 피어발트슈테터제에 인접한 약 2만 ㎢의 넓은 부지에 3,000점이나 되는 열차, 증기기관차, 클래식 카, 비행기, 헬리콥터, 배 등을 전시하고 있다. 또한 커다란 와이드 화면으로 생동감과 스릴 넘치는 전율을 느낄 수 있는 아이맥스 영화관과 별들의 세계를 탐험할 수 있는 플라네타리움도 인기가 있다(별도 요금). 직접 만져보고 조작하고 체험할 수 있는 공간이 많아 자녀를 동반한 가족 여행자가 즐겁게 한나절을 보낼 수 있는 곳이다. 박물관 내에 레스토랑과 카페도 있다.

주소 Lidostrasse 5 CH-6006 Lucerne
☎ 041 370 44 44
개관 박물관과 상점, 특별전 여름 시즌 10:00~18:00, 겨울 시즌 10:00~17:00, 연중무휴
요금 성인 CHF35, 학생(만 26세 미만) CHF25, 아동(만 6~16세 미만) CHF15 / 플라네타리움 성인 CHF18, 학생(만 26세 미만) CHF14, 아동 만 16세 미만) CHF10, 스위스 패스 이용자 50% 할인
홈페이지 www.verkehrshaus.ch
교통 루체른 중앙역에서 S3번 열차나 포어알펜익스프레스(VAE, Voralpenexpress) 열차를 타고 교통 박물관(Verkehrhaus) 정류장에서 하차(8분 소요). 또는 기차역 앞에서 6·8·24번 버스로 10분 소요. **지도** p.237-H

피어발트슈테터제 유람선
Schifffahrtsgesellschaft des Vierwaldstättersees(SGV) ★★★

스위스의 자연과 역사를 탐험하는 유람선

피어발트슈테터제(루체른 호수)는 스위스에서 다섯 번째로 큰 호수다. 리기산을 오를 수 있는 피츠나우와 베기스, 필라투스산을 오를 수 있는 알프나흐슈타트, 스위스 건국의 무대가 된 뤼틀리, 빌헬름 텔 이야기와 관련된 퀴스나흐트 등을 오가는 다양한 유람선과 정기선이 운행되고 있다.

일반적으로 스위스 교통 박물관, 피츠나우, 베기스, 뤼틀리, 플뤼엘렌 등으로 향하는 정기선을 타는 곳은 기차역 바로 앞에 있는 반호프 부두(Bahnhofquai)다.

주소 041 367 67 67 **홈페이지** www.lakelucerne.ch
지도 반호프 부두 p.237-K

고타르트 파노라마 익스프레스
Gotthard panorama express

스위스의 심장부에서 지중해의 햇살 가득한 스위스 남부를 유람선과 특별 열차로 연결해 주는 상품이다. 향수를 불러일으키는 증기선을 타고 루체른 호수를 가장 길게 가로질러 플뤼엘렌까지 간 후, 1등석 파노라마 코치 열차를 타고 장대한 로이스 계곡과 세계적으로 유명한 고타르트(Gotthard) 고개를 통과해 그림 같은 남부의 티치노(Ticino)주에 도착하는 여정. 유람선은 1등석이나 2등석으로, 기차는 1등석으로만 여행할 수 있으며, 유람선 구간의 경우 뤼틀리(Rütli)를 거쳐간다. 예약은 필수이며 여름 시즌에는 예약비가 CHF49, 겨울 시즌에는 CHF390이다. 스위스의 각 역에서 예약할 수 있다.

운항 구간과 소요 시간
루체른 – 플뤼엘렌(유람선 이동) 2시간 45분 소요
플뤼엘렌 – 로카르노(기차로 이동) 2시간 소요

플뤼엘렌-루가노(기차로 이동, 벨린초나에서 환승) 2시간 15분 소요.

요금 보트·기차 1등석 이용 시 - 개인 승객 정상가 CHF153, 스위스 패스 2등석 소지자 CHF29,50, 스위스 패스 1등석 소지자 무료 / 기차 1등석 이용 시 - 개인 승객 정상가 CHF93, 스위스 패스 2등석 소지자 CHF20, 스위스 패스 1등석 소지자 무료
운항 4월 중순~10월 하순 화~일 루체른 출발 11:12, 루가노 출발 09:18

[루체른 호수 런치 크루즈]
Lunch Cruise from Lucerne

유람선을 타고 알프스 풍경을 바라보며 잔잔한 루체른 호수 위에서 여유로운 점심을 즐기는 코스. 루체른 선착장에서 정오에 출발해 오후 2시쯤에 다시 돌아온다. 요금은 1등석 CHF46,50, 2등석 CHF32, 점심 2가지 코스 CHF44, 3가지 코스 CHF53(시기에 따라 요금 변동 있음).
겨울 시즌에는 치즈 퐁뒤 크루즈, 일요일에만 운행하는 선데이 브런치 크루즈도 인기가 높다.

[선셋 크루즈]
Sunset Cruise by Paddle Steamer

바퀴 모양의 추진기인 외륜 증기선을 타고 리기산까지 왕복하는 인기 코스. 여름 시즌(5월 말~9월 초)에만 운행한다. 필라투스산으로 지는 석양을 바라보며 호수의 낭만적인 풍경을 만끽할 수 있다. 루체른 선착장 2번 부두(Pier)에서 저녁 7시에 출발해 거의 밤 10시쯤 루체른에 도착하는 여정. 예약은 출발일 오후 3시 전까지 해야 한다. 티켓 요금은 1등석 CHF46,50, 2등석 CHF32, 선셋 2가지 코스 메뉴 CHF44, 선셋 3가지 코스 메뉴 CHF53.

※이 외에도 다양한 상품이 있으므로 자신의 일정과 취향에 따라 선택하자. 요금은 시기에 따라 변동될 수 있다.

일몰 때의 루체른 풍경

로젠가르트 미술관
Sammrung Rosengart Museum ★★

피카소의 친구였던 미술상이 세운 미술관

루체른 출생의 미술상이었던 로젠가르트 가문이 세운 미술관. 특히 아버지 지그프리트의 대를 이은 딸 안젤라는 미술상으로 뛰어난 능력을 발휘했다. 피카소, 파울 클레를 비롯해 보나르, 브라크, 세잔, 샤갈, 칸딘스키, 마티스, 미로, 모딜리아니, 모네, 피사로 등 추상미술로의 진입을 이끈 19세기와 20세기 유명 화가들이 그린 300점의 작품을 소장하고 있다. 무엇보다 피카소가 그린 안젤라 로젠가르트의 초상화 5점이 눈에 띈다. 그 외에도 피카소의 그림 32점과 100여 점의 드로잉과 수채화, 그래픽, 조각품들을 감상할 수 있다.

주소 Pilatusstrasse 10 CH-6003 Luzern
☎ 041 220 16 60
개관 4~10월 10:00~18:00, 11~3월 11:00~17:00.
휴관 루체른 파스나흐트 기간
요금 성인 CHF18, 학생 CHF10, 아동(7~16세) CHF10, 스위스 패스 이용자 무료
홈페이지 www.rosengart.ch
교통 루체른 중앙역을 마주 봤을 때 오른쪽 45도 각도의 필라투스 거리(Pilatusstrasse) 10번지에 있다. 도보 3분 거리.
지도 p.236-J

리하르트 바그너 박물관
Richard Wagner Museum ★★

바그너의 삶의 흔적을 엿볼 수 있는 공간

작곡가 바그너(1813~1883)는 피어발트슈테터제 호숫가의 트립셴(Tribschen)에 있는 저택에서 1866년부터 1872년까지 6년간 작곡가 리스트의 딸 코지마(Cosima)와 결혼해서 살았다. 바그너의 명곡 '지그프리트(Siegfried)'와 그의 아들 지그프리트도 이곳에서 탄생했다. 현재 이 건물에는 바그너의 애장품들과 피아노, 자필 악보 등이 전시되어 있다.

주소 Richard Wagner Weg 27 CH-6005 Luzern
☎ 041 360 23 70
개관 5~10월 화~일 11:00~17:00 **휴관** 월, 11~4월
요금 성인 CHF10, 학생 CHF5, 아동(만 12세까지) 무료, 스위스 패스 이용자 무료
홈페이지 www.richard-wagner-museum.ch
교통 루체른 중앙역 앞에서 6·7·8번 버스를 타고 바르테크(Wartegg) 정류장에서 하차 후 도보 7분. 루체른 반호프 부두(Bahnhoquai)에서 트립셴까지 가는 뤼틀리(Rütli) 유람선(Hermitage cruise)을 타고 갈 수도 있다(4~9월 운행).
지도 p.237-P

예수회 교회
Jesuitenkirche ★

우아한 바로크 양식의 교회

로이스강의 남쪽 강변에 있는 우아한 바로크 양식 교회로, 1677년에 완공되었다. 양파처럼 생긴 돔 지붕 모양의 2개의 탑이 인상적이며 파사드도 무척 아름답다. 내부의 천장과 벽, 기둥에 채색된 흰색과 분홍색의 로코코 양식의 화려한 장식은 탄성을 자아낸다.

주소 Sonnenbergstrasse 11 CH-6005 Luzern
☎ 041 240 31 33 **개방** 매일 09:00~18:00
홈페이지 www.jesuitenkirche-luzern.ch
교통 루체른 중앙역에서 바서투름이 있는 방향으로 로이스강을 따라 반호프 거리(Bahahof-strasse)를 걸어서 도보 6분.
지도 p.236-J

⟨TIP⟩ 루체른의 축제

루체른의 대표적인 카니발인 파스나흐트(Fasnacht)를 비롯해 블루스 페스티벌, 블루 볼스 페스티벌, 서머 페스티벌 등의 음악 축제, 푸메토(Fumetto) 만화 축제, 루체른 치즈 축제 등 1년 내내 다양한 축제가 열린다.

루체른 파스나흐트 Luzern Fasnacht

매년 사순절 시작 전 목요일에 시작해 6일 정도 진행된다. 매년 2월 중순이나 하순일 경우가 많다. 1년 동안 루체른에서 열리는 축제 중 가장 크다.
루체른 파스나흐트(카니발)의 하이라이트는 수많은 사람들이 다양한 가면과 복장을 하고 목요일과 그 다음 월요일, 화요일에 각각 참여하는 세 번의 큰 퍼레이드다. 독특한 캐릭터의 가면과 다채로운 의상을 입은 행렬이 카니발 연주자들의 음악에 맞춰 거리를 행진하고 기괴한 복장을 한 수천 명의 사람들이 겨울의 정령을 쫓아내기 위해 춤을 춘다. 마지막 날인 화요일 저녁에는 행진이 끝나고 각각의 밴드들은 흥겨운 음악을 연주하며 거리 곳곳을 돌아다닌다.

홈페이지 www.luzerner-fasnacht.ch

루체른 블루 볼스 페스티벌
Luzern Blue Balls Festival

매년 7월 중순부터 9일간 루체른 호반에서 재즈, 블루스, 펑크 등 다양한 스타일의 음악을 즐길 수 있는 국제적인 음악 축제다. 매년 10만 명이 넘는 관객들이 찾을 정도로 큰 인기를 누리고 있다. 루체른 호반 산책로와 KKL 홀에서 연주와 공연을 즐길 수 있다.

홈페이지 www.blueballs.ch

루체른 서머 페스티벌
Luzern Festival in Summer

매년 8월 중순부터 9월 중순까지 한 달간 세계적으로 유명한 오케스트라와 지휘자들이 다양한 연주와 공연을 펼친다. 클래식 마니아에게 추천한다.

홈페이지 www.lucernefestival.ch

루체른 블루스 페스티벌
Luzern Blues Festival

루체른 블루스 페스티벌은 세계적인 수준의 공연으로 유럽에서 손꼽히는 블루스 축제 중 하나로 자리매김했다. 진정한 블루스의 세계로 빠져들 수 있다. 매년 11월 초순에서 중순까지 일주일 정도 열린다.

홈페이지 www.bluesfestival.ch

스위스 건국 무대를
찾아 떠나는

루체른
근교 여행

산과 호수로 둘러싸인 중부 알프스 여행의 시작이 루체른이듯, 스위스 건국의 배경이 된 역사적인 무대도 루체른 호수라고 불리는 피어발트슈테터제 주변의 3개 주와 루체른이다. 하루 정도 일정을 할애해 스위스 건국의 역사와 전설을 찾아가 보자. 단순한 눈요깃거리 여행이 아닌 색다르고 깊이 있는 시간을 보낼 수 있을 것이다.

테마 여행 코스

루체른 → (열차) → 슈비츠 → (열차) → 알트도르프 → (버스) → 뷔르글렌 → (버스) → 알트도르프 → (열차) → 시지콘 → (유람선) → 뤼틀리 → (유람선) → 루체른

스위스 건국 이야기

피어발트슈테터제(루체른 호수)를 둘러싸고 있는 슈비츠주, 우리주, 운터발덴주와 루체른주는 '4개 숲으로 둘러싸인 땅'이라고 불렸으며, 스위스 건국의 모체가 된 역사적인 지역이다. 슈비츠주, 우리주, 운터발덴주에 의해 스위스 건국 서약이 맺어진 때가 1291년 8월 1일이었다. 그 건국 서약이 이루어졌던 장소가 바로 피어발트슈테터 호반에 있는 뤼틀리(Rütli) 들판이다. 그때까지 신성로마제국의 영토였던 합스부르크 왕가가 이 지역을 지배하고 있었는데, 이 3개 주는 합스부르크가에 반기를 들고 독립 투쟁을 벌였다. 이 독립 투쟁을 배경으로 탄생한

스위스 연방 대헌장 박물관 내부

스위스 연방 대헌장 박물관

이야기가 바로 '빌헬름 텔'의 전설이다. 텔은 우리주의 대표자였다는 설이 있는데, 실존 여부에 대해서는 주장이 엇갈리고 있다. 하지만 빌헬름 텔이 스위스인들에게 스위스 건국의 아버지이자 영웅으로 존경과 사랑을 받고 있다는 사실은 분명하다.

3개 주는 스위스 건국의 역사와 빌헬름 텔의 이야기의 배경이 된 곳으로 특히 여행자에게 흥미와 의미를 준다. 뤼틀리 들판에서 이루어진 뤼틀리 맹약 서약서는 슈비츠주의 주도인 슈비츠의 스위스 연방 대헌장 박물관(Bundesbriefmuseum)에 잘 보관되어 있다.

스위스라는 국명은 바로 슈비츠라는 주 이름이 기원이며 또한 우리주의 주도인 알트도르프(Altdorf)의 라트하우스 광장(Rathausplatz)은 '빌헬름 텔' 이야기의 하이라이트인 텔이 아들의 머리 위에 사과를 올려놓고 활을 쏘아 명중시키는 장면의 무대가 된 곳이다. 알트도르프에서 버스로 5분 거리에 있는 뷔르글렌은 빌헬름 텔이 실제 살았던 마을로, 텔 박물관(Tell Museum)과 텔 예배당(Tell Kapelle)으로 유명하다.

참고로 3개 주에 이어 루체른주는 1332년에 네 번째로 스위스 연방에 가입했다.

루체른 → 슈비츠

루체른을 출발점으로 삼아 하루 일정으로 스위스 건국의 무대이자 '빌헬름 텔'의 배경이 된 곳을 둘러본다.

먼저 루체른역에서 슈비츠행 열차에 탑승하자. 매시 6분에 11번 플랫폼에서 출발하는 브룬넨(Brunnen)행 S3번 열차를 타면 갈아탈 필요 없이 약 42분이면 슈비츠까지 갈 수 있다. 그 외에도 아르트골다우(Arth-Goldau)에서 한 번 환승해 약 53분이면 슈비츠까지 도달할 수 있다. 슈비츠 기차역에서 뤼틀리 맹약 서약서가 보관된 스위스 연방 대헌장 박물관까지는 약 1.4km나 되는 거리로 도보 20분 정도 걸린다. 버스 1·3·7번을 타고 포스트(Post) 정류장에서 내려 버스가 달려온 반호프 거리를 따라 거꾸로 도보 2분 정도 돌아가면 오른쪽에 있다.

슈비츠 → 알트도르프

연방 고문서 박물관을 둘러보고 다시 슈비츠 기차역으로 돌아온 후, 알트도르프로 이동하자. '빌헬름 텔'의 이야기 중 하이라이트 부분에 해당하는 아들의 머리 위에 올린 사과를 명중시키는 장면의 무대가 된 라트하우스 광장이 이곳에 있다. 슈비츠 기차역에서 매시 33분에 출발하는 에르스트펠트(Erstfeld)행 S2번 열차를 타면 15분이면 도착한다. 알트도르프 기차역에서 라트하우스 광장까지 약

라트하우스 광장

텔 극장

뤼틀리 가는 길의 풍경

뤼틀리의 들판

1.3km로 도보로 16분 정도 소요된다. 기차역 앞에서 402 · 403 · 408번 버스를 타고 약 3분 후 라트하우스 광장역인 텔뎅크말(Telldenkmal)에서 하차하면 된다.

알트도르프 → 뷔르글렌

알트도르프에서 403 · 408번 버스를 타고 5분이면 빌헬름 텔이 살았던 뷔르글렌 마을에 도착한다. 마을 중심에 있는 텔 박물관과 텔 예배당을 둘러본다.

뷔르글렌 → 알트도르프 → 시지콘 → 뤼틀리

뷔르글렌 우체국(Bürglen UR, Post)에서 403번 버스를 타고 다시 알트도르프 기차역으로 돌아온다. 14분 소요. 기차역에서 S2번 열차를 타고 시지콘(Sisikon)으로 이동한다. 10분 소요. 시지콘에서 유람선 선착장에 있는 루체른행 유람선에 탑승하여 15분 정도면 뤼틀리까지 도착한다. 뤼틀리 선착장에 내려 이정표를 따라 10분 정도 숲길을 올라가면 크지 않은 들판에 스위스 국기가 펄럭이고 있다. 굵은 소나무들 몇 그루와 돌로 만든 의자들이 들판 가운데 있다.

뤼틀리 → 루체른

뤼틀리 들판을 돌아본 후에는 다시 선착장으로 내려와서 루체른행 유람선을 타면 된다. 뤼틀리에서 루체른까지 유람선으로 2시간 10분 정도 소요된다.

빌트하우스 타우버 Wirthaus Taube

루체른 전통 요리를 제대로 맛볼 수 있는 레스토랑. 직원도 친절하고, 음식의 맛에 대한 평도 좋다. 무료로 와이파이 서비스를 제공한다. 대표 메뉴로는 오리지널 루체른 취겔리파슈테틀리(송아지 고기 덤플링, Original Lozärner Chügelipaschtetli met Riis ond Gmües, CHF37,80)를 추천한다.

주소 Burgerstrasse 3 CH-6003 Luzern
☎ 041 210 07 47
영업 월~금 11:30~14:00, 17:30~23:00, 토 11:30~23:30
휴무 일
홈페이지 www.taube-luzern.ch
교통 루체른 중앙역에서 도보 8분. **지도** p.236-J

춘프트하우스 피슈테른
Zunfthaus Pfistern

로이스강 전망이 좋은 유서 깊은 레스토랑. 건물 외벽에 그려진 벽화가 아름다우며 건물은 역사적인 운치를 풍긴다. 스위스 전통의 치즈 퐁뒤나 생선 요리, 소시지 요리 등이 있다. 서비스는 조금 느린 편이며 영어 메뉴판을 갖추고 있다(CHF26,50~).

주소 Kornmarkt 4 CH-6004 Luzern
☎ 041 410 36 50
영업 월~토 09:00~24:00, 일 10:00~23:00
홈페이지 www.restaurant-pfistern.ch
교통 루체른 중앙역에서 도보 6분. 코른마르크트 광장에 있다.
지도 p.236-J

슈토르헨 Storchen

구시가에 위치한 작은 와인 바. 평일에는 오후 2시부터 오픈하며 주말에는 오전부터 영업을 시작한다. 밤늦게까지 다양한 와인과 간단한 음식을 먹을 수 있다. 토마토 소스를 곁들인 쇠고기 미트볼(Rindshack-bällchen mit rassiger Tomatensauce) CHF14, 하몽 크로켓(Croquettes Jamon) CHF17.

주소 Kornmarkt 9 CH-6004 Luzern
☎ 041 410 60 20 **영업** 월~목 14:00~22:00,
금 11:00~02:00, 토 09:00~02:00 **휴무** 일
홈페이지 www.storchen-weinbar.ch
교통 루체른 중앙역에서 도보 7분. **지도** p.237-K

루츠 제비스트로 Luz Seebistro

루체른 기차역 맞은편 호숫가에 있는 비스트로. 가수
나 연주자들을 초대해 밤 9시부터 공연을 연다.
대표 메뉴로는 루츠 조식(LUZ Starter Frühstück,
CHF19.50), 루츠 버거 (Luz burger, CHF17), 다양한 그
릴 소시지(CHF8.80~) 등이 있다.

주소 Bahnhofplatz(Schifflandungsbrücke 1) CH-6002
Luzern ☎ 041 367 68 72 **영업** 월~수 07:30~23:00,
목~토 07:30~00:30, 일 07:30~22:00
홈페이지 www.luzseebistro.ch
교통 루체른 중앙역에서 도보 1분. **지도** p.237-K

빌트하우스 갈리커 Wirthaus Galliker

1865년에 창업한 스위스 전통 요리 전문 레스토랑. 맛
도 좋고 양도 푸짐해서 현지인들에게 특히 인기가 있
다. 루체른 전통 요리인 취겔리파슈테틀리(Chügeli-
pastetli, CHF25)를 추천하며 피렛 드 페르슈(Filet de
Perches, 농어필레 요리, CHF32)도 맛있다. 메인 메뉴
의 가격은 CHF25~55.

주소 Schützenstrasse 1 CH-6003 Luzern
☎ 041 240 10 02
영업 화~토 11:15~14:30, 18:00~00:30 **휴무** 일~월
홈페이지 wirtshaus-galliker.ch
교통 루체른 중앙역에서 도보 12분. **지도** p.236-I

소울 치킨 Soul Chicken

슈프로이어교 근처에 있는 닭고기 요리 전문 레스토
랑. 스위스산 닭고기는 맛도 좋고, 가격도 적당해 늘
손님들로 붐빈다. 금요일과 토요일 저녁은 예약 필수.
6~9월 매주 수요일 저녁에는 라이브 재즈 공연도 펼
쳐진다. 메인 메뉴는 닭고기(Poulet) CHF23~, 감자튀
김(Pommes-Frites) 1인분 CHF9, 2인분 CHF12

주소 Löwengraben 31 CH-6004 Luzern
☎ 079 537 24 82
영업 화~금 11:30~14:30, 17:30~22:00,
토~일 11:30~22:00
휴무 월
홈페이지 www.soulchicken.ch
교통 루체른 중앙역에서 도보 10분.
지도 p.236-F

> ⟨TIP⟩ **카페 페어티히(Kaffee Fertig)**
>
> 주로 루체른 시 외곽의 시골 마을에서 주로 마시던
> 카페 페어티히는 요즘은 루체른 구시가 내의 카페
> 에서도 쉽게 볼 수 있다. 루체른주에서 주로 마시는
> 커피로 별명으로 '카페 루츠(Kafi Luz)'라고도 불린
> 다. 이 커피에는 진한 술인 슈냅스(Schnapps)가 들
> 어가는데, 옛날 농부들이 몸을 덥히기 위해 마셨다
> 고 전해진다. 만드는 방법은 5프랑 동전을 유리잔
> 바닥에 놓고 동전이 보이지 않을 때까지 뜨거운 커
> 피를 붓고, 동전이 다시 보일 때까지 슈냅스를 더한
> 다. 설탕 두 스푼을 넣고 저어준 후 마시면 된다.

마시다 Mashida

구시가 중심에 있어 구시가 관광 시 들르기에 편하다. 친절한 한국인 주인이 운영하는 아시안 레스토랑으로 간단한 한식과 일식 요리를 선보인다. 밑반찬은 없고, 메인 메뉴 위주로 판매한다. 실내 테이블에서 먹을 수도 있고, 테이크아웃도 가능하다. 두부 비빔밥 CHF24.50, 교자 라면 CHF14.50, 잡채 CHF14.50, 가츠 우동 CHF17, 교자(6조각) CHF11.

주소 Hirschenpl. 3 CH-6004 Luzern
☎ 041 788 59 27 17
영업 매일 11:30~20:00
교통 루체른 중앙역에서 도보 8분.
지도 p.236-J

올드 스위스 하우스 Old Swiss House

1859년에 지어진 민가를 개조한 레스토랑으로 부르바키 파노라마 건물 바로 옆에 있다. 식당 내 수많은 유화 작품은 유명 화가들의 진품이다. 디자이너 이브 생로랑, 가수 프랭크 시나트라 등 수많은 유명인들이 이곳을 찾았다. 이곳에서 자랑하는 메뉴는 이곳만의 비법으로 만든 비너슈니첼(Wienerschnitzel, CHF59)이다. 식사 메뉴는 CHF48~.

주소 Löwenplatz 4 CH-6004 Luzern ☎ 041 410 61 71
영업 화~일 11:00~14:30(주방 13:30까지), 18:00~23:30(주방 21:30까지) **휴무** 일~월
홈페이지 www.oldswisshouse.ch
교통 루체른 중앙역에서 도보 13분. **지도** p.237-C

라팽 Lapin

프리히파스테테(Fritschipastete, CHF39), 루체른 스타일의 튀긴 송어 필레(Gebratene Forellenfilets Luzerner Art, CHF38)를 비롯한 루체른 전통 요리가 있으며, 코르동 블루(Cordon-Bleu)로는 돼지고기(Schwein, CHF41)와 송아지고기(Kalb, CHF47) 두 종류가 있다. 부르바키 파노라마로 가는 길에 무제크 성벽 진입로 입구 호텔 드 라 페(Hotel De la Paix) 1층에 있다.

주소 Museggstrasse 2 CH-6000 Luzern
☎ 041 418 80 00 **영업** 월~토 10:30~23:00 **휴무** 일
홈페이지 www.de-la-paix.ch
교통 루체른 중앙역에서 도보 10분 **지도** p.237-C

코리아타운 Korea-Town

루체른 기차역 근처에 자리 잡은 한식당. 가벼운 수프부터 만두, 다양한 육류 요리와 찌개류, 2인 이상 주문 가능한 한상차림 메뉴 3가지(1인 CHF42, 48, 62)를 갖추고 있다. 해산물 김치전 CHF26, 소고기 잡채 CHF33, 볶음밥 CHF21, 김치찌개 CHF34, 된장찌개 CHF34, 보쌈 CHF44.

주소 Hirschmattstrasse 23 CH-6003 Luzern
☎ 041 210 11 77
영업 월~금 11:30~14:00, 17:30~23:00, 토 17:30~23:00
휴무 일 **홈페이지** www.koreatown.ch
교통 루체른 중앙역에서 도보 6분. **지도** p.237-O

쿤 리콘 Kuhn Rikon

산뜻하고 실용적인 디자인과 적당한 가격의 스위스 주방용품 가게. 1899년부터 주방용품을 생산해 온 전통을 자랑하는 스위스 브랜드이며, 현재 40여 개국에 제품을 수출하고 있다.

주소 Pfistergasse 15 CH–6003 Luzern
☎ 041 240 53 30
영업 월~금 09:00~18:30, 토 09:00~17:00 **휴무** 일
홈페이지 www.kuhnrikon.ch/luzern
교통 루체른 중앙역에서 도보 8분. **지도** p.236–J

막스 쇼콜라티어 Max Chocolatier

카카오를 제외한 모든 재료를 스위스산으로 사용하는 수제 초콜릿 가게. 수익금 일부는 자선 단체에 보낸다. 다양한 종류의 초콜릿을 시식해 보고 구입할 수 있다.

주소 Hertensteinstrasse 7 CH–6004 Luzern
☎ 041 418 70 90
영업 월~금 10:00~18:30, 토 09:00~17:00 **휴무** 일
홈페이지 www.maxchocolatier.com
교통 루체른 중앙역에서 도보 5분.
지도 p.237–G

치보 Tchibo

1949년에 독일에서 설립되어 현재 유럽 전역에 지점을 운영하는 커피 소매 체인점. 커피와 커피 머신을 합리적인 가격에 판매하고 있다. 여름에는 가게 앞 노천 테이블에서 루체른 호수를 바라보며 커피도 마실 수 있다.

주소 Schwanenplatz 3 CH–6004 Luzern
☎ 084 480 08 55, 084 422 55 82
영업 월~금 08:00~19:00, 토 08:00~17:00 **휴무** 일
홈페이지 www.tchibo.ch
교통 루체른 중앙역에서 도보 5분. **지도** p.237–G

부티크 네스프레소 Boutique Nespresso

네스프레소 기계와 다양한 커피 캡슐을 비롯해 글라스, 머그, 스푼 등 액세서리들을 구입할 수 있다. 루체른 극장 근처에 있다.

주소 Buobenmatt 1 CH–6003 Luzern
☎ 080 55 52 53
영업 월~금 09:00~19:00, 토 09:00~17:00 **휴무** 일
홈페이지 www.nespresso.com
교통 루체른 중앙역에서 도보 6분. **지도** p.236–J

브라이텐바흐 Breitenbach

100년이 넘은 전통을 자랑하는 기념품 가게. 빅토리녹스 칼, 지그(sigg) 물병, 쿠키틀 등 다양한 기념품을 구입할 수 있다. 원하면 빅토리녹스 칼에 이름을 새겨준다.

주소 Zürichstrasse 5 CH-6004 Luzern
☎ 041 410 14 76
영업 월~금 09:00~19:00, 토 09:00~17:00
휴무 일
홈페이지 www.backformen-shop.ch
교통 빈사의 사자상 가는 길, 부르바키 파노라마 건물이 있는 뢰벤 광장(Löwenplatz) 근처에 있다. 기차역에서 도보 10분.
지도 p.237-C

상하이 Shanghai

다양한 아시아 식품을 판매하는 곳. 한국산 라면, 컵라면, 쌈장, 고추장, 과자도 있다. 평일 저녁과 주말에는 레스토랑을 운영하며 테이크아웃도 가능하다.

주소 Hirschengraben 43 CH-6003 Luzern
☎ 041 240 21 96
영업 월~수, 금 09:15~19:00, 목 09:15~21:00,
토 09:15~17:00 **휴무** 일
홈페이지 www.shanghai-asia.ch
교통 루체른 중앙역에서 도보 10분. **지도** p.236-I

렉컬리 후스 Läckerli Huus

바젤 전통 쿠키를 판매하는 제과점. 간단한 케이크와 커피를 마실 수 있는 카페 공간도 있다. 밤을 주재료로 만든 루체른 전통 케이크 베르미첼레(Vermicelle)도 판매한다.

주소 Hertensteinstrasse 22 CH-6004 Luzern
☎ 041 410 64 10
영업 월~금 09:00~18:30, 토 09:00~16:00
휴무 일
홈페이지 www.laeckerli-huus.ch
교통 루체른 중앙역에서 도보 7분. **지도** p.237-G

바흐만 Bachmann

루체른 구시가 중심에 있는 초콜릿과 제과 전문점. 바흐만 가문이 4대에 걸쳐 120년 동안 가문의 레시피에 따라 500가지 이상의 특별한 초콜릿과 제과 제품들을 만들어왔다. 스위스 전역에 총 19곳의 지점을 갖추고 있다. 그랑 크루 초콜릿(GRAND CRU TRUFFLES) 10조각 상자 CHF14.90, 샴페인 초콜릿(TRUFFLES DE CHAMPAGNE) 10조각 CHF14.30.

주소 Schwanenplatz 7 CH-6002 Luzern
☎ 041 227 70 70
영업 월~수, 금~토 07:00~19:00, 목 07:00~21:00,
일 09:30~19:00
홈페이지 www.confiserie.ch
교통 루체른 기차역에서 도보 5~6분 내외. 기차역 지하에도 매장이 있다. **지도** p.237-G

체스 바르메틀러 Chäs Barmettler

40년 전통 치즈 전문점. 아버지의 가업을 물려받은 토마스 바르메틀러 씨가 운영한다. 각종 스위스 치즈와 유럽의 유명한 치즈 100여 종 이상을 전시, 판매하고 있다.

주소 Hertensteinstrasse 2 CH-6004 Luzern
☎ 041 410 21 88
영업 월~금 07:30~18:30, 토 07:00~16:00 **휴무** 일
홈페이지 www.chäs-barmettler.ch
교통 루체른 중앙역에서 도보 10분
지도 p.237-C

히코레 모드 Chicoree Mode

1982년 처음 설립되었고, 바덴(Baden)에 첫 가게를 연 히코레 모드는 현재 스위스 전역에 170개 이상의 지점이 있을 정도로 인기 있는 여성복 브랜드다. 특히 여름이나 겨울 세일 시즌에는 아주 저렴하게 캐주얼 룩을 판매한다.

주소 Hertensteinstrasse29/31 CH-6004 Luzern
☎ 041 410 53 81
영업 월~수, 금 09:00~19:00, 목 09:00~20:00,
토 09:00~17:00 **휴무** 일
교통 루체른 중앙역에서 도보 8분. 맥도날드 맞은편에 있다.
지도 p.237-G

레 스텔레 Le Stelle

구시가 중심인 히르셴 광장(Hirschenplatz)에 자리 잡은 아담하고 모던한 부티크 호텔. 설비도 훌륭하고 깨끗하다. 구시가에 위치한 다른 세 곳의 파트너 호텔과 함께 '구시가 호텔 연합(Altstadthotels)'을 이뤄 조식 서비스나 리셉션 업무를 공유하기도 한다. 구시가 도보 여행을 위한 최적의 위치에 있다. 무료로 와이파이 서비스를 제공한다.

주소 Hirschenplatz 3 CH-6004 Luzern
☎ +41 78 859 27 17 **객실 수** 10실
예산 더블 CHF207〜, 조식 포함
홈페이지 www.lestelle.ch
교통 루체른 중앙역에서 도보 7분. **지도** p.236-J

호텔 크로네 Hotel Krone

구시가 중심 광장 중 하나인 바인마르크트 광장에 있는 3성급 호텔. 보행자 전용 거리와 루체른 쇼핑 구역에 있어 구시가 도보 관광과 쇼핑을 하기에 좋다. 무료 와이파이 이용이 가능하다.

주소 Weinmarkt 12 CH-6004 Luzern
☎ 041 419 44 00 **객실 수** 29실
예산 더블 CHF200〜, 조식 포함
홈페이지 www.krone-luzern.ch
교통 루체른 중앙역에서 도보 8분. **지도** p.236-F

매직 호텔 Magic Hotel

객실은 이집트, 알라딘, 스위스 샬레, 해적 등 다양한 테마로 구성되어 있지만, 에어컨은 없다. 체크인과 체크아웃, 그리고 아침 식사는 베스트 웨스턴 호텔 크로네에서 한다. 무료로 와이파이를 이용할 수 있다.

주소 Kornmarkt / Brandgässli 1 CH-6004 Luzern
☎ 041 417 12 20 **객실 수** 13실
예산 더블 CHF207〜, 조식 포함
홈페이지 www.magic-hotel.ch
교통 루체른 중앙역에서 도보 6분. **지도** p.237-K

바라바스 호스텔 Barabas Hoste

1999년 감옥 건물 그대로를 호텔로 개조해 오픈한 스위스 최초의 감옥 호텔이다. 다양한 타입의 객실을 갖추고 있으며, 그중 언플러그드 룸은 실제 감옥의 방을 그대로 재현해 세상과 단절된 감옥을 체험할 수 있다. 무료 와이파이 서비스는 공용 구역에서 가능하다.

주소 Löwengraben 18 CH-6004 Luzern
☎ 041 417 01 99 **객실 수** 56실
예산 더블 CHF180〜, 조식 CHF15 추가
홈페이지 www.barabas-luzern.ch
교통 루체른 중앙역에서 도보 10분. **지도** p.236-F

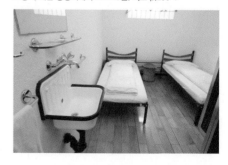

호텔 암바사도르 Hotel Ambassador

부르바키 파노라마 근처에 있는 모던한 시티 호텔. 빈사의 사자상과 피어발트슈테터 호반 가까이에 있어 산책하기 좋다. 특히 호텔 바로 앞에서 필라투스행 버스가 출발한다. 무료로 와이파이 접속이 가능하다.

주소 Zürichstrasse 3 CH-6004 Luzern
☎ 041 418 81 00
객실 수 31실
예산 더블 CHF160(11~3월)~, CHF199(4~10월)~, 조식 포함
홈페이지 www.ambassador.ch
교통 루체른 중앙역에서 도보 10분.
지도 p.237-C

호텔 슈바이처호프 Hotel Schweizerhof

1845년부터 5대째 대를 이어 경영하고 있는 5성급 호텔. 마크 트웨인, 리차드 바그너, 아나스타샤 등 세계적인 유명 인사들이 이 호텔에 묵었다. 객실은 이 호텔에 묵었던 음악가, 영화배우, 작가 등 특정 인물을 콘셉트로 한 개성 있는 인테리어로 꾸며졌다. 핀란드식 사우나와 스파 설비를 갖추고 있으며, 무료로 와이파이를 이용할 수 있다.

주소 Schweizerhofquai CH-6002 Luzern
☎ 041 410 04 10
객실 수 101실
예산 더블 CHF370~, 조식 CHF35
홈페이지 www.schweizerhof-luzern.ch
교통 루체른 중앙역에서 도보 2분.
지도 p.237-G

호텔 데 밸런스 Hotel Des Balances

예전 길드 홀에 들어선 세련된 디자인 호텔. 구시가 중심 로이스강 변에 있어 전망도 무척 좋다. TV 프로그램 〈꽃보다 할배〉에서 주인공들이 이곳에 묵었다. 무료로 와이파이를 이용할 수 있다.

주소 Weinmarkt CH-6004 Luzern
☎ 041 418 28 28
객실 수 57실
예산 더블 구시가 방향 CHF310(비수기, 1~3월, 11~12월) CHF390(성수기, 4~10월) / 로이스강 방향 CHF350(비수기), CHF430(성수기), 조식 1인당 CHF27 추가
홈페이지 www.balances.ch
교통 루체른 중앙역에서 도보 10분. **지도** p.236-J

호텔 로트하우스 Hotel Rothaus

구시가 가장자리 조용한 거리에 자리하고 있다. 방은 깔끔하며 호텔 이름처럼 붉은색 인테리어가 인상적이다. 무료로 와이파이 사용이 가능하다.

주소 Klosterstrasse 4 CH-6003 Luzern
☎ 041 248 48 48 **객실 수** 48실
예산 더블 11~3월 CHF190, 4~10월 CHF260, 조식 포함
홈페이지 www.rothaus.ch
교통 루체른 중앙역에서 도보 10분.
지도 p.237-I

슈테른 Stern

루체른 기차역에서 약 700m 거리에 있으며, 레노베이션을 통해 깔끔한 객실을 갖춘 소규모 호텔이다. 와이파이 서비스를 무료로 제공한다.

주소 Burgerstrasse 35 CH-6003 Luzern
☎ 041 227 50 60 **객실 수** 15실
예산 더블 CHF130~, 조식 포함
홈페이지 www.sternluzern.ch
교통 루체른 중앙역에서 도보 10분.
지도 p.236-J

필라투스
PILATUS

언어 독일어권 | 해발 2,128m

깎아지른 듯한 바위로 '악마의 산'이라 불리는 곳

예수를 처형한 본디오 빌라도(폰티우스 필라투스)의 망령이 각지를 떠돌아다닌 끝에 이 산에 이르렀다는 전설로 인해 필라투스산이라 불린다. 필라투스산은 최고봉인 톰리스호른(Tomlishorn, 2,132m)을 필두로 7개의 봉우리로 이루어져 있다. 맑은 날에는 필라투스 정상에서 새하얀 만년설로 덮인 73개의 알프스 정상을 한눈에 볼 수 있다. 또한 세계 최대인 480퍼밀(permil, 1km를 이동했을 때 올라간 고도가 480m라는 뜻)의 경사로 된 기찻길을 오르내리는 스릴 넘치는 톱니바퀴 등산 열차는 필라투스 최고의 명물이다. 필라투스 주변으로 펼쳐진 다양한 하이킹 코스와 빠른 스피드를 경험할 수 있는 토보간 런, 스릴 넘치는 로프 파크 등 다양한 액티비티가 여행자들을 끌어모으고 있다.

필라투스 가는 법

루체른에서 필라투스 정상에 오르는 방법은 크게 세 가지다. 첫 번째 방법은 루체른에서 국철을 타고 알프나흐슈타트(Alpnachstad)로 가서 톱니바퀴 등산 열차인 필라투스 반(Pilatus–Bahnen AG)을 타고 필라투스로 올라가는 것이다. 두 번째는 루체른에서 버스를 타고 크리엔스(Kriens)로 이동해 로프웨이를 타고 필라투스로 오른다. 세 번째 방법은 루체른에서 유람선을 타고 알프나흐슈타트로 이동해 톱니바퀴 등산 열차를 타고 필라투스에 오르는 것이다.

바위산을 따라 올라가는 빨간색 등산 열차

알프나흐슈타트에서 필라투스 정상까지 오르는 톱니바퀴 등산 열차는 5월 중순부터 11월 중순까지만 운행하는 반면, 로프웨이는 사시사철 운항한다. 유람선은 4월 초부터 10월 중순까지 운항하며 운항 횟수도 빈번하지 않아 일정이 빠듯한 여행자는 첫 번째나 두 번째 방법을 활용하는 것이 좋다.

루체른에서 필라투스로 갈 때는 첫 번째 방법으로, 필라투스에서 루체른으로 돌아올 때는 두 번째 방법을 추천한다. 아래에 소개한 상세 정보를 참조하자.

※스위스 패스 이용자는 매표소에 패스를 제시하면 정상역 왕복 티켓을 50% 할인받을 수 있다.

추천 루트

루체른 → 필라투스

루체른에서 필라투스로 갈 때는 루체른 중앙역에서 알프나흐슈타트까지 국철 보통 열차 S5번을 타고 간다(약 17분 소요).

기차역에서 내리면 바로 앞에 있는 필라투스 등산 열차역(Alpnachstad PB)에서 필라투스행 톱니바퀴 등산 열차를 타면 된다. 1량으로 편성된, 용이 그려진 붉은색 등산 열차로 정상까지 약 30분 소요된다.

운행 기간과 시간은 5월 중순부터 11월 중순 상행 08:00~19:00(6월 중순~8월 중순 08:00~19:50)이며, 약 40분 간격으로 운행된다.

1889년에 개통된 필라투스 등산 열차는 세계 최대의 경사도를 자랑하는데, 내려갈 때보다 올라가는 열차에서 바위산을 따라 올라가는 스릴과 전망이 훨씬 좋다. 선행 열차가 수직에 가까운 필라투스의 암벽을 세계 최대의 경사로 올라가는 모습은 탄성을 자아낸다. 등산 열차가 올라갈 때 톱니가 깔린 철로를 직접 볼 수 있으며 고도가 높아질수록 경사가 급격해진다. 창밖으로 펼쳐지는 피어발트슈테터제와 주변 산들의 풍경이 정말 아름답다. 알핀 로즈 등의 고산 식물이 펼쳐진 산 등성이에서 방목되고 있는 소들도 눈에 띈다.

정상역 테라스에서 바라본 풍경

필라투스 정상

필라투스 쿨름역 Pilatus Kulm

가파른 암벽 철길을 따라 오르면 해발 2,067m의 산 정
상역에 도착한다. 크게 정상역과 파노라마 테라스, 기
념품점, 뒤편에 있는 로프웨이 탑승장, 호텔 벨뷰, 호텔
필라투스 쿨름, 용의 길 등이 있다. 정상역에 도착해
내부 계단을 올라가면 알프스의 파노라마를 감상할
수 있는 테라스가 있다. 여기서 피어발트슈테터제와
베르너 오버란트(Berner Oberland) 지방의 설산을 감
상할 수 있다. 등산 열차가 오르내리는 모습과 패러글
라이딩을 위해 도약하는 사람들의 모습 뒤로 멀리 만
년설로 덮인 알프스가 병풍처럼 펼쳐져 있다. 이곳 상
층에는 원형의 호텔 벨뷰가 있고, 테라스에서 조금 떨
어진 옆쪽으로 호텔 필라투스 쿨름이 있다.

요금 알프나호슈타트/크리엔스–필라투스 쿨름(정상역)–크리
엔스/알프나호슈타트 성인 CHF72 아동(6~16세) CHF36, 스
위스 패스 이용자 50% 할인 **홈페이지** www.pilatus.ch

정상의 하이킹 코스

필라투스산에서 제일 높은 봉우리인 톰리스호른
(Tomlishorn, 2,132m)은 정상역에서 약간 떨어져 있다.
원형의 벨뷰 호텔 위쪽으로 솟아있는 봉우리가 두 번

째로 높은 에젤(Esel, 2,118m)이며, 테라스 뒤쪽으로 연
결된다. 계단 정상에는 오버하우프트(Oberhaupt,
2,106m) 봉우리가 있다. 짧은 하이킹 코스로 세 봉우리
에 도달할 수 있다. 360도의 파노라마 전망을 감상할
수 있는 오버하우프트는 테라스 뒤쪽 계단을 따라 20
분 정도 오르면 정상에 이를 수 있다. 또한 원형의 벨
뷰 호텔 위로 솟아 있는 에젤은 가파른 계단길을 따라
20분 정도 걸린다.

호텔 벨뷰 뒤로 보이는
에젤 봉우리

1번 하이킹 코스

1번 하이킹 코스에서 만날 수 있는 한스 에르디의 그림

필자가 추천하는 두 가지 코스가 있다. 1번 코스는 오버하우프트 올라가는 길에 왼쪽으로 갈라진 계단 길을 따라가다가 오버하우프트 뒤쪽을 돌아 용의 길(Dragon Path)을 통해 다시 정상역으로 돌아오는 코스다. 총 20분 정도 걸리며, 360도로 펼쳐진 주변 풍경을 여유롭게 감상할 수 있다. 용의 길에는 한스 에르니의 그림과 용의 전설에 얽힌 이야기가 기록된 액자들이 붙어 있어 흥미롭다.

2번 코스는 톰리스호른 정상까지 다녀오는 코스로, 총 1시간 10분 정도 걸린다. 파노라마 테라스에서 필라투스 쿨름 호텔 방향 암벽 옆으로 난 장대한 길을 걷는다. 가파른 절벽 아래 푸른 초원과 멀리 베르너 오버란트의 알프스 산들이 보이고, 발 아래로는 구름이 깔려

있다. 여름에는 알프스의 야생화가 피어 있어 가는 길이 전혀 지루하지 않다. 멋진 풍경 사진을 담기에도 부족함이 없는 코스다. 길은 거의 외길로 이어지고 이정표가 잘되어 있어 어렵지는 않으나, 평탄한 길이 끝나는 지점부터는 돌길이 이어져 노약자에게는 조금 어렵게 느껴질 수도 있다. 자신의 일정에 따라 세 개의 봉우리와 하이킹 코스 중에 적절한 것을 선택해 돌아보도록 하자.

1890년에 건설되어 2010년에 레노베이션을 거친 호텔 필라투스 쿨름이나 1960년에 건설된 호텔 벨뷰에 묵어보는 것도 색다른 체험이 될 것이다.

필라투스 쿨름 호텔은 레스토랑도 운영 중이므로 이곳에서 뢰스티나 알펜 마카로니(Älpler-magronen), 치즈 퐁뒤로 전통 스위스 식사를 하거나 커피 한잔하며 쉬어가도 좋다.

호텔 필라투스 쿨름 Hotel Pilatus-Kulm
주소 Schlossweg 1 CH-6010 Kriens/Luzern
☎ 041 329 12 12
객실 수 27실
예산 더블 4~11월 CHF510~, 11월 말~3월 CHF420~, 조식 포함
홈페이지 www.pilatus.ch

톰리스호른 정상에서 본 전망

2번 하이킹 코스

필라투스 → 크리엔스

필라투스 정상을 돌아본 후에 내려갈 때는 알프나흐 슈타트와는 정반대 위치에 자리 잡은 크리엔스 (Kriens) 방향으로 내려와 크리엔스에서 버스를 타고 루체른으로 돌아가는 방법을 추천한다.

톱니바퀴 등산 열차 탑승역 반대편에 크리엔스로 내려가는 로프웨이 승강장이 따로 있다.

내려가는 코스는 필라투스 쿨름 → 프레크뮌테크 (Fräkmüntegg) → 크리엔세레크(Krien–seregg) → 크리엔스(Kriens)다. 필라투스 쿨름에서 프레크뮌테크까지는 대형 로프웨이를 타고 5분 정도 가파르게 내려온다. 이때 로프웨이 창밖으로 펼쳐지는 풍경이 무척 아름답다. 프레크뮌테크에서 크리엔스까지는 소형 곤돌라를 타고 끝까지 내려오면 된다. 총 30분 소요.

필라투스 정상에서 크리엔스까지 내려오는 로프웨이는 1년 내내 운행한다.

운행 하행 3월 말~10월 말 09:00~17:30, 11월 중순~3월 말 09:00~16:30, 10월 말~11월 중순 유지 보수로 운행 안함.

크리엔스행 곤돌라

필라투스와 프레크뮌테크를 오가는 로프웨이

크리엔스 로프웨이역

스릴 넘치는 로프 파크

프레크뮌테크 Fräkmüntegg

중간역인 프레크뮌테크에는 스위스에서 가장 긴 1,350m의 토보간(Toboggan) 주행 코스가 있으며, 스위스 중부 지역에서 가장 큰 로프 파크(Rope Park)가 있다.

토보간 Toboggan

강철 레인을 따라 빠른 속도로 내려가는 썰매로, 스피드를 즐길 수 있다.

영업 매년 4월 중순~10월 중순 매일 10:00~17:30
요금 1회 탑승 성인 CHF8, 아동(6~16세) CHF6 / 5회 탑승 성인 CHF36, 아동 CHF29

로프 파크 Rope Park

나무와 나무 사이에 로프를 연결해 다양한 체험을 할 수 있는 곳이다. 온 가족이 참여하기에 좋은 체험이 많다.

영업 4월 중순~10월 중순 매일 10:00~17:00
요금 3시간 티켓 성인 CHF28, 아동(8~16세) CHF21, 좀더 저렴한 가족 요금도 있다.

프레크뮌테크행 로프웨이에서 바라본 풍경

크리엔스 → 루체른

크리엔스 곤돌라 탑승장을 나오면 루체른 방향 이정표와 함께 1번 버스 이정표가 있다. 완만한 비탈길을 따라 조금만 내려가면 한식당 코리아나(KOREANA)가 있다. 한식을 먹고 싶다면 이곳에서 김치찌개, 된장찌개나 라면, 비빔밥으로 한 끼 식사를 해결하면 좋다. 루체른 이정표를 따라 5분 정도 걸어가면 크리엔스 시내 루체른행 1번 버스 정류장이 있다. 8분마다 운행하며 루체른 기차역까지 15분 소요된다.

코리아나 koreana
주소 Gehristrasse 3 CH–6010 Kriens LU
☎ 041 670 25 62 **영업** 매일 12:00~17:30
메뉴 비빔밥 CHF20, 제육볶음 CHF15, 김치찌개 CHF20, 라면과 밥 CHF12 **홈페이지** www.pilatuspension.com(식당 주인이 운영하는 펜션 홈페이지)

티켓과 요금
알프나흐슈타트에서 필라투스 쿨름 정상역까지 가는 등산 철도와 정상역에서 크리엔스로 내려오는 로프웨이가 포함된 공통 티켓이다.

필라투스 반 Pilatus-Bahnen AG
주소 Schlossweg 1 CH–6010 Kriens/Luzern
☎ 041 329 11 11
개방 필라투스반(등산 열차)은 5월 초/중순~11월 초까지만 운행. 상행 08:10~17:10(6월 중순~8월 중순 08:10~17:50). 크리엔스-필라투스 쿨름 간 곤돌라 3월 말~10월 말 상행 08:30~17:00, 11월 중순~3월 말 08:30~16:00, 10월 말~11월 초 유지 보수 휴무
홈페이지 www.pilatus.ch
구간 알프나흐슈타트-필라투스 쿨름 정상역-크리엔스 구간(Kriens/Alpnachstad-Pilatus Kulm-Alpnachstad/Kriens)
요금 성인 CHF72, 아동(만 6~16세) CHF36, 스위스 패스 이용자 50% 할인

※알프나흐슈타트 톱니바퀴 등산 열차는 겨울에는 운행하지 않는다. 겨울 시즌에는 크리엔스-필라투스 쿨름-크리엔스 구간을 이용해야 한다. 크리엔스-필라투스 쿨름 구간은 연중 내내 운행한다. 루체른에서 알프나흐슈타트까지 유람선은 봄부터 가을까지만 운행을 한다.

※스위스 트래블 패스 이용자는 철도와 유람선을 무료로 이용 가능하며, 필라투스 등산 열차와 크리엔스 곤돌라는 50% 할인 요금으로 이용할 수 있다.

리기
RIGI

언어 독일어권 | **해발** 1,797m

유럽 최초의 등산 열차가 개통된 산

스위스에서 가장 인기 있는 산 가운데 하나인 리기산은 '산들의 여왕'이라는 영예로운 칭호를 얻고 있다. 정상인 리기 쿨름(Rigi Kulm)은 해발 1,797m이며 1871년 유럽 최초의 등산 철도가 개통된 곳답게 사계절 누구나 쉽게 오를 수 있다. 겨울에는 스키와 눈썰매를, 여름철에는 하이킹을 즐기려는 여행자들이 즐겨 찾는다. 19세기부터 알프스를 조망할 수 있는 전망대로 명성이 높았던 리기는 작가 마크 트웨인의 작품에 등장해 유명해졌다. 빅토르 위고와 음악가 멘델스존도 리기산 정상에서 바라본 풍경에 감동했다고 전해진다. 능선을 따라 이어지는 철길을 달리는 등산 열차를 타고 리기산을 올라가며 창밖 풍경을 바라보면 리기산이 산들의 여왕으로 불리기에 충분하다는 것을 누구나 수긍하게 된다.

리기 가는 법

루체른에서 리기산 정상으로 올라가는 경로는 세 가지가 있다. 하나의 코스만 고집하지 말고 올라가는 코스와 내려오는 코스를 서로 다르게 하면 여행의 즐거움이 배가될 것이다. 평탄한 내리막길로 구성된 평이한 난이도의 하이킹 코스도 있으므로 등산 열차나 로프웨이를 적절히 활용해 알찬 여행을 만들어보자.
스위스 패스 이용자는 호수 정기선과 베기스 로프웨이, 피츠나우(VRB)와 아르트골다우(ARB) 등산 열차 모두 무료로 이용할 수 있어 경제적이다.

호수 정기선 + VRB 등산 열차

루체른 → 피츠나우(약 1시간 소요)
우선 루체른 기차역 앞 선착장에서 호수 정기선을 타

피츠나우 선착장

고 피츠나우(Viznau)에서 내린다(약 1시간 소요). 피츠나우 선착장 매표소 바로 뒤에 등산 열차역이 있다. 정기선 도착 시간에 맞춰 6분 정도의 여유를 두고 등산 열차가 출발한다.

VRB 등산 열차

피츠나우 → 리기 쿨름(약 30분 소요)
피츠나우에서 리기산 정상역인 리기 쿨름(Rigi Kulm)까지는 빨간색의 VRB 등산 열차를 타고 약 30분 걸린다. 등산 열차는 매시 15분에 출발하며, 1시간에 1대씩 운행된다.

VRB 등산 열차
운행 여름 시즌 4월 중순~10월 중순 상행 09:00~22:00, 리기 쿨름에서 내려오는 열차는 10:00~22:00
겨울 시즌 10월 중순~4월 중순 상행 09:00~17:00, 하행 10:00~17:00

구간별 요금(성인 요금, CHF, 2024년 기준)

구간	편도	왕복	할인 정보
피츠나우/베기스 → 리기 칼트바트	36	58	※스위스 트래블 패스 이용자 무료 ※성인 동반 15세 이하 아동 무료 ※유레일 패스 이용자, 학생(24세 이하)은 50% 할인
피츠나우/베기스 → 리기 쿨름	49	78	
리기산 철도 1일권	–	78	

※시즌별로 모든 구간을 이용 가능한 할인권이 나오기도 하니 매표소에 문의한다.

호수 정기선 + 로프웨이 + VRB 등산 열차

역 사이 이동 시간과 대기 시간을 합쳐 루체른에서 리기 쿨름까지의 총 소요 시간은 약 1시간 40분이다.

루체른 → 베기스(약 55분 소요)
루체른 기차역 앞 선착장에서 호수 정기선을 타고 베기스(Weggis)에서 내리면 된다(약 40분 소요).

로프웨이(루프트자일반)

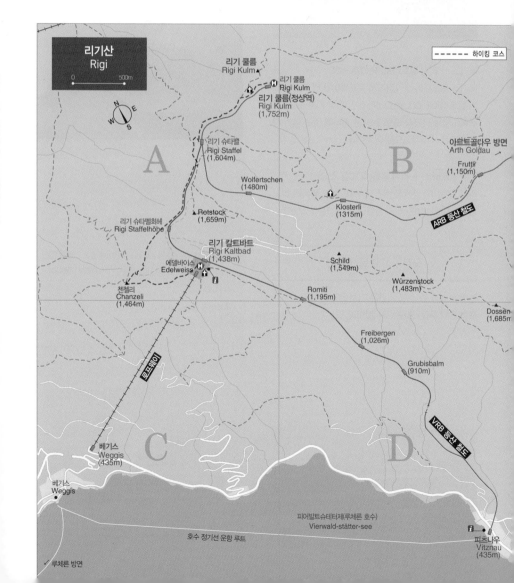

베기스 선착장에서 베기스 마을을 가로질러 도보 15분 거리에 로프웨이(루프트자일반, Luftseilbahn) 승강장이 있다. 빨간색 이정표를 보고 따라가면 된다.

리기 칼트바트 로프웨이역

베기스 → 리기 칼트바트(약 10분 소요)
베기스 로프웨이 승강장에서 로프웨이를 타고 일단 리기 칼트바트(Rigi Laltbad)까지 간다(약 10분 소요). 로프웨이역을 나와서 도보 3~4분 거리에 있는 리기 칼트바트 등산 열차역으로 이동한다.

리기 칼트바트 → 리기 쿨름(약 10분 소요)
리기 칼트바트역에서 빨간색 VRB 등산 열차를 타고 종점이자 정상역인 리기 쿨름까지 약 10분 소요된다.

국철 + ARB 등산 열차

전체 코스의 총 소요 시간은 기차 연결편 대기 시간을 포함해 약 1시간 30분~2시간이다.

루체른 → 아르트골다우(약 30분 소요)
루체른 기차역에서 국철을 타고 아르트골다우(Arth-Goldau)역까지 간다. 1시간에 3대 정도씩 운행한다. 아르트골다우 국철역에서 5분 정도 걸으면 리기 쿨름으로 올라가는 ARB 등산 열차역이 나온다.

아르트골다우 → 리기 쿨름(45분 소요)
파란색 ARB 등산 열차를 타고 리기 쿨름까지 약 45분 소요된다. 매시 10분에 출발한다.

ARB 등산 열차

<TIP> 리기산 정보

등산 열차 시간표와 요금표, 하이킹 코스, 호텔 정보와 예약, 레스토랑 관련 정보는 아래 리기 웹사이트를 참조한다.

홈페이지 www.rigi.ch

리기 쿨름역

리기산 관광 가이드

피츠나우와 리기를 이어주는 빨간색 톱니바퀴 등산 열차 VRB(Vitznau-Rigi-Bahn)는 1871년 운행을 시작한, 유럽 최초의 등산 철도였다. 1875년에는 아르트골다우와 리기를 이어주는 파란색 ARB(Arth-Rigi-Bahn) 등산 열차가 산 반대편에 완공되었는데, 1907년 세계 최초로 전기로 움직이는 표준 규격 톱니바퀴 철도로 발전했다. 리기 쿨름역에는 피츠나우에서 올라온 빨간색 VRB와 아르트골다우에서 올라온 파란색 ARB가 서로 다른 철로에 나란히 정차해 있는 모습을 볼 수 있다.

리기 쿨름역에 도착하면

VRBL나 ARB 등산 열차를 타고 리기산 정상역인 리기 쿨름(Rigi Kulm, 1,752m)에 도착하면 역 바로 위에 호텔 리기 쿨름(Hotel Rigi Kulm)이 보인다. 깔끔한 외관의 이 호텔은 1816년에 처음 문을 열었으며, 이 호텔과 호텔 안 레스토랑의 테라스에서 바라보는 전망은 한 폭의 풍경화 같다.

리기 쿨름 정상의 삼각형 피라미드

리기산 정상은 기차역 위로 비탈길을 좀 더 올라가야 한다. 커다란 안테나가 세워진 곳이 바로 정상으로 기차역에서 도보로 채 5분도 걸리지 않는다. 톱니바퀴 조형물이 설치되어 있고, 정상으로 향하는 갈림길에

리기 쿨름

리기 쿨름 정상

정상으로 향하는
갈림길의 표지판

는 젊은이와 노인의 모습을 한 2개의 안내 표지판이 세워져 있다. 젊은이가 가리키는 방향으로 가면 길은 조금 가파르지만 정상까지 170m 거리이고, 노인이 가리키는 방향으로 가면 길은 완만하지만 정상까지 270m 거리다. 노인이 가리키는 길이 주변 풍경을 찬찬히 둘러보기에 좋아 추천한다.

정상의 볼거리
정상에는 높이가 96m나 되는 커다란 안테나가 서 있고, 안테나 계단을 조금 올라갈 수 있다. 또한 안테나 옆에는 스위스 연방 지형청(Federal Office of Topography)에서 설치한 삼각 측량의 기초가 되는 위치 및 높이의 기준점인 삼각점(Triangulation Point) 피라미드가 있다. 날씨가 맑은 날에는 정상에 서면 호수 피어발트슈테터제와 추커제(Zugersee)를 비롯한 13개의 호수와 융프라우, 아이거, 묀히 등 알프스의 산맥이 펼쳐지고, 독일과 프랑스 땅까지도 볼 수 있다고 한다. 나무 십자가가 서 있는 방향에서 보이는 호수가 추커 호수다. 피어발트슈테터제가 어우러진 그림 같은 풍경을 감상하며 나무 울타리가 설치된 능선을 따라 리기 칼트바트역까지 걸어 내려가는 것을 추천한다. 평탄

한 내리막길이어서 가족 여행자에게 적합하다. 코스 대부분이 철로 옆길을 따라 이어진 길이므로 길을 잃을 염려도 없다(1시간 정도 소요). 루체른으로 돌아갈 때는 리기로 올라왔던 코스와는 다른 루트를 선택해 색다른 풍경을 즐기기를 권한다.

호텔 리기 쿨름 Hotel Rigi Kulm
주소 Rigi Kulm CH-6410
☎ 041 880 18 88 객실 수 33실
예산 더블 CHF228~, 조식 포함(호텔 투숙객은 리기 등산 열차 요금의 50%를 할인받는다.)
홈페이지 www.rigikulm.ch
교통 리기 쿨름역에서 바로 보인다. **지도** p.265

> TIP **리기를 배경으로 한 회화와 문학 작품**
>
> 영국 낭만주의 풍경화가 조셉 말로드 윌리엄 터너(Joseph Mallord William Turner)가 그린 '푸른 리기(The Blue Rigi)', '일출(Sunrise)' 등, 리기산을 화폭에 아름답게 담아낸 그의 작품은 런던의 테이트 갤러리에서 볼 수 있다.
> 마크 트웨인은 1870년대 후반 〈유럽 방랑기(A Tramp Abroad)〉에서 리기 여행에 대해 기술했다.

초보자들을 위한
최적의 코스

리기산 하이킹

리기산은 하이킹의 천국이다. 정상 부근이 완만한 경사를 이루고 있어 초보자들이 하이킹을 하기에 최적이다. 여름 시즌에 리기산은 가벼운 산책 코스부터 난이도가 높은 코스까지 총 120km에 이르는 하이킹 루트를 자랑한다. 겨울 시즌에는 35km 이상의 잘 정비된 겨울 하이킹 루트가 여행객을 반긴다. 여기서는 초보자도 부담 없이 즐길 수 있는 리기 클래식 코스를 소개한다.

리기 클래식 코스

코스 리기 쿨름(Rigi Kulm) – 슈타펠(Staffel) – 슈타펠회헤 (Staffelhöhe) – 켄첼리(Känzeli) – 리기 칼트바트(Rigi Kaltbad)
구간 길이 4km **소요 시간** 1시간
고도 변화 1,752m → 1,440m **난이도** 하

해발 1,752m의 리기 쿨름 정상에서 출발해 파란색 ARB 열차와 빨간색 VRB 열차가 각각 아르트골다 우와 피츠나우 방향으로 갈라지는 리기 슈타펠역,

알프스 고산 지대 야생화와 안내판을 볼 수 있는 꽃길인 블루멘파트(Blumen-pfad) 그리고 베기스 마을과 피어발트슈테터제 전망이 아름다운 켄첼리 전망대를 거쳐 리기 칼트바트역(Rigi Kaltbad, 1,440m)까지 내려가는 약 4km에 이르는 코스다. 전 반적으로 평탄한 내리막길로 중간에 철길을 따라 걸어가는 구간도 있으며 이정표가 잘되어 있어 쉽 게 내려갈 수 있다. 이 구간은 최소한의 노력으로 최 대한 하이킹의 즐거움을 얻을 수 있는 곳이라 해도 과언이 아니다.

리기 슈타펠역

리기 쿨름(Rigi Kulm) → 리기 슈타펠(Rigi Staffel)
리기 쿨름 정상에서는 스위스의 고원 지대와 알프스 고봉들과 함께 독일의 슈바르츠발트, 프랑스 동북부의 보주 산맥까지도 볼 수 있다. 피어발트슈테터제와 추크제를 비롯한 크고 작은 13개의 호수가 햇살에 반짝이는 풍경도 아름답다.

리기 쿨름 정상에서 능선을 따라 내려오면 사방으로 환상적인 파노라마가 펼쳐진다. 중간중간 쉬어갈 수 있는 벤치가 있고, 드문드문 레스토랑이 있다. 리기산의 한쪽은 완만한 고원이지만, 피어발트슈테터제가 있는 방향은 깎아지른 듯한 절벽으로 극적인 대비를 보여준다.

그렇게 걷다 보면 빨간색 VRB 열차와 파란색 ARB 열차가 하이킹 코스 왼편으로 이어진 철로를 오가는 모습을 볼 수 있다. 15분 정도 걷다 보면 이윽고 리기 슈타펠(1,604m)역에 도착한다. 1873년에 운행된 벨에포크풍 등산 열차가 철로 가운데 세워져 있고, 레스토랑과 화장실이 있으므로 잠시 쉬어가도 좋다.

리기 슈타펠 → 리기 슈타펠회헤(Rigi Staffelhöhe)
피츠나우행 빨간색 VRB 등산 열차와 아르트골다

우행 파란색 ARB 등산 열차는 리기 슈타펠역에서 각각 오른쪽 능선 방향과 왼편 비탈길로 갈라져서 내려간다. 만약 아르트골다우로 가려면 이곳에서 파란색 열차를 타고 내려가야 한다. 여름이면 슈타펠 주변의 목초지에서는 우리의 전통 씨름과 비슷한 스위스의 전통 격투기인 슈빙겐(Schwingen) 시합이 펼쳐지기도 한다. 주택 벽면에는 슈빙겐 장면을 담은 벽화도 있다.

철로 갈림길에서 리기 칼트바트는 빨간색 VRB 열차가 오가는 오른쪽 철길이다. 여기서부터는 한동안 철길과 나란히 걷는 코스가 이어진다. 철길을 따라 5분 정도 걷다 보면 꽃길(블루멘파트, Blumen-pfad)이라고 적힌 작은 이정표가 보인다. 여기서부터는 각각의 식물들마다 명찰이 붙어 있어 고산 지대의 야생화를 비롯한 다양한 식물의 이름을 익힐 수 있다. 꽃길을 지나면 아담한 호텔 에델바이스(Hotel Edelweiss)가 나타난다. 레스토랑을 겸하고 있으며 여름철에는 야외 테이블에서 커피나 음료를 즐길 수도 있다.

리기 슈타펠회헤 → 켄첼리(Känzeli) → 리기 칼트바트(Rigi Kaltbad)
호텔 에델바이스를 정면으로 마주봤을 때 오른쪽 길이 켄첼리 전망대로 가는 길이며, 왼쪽 길은 마을을 가로질러 리기 칼트바트로 바로 이어진다. 호텔 바로 왼편에 리기 슈타펠회헤(1,552m) 역이 있다. 켄첼리 전망대가 있는 오른편 길로 간다. 켄첼리 전망대에서 바라보는 베기스 마을과 피어발트슈테터제와 알프스 산들이 만들어내는 파노라마는 말 그대로 예술이다. 영국의 빅토리아 여왕도 이곳에서 환상적인 장관을 감상했고 1868년 다시 방문했을 때도 그저 감탄사만 연발했다고 한다. 호텔 에델바

슈타펠회헤 길 이정표

꽃길과 철로

리기 쿨름

이스에서 켄첼리 전망대까지 15분 정도 걸리고, 켄첼리 전망대에서 리기 칼트바트까지 12분 내외로 걸린다.

리기 칼트바트
리기 칼트바트는 '리기의 차가운 샘'이라는 뜻이며 이 마을 이름은 온천이 아닌 냉천(Kaltbad)에서 유래했다. 이곳의 냉천은 600년의 역사를 자랑하는데 탁월한 치료 효과로 명성이 높다고 한다. 베기스에서 올라오는 로프웨이 승강장과 붙어 있는 호텔 리기 칼트바트에는 세계적으로 유명한 스위스의 스타 건축가인 마리오 보타(Mario Botta)가 설계한 자르디노 미네랄레 스파(Giardino Minerale Spa)가 세련된 디자인과 최신 설비를 갖추고 2012년에 새롭게 문을 열어 화제를 불러모았다. 하이킹과 여행의 피로를 이곳 미네랄 스파에서 풀어보는 시간을 가져보는 것도 좋다.

리기 칼트바트 미네랄바트 & 스파
Mineralbad & Spa Rigi-Kaltbad
주소 6356 Rigi Kaltbad
☎ 041 397 04 06
요금 성인 CHF37~(스파 구역은 16세 이상 입장 가능), 아동 (7~15세) CHF17, 6세 이하 무료(아동은 성인 동반 필수)

산책로를 걷는 여행자들

영업 매일 10:00~19:00(08:00~10:00는 호텔 투숙객 전용)
홈페이지 www.mineralbad-rigikaltbad.ch
교통 호텔 리기 칼트바트에 있다. 베기스-리기 칼트바트 로프웨이 승강장 건물에 붙어 있으며 로프웨이역과 리기 칼트바트 등산 철도역 사이에 있다.

돌아가는 길
리기 칼트바트에서 로프웨이를 타고 베기스로 내려가서 베기스 선착장으로 이동한 후 유람선을 타고 루체른으로 돌아가는 방법과 리기 칼트바트에서 등산 열차를 타고 피츠나우까지 내려가서 피츠나우 선착장의 유람선을 타고 루체른으로 돌아가는 방법이 있다.

티틀리스

TITLIS

언어 독일어권 | 해발 3,238m

세계 최초 360도 회전 로프웨이를 타고 즐기는 파노라마

'스위스 왕관의 보석'이라고 불리는 티틀리스(3,238m)는 옵발덴주와 베른주 사이 경계에 놓여 있으며 우르너(Urner) 알프스에 속한 산으로, 스위스 중심부에서 유일하게 빙하에 접근할 수 있는 곳이다. 사계절 만년설로 뒤덮인 장대한 파노라마와 훼손되지 않은 알프스의 산악 풍경이 그대로 남아 있다. 티틀리스산은 중부스위스에서 가장 높은 산으로 세계 최초로 360도 회전하는 로프웨이인 '티틀리스 로테어(Titlis Rotair)'를 타고 편안하고 즐겁게 해발 3,000m가 넘는 정상을 오르면서 360도로 펼쳐지는 중부 스위스의 파노라마를 감상할 수 있다. 특히 티틀리스는 필라투스나 리기보다 정상에서 체험할 수 있는 액티비티가 훨씬 다양하다.

ACCESS

티틀리스 가는 법

티틀리스에 오르기 위해서는 옵발덴주의 유서 깊은 도시 엥겔베르크(Engelberg)를 반드시 거쳐야 한다. 기차나 자동차로 엥겔베르크에 도착한 후 100년 역사를 자랑하는 티틀리스 행 로프웨이를 타고 올라간다.

홈페이지 www.titlis.ch / www.engelberg.ch
☎ 041 639 50 50

루체른 → 엥겔베르크

기차로 가기

루체른에서 엥겔베르크까지 IR 열차인 루체른–엥겔베르크 익스프레스(Luzern–Engelberg Express)를 타고 43분 소요. 13번 플랫폼에서 매시 10분에 출발한다. 엥겔베르크 기차역 앞에서 1번 버스를 타고 3~4분 정도 가면 티틀리스행 엥겔베르크 로프웨이(Engelberg BET) 승강장에 도착한다. 도보로는 기차역을 나와 오른쪽 반호프 거리(Bahnhofstrasse)를 따라 걷다가 작은 강 엥겔베르크 강을 건너자마자 오른쪽 로흐르 거리(Rohrstrasse) 쪽으로 계속 걸으면 티틀리스행 엥겔베르크 로프웨이 승강장이 나온다.

자동차로 가기

루체른에서 2번 고속도로를 타고 내려오다가 33번 출구 슈탄스 남쪽(Stans–Süd) 출구로 나와서 일반도로를 따라 엥겔베르크 이정표를 보고 가면 된다. 자동차는 티틀리스행 엥겔베르크 로프웨이 승강장 주차장에 세우면 된다.

엥겔베르크 → 티틀리스

티틀리스 로테어

엥겔베르크(1,000m)에서 정상역인 클라인 티틀리스(3,028m)까지는 로프웨이를 타고 가는데, 게르슈니알프(Gerschnialp 1,262m), 트륍제(Trübsee 1,796m), 슈탄트(Stand 2,428m), 세 개의 주요 역을 거쳐 올라갈 수 있다. 중간에 트륍제와 슈탄트에서 각각 환승해야 한다. 360도 회전식 로프웨이인 티틀리스 로테어는 슈탄트에서 정상역인 클라인 티틀리스 구간에서 타게 된다.

트륍제까지 약 20분 소요되며, 트륍제에서 슈탄트까지 약 5분, 슈탄트에서 티틀리스 정상역인 클라인 티틀리스까지 약 5분 정도 걸린다. 엥겔베르크에서 클라인 티틀리스까지 환승 대기 시간을 포함해 총 40분 정도 소요된다.

운행 시간과 요금(성인 요금, CHF, 2024년 기준)

엥겔베르크 상행 첫차가 08:30, 티틀리스에서 하행 마지막 차가 17:00(현지 상황에 따라 변동 가능).

구간	편도	왕복
엥겔베르크 – 티틀리스 Engelberg - Titlis	–	72
엥겔베르크 – 트륍제 Engelberg - Trübsee	–	36
엥겔베르크 – 게르슈니알프 Engelberg - Gerschnialp	10	14

※스위스 트래블 패스 이용자는 50%, 유레일 패스 이용자는 25% 할인

티틀리스의 관광 명소

엥겔베르크
Engelberg ★

티틀리스 등반의 베이스캠프

엥겔베르크(1,000m)는 티틀리스 등정을 위한 전 초기지일 뿐만 아니라 900년이 넘는 역사를 자랑하는 베네딕트회 수도원을 중심으로 발전한 스위스 중부의 평화로운 리조트 마을이다.

엥겔베르크는 '천사의 산'이란 뜻인데, 아주 먼 옛날 베네딕트 수도사가 하나님을 위해 헌신할 터를 세우라는 명령을 받고 이곳에 수도원을 세웠다는 전설이 전해온다. 이 전설로 인해 건강과 행운을 가져다준다는 다양한 천사상을 수도원과 마을 곳곳에서 발견할 수 있다. 기차역(ZentralBahn, ZB)을 나와 역 앞에 있는 반호프 거리(Bahnhofstrasse)에서 좌회전해서 90m 정도 걸어가면 마을의 중심 거리인 도르프 거리(Dorfstrasse)가 나온다. 도르프 거리에서 우회전해 500m 정도 걸어가면 수도원이 있는 클로스터호프(Klosterhof)가 나온다.

지도 p.275

엥겔베르크 수도원
Kloster Engelberg ★★

엥겔베르크의 랜드마크이자 정신적 지주

1120년에 건설된 베네딕트회 수도원으로 이 마을의 정신적 지주이자 발전의 토대였다. 현재의 건물은 화재로 소실된 후 1735~1740년에 다시 세운 것이다. 수도원의 중심은 바로크 양식의 교회다.

수도원에 세워진 천사상

슈피글러(Spiegler)가 만든 제단 미술품과 스위스에서 가장 큰 파이프 오르간, 웅장하고 화려한 나무 장식의 내부가 특히 볼만하다. 수도원 부지 내 남쪽 건물에는 치즈 공방이 있는데, 치즈 만드는 과정을 무료로 견학할 수 있다(매일 09:00~18:00).

주소 Klosterhof CH-6390 Engelberg
☎ 041 639 61 61
요금 전시회 제외 성인 CHF8, 청소년(12~18세) CHF4, 동반 아동(12세 미만) 무료
전시회 포함 성인 CHF10, 청소년(12~18세) CHF5, 동반 아동(12세 미만) 무료 **홈페이지** www.kloster-engelberg.ch
가이드 투어 월~토 16:00에 시작(1시간 소요, 토요일은 1시간 20분 소요), 일·공휴일 휴무, 독일어, 영어, 프랑스어, 이탈리아어 자료 제공
교통 엥겔베르크 역에서 도보 8분. **지도** p.275

엥겔베르크 수도원

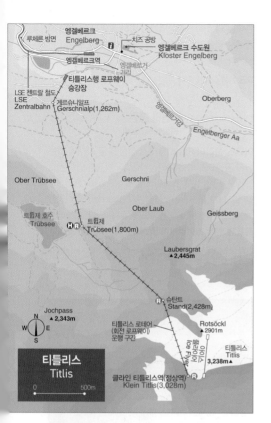

티틀리스
Titlis ★★★

한여름에도 만년설로 덮인 스위스 명봉

엥겔베르크에서 로프웨이를 타고 트륍제를 거쳐 슈탄트에 도착하면, 1992년에 완성된 세계 최초의 360도 회전식 로프웨이인 티틀리스 로테어(Titlis Rotair)를 타고 티틀리스 정상인 클라인 티틀리스에 갈 수 있다. 5분간의 여정 동안 티틀리스 로테어는 360도 회전을 하며 가파른 바위 암벽과 깊은 크레바스, 만년설 뒤덮인 알프스 고봉들과 트륍제의 아름다운 풍경을 보여준다.

해발 3,028m의 클라인 티틀리스역은 5층으로 된 건물이다. 1층에는 티틀리스 로테어 승강장, 빙하 동굴, 기념품 상점, 키오스크, 전망대가 있으며, 2층에는 레스토랑, 화장실, 3층에는 유럽에서 가장 높은 곳에 있는 오펜 바(Ofen Bar)와 화장실, 4층에는 민속 의상을 입고 사진을 찍을 수 있는 스튜디오, 빙하용 신발 렌털, 비디오 쇼룸, 실내 파노라마 홀 토포라마(Toporama), 5층에는 빙하, 아이스 플라이어, 스키와 스노보드 슬로프, 클리프 워크로 가는 출입구, 장애인용 화장실 등 다양한 편의 시설이 있다. 티틀리스는 리기나 필라투스와 달리 한여름에도 자체 빙하와 만년설로 뒤덮여 있어 색다른 체험을 할 수 있다.

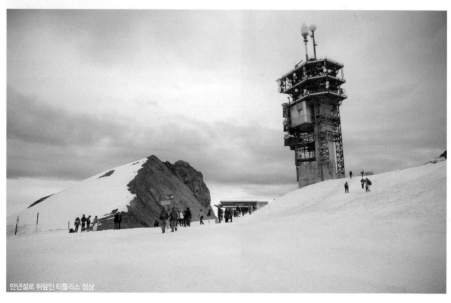

만년설로 뒤덮인 티틀리스 정상

티틀리스 클리프 워크
Titlis Cliff Walk

티틀리스의 절벽 계곡 사이를 잇는 다리. 유럽에서 가장 높은 고도인 3,041m에 설치된 현수교로 기록되었다. 지면에서부터 500m 높이에, 폭은 1m, 길이는 100m 정도. 빙하로 뒤덮인 알프스의 계곡으로 인해 체감되는 고도는 훨씬 높다. 강철 케이블로 만들었지만 현수교의 특성상 조금씩 흔들리기 때문에 다리 위를 걷다 보면 짜릿한 스릴을 느낄 수 있다. 클라인 티틀리스 정상역에 도착한 후 5층 출입구로 나오면 오른편에 테이블과 의자가 놓인 전망 테라스가 있다. 이 테라스에서 아이스 플라이어와 빙하 공원까지 250걸음이라고 표시된 아치를 통과하면 본격적으로 빙하 위를 걷게 된다. 미끄러지지 않도록 주의하면서 100m 정도 걷다 보면 거대한 안테나 탑이 나온다. 그 왼편에 아이스 플라이어와 티틀리스 클리프 워크가 나란히 자리하고 있다. 클리프 워크는 누구나 무료로 이용할 수 있다(악천후에는 폐쇄).

아이스 플라이어
Ice Flyer

최신식 6인승 리프트를 타고 눈부신 빙하 위를 천천히 이동하며 감상할 수 있다. 발밑으로 만년설로 뒤덮인 빙하와 10m가 넘는 크레바스들이 펼쳐진다. 여름 시

고공 흔들다리인 티틀리스 클리프 워크

즌에는 티틀리스 정상역에서 빙하 공원까지, 겨울 시즌에는 티틀리스 정상에 형성된 스키 슬로프까지 연결된다.

요금 왕복 CHF12

빙하 공원
Gletscherpark

아이스 플라이어로 티틀리스 정상 조금 아래에 있는 빙하 공원으로 바로 내려갈 수 있다. 박진감 넘치는 스노튜브, 단체 썰매 스네이크 글리스(Snake Gliss), 1인용 썰매 미니봅(Minibob), 밸런서(Balancer) 등 다양한 겨울 어트랙션을 한여름에도 즐길 수 있다. 겨울에는 트립제 옆에 스노파크가 열린다.

영업 눈놀이(Snow toy) 5~9월, 스노튜브 타기(Snowtubing) 5~7월 **요금** 무료

빙하 동굴
Gletschergrotte

티틀리스 로테어를 타고 정상역에서 내리면 같은 층에 빙하 동굴 입구가 있다. 클리프 워크를 건너 계단을 따라 아래로 내려가도 빙하 동굴이 나온다. 희미한 청록색 조명을 받고 있는 빙하 동굴은 150m 길이로, 선사 시대 이전부터 얼어 있었을 것으로 추정된다. 빙하 내부는 영하 1.5℃ 정도이니 옷을 따뜻하게 입을 것.

요금 무료

빙하 트레킹
Wanderung Stotzig Egg

티틀리스 로테어에서 내린 후 5층 출구로 나오면 빙하로 뒤덮인 설원이 펼쳐진다. 티틀리스역에서 슈토치크 에크(Stotzig Egg) 전망 포인트까지 30분 정도 눈 위를 걸으며 빙하 트레킹을 즐길 수 있다. 걷기에 편하고 안

전하게 정비되어 있어 초보자도 즐길 수 있다. 슈토치크 에크 전망대에 다다르면 중부 스위스 알프스의 고봉들이 파노라마처럼 펼쳐진다.

토보가닝
Tobogganing

토보간은 앞쪽이 위로 구부러진, 좁고 길게 생긴 썰매를 의미한다. 이 토보간을 타고 게르슈니알프에서 엥겔베르크까지 3.5km 길이의 비탈길 코스를 질주하는 스릴을 즐길 수 있다. 2.5km에 달하는 브룬니(Brunni)의 비탈길 코스는 아이가 있는 가족 여행자도 즐길 수 있다. 토보간은 대여 가능하다.

영업 크리스마스 시즌~3월 초 09:00~16:30

트립제 스노파크
Trübsee Snow Park

트립제 로프웨이 승강장 바로 옆에 있는 트립제 알파인 로지 옆에 스노파크가 있다. 스노튜브나 미니봅 등 다양한 놀이 기구를 탈 수 있다. 날씨에 따라 약간의 변동은 있지만, 12월부터 4월까지 오픈한다.

개방 12~4월 **요금** 무료

트립제 호수
Trübsee

피크닉을 즐길 수 있는 고즈넉한 호수

엥겔베르크에서 티틀리스로 올라가는 코스 중에 중간 환승역인 트립제역에서 나와서 레스토랑이 있는 내리막길을 5분 정도 내려가면 평탄한 계곡에 고즈넉한 트립제 호수가 있다.

6~10월에는 호수 주변을 한 바퀴 돌아보는 트레킹(1시간 소요)을 즐길 수 있는데, 전체적으로 평탄한 길이라 유모차나 휠체어가 있는 가족 여행자도 여유롭게 돌아볼 수 있다. 이 시기에는 호수에서 보트를 탈 수도 있다(무료, 기부금 CHF10 정도, 구명조끼 있음). 중간에 벤치와 테이블이 있어 피크닉을 즐기는 사람도 많다.
호수 주변에는 레스토랑과 소를 키우는 목장이 있어 식사를 하거나 목장에서 직접 짠 우유를 맛볼 수도 있다.

교통 트립제역에서 도보 5분
지도 p.275

트립제 호수. 6~10월에는 보트를 탈 수 있다.

피어발트슈테터제

VIERWALDSTÄTTER-SEE

언어 독일어권 | 해발 433m

스위스 건국과 빌헬름 텔 전설의 무대

여행객들에게는 루체른 호수로 잘 알려진 피어발트슈테터제는 '4(Vier)개의 숲(wald)으로 둘러싸인 땅(stätter)의 호수(see)'라는 뜻을 가지고 있다. 여기서 4개의 땅은 뤼틀리 들판에서 스위스 연방 건국의 기원이 된 뤼틀리 맹약을 맺은 슈비츠(Schwyz)주, 우리(Uri)주, 운터발덴(Unterwalden)주의 3개 주와 루체른(Luzern)주를 합한 땅을 말한다. 1291년 8월 1일 당시 뤼틀리 맹약을 맺은 3개 주는 합스부르크 왕가의 지배로부터 완전한 독립과 자유를 얻기 위해 뤼틀리 맹약을 맺고 반기를 들었는데, 이것이 바로 스위스 연방의 기원이 되었다. 이런 역사적인 사실을 바탕으로 한 스위스 건국과 관련된 대표적인 전설인 '빌헬름 텔' 이야기도 이 호수를 둘러싼 3개 주와 밀접한 관련을 맺고 있다.

ACCESS

피어발트슈테터제 가는 법

주요 도시 간의 이동 시간

루체른 → 슈비츠 기차 40분
슈비츠 → 알트도르프 기차 15분
루체른 → 알트도르프 기차 + 버스 1시간 20분
알트도르프 → 뷔르글렌 버스 5분
루체른 → 뤼틀리 유람선 2시간 10분

호수 정기선으로 가기

루체른을 기점으로 호수 주변의 주요 도시와 산을 이어주는 정기선과 유람선이 운항되고 있다.
주요 노선은 리기산을 오를 수 있는 피츠나우(Vitznau)나 베기스(Weggis), 필라투스산을 오를 수 있는 알프나흐슈타트(Alpnachstad), 스위스 건국의 무대가 된 뤼틀리(Rütli), 빌헬름 텔 이야기와 관련된 퀴스나흐트(Küssnacht) 등이다.

호수 관광의 대국답게 다양한 테마의 유람선도 운항되고 있다. 스위스 패스 이용자는 스위스 내 호수 정기선을 무료로 이용할 수 있다. 자신의 패스 등급에 따라 선박을 이용할 수 있는데, 1등석은 보통 갑판 상층에 있어 전망이 좋고, 좌석도 여유가 있다. 매표소는 루체른 기차역을 나와 버스 정류장 광장을 통과해 직진하면 바로 앞에 있는 1번 부두에 있다. 역에서 도보 1분 이내.

피어발트슈테터제 정기선 사무실(SGV)
주소 Werftestrasse 5 CH–6002 Luzern ☎ 041 367 67 67
개방 월~금 08:00~17:00, 토~일 08:30~12:00, 13:00~15:00 **홈페이지** www.lakelucerne.ch

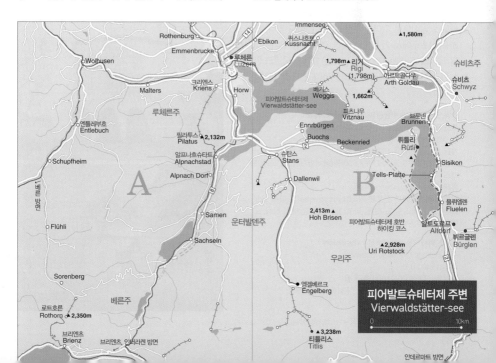

피어발트슈테터제의 관광 명소

슈비츠
Schwyz

전통 목조 샬레 가옥들로 운치 있는 마을

스위스 연방 건국의 기원을 이룬 3개 주 중 하나인 슈비츠주의 주도가 바로 슈비츠인데, 슈비츠라는 주 이름과 깃발이 스위스 국명(독일어로 Schweiz, 슈바이츠)과 국기의 유래가 되었다.

대표 명소로는, 마을 중심에 자리한 스위스 연방 대헌장 박물관(Bundesbrief-museum)이 있다. 규모는 작지만 1291년 '뤼틀리 맹약'의 서약서를 비롯해 스위스 연방의 역사와 관련된 중요한 고문서와 초기 스위스 국기 등이 보관되어 있다.

1300년대에서 1800년대까지 스위스인들의 문화와 일상과 관련된 유물과 기록을 보관하고 있는 스위스 역사 박물관(Forum of Swiss History)도 둘러볼 만하다. 16세기 중엽에 건설된 시청사를 비롯해 고딕 양식과 바로크 양식으로 지어진 고풍스러운 건물도 많다. 특히 슈비츠주에서 가장 인상적인 건물로 평가받는 이탈 레딩의 저택(Ital Reding Haus)은 17세기 바로크 양식의 정원과 나무 세공이 화려한 실내 인테리어로 유명하다.

스위스 연방 대헌장 박물관 Bundesbriefmuseum
주소 Bahnhofstrasse 20 CH-6431 Schwyz
☎ 041 819 20 64
개관 화~일 10:00~17:00 **휴관** 월
요금 성인 CHF5, 학생 CHF2.5, 아동(16세까지) 무료, 스위스 패스 이용자 무료
홈페이지 www.bundesbrief.ch
교통 슈비츠역에서 반호프 거리(Bahnstrasse)를 따라 도보 20분. 또는 버스 1, 3, 7번을 타고 3번째 정거장에서 하차, 도보 이동(총 6분 내외).

스위스 역사 박물관 Forum of Swiss History
주소 Hofmatt CH-6430 Schwyz
☎ 041 819 60 11
개관 화~일 10:00~17:00 **휴관** 월
요금 성인 CHF10, 학생 CHF8, 아동(16세까지) 무료, 스위스 패스 이용자 무료
홈페이지 www.forumschwyz.ch
교통 스위스 연방 대헌장 박물관에서 반호프 거리(Bahnstrasse)를 따라 도보 3분.

이탈 레딩 저택 Ital Reding Haus
주소 Stiftung Ital Reding-Haus CH-6431 Schwyz
☎ 041 811 45 05
개관 5~10월 화~금 14:00~17:00, 토·일 10:00~16:00 **휴관** 11~4월
요금 성인 CHF5, 학생 CHF3, 16세 이하 무료
홈페이지 www.irh.ch
교통 관광 안내소에서 마을 중심에 있는 하우프트 광장(Hauptplatz)을 지나 라이히스 거리(Reichsstrasse)로 직진하면 나온다. 도보 5분 거리.

슈비츠 가는 법

루체른에서 S3, IR 열차로 약 40분 소요, 1시간에 2~3대씩 운행. 매시 6분 열차는 슈비츠까지 바로 간다. 매시 39분 출발하는 열차는 아르트골다우(Arth Goldau)에서 환승해야 한다. 슈비츠역에서 마을 중심까지는 약 1.5km 거리로 도보 20분 정도 걸린다. 슈비츠 기차역에서 버스 1·3·7번을 타고 우체국(Post)역에서 내리면 마을 중심이다.

스위스 연방 대헌장 박물관

이탈 레딩의 저택

알트도르프
Altdorf ★★

스위스 건국 영웅 빌헬름 텔의 도시

피어발트슈테터제의 가장 남쪽에 위치한 작은 도시로 우리주의 주도이기도 하다.

프리드리히 실러의 희곡 〈빌헬름 텔〉의 주요 배경이 된 도시이자 빌헬름 텔이 아들의 머리 위에 사과를 올려놓고 화살을 쏘아 명중시킨 장소가 바로 알트도르프의 라트하우스 광장(Rathausplatz)이다. 현재 이곳에는 텔 부자의 커다란 조각상인 텔뎅크말(Telldenkmal)이 우뚝 서 있다. 라트하우스 광장 뒤편에는 〈빌헬름 텔 이야기〉가 공연되는 텔 극장(Tellspiele)이 있다. 공연 일정은 극장 사이트나 관광안내소에서 확인할 수 있다.

텔 극장 Tellspiele
주소 Schuetzengasse 11 CH-6460 Altdorf
☎ 041 870 01 01 **홈페이지** www.theater-uri.ch

알트도르프 가는 법
루체른에서 알트도르프로 가는 방법은 크게 두 가지 루트가 있다. 첫 번째 방법은 열차를 타고 아르트골다우에서 한 번 환승해 알트도르프 기차역에서 내린다. 텔 기념비가 있는 라트하우스 광장(Rathausplatz)까지는 약 1.3km 거리로 도보로 16분 정도 소요된다. 기차역 앞에서 402 · 403 · 408번 버스(3분 소요)를 타고 라트하우스 광장역인 텔뎅크말(Telldenkmal)에서 하차해도 된다. 두 번째 방법은 열차를 타고 아르트골다우에서 환승하거나 직행 열차로 플뤼엘렌까지 간 후 플뤼엘렌 하우프트 광장에서 401번 버스를 타고 라트하우스 광장까지 가는 것이다. 총 소요 시간은 두 가지 방법 모두 1시간 10분~1시간 20분 정도로 비슷하다.

슈비츠에서 알트도르프로 갈 경우에는 슈비츠 기차역에서 매시 34분에 출발하는 에르스트펠트(Erstfeld)행 S2번 열차를 타면 14분이면 도착한다.

텔 극장

뷔르글렌
Bürglen ★★

빌헬름 텔의 탄생지

빌헬름 텔의 탄생지이자 그가 살았다고 전해지는 마을. 마을 중심에 텔 박물관(Tell Museum)과 텔 예배당(Tell Kapelle)이 있다. 3층 건물인 텔 박물관은 빌헬름 텔을 그린 회화 작품과 텔과 관련된 물품들을 전시하고 있다.

텔 박물관 Tell Museum
주소 Postplatz CH-6463 Bürglen ☎ 041 870 41 55
개관 5월 중순~10월 중순 오픈. 5~6월 화~일 10:00~11:30, 13:30~17:00, 7~8월 화~일 10:00~17:00, 9~10월 10:00~11:30, 13:30~17:00 / **휴관** 월(11~4월은 10명 이상의 단체 예약만 방문 가능)
요금 성인 CHF8, 가족 CHF15, 학생 CHF6, 아동(9~15세) CHF2.50 **홈페이지** www.tellmuseum.ch

뷔르글렌 가는 법
알트도르프에서 403 · 408번 버스를 타고 5분이면 빌헬름 텔이 살았던 뷔르글렌 마을에 도착한다.

뤼틀리
Rütli ★★★

스위스 연방의 기원, 뤼틀리 맹약의 장소

1291년 8월 1일 스위스 연방의 기원이 된 원시 3개 주(슈비츠주, 우리주, 운터발덴주)의 대표가 모여 '뤼틀리 맹약'을 체결한 역사적인 들판이 있다. 뤼틀리 선착장에서 이정표를 따라 산길을 10분 정도 올라가면 규모는 크지 않지만 평평한 초원이 나온다. 소나무 몇 그루와 돌의자가 있으며 초원 가운데에는 높은 나무 기둥 위에 스위스 국기가 펄럭이고 있다. 건국기념일인 8월 1일에는 이곳에서 기념식이 개최된다.

뤼틀리 가는 법
루체른에서 호수 유람선을 타고 약 2시간 10분 소요. 루체른에서 열차를 타고 브룬넨(Brunnen)까지 이동 후 브룬넨 선착장에서 플뤼엘렌행 유람선을 타고 10분 소요(총 1시간 15분).

융프라우 주변

Around Jungfraujoch

융프라우와 주변 지역
한눈에 보기

베른과 루체른의 남쪽으로 장대한 스위스 알프스의 중심, 베르너 오버란트 지역이 있다. 만년설 덮인 고봉들, 가파른 계곡들, 시원한 호수들, 스위스 하면 떠오르는 이미지들이 이곳에 다 모여 있다. 그야말로 여름철에는 하이킹의 천국이요, 겨울철에는 스키를 위한 꿈의 땅이다.

인터라켄 p.286

융프라우 지역을 여행하는 이들이 체류 거점으로 삼는 도시. 현대적인 도시의 분위기가 강하며 호텔, 레스토랑, 기념품점, 상점, 카지노, 슈퍼마켓, 공원 등 다양한 관광 인프라와 편의 시설이 잘 갖춰져 있다.

여행 소요 시간 2~3일
지역번호 ☎ 033
주 이름 베른(Bern)주
관광 ★★★ **미식** ★
쇼핑 ★★ **액티비티** ★★★

그린델발트 p.304

아이거의 전망이 빼어나고, 주변으로 하이킹 코스와 케이블카 등 노선이 다양해 여행자로 늘 붐비는 곳이다. 그린델발트에서 클라이네 샤이데크를 거쳐 융프라우요흐 전망대에 올라갈 수 있다.

여행 소요 시간 2일
지역번호 ☎ 033
주 이름 베른주
관광 ★★ **미식** ★★
쇼핑 ★ **액티비티** ★★★

융프라우요흐 p.324

해발 3,454m의 대표적인 알프스 관광지. 알프스 거봉 중에서 가장 유명한 해발 4천 미터급의 세 봉우리인 아이거(Eiger, 3,970m), 묀히(Mönch, 4,107m), 융프라우(Jungfrau, 4,158m)가 만년설에 덮인 채 계곡 사이에 빙하를 품고 우뚝 솟아 있다.

여행 소요 시간 6시간
지역번호 ☎ 033
주 이름 베른주
관광 ★★★ **미식** ★ **액티비티** ★★★

라우터브룬넨 p.334

유럽에서 가장 아름다운 U자형 라우터브룬넨 계곡 속에 자리 잡은 평화로운 마을이다. 깎아지른 듯한 절벽이 마을을 마주 보고 있으며 슈타우바흐 폭포와 암굴 속에 숨어 있는 트뤼멜바흐 폭포로 유명한 곳이다.

여행 소요 시간 4시간 지역번호 ☎ 033
주 이름 베른주
관광 ★★★ **미식** ★ **쇼핑** ★ **액티비티** ★★★

뮈렌 p.338

라우터브룬넨 계곡 위쪽 절벽에 자리한 스위스 전통 마을이자 휴양지. 쉴트호른 전망대로 가기 위해 반드시 들러야 하는 곳으로, 세 고봉이 둘러싼 전망이 훌륭하며 계곡 절벽을 따라 흘러내리는 폭포도 장관이다.

여행 소요 시간 4시간 **지역번호** ☎ 033
주 이름 베른주
관광 ★★★ **미식** ★ **쇼핑** ★ **액티비티** ★★★

벵겐 p.342

라우터브룬넨에서 융프라우요흐로 오르는 관광 거점이 되는 마을. 융프라우 지역의 어느 방향으로든 등산열차나 케이블카로 편리하게 이동할 수 있다. 라우터브룬넨 계곡 마을과 맞은편의 뮈렌 마을이 한눈에 보이는 멋진 전망을 자랑하는 곳이기도 하다.

여행 소요 시간 2시간 **지역번호** ☎ 033
주 이름 베른주
관광 ★★★ **미식** ★ **쇼핑** ★ **액티비티** ★★★

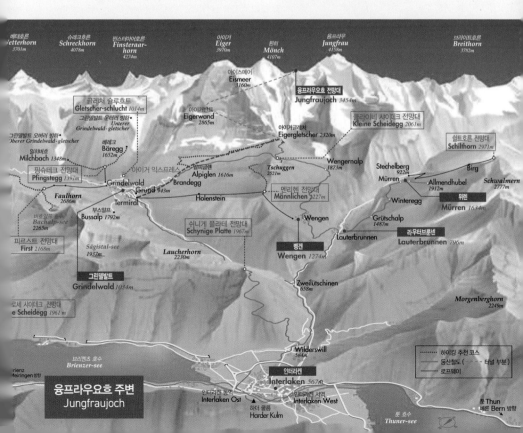

인터라켄
INTERLAKEN

언어 독일어권 | 해발 567m

융프라우 지역 탐험을 위한 교통의 요지이자 체류 거점 휴양 도시

'호수 사이'라는 뜻의 인터라켄은 스위스 알프스의 베르너 오버란트(Berner Oberland, 베른주 고지대)에 있는 유명한 관광 리조트다. 융프라우 지역의 산악 지대와 주변 호수 지역을 돌아보는 교통의 요충지이며 체류 거점 도시이기도 하다. 이름에 담긴 뜻 그대로 툰 호수(Thunersee)와 브리엔츠 호수(Brienzersee) 사이에 있으며 융프라우를 조망하기에 좋은 위치에 자리 잡고 있다. 아레(Aare)강이 마을을 가로질러 흐르고 동역과 서역 사이에는 화려한 신시가, 아레강 건너 우안에는 고즈넉한 구시가(Unterseen)가 있다. 지금처럼 관광 산업이 발달하기 전에는 인쇄, 섬유, 소규모 시계 산업이 번성한 곳이었다. 현재 스위스에서 가장 인기 있는 휴양지이며, 융프라우 관광의 전초 기지로서 세계 각지에서 여행자들이 몰려드는 최고의 관광지다.

ACCESS
인터라켄 가는 법

주요 도시 간의 이동 시간

취리히 → 인터라켄 기차 1시간 55분
제네바 → 인터라켄 기차 2시간 40분
루체른 → 인터라켄 기차 1시간 50분

기차로 가기

인터라켄에는 동역(Ost)과 서역(West)이 있는데, 신시가의 메인 거리인 회에벡(Höheweg)의 양끝에 자리 잡고 있으며 서로 1.7km 정도 떨어져 있다.

주요 기차들은 서역을 거쳐 동역에서 최종적으로 정차한다. 융프라우요흐 전망대행 산악 열차들은 서역이 아닌 동역에서만 출발한다. 대부분의 호텔과 레스토랑, 상점이 있는 번화가는 서역과 회에벡 거리를 중심으로 형성되어 있어 처음 인터라켄에 도착하는 이들은 대부분 서역에서 많이 내린다. 자신의 숙소 위치나 일정을 고려해 동역과 서역 중에서 잘 선택해 동선을 짜도록 한다. 동역과 서역은 거의 10분 간격으로 운행하는 노란색 포스트버스 노선(102·103번)으로도 연결되어 있

으며 천천히 걸어서 이동할 경우 25분 정도 걸린다. 루체른 방향에서 출발하면 동역에 먼저 도착하고, 제네바, 로잔, 취리히에서 출발하는 경우에는 보통 베른을 경유한 뒤, 서역을 거쳐 동역에 도착한다. 취리히 국제공항에서 인터라켄까지 직행열차가 2022년 12월부터 운행되고 있다.

취리히 중앙역에서 출발
IC 열차를 타고 베른을 경유(환승)해 인터라켄 서역을 거쳐 동역까지 1시간 55분 소요. 1시간에 2대씩 운행.

제네바 코르나뱅역에서 출발
IR, IC 열차를 타고 베른을 경유(환승)해 인터라켄 서역을 거쳐 동역까지 약 2시간 40분 소요. 1시간에 1~2대씩 운행.

루체른 중앙역에서 출발
IR 열차를 타고 인터라켄 동역까지 1시간 50분 소요. 루체른에서 출발할 경우에는 서역을 경유하지 않고 바로 동역에 도착한다. 1시간에 1대씩 운행(매시 5분에 출발).

자동차로 가기

인터라켄 시내 곳곳에 공용 주차장이 자리하고 있다. 주차비는 기본 30분에 CHF1이며, 24시간 최대 요금은 CHF25. 스마트폰을 이용해 스위스에서 이용 가능한 주차 앱(SEPP, EasyPark)을 활용하면 훨씬 편리하다. 서역과 반호프 거리 주변, 회에벡 거리 일부가 포함된 중심가의 주차장은 최대 180분까지만 주차할 수 있다. 주차 미터기의 안내와 요금 사항을 잘 확인할 필요가 있다.

인터라켄 동역

취리히에서 출발

고속도로 14번을 타고 루체른 근처까지 내려와 E35번 도로를 타고 달리다가 고속도로 8번을 타고 브리엔츠 호수를 지나 인터라켄 출구로 나오면 된다. 약 1시간 30분 소요. 122km.

제네바에서 출발

고속도로 1번을 타고 베른까지 도착한 후 고속도로 6번을 타고 계속 오다가 8번으로 갈아타고 인터라켄 까지 계속 오면 된다. 약 2시간 10분 소요. 215km.

루체른에서 출발

고속도로 8번을 타고 인터라켄까지 계속 달리면 된다. 약 1시간 소요. 72km.

호수 정기선·유람선으로 가기

툰(Thun) 기차역 앞에 있는 선착장에서 인터라켄 서역 앞 선착장까지 약 2시간 소요. 여름 시즌에는 하루에 최소 3회씩, 겨울 시즌에는 하루에 1회씩 운행. 브리엔츠(Brienz)에서는 인터라켄 동역 앞 선착장까지 약 1시간 15분 소요. 여름 시즌에 하루에 3회 이상 운항. 겨울 시즌에는 운항하지 않는다.

홈페이지 www.bls.ch

인터라켄 서역 앞 선착장
툰 호수의 유람선

INFORMATION

시내 교통

시내는 도보로 다니기에 충분하며 만일 동역과 서역 사이(1.7km)를 오가야 할 경우에는 거의 10분 간격으로 운행하는 노란색 포스트버스(102 · 103번)를 타는 것이 좋다. 택시나 관광마차도 자주 다니고 있다. 인터라켄 방문자 카드(Interlaken Visitors Card) 이용자와 스위스 패스 이용자는 대중교통을 무료로 이용할 수 있다.

인터라켄 방문자 카드 Interlaken Visitors Card

인터라켄에서 숙박하는 경우에는 체류하는 숙소나 관광 안내소에서 무료로 발급해 주는 인터라켄 방문자 카드를 꼭 챙기도록 하자. 숙박비에 여행자 세금(Visitor's Tax)이 포함되어 있어 체류하는 동안 이 카드를 소지해야 다양한 혜택을 받을 수 있다. 이 카드를 소지한 사람은 인터라켄과 이젤트발트(Iseltwald), 작세텐(Saxeten), 니더리트(Niederried) 등 주변 지역 내에서 대중교통 무료 이용 혜택을 비롯한 다양한 할인 혜택을 받을 수 있다.
카드는 체크인할 때 직원에게 요청하면 발급해 준다. 하더 쿨룸행 산악 열차 50% 할인, 트뤼멜바흐 폭포 입장료 10% 할인, 인터라켄과 주변 지역 내 버스 · 포스트버스 · 겨울철 스키버스 무료 탑승, 인터라켄 카지노 무료 입장 등의 혜택이 주어진다. 자세한 내용은 숙소나 관광 안내소에서 제공되는 브로슈어를 통해 확인하면 된다.

관광 안내소

인터라켄 서역에서 반호프 거리를 따라 도보 5분 정도 이동하면 마르크트 거리 1번지에 있다. 맥도날드 맞은편 쿠프(Coop) 슈퍼 옆에 있다.

주소 Marktgasse 1 CH-3800 Interlaken
☎ 033 826 53 00
개방 10~4월 월~금 08:00~12:00, 13:30~18:00, 토 10:00~14:00, 일 휴무
5~6월 · 9월 월~금 08:00~18:00, 토 09:00~16:00, 일 휴무
7~8월 월~금 08:00~19:00, 토 09:00~17:00, 일 10:00~16:00
홈페이지 www.interlaken.ch
지도 p.290-F

인터라켄의 관광 명소

서역과 동역, 회에벡(Höheweg) 거리가 있는 신시가와 운터젠(Unterseen)이라고 불리는 구시가 사이를 아레(Aare) 강이 가로지르며 흐르고 있다.

회에벡 거리
Höheweg ★★★

인터라켄의 중심 거리

인터라켄 마을 한가운데를 가로지르는 긴 중심 거리로 회에벡 거리의 양쪽 끝에 동역과 서역이 각각 자리하고 있다. 두 역 사이의 거리는 약 1.7km 정도. 서역 앞에는 툰 호수 유람선 선착장, 동역 앞에는 브리엔츠 호수 유람선 선착장이 자리 잡고 있다. 대부분의 호텔과 레스토랑, 상점이 있는 번화가는 서역과 회에벡 거리를 중심으로 형성되어 있다.

각국에서 몰려온 여행자들이 이 거리를 따라 산책을 하거나 마차를 타고 인터라켄을 둘러본다. 회에벡 거리 중심에는 넓고 푸른 초원인 회에마테(Höhematte)가 만년설에 덮인 융프라우를 배경으로 펼쳐져 있다. 기념품 가게를 비롯한 대부분의 상점이나 레스토랑이 늦은 시간까지 문을 열고 여행자들을 맞이한다. 상점들은 여름 시즌에는 밤 9시~10시까지, 겨울 시즌에는 저녁 7시까지 문을 연다. 일요일에는 문을 닫는 상점들이 많으므로, 토요일에 미리 장을 봐두는 편이 좋다.

지도 p.291-G

회에마테
Höhematte ★★★

여행자들의 쉼터이자 촬영 포인트

회에벡 거리 중간에 있는 넓고 푸른 잔디 광장으로, 인터라켄 주민들과 여행자들의 쉼터와 같다. 14ha의 면적을 지닌 회에마테는 원래 아우구스티니안 수녀원의 소유였으며 가축을 키우던 곳이었다. 1860년에 37곳의 호텔 소유자와 개인들이 이곳을 공동으로 구매해 공용 공간으로 오픈했다. 광장 동쪽으로는 1748년에 세워진 성(Schloss, 슐로스)이 있다. 원래는 수도원이 있던 자리였으나 종교 개혁 당시 베른주의 소유가 되었다고 한다. 회에마테에서 바라보는 융프라우 풍경이 무척이나 아름다워 관광 엽서 속에 담긴 사진들의 촬영 포인트이기도 하다. 또한 이곳은 패러글라이딩, 탠덤 글라이딩 등의 착륙 장소이기도 해서 글라이더들이 착륙하는 모습을 심심치 않게 볼 수 있다.

교통 인터라켄 서역에서 반호프 거리와 회에벡 거리를 따라 도보 10분. 동역에서도 서역 방향으로 도보 10분. **지도** p.291-G

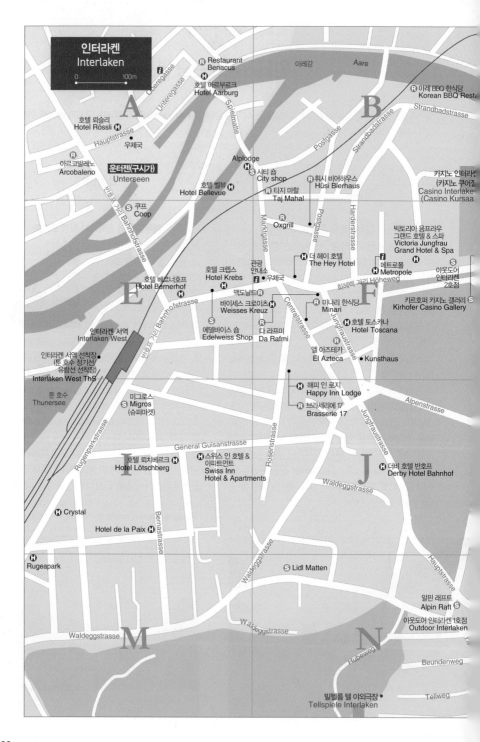

인터라켄
Interlaken

0   100m

A

Restaurant Benacus

호텔 아르부르크
Hotel Aarburg

아레강   Aare

아레 BBQ 한식당
Korean BBQ Rest.

B

호텔 뢰슬리
Hotel Rössli

우체국

아르코발레노
Arcobaleno

운터젠(구시가)
Unterseen

Alplodge

시티 숍
City shop

타지 마할
Taj Mahal

휘시 비어하우스
Hüsi Bierhaus

카지노 인터라켄
(카지노 쿠어잘)
Casino Interlake
(Casino Kursaa

호텔 벨뷰
Hotel Bellevue

쿠프
Coop

Oxgrill

빅토리아 융프라우
그랜드 호텔 & 스파
Victoria Jungfrau
Grand Hotel & Spa

E

호텔 베르너호프
Hotel Bernerhof

호텔 크렙스
Hotel Krebs

관광
안내소
우체국

더 헤이 호텔
The Hey Hotel

메트로폴
Metropole

아웃도어
인터라켄
2호점

F

맥도날드

바이세스 크로이츠
Weisses Kreuz

에델바이스 숍
Edelweiss Shop

다 라프미
Da Rafmi

미나리 한식당
Minari

키르호퍼 카지노 갤러리
Kirhofer Casino Gallery

호텔 토스카나
Hotel Toscana

엘 아즈테카
El Azteca

Kunsthaus

인터라켄 서역
Interlaken West

인터라켄 서역 선착장
(툰 호수 정기선
유람선 선착장)
Interlaken West ThS

툰 호수
Thunersee

미그로스
Migros
(슈퍼마켓)

해피 인 로지
Happy Inn Lodge

브라세리에 17
Brasserie 17

I

호텔 뢰치베르크
Hotel Lötschberg

스위스 인 호텔 &
아파트먼트
Swiss Inn
Hotel & Apartments

General Guisanstrasse

J

더비 호텔 반호프
Derby Hotel Bahnhof

Crystal

Hotel de la Paix

Rugeapark

Lidl Matten

알핀 래프트
Alpin Raft

아웃도어 인터라켄 1호점
Outdoor Interlaken

M

Waldeggstrasse

N

빌헬름 텔 야외극장
Tellspiele Interlaken

Beundenweg

Tellweg

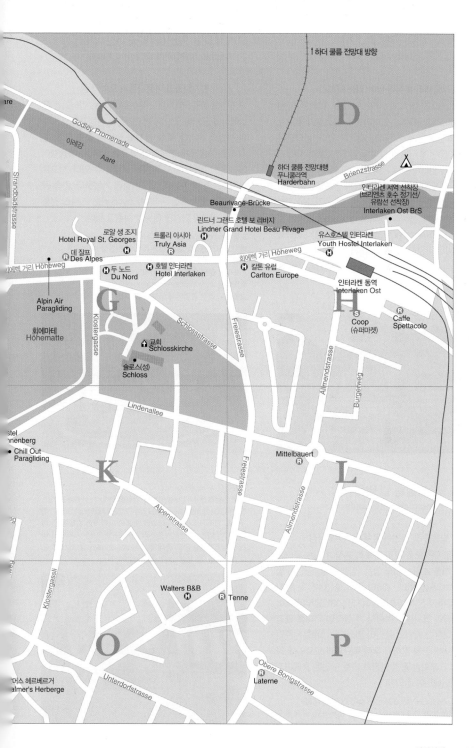

↑하더 쿨름 전망대 방향

C

아레강
Godley Promenade
Aare

D

Strandbadstrasse

하더 쿨름 전망대행
푸니쿨라역
Harderbahn

Brienzstrasse

인터라켄 서역 선착장
(브리엔츠 호수 정기선/
유람선 선착장)
Interlaken Ost BrS

Beaurivage-Brücke

로얄 생 조지
Hotel Royal St. Georges

트룰리 아시아
Truly Asia

린드너 그랜드 호텔 보 리바지
Lindner Grand Hotel Beau Rivage

유스호스텔 인터라켄
Youth Hostel Interlaken

데 잘프
Des Alpes

호에벡 거리 Höheweg

호에벡 거리 Höheweg

두 노드
Du Nord

호텔 인터라켄
Hotel Interlaken

칼톤 유럽
Carlton Europe

인터라켄 동역
Interlaken Ost

Alpin Air
Paragliding

G

회에마테
Höhematte

Klostergasse

교회
Schlosskirche

Schlossstrasse

Freiestrasse

H

Coop
(슈퍼마켓)

Caffe
Spettacolo

슐로스(성)
Schloss

Allmendstrasse

Burgerweg

Lindenallee

stel
nnenberg
Chill Out
Paragliding

K

Mittelbauert

L

Freiestrasse

Allmendstrasse

Alpenstrasse

Walters B&B

Tenne

O

P

머스 헤르베르거
lmer's Herberge

Unterdorfstrasse

Klostergassli

Obere Bonigstrasse

Laterne

운터젠(구시가)
Unterseen ★★

중세의 흔적이 남아 있는 구시가

회에벡 거리와 동역과 서역이 있는 지역은 마텐
(Matten)이라고 불린다. 인터라켄을 가로질러 흐르는
아레강의 건너편에는 운터젠 지역이 있다. 운터젠은
1050~1350년에 사용된 중세 독일어로, '호수 사이'라
는 의미, 즉 인터라켄이다. 이곳은 현대화된 마텐 지역
과는 달리 이 지역에서 가장 오래된 건축물들이 남아
있어 중세의 흔적을 볼 수 있고, 좀 더 한가로운 기분
을 느낄 수 있다. 운테레 거리(Unteregasse) 근처에 있
는 암츠하우스(Amtshaus) 앞 광장은 중세풍의 건축물
로 둘러싸인 아담한 광장으로 운치가 넘친다.

교통 인터라켄 서역 바로 앞에서 아레강을 가로지르는 철길을
건너면 운터젠 지역이다.
지도 p.290-A

카지노 인터라켄(카지노 쿠어잘)
Casino Interlaken(Casino Kursaal) ★

현지인들과 여행자들의 오락의 장

1859년에 문을 연 카지노 쿠어잘(카지노 인터라켄)은
회에마테 근처에 있으며 현지인들과 여행자들의 오락
과 사교의 장이다. 특히 카지노 정원은 꽃과 분수, 꽃
시계로 아름답게 조성되어 있으며 카지노 이용객이
아닌 일반 여행자들도 정원을 구경할 수 있다. 참고로
카지노는 18세 이상의 성인만 입장 가능하다. 민속 공
연을 하는 레스토랑 슈피허(Spycher)는 스위스 전통
요리를 비롯해 다양한 메뉴를 갖추고 있다.

교통 Strandbadstrasse 44 CH-3800 Interlaken
☎ 033 827 62 10 **영업** 슬롯 & 터치벳 룰렛 매일 오후 12시~
오전 3시 / 룰렛, 블랙잭 및 UTH 포커 매일 오후 8시~오전 3시
/ **카지노 입장 요금** CHF5, 카지노 야외 정원 무료
홈페이지 www.casino-interlaken.ch
교통 인터라켄 동역에서 도보 10분. **지도** p.290-B

빌헬름 텔 야외극장
Tellspiele Interlaken ★★

빌헬름 텔 공연이 펼쳐지는 야외극장

실제 숲을 배경으로 목조 가옥과 광장이 있는 무대에
서 매년 여름 스위스 건국 영웅 〈빌헬름 텔〉 공연이 펼
쳐지는 야외극장이다. 200여 명의 출연자들은 현지
주민으로 이뤄진 아마추어들이지만, 1912년부터 이어
져온 전통과 역사를 자랑한다. 현실적인 무대를 배경
으로 웅대한 스케일의 공연이 펼쳐진다. 여름 시즌인
6월 하순부터 8월 말까지 주로 목요일과 토요일에 공
연을 한다. 정확한 공연 일정과 티켓 구입은 홈페이지
나 관광 안내소에 문의한다.

교통 Tellweg 5 CH-3800 Matten ☎ 033 822 37 22
요금 좌석에 따라 CHF48~68, 아동(만 16세까지) 50% 할인

홈페이지 www.tellspiele.ch
교통 인터라켄 서역에서 반호프 거리(Bahnhof-strasse), 센트
랄 거리(Centralstrasse), 융프라우 거리(Jungfraustrasse), 하
우프트 거리(Haupt-strasse)를 차례로 따라가면 빌헬름 텔 야
외극장이 나온다. 인터라켄 서역에서 도보 20분. 서역에서 버
스 104, 105번을 타고 존네 호텔(Hotel Sonne) 앞 하차 후 도
보 4분 이동. 총 10분 소요. **지도** p.290-N

전망대에서 바라본 전망

하더 쿨름
Harder Kulm ★★★

융프라우 고봉들과 두 호수를 한눈에 감상

하더 쿨름행 푸니쿨라역

본격적으로 융프라우 지역의 산으로 올라가기 전에 인터라켄에서 손쉽게 접근할 수 있는 최고의 뷰포인트가 바로 하더 쿨름(1,322m)이다. 인터라켄 동역에서 6분 정도 걸으면 하더 쿨름행 푸니쿨라역이 있다. 이 푸니쿨라는 구간 길이가 1,447m, 고저 차이는 725m에 달하며, 정상까지 8분 정도 걸린다. 하더 쿨름 정상역을 나와 오솔길을 따라 하더 쿨름 레스토랑 앞에 있는 두 호수 다리(Zwei-Seen-Steg) 전망대까지 약 200m 거리다. 이곳 전망대는 튼튼한 강철 프레임으로 허공을 향해 설계되어 있어 마치 하늘 한가운데 떠 있는 상듯한 기분으로 아이거, 묀히, 융프라우 산들과 툰 호수와 브리엔츠 호수 그리고 인터라켄을 모두 감상할 수 있는 최고의 전망 포인트다. 하더 쿨름행 푸니쿨라는 4월 초순부터 11월 하순까지 운행한다.

전망대 바로 앞에는 파노라마 레스토랑 하더 쿨름이 있다. 아르누보 양식으로 지어진 이 레스토랑은 마치 작은 성처럼 우아한 외관을 지니고 있다. 테라스에서는 아이거, 묀히, 융프라우 세 고봉을 감상하며 퐁뒤, 뢰스티와 같은 스위스 전통 요리를 즐길 수 있다.

하더 쿨름행 푸니쿨라 요금표(CHF, 2024년 기준)

기간	편도	왕복	할인 / 무료
4~5월, 9~11월	19	38	스위스 패스 이용자 50% 할인, 유레일 패스 이용자 25% 할인, 아동(만 6~15세) 50% 할인, 융프라우 VIP 패스 소지자 무료
6~8월	22	44	

하더 쿨름행 푸니쿨라 Harderbahn
주소 Harderstrasse 14 CH-3800 Interlaken
☎ 033 828 72 33
운행 (※상행 첫차 시간 09:10 동일) 3/29~4/14 하행 막차 19:10, 4/15~5/24 하행 막차 21:10, 5/25~7/31 하행 막차 21:40, 8/1 하행 막차 23:10, 8/2~9/22 하행 막차 21:40, 9/23~10/20 하행 막차 21:10, 10/21~11/10 하행 막차 18:10, 11/11~12/1 하행 막차 17:10
홈페이지 www.jungfrau.ch
교통 인터라켄 동역에서 회에벡 거리를 따라 보리바지 호텔 방면으로 걷다가 호텔 도착 직전 아레강을 가로지르는 보리바지 다리(Beaurivage-Brücke)를 건너면 된다. 도보 6분 소요.
지도 푸니쿨라역 p.291-D

파노라마 레스토랑 하더 쿨름
Panorama-Restaurant Harder Kulm
주소 Postfach 627 CH-3800 Interlaken ☎ 033 828 73 11
영업 4월 말~10월 말 월~일 08:30~21:30
10월 말~11월 말 월~일 08:30~18:30

전망대

쉬니게 플라테 가는 길에 본 인터라켄

쉬니게 플라테
Schynige Platte ★★★

환상적인 알프스 고봉들의 파노라마

베르너 오버란트의 높은 산등성이 서쪽 끝에 자리 잡은 산악 지대인 쉬니게 플라테(1,967m)에서는 맑은 날이면 융프라우, 아이거, 실버호른(Silberhorn) 등 알프스의 고봉들의 환상적인 파노라마가 펼쳐진다. 또한 등산 열차를 타고 쉬니게 플라테까지 올라가는 동안 툰 호수와 브리엔츠 호수, 인터라켄의 풍경이 멋지게 발 아래로 펼쳐진다.

쉬니게 플라테에 가려면 인터라켄 동역에서 기차를 타고 빌더스빌(Wilderswil)까지 가서 쉬니게 플라테행 빨간색 등산 열차로 갈아타야 한다. 등산 열차가 도착하는 정상역에는 호텔과 레스토랑도 있으며 환상적인 전망이 펼쳐지는 하이킹 코스도 갖추고 있다.

쉬니게 플라테를 찾는 가장 큰 이유는 바로 다양한 알프스의 야생화와 식물들이 자라는 고산 식물원 때문이다. 정상역에 내리면 플랫폼 바로 앞에 고산 식물원 입구가 있다. 500종 이상의 야생화와 식물들마다 라틴어 학명과 이름, 설명이 적혀 있는 이름표들이 붙어 있어, 스위스 여행길에 마주친 다양한 야생화와 식물의 이름을 확인할 수 있는 자연 학습장이기도 하다. 고산 식물원은 7월부터 10월 하순까지 운영하며 입장료는 무료이다. 식물원과 반대 방향의 작은 오르막길로 올라가면 쉬니게 플라테 쿨룸 호텔이 있는데, 이곳 테라스에서 바라보는 전망도 무척 좋다.

운행 7~10월 하순 빌더스빌(쉬니게 플라테행) 첫차 07:25, 막차 16:45
요금 빌더스빌 – 쉬니게 플라테 구간 편도 CHF32, 왕복 CHF64, 스위스 패스 이용자 50% 할인, 융프라우 VIP 패스 소지자 무료
교통 인터라켄 동역(Ost)에서 라우터브룬넨 또는 그린델발트행 BOB 등산 열차를 타고 5분 후에 도착하는 첫 번째 역인 빌더스빌(Wilderswil)에서 하차한다. 여기서 쉬니게 플라테행 SPB 등산 열차로 갈아탄다. 빌더스빌에서 쉬니게 플라테 정상역까지는 약 50분 소요된다. 1시간에 1~2대 정도씩 운행한다.
지도 p.285

등산 열차 Jungfraubahnen
☎ 033 828 72 33 **홈페이지** www.jungfrau.ch

빌더스빌역과 쉬니게 플라테 열차

스위스의 야생화

툰
Thun ★★

툰 호수의 서쪽 끝에 위치한 중세 도시

인터라켄의 서쪽으로 펼쳐진 툰 호수의 서쪽 끝 부분에 있는 중세 도시로서 고풍스러운 멋이 가득하다. 툰은 기차역과 선착장이 있는 신시가, 두 갈래의 아레강 사이에 형성된 쇼핑 중심지인 섬 그리고 중세의 모습이 고스란히 남아 있는 구시가의 세 구역으로 나뉜다. 구시가 중심인 시청사 광장(Rathausplatz)은 아름다운 건물들로 둘러싸여 있으며 광장 뒤편 고지대에 우뚝 서 있는 웅장하고 고풍스러운 툰성은 툰의 랜드마크다. 성 안에 자리한 역사 박물관에서는 중세 시대 갑옷이나 무기를 전시하고 있다. 그 외에도 16세기에 지어진 시청사, 옛 곡물 창고, 오베레 하우프트 거리(Obere Hauptgasse) 등 다양한 볼거리가 있다.

교통 기차 이용 시 인터라켄 동역이나 서역에서 직행으로 30분 내외 소요. 30분 간격으로 1대씩 운행. 툰역에서 시청사가 있는 구시가 중심부까지는 도보 10분. 유람선 이용 정보는 p.288 참조
지도 p.295

툰성 역사 박물관 Schlossmuseum Thun
주소 Schlossberg 1 CH-3600 Thun
☎ 033 223 20 01
개관 2~3월 매일 13:00~16:00, 4~10월 매일 10:00~17:00, 11~1월 일 13:00~16:00
요금 성인 CHF10, 학생 CHF8, 아동 CHF3, 스위스 패스 이용자 무료 **홈페이지** www.schlossthun.ch
교통 시청사 광장 뒤편. **지도** p.295-A

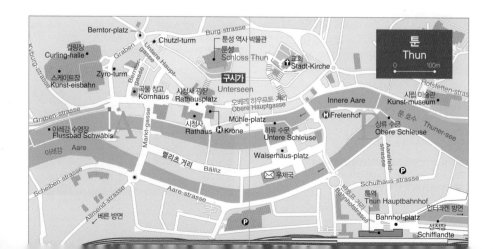

툰 호수 유람선
Thunersee Schifffahrt ★★

에메랄드빛 호수에서 즐기는 여유

툰 호수 유람선 선착장은 인터라켄 서역 바로 앞에 있는 툰 호숫가에 자리한다. 인터라켄으로 들어가거나 나오는 일정에 여유가 있다면 툰(thun)이나 슈피츠(Spiez)까지만이라도 호수 유람선을 타보기를 추천한다. 빙하가 녹아서 형성된 호수는 독특한 에메랄드빛으로 빛나며 표면에 반사된 주변 풍광이 한마디로 예술이다.

6월에서 9월 사이에는 하루에 적어도 3회 이상 정기선이 운항된다. 인터라켄 서역에서 툰까지는 약 2시간 10분, 슈비츠까지는 1시간 20분 정도 소요된다. 다양한 테마를 지닌 유람선도 운항하고 있다. 툰에서는 툰 기차역 맞은편에 선착장이 있다.

요금 툰–인터라켄 서역 구간 성인 1등석 편도 CHF74, 왕복 CHF148 / 2등석 편도 CHF45, 왕복 CHF90 / 스위스 패스·융프라우 VIP 패스 이용자는 무료

인터라켄 서역 선착장 Schiffstation Interlaken West
주소 Kanalpromenade 1 CH–3800 Interlaken
☎ 058 327 48 48 **홈페이지** www.bls.ch
교통 인터라켄 서역 바로 앞. **지도** p.290–E

브리엔츠 호수 유람선
Brienzersee Schifffahrt ★★

아름다운 알프스 산들 사이에 위치한 호수

브리엔츠 호수 유람선 선착장은 인터라켄 동역 뒤편에 있다. 호수의 동쪽 끝에 있는 브리엔츠까지는 호수 유람선으로 약 1시간 10분 정도 걸린다. 여름철에는 하루에 3회 이상 운항하며 겨울 시즌에는 운항하지 않는다.

☎ 058 327 27 27(월~금 08:00~17:30)
요금 인터라켄 동역 – 브리엔츠 구간 성인 1등석 편도 CHF53, 왕복 CHF106, 2등석 편도 CHF32, 왕복 CHF 64 / 스위스 패스·융프라우 VIP 패스 이용자 무료

인터라켄 동역 선착장 Schiffstation Interlaken Ost
주소 Lanzenen 1 CH–3800 Interlaken
교통 인터라켄 동역 바로 뒤. **지도** p.291–D

브리엔츠
Brienz ★

나무 조각과 증기 기관차로 유명

브리엔츠 호수의 동쪽 끝에 있는 작은 도시 브리엔츠는 툰만큼 여행자들이 즐겨 찾는 곳은 아니지만, 오히려 한적함과 여유로움을 즐길 수 있다. 브리엔츠 기차역에서 호수를 따라 뻗어 있는 하우프트 거리(Hauptstrasse)가 중심 거리다. 하우프트 거리 중간쯤 111번지에 있는 조뱅(Jobin)은 오랜 전통을 자랑하는 나무 조각 공방이다. 나무 조각 공예와 뮤직 박스 공예 등 스위스 전통 공예품의 중심지로 박물관도 운영하고 있다.

또한 브리엔츠는 스위스에서 마지막으로 남은 증기기관 등산 열차를 운행하는 것으로도 유명하다. 해발 566m의 호숫가에서 해발 2,244m의 브리엔츠 로트호른(Brienz Rothorn) 정상역까지 낭만적인 증기 기관차가 야생화가 피어 있는 산비탈을 1시간 정도 올라간다(6월 초~10월 하순 운행). 정상에서 바라보는 주변 경관이 예술이며 다양한 하이킹 코스가 발달해 있다.

교통 기차 이용 시 인터라켄 동역에서 브리엔츠까지 직행으로 20분 내외 소요. 30분 간격으로 운행. 유람선 이용 정보는 p.288 참조.

조뱅 공방 Jobin
주소 Hauptstrasse 111 CH–3855 Brienz
☎ 033 952 13 00 **홈페이지** www.jobin.ch

박물관
개관 5~10월 수~일 **휴관** 월~화
5·10월 13:30~17:00, 6~9월 10:30~17:30 **요금** 성인 CHF8, 아동(만 16세까지) 무료. 스위스 패스 이용자 무료

브리엔츠 로트호른 증기 기관차 BRB(Brienz Rothorn Bahn) AG
☎ 033 952 22 22
운행 6월 초순~10월 하순 매일 08:30~16:40(로트호른에서 마지막 하강 기차 17:40)
요금 성인 편도 CHF62, 왕복 CHF96, 아동(만 6~15세) 편도 CHF5, 왕복 CHF10, 스위스 패스 이용자 50% 할인
홈페이지 www.brienz-rothorn-bahn.ch

휘시 비어하우스 Hüsi Bierhaus

소박한 분위기의 맥주 바이자 음식에 대한 평도 좋은 레스토랑이다. 90가지가 넘는 다양한 맥주를 갖추고 있으며 직원도 친절하다. 스위스 전통 애플 소스 마카로니(Älpler Makkaroni, CHF22.50), 비엔나 스타일 슈니첼(Bierhaus Schnitzel, CHF21.50), BBQ 립(CHF32.50), 소고기 버거(200g, CHF19.90), 버팔로 치킨 버거(CHF21.90) 등이 인기 있다(융프라우 VIP 패스 소지자는 모든 메인 메뉴 10% 할인).

주소 Postgasse 2 CH-3800 Interlaken
☎ 033 823 23 32 **영업** 화~목 16:00~23:30, 금~토 14:00~00:30, 일 14:00~22:30 **휴무** 월
홈페이지 www.huesi-interlaken.ch
교통 인터라켄 서역에서 반호프 거리와 마르크트 거리를 따라 도보 6분 **지도** p.290-F

아레 BBQ 한식당
Korean BBQ Restaurant Aare

한국인이 운영하는 한식당. 현지인도 즐겨 찾는 곳이라 성수기에는 미리 예약하는 편이 좋다(융프라우 VIP 패스 소지자는 모든 메인 메뉴 10% 할인). 된장찌개 CHF25.00, 김치찌개 CHF25.00, 삼겹살 구이(2인 이상 주문) 1인분 CHF28.00, 두부 김치 전골(2인 이상 주문) 1인분 CHF33.00.

주소 Strandbadstrasse 15 CH-3800 Interlaken
☎ 033 822 88 88 **영업** 매일 11:30~15:00, 17:00~22:30
홈페이지 www.restaurantaare.ch
교통 인터라켄 서역에서 도보 10분. 카지노 인터라켄 바로 뒤 아레강 변에 위치
지도 p.290-B

아르코발레노 Arcobaleno

1994년 처음 문을 열었으며 조용한 운터젠의 중심에 운치 있는 스위스 양식의 건물 1층에 자리잡고 있다. 이태리 남부 레체 출신의 친절한 주인장 자꼬모(Giacomo Verardo)가 운영하는 정통 이태리 식당이며 피자와 파스타 등 음식에 대한 평이 좋다. 이태리 요리를 포함해서 육류와 생선을 재료로 한 스위스 요리도 선보이고 있다. 파스타 CHF20~25, 새우 리조토(Risotto mit Crevetten und Gorgonzola) CHF22.50, 나폴리 피자(Pizza Napoli) CHF20.50

주소 Hauptstrasse 18 CH-3800 Unterseen
☎ 033 823 12 43 **영업** 월~금 10:00~23:00(요리 11:00~14:00 & 17:30~22:00), 토 17:00~23:00 **휴무** 일
홈페이지 www.ristorante-pizzeria-arcobaleno.ch
교통 인터라켄 서역에서 운터젠 방향으로 도보 7분, 서역 앞에서 버스 101번, 105번을 타고 슈테틀리젠트룸(Unterseen, Stedtlizentrum)에서 하차 후 도보 1분(총2~3분 소요)
지도 p.290-A

트룰리 아시아 Truly Asia

동역 근처에 있는 아시아 요리 전문 식당이다. 베트남, 중국, 태국, 한국 음식을 주요 메뉴로 하고 있다. 양이 많고 가격에 비해 맛도 훌륭한 편이다. 새우 샐러드(Gemischer Salat mit Krevetten) CHF17.50, 베트남 쌀국수(Pho Bo Chin) CHF27.00, 닭고기 볶음밥(Gebratener Reis mit poulet) CHF24.50, 육개장(Yukgejang) CHF29.50.

주소 Höheweg 199 CH-3800 Interlaken
☎ 033 822 15 48 **영업** 월~일 11:00~15:00, 17:00~22:00
홈페이지 www.trulyasia.ch
교통 인터라켄 동역에서 도보 5분. **지도** p.291-G

데 잘프 Des Alpes

회에마테 맞은편에 있으며 테라스에서는 회에마테 너
머로 융프라우와 주변 고봉들의 전망이 파노라마처럼
펼쳐진다. 퐁뒤 요리 전문으로 오븐에서 구운 피자(디
너에만 가능)도 판매하고 있다. 대표 메뉴로는 치즈 퐁
뒤 클래식(Käsefondue klassisch, 2인 이상 1인분
CHF24.90), 발리저 뢰스티(Walliser Rösti, CHF22.50)
등이 있다.

주소 Höheweg 115 CH-3800 Interlaken
☎ 033 828 81 81 **영업** 매일 09:00~22:00
홈페이지 desalpesinterlaken.ch
교통 인터라켄 동역에서 회에마테 방향으로 도보 10분.
지도 p.291-G

다 라프미 Da Rafmi

이탈리아 요리 전문 레스토랑. 피자와 파스타 등 음식
맛이 좋다. 가격 대비 양도 충분한 편이다. 펜네 알아
라비아타(Penne all'arrabbiata, CHF19.50), 버섯 리소
토(Risotto ai funghi porcini, CHF26), 카르보나라 스파
게티(Spaghetti alla carbonara, CHF20.50) 등 어느 요
리든 맛있다.

주소 Jungfraustrasse 2 CH-3800 Interlaken
☎ 033 822 53 83
영업 화 17:30~23:30, 수~토 11:30~14:30, 17:30~23:30
휴무 일~월 **홈페이지** www.darafmi.ch
교통 인터라켄 서역에서 도보 4분. **지도** p.290-F

엘 아즈테카 El Azteca

이국적인 느낌이 강한 멕시
칸 요리 전문 레스토랑. 금
요일과 토요일마다 전통 멕
시코 노래를 들려주는 마리
아치(Mariachi) 공연이 펼쳐
진다. 대표 메뉴로는 퀘사디
아(Quesadillas Surtidas,
CHF22), 나초(Nachos, 종류에 따라 CHF19.50~
22.50), 부리토(Brurritos, CHF28), 파히타(Fajitas,
CHF25~38) 등이 있다.

주소 Jungfraustrasse 30 CH-3800 Interlaken
☎ 033 822 71 31 **영업** 월~화, 목~금 17:00~23:30, 토~일
12:00~14:00, 17:00~23:30(주방은 22:00까지) **휴무** 수
홈페이지 www.elazteca.ch
교통 인터라켄 서역에서 도보 7분. **지도** p.290-F

브라세리에 17 Brasserie 17

스위스 최고의 립(rib)과 윙(wing) 요리를 제공하는 인
기 레스토랑이다. 다양한 병맥주와 탭 비어(생맥주)를
갖추고 있다. 매일 점심시간에는 오늘의 특별 메뉴가
CHF14.50에 제공된다. 대표 메뉴로는 파라다이스 립
(Paradise Ribs, CHF27.50), 슈퍼 플라이어 치킨 윙
(Super Flyers, CHF24.50) 등이 있다.

주소 Rosenstrasse 17 CH-3800 Interlaken
☎ 033 822 32 25 **영업** 매일 08:30~00:30,
일 16:30~00:00(식사 매일 11:30~13:30, 18:00~21:30,
일 18:00~21:30)
홈페이지 www.brasserie17.ch
교통 인터라켄 서역에서 도보 5분. **지도** p.290-J

미나리 한식당 Minari

예전 인터라켄의 대표적인 한식
당이 있던 자리에 2022년 새롭게
문을 열었다. 인터라켄 중심부에
있으며 한국 음식이 그리울 때 들
를 만하다. 김치찌개 CHF35, 된
장찌개 CHF33, 오징어 볶음
CHF35, 제육볶음 CHF35, 꼬리곰탕 CHF35, 떡볶이
CHF25, 삼겹살(200g) CHF38, 달걀말이 CHF15 등 다
양한 메뉴를 갖추고 있다.

주소 Centralstrasse 13 CH-3800 Interlaken
☎ 033 820 21 00 **영업** 매일 11:30~14:00, 17:30~21:30
교통 인터라켄 서역에서 도보 5분 **지도** p.290-F

인터라켄의 쇼핑

미그로스 Migros

인터라켄 서역 맞은편에 위치한 대형 슈퍼마켓 체인 점이다. 다양한 생활용품부터 식료품까지 갖추고 있어 편리하다. 또한 미그로스에서 운영하는 레스토랑도 현지 주민들에게 인기가 높다.

주소 Rugenparkstrasse 1 CH-3800 Interlaken
☎ 058 567 80 50
영업 화~목 08:00~20:00, 토 08:00~18:00
휴무 일~월·금 **홈페이지** filialen.migros.ch/de/migros-supermarkt-interlaken
교통 인터라켄 서역을 마주 봤을 때 바로 왼편에 있으며 도보 1분 이내. **지도** p.290-I

시티 숍 City shop

한국 라면을 비롯해 과자, 통조림 등 인스턴트 아시안 식품과 과일을 판매하는 슈퍼마켓이다. 아레강 변 근처에 있으며 가게는 작고 소박한 편이다.

주소 Marktgasse 54 CH-3800 Interlaken
☎ 076 340 20 99 **영업** 매일 09:00~22:30
교통 인터라켄 서역에서 도보 6분. **지도** p.290-B

키르호퍼 카지노 갤러리
Kirchhofer Casino Gallery

시계 및 주얼리 전문 공식 판매처인 키르호퍼 카지노 갤러리 매장에서는 100개가 넘는 스위스 브랜드의 시계와 다양한 보석, 명품 잡화, 기념품을 구입할 수 있다. 한국어 서비스도 제공되고 있다.

주소 Höheweg 73 CH-3800 Interlaken
☎ 033 828 88 80
영업 매일 08:30~20:30, 연중무휴
홈페이지 www.kirchhofer.com
교통 인터라켄 동역에서 회에벡 거리를 따라 도보 10분. 인터라켄 서역에서 도보 10분.
지도 p.290-F

쿠프 Coop

신선한 과일과 갓 조리된 식품과 다양한 식료품, 생활용품을 구입할 수 있는 슈퍼마켓 체인점. 한국 라면도 판매한다. 인터라켄 동역 바로 맞은편에 있으며 레스토랑도 운영하고 있다. 동역 건물 안에도 작은 쿠프 슈퍼마켓이 들어와 있다.

주소 Untere Bönigstrasse 10 CH-3800 Interlaken
☎ 033 826 43 80
영업 화~목 08:00~19:00, 토 08:00~17:00
휴무 일~월·금
홈페이지 www.coop.ch **교통** 인터라켄 동역 바로 맞은편에 있으며 도보 1분. **지도** p.290-E

에델바이스 숍 Edelweiss Sshop

365일 연중무휴로 운영하는 기념품 가게. 반호프 거리(Bahnhofstrasse) 대로변에 있다. 스위스 관련 주요 기념품은 브랜드별로 거의 다 있다.

주소 Bahnhofstrasse 10 CH-3800 Interlaken
☎ 033 822 15 20
영업 금~토 10:30~20:00, 일 10:30~19:30
휴무 월~목
교통 인터라켄 서역에서 도보 2분. **지도** p.290-E

TIP 인터라켄의 액티비티 전문점

알핀 래프트 Alpin Raft

여름 시즌에는 래프팅, 캐녀닝(협곡 타기), 번지 점프, 캐니언점프, 탠덤 패러글라이딩, 탠덤 행글라이딩, 탠덤 스카이다이빙, 산악자전거 등의 레포츠와 겨울 시즌에는 캐니언점프, 탠덤 패러글라이딩, 탠덤 스카이다이빙 등의 레포츠 프로그램을 운영하고 있다.

주소 Hauptstrasse 36 CH-3800 Matten / Interlaken
☎ 033 826 77 19
교통 인터라켄 서역에서 도보 15분. **지도** p.290-N

아웃도어 인터라켄 Outdoor Interlaken

겨울 시즌에는 스키 렌털 서비스를 제공하고 스키 스쿨을 운영하며, 여름 시즌에는 래프팅, 패러글라이딩, 캐니언점프 등 다양한 액티비티 프로그램을 운영하고 있다. 한국인 직원도 있으며 유스호스텔인 발머스 헤르베르거(Balmers Herberge) 근처에 있다. 2호점은 회에마테 맞은편 회에벡 거리 중심에 있다(카카오톡 ID 아웃도어 인터라켄).

1호점
주소 Hauptstrasse 15 CH-3800 Matten b. Interlaken
☎ 033 224 07 04
영업 매일 08:00~18:00
교통 인터라켄 서역에서 도보 15분. **지도** p.290-N

2호점
주소 Höheweg 95 CH-3800 Interlaken
☎ 033 224 07 04
영업 매일 10:00~13:00, 14:00~19:00(비수기에는 휴무, 9월 중순 이후~5월)
지도 p.290-F
홈페이지 www.outdoor-interlaken.ch(한글 가능)

빅토리아 융프라우 그랜드 호텔 & 스파
Victoria-Jungfrau Grand Hotel & Spa

1864년에 처음 문을 연 품격 있는 고급 호텔로 회에마테를 정원처럼 마주하고 있는 웅장한 호텔이다. 만년설로 덮인 융프라우와 알프스 고봉들의 전망이 좋다. 고급스러운 대규모의 스파와 고급 레스토랑을 갖추고 있다. 전 객실 무료 와이파이 이용이 가능하다.

주소 Höheweg 41 CH-3800 Interlaken
☎ 033 828 28 28 **객실 수** 224실
예산 더블 비수기 CHF529~, 성수기 CHF1,800~
홈페이지 www.victoria-jungfrau.ch
교통 인터라켄 서역에서 도보 7분.
지도 p.290-F

호텔 뢰치베르크 Hotel Lötschberg

조용한 주택가에 있는 소규모의 가족 경영 호텔. 모든 객실에서 무료 와이파이를 이용할 수 있으며 차와 커피가 무료로 제공된다. 세탁기, 건조기, 전자레인지를 무료로 이용할 수 있다.

주소 General-Guisanstrasse 31 CH-3800 Interlaken
☎ 033 822 25 45
객실 수 21실 **예산** 더블 CHF200~, 조식 포함
홈페이지 www.lotschberg.ch
교통 인터라켄 서역에서 도보 3분. **지도** p.290-I

스위스 인 호텔 & 아파트먼트
Swiss Inn Hotel & Apartments

인터라켄 서역에서 도보 3분 거리에 있으며 요청 시, 동역이나 서역까지 무료 셔틀 서비스를 제공한다. 전용 무료 주차장이 있어 자동차 이용자에게 편리하다. 호텔 외에도 취사 가능한 아파트도 있으므로 자신의 스타일에 맞는 숙소를 예약하면 된다. 전 객실 무료 와이파이 이용 가능.

주소 General Guisanstrasse 23 CH-3800 Interlaken
☎ 033 822 36 26
객실 수 14실 **예산** 더블 비수기 CHF160~, 성수기 CHF230~, 조식 별도 **홈페이지** www.swiss-inn.ch
교통 인터라켄 서역에서 도보 3분. **지도** p.290-I

해피 인 로지 Happy Inn Lodge

인터라켄 서역에서 도보 5분 거리에 있는 인기 호스텔이다. 이 호스텔에서 운영하는 바, 브라세리 17(Brasserie 17)은 현지인들과 젊은 여행자들에게 인기가 높다. 9월부터 6월 사이 매주 목요일 밤마다 라이브 콘서트가 열린다.

주소 Rosenstrasse 17 CH-3800 Interlaken
☎ 033 822 32 25
객실 수 19실(침대 수 70개)
예산 싱글 비수기 CHF46~, 성수기 CHF60~,
더블 비수기 CHF80~, 성수기 CHF100~, 조식 CHF8~9
홈페이지 www.happyinn.com
교통 인터라켄 서역에서 도보 5분.
지도 p.290-J

호텔 베르너호프 Hotel Bernerhof

인터라켄 서역에서 가까운 현대적인 호텔. 특히 노란
색 발코니가 눈에 띈다. 옥상 테라스에서는 알프스 전
망을 감상할 수 있다. 무료 와이파이 제공.

주소 Bahnhofstrasse 16 CH-3800 Interlaken
☎ 033 826 76 76
객실 수 39실
예산 더블 비수기 CHF220~, 성수기 CHF330~
홈페이지 bernerhof-interlaken.ch
교통 인터라켄 서역에서 도보 1분.
지도 p.290-E

칼톤 유럽 Carlton Europe

아르누보풍의 칼톤 유럽 호텔은 100년이 넘는 역사를
자랑하는 매력적인 호텔이다. 호텔 전 구역에서 와이
파이를 무료로 이용 가능하다. 라클레트와 뢰스티 같
은 정통 스위스 요리를 전문으로 하는 루에디후스
(Ruedihus) 레스토랑도 운영하고 있다.

주소 Höheweg 94 CH-3800 Interlaken
☎ 033 826 01 60 **객실 수** 75실
예산 더블 CHF190~, 조식 포함
홈페이지 www.carltoneurope.ch
교통 인터라켄 동역에서 도보 3분. **지도** p.291-H

유스호스텔 인터라켄
Youth Hostel Interlaken

2013년 베스트 호스텔(Best Hostel) 상을 받은 모던한
최신식 호스텔. 인터라켄 동역 바로 옆에 있어 융프라
우 등산 열차를 이용하기 편해 배낭여행자들에게 인
기가 무척 높다.

주소 Untere Bönigstrasse 3 CH-3800 Interlaken
☎ 033 826 10 90
객실 수 60실
예산 도미토리(6인실 기준) CHF50~, 더블 비수기CHF154~
성수기 CHF186~, 조식 포함
홈페이지 www.youthhostel.ch/interlaken
교통 인터라켄 동역에서 도보 1분.
지도 p.291-H

호텔 인터라켄 Hotel Interlaken

14세기에 지어진 우아한 4성급 호텔. 개보수 공사를
통해 새단장을 해 깨끗하고 모던하다. 친절한 직원들
과 편안한 시설로 이용자들의 만족도가 높다. 무료 와
이파이 서비스를 이용할 수 있으며, 무료 주차가 가능
하다.

주소 Höheweg 74 CH-3800 Interlaken
☎ 033 826 68 68
객실 수 61실
예산 더블 CHF238~, 조식 포함
홈페이지 hotelinterlaken.ch
교통 인터라켄 동역에서 도보 5분.
지도 p.291-G

더 헤이 호텔 The Hey Hotel

인터라켄 중심 거리인 회에벡 거리에 있다. 192개의
객실은 저마다 깔끔하면서도 개성 있게 꾸며져 있다.
온라인 예약 시 호텔에서 제공되는 위너 카드(Winner
Card)로 호텔과 연계된 식당이나 상점에서 5~10% 할
인 혜택을 받을 수 있다.

주소 Höheweg 7 CH-3800 Interlaken
☎ 033 827 87 87 **객실 수** 192실
예산 더블 비수기 CHF220~, 성수기 CHF350~, 조식 포함
홈페이지 www.theheyhotel.ch
교통 인터라켄 서역에서 도보 5분. **지도** p.290-F

발머스 헤르베르거 Balmer's Herberge

유럽 톱 10 호스텔 중 하나로 선정된 스위스에서 가장
오래된 개인 호스텔이다. 발머스의 메트로바
(Metrobar)에서는 세계적인 DJ의 무대와 라이브 음악
공연 등 정기적으로 이벤트가 열린다. 아파트형 게스
트하우스와 모텔 텐트(야외 텐트형 숙소)도 운영하고
있다.

주소 Hauptstrasse 23 CH-3800 Matten bei Interlaken
☎ 033 822 19 61 **객실 수** 50실 **예산** 도미토리3~4인실
CHF36~, 6~10인실 CHF34~, 싱글 CHF79~,
더블 CHF44(1인당) **홈페이지** www.balmers.com
교통 인터라켄 서역에서 104번 버스를 타고 존네 호텔(Hotel
Sonne)에서 하차 후 하우프트 거리를 따라 도보 1분(총 9분
소요). 서역에서 도보로는 15분 소요. **지도** p.291-O

호텔 토스카나 Hotel Toscana

가족이 경영하는 토스카나 호텔은 이름에서 알 수 있
듯이 이탈리아를 테마로 한 호텔이다. 깨끗한 객실과
인터라켄 중심부라는 좋은 위치, 그리고 친절한 서비
스로 이용자들의 만족도가 높다. 무료로 와이파이를
이용할 수 있다.

주소 Jungfraustrasse 19 CH 3800 Interlaken
☎ 033 823 30 33
객실 수 23실
예산 더블 CHF250~
홈페이지 www.hotel-toscana.ch
교통 인터라켄 서역에서는 도보 6분, 동역에서는 도보 15분.
지도 p.290-F

호텔 뢰슬리 Hotel Rössli

운터젠(구시가)에 자리한 호텔 뢰슬리는 편안하고 조
용한 분위기다. 조식 뷔페도 충실한 편이다. 무엇보다
친절한 직원들의 서비스로 투숙객들의 만족도가 무척
높다. 호텔 주차장은 무료로 이용 가능하며 무료 와이
파이 서비스를 제공한다.

주소 Hauptstrasse 10 CH-3800 Unterseen/Interlaken
☎ 033 822 78 16 **객실 수** 28실
예산 더블 비수기 CHF170~, 성수기 CHF200~, 조식 포함
홈페이지 www.roessli-interlaken.ch
교통 인터라켄 서역에서 도보 5분.
지도 p.290-A

그린델발트
GRINDELWALD

언어 독일어권 | 해발 1,034m

가장 알프스다운 포토제닉한 마을

그린델발트는 융프라우 산악 지역에서 가장 크고 인기 있는 리조트 휴양지이다. 베테호른(Wetterhorn), 메텐베르크(Mettenberg), 아이거(Eiger) 세 봉우리 아래에 평화롭게 둥지를 튼 그린델발트는 가장 알프스다운 전경을 보여주는 포토제닉한 마을로 늘 여행자들로 붐빈다. 편의 시설이 밀집해 있고, 무엇보다 빙하가 근방에 있어 탐험하기에 좋다. 또한 피르스트(First), 그로세 샤이데크(Grosse Scheidegg), 핑슈테크(Pfingstegg), 멘리헨(Männlichen) 등 다양한 전망대와 트레킹 코스가 펼쳐져 있어 융프라우 관광을 위한 최고의 거점 마을이기도 하다. 일정상 여유가 있는 여행자라면 인터라켄보다는 그린델발트에 숙소를 잡고 알프스의 자연을 마음껏 느껴보기를 추천한다.

ACCESS

그린델발트 가는 법

그린델발트는 인터라켄 동역에서 출발하는 등산 열차뿐만 아니라 자동차로도 쉽게 접근할 수 있다. 인터라켄 동역과 클라이네 샤이데크(Kleine Scheidegg)역 사이를 오가는 BOB와 WAB 등산 열차의 발착점이기도 하다.

기차로 가기

인터라켄에서 출발해서 융프라우요흐 전망대까지 올라가는 코스는 두 가지가 있는데 그중 한 코스가 그린델발트를 경유한다.

인터라켄 동역에서 출발

BOB 등산 열차를 타고 약 34분 소요. 30분 간격으로 1대씩 운행. 첫차 06:04 출발. 인터라켄 동역에서 출발할 때는 라우터브룬넨행 객차와 잘 구별해서 타야 한다. 객차 몸통에 이정표가 붙어 있다.

인터라켄 동역에서 BOB 등산 열차를 타고 빌더스빌(Wilderswil) 다음 역인 츠바이뤼치넨(Zweilütschinen)역에 도착하면 철로는 두 갈래로 나뉜다. 오른편(남쪽) 방향은 라우터브룬넨으로, 왼편(동쪽) 방향은 그린델발트로 향한다. 두 갈래 철로는 클라이네 샤이데크에

서 다시 합쳐지고, 여기서 융프라우요흐 전망대행 JB 열차를 타면 된다. 츠바이뤼치넨에서 갈라져서 그린델발트로 향하는 등산 열차는 뤼첸탈(Lütschental)을 지나 슈바르체 뤼치네(Schwarze Lütschine) 급류 코스를 거슬러 넓고 비스듬히 경사진 초원을 달린다.

자동차로 가기

인터라켄에서 빌더스빌을 지나 츠바이뤼치넨까지 간 후 왼편(동쪽)의 하우프트 거리(Hauptstrasse)를 따라 계속 올라간다. 슈바르체 뤼치네 급류 코스를 끼고 계속 올라가면 된다. 약 30분 소요. 20km.

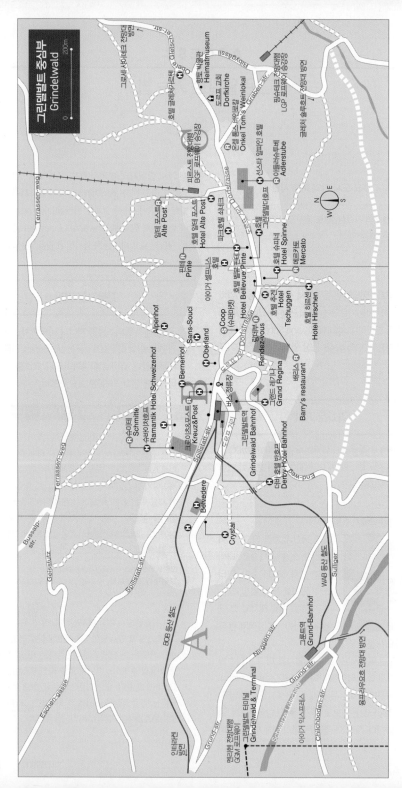

그린델발트 중심부
Grindelwald

0 ——— 200m

N
W · E
S

Heimatmuseum 행토 박물관
Rybigasse

도르프 교회 Dorfkirche
운켈 톰스 바인로칼 Onkel Tom's Weinlokal
LGP 로프웨이 승강장 묀슈티크 전망대행
선스타 알파인 호텔 아들러슈투베 Adlerstube
Oberer Gletscher-str.
Obere Gletscher-str.
BGF 로프웨이 승강장 피르스트 전망대행
Terrassen-weg

Dorfstrasse

Alte Post 알테 포스트
Hotel Alte Post 호텔 알테 포스트
파크호텔 셰네크 그린델발트역
Pinte 핀테
Hotel Bellevue Pinte 호텔 벨뷰 핀테
Hotel Spinne 호텔 스피네
Mercato 메르카토
Coop (슈퍼마켓) 아이거 셀프니스
Sans-Souci
Oberland
Hotel Tschuggen 호텔 추겐
Hotel Hirschen 호텔 히르셴
Rendez-vous 랑데뷰
Bernerhof 베르너호프
Alpenhof

Grand Regina 그랜드 레기나
Schmitte 슈미테
Ramantik Hotel Schweizerhof 로만틱 호텔 슈바이처호프
Kreuz&Post 크로이츠&포스트
Barry's restaurant 배리스
Grindelwald Bahnhof 그린델발트역
Spillistutz-str.
Derby Hotel-Bahnhof 더비 호텔 반호프
End-weg
그린델발트 반호프
드르프 기차

Terrassen-weg

Belvedere 벨베데레
Crystal 크리스탈

Bussalp-str.
Geissiutz
Spillistutz-str.
Eschen-gasse

BOB 등산 철도
Nirulgen-str.

WAB 등산 철도
Sulliger

Grund-Bahnhof 그룬트역
Grund-str.
Itramenr
Schwenzi 이스프레스
Chilchboden-str.

Grindelwald & Terminal 그린델발트 터미널
메리카 전망대행 GGM 로프웨이
아이거 익스프레스
용프라우요흐 전망대 방면
그린델발트 전망대행

A

B

306

그린델발트 터미널 Grindelwald Terminal

그린델발트의 새로운 랜드마크이자 융프라우를 오르는 획기적인 루트

알프스 지역에 건설된 최신 건물인 그린델발트 터미널은 여행자들을 위한 공간이다. 자연과 잘 어우러진 이 건축물은 여행자들이 융프라우에 보다 쉽게 오를 수 있도록 도와준다. 기존 융프라우 등산 열차보다 훨씬 빠르게 이동하는 곤돌라 아이거 익스프레스(Eiger Express)를 타면, 창밖으로 펼쳐지는 웅장한 아이거 북벽과 그린델발트 풍경을 감상하면서 금세 아이거글레처역에 도착할 수 있다. 아이거글레처역에서 등산 열차로 환승해 바로 융프라우 정상역까지 갈 수 있는데, 그린델발트에서 아이거글레처역까지는 단 20분이면 충분하다. 기존 등산 열차로 올라갈 때보다 무려 47분이나 시간을 줄일 수 있으므로, 여행 일정이 빠듯하다면 꼭 이용해 보기를 권한다.

또한 기존에 운행되던 멘리헨 전망대행 케이블카 승강장도 그린델발트 터미널에 자리하고 있는데, 케이블카가 10인승 곤돌라로 새롭게 교체되어 한층 더 쾌적하게 멘리헨 전망대를 오갈 수 있다.

터미널에 자리한 쇼핑센터에서는 스위스 특산품이나 스포츠 용품, 해외 브랜드 상품, 여행자들을 위한 생활 용품 및 식료품 등을 구매할 수 있다.

주소 Grundstrasse 54 CH-3818 Grindelwald
☎ 033 828 72 33 **영업** 매일 07:30~18:00, 연중무휴
요금 아이거 익스프레스: 그린델발트 터미널-아이거글레처 구간 편도 성인(16세 이상) CHF37.60, 아동(만 6~15세) CHF18.80
홈페이지 www.jungfrau.ch/en-gb/grindelwald-terminal
교통 그린델발트 등산 열차 역에서 도보 18분, 등산 열차로 3분 거리 **지도** p.306-A

아이거 익스프레스

운행 구간 그린델발트 터미널-아이거글레처역
소요 시간 편도 20분(그린델발트 터미널-아이거글레처-융프라우요흐 46분)
곤돌라 26좌석 곤돌라 44량 동시 운행/ 운행 간격 40초
구간 길이 6.4km
주요 전망 아이거 북벽(Eiger North Face), 그린델발트, 클라이네 샤이텍 주변
교통 아이거글레처역에서 융프라우요흐행 톱니바퀴 열차로 환승 **지도** p.306-A

터미널역 내부

아이거글레처역

그린델발트의 관광 명소

도르프 거리
Dorfstrasse ★★

그린델발트 마을 중심을 관통하는 대로

그린델발트역 앞에서 마을 가운데를 관통하는 중심 거리로 호텔, 레스토랑, 주요 상점이 길게 늘어서 있다. 역을 나와서 조금만 걸으면 오른편에 그린델발트 버스 터미널이 있고, 계속 더 올라가면 오른편 스포츠센터(Sports-Zentrum) 건물에 관광 안내소가 있다. 도르프 거리를 따라 계속 오르막길을 올라가면 왼편으로 피르스트 전망대행 케이블카 승강장이 있다. 계속 도르프 거리를 올라가면 도르프 교회(Dorfkirche)와 바로 옆에 있는 향토 박물관(Museum Grindelwald)이 나온다. 역에서 향토 박물관까지 도보로 약 15분이 소요된다.

향토 박물관 Museum Grindelwald
주소 Dorfstrasse 204 CH-3818 Grindelwald
☎ 033 853 43 02 **개관** 6~10월 초 화~금 · 일 15:00~ 18:00, 월 · 토 휴무, 11~5월 휴무
입장료 성인 CHF7(호텔 게스트 카드 소지자 CHF5), 아동 CHF2 **홈페이지** www.grindelwald-museum.ch
교통 그린델발트역에서 도보 15분. **지도** p.306-B

피르스트
First ★★★

알프스 고봉들과 빙하를 한눈에 감상

피르스트는 슈바르츠호른(Schwarzhorn, 2,928m) 아래 해발 2,168m에 있는 전망대다. 베테호른(Wetterhorn, 3,701m), 슈레크호른(Schreckhorn, 4,078m), 아이거(Eiger, 3,970m) 등이 잘 보이며, 베테호른과 슈레크호른 사이에 있는 오버러 빙하(Oberer Gletscher, 위쪽 빙하), 슈레크호른과 아이거 사이에 있는 운터러 빙하(Unterer Gletscher, 아래쪽 빙하)를 한눈에 감상할 수 있다.

그린델발트에서 케이블카를 타고 손쉽게 접근할 수 있으며 무엇보다 바흐알프 호수(Bachalpsee)나 그로세 샤이데크(Grosse Scheidegg) 전망대, 쉬니게 플라테(Schynige Platte) 등 주변의 그림 같은 호수와 산들, 계곡으로 이어지는 하이킹 코스가 무척 인기가 있다. 하이킹 코스의 고전으로 불리는 피르스트-바흐알프 호수 코스, 피르스트-그로세 샤이데크 코스, 피르스트-파울호른(Faulhorn)-쉬니게 플라테 코스는 융프라우 하이킹 코스의 백미 중 하나다(p.316 참조). 하이킹 도중 눈앞에 펼쳐지는 그린델발트 빙하와 아이거 북벽은 보는 이들을 압도하며, 길가에 피어난 야생화들은 감탄을 자아낸다.

피르스트 정상역에서는 유명 시계 브랜드 티솟(Tissot)에서 만든 클리프 워크(First Cliff Walk)를 체험해 보자.

피르스트 정상역의 절벽 옆과 위로 조성된 산책로이며 무료다. 클리프워크 최종 꼭지점에서 알프스를 배경으로 인생 사진을 남길 수 있다. 또한 피르스트에서 슈레크펠트(Schreckfeld)까지 지상 50m 높이의 강철 케이블에 매달려 시속 80km로 날아가는 피르스트 플라이어(First Flyer, 짚라인)는 여행자들에게 스릴 넘치는 즐거움을 안겨준다.

4명이 함께 탑승해서 독수리처럼 허공을 가르며 피르스트에서 슈레크펠트까지 시속 70km로 날아가는 피르스트 글라이더(First Glider, 일명 독수리 오형제)도 인기 있다. 슈레크펠트역에서는 무동력 카트인 마운틴 카트(Mountain Cart)를 대여해서 타고 그린델발트까지 내려올 수 있다. 보르트(Bort)역에서는 서서 타는 자전거(퀵보드와 유사)인 트로티바이크(Trottibike)를 대여해서 그린델발트까지 내려갈 수 있다. 마운틴 카트나 트로티바이크는 그린델발트에 있는 피르스트행 케이블카 승강장에 반납하면 된다.

액티비티 정보 www.jungfrau.ch/en-gb/grindelwaldfirst/adventure-package

교통 그린델발트에서 도르프 거리를 따라 도보 10분 거리에 피르스트 전망대행 케이블카(로프웨이) BGF 승강장이 있다. 그린델발트에서 피르스트 정상까지는 케이블카를 타고 25분 정도 소요된다. 그린델발트 케이블카 승강장에서 상행 첫차가 보통 오전 8시 30분(3~6월 초 오전 10시), 피르스트에서 하행 마지막 편이 여름 시즌에는 오후 6시 30분까지, 겨울 시즌에는 오후 4시 45분까지 있다. 정확한 시간표는 관광 안내소나 홈페이지 참조.

피르스트행 BGF 케이블카 승강장 Firstbahn AG
주소 Dorfstrasse 187 CH-3818 Grindelwald
☎ 033 828 77 11
요금 그린델발트-보르트 편도 CHF17, 왕복 CHF34 / 그린델발트-피르스트 편도 CHF32, 왕복 CHF64(스위스 패스 이용자 50% 할인, 유레일 패스 이용자 25% 할인, 동신항운 할인 쿠폰 소지자 CHF45, VIP 패스 이용자는 무제한 무료 이용)

피르스트 액티비티

피르스트 플라이어 First Flyer(피르스트 → 슈레크펠트 구간)
운영 기간 4월 초~11월 초 **운영 시간** 매일 11:00~16:00
요금 성인 CHF31, 아동(만 6~15세) CHF24 / 융프라우 VIP 패스 이용자 여름 50% 할인, 겨울 무료

피르스트 글라이더 First Glider(피르스트 → 슈레크펠트 구간)
운영 기간 4월 초~11월 초 **운영 시간** 매일 11:00~16:00
탑승 연령 만 10세 이상 **탑승 신장** 130cm 이상
요금 성인 CHF31, 아동(만 6~15세) CHF24 / 융프라우 VIP 패스 이용자 여름 50% 할인, 겨울 무료

마운틴 카트 Mountain Cart(슈레크펠트 → 그린델발트 구간)
운영 기간 5월 초~11월 초(날씨에 따라 기간 변동 가능)
탑승 신장 135cm 이상
요금 성인 CHF21, 아동(만 6~15세) CHF17, 융프라우 VIP 패스 이용자 50% 할인

트로티바이크 Trottibike (보르트 → 그린델발트 구간)
운영 기간 4월 초~11월 초(날씨에 따라 기간 변동 가능)
탑승 신장 125cm 이상
요금 성인 CHF21, 아동(만 6~15세) CHF17, 융프라우 VIP 패스 이용자 50% 할인

피르스트 어드벤처 패키지 요금(단위 CHF 2024년 성수기 기준)
그린델발트-피르스트 곤돌라 이용권 + 액티비티(1~4개 선택) 통합 요금

	정상요금	동신항운 할인 쿠폰 적용	스위스 패스 할인
곤돌라 이용권(왕복)	72	52	32
곤돌라 + 액티비티 1	82	73	49
곤돌라 + 액티비티 2	97	90	66
곤돌라 + 액티비티 3	114	106	84
곤돌라 + 액티비티 4	128	120	98

바흐알프 호수
Bachalpsee ★★★

해발 2,265m 산속에 자리 잡은 호수

피르스트 전망대에서 그리 힘들지 않은 산길을 1시간 정도 걸으면 만날 수 있는 청정 호수다. 해발 2,265m 고지대에 있는 약 8ha의 호수인데, 사면을 둘러싼 알프스 고봉들과 맑은 날이면 호수에 그림 같은 반영이

비치는 슈레크호른(Schreckhorn, 4,078m)은 한 편의 예술 작품을 보는 것 같다. 호수는 자연적으로 형성된 댐에 의해 두 개로 나뉘어 있는데, 작은 호수가 6m 정도 낮은 곳에 있다. 작은 호수는 에메랄드 색을, 안쪽에 있는 큰 호수는 사파이어 색을 띤다. 근처에 간이 화장실도 있으며, 호수 주변의 벤치나 풀밭에서 도시락이나 간식을 먹으며 쉬어 가기 좋다. 체력이 된다면 큰 호수 끝에 우뚝 서 있는 파울호른(Faulhorn, 2,681m)까지 1일 코스로 하이킹을 해도 좋다. 여름 시즌에 피르스트발 그린델발트행 케이블카 막차는 오후 6시부터 6시 30분 사이에 있다. 시기에 따라 달라지는 막차 시간을 반드시 체크할 것.

교통 피르스트 전망대에서 도보 1시간. **지도** p.285

글레처 슐루흐트
Gletscher-schlucht ★★

오랜 세월 빙하가 만들어낸 경이로운 계곡

그린델발트 운터러 빙하가 녹은 물이 만들어낸 계곡인 글레처 슐루흐트는 말 그대로 자연의 경이이자 걸작이다. 암벽 터널과 발코니가 있으며 깎아지른 바위 계곡 산책로가 조성되어 있어 푸른 초원 하이킹과는 다른 경험을 할 수 있다. 운터러 빙하는 지난 몇 세기 동안 상당한 변동을 겪었다. 중세 말기에 있었던 소빙하기에는 운터러 빙하가 그린델발트까지 내려오기도 했다고 한다. 1600년부터 1855년 사이에는 더 많이 내려왔다가 1864년 이후부터 빙하가 다시 마을에서 물러나기 시작했다고 한다. 이로 인해 계곡에서는 유명

한 분홍색 대리석을 채굴할 수 있었다. 현재 인공 산책로가 글레처 슐루흐트 호텔에서 빙하 녹은 물이 흐르는 계곡 내부까지 1km에 걸쳐 조성되어 있다. 글레처 슐루흐트 암벽은 산책로 양쪽으로 100m 이상 높게 솟아 있다. 입구에는 이 지역에서 발견된 광물을 전시하고 있는 크리스털 박물관이 있다. 기온이 낮으므로 따뜻한 겉옷을 챙겨가는 편이 좋다.

교통 그린델발트 기차역 옆에 있는 버스 정류장에서 122번 버스를 타고 글레처 슐루흐트에서 하차. 11분 소요. 그린델발트 기차역에서 도보 30분.
지도 p.285
글레처 슐루흐트 로젠라우이 Gletscherschlucht Rosenlaui AG
☎ 033 971 24 88
개방 5월 중순~9월 매일 09:00~18:00, 10월 초~하순 매일 09:00~17:00 **요금** 성인 CHF10, 아동(6~16세) CHF5
홈페이지 www.rosenlauischlucht.ch

멘리헨 전망대
Männlichen ★★★

라우터브룬넨 계곡과 360도로
알프스 산을 감상하기에 좋은 전망대

멘리헨은 그린델발트 계곡과 라우터브룬넨 계곡 사이 융프라우 지역의 중심에 자리 잡은 해발 2,243m의 산이다. 케이블카로 멘리헨까지 갈 수 있는 경로는 두 가지가 있다. 벵겐(Wengen)에서 케이블카를 타고 멘리헨에 올라가는 방법과 새롭게 건설된 그린델발트 터미널역에 있는 곤돌라 케이블카를 타고 올라가는 방법이다. 멘리헨은 라우터브룬넨 계곡을 감상하기에 좋은 전망 포인트일 뿐만 아니라 최고의 전망을 자랑하는 하이킹 코스의 출발점이다.

벵겐으로 내려가는 코스는 가파르고 난이도가 높은 편이다. 이곳에서는 아이거(Eiger, 3,970m), 묀히

(Mönch, 4,107m), 융프라우(Jungfrau, 4,158m)를 비롯해 그린델발트, 라우터브룬넨, 쉬니게 플라테, 피르스트, 그로세 샤이데크 등 사방으로 최고의 파노라마 전망이 펼쳐진다.

그린델발트 터미널 Grindelwald Terminal
주소 Grundstrasse 54 CH-3818 Grindelwald
☎ 033 828 72 33 **영업** 매일 07:30~18:00, 연중무휴
요금 그린델발트-멘리헨 구간 성인(만 16세 이상) 편도 CHF32, 왕복 CHF64 / 아동(만 6~15세) 편도 CHF16, 왕복 CHF32 / VIP 패스 소지자 무제한 무료
홈페이지 www.jungfrau.ch/en-gb/grindelwald-terminal
교통 그린델발트 등산 열차 역에서 도보 18분, 등산 열차로 3분 거리 **지도** p.306-A

벵겐-멘리헨 케이블카
Wengen-Männlichen Aerial Cableway
☎ 033 855 29 33
요금 성인 편도 CHF26, 왕복 CHF52, 아동(만 6~15세) 편도 CHF13, 왕복 CHF26, 스위스 패스 소지자 50% 할인, VIP 패스 소지자 무제한 무료
홈페이지 www.maennlichen.ch
교통 그린델발트에서 올라갈 때는 그린델발트 터미널역에서 멘리헨행 곤돌라 GGM을 타면 멘리헨 정상까지 약 20분 소요된다. 여름철 상행 첫차가 오전 8시 15분, 하행 마지막 편이 오후 5시 30분에 있다. 벵겐에서는 멘리헨까지 LWM 케이블카를 운행하고 있다. 약 5분 소요. 여름철 상·하행 첫차가 오전 8시 10분, 마지막 편이 벵겐에서는 오후 5시 10분, 멘리헨에서는 오후 5시 30분에 있다(15분 간격으로 운행하며 계절에 따라 변동). **지도** p.285

멘리헨 케이블카 정상역

핑슈테크 전망대
Pfingstegg ★★

빙하 하이킹을 즐길 수 있는 전망대

슈레크호른(Schreckhorn)의 북쪽에 솟아 있는 메텐베르크 산(Mättenberg, 3,104m) 중턱 해발 1,391m에 자리하는 전망대다. 산중턱이라 360도로 펼쳐진 전망은 볼 수 없지만 전망대에 있는 레스토랑 테라스에서 아이거와 그린델발트 마을 전경을 감상할 수 있다. 핑슈테크는 그린델발트 오버러 빙하(Oberer Grindelwald-gletscher, 베테호른과 슈테크호른 사이)와 그린델발트 운터러 빙하(Unterer Grindelwald-gletscher, 슈레크호른과 아이거 사이)의 중간 지점에 자리한다.

전망대 왼쪽으로는 오버러 빙하 근처에 있는 밀히바흐(Milchbach) 레스토랑까지 이어진 오버러 빙하 하이킹 코스가 있고, 오른쪽으로는 운터러 빙하 근처에 있는 베레크(Bäregg) 레스토랑까지 이어진 운터러 빙하 하이킹 코스가 있다.

교통 그린델발트 마을 동쪽 끝에 핑슈테크 전망대행 LGP 케이블카 승강장이 있다. 케이블카를 타고 약 5분이면 올라갈 수 있다. **지도** p.285

루프트자일반 그린델발트-핑슈테크(LGP)
Luftseilbahn Grindelwald-Pfingstegg AG
☎ 033 853 26 26
운행 5월 중순~6월 하순 09:00~18:00(20분 간격), 6월 하순~8월 말 08:30~19:00(15분 간격), 8월 말~10월 중순 09:00~18:00(20분 간격)
요금 성인 편도 CHF18, 왕복 CHF28, 아동(만 6~15세) 편도 CHF9, 왕복 CHF14 / 스위스 패스 이용자 50% 할인
홈페이지 www.pfingstegg.ch

⟨TIP⟩ 일기 예보

숙소에 있는 TV를 틀면 케이블 방송인 Info-Grindelwald 채널에서 융프라우요흐 정상을 비롯해 각 전망대의 날씨 상황을 수시로 알려준다.
또한 관광 안내소 홈페이지에서도 일기 예보와 각 전망대의 라이브 영상을 볼 수 있다.

웹캠 jungfauregion.ch/en/holidays/news/webcam
날씨 jungfauregion.ch/en/Holidays/NEWS/Weather

그로세 샤이데크
Grosse Scheidegg ★★

그린델발트와 마이링겐을 이어주는 고개

해발 1,962m에 위치한 높은 고개로 그린델발트와 마이링겐(Meiringen)을 이어준다. 이 고개는 슈바르츠호른(Schwarzhorn, 2,928m)과 베테호른(Wetterhorn, 3,701m) 사이에 있다.

이 고개를 넘어가는 길은 그린델발트역 앞에 있는 버

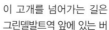
그린델발트 버스

스 터미널에서 그린델발트 버스 128번을 타고 쉽게 올라갈 수 있다. 그로세 샤이데크에서 피르스트까지 이어진 하이킹 코스는 간혹 경사진 곳이 있기도 하지만 비교적 평탄한 코스로 이루어져 있어 누구나 충분히 걸을 만하다. 이 고개는 마이링겐 방향으로 라이헨바흐강을 따라 이어진다. 이 강의 끝자락에 있는 라이헨바흐 폭포(Reichenbachfall)는 코난 도일의 소설 속 주인공 셜록 홈스와 모리아티의 마지막 결투가 있었던 장소로 유명하다. 이 폭포는 마이링겐에서 라이헨바흐 폭포행 푸니쿨라를 타면 갈 수 있다. 산에 햇빛이 비치는 오전에 둘러보는 것이 좋다.

홈페이지 www.grindelwaldbus.ch
교통 그린델발트역 앞 버스 터미널에서 128번 그린델발트 버스(편도 CHF27, 왕복 CHF54) 이용. 그린델발트 투숙객에게 발행하는 게스트 카드 소지 시 무료. 스위스 패스 이용자/VIP 패스 소지자 무료. 5월 하순에서 10월 하순까지 운행. 성수기에는 매시 4분에 출발. 첫차는 8시 4분, 막차는 오후 4시 4분. 그로세 샤이데크까지 39분 소요, 마이링겐까지는 2시간 소요.
지도 p.285

핀테 Pinte

소박한 목조 샬레풍의 레스토랑으로 질 좋은 육류 메뉴와 전통 스위스 치즈 퐁뒤 등을 제공한다. 여름철에는 테라스에서 아이거를 감상할 수 있다. 대표 메뉴는 알프스 뢰스티(Blüemli's Alp Rösti, CHF28), 알프스 치즈가 들어간 코르동 블루(CHF38), 리조토(Risitto Primavera, CHF38) 등이 있다.

주소 Dorfstrasse 157 CH-3818 Grindelwald
☎ 033 853 12 34 **영업** 화~토 16:00~23:00 **휴무** 일~월
홈페이지 www.bellevue-pinte.ch
교통 그린델발트 기차역에서 마을 중심 도르프 거리를 따라 도보 7분. 호텔 벨뷰 핀테에 위치. **지도** p.306-C

메르카토 Mercato

슈피네(Spinne) 호텔에서 운영하는 이탈리아와 독일 요리 전문 레스토랑이다. 날씨가 좋은 날 테라스에서 바라보는 알프스 풍경이 무척 아름답다. 샐러드, 피자, 파스타, 리조토, 비프 그릴, 닭고기 요리 등 메뉴도 다양하다. 메인 요리는 CHF22~60 정도.

주소 Dorfstrasse 136 CH-3818 Grindelwald
☎ 033 854 88 88 **영업** 매일 18:00~22:30
홈페이지 www.spinne.ch **교통** 그린델발트 기차역에서 도르프 거리를 따라 도보 6분. **지도** p.306-B

알테 포스트 Alte Post

소나무로 지은 전통 스위스풍 레스토랑으로 등심 스테이크인 필레미뇽(Filet Mignon), 송아지 게슈네첼테스(Kalbsgeschnetzeltes) 등 다양한 육류 메뉴를 비롯한 전통 스위스 요리를 선보인다. 메인 메뉴의 가격대는 CHF20~50이다. 미리 예약하는 편이 좋다.

주소 Dorfstrasse 173 CH-3818 Grindelwald
☎ 033 853 42 43
영업 월·화·목·일 08:00~23:30(요리 11:00~21:00)
휴무 수 **홈페이지** www.grindelwald-altepost.ch
교통 그린델발트 기차역에서 도르프 거리를 따라 도보 9분. 피르스트반역 입구에 있다. **지도** p.306-C

온켈 톰스 바인로칼 Onkel Tom's Weinlokal

가게 이름 그대로 톰 아저씨가 운영하는 명물 피자 가게. 그린델발트에서 가장 인기 있는 곳 중 하나다. 3가지 사이즈의 피자가 있으며 종류가 다양하다. 피자는 CHF15~33, 샐러드는 CHF8~17.

주소 Dorfstrasse 194 CH-3818 Grindelwald
☎ 033 853 52 39 **영업** 일·월·금 12:00~23:30, 화·토 16:00~23:30 **휴무** 수~목 **홈페이지** www.onkel-toms.ch
교통 그린델발트 기차역에서 도르프 거리를 따라 도보 11분. 혹은 기차역에서 1분 거리에 있는 그린델발트 버스 정류장에서 121·124·125번 버스를 타고 피르스트반(Firstbahn) 정류장에서 하차한 후 도보 1분(총 4분 소요). **지도** p.306-C

아들러슈투베 Adlerstube

선스타 호텔에서 운영하는 편안한 분위기의 레스토랑. 2인용 특별식으로 육즙과 풍미가 좋은 에멘탈 지역의 소고기 토마호크(Tomahawk Steak vom Emmentaler Rind 1kg, 1인당 CHF85)를 추천한다. 소고기 게슈네첼테스(CHF48), 송아지 코르동 블루(Cordon Bleu vom Kalb, CHF52), 2인 이상 주문 가능한 퐁뒤 스페셜(Fondue Spezialitäten, 1인 CHF33) 등.

주소 Dorfstrasse 168 CH-3818 Grindelwald
☎ 033 854 77 77 **영업** 화~일 17:00~22:30 **휴무** 월
교통 그린델발트 기차역에서 도르프 거리를 따라 도보 10분. 피르스트반역 입구에 있다. **지도** p.306-C

배리스 Barry's restaurant

알프스 산장 분위기의 편안한 식당으로 도르프 거리에 있다. 야외 테이블에 앉으면 활기가 느껴지고, 목조 인테리어의 실내 좌석은 조용한 편이다. 소고기 버거(CHF28), 전통 스위스 치즈 퐁뒤(1인 CHF28), 그린델발트 라클레트 치즈를 곁들인 뢰스티(RÖSTI Uberbacken, CHF32) 등.

주소 Dorfstrasse 133 CH-3818 Grindelwald
☎ 033 854 31 31 **영업** 일~목 11:00~23:00, 금~토 11:00~01:00 **홈페이지** www.barrysrestaurant.ch
교통 그린델발트 기차역에서 도보 5분. 아이거 셀프니스 호텔 맞은편. **지도** p.306-B

박한 호텔이며 객실 중 일부에서는 아이거 산을 조망할 수 있다. 무료로 와이파이 서비스를 제공한다.

주소 Dorfstrasse 157 CH-3818 Grindelwald
☎ 033 853 12 34
객실 수 8실
예산 더블 CHF280~, 조식 포함
홈페이지 www.bellevue-pinte.ch
교통 그린델발트 기차역에서 마을 중심 도르프 거리를 따라 도보 7분.
지도 p.306-C

호텔 알테 포스트 Hotel Alte Post

소규모 스파와 스위스 전통 레스토랑을 갖추고 있으며 모든 객실 알프스의 산들을 조망할 수 있는 발코니가 있다. 와이파이는 공용 공간에서 무료로 이용할 수 있으며 호텔 내 전용 주차장도 무료로 이용 가능하다.

주소 Dorfstrasse 175 CH-3818 Grindelwald
☎ 033 853 42 42
객실 수 20실
예산 더블 CHF250~, 조식 포함
홈페이지 www.altepost-grindelwald.ch
교통 그린델발트 기차역에서 도르프 거리를 따라 도보 10분.
지도 p.306-C

호텔 슈피네 Hotel Spinne

가족이 경영하는 4성급 호텔인 슈피네는 호텔 대형 테라스에서 아이거를 비롯한 멋진 알프스 풍경을 감상할 수 있다. 스파 공간을 비롯해 2개의 레스토랑를 메르카토(Mercato)와 뢰티세리(Rôtisserie) 갖추고 있다. 와이파이를 무료로 이용 가능하다.

주소 Dorfstrasse 136 CH 3818 Grindelwald
☎ 033 854 88 88
객실 수 43실
예산 더블 CHF309~, 조식 포함
홈페이지 www.spinne.ch
교통 그린델발트 기차역에서 도르프 거리를 따라 도보 6분.
지도 p.306-B

호텔 벨뷰 핀테 Hotel Bellevue Pinte

1843년에 처음 문을 연 이 호텔은 그린델발트에서 가장 오래된 호텔이며 피르스트행 케이블카 승강장과 가까워서 편리하다(도보 3분 소요). 샬레 스타일의 소

호텔 히르셴 Hotel Hirschen

그린델발트 중심부에 자리한 이 호텔은 1870년부터 4대째 가족이 운영하고 있다. 오크 가구로 우아하게 꾸며진 객실은 편안함을 느끼게 해준다. 공용 공간에서 와이파이를 무료로 이용할 수 있으며 호텔 내 무료 전용 주차장도 있다.

주소 Dorfstrasse 135 CH-3818 Grindelwald
☎ 033 854 84 84 **객실 수** 28실
예산 더블 CHF170~240, 조식 포함
홈페이지 www.hirschen-grindelwald.ch
교통 그린델발트 기차역에서 도르프 거리를 따라 도보 6분.
지도 p.306-B

더비 호텔 반호프 Derby Hotel Bahnhof

100년이 넘는 역사를 자랑하며 대를 이어 가족이 경영하는 3성급 호텔이다. 그린델발트 등산 철도역 바로 옆에 위치해 있어서 이동이 편리하다. 또한 아이거 방향 숙소 테라스에서는 아이거 북벽의 장엄한 풍경을 편안하게 감상할 수 있다.

주소 Dorfstrasse 75 CH-3818 Grindelwald
☎ 033 854 54 61 **객실 수** 70실
예산 더블 비수기 CHF177~, 성수기 CHF203~, 조식 포함
홈페이지 www.derby-grindelwald.ch
교통 그린델발트 기차역 철길 바로 옆에 있으며 도보 1~2분.
지도 p.306-B

호텔 크로이츠 & 포스트
Hotel Kreuz & Post

도르프 거리에 자리하며 주변에는 상점들과 버스 터미널이 있어 편리하다. 고급 레스토랑과 사우나, 한증막, 저온 적외선실 등의 웰빙 공간과 옥상 테라스를 갖추고 있다. 무료 주차와 무료 와이파이 이용이 가능하다.

주소 Dorfstrasse 85 CH-3818 Grindelwald
☎ 033 854 54 92 **객실 수** 42실
예산 더블 CHF240~, 조식 포함
홈페이지 www.kreuz-post.ch
교통 그린델발트 기차역에서 도보 1분.
지도 p.306-B

호텔 추겐 Hotel Tschuggen

소규모 샬레 호텔로, 그린델발트 기차역과 피르스트 케이블카 승강장의 딱 중간에 있다. 남향의 객실에서는 아이거 북벽과 주변 산을 볼 수 있다. 무료로 와이파이와 주차장을 이용할 수 있다.

주소 Dorfstrasse 134 CH-3818 Grindelwald
☎ 033 853 17 81
객실 수 15실
예산 더블 CHF130~200, 조식 포함
홈페이지 www.tschuggen-grindelwald.ch
교통 그린델발트 기차역에서 도르프 거리를 따라 도보 5분.
지도 p.306-B

호텔 그린델발더호프
Hotel Grindelwalderhof

그린델발트 중심에 있는 소규모 호텔로, 기차역에서 5분 거리에 있다. 대부분의 객실은 아이거 북벽을 감상할 수 있는 발코니를 갖추고 있다.

주소 Dorfstrasse 155 CH-3818 Grindelwald
☎ 033 854 40 10 **객실 수** 20실
예산 더블 비수기 CHF160~, 성수기 CHF210~, 조식 포함
홈페이지 www.grindelwalderhof.ch
교통 그린델발트 기차역에서 도르프 거리를 따라 도보 6~7분 거리.
지도 p.306-C

선스타 알파인 호텔 Sunstar Alpine Hotel

피르스트행 케이블카 승강장 맞은편에 있으며 아이거 북벽과 베테호른 전망이 예술인 대규모 호텔이다. 넓고 객실은 목재 가구로 꾸며져 있어 편안함을 느끼게 해준다. 다양한 설비를 갖춘 스파 웰빙 센터도 무료로 이용할 수 있다. 무료 와이파이를 이용할 수 있다.

주소 Dorfstrasse 168 CH-3818 Grindelwald
☎ 033 854 77 77 **객실 수** 217실
예산 더블 CHF270~, 조식 포함
홈페이지 grindelwald.sunstar.ch
교통 그린델발트 기차역에서 도르프 거리를 따라 도보 10분.
지도 p.306-C

파크호텔 쇠네크 Parkhotel Schoenegg

그린델발트의 전망 좋은 곳에 위치해 있다. 특히 호텔 내 수영장에서 아이거의 탁 트인 전망을 감상할 수 있으며 핀란드식 사우나에서 하루의 피로를 풀 수 있다. 무료 와이파이와 무료 전용 주차장을 이용할 수 있다.

주소 Dorfstrasse 161 CH-3818 Grindelwald
☎ 033 854 18 18 **객실 수** 49실
예산 더블 CHF330~, 조식 포함
홈페이지 www.parkhotelschoenegg.ch
교통 그린델발트 기차역에서 도르프 거리를 따라 도보 10분.
지도 p.306-C

호텔 글레처가르텐 Hotel Gletschergarten

115년이 넘는 전통을 자랑하는 가족 운영 호텔이다. 그린델발트 등산 철도역에서 무료 픽업 서비스를 제공한다. 호텔에서 20m 떨어진 곳에 버스 정류장이 있다. 겨울 시즌에는 눈 상태가 좋으면 스키를 타고 바로 호텔까지 올 수도 있다. 무료 와이파이 서비스를 제공한다.

주소 Obere Gletscherstrasse 1 CH-3818 Grindelwald
☎ 033 853 17 21 **객실 수** 26실
예산 더블 CHF254~, 조식 포함
홈페이지 www.hotel-gletschergarten.ch
교통 그린델발트 기차역에서 도보 16분. 또는 기차역 앞 버스 정류장에서 121·124·125번 버스를 타고 키르헤(Kirche)에서 하차 후 도보 1분 거리에 있다(총 7분 내외 소요).
지도 p.306-C

아이거 셀프니스 호텔 Eiger Selfness Hotel

모던한 디자인이 돋보이는 4성급 호텔. 트렌디한 라운지가 있는 1,000m² 규모의 웰빙 센터를 무료로 이용할 수 있다. 아이거가 한눈에 들어오는 전망이 일품이다. 무료로 와이파이를 이용할 수 있다.

주소 Dorfstrasse 133 CH-3818 Grindelwald
☎ 033 854 31 31 **객실 수** 50실
예산 더블 CHF369~, 조식 포함
홈페이지 www.eiger-grindelwald.ch
교통 그린델발트 기차역에서 도보 5분. **지도** p.306-C

대자연을 만끽할 수 있는
하이킹의 천국

융프라우 하이킹

융프라우 여행에서 반드시 해야 할 일은 융프라우요흐 전망대에 올라가는 것일 테지만, 최소한 3일 정도 여유를 두
고 융프라우 지역의 다양한 하이킹 코스를 즐겨보기를 적극 추천한다.

주로 그린델발트를 중심으로 누구나 부담 없이 즐길 수 있는 하이킹 코스가 잘 발달해 있으며 주변 풍경 또한 무척
아름답다. 케이블카나 등산 철도를 이용해 일정 고도까지 올라간 후 평탄한 주변 지역을 돌아보거나 내려오는 코스
는 체력적인 부담도 적어 남녀노소가 함께 즐길 수 있다. 융프라우 VIP 패스가 있다면 패스 유효 기간 동안 산악 철
도를 무제한으로 사용할 수 있으므로 하이킹을 하고 이동하는 데 유용하다. 다양한 길이와 난이도의 코스들이 발달
한 하이킹의 천국, 융프라우에서 구해 대자연 속 하이킹의 즐거움을 만끽해 보자.

홈페이지 www.jungfrau.ch

그린델발트 주변의 추천 코스

그린델발트 주변으로 15개의 하이킹 코스가 있다. 자신의 일정과 체력에 맞는 코스를 선택해 하이킹을 즐기자. '난이도 하'는 온 가족이 즐길 수 있는 수준이다.

★ 추천 코스 1 ★

그로세 샤이데크 Grosse Scheidegg(1,962m) → 피르스트 First(2,168m)

출발 지점 그로세 샤이데크 버스 정류장 도착 지점 피르스트 전망대 **구간** 길이 약 6km **소요 시간** 약 1시간 30분~2시간 **표고차** +200m **난이도** 하

그린델발트 등산 철도역 앞에 있는 버스 터미널에서 그린델발트 버스를 타고 그로세 샤이데크 전망대로 간 다음(약 35분 소요, 성수기에는 오전 8시부터 오후 5시까지 1시간에 1대꼴로 운행), 피르스트 전망대까지 걸어가는 코스다. 그로세 샤이데크에서 슈바르츠호른의 경사를 앞에 두고 피르스트 방향 이정표를 보고 계속 걸으면 된다.

대부분 평탄한 코스로 구성되어 있으며 간혹 내리막길

그린델발트 주변 하이킹 코스의 난이도와 소요 시간

하이킹 코스	난이도	소요 시간
피르스트(First)–바흐알프 호수(Bachalpsee)–피르스트(First)	하	2시간
피르스트(First)–바흐알프 호수(Bachalpsee)–파울호른(Faulhorn)–부스알프(Bussalp)	중	4시간
피르스트(First)–바흐알프 호수(Bachalpsee)–히렐레니(Hireleni)–펠트(Feld)–부스알프(Bussalp)	중	3시간
피르스트(First)–슈레크펠트(Schreckfeld)	하	40분
피르스트(First)–바흐라거(Bachlager)–발트슈피츠(Waldspitz)	중	45분
발트슈피츠(Waldspitz)–펠트(Feld)–부스알프(Bussalp)	중	2시간
슈레크펠트(Schreckfeld)–그로세 샤이데크(Grosse Scheidegg)	하	1시간 15분
슈레크펠트(Schreckfeld)–보르트(Bort)	하	50분
보르트(Bort)–부스알프(Bussalp)	하	2시간 30분
보르트(Bort)–앨플루흐(Aellfluh)–그린델발트(Grindelwald)	중	1시간 45분
보르트(Bort)–그린델발트(Grindelwald)	하	1시간 10분
보르트(Bort)–운터러 라우흐뷜(Unterer Lauchbühl)–호텔 베테호른 (Hotel Wetterhorn)	중	2시간 30분
발트슈피츠(Waldspitz)–보르트(Bort, forest natural trail, 숲속 자연산책로)	중	1시간
그린델발트(Grindelwald)–운터러 라우흐뷜(Unterer Lauchbühl)–그로세 샤이데크(Grosse Scheidegg)	하	3시간 20분
그린델발트(Grindelwald)–압바흐팔(Abbachfall)–부스알프(Bussalp)	중	2시간 10분

알프스의 젖소들

이나 완만한 오르막길이 있지만 길이 험한 편은 아니다. 여름 시즌에는 다양한 야생화들을 감상할 수 있다. 이 코스를 걸으면 아이거(3,970m)와 슈레크호른(4,078m), 베테호른(3,701m)을 조망할 수 있고, 고봉들 사이에 있는 오버러 그린델발트 빙하와 운터러 빙하를 감상할 수도 있다.

> **TIP** 일정과 체력에 여유가 있다면 다음에 소개할 추천 코스 2의 피르스트 전망대–바흐알프 호수–피르스트 왕복 구간도 이어서 걸어보자. 오전에는 그로세 샤이데크에서 피르스트까지 여유롭게 걷고, 피르스트 전망대 레스토랑에서 점심을 먹는다. 그 다음 바흐알프 호수를 다녀온 뒤, 피르스트에서 곤돌라 케이블카를 타고 그린델발트로 내려오는 코스를 추천한다.

★ 추천 코스 2 ★

**피르스트 First(2,168m) →
바흐알프 호수 Bachalpsee(2,265m) →
피르스트 First(2,168m)**

출발 지점 피르스트 정상역 **중간 도착 지점** 바흐알프 호수
최종 도착 지점 피르스트 정상역 **구간 길이** 왕복 6km
소요 시간 왕복 2시간 30분 내외 **표고차** +100m **난이도** 하

피르스트에서 알프스의 푸른 보석 바흐알프 호수(Bachalpsee, 바흐알프제)까지의 하이킹 코스는 융프라우 지역에 있는 하이킹 코스 중에서 가장 인기 있다. 그린델발트에 자리하고 있는 피르스트행 BGF 케이블카 승강장에서 케이블카를 타고 보르트(Bort, 1,570m), 슈레크펠트(Schreckfeld, 1,955m)를 거쳐 피르스트 정상역에 도착하면 하이킹 코스가 시작된다. 구간 시작부터 잠시 조금 험한 오르막길이 있지만 그곳을 지나면 대부분 평탄한 코스가 이어진다. 주변 풍광이 뛰어나며 맑은 공기와 푸른 자연을 마음껏 느낄 수 있다. 두 번째 작은 강을 지나면 굼미휘테(Gummi Hütte)라는 작은 오두막이 있다. 맑은 날이면 이 지점을 지나서 바라보는 아이거와 융프라우의 전망이 웅장하다.

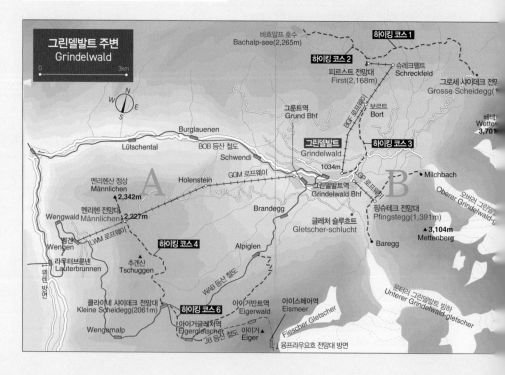

그린델발트 주변
Grindelwald
0 ___ 3km

바흐알프 호수
Bachalp-see(2,265m)
하이킹 코스 1
하이킹 코스 2
피르스트 전망대
First(2,168m)
슈레크펠트
Schreckfeld
그로세 샤이데크 전망
Grosse Scheidegg(
그룬트역
Grund Bhf
보르트
Bort
베테
Wetter
3,701
Burglauenen
Lütschental
BOB 등산 철도
Schwendi
그린델발트
Grindelwald
하이킹 코스 3
1034m
Milchbach
멘리헨산 정상
Männlichen
▲2,342m
Holenstein
GGM 로프웨이
그린델발트역
Grindelwald Bhf
오버러 그린델
Oberer Grindelwald-g
멘리헨 전망대
Wengwald Männlichen ▲2,227m
Brandegg
핑슈테크 전망대
Pfingstegg(1,391m)
벵겐
Wengen
LWM 로프웨이
Alpiglen
하이킹 코스 4
추겐산
Tschuggen
WAB 등산 철도
▲3,104m
Mettenberg
Baregg
라우터브룬넨
Lauterbrunnen
뮐렌
방면
클라이네 샤이데크 전망대
Kleine Scheidegg(2061m)
하이킹 코스 6
아이거반트역
Eigerwald
아이스메어역
Eismeer
운터러 그린델발트 빙하
Unterer Grindelwald-gletscher
Wengernalp
아이거글레처역
Eigergletscher
JB 등산 철도
아이거
Eiger
Fiescher Gletscher
융프라우요흐 전망대 방면

풍광이 뛰어난 코스

아름다운 야생화

TIP 일정과 체력에 여유가 있는 여행자라면 안쪽 호수 끝에 솟아 있는 파울호른(Faulhorn, 2,686m)까지 다녀오는 코스를 추천한다. 피르스트 전망대에서 바흐알프 호수까지 편도 1시간, 중간 휴식 시간까지 왕복 2시간 30분~3시간 정도로 넉넉하게 일정을 잡는 편이 좋다. 피르스트에서 그린델발트로 내려가는 하행 케이블카 막차는 여름 시즌에는 오후 6시 30분까지 있으니 시즌에 따른 막차 시간을 잘 확인하고 하이킹 일정을 세우도록 한다.

평탄한 하이킹 코스 양쪽으로 핀 야생화를 보며 걷다 보면 알프스의 웅장한 산속에 새의 둥지처럼 평화로운 2개의 호수가 나타난다. 앞쪽에 작은 호수, 뒤쪽에는 좀 더 큰 호수가 있고, 그 배경으로 보이는 베테호른과 슈레크호른(Schreckhorn), 핀스터아르호른(Finsteraarhorn)은 융프라우의 대자연만이 선사하는 즐거움을 준다. 바람이 잔잔한 맑은 날이면 호수에 비친 슈레크호른을 비롯한 주변 풍경은 그야말로 압권이다.

호숫가에는 간이 화장실도 있으며 호숫가에 앉아 도시락을 먹거나 휴식을 취하는 여행자들이 많다. 잠시 쉬었다가 다시 피르스트로 돌아가면 된다.

★ 추천 코스 3 ★

**보르트 Bort(1,570m) →
그린델발트 Grindelwald(1,050m)**

출발 지점 보르트 케이블카역 **도착 지점** 그린델발트 마을 **구간 길이** 3.8km **소요 시간** 50분 내외 **표고차** −514m **난이도** 하

그린델발트와 피르스트 케이블카 구간에 있는 보르트는 피르스트에서 그린델발트로 내려오는 길에 남녀노소 누구나 즐길 수 있는 쉬운 하이킹 코스다. 전체적으로 내리막길로 구성되어 있어 체력적으로 부담이 적

바흐알프 호수

보르트

보르트에서 바라본 전망

곳곳에 이정표가 있다.

다. 보르트 케이블카역에서 레스토랑 방향으로 나오면 언덕 아래 왼쪽 방향으로 평화로운 초원 지대가 펼쳐져 있다. 평탄한 초원 지대를 지나 오버러 글레처 거리(Obere Gletscherstrasse)로 계속 가면 된다. 여기서부터 마을까지는 메인 도로를 따라 걸어가면 된다.
보르트~그린델발트 하이킹 코스는 트로티바이크 (p.309)를 타고 내려오는 코스이기도 하다.

환상적이다. 휠체어 사용자도 클라이네 샤이데크로 넘어가는 일부 구간이 힘들 수 있지만 멘리헨에서 일정 구간은 큰 힘을 들이지 않고 편안하게 파노라마 전망을 감상할 수 있다. 대부분이 평탄한 코스로 남녀노소 누구나, 아이가 있는 가족 여행자들에게도 적합하다. 중간 중간 전망 좋은 포인트에 설치되어 있는 벤치에 앉아 풍경을 감상하거나 간식이나 도시락을 먹는 즐거움도 크다.
날씨가 맑은 날에는 아이거, 묀히, 융프라우 세 봉우리의 장관을 사진으로 담기에 좋다. 또한 출발 지점에서는 라우터브룬넨 계곡이, 트레킹 코스의 후반부에는 그린델발트 계곡이 잘 보인다. 여름철에는 수많은 소들이 그린델발트 계곡 방향 초원에서 풀을 뜯는 모습을 심심치 않게 볼 수 있다.

★ 추천 코스 4 ★

멘리헨 Männlichen(2,230m) → 클라이네 샤이데크 Kleine Scheidegg(2,061m)

출발 지점 멘리헨 케이블카 승강장 **도착 지점** 클라이네 샤이데크 등산 철도역 **구간 길이** 4.3km **소요 시간** 1시간 30분 **표고차** −170m **난이도** 하

멘리헨에서 클라이네 샤이데크에 이르는 하이킹 코스는 파노라마 길이라고도 불린다. 코스 내내 해발 2,000m가 넘는 고산 지대를 걷는 코스이기도 하다. 이 구간은 다른 하이킹 구간과는 달리 편안히 걸으면서 360도 전망을 마음껏 감상할 수 있기 때문에 산악 애호가들에게 인기 만점이다.
길은 평탄하지만 보여주는 풍경은 압도적이고 거칠며

클라이네 샤이데크

산책로

그린델발트행 멘리헨반 승강장

클라이네 샤이데크 방향으로는 갈림길도 없어서, 계속 걸어가면 되므로 길을 잃을 염려 없이 편안한 마음으로 걸을 수 있다. 멘리헨에서 클라이네 샤이데크까지 1시간 30분 정도 걸리며 중간에 쉬는 시간을 합쳐도 2시간이면 충분히 걸을 수 있다.

클라이네 샤이데크에서 자신의 일정과 숙소에 따라 그린델발트행이나 라우터브룬넨행 WAB 등산 열차를 타고 가면 된다.

TIP 일정이나 체력에 여유가 있다면 클라이네 샤이데크에서 부스티글렌(Bustiglen)과 아르벤가르텐(Arvengarten)을 경유해 알피글렌(Alpiglen)까지 걸어가는 알파인 트레킹 코스를 추천한다. 멘리헨에서 알피글렌까지는 총 2시간 40분 소요된다.

★ 추천 코스 5 ★

쉬니게 플라테 Schynige Platte(1,967m) → 오베르베르크호른 Oberberghorn(2,069m) → 쉬니게 플라테 파노라마길 Schynige Platte Panoramaweg

출발 지점 쉬니게 플라테 등산 철도역
경유 지점 오베르베르크호른(Oberberghorn)
도착 지점 쉬니게 플라테 등산 철도역
구간 길이 2.6km **소요 시간** 1시간 30분 **표고차** +100m
난이도 중하

쉬니게 플라테에서 시작해 다시 쉬니게 플라테 정상역으로 돌아오는 원형의 코스다. 역사를 마주 봤을 때 오른편으로 고산 식물원이 있고, 왼편으로 호텔 겸 레스토랑 쉬니게 플라테가 있다. 역사에 쉬니게 플라테를 중심으로 한 하이킹 코스 안내 사진이 크게 붙어 있다. 총 6개의 코스가 있는데, 지금 소개하는 코스는 안내판에 있는 빨간색 2번 코스다. 일단 왼편 호텔 방향으로 이동한다. 호텔을 지날 무렵 펼쳐지는 툰 호수 풍경이 무척 아름답다. 호텔을 지나자마자 미끄럼틀 오른쪽 방향으로 다우베, 오베르베르크호른 이정표를 따라 오르막길을 올라가면 오솔길이 계속 이어지는데, 시원스러운 전망에 가슴이 탁 트인다.

다우베(Daube) 전망 포인트까지는 길이 험한 편이고, 돌멩이가 깔린 오르막길도 있으니 주의해야 한다. 비

일부는 돌멩이가 깔린 오르막길도 있다.

쉬니게 플라테역

오베르베르크호른 정상

TIP 일정과 체력에 여유가 있는 여행자에게는 로우허호른(Loucherhorn)까지 다녀오는 코스를 추천한다. 총 2시간 30분 소요된다.

일정에 여유가 있고 트레킹에 능숙한 숙련자에게는 쉬니게 플라테에서 파울호른(Faulhorn)을 거쳐 바흐알프 호수(Bachalsee)를 지나 피르스트에 이르는 코스를 추천한다. 총 6시간 소요된다.

일정이 촉박하다면 쉬니게 플라테 기차역에서 다우베(Daube) 전망대까지만 다녀오는 왕복 코스를 추천한다. 기차역에 붙어 있는 하이킹 코스 안내판의 1번 코스다. 약 50분 소요된다.

오는 날은 돌이 미끄러워서 넘어질 수도 있으므로 조심한다. 다우베 전망 포인트까지 올라가면 작은 오두막이 있고 이곳에서 내려다보는 툰 호수와 주변의 알프스 풍경이 장관이다.

다우베 전망 포인트에서 오베르베르크호른까지 이르는 트레킹 코스는 왼편으로는 깎아지른 절벽이고 오른편으로는 오베르베르크의 평평한 초원 뒤로 아이거, 묀히, 융프라우의 봉우리들이 우뚝 솟은 모습이 장관을 이룬다. 왼편 아래로는 툰 호수와 브리엔츠 호수 사이에 놓인 인터라켄의 전경이 잘 보인다.

초원에는 야생화가 가득하고 옥색의 브리엔츠 호수가 빛을 발한다. 오베르베르크호른 정상에 올라가 보자. 만약 코스가 부담된다면 트레킹 코스를 따라 고산 식물원 방향으로 이동하면 된다. 에델바이스를 비롯해 스위스의 알프스 지역에서 자라는 야생화들로 가득하다. 이름과 설명이 표지판에 붙어 있으므로 알프스 야생화에 대한 정보를 얻기에도 좋다. 고산 식물원에 가득 피어 있는 알프스 야생화를 감상하며 등산 철도역으로 나가면 된다.

고산 식물원은 5월 말부터 9월 중순까지 매일 아침 8시 30부터 오후 6시까지 개방한다. 입장료는 무료다. 야생화가 가장 절정으로 피는 시기는 6월 중순부터 8월 중순까지이다.

★ 추천 코스 6 ★

아이거글레처 Eigergletscher(2,320m) → 클라이네 샤이데크 Kleine Scheidegg(2,063m)

출발 지점 아이거글레처 JB역 **도착 지점** 클라이네 샤이데크역 **구간 길이** 약 2.1km **소요 시간** 45분 내외 **표고차** −257m **난이도** 하

융프라우요흐 정상역까지 올라갔다가 내려오는 길에 하이킹을 즐기고 싶은 이에게 추천하는 코스로 융프라우 아이거 워크(Jungfrau Eiger Walk)라 불린다. 융프라우 알프스의 3대 봉우리인 아이거, 묀히, 융프라우와 가장 가까이 걷는 코스이기도 하다.

융프라우요흐 정상역에서 JB 열차를 타고 내려오다가 중간역인 아이거글레처(Eigergletscher)역에서 내려 클라이네 샤이데크까지 걷는 코스로 아이거 빙하 바로 옆을 걷는다. 아이거글레처역에 내리면 역사 바로 아래쪽에 융프라우 아이거 트레킹 코스를 표시하는 커다란 암석 이정표가 있다. 그 이정표를 따라 역사가 있는 철로 옆길로 가면 된다.

클라이네 샤이데크

JB 열차

전체적으로 내리막길이고, 소요 시간도 1시간 정도여서 부담 없이 걸을 수 있다. 길가에는 알프스 야생화가 가득해 무척 아름답다. 길도 넓고 평탄해 초보자와 가족 여행자들에게 적극 추천하는 코스다. 또한 JB 열차가 오르내리는 모습을 하이킹 코스 중간에 자주 볼 수 있어 사진에 담기에도 좋다.

중간 지점에 미텔레기휘테(Mittellegihütte)라는 작은 오두막집이 있다. 이 오두막은 원래 1924년에 아이거 산의 3,355m 지점 미텔레기(Mittellegi) 산등성이에 지어진, 등산가들을 위한 오두막이었는데, 2001년에 헬리콥터로 아이거글레처 2,330m 지점으로 옮겼다가 2011년에 현재의 자리로 옮겨놓았다. 현재는 옛날 등산 장비와 등산가들의 모습을 내부에 그대로 재현해 과거 알프스에서 활동하던 등산가들의 생활 모습을 살펴볼 수 있다. 이 오두막에서부터는 클라이네 샤이데크역이 잘 보여서 빨간색 JB 열차가 오르내리는 모습이나 한가롭게 풀을 뜯고 있는 소들을 자주 볼 수 있다.

갈림길이 나오면 터널이 있는 위쪽(오른쪽) 길로 가자. 터널을 통과하면 인공 호수인 팔보덴 호수 (Fallbodensee)가 나온다. 이 호수는 눈이 부족한 초겨울에 주변 스키장에 필요한 인공 눈을 만들기 위해서 만들어졌다. 호수 한쪽에는 무릎 정도 깊이의 작은 웅덩이가 있고 벤치가 설치되어 있어, 벤치에 앉아 족욕을 즐길 수도 있다.

호수 옆에는 아이거 북벽 전시관이 있다. 작은 교회처럼 생긴 건물(Chilchli)인 이곳은 원래 융프라우 철도 변압기역이었다고 한다. 현재는 아이거 북벽 등반 관련 전시관으로 이용되고 있으며 무료로 관람할 수 있다. 호수를 지나 완만한 경사로를 따라 내려가면 클라이네 샤이데크에 이른다.

> **TIP** 조금 더 걷고 싶은 여행자들을 위해 클라이네 샤이데크에서 출발하는 세 가지 코스가 있다. 첫째. 동쪽 방향(융프라우를 등졌을 때 왼편 방향)으로 가는 벵겐알프–벵겐 코스. 둘째. 서쪽 방향(융프라우를 등졌을 때 오른편 방향)으로 가는 알피글렌–그린델발트 코스. 마지막으로 가운데 방향인 멘리헨 코스를 선택할 수 있다. 자신의 일정과 체력, 숙소 방향을 고려해 추가적인 하이킹 코스를 선택하도록 한다. 클라이네 샤이데크에서 벵겐알프까지 약 50분 소요. 알피글렌까지는 약 1시간 30분 소요. 멘리헨까지는 약 1시간 30분 소요.

팔보덴 호수

융프라우요흐
JUNGFRAUJOCH

언어 독일어권 | 해발 3,466m

유럽의 지붕, 톱 오브 유럽(Top of Europe)

'유럽의 지붕'이라고 불리는 융프라우요흐는 스위스에서 가장 인기 있는 관광 명소이다. 융프라우요흐 (3,466m)는 베른주와 발레주의 경계에 있는 베르너 알프스의 묀히와 융프라우 두 봉우리 사이에 놓인 안장과 같은 고개다. 정상에 펼쳐진 알레치 빙하(Aletschgletscher), 만년설과 바위로 이루어진 알프스 고봉이 그려내는 풍경은 그야말로 별천지라 할 만하다. 융프라우요흐와 알레치 빙하는 알프스 산맥 중 최초로 유네스코 세계 자연 유산으로 선정되는 영예를 얻었다. 유럽에서 가장 높은 곳에 위치한 철도역인 융프라우요흐 전망대역은 무려 해발 3,454m 높이를 자랑한다. 아이거와 묀히의 단단한 암벽을 뚫고 30여 분을 달려 해발 3,000m가 넘는 곳에 이르는 융프라우 철도 JB는 경이로움 그 자체다.

ACCESS

융프라우요흐 가는 법

출발점은 인터라켄

융프라우요흐로 가기 위해서는 인터라켄에서 출발해야 한다. 인터라켄에서 해발 3,454m의 융프라우요흐 전망대에 올라가는 JB 산악 열차(Jungfraubahn) 루트는 크게 두 가지로 나뉜다. 어느 루트로 가든지 환승 대기 시간을 포함해 2시간 17분 정도 걸리며, 요금도 동일하다.

융프라우요흐 왕복 등산 열차 요금(2024년 기준. 단위 CHF)

출발역 요금분류	인터라켄 동역	그린델발트/ 라우터브룬넨 등산 열차	그린델발트 터미널(아이거 익스프레스)
정상가격	249,80	239,6	201
동신항운 할인 쿠폰 소지자	160	155	155
동신항운 할인 쿠폰 + 스위스 패스(사용일 기재)	145	145	145

※융프라우 철도 한국 총판 동신항운 홈페이지를 통해 누구나 할인 쿠폰을 신청할 수 있다. 철도 요금 할인 혜택, 융프라우요흐 정상역 매점에서 CHF8 상당의 무료 컵라면, CHF6 상당의 기념품 상점 DC 바우처를 제공한다.

동신항운 홈페이지 www.jungfrau.co.kr

클라이네 샤이데크역에 정차한 JB 열차

루트1

인터라켄 동역에서 BOB 등산 열차 승차 ·············▶ 34분 소요 그린델발트역 도착 후 클라이네 샤이데크행 WAB 열차로 환승 ·············▶ 32분 소요 클라이네 샤이데크역 도착 후 JB 열차로 환승 ·············▶ 44분 소요 융프라우요흐 전망대역 도착

루트 2

인터라켄 동역에서 BOB 등산 열차 승차 ·············▶ 29분 소요 그린델발트 터미널역 도착 후 아이거글레처역행 아이거 익스프레스 탑승 ·············▶ 20분 소요 아이거글레처역 도착 후 융프라우요흐행 JB 열차로 환승 ·············▶ 26분 소요 융프라우요흐 전망대역 도착

루트3

인터라켄 동역에서 BOB 등산 열차 승차 ·············▶ 20분 소요 라우터브룬넨역 도착 후 클라이네 샤이데크행 WAB 열차로 환승 ·············▶ 40분 소요 클라이네 샤이데크 도착 후 JB 열차로 환승 ·············▶ 44분 소요 융프라우요흐 전망대역 도착

융프라우요흐로 올라가려면 인터라켄 동역(Interlaken Ost)에서 출발하는 BOB 등산 열차를 타야 한다. 인터라켄에서 융프라우요흐 전망대까지 올라가는 코스는 그린델발트를 경유하는 루트와 라우터브룬넨을 경유하는 경로로 크게 나뉜다. 인터라켄 동역에서 출발하는 객차 옆면에는 행선지가 그린델발트와 라우터브룬넨 두 곳으로 각각 적혀 있다. 자신의 경유지가 적힌 객차인지 잘 확인하고 타면 된다.

빌더스빌(Wilderswil) 다음 역인 츠바이뤼치넨(Zweirütschinen)역에서 열차는 두 갈래로 갈라진다. 열차 진행 방향의 왼쪽이 그린델발트 방향이며, 오른편이 라우터브룬넨 방향이다. 그린델발트행 열차를 타고 있다면 그린델발트에서 내려 다시 클라이네 샤이데크행 WAB 열차로 환승해야 한다. 라우터브룬넨행 BOB 등산 열차도 라우터브룬넨에서 내린 후 클라이네 샤이데크행 WAB 열차로 바꿔 타야 한다. 두 갈래로 갈라졌던 BOB 등산 철도와 WAB 노선은 다시 클라이네 샤이데크에서 만난다. 클라이네 샤이데크에서 융프라우요흐까지 올라가는 노선은 JB 철도(Jungfraubahn) 노선 하나로 합쳐진다.

클라이네 샤이데크에서는 빨간색 JB 열차를 타면 아이거 빙하를 오른편으로 스치며 아이거와 묀히의 암벽을 뚫고 융프라우요흐 전망대까지 올라간다. JB 열차는 여름 시즌에는 클라이네 샤이데크에서 매시 정각과 30분에 출발하며, 첫차는 오전 8시경, 막차는 오후 4시 30분경이다. 융프라우요흐에서 내려오는 열차는 첫차가 오전 9시경, 막차는 오후 5시 45분경(5월 중순~9월 초 막차는 오후 6시 30분)이다(변동될 수 있으니 현지 확인은 필수).

인터라켄에서 올라갈 때는 그린델발트를 경유해 융프라우요흐까지 올라갔다가 내려올 때는 반대편 라우터브룬넨을 경유해 내려와도 된다. 그 반대 방향으로 이동 경로를 선택해도 상관없다.

2019년 12월에 융프라우 여행의 새로운 랜드마크가 된 그린델발트 터미널역이 새롭게 건설되었다. 터미널역에서 아이거 익스프레스라는 최신 곤돌라를 타면 아이거글레처역까지 20분 만에 도달한다. 아이거글레처역에서 융프라우요흐 전망대행 JB 열차로 환승하면 26분만에 정상역에 도착한다. 일정이 빠듯한 여행자는 아이거 익스프레스를 잘 활용하면 이동 시간을 상당히 단축할 수 있다.

융프라우 VIP 패스

2일 이상 머물면서 융프라우의 다양한 곳을 돌아보고, 하이킹이나 다양한 액티비티를 즐기려는 여행자에게는 2일 또는 3일 VIP 패스를 적극 추천한다. VIP 패스는 다양한 무제한 탑승 구간과 할인 혜택이 있어 2일 이상 융프라우 지역을 여행할 경우 경비 면에서 큰 혜택이 있다.

무제한 탑승 구간
인터라켄–클라이네 샤이데크/그린델발트(터미널 포함) 무제한
그린델발트–피르스트 무제한
그린델발트 터미널–아이거글레처 무제한
그린델발트 터미널–멘리헨 무제한
인터라켄 동역–쉬니게 플라테 무제한
인터라켄–하더 쿨룸 무제한

라우터브룬넨–그뤼츠알프–뮈렌 무제한
단, 클라이네 샤이데크↔융프라우요흐 1회 왕복

VIP 패스 할인 쿠폰
할인 금액이 상당히 차이 나므로 동신항운 할인 쿠폰을 반드시 신청하도록 한다.

동신항운(융프라우 등산 열차 국내 총판)
홈페이지 www.jungfrau.co.kr

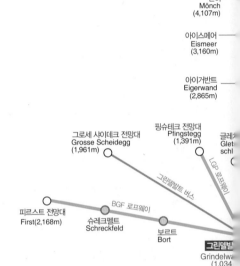

융프라우 VIP 패스 요금(2024년 기준, 단위 CHF)

요금 패스 종류	동신항운 할인 쿠폰 적용	동신항운 쿠폰 + 스위스 패스 (사용일 기재)	유스 (만 16~ 25세)	어린이 (만 6~ 15세)
1일 VIP 패스	190	175	170	30
2일 VIP 패스	215	200	190	30
3일 VIP 패스	240	215	205	30
4일 VIP 패스	265	235	220	30
5일 VIP 패스	290	260	235	30
6일 VIP 패스	315	275	250	30

※VIP 패스 구매 방법
– 한국에서 사전 구매 불가능
– 동신항운 할인 쿠폰을 이용하여 인터라켄 현지에서 여권을 제시하고 구매
– 발권 가능 역: 인터라켄 동역, 빌더스빌, 그린델발트, 그린델발트 터미널, 라우터브룬넨 등 융프라우 지역 역(인터라켄 서역 제외)

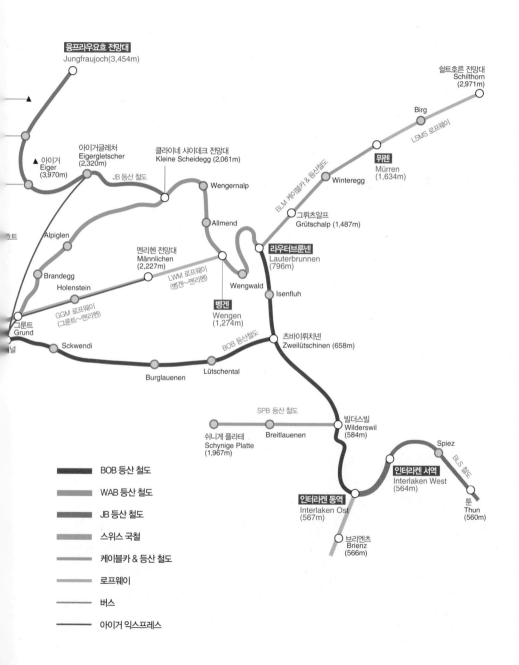

▲ 융프라우
Jungfrau
(4,158m)

융프라우요흐 주변의 교통망

융프라우요흐 전망대
Jungfraujoch(3,454m)

쉴트호른 전망대
Schilthorn
(2,971m)

Birg

LSMS 로프웨이

뮈렌
Mürren
(1,634m)

Winteregg

그뤼치알프
Grütschalp (1,487m)

BLM 케이블카 & 등산철도

아이거글레처
Eigergletscher
(2,320m)

▲ 아이거
Eiger
(3,970m)

JB 등산 철도

클라이네 샤이데크 전망대
Kleine Scheidegg (2,061m)

Wengernalp

Alpiglen

Allmend

라우터브룬넨
Lauterbrunnen
(796m)

멘리헨 전망대
Männlichen
(2,227m)

Brandegg

LWM 로프웨이
(벵겐~멘리헨)

Wengwald

Isenfluh

Holenstein

벵겐
Wengen
(1,274m)

GGM 로프웨이
(그룬트~멘리헨)

그룬트
Grund

Sckwendi

BOB 등산철도

츠바이뤼치넨
Zweilütschinen (658m)

Lütschental

Burglauenen

SPB 등산 철도

빌더스빌
Wilderswil
(584m)

Spiez

쉬니게 플라테
Schynige Platte
(1,967m)

Breitlauenen

BLS 철도

인터라켄 서역
Interlaken West
(564m)

툰
Thun
(560m)

인터라켄 동역
Interlaken Ost
(567m)

브리엔츠
Brienz
(566m)

━━ BOB 등산 철도

━━ WAB 등산 철도

━━ JB 등산 철도

━━ 스위스 국철

━━ 케이블카 & 등산 철도

━━ 로프웨이

━━ 버스

━━ 아이거 익스프레스

융프라우요흐의 관광 명소

클라이네 샤이데크
Kleine Scheidegg ★★★

융프라우요흐로 가는 JB 열차의 출발점

인터라켄 동역에서 출발한 등산 열차는 그린델발트와 라우터브룬넨 두 가지 코스로 갈라졌다가 다시 해발 고도 2,063m의 클라이네 샤이데크에서 만나게 된다. 클라이네 샤이데크에서 JB(Jungfraubahn) 열차를 타고 융프라우요흐 전망대역으로 가므로, 융프라우요흐를 올라가기 위해서는 반드시 거쳐야 하는 역이다.

클라이네 샤이데크는 아이거와 라우버호른(Lauberhorn, 2,472m) 봉우리 사이에 있는 고산 고개로, '작은(Kleine) 분수령(Scheidegg)'이라는 뜻이다. 재미있는 점은 큰 분수령을 의미하는 그로세 샤이데크(Grosse Scheidegg, 1,961m)보다 해발 고도가 더 높다는 것이다. 클라이네 샤이데크에서 아이거를 바라봤을 때 왼편이 그린델발트, 오른편이 라우터브룬넨 방향이다.

클라이네 샤이데크에는 그린델발트(B승강장)와 라우터브룬넨(A승강장) 사이를 각각 오가는 WAB(Wengenalpbahn) 열차와 융프라우요흐로 올라가는 JB 철도(Jungfraubahn)의 철길이 각각 놓여 있다. 이곳에서 멘리헨, 그린델발트, 벵겐, 알레치 빙하 등으로 이어진 다양한 하이킹 코스가 있으므로 하이킹 애호가들에게도 최적의 출발점이다. 대부분 평탄하거나 내려가는 코스이며 아이거, 뮌히, 융프라우를 감상하기에 좋은 위치이므로 하이킹을 추천한다.

클라이네 샤이데크에 있는 호텔 벨뷰 데 잘프(Hotel Bellevue des Alpes)는 2008년 영화 〈노스페이스〉에도 등장한 유명 호텔이다. 클라이네 샤이데크는 겨울철에는 그린델발트와 벵겐을 아우르는 스키 지역의 중심지이다. 매년 9월 초에 열리는 융프라우 마라톤의 결승 지점이기도 하다.

지도 p.318-A

TIP 융프라우요흐로 가는 산악 철도

융프라우요흐에 이르는
산악 철도는 1893년 스
위스 철도왕 아돌프 구
에르 첼러(Adolf Guyer-
Zeller, 1839~1899)가 처
음 구상한 것으로 1912년
에 완성되었다. 가히 불
가능을 가능으로 바꾼

역사적인 사건이었다. 터널 공사는 1898년부터
1912년까지 이루어졌고, 그 길이가 약 7km나 된다.
클라이네 샤이데크에서 융프라우요흐 전망대까지
는 암벽 중간에 아이거반트역과 아이스메어역에서
정차하는 시간을 포함해 약 52분이 소요된다.

아이스메어역 창문에서 바라본 알프스

아이거글레처
Eigergletscher ★★★

장엄한 아이거 빙하를 마주볼 수 있는 역

해발 고도 2,320m에 있는 아이거글레처역은 융프라
우요흐를 향해 클라이네 샤이데크에서 출발하는 JB
열차가 처음 정차하는 역이다. 또한 그린델발트 터미
널에서 출발하는 아이거 익스프레스 곤돌라가 도착하
는 역이기도 하다. 열차 환승 대기 시간에 잠시 역 밖
으로 나가보면, 만년설이 쌓인 아이거글레처(아이거
빙하)의 위용 넘치는 모습이 눈앞에 펼쳐진다.
이 역에서부터 클라이네 샤이데크를 거쳐 알피글렌
(Alpiglen, 1,615m)까지 내려가는 하이킹 코스인 아이
거 트레일(Eiger Trail)이 시작된다.

지도 p.318-A

아이거반트·아이스메어
Eigerwand & Eismeer ★★★

**아이거 암반 속 터널 창문에서 바라보는
알프스 대자연의 경이로움**

아이거반트(아이거 북벽, 2,865m)역은 아이거 암반 터
널 속 해발 2,865m 지점에 있는 JB 철도의 역 중 하나
다. 1903년 6월에 문을 연 이 역은 이름 그대로 아이거
북벽 바로 뒤 암반 속에 있다. 예전에는 이 역에 잠시
정차해서 승객들이 북벽 창문을 통해 알프스를 감상
했지만 이제는 정차하지 않는다. 아이거반트 다음 역
이 아이스메어(3,160m)역인데, 아이스메어는 '얼음 바
다'라는 뜻이다. 1905년 7월에 완성되었으며, 융프라우
요흐 전망대 다음으로 유럽에서 두 번째로 높은 철
도역이다. 아이거의 남동쪽 면 뒤에 있는데 여기서는
기차가 5분 정도 정차하여 창으로 바깥 풍경을 감상할
수 있다. 얼음 바다라는 이름처럼 한여름에도 눈과 빙
하밖에 보이지 않는다. 여기서 보이는 빙하가 그린델
발트-피셔 빙하(Grindelwald-Fiescher Gletscher)다.
전망용 창이 있는 곳에는 화장실도 있다.

지도 p.318-A, B

융프라우요흐 전망대
Jungfraujoch ★★★

유럽에서 가장 높은 고도에 위치한 철도역

엄밀히 말하면 융프라우요흐는 해발 3,466m 지점에 있는 묀히와 아이거 사이에 있는 가장 낮은 산등성이다. 이 산등성이 동쪽의 터널 안에 바로 JB 철도 정상역인 융프라우요흐 전망대역이 해발 3,454m에 위치해 있다. 이 역은 유럽에서 가장 높은 고도에 위치한 철도역이며 톱 오브 유럽(Top of Europe) 건물과 터널로 연결되어 있다. 역 출구에는 융프라우 철도의 선구자 구에러 첼러의 흉상이 당당하게 자리 잡고 있다.

전망대 약도를 참조해 번호가 매겨진 동선에 따라 이동하면 무난하게 융프라우요흐를 즐길 수 있다. 전망대와 주변을 모두 둘러보는 데는 최소 2시간이 걸린다. 또한 높이가 해발 3,454m에 달하므로 고산병에 주

융프라우요흐 정상역

JB 열차 내부

톱 오브 유럽

우체통

융프라우 정상역 매점

의하고, 연중 평균 기온이 영하이므로 스노 펀, 전망 테라스 감상, 빙하 트레킹 등을 하려면 반드시 옷을 따뜻하게 입어야 한다. 또한 은백색의 눈으로 인해 햇빛의 반사가 심하므로 선글라스도 필수다.

지도 p.285, p.318-B

〔 베르크하우스 〕
Berghaus

융프라우요흐 정상역에 도착한 후 출구로 나오면 제일 먼저 나타나는 공간이다. 융프라우요흐 전망대를 돌아보는 출발점이자 종착점이며, 유럽에서 가장 높은 곳에 위치한 레스토랑이 있다. 레스토랑 크리스털(Crystal), 셀프서비스 레스토랑 알레치(Aletsch), 인도 요리 전문 레스토랑 볼리우드(Bollywood) 등의 식당과 커피숍, 매점, 기념품점, 우체국 등이 있다. 매점에서는 신라면 컵라면을 판매하고 있다(가격 CHF8 내외, 동신항운 할인 쿠폰으로 융프라우 1회 왕복권 구입 시 컵라면 무료 제공). 이곳에 있는 우체국은 유럽에서 가장 높은 곳에 있는 우체국으로 유명하다. 전망대 약도를 참조해 파란색 코스를 따라 한 바퀴 둘러보자. 다 돌아본 후에는 전망 좋은 레스토랑이나 카페에서 식사나 음료를 즐기며 쉬어가면 좋다. 무료 와이파이 서비스를 제공한다.

융프라우 파노라마

융프라우 파노라마
Jungfrau Panorama

해발 3,454m에서 360도로 바라본 알프스 풍경이 멋진 영상과 음향으로 황홀하게 펼쳐진다. 가만히 서서 얼음과 바위와 눈, 구름이 만들어 내는 알프스의 대자연과 아름다움, 활력을 마음껏 감상할 수 있다. 4분 정도 소요. 365일 연중무휴.

스핑크스 전망동
Sphinx

융프라우요흐 전망대역보다 117m 더 높은 해발 3,571m에 건설된, 유럽 최고의 전망대. 천문대와 기상 연구소, 유럽에서 가장 높은 라디오 중계국도 설치되

융프라우피른에서 바라본 스피크스 전망대

어 있다. 2개의 승강기는 시간당 1,200여 명의 승객을 운송할 수 있고, 전망대까지 108m의 거리를 단 25초 만에 올라간다. 전망동에는 유리로 된 스핑크스 실내 전망 홀과 주변을 둘러싼 옥외 조망 발코니가 있어 360도 사방으로 펼쳐지는 순백의 알프스를 조망할 수 있다. 맑은 날에는 이웃하고 있는 프랑스의 보스게 산, 독일의 슈바르츠발트, 이탈리아까지도 볼 수 있다고 한다. 전망동 아래로 길게 뻗어 있는 빙하가 바로 알레치 빙하(Grosser Aletschgletscher)인데 알프스에서 최초로 유네스코 세계 자연 유산에 등재되었다. 서쪽으로는 융프라우 봉우리(Jungfrau, 4,158m)와 로탈호른(Rottalhorn, 3,969m)이 솟아 있으며, 동쪽으로는 묀히(Mönch, 4,107m)가, 남쪽으로는 총 길이 22km의 유럽에서 가장 긴 빙하인 알레치 빙하가 끝없이 길게 뻗어 있다. 365일 연중무휴.

스피크스 전망대

융프라우피른

융프라우피른 · 스노 펀
Jungfraufirn·Snow Fun

한여름에 겨울 스포츠를 즐길 수 있는 곳이 바로 알레치 빙하의 일부인 융프라우피른(Jungfraufirn, 융프라우 설원)이다. 스노 펀 파크(Snow Fun Park)에서는 크레바스 위를 가로질러 강철 케이블 집라인(Zipline)에 매달려 날아갈 수도 있고, 슬로프 아래로 스키나 스노보드를 즐길 수도 있다. 또한 눈밭에서 눈썰매를 탈 수도 있다. 스노 펀 파크에서 잠시라도 즐거운 겨울 스포츠를 즐기는 시간을 가져보자. 시베리안 허스키가 끄는 개썰매 허스키 슬레징(Husky Sledging, CHF8), 원반형의 플라스틱판을 엉덩이에 깔고 눈이 쌓인 비탈길을 내려가는 스노 디스크(Snow Disk, 무료), 서머 스키와 서머 스노보드, 120m 앞에 있는 홀에 홀인원을 하면 상품으로 피아제의 1억원 상당의 고급 시계를 상으로 주는 설상 골프(Hole in One Top of Europe) 등 다양한 즐길 거리가 있다.

또 알레치 빙하를 바라보며 묀히스요흐 산장(Mönchsjochhütte, 3,629m)까지 걷는 설원 하이킹도 즐길 수 있다. 빙하와 알프스의 설경이 예술이다. 코스가 잘 정비되어 있어 걷는 데는 어려움이 없다. 다만 고도가 높기 때문에 고산병에 주의해야 한다. 지상에서 활동하는 것보다 천천히 움직여야 한다. 묀히스요흐 산장에서는 간단한 식사와 음료 섭취가 가능하다. 왕복 2시간 30분 정도 걸리며 봄~가을에만 갈 수 있다. 자세한 정보는 융프라우 설원에 있는 안내 데스크에 문의하면 된다. 동신항운의 할인 쿠폰을 제시하면 이용료를 할인받을 수 있다.

묀히스요흐 산장 Mönchsjochhütte
전문 산악인들이 주로 이용하는 산장.
☎ 033 971 34 72 **운영** 3월 말~10월 중순
요금 도미토리 CHF28, 하프보드 포함 CHF64

스노 펀 파크 Snow Fun Park
운영 4월 중순~10월 중순

자일 타기(집라인) Tyrolienne(Zip line)
250m의 강철 케이블 짚집라인에 매달려 빙하 위를 날아간다.
요금 성인 CHF20, 아동(15세 이하) CHF15

스키와 스노보드 파크(장비 대여 포함)
요금 성인 CHF35, 아동(15세 이하) CHF25, 온종일 무제한 사용 가능

슬레징(썰매) 파크(장비 대여 포함)
요금 성인 CHF25, 아동(15세 이하) CHF20, 온종일 무제한 사용 가능

스노 펀 데이 티켓
(집라인+스키+스노보드+슬레징 파크+장비 대여 포함)
요금 성인 CHF45, 아동(15세 이하) CHF30

스노 펀 파크

무빙워크의 벽화

1934년 벵겐과 그린델발트 출신의 두 산악 가이드에 의해 만든 얼음 궁전은 알레치 빙하 지하 20m에 위치하고 있다. 1,000㎡의 넓은 미로에 있는 얼음 조각은 모

얼음 궁전 입구

두 얼음 도끼와 톱을 이용해 손수 조각한 것이다. 내부는 아치형 거대한 기둥들, 얼음을 깎아 만든 야생동물들과 다양한 전시물로 가득하다. 빙하가 매년 약 50cm씩 움직이고 있어 융프라우 철도의 빙하 전문가가 정기적으로 얼음 궁전 지붕과 기둥을 새롭게 보수하고 있다고 한다. 365일 연중무휴.

얼음 조형물

알파인 센세이션
Alpine Sensation

융프라우 철도 100주년을 기념해 2012년에 250m 길이의 어드벤처 투어 코스로 만든 터널이다. 알파인 센세이션은 스핑크스 홀에서 얼음 궁전까지 이어진다. 에델바이스 조명을 비롯해 다양한 조형물이 있으며 특히 알프스 관광 산업의 발전과 융프라우 철도 역사를 전시해 놓은 통로가 하이라이트다.
90m 길이의 무빙워크 위에서 보는 벽화도 아름답고, JB 철도(Jungfraubahn)의 아버지 아돌프 구에르-첼러(Adolf Guyer-Zeller)를 기리는 공간도 있다. 1893년 8월 27일에서 28일 밤에 그의 연필 스케치에서 JB 철도의 대역사가 시작되었음을 기리는 명판과 그의 동상이 설치되어 있다. 바닥에는 그의 연필 스케치를 확대해 그려놓고 있다. 첼러가 있는 공간을 지나면 1896년 JB 철도 건설 시작부터 1912년 완공 시까지 실제 사용된 장비들과 기록 사진들이 전시된 공간과 철도 공사 중 사고로 사망한 이들을 기리는 공간이 나온다. 통로를 계속 따라가면 얼음 궁전으로 이어진다. 365일 연중무휴.

플라토 전망 테라스
Plateau

직접 융프라우요흐의 눈을 밟아볼 수 있는 아이스플라토(설원) 테라스로 얼음 궁전과 이어지는 통로를 따라가면 나온다. 스노 펀 파크가 있는 융프라우 설원과는 반대 방향에 있는 야외 전망 테라스다. 실제 눈을 밟기 때문에 미끄러지지 않도록 주의해야 한다. 맑은 날에는 스핑크스 전망동도 보이며, 묀히와 융프라우 봉우리도 보인다. 새파란 하늘을 배경으로 빨간색 스위스 국기가 흰 눈으로 살짝 덮인 모습이 융프라우요흐 정상임을 깨닫게 해준다.

라우터브룬넨

LAUTERBRUNNEN

언어 독일어권 | 해발 802m

72개의 폭포가 쏟아지는 아름답고 거대한 계곡

라우터브룬넨은 거대한 암벽과 알프스 고봉 사이에 있는 U자형 계곡의 바닥에 위치하고 있다. 인터라켄에서 BOB 등산 열차를 타고 서쪽으로 20분 정도 달리면 나온다. 라우터는 '소리가 큰', 브룬넨은 '샘'이라는 뜻으로, 라우터브룬넨 계곡 곳곳에 있는 72개의 폭포에서 쏟아지는 물줄기는 비현실적일 정도로 아름답다. 300m 절벽에서 떨어지는 슈타우바흐 폭포와 200m 높이의 10층 폭포인 트뤼멜바흐 폭포에서는 자연의 경이로움이 느껴진다. 계곡 사이로는 넓은 알프스 초원이 펼쳐지고, 집들이 옹기종기 모여 있다. 라우터브룬넨 계곡은 스위스에서 가장 큰 자연보존지역 중 하나이다. 라우터브룬넨은 그린델발트와 함께 융프라우요흐 전망대로 올라가는 두 가지 경로 중 하나이며 쉴트호른과 뮈렌으로 가기 위한 교통의 요충지이기도 하다.

라우터브룬넨 가는 법

기차로 가기

인터라켄 동역(Interlaken Ost)에서 BOB(Berner Oberland Bahn) 등산 열차를 타고 20분 소요. 30분~1시간에 1대씩 운행.

자동차로 가기

인터라켄에서 일반 도로를 따라 빌더스빌(Wilderswil), 츠바이뤼치넨(Zweilütschinen)을 경유해 라우터브룬넨으로 가면 된다. 약 12km 거리로 약 20분 소요.

시내 교통

마을 규모가 작아 도보로 돌아볼 수 있다. 슈타우바흐 폭포는 마을 한가운데 절벽에 있어 도보로 충분히 갈 수 있지만, 트뤼멜바흐 폭포는 계곡 안쪽 깊숙한 곳에 있으므로 라우터브룬넨 기차역 맞은편에서 141번 포스트버스를 타고 가는 편이 좋다. 라우터브룬넨에서 케이블카를 타고 계곡 위 리조트 마을인 뮈렌(Mürren)까지 쉽게 올라갈 수 있으며, 뮈렌에서 다시 케이블카를 타고 쉴트호른(Schilthorn, 2,971m) 전망대에 올라갈 수 있다. 라우터브룬넨 계곡을 따라 몇 킬로미터 더 깊이 산길을 따라 들어가면 평화롭고 작은 이젠플루(Isenfluh, 1,024m) 마을이 있다. 이곳에는 사우스탈(Saustal)과 뮈렌, 롭호른(Lobhorn) 등으로 이어지는 하이킹 코스가 있다. 겨울 시즌 라우터브룬넨 계곡은 다양한 크로스컨트리 스키 코스로 인기가 높다.

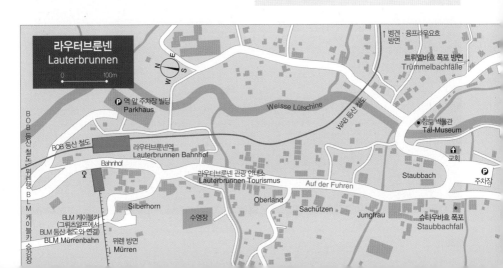

라우터브룬넨의 관광 명소

슈타우바흐 폭포
Staubbach Falls ★★★

폭포로 올라가는 길

스위스에서 두 번째로 높은 폭포

라우터브룬넨 계곡의 절벽 위에서 수직으로 낙하하는 폭포로 라우터브룬넨 마을 어디에서나 잘 보인다. 라우터브룬넨 계곡 사이로 흘러내리는 72개의 폭포 중에서 가장 눈에 잘 띄는데 그 낙차가 무려 300m나 된다. 스위스에서 두 번째로 높은 폭포이자 유럽에서 가장 높은 자유 낙하 폭포 중 하나로 손꼽힌다. 엄청난 높이에서 쏟아지던 물줄기가 지상 가까이에서는 바람에 날려 사라지는 것처럼 보이기도 한다. 여름철에 따뜻한 바람이 불어 폭포수가 분수처럼 사방으로 튀는 것에서 '물보라치는 급한 물살'이라는 뜻을 의미하는 슈타우바흐(Staubbach)라고 이름 지어졌다. 이 폭포는 독일의 대문호 괴테는 1779년 이 폭포를 방문하고

깊은 영감을 받아 '폭포 너머 영혼의 노래(Spirit song over the waters)'라는 시를 짓기도 했다.

교통 라우터브룬넨 기차역을 나와 왼편으로 마을 중심 거리인 도르프 거리(Dorfstrasse)를 따라 계속 걸어가면 된다. 도보 10분 거리.
지도 p.335

슈타우바흐 폭포

트뤼멜바흐 폭포
Trümmelbach Falls ★★★

초당 2만 리터의 빙하수가 쏟아지는 폭포

거대한 폭포 협곡

트뤼멜바흐 폭포는 세계에서 유일한 빙하 폭포이자 가장 거대한 지하 폭포로 아이거, 묀히, 융프라우 주변의 10개의 빙하에서 녹은 물이 초당 2만 리터의 폭포수가 되어 암벽을 뚫고 쏟아진다.

폭포의 총 높이는 200m인데, 여름철이면 터널 속에 설치된 리프트를 타고 폭포 상부로 올라갈 수 있다. 곁에서는 전혀 보이지 않는 암벽 사이에 있지만, 엄청난 수량과 웅장한 소리, 바위를 뚫고 흘러내리는 경관이 압도적이다. 이 폭포는 연간 2만 톤이 넘는 돌과 그 잔해를 운반하고 있다. 바람에 날리는 슈타우바흐 폭포와는 달리 폭포수에서 바람이 생기는 것처럼 귀를 먹먹하게 하며 세차게 쏟아진다. 거대한 암벽 사이에 숨어 있는 폭포의 모습 때문에 '검은 수도사(Black Monk)'라고 불린다.

폭포는 총 10층으로 되어 있으며, 가장 낮은 곳에 있는 1번 폭포부터 가장 높은 곳에 있는 10번 폭포까지 번호가 표시되어 있다. 리프트는 암벽을 뚫고 6번과 7번 폭포 사이까지 올라간다. 폭포들은 계단과 좁은 통로로 연결되어 있으며 10층 폭포까지 올라갔다가 내려오면서 차례로 구경하면 된다.

주소 Trümmelbach CH–3824 Stechelberg / Lauterbrunnen ☎ 033 855 32 32
개방 4월 초~11월 초 09:00~17:00 (7~8월 08:30~18:00)
입장료 성인 CHF14, 아동(만 6~15세) CHF6
홈페이지 www.truemmelbachfaelle.ch
교통 라우터브룬넨 기차역에서 약 3km 거리에 있으며 도보 45분 소요. 기차역 맞은편 뮈렌행 베르그반(Bergbahn)역을 마주봤을 때 오른편에 노란색 포스트버스 정류장이 있다. 포스트버스 141번을 타고 5정류장을 지나면 약 7분 후 도착한다. 운행 편수는 1시간에 1~2대 정도.
지도 p.335

암벽 사이로 쏟아지는 폭포수

폭포에서 본 전망

뮈렌
MÜRREN

언어 독일어권 | 해발 1,638m

라우터브룬넨 계곡 위에 자리하고 있는 스위스 전통 마을

라우터브룬넨 계곡 위쪽 해발 1,638m에 위치한 스위스 전통 마을이자 휴양지로 라우터브룬넨 기차역 맞은 편 절벽 위에 자리하고 있다. 도로가 개통되어 있지 않아 차로는 접근할 수 없으며 마을에도 차가 한 대도 없어 아래 세상과는 단절된 느낌이 드는 조용하고 독특한 마을이다. 뮈렌은 라우터브룬넨 계곡과 멋진 전망으로 인기가 높으며 쉴트호른 전망대를 가기 위해 반드시 들러야 하는 곳이다. 아이거, 묀히, 융프라우 세 고봉의 전망이 좋으며 우기에는 건너편 계곡 절벽을 따라 흘러내리는 폭포들이 장관이다. 주민은 450명 정도이며 마을 규모에 비해 꽤 많은 호텔이 있고 호텔 침대 수는 무려 2,000개나 된다. 독특한 마을 분위기로 여름과 겨울 시즌 여행자들의 사랑을 받고 있다.

뮈렌 가는 법

뮈렌으로 가려면 인터라켄에서 라우터브룬넨을 경유해야 한다. 라우터브룬넨 기차역 맞은편에 있는 그뤼츠알프행 BLM(Bergbahn Lauterbrunnen Mürren) 베르크반을 타고 계곡 위로 올라가서 뮈렌으로 들어가는 방법과 트뤼멜바흐 폭포보다 더 안쪽에 있는 슈테헬베르크(Stechelberg)에서 곤돌라 리프트를 타고 짐멜발트(Gimmelwald)를 거쳐 뮈렌으로 올라가는 방법이 있다.

기차로 가기

인터라켄 동역(Interlaken Ost)에서 BOB 등산 열차를 타고 라우터브룬넨까지 20분 소요. 라우터브룬넨 기차역을 나와서 길 건너편에 있는 그뤼츠알프행 BLM 케이블카를 타고 계곡 위에 있는 그뤼츠알프까지 약 10분 소요. 그뤼츠알프에서 BLM 등산 철도를 갈아타면 뮈렌까지 약 15분 소요된다. 총 45~50분 소요. 쉴트호른 전망대로 향하는 케이블카인 쉴트호른반역은 뮈렌 BLM역에서 마을 중심 거리를 가로질러 12분 정도 걸어가면 나온다.
쉴트호른 전망대를 찾아가는 여행객들이 많아 관광 시즌에는 BLM 노선이 무척 붐비는 편이다.

자동차로 가기

인터라켄에서 라우터브룬넨까지는 차로 접근할 수 있지만, 라우터브룬넨에서 뮈렌까지는 공용 도로가 없어 자동차로 접근이 불가능하다. 라우터브룬넨 기차역 옆에 있는 주차장에 차를 주차하고 BLM 케이블카와 등산 열차를 타고 뮈렌으로 올라가야 한다.

곤돌라로 가기

라우터브룬넨 기차역에서 트뤼멜바흐 폭포보다 조금 더 계곡 안쪽에 있는 슈테헬베르크(Stechelberg)까지 이동한다. 여기서 LSMS 케이블카를 타고 짐멜발트(Gimmelwald)를 거쳐 뮈렌으로 올라갈 수 있다. 라우터브룬넨 기차역에서 슈테헬베르크까지 자동차로는 10분 정도 소요된다. 대중교통을 이용할 경우 라우터브룬넨 기차역 앞에서 출발하는 141번 포스트버스(30분 간격 운행)를 타고 슈테헬베르크에서 하차하면 바로 LSMS 케이블카 승강장이 있다. 슈테헬베르크-짐멜발트-뮈렌-쉴트호른 코스로 이어진다. 슈테헬베르크에서 뮈렌까지는 30분 간격으로 운행하며 10분 정도 소요된다. 쉴트호른까지는 32분 정도 소요된다.

INFORMATION

시내 교통

뮈렌 BLM역

마을의 규모가 작아서 도보로 충분히 돌아볼 수 있다. 뮈렌 BLM역에서 쉴트호른 전망대행 케이블카 쉴트호른반 승강장까지는 마을을 가로질러 도보 12분 거리에 있다. BLM역을 나와 왼쪽으로 계속 걸어가면 된다. 알멘트후벨(Allmendhubel)행 케이블카 승강장은 쉴트호른 전망대행 케이블카 승강장을 찾아가는 길 중간 지점 오른편에 있다.

요금 뮈렌-알멘트후벨 왕복 성인 CHF14, 스위스 패스 이용자, 아동 CHF7
운행 09:00~17:00(15분 간격 출발)

뮈렌의 관광 명소

쉴트호른 전망대
Schilthorn Piz Gloria ★★★

200여 개의 알프스 고봉을 감상할 수 있다

해발 2,970m 산정상에 있는 전망대로 라우터브룬넨 계곡을 굽어보고 있으며 아이거, 묀히, 융프라우 등을 비롯해 200여 개의 알프스 고봉들이 파노라마처럼 펼쳐진다. 맑은 날에는 베르너 알프스와 쥐라 산맥 너머 프랑스의 보스게스 산맥과 독일의 슈바르츠발트 지역, 몽블랑까지 바라다보인다.

1928년 처음 시작되어 현재까지 이어져온 인페르노(Inferno) 스키 대회의 출발점이 바로 쉴트호른이다. 이 스키 대회는 세계에서 가장 긴 다운힐 스키 코스(15.8km)로 기네스북에 올랐으며 가장 큰 아마추어 스키 대회로도 명성이 높다. 여름철에는 라우터브룬넨 계곡에서 쉴트호른 정상까지 이어지는 인페르노 트라이애슬론(Inferno Triathlon) 경기의 결승점이기도 하다. 전망대에는 세계 최초의 산악 360도 회전 레스토랑인 피츠 글로리아(Piz Gloria)가 있다. 1시간에 360도 한

바퀴를 천천히 돌아가므로, 식사를 하며 전경을 감상할 수 있다.

쉴트호른반 Schilthornbahn AG
☎ 033 826 00 07 홈페이지 www.schilthorn.ch
요금 뮈렌–쉴트호른 왕복 성인 CHF85.60, 아동(만 6~15세) CHF42.80 / 슈테헬베르크–쉴트호른 왕복 성인 CHF108, 아동(만 6~15세) CHF54, 스위스 패스 이용자 50% 할인, 유레일 패스 이용자 25% 할인
교통 뮈렌의 쉴트호른 전망대행 케이블카 승강장에서 LSMS 케이블카(Schilthornbahn)를 타고 17분 소요된다. 뮈렌에서 쉴트호른행 첫차는 오전 7시 40분경 출발이며 막차는 16시 40분경이다(7·8월에는 막차 18:40). **지도** 승강장 p.341-A

© Schilthorn Cableway

마을 중심부
Zentrum ★★

전통 목조 샬레 가옥들로 운치 있는 마을

마을 북동쪽 끝에 있는 뮈렌 BLM역과 남서쪽 끝에 있는 쉴트호른 전망대행 케이블카 승강장이 가로로 길게 형성된 마을의 양끝에 있으며 두 역을 잇는 두 개의 거리가 마을 중심이다. 대부분의 호텔과 식당, 상점이 이 두 거리를 따라 형성되어 있다. 전통적인 샬레 스타일의 목조 주택들이 많이 남아 있어 정감이 간다. 여름철에는 집집마다 창가나 정원에 장식되어 있는 야생화들이 만발해 아름다움과 향기가 넘친다. 두 개의 거리는 마을을 가로지르며 거의 평행하게 이어져 있으므로 갈 때와 돌아올 때 서로 다른 길로 오가면

마을 구석구석을 살펴볼 수 있다.

마을 중심부에서 조금 위쪽에는 알멘트후벨(Allmendhubel, 1,912m) 전망대행 푸니쿨라 SMA를 탈 수 있는 역이 있다. 뮈렌에서 알멘트후벨 정상까지 약 4분 소요. 봄과 가을에는 운행하지 않는다.

지도 승강장 p.341-A

뮈렌 지역 호텔 투숙객들은 마을 중심에 있는 알파인 스포츠 센터 내에 있는 실내 수영장과 아이스 링크를 무료로 이용할 수 있다.

아이거 게스트하우스 Eiger Guesthouse

더블룸부터 4인이 머물 수 있는 방까지 갖춘 소규모 호텔이다. 뮈렌 BLM 등산 철도역 바로 맞은편에 있어 교통이 편리하다. 객실은 모던하게 레노베이션을 했다. 아이거, 묀히, 융프라우 전망이 좋다. 무료로 와이파이 서비스를 이용할 수 있다.

주소 Aegerten CH-3825 Mürren
☎ 033 856 54 60
객실 수 12실 **예산** 더블 CHF200~, 조식 포함
홈페이지 www.eigerguesthouse.com
교통 뮈렌 BLM 등산 철도역 앞에 위치.
지도 p.341-B

벨뷰 Bellevue

아담하고 예쁜 호텔로 인기가 높다. 스키 슬로프와 하이킹 코스가 호텔 바로 앞에 있다. 호텔에서 운영하는 레스토랑도 여행자들의 사랑을 받고 있다. 무료로 와이파이를 이용할 수 있다.

주소 Lus 1050A CH-3825 Mürren
☎ 033 855 14 01
객실 수 19실 **예산** 더블 CHF250~, 조식 포함
홈페이지 www.bellevuemuerren.ch
교통 쉴트호른행 케이블카 승강장에서 도보 5분. 알멘트후벨반 승강장 근처에 있다. **지도** p.341-A

호텔 알펜루흐 Hotel Alpenruh

뮈렌의 다른 호텔과는 달리 연중무휴로 영업하고 있다. 객실과 호텔 레스토랑에서 바라보는 라우터브룬넨 계곡과 건너편 알프스 산의 전망이 무척 아름답다. 로비에서 무료로 와이파이를 이용할 수 있다.

주소 Hinter der Egg CH-3825 Mürren
☎ 033 856 88 00 **객실 수** 26실
예산 더블 CHF180~290, 조식 포함
홈페이지 www.alpenruh-muerren.ch
교통 쉴트호른행 케이블카 승강장 바로 앞. **지도** p.341-A

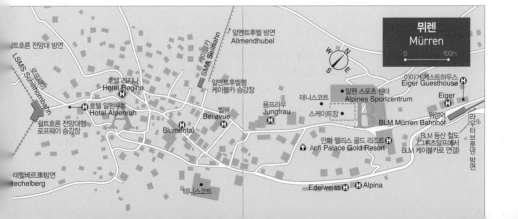

뮈렌
Mürren
0   100m

쉴트호른 전망대 방면
LSMS Schilthornbahn

알멘트후벨 방면
Allmendhubel

알멘트후벨행 케이블카 승강장

호텔 레지나
Hotel Regina

호텔 알펜루흐
Hotel Alpenruh

쉴트호른 전망대행 로프웨이 승강장

Blumental

벨뷰
Bellevue

융프라우
Jungfrau

테니스코트

스케이트장

알펜 스포츠 센터
Alpines Sportzentrum

이이거 게스트하우스
Eiger Guesthouse

Eiger

뮈렌역
BLM Mürren Bahnhof

BLM 등산 철도
(그뤼츠알프에서 BLM 케이블카로 연결)

안피 팰리스 골드 리조트
Anfi Palace Gold Resort

라우터브룬넨 방면

테헬베르크 방면
Rechelberg

테니스코트

Edelweiss

Alpina

벵겐
WENGEN

언어 독일어권 | 해발 1,274m

라우터브룬넨에서 융프라우요흐로 오르는 관광 거점

벵겐은 알프스 농경 마을이었으나 19세 초부터 여행자들이 찾기 시작하면서 관광지이자 휴양지로 인기를 얻게 되었다. 특히 1890년대에 WAB(Wengenalpbahn) 등산 철도가 개통되면서 이전에는 가파른 산길을 걸어서 올라와야 했던 여행자들이 좀 더 편리하게 벵겐을 찾을 수 있게 되었다. 라우터브룬넨 계곡을 사이에 두고 뮈렌의 반대편 고지대에 있는 벵겐(Wengen, 1,274m)은 라우터브룬넨을 경유하는 JB 철도(Jungfran-bahn) 노선의 서쪽 라인에 있다. 융프라우, 멘리헨, 라우터브룬넨과 뮈렌, 쉴트호른 등 어느 방향으로든 등산 열차나 케이블카로 편리하게 이동할 수 있어 여행 거점으로 삼기 좋다. 포근하고 한적한 마을인 벵겐은 라우터브룬넨 계곡 마을과 맞은편 뮈렌 마을이 한눈에 보이는 좋은 전망을 제공해 주는 곳이기도 하다.

ACCESS

벵겐 가는 법

인터라켄에서 라우터브룬넨을 경유해 벵겐으로 갈 수 있다. 라우터브룬넨까지는 자동차로 진입할 수 있지만, 벵겐은 자동차 진입로가 없어 등산 열차를 이용해 가야 한다.

기차로 가기

인터라켄 동역에서 라우터브룬넨행 BOB 등산 열차를 타고 라우터브룬넨에 도착한 후 클라이네 샤이데크행 WAB 열차로 환승하면 된다. 라우터브룬넨까지 20분, 라우터브룬넨에서 벵겐까지 14분 소요된다. 환승 대기 시간까지 포함해 총 46분 소요된다.

벵겐역에 정차해 있는 WAB 등산 열차

WAB 등산 열차 내부

자동차로 가기

벵겐은 자동차가 없는 마을이다. 마을 내에서는 호텔이나 상점에서 운행하는 전기 자동차만 주행이 가능하다. 라우터브룬넨까지 차로 가서 라우터브룬넨역에 인접해 있는 주차장

멘리헨행 자일반 승강장

빌딩에 주차한 후, 라우터브룬넨 기차역에서 클라이네 샤이데크행 WAB 등산 열차를 타고 가야 한다.

INFORMATION

시내 교통
마을의 규모가 작아 도보로 충분히 돌아볼 수 있다. 투숙객들을 위해 전기 자동차로 픽업 서비스를 제공하는 호텔도 있다.

관광 안내소
주소 Wengiboden 1349b CH-3823 Wengen
☎ 033 856 85 85 **개방** 성수기 매일 09:00~18:00 / 비수기 월~금 09:00~18:00, 토~일 휴무
홈페이지 www.wengen.ch
교통 벵겐역 앞에 있는 아이거 레스토랑을 끼고 왼쪽으로 돌면 도르프 거리(Dorfstrasse)가 나온다. 이 거리를 약 50m 걸어가면 오른편에 관광 안내소가 있다.
지도 p.345

벵겐의 관광 명소

마을 중심부
Zentrum ★★

도르프 거리를 중심으로 형성된 휴양 마을

벵겐 마을 자체는 특별히 볼거리가 없다. 대부분 여행자들이 라우터브룬넨에서 클라이네 샤이데크로 올라가기 위해 통과하는 역이어서 인터라켄이나 그린델발트보다 한적한 편이다. 오히려 이 한적한 분위기가 벵겐의 장점이다. 또한 클라이네 샤이데크를 경유해 융프라우요흐 전망대를 올라갈 수도 있고, 라우터브룬넨 계곡으로 내려가서 뮈렌, 쉴트호른을 올라갈 수도 있어 편리하다. 또한 마을 중심에 있는 멘리헨행 케이블카를 타고 5분이면 멘리헨 정상에 도달할 수 있다. 멘리헨 정상은 라우터브룬넨 계곡과 계곡 너머 뮈렌 전경을 감상할 수 있는 최고의 포인트이기도 하다. 멘리헨 방면, 벵겐알프(Wengenalp) 방면 하이킹은 라우터브룬넨 계곡을 감상하며 걸을 수 있는 환상적인 전망으로 인기가 높다. 마을에 있는 야외 수영장에서는 아름답고 웅장한 융프라우와 빙하를 감상하며 수영을 즐길 수 있다. 또한 도르프 거리가 끝나는 지점에서 왼편 안쪽에 있는 프로테스탄트 교회 앞에서 보는 라우터브룬넨 계곡 전망이 훌륭하다.

지도 p.345

멘리헨 전망대
Männlichen ★★

라우터브룬넨 계곡과 알프스 고봉을 조망

벵겐에서 LWM 케이블카를 이용해 해발 2,243m의 멘리헨까지 손쉽게 올라갈 수 있다. 그린델발트에서도

멘리헨 루프트자일반 승강장

GM 케이블카를 이용해 올라갈 수 있지만 벵겐이 좀더 가깝다. 멘리헨 전망대에서 라우터브룬넨 계곡과 아이거, 묀히, 융프라우가 무척 잘 보인다. 또한 멘리헨에서 클라이네 샤이데크까지 이어지는 하이킹 코스는 360도 파노라마 조망으로 유명하다. 멘리헨에서 벵겐으로 내려오는 하이킹 코스도 훌륭한 전망을 자랑한다. 마을 중심가인 도르프 거리를 따라 우체국과 관광 안내소를 지나면 바로 LWM 승강장이 보인다.

멘리헨행 루프트자일반 승강장
LWM(Luftseilbahn Wengen–Männlichen)
주소 Wengiboden 1350f CH–3823 Wengen
☎ 033 855 29 33
운행 여름 시즌 성수기 첫차 오전 8시 10분, 막차 오후 5시 10분(15분 간격) / 겨울 시즌 성수기 첫차 오전 8시 30분, 막차 오후 4시 50분(20분 간격으로 운행) 소요 시간 10분(시즌에 따라 운행 시간과 간격이 조금씩 변동)
요금 성인 편도 CHF26, 왕복 CHF52, 아동(만 6~15세) · 스위스 패스 이용자 50% 할인
홈페이지 www.maennlichen.ch
지도 승강장 p.345

벵겐의 식당

호텔 베르너호프 Hotel Bernerhof

1908년 개업한 가족 경영 호텔. 전통과 현대가 조화를 이룬 샬레 호텔이다. 멘리헨 전망대 케이블카 승강장과 무척 가까워 편리하다.

주소 Wengiboden 1398b CH-3823 Wengen
☎ 033 855 27 21
객실 수 25실
예산 더블 CHF150~, 조식 포함
홈페이지 www.behof.business.site
교통 벵겐 등산 철도역에서 도보 2분.
지도 p.345

호텔 실버호른 Hotel Silberhorn

호텔 실버호른은 벵겐의 초기 호텔 중 하나로 19세기 말에 문을 열었다. 파노라마 전망을 감상할 수 있는 스파 설비도 갖추고 있다. 벵겐 기차역 바로 맞은편에 있어 편리하다. 무료로 와이파이 이용 가능.

주소 Am Bahnhof CH-3823 Wengen
☎ 033 856 51 31 **객실 수** 70실
예산 더블 CHF252~, 조식 포함(객실 방향과 계절에 따라 요금 변동 폭이 큼)
홈페이지 www.silberhorn.ch
교통 벵겐 등산 철도역 바로 앞에 있으며 도보 1분.
지도 p.345

호텔 레지나 Hotel Regina

1894년 개업한 빅토리아풍 건물에 들어선 역사적인 호텔이며 2004년 스위스 문화유산으로 지정되기도 했다. 투숙객들을 위한 웰빙 스파 센터가 갖춰져 있다. 융프라우 산들과 라우터브룬넨 계곡과 벵겐 마을 전망이 좋다. 무료로 와이파이 서비스를 이용할 수 있다.

주소 Schönegg 1347a CH-3823 Wengen
☎ 033 856 58 58 **객실 수** 80실
예산 더블 CHF200~, 조식 포함
홈페이지 www.hotelregina.ch
교통 벵겐 등산 철도역에서 도보 3분.
지도 p.345

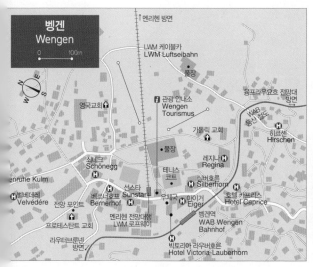

벵겐
Wengen
0 100m

↑ 멘리헨 방면
LWM 케이블카
LWM Luftseilbahn
풀장
관광 안내소
Wengen Tourismus
가톨릭 교회
융프라우요흐 전망대 방면
영국교회
WAB 등산철도
히르셴
Hirschen
풀장
레지나
Regina
실버호른
Silberhorn
쇠네그
Schönegg
테니스 코트
enruhe Kulm
벨베데레
Velvédére
선스타 Sunstar
우체국
베르너호프 Bernerhof
아이거
Eiger
호텔 카프리스
Hotel Caprice
프로테스탄트 교회
멘리헨 전망대행
LWM 로프웨이
벵겐역
WAB Wengen
Bahnhof
라우터브룬넨 방면
빅토리아 라우버호른
Hotel Victoria-Lauberhorn

베른 주변

Around Bern

베른과 주변 지역
한눈에 보기

스위스의 26개 칸톤(Canton, 주) 가운데 그라우뷘덴(Graubünden)주에 이어 면적이 두 번째로 큰 베른주는 주도인 베른을 중심으로 한 평지 지대인 베르너 미텔란트(Berner Mittelland)와 알프스를 포함한 융프라우 주변의 고지대인 베르너 오버란트(Berner Oberland)로 이루어져 있다.

베른 p.350

베른은 스위스에서 첫손으로 꼽히는 관광 도시답게 스위스 국가 중요 유산이 114개에 달한다. 15세기 모습 그대로 보존된 훌륭한 건축 유산으로 인해 베른 구시가 전체가 유네스코 세계 문화유산으로 지정되었다.

여행 소요 시간 1일 **지역번호 ☎** 031
주 이름 베른(Bern)주
관광 ★★★ 미식 ★★ 쇼핑 ★★ 액티비티 ★★

졸로투른 p.376

베른, 바젤, 취리히 등 주요 도시에서 열차로 1시간 이내 거리에 위치하고 있어 당일치기 여행으로도 충분히 매력 있는 곳이다. 아레강 변에 자리하고 있는 구시가는 도보로 충분히 돌아볼 수 있는 규모이며, 우아한 바로크 양식의 아름다움이 넘친다.

여행 소요 시간 4시간 **지역번호 ☎** 032
주 이름 졸로투른(Solothurn)주
관광 ★★★ 미식 ★★ 쇼핑 ★ 액티비티 ★

프리부르  p.387

로잔과 베른을 잇는 중간 지점에 자리 잡은 프리부르는 스위스의 여느 도시와는 다른 독특한 분위기가 풍기는 매력적인 중세 도시. 특히 가톨릭 중심지로서 중요한 역할을 했던 덕분에 중요한 교회 유산이 많이 남아 있다.

여행 소요 시간 6시간 **지역번호** ☎ 026
주 이름 프리부르(Fribourg)주
관광 ★★★ **미식** ★★ **쇼핑** ★ **액티비티** ★

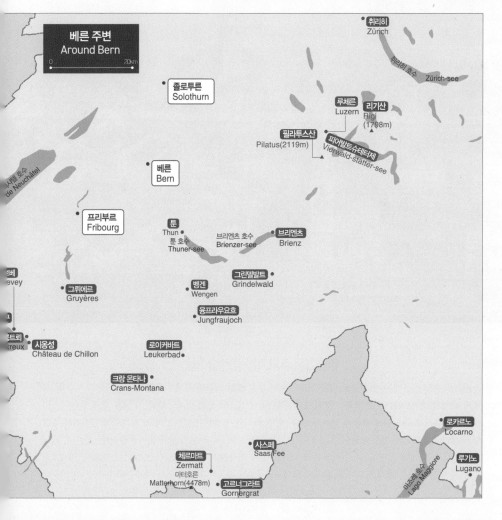

베른 주변
Around Bern

0   20km

취리히
Zürich

졸로투른
Solothurn

루체른
Luzern

리기산
Rigi
(1798m)

취리히 호수
Zürich-see

필라투스산
Pilatus(2119m)

피어발트슈테터제
Vierwald-stätter-see

뇌샤텔 호수
de Neuchâtel

베른
Bern

프리부르
Fribourg

툰
Thun
툰 호수
Thuner-see

브리엔츠 호수
Brienzer-see

브리엔츠
Brienz

베
vey

그뤼에르
Gruyères

벵겐
Wengen

그린델발트
Grindelwald

융프라우요흐
Jungfraujoch

트뢰
reux

시옹성
Château de Chillon

로이커바트
Leukerbad

크랑 몬타나
Crans-Montana

로카르노
Locarno

사스페
Saas Fee

마조레 호수
Lago Maggiore

루가노
Lugano

체르마트
Zermatt
마터호른
Matterhorn(4478m)

고르너그라트
Gornergrat

베른

BERN

언어 독일어권 | **해발** 540m

아름다운 구시가를 걷는 즐거움

스위스의 수도 베른에는 아레(Aare)강을 가로지르는 운치 있는 다리와 구시가 곳곳에 있는 8곳의 분수 등 유럽의 중세 건축 양식을 잘 보여주는 곳이 많다. 800년의 역사와 문화를 자랑하며, 구시가 전체가 유네스코 세계 문화유산으로 지정될 만큼 볼거리가 많다. 연방 의회와 행정부가 있는 스위스 정치의 중심지이자 다양한 국제기구와 다국적 기업이 들어선 국제도시이기도 하다. 아인슈타인이 상대성 이론을 만든 곳이며, 레닌도 몇 년간 이곳에서 살았다. 또한 베른은 미국의 컨설팅 회사인 머서(Mercer)가 2012년에 발표한 '세계에서 가장 삶의 질이 높은 10개 도시'에 꼽히기도 했다. 구시가지 골목마다 특색 있는 박물관과 대성당 등 역사와 문화의 향기가 넘치고, 다양한 상점과 레스토랑은 여행자들에게 쇼핑과 미각의 즐거움을 준다.

ACCESS

베른 가는 법

기차로 가기

스위스의 중심부라는 지리적 특성과 스위스 수도답게 철도 노선이 잘 연결되어 있어 스위스 대부분의 도시에서 열차로 손쉽게 접근이 가능하다.

취리히 중앙역에서 출발
IC 열차로 1시간 2분 소요. 매시 2분과 32분 출발. 이 외에 IR 열차도 있다.

제네바 코르나뱅역에서 출발
IC 열차로 1시간 50분 소요. 매시 42분 출발. 이 외에 IR 열차도 있다.

인터라켄 동역에서 출발
IC, ICE 열차로 약 1시간 소요. 매시 정각과 짝수 시각의 30분에 출발.

베른 중앙역

자동차로 가기

취리히, 제네바, 인터라켄 등 주요 관광 거점 도시들과 고속도로 노선이 잘 연결되어 있으며 대부분 1~2시간 이내 거리에 있다.

베른 공용 주차장 www.parking-bern.ch

취리히에서 출발
고속도로 1번을 타고 베른 표지판을 따라가면 된다. 약 1시간 30분 소요. 125km.

제네바에서 출발
고속도로 1번을 타고 베른 표지판을 따라가면 된다. 약 1시간 45분 소요. 160km.

인터라켄에서 출발
고속도로 8번과 6번을 차례로 이용해 베른 표지판을 따라가면 된다. 약 45분 소요. 59km.

INFORMATION

관광 안내소
베른 중앙역 구내에 있다. 열차로 도착하는 경우 이 곳에 들러 시내 지도와 트램과 버스 노선도를 받으면 된다. 곰 공원 바로 옆에도 관광 안내소 지국이 있다.

주소 Bahnhofplatz 10a CH-3011 Bern
☎ 031 328 12 12
운영 월~금 09:00~18:00, 토~일 09:00~17:00
홈페이지 www.bern.com
위치 베른 중앙역 구내.

TRANSPORTATION

베른의 시내 교통

트램 Tram·버스 Bus

베른 중앙역(Bern Hauptbahnhof) 앞 광장에 트램과 버스가 정차하는 정류장이 있으며, 이곳에서 베른 구 시가와 주변 지역 대부분이 연결된다. 참고로 베른 중 앙역에서 구시가 관광의 중심인 시계탑(Zeitglocken-turm)과 마르크트 거리(Marktgasse)까지 도보로 10분이면 갈 수 있다.

트램과 버스는 시간을 정확히 지키며 정류장 전광판에 번호와 시간이 잘 표시되어 있다. 승차권 하나로 정해진 시간 내에 목적지까지 트램과 버스를 자유롭게 이용할 수 있다. 스위스 패스 이용자는 트램과 버스를 무료로 이용할 수 있다.

요금 1~2 Zone(60분 유효) 성인 2등석 CHF4.6, 1등석 CHF8 16세 이하 2등석 CHF2.8, 1등석 CHF4.8 / 3 zone(90분 유효) 성인 2등석 CHF7, 1등석 CHF12 16세 이하 2등석 CHF3.7, 1등석 CHF6.3 / 데이 카드(Day cards) 하루 동안 모든 대중교통 무제한 이용 가능. 1일권(1~2 Zone 기준) 성인 2등석 CHF13, 16세 이하 2등석 CHF7.90

베른 대중교통
www.bernmobil.ch | www.mylibero.ch

택시 Taxi

택시는 구시가 바깥으로 이동하거나 일정이 급할 때 이용하면 좋다. 기본 요금은 CHF 6.80이며, 1km당 CHF4.50이 추가된다. 수하물에는 요금이 추가되지 않는다. 야간(20:00~06:00)에는 기본 요금은 동일하지만 1km당 요금이 CHF5이다.

주요 택시 회사
배런 택시(Bären-Taxi) ☎ 031 371 11 11
노바 택시(Nova-Taxi) ☎ 031 331 33 13
장애인을 위한 택시 ☎ 031 990 30 80

베른 중앙역에서 주요 목적지로 갈 때의 택시 요금(예)

목적지	주간 요금	야간/일요일/공휴일 요금
베른 엑스포 (Bern Expo)	CHF25	CHF27
베른 공항 (Airport Bern Belp)	CHF50	CHF55
파울 클레 센터(Zentrum Paul Klee)	CHF28	CHF30

퍼블리바이크 Publibike

자전거를 애용하는 이들에게는 스위스 내의 주요 도시(베른, 취리히, 프리부르, 루가노, 로잔, 몽트뢰, 시에르 등)에서 이용 가능한 퍼블리바이크를 특히 추천한다. 스위스에서만 운영하는 자전거 대여 시스템으로 모든 도시에서 요금이 동일하다. 이메일 주소와 신용 카드만 있으면 스위스 국민이 아닌 외국인 여행자도 손쉽게 이용할 수 있다. 스마트폰에서 퍼블리바이크 어플을 설치하고, 절차에 따라 가입을 한 뒤 대여 가능 자전거 수가 표시된 무인 대여소로 가면 된다. 도시 내의 퍼블리바이크 대여소 어디에나 반납 가능하다. 보라색 선 안에 자전거를 잘 세워두고 어플로 반납 완료를 확인하자. 자물쇠를 열고 닫으려면 인터넷, 블루투스, GPS가 활성화되어 있어야 한다.

퍼블리바이크 요금표(단위 CHF)

일반 자전거		전기 자전거 E-Bike	
처음 30분	3.50	처음 30분	5.50
추가 1분당	0.10	추가 1분당	0.10
24시간 최대 부과	24	24시간 최대 부과	48

홈페이지 https://www.publibike.ch/en/home

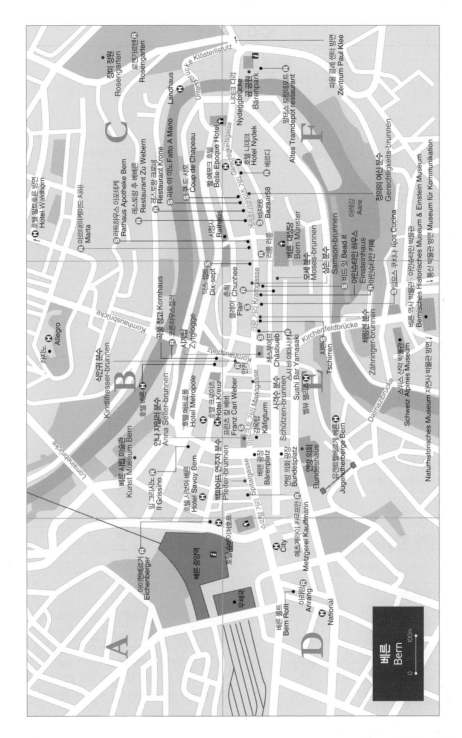

정원 Rosengarten

로젠가르텐 Rosengarten

Untertorbrücke Klösterlistutz

장미 정원 Rosengarten

Landhaus

장미 정원 Zentrum Paul Klee

파울 클레 센터 방면 Zentrum Paul Klee

호텔 발트호른 방면 Hotel Wardhorn

마르타(아케이드 지하) Marta

Restaurant Zu Webern

Rathaus Apotheke Bern

라트하우스 아포테케 Rathaus Apotheke Bern

레스토랑 추 베베른 Restaurant Zu Webern

Coup de Chapeau

레스토랑 크로네 Restaurant Krone

파토 아이마노 Fatto A Mano

쿠드 샤포 Coup de Chapeau

벨 에포크 호텔 Belle Epoque Hotel

호텔 니데크 Hotel Nydek

베디디 Hotel Nydek

Belle Epoque Hotel

호텔 발트호른 방면 Hotel Wardhorn

C

F

Nydeggbrücke

Bärenpark

곰 공원 Bärenpark

알테스 트람데포트 Altes Tramdepot restaurant

Gerechtigkeitsgasse

정의 여신 분수 Gerechtigkeits-brunnen

로젠가르텐 Rosengarten

카지노 Allegro

Allegro

Kornhausbrücke

곡물 창고 Kornhaus

코른하우스겔러리

시계탑 Zytglogge

코른하우스플라츠 Kornhausplatz

딕스 셉트 Dix-sept

춘희 Chunhee

플레어 Flair

바자르58 Bazaar58

베른 대성당 Bern Münster

모세 분수 Moses-brunnen

삼손 분수 Samson-brunnen

비드 잇 Bead It

아인슈타인 하우스 Einsteinhaus

Krakigasse

크라가세 Kramgasse

리뷰 리바 리뷰 리바

정의 여신 분수 Gerechtigkeits-brunnen

베른 Bern Münster

라트하우스 Rathaus

라트하우스 크로네 Restaurant Krone

쿠 드 샤폰 Coup de Chapeau

S 쿠 드 샤폰 Coup de Chapeau

아레강 Aare

아인슈타인 카페 Einsteinhaus

유오스 루치나 Uno Cucina

식인귀 분수 Kindlifresser-brunnen

베른 시립 미술관 Kunst Museum Bern

안나 자일러 분수 Anna Seiler-brunnen

호텔 베른 Hotel Bern

일 그리시노 Il Grissino

호텔 메트로폴레 Hotel Metropole

호텔 크로이츠 Hotel Kreuz

프란츠 칼 베버 Franz Carl Weber

카피크투름 Käfigturm

Zytglogge

시계탑 Zytglogge

B

Kornhausplatz

레스토랑 카페 Chäsbueb

스시 바 야마사키 Sushi Bar Yamasaki

뷰 플리츠 뷰 플리츠

Marktgasse

Kirchenfeldbrücke

체링겐 분수 Zähringer-brunnen

치렌 Tschirren

S 치렌 Tschirren

Dalmazibrücke

호텔 사보이 베른 Hotel Savoy Bern

페파이어 분수 Pfeifer-brunnen

사격수 분수 Schützen-brunnen

Spitalgasse

베른 역사 박물관 · 아인슈타인 박물관 Bernisches Historisches Museum & Einstein Museum

통신 박물관 방면 Museum für Kommunikation

스위스 산악 박물관 Schweiz Alpines Museum

자연사 박물관 방면 Naturhistorisches Museum

아이헨베르거 Eichenberger

베른 중앙역

호텔 슈바이처호프 Hotel Schweizerhof

우체국

Metzgerei Kauffmann

메츠게라이 카우프만 Metzgerei Kauffmann

시티 City

National

National

아리랑 Arirang

베른 롤트 Bern Rollt

E

연방 의회 광장 Bundesplatz

연방 의회 Bundesplatz

연방 의회 Bundeshaus

유겐트헤르베르게 베른 Jugendherberge Bern

A

D

베른 Bern

0 — 100m

353 베른

베른의 추천 코스

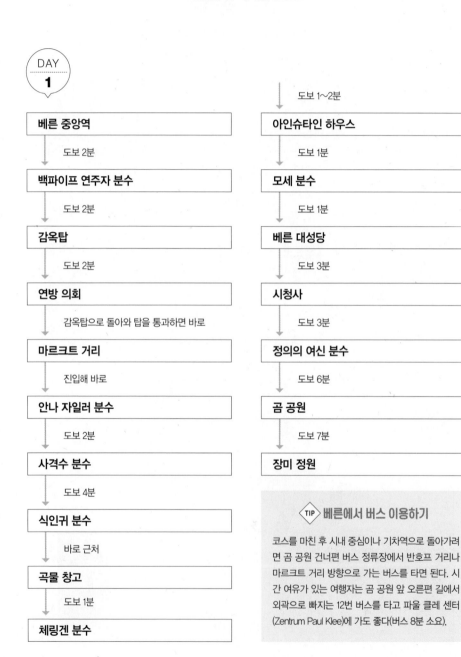

DAY
1

베른 중앙역

도보 2분

백파이프 연주자 분수

도보 2분

감옥탑

도보 2분

연방 의회

감옥탑으로 돌아와 탑을 통과하면 바로

마르크트 거리

진입해 바로

안나 자일러 분수

도보 2분

사격수 분수

도보 4분

식인귀 분수

바로 근처

곡물 창고

도보 1분

체링겐 분수

도보 1~2분

아인슈타인 하우스

도보 1분

모세 분수

도보 1분

베른 대성당

도보 3분

시청사

도보 3분

정의의 여신 분수

도보 6분

곰 공원

도보 7분

장미 정원

TIP 베른에서 버스 이용하기

코스를 마친 후 시내 중심이나 기차역으로 돌아가려면 곰 공원 건너편 버스 정류장에서 반호프 거리나 마르크트 거리 방향으로 가는 버스를 타면 된다. 시간 여유가 있는 여행자는 곰 공원 앞 오른편 길에서 외곽으로 빠지는 12번 버스를 타고 파울 클레 센터(Zentrum Paul Klee)에 가도 좋다(버스 8분 소요).

SIGHTSEEING

베른의 관광 명소

구시가
Altstadt ★★★

도시 전체가 세계 문화유산

U자형으로 구시가를 감싸고 흐르는 아레강은 적들의
침입으로부터 보호해 주는 해자 역할을 하여 베른을
난공불락의 도시로 만들어 주었다. 1405년 대화재로
인해 도시 전체가 불에 타서 대부분이 소실되고 황폐
화되었지만, 이를 계기로 불에 강한 석조 건물로 도시
전체를 재건하게 되었고, 비가 와도 젖지 않은 회랑형
석조 아케이드를 건물 전체에 더해서 오늘날까지도
도시의 모습이 원형 그대로 유지되고 있다. 그 가치를
인정 받아 1983년 구시가 전체가 유네스코 세계 문화
유산으로 등재되었다. 중세의 역사와 문화가 골목골
목에 배어 있는 베른은 도보 여행에 가장 적합한 도시
중 하나다.

지도 p.353

장미 정원에서 본 구시가

> **TIP** 베른 지명의 유래

베른이라는 도시 이름의 유래에는 재미있는 전설이 전해지고 있다. 민
간 어원학에 따르면 베른의 설립자인 체링겐 가의 공작 베르톨트 5세
가 사냥을 나갔다가 그가 처음 만나는 동물의 이름을 따서 도시 이름을
짓겠다고 맹세했는데, 그리고 그 첫 동물이 바로 곰(bear)이었다고 한
다. 또 다른 설은 당시 중세 고지(1050~1350년) 독일어로 베른(Bern)이
라고 불린 이탈리아 베로나(Verona)의 지명에서 유래한 이름이라는 것
이다. 그리고 1980년대에 베른에서 발견된 아연 명판에 켈트어로 새겨
진 옛 지명인 'Berna'에서 유래했다는 설도 유력하다. 어쨌든 지명의 유
래를 떠나 베른은 곰과는 떼려야 뗄 수 없는 불가분의 관계가 되었다. 베른의 인장과 문장의 상징 동물이 바로 곰이기
때문이다. 그래서 베른주의 깃발이나 방패, 베른 구시가 곳곳에 있는 분수대에도 곰의 형상이 있다. 더구나 아레강 변
에는 실제 곰들이 살고 있는 곰 공원이 있고, 무려 1440년대부터 베른에서 곰을 키웠다는 기록도 전해진다.

시계탑
Zytglogge(Zeitglockenturm) ★★★

베른의 상징이자 표준 시계

베른에서 가장 오래되고 중요한 건물 중 하나로 베른의 상징이라 할 수 있다. 이곳을 기준으로 각 칸톤에 이르는 여행시간이 측정되었고, 표준 거리도 표시되었다. 현재도 베른의 표준 시계 역할을 하고 있다.

시계가 설치된 때는 1530년으로, 움직이는 인형들이 부착된 황도십이궁도와 달과 해를 표현한 천문 시계이며, 모양이나 크기가 다른 종을 음계순으로 설치한 카리용(carillon) 시계인데, 매시 4분 전부터 울리기 시작한다.

종소리에 맞춰 닭이 시간을 알리고 작은 곰이 퍼레이드를 하며, 익살꾼 등이 뒤를 이어 등장하는 모습이 재미있다. 이 공연이 가장 오래 지속되는 시간은 낮 12시 정각이다.

교통 Bim Zytglogge 1 CH–3011 Bern
홈페이지 www.zeitglockenturm.ch **교통** 베른 중앙역에서 크람 거리–감옥탑–마르크트 거리를 거쳐 도보 10분. 또는 트램 6, 7, 8, 9번을 타고 시계탑(Zytglogge) 정류장 하차.
지도 p.353–B

TIP 시계탑 가이드 투어

내부 관람은 가이드 투어로 가능하다. 탑 안에 있는 약 130개 나선형 계단을 올라가면 600년의 역사가 쌓인 시계탑의 내부 모습과 시계의 작동 원리 및 인형들을 살펴볼 수 있는 관측대가 있다. 이곳에서 구시가를 조망할 수 있고, 맑은 날에는 알프스를 감상할 수도 있다.

운영 4월 중순~10월 말 월·수·금·토·일
모이는 장소 시계탑, 크람 거리
투어 1시간(독일어, 프랑스어, 영어)
요금 성인 CHF20, 아동(만 6~16세) CHF10, 학생 CHF15, 스위스 패스 이용자 50% 할인, 그룹당 최대 20명까지 가능하므로 미리 예약하는 편이 좋음
예약 ☎ 031 328 12 12 / 홈페이지에서도 예약 가능

마르크트 거리
Marktgasse ★★★

중세의 시간이 흐르는 베른의 중심 거리

바이젠하우스 광장(Waisenhausplatz)과 베렌 광장(Bärenplatz) 사이에 있는 서쪽의 감옥탑(Käfigturm)에서 코른하우스 광장(Kornhausplatz)과 테아테르 광장(Theater–platz) 사이에 있는 시계탑(Zytglogge)까지 이어지는 약 300m의 거리로, 중세 도시 베른의 모습이 온전히 남아 있는 구시가의 중심가다. 도로 양쪽으로 베른의 명물이자 유럽에서 가장 긴 석조 아케이드를 비롯해, 세련된 부티크와 상점, 다양한 레스토랑과 카페가 길게 늘어서 있다.

비나 눈을 막아주는 아케이드 덕분에 날씨와 상관없이 편안하게 구시가를 산책할 수 있다.

지도 p.353–E

곰 공원
Bärenpark ★★

베른의 마스코트인 곰들을 볼 수 있다

베른을 상징하는 동물인 곰들을 관찰할 수 있는 공원
이다. 베른에서 곰을 기른 것은 1513년부터였다. 중세
에는 구시가지 안 감옥탑 앞에 곰 사육장이 있었다.
그래서 감옥탑 앞 광장은 베렌 광장(곰 광장)이라 불
린다. 이후 여러 번 이전을 거듭하다가 곰의 생태와 건
강 등을 고려해 2009년부터 아레강 변의 6,000m²의
넓은 비탈에 서식지가 조성되었다. 곰 공원의 주인공
인 비요크(Björk)와 핀(Finn), 우르시나(Ursina) 세 마리
의 곰은 자유롭게 목욕도 하고 물고기도 잡고 놀기도
하며 비탈을 뛰어오르기도 하는 모습을 보여준다.

주소 Grosser Muristalden 6 CH-3006 Bern
개방 아레강 변 곰 공원은 연중무휴 24시간 운영하지만, 겨울
에는 곰들이 겨울잠을 자느라 보기 힘들다. 관리인은 매일
08:00~17:00 근무
홈페이지 www.tierpark-bern.ch
교통 베른 중앙역 앞에서 12번 버스를 타고 니데크 다리를 건
너자마자 베렌그라벤(Bärengraben)에서 하차(7분 소요). 또는
기차역에서 도보 25분.
지도 p.353-F

연방 의회 광장
Bundesplatz

다양한 행사와 시민들의 시장이 열리는 곳

연방 의회 건물 앞에는 공식 리셉션, 정치 집회, 문화
행사 등이 열리는 광장이 있다. 과일, 채소, 꽃, 치즈
등을 판매하는 전통 시장이 일주일에 두 번 열리는 곳
이기도 하다. 광장 오른편으로 스위스의 26개 칸톤을
의미하는 26개의 분수가 샘솟고 있다. 겨울에는 광장
한쪽이 시민들을 위한 스케이트장으로 변한다.

주소 Bundesplatz 3 CH-3005 Bern

연방 의회
Bundeshaus ★★

피렌체 르네상스 양식의 중후한 돔이 특징

1852년 건설된 연방 의회 건물은 스위스 전역에서 온
38명의 예술가들이 건물의 장식을 맡아 완성한 것이
다. 중앙의 돔과 내부에는 스위스 역사를 상징하는 다
양한 장식으로 꾸며져 있다. 내부는 의회 회기가 아닌
기간에 가이드 투어(사전 예약 필수)를 통해 견학할
수 있다.

주소 Bundesplatz 3 CH-3005 Bern
☎ 058 322 90 22 **홈페이지** www.parlament.ch
교통 베른 중앙역 앞에서 10번 버스를 타고 분데스플라츠
(Bundesplatz)에서 하차(1분 소요) 후 도보 6분.
지도 p.353-E

가이드 투어(약 1시간 소요)
예약 ☎ 058 322 90 22 / 사전 예약 필수, 견학 시작 20분 전
까지 입구에서 티켓 수령
개방 영어 토 16:00, 독일어 화~토 15:00, 프랑스어 수·금·
토 11:30, 이탈리아어 토 14:00
요금 개인 방문객(1~9명) 무료

홈페이지 www.parlament.ch
교통 베른 중앙역 앞 버스 정류장에서 10번 버스를 타고 분데
스플라츠(Bundesplatz)에서 하차(1분 소요) 후 도보 6분.
지도 p.353-E

베른 대성당
Bern Münster ★★★

스위스 최대 규모의 후기 고딕 양식 대성당

베른 대성당은 스위스에서 가장 크고 높으며 중요한 후기 고딕 양식의 건축물이다. 1421년에 시작된 건축은 1893년에 첨탑이 완공됨으로써 약 470년 만에 마무리되었다. '최후의 심판'을 묘사하고 있는 대성당 정문(파사드)의 조각들은 16세기 에르하르트 퀑(Erhart Kung)의 작품. 유럽에서도 보기 드문 200개 이상의 나무와 돌 조각상을 섬세하게 묘사해 놓았다. 170개의 작은 조각상들은 15세기 때 만든 진품이고, 47개의 커다란 조각상들은 모조품이다. 진품은 베른 역사 박물관에 있다. 프로테스탄트가 다수인 스위스에서 종교적인 형상들이 이렇게 잘 보존된 경우는 드문 편이다. 대성당 내부로 들어서면 높다란 천장과 스테인드글라스가 무척 아름답다. 가장 눈에 띄는 것은 '죽음의 댄스'인데 오른쪽 통로 앞부분에 있는 마터 예배당(Matter Chapel)에서 볼 수 있다. 모든 인간에게 피할 수 없는 죽음의 공평함을 표현하고 있다. 344개의 계단을 올라 스위스에서 가장 높은 100m 높이의 대성당 첨탑에 올라가보자. 베른 구시가와 베른 평지대인 베르너 미텔란트, 멀리 만년설로 덮인 고지대인 베르너 오버란트의 알프스 고봉들이 파노라마처럼 펼쳐진다. 1611년에 주조된 종은 무려 무게 10.5t에 달하며 스위스에서 제일 크다.

대성당 바로 앞에 자갈이 깔려 있는 뮌스터 광장(Münsterplatz)에는 모세 분수(1545년)가 있으며 겨울에는 이곳에서 크리스마스 시장이 열린다. 대성당 정문을 마주 보았을 때 오른쪽으로 성당을 끼고 돌아가면 뮌스터플랫폼(Münsterplattform)이 있다. 이곳은 아레강 위쪽으로 14~15세기에 만든 테라스인데 현재는 작은 공원으로 조성되어 있으며 아레강을 내려다보는 전망이 좋다.

주소 Münsterplatz 1 CH–3011 Bern
☎ 031 312 04 62
개방 10월 하순~4월 초 월~금 12:00~16:00, 토 10:00~17:00, 일 11:30~16:00, 4월 초~10월 중순 월~토 10:00~17:00, 일 11:30~17:00(첨탑은 성당 폐관 시간 30분 전에 마감) **요금** 무료 / 첨탑 성인 CHF5, 아동(7~16세) CHF2
홈페이지 www.bernermuenster.ch
교통 베른 중앙역에서 도보 12분. 중앙역에서 트램 8번이나 버스 10·12번을 타고 시계탑에서 내린 후 도보 3분.
지도 p.353–F

장미 정원
Rosengarten ★★★

베른 최고의 전망 포인트

고시대에 자리한 장미 정원은 U자형으로 휘어지며 흘러가는 아레강과 베른 구시가를 가장 잘 조망할 수 있는 곳이다. 220종, 1,800여 그루의 장미들, 200종의 아이리스, 28종의 철쭉 등이 만발하는 정원이며 시민들의 휴식처이기도 하다. 공원에는 로젠가르텐(Rosengarten) 레스토랑이 있어 구시가를 내려다보며 식사나 음료를 즐길 수도 있다. 장미가 피는 5~6월이면 더할 나위 없이 좋겠지만, 이곳은 베른 최고의 전망 포인트 중 하나이므로 계절에 상관없이 올라가 보기를 추천한다. 순광 상태인 오전에 구시가와 아레강이 가장 아름답게 보인다. 오후에는 빛을 등지게 되어 사진에 담으면 명암 대비가 심해진다.

주소 Alter Aargauerstalden 31b CH-3006 Bern
홈페이지 www.rosengarten.be
교통 중앙역에서 10번 버스를 타고 로젠가르텐(Rosengarten)에 하차. 도보로는 30분 소요.
지도 p.353-C

아인슈타인 하우스
Einsteinhaus ★★

아인슈타인이 살았던 집

노벨 물리학상 수상자인 알버트 아인슈타인(Albert Einstein)이 1903년부터 1905년까지 가족과 살았던 집이다. 바로 이 집에서 당시 과학계를 뒤집어 엎은 놀라운 그의 업적이 만들어졌다.

1층은 현재 카페로 운영 중이며 2층에는 당시의 문서와 사진, 가구 등이 전시되어 있다. 3층에서는 아인슈타인의 삶을 보여주는 영상을 상영하고 있다.

주소 Kramgasse 49 CH-3000 Bern ☎ 031 312 00 91
개방 2월~12월 말 월~일 10:00~17:00 **휴무** 12월 말~1월
요금 성인 CHF7, 학생 CHF5, 아동(만 8~15세) CHF4, 스위스 패스 소지자 CHF5 **홈페이지** www.einstein-bern.ch
교통 베른 중앙역에서 도보 10분. **지도** p.353-E

곡물 창고
Kornhaus ★

현대적인 문화 공간으로 변신한 곳

원래 지상 3층까지는 세금과 십일조 등으로 거둬들인 곡물을 저장했고, 지하 저장고에는 와인을 저장했다고 한다. 시대가 변하면서 1998년 새로운 문화 공간으로 탄생했다. 도서관, 미디어 포럼, 디자인 도서관, 시립 극장 관련 설비 그리고 스위스에서 손꼽히는 최고의 레스토랑 코른하우스켈러(Kornhauskeller)와 코른하우스 카페가 들어서 있다. 지하 저장고의 원형을 그대로 유지하면서 바로크 양식의 천장과 벽화가 우아함을 더하고 있다.

주소 Kornhausplatz 18 CH-3011 Bern
☎ 031 327 72 72 **개방** 월~토 11:30~14:30, 17:30~23:30
휴무 일 **홈페이지** www.kornhauskeller.ch
교통 중앙역에서 트램 6·7·8·9번을 타고 시계탑에서 하차 후 도보 1분. 식인귀 분수 바로 뒤.
지도 p.353-B

시청사
Rathaus ★

의회가 열리는 칸톤 정부 청사

마르크트 거리에서 게레흐티크카이츠 거리 (Gerechtigkeitsgasse)로 바뀌는 지점에 북쪽(왼편)으로 작은 크로이츠 거리(Kreuzgasse)가 있다. 골목 입구에는 1571년부터 내려오는 유서 깊은 약국이 있고 그 골목 안쪽에 베른 시청사가 있다. 양쪽으로 계단이 균형을 이루는 시청사는 15세기 초에 건설되었고,

부르군디 전쟁과 종교 개혁 등 격변의 역사를 거쳐 지금에 이르고 있다. 현재 베른 칸톤 의회가 1년에 5회 소집되는 주(칸톤) 정부 청사다.

주소 Rathausplatz 2 CH-3011 Bern
☎ 031 633 75 50 **개방** 미리 예약하면 정해진 요일과 시간에 한해 내부 견학이 가능하다.
홈페이지 www.rathaus.sites.be.ch
교통 중앙역 앞 버스 정류장에서 12번 버스를 타고 시청사 (Rathaus) 정류장에서 하차. **지도** p.353-C

감옥탑
Käfigturm ★★

수백 년 역사를 품고 있는 베른의 서쪽 문

베렌 광장(Bärenplatz) 북쪽에 있는 이 탑은 1256년 도시를 확장했을 때부터 거의 100년 가까이 베른의 서쪽 문으로 이용되었다. 그 후 1642년부터 약 250년 동안 감옥으로 사용되었기 때문에 감옥탑이라는 이름으로 불리게 되었다. 1999년부터는 스위스 연방의 정치 관련 전시회나 행사를 주최하는 포럼으로 활용되고 있다. 높이는 49m이며 내부에는 106개의 계단이 있다.

주소 Marktgasse 67 CH-3003 Bern
☎ 031 322 75 00
개방 내부는 연방 포럼 관련 전시가 있을 때에만 오픈.
월 14:00~18:00, 화~금 10:00~18:00, 토 10:00~16:00
휴무 일 **요금** 무료
홈페이지 www.polit-forum-bern.ch
교통 중앙역에서 트램 6·7·8·9번을 타고
베렌 광장(Bärenplatz)에서 하차 후 도보 5분.
지도 p.353-E

거장들의 작품부터
특색있는 테마 전시까지

베른의
미술관·박물관

파울 클레 센터

스위스 연방의 수도인 베른은 작은 도시이지만 도시 규모에 비해 매우 다채로운 박물관과 미술관을 보유하고 있다. 근대 회화 거장들의 작품들이 가득한 시립 미술관부터 알프스의 나라 스위스다운 스위스 산악 박물관, 스위스 유일의 통신 박물관 등 방문해 볼만한 곳이 헬베티아 광장 주변에 모여 있다.

파울 클레 센터
Zentrum Paul Klee

20세기 대표 추상화가 파울 클레의 미술관

베른에서 출생해서 어린 시절과 노후를 이곳에서 보낸 20세기를 대표하는 추상화가 파울 클레(1879~1940년)의 미술관으로 무려 4,000점의 작품을 소장하고 있다. 유명 건축가인 렌조 피아노(Renzo Piano)가 설계한 이 미술관은 특히 파도가 치는 듯한 외관이 인상적이다.

주소 Monument im Fruchtland 3 CH–3006 Bern
☎ 031 359 01 01 **개방** 화~일 10:00~17:00 **휴무** 월
요금 성인 CHF20, 학생 CHF10, 아동(6~16세) CHF7, 스위스 패스 이용자 무료, 가족(성인 1+아동) CHF27, 성인 2+아동 CHF40
홈페이지 www.zpk.org
교통 베른 중앙역 앞 버스 정류장에서 12번 버스를 타면 구시가 외곽으로 빠진다. 12번 버스 종점인 첸트룸 파울 클레(Zentrum Paul Klee)에서 하차(약 10분 소요).
지도 p.353–F

베른 역사 박물관·아인슈타인 박물관
Bernisches Historisches
Museum & Einstein Museum

다양한 유물과 아인슈타인의 업적을 전시

헬베티아 광장에 성처럼 솟아 있는 건물로 석기 시대부터 현재에 이르기까지 다양한 유물을 전시하고 있다. 또 아인슈타인의 삶과 업적들을 세계사의 관점에서 조명하고 있다.

주소 Helvetiaplatz 5 CH–3005 Bern
☎ 031 350 77 11 **개방** 화~일 10:00~17:00 **휴무** 월
요금 기본 성인 CHF16, 아동(만 6~16세) CHF48/ 기본+아인슈타인 박물관 성인 CHF18, 아동 CHF9, 스위스 패스 이용자는 둘 다 무료
홈페이지 www.bhm.ch
교통 베른 중앙역에서 트램 6·7·8번. 또는 버스 19번을 타고 헬베티아 광장(Helvetiaplatz)에서 하차(약 5분 소요). 시계탑에서는 도보 10분. **지도** p.353–E

자연사 박물관
Naturhistorisches Museum

자이언트 크리스털을 볼 수 있다
220가지 동물 입체 모형을 통해 아프리카, 아시아, 알라스카와 스위스 산악 지대의 야생 동물을 재현하고 있다. 이 박물관에 또 놓치지 말아야 할 전시물은 자이언트 크리스털이다. 스위스 플랑겐슈톡(Planggenstock)에서 발견된 1m 길이의 거대한 수정인데 무게가 무려 2t에 이른다.

주소 Bernastrasse 15 CH-3005 Bern
☎ 031 350 71 11 **개관** 월 14:00~17:00, 화 · 목 · 금 09:00~17:00, 수 09:00~18:00, 토~일 10:00~17:00
요금 성인 CHF12, 학생(만 17~20세) CHF10 / 만 16세 이하 아동, 스위스 패스 이용자 무료
홈페이지 www.nmbe.ch
교통 중앙역 앞에서 트램 6 · 7 · 8번을 타고 헬베티아 광장(Helvetiaplatz)에서 하차. **지도** p.353-E

베른 시립 미술관
Kunst Museum Bern

근대 회화 거장들의 작품을 소장
피카소, 파울 클레, 페르디낭 호들러 메레 오펜하임 등 근대 회화 거장들의 작품들이 가득한 미술관이다. 3,000점 이상의 회화와 조각품들, 4만8,000여 점의 드로잉, 사진, 비디오 등을 소장하고 있다.

주소 Hodlerstrasse 8-12 CH-3000 Bern
☎ 031 328 09 44 **개관** 화 10:00~21:00(컬렉션 17:00까지), 수~일 10:00~17:00 **휴무** 월
요금 소장품 성인 CHF10, 학생 CHF5, 16세 이하 아동 무료 / 특별전 성인 CHF18, 학생 CHF10, 16세 이하 아동 · 스위스 패스 이용자 무료 **홈페이지** www.kunstmuseumbern.ch
교통 베른 중앙역에서 도보 7분. **지도** p.353-B

통신 박물관
Museum für Kommunikation

스위스 유일의 통신 박물관
옛날의 우편 마차와 우편 견차(개가 끄는 우편 마차)부터 오늘날의 컴퓨터와 인터넷 관련 기기까지 통신의 역사를 담은 유물을 전시되고 있다. 다양한 볼거리와 체험 시설, 흥미로운 게임 등을 즐길 수 있어 아이들을 동반한 가족들이 시간을 보내기 좋다.

주소 Helvetiastrasse 16 CH-3000 Bern 6
☎ 031 357 55 55 **개관** 화~일 10:00~17:00 **휴무** 월
요금 성인 CHF15, 아동(6~15세) CHF5, 6세 이하 · 스위스 패스 이용자 무료 **홈페이지** www.mfk.ch
교통 중앙역에서 트램 6 · 7 · 8번을 타고 헬베티아 광장(Helvetiaplatz)에서 하차. 역사 박물관을 마주보고 왼쪽으로 돌아가면 금방 나온다. **지도** p.353-E

스위스 산악 박물관
Schweiz Alpines Museum

인간과 알프스의 역사와 이야기
100년이 넘는 역사를 자랑하는 박물관으로 스위스령 알프스에 관한 모든 것을 전시하고 있다. 알프스 산악 지형 모델, 스위스의 지도 제작법, 등산 장비와 등산의 역사에 관한 다양한 자료를 볼 수 있다. 특히 마터호른과 융프라우 등 알프스 고봉들의 모형이 인기 있다.

주소 Helvetiaplatz 4 CH-3005 Bern
☎ 031 350 04 40
개관 화~일 10:00~17:00 **휴무** 월
요금 성인 CHF18, 학생 CHF12, 십대 청소년(12~16세) CHF6 / 만 12세 이하 아동, 스위스 패스 이용자 무료
홈페이지 www.alpinesmuseum.ch
교통 중앙역에서 트램 6 · 7 · 8번을 타고 헬베티아 광장(Helvetiaplatz)에서 하차.
지도 p.353-E

- SPECIAL -

Trip 2

베른 구시가지에서 만나는

분수 산책

구시가 전체가 유네스코 세계 문화유산에 등록된 베른은 반호프 광장(Bahnhofplatz)에 연결된 슈피탈 거리 (Spitalgasse)를 따라 마르크트 거리(Marktgasse), 크람 거리(Kramgasse), 게레흐티히카이츠 거리 (Gerechtigkeitsgasse)가 구시가 중심을 관통해 니데크 다리(Nideggbrücke)까지 이어진다. 분수의 나라 스위스답게 베른에만 100개가 넘는 분수가 있다. 특히 구시가 곳곳에는 다양한 이야기와 주제가 담긴 8가지 분수들이 숨어 있 다. 베른 구시가 골목의 아름다움은 중세 시대부터 내려오는 분수들로 완성된다고 해도 과언이 아니다. 화려한 색채 의 기둥과 조각상들로 장식된 분수는 회색빛 석조 건물들 사이에서 활기를 불어넣는다. 이 분수들만 잘 찾아다녀도 구시가 구석구석 둘러보는 즐거움을 얻을 수 있다.

백파이프 연주자 분수
Pfeifer-brunnen

가난한 시인과 음악가를 위해 세워진 분수

반호프 광장에서 이어지는 슈피 탈 거리(Spitalgasse) 21번지에 있다. 백파이프를 연주하는 가난 한 악사를 표현한 분수로, 신발 을 자세히 보면 구멍이 나 있다. 1545년 스위스 르네상스 조각가 인 한스 기엥(Hans Gieng)에 의해 만들어졌다.

교통 베른 중앙역에서 성령교회를 끼고 왼쪽 슈피탈 거리 (Spitalgasse)를 따라 도보 3분.
지도 p.353-B

안나 자일러 분수
Anna Seiler-brunnen

베른 최초의 병원 설립자를 기리는 분수

마르크트 거리가 시작되는 곳 에 있다. 전 재산을 기부해 1354년 베른 최초의 병원을 설 립한 안나 자일러를 기리기 위 한 분수다. 안나 자일러가 파 란 드레스를 입고 작은 접시에 물을 붓고 있는 모습을 표현했다.

교통 백파이프 연주자 분수에서 마르크트 거리 (Marktgasse)를 향해 감옥탑을 지나면 바로 나온다(도보 2분). **지도** p.353-B

사격수 분수

있는 곰 구덩이에 빠지지 않도록 아이들에게 위험을 경고하는 의미였다는 설도 있다.

교통 사격수 분수에서 시계탑 사거리까지 걸어간 후 왼쪽 코른하우스 방향. 도보 1분.
지도 p.353-B

체링겐 분수
Zähringer-brunnen

베른의 창시자인 베르톨트 5세 기념 분수

갑옷과 투구를 착용한 곰 병사를 묘사한 분수로, 크람 거리(Kramgasse)에 있다. 전설에 따르면 분수의 곰은 베르톨트 5세가 아레강 변에서 도시를 건설할 부지를 찾고 있었을 때 그가 쏜 곰을 나타낸다고 한다.

교통 식인귀 분수에서 시계탑을 지나 크람 거리(Kramgasse)를 따라 곧장 걸어가면 나온다(도보 2분).
지도 p.353-E

사격수 분수
Schützen-brunnen

아기 곰이 귀여운 분수

시계탑 근처 마르크트 거리 한가운데에 있는 사격수 분수는 16세기 때 한스 기엥이 세운 것이다. 오른손에 깃발, 왼손에는 검을 들고 있는 갑옷을 입은 남자와 그의 다리 사이에서 사냥총을 쏘고 있는 아기 곰을 표현하고 있다.

교통 안나 자일러 분수에서 시계탑 방향으로 도보 2분.
지도 p.353-E

삼손 분수
Simson-brunnen

구약 성서 속 사자와 결투를 하는 삼손 분수

구약 성서에서 사자를 죽이는 삼손을 표현하고 있다. 전쟁에서 용감하게 싸운 남자들의 강인함을 상징한다. 한스 기엥에 의해 1544년 건설되었으며 이후 졸로투른에 있는 삼손 분수의 모델이 되었다.

교통 체링겐 분수에서 크람 거리(Kramgasse)를 따라 도보 1분. **지도** p.353-E

식인귀 분수
Kindlifresser-brunnen

다양한 전설을 담고 있는 식인귀 분수

코른하우스 광장(Kornhausplatz)에 세워진 16세기 분

식인귀 분수

수다. 어린아이를 잡아먹는 식인귀를 표현한 잔인한 모습을 하고 있는데, 이 분수에 대해서는 다양한 전설이 전해져 오고 있다. 자신의 자녀를 잡아먹은 그리스 신화 속 크로너스 혹은 로마 신화 속의 새턴이라는 설과, 근처에

처음 세워졌으나 폭풍으로 파괴되었다가 1790년에 재건되었다. 모세가 하나님을 대면한 후 얼굴에서 광채가 났다는 표현에 기초해 그의 머리 위에 두 개의 발광체를 묘사하고 있다. 중세 서양 예술이나 조각에서는 이를 오역해 두 개의 뿔로 묘사하기도 한다.

교통 삼손 분수에서 베른 대성당 방향으로 도보 1분.
지도 p.353-E

정의의 여신 분수
Gerechtigkeits-brunnen

눈을 가리고 있는 정의의 여신의 원조
이 분수는 니데크 다리와 가장 가까운 분수로, 16세기에 한스 기엥이 세웠다. 파손된 후 복제된 것으로, 파손된 원본은 베른 역사 박물관에서 복구 중이다. 눈을 가린 것은 지위나 외모를 보지 않고 선입견을 버리고 법 앞에 공정하게 판단하겠다는 의미인데, 이러한 표현은 베른의 조각상에서 거의 처음 등장했다고 한다.

교통 삼손 분수에서 니데크 다리 방면으로 게레흐티히카이츠 거리(Gerechtigkeitsgasse)를 따라 도보 4분.
지도 p.353-F

모세 분수
Moses-brunnen

10계명을 들고 있는 모세 분수
대성당 앞 뮌스터 광장에 있는 모세 분수는 1544년에

정의의 여신 분수

코른하우스켈러 Kornhauskeller

18세기 곡물과 와인을 보관하던 창고가 베른 최고의 레스토랑으로 변모한 곳이다. 스위스에서도 손꼽히는 인기 있는 레스토랑이며 돔 형태로 된 곡물 창고의 원형을 유지한 채 천장과 벽에는 18세기의 프레스코화로 장식되어 있어 우아함과 세련미가 넘친다. 지하 레스토랑에서는 베른의 명물 요리인 베르너플라테(Bärner-Platte, CHF39)를 추천하며 스위스 전통 요리 뢰스티(Rösti, CHF28), 베르너 게슈네첼테스(Berner Geschnetzeltes, CHF43)도 있다. 1층은 카페와 바로 운영되며 60종이 넘는 싱글 몰트 위스키를 갖추고 있다. 인기 있는 곳이므로 미리 예약하는 편이 좋다.

주소 Kornhausplatz 18 CH-3000 Bern 7
☎ 031 327 72 72 **영업** 월~토 11:30~14:30, 17:30~00:30
(요리 11:30~14:00, 17:30~22:00)
휴무 일 **홈페이지** www.bindella.ch
교통 베른 중앙역에서 도보 10분. **지도** p.353-B

안커 Anker

시계탑 근처에 자리 잡은 뢰스티 전문 레스토랑. 20가지가 넘는 스위스 각 지역을 대표하는 뢰스티 메뉴로 유명하다. 런치 메뉴는 가격에 비해 충실한 요리를 선보인다. 홈메이드 피자를 비롯해 치즈 퐁뒤(Käse-Fondue, CHF29.50), 뢰스티(Rösti, CHF21.50~31.50) 등의 메뉴가 있다.

주소 Kornhausplatz 16 CH-3011 Bern
☎ 031 311 11 13

영업 월~토 09:00~23:30(요리 11:00~22:00)
휴무 일
홈페이지 www.restaurant-anker.ch
교통 베른 중앙역에서 도보 10분. **지도** p.353-E

일 그리시노 Il Grissino

다양한 이탈리아 요리와 30가지 이상의 피자 메뉴를 제공하는 정통 이탈리안 레스토랑이다. 구운 양고기(Lombatina d'agnello alla piemontese, CHF38.50), 연어 스테이크(Trancio di salmone alla griglia, CHF32.50) 외에도 마르게리타(Margherita, CHF16.80)와 나폴리(Napoli, CHF20.50) 피자를 추천한다.

주소 Waisenhausplatz 28 CH-3011 Bern
☎ 031 311 00 59
영업 월~목 09:20~23:00, 금~토 09:30~23:30(요리 11:30~13:45, 17:30~22:30, 피자 11:30~23:15)
휴무 일 **홈페이지** ristoranteilgrissino.ch
교통 베른 중앙역에서 도보 6분.
지도 p.353-B

알테스 트람데포트 Altes Tramdepot

곰 공원 바로 옆에 있는 비어 레스토랑. 아레강과 베른 구시가 전망이 좋은 테라스도 있어 인기가 높다. 레스토랑 한가운데에 최고 품질의 홉과 맥아로 직접 맥주를 양조하는 커다란 통이 있어 인상적이다. 맥주와 어울리는 스위스 요리와 소시지 등이 주메뉴이다. 식사 메뉴 가격은 CHF20~50. 직접 양조한 맥주(2dl CHF3.70~)도 추천한다.

주소 Grosser Muristalden 6 CH-3006 Bern
☎ 031 368 14 15
영업 여름 시즌 매일 10:00~24:30(요리 11:00~23:30) /
겨울 시즌 월~금 11:00~24:30,
토~일 10:00~24:30(요리 11:00~23:30)
홈페이지 www.altestramdepot.ch **교통** 베른 중앙역에서 버스 12번을 타고 베렌그라벤(Bärengraben)에서 하차(6분 소요). 도보로는 20분 이상 소요.
지도 p.353-F

레스토랑 크로네 Restaurant Krone

베른 구시가의 게레흐티히카이츠 거리(Gerechtigkeits-gasse)에 있으며 곰 공원에서 300m 떨어져 있다. 다양한 스위스 전통 요리와 지중해식 요리를 주메뉴로 하고 있으며 계절마다 메뉴 구성이 조금씩 변동된다. 식사 메뉴 CHF33~.

주소 Gerechtigkeitsgasse 66 CH-3011 Bern
☎ 031 312 13 14
영업 화~금 11:00~22:30, 토 12:00~23:00
휴무 일~월 **홈페이지** www.kronebern.ch
교통 정의의 여신 분수로부터 도보 1분.
지도 p.353-C

로젠가르텐 Rosengarten

아레강 건너 장미 정원의 뷰포인트에 자리 잡은 전망 좋은 레스토랑. 아레강과 구시가의 풍경을 조망할 수 있는 최고의 레스토랑이다. 저녁시간에는 미리 예약하는 편이 좋다. 식사 메뉴 CHF25~.

주소 Alter Aargauerstalden 31b CH-3006 Bern
☎ 031 331 32 06
영업 09:00~23:30(요리 11:30~13:45, 18:00~21:45)
홈페이지 www.rosengarten.be
교통 베른 중앙역에서 버스 10번(Ostermundigen행)을 타고 로젠가르텐(Rosengarten)에서 하차.
지도 p.353-C

레스토랑 추 베베른 Restaurant zu Webern

신선한 재료를 이용해 전통 스위스 요리를 주메뉴로 하며 생선도 주변 호수나 강에서 잡은 것들로 요리한다. 추천하는 메뉴로는 베이컨, 치즈, 달걀 반숙을 곁들인 베른 스타일 뢰스티(Bärner Rösti mit Speck(CH) Raclettekäse & Spiegelei, CHF23), 감자튀김과 야채를 곁들인 돼지고기 코르동 블루(Schweins-Cordon bleu(CH) Pommes frites & Gemüse, CHF37) 등이 있다.

주소 Gerechtigkeitsgasse 68 CH-3011 Bern
☎ 031 311 42 58
영업 월~금 11:00~23:30, 토 10:00~23:30
휴무 일 · 공휴일
홈페이지 www.restwebern.ch
교통 베른 중앙역에서 12번 버스를 타고 시청사(Rathaus)에서 하차한 후 곰 공원 방향으로 50m 정도 이동. 왼쪽 아케이드에 있다. **지도** p.353-C

베르디 Verdi

90년 이상의 전통을 자랑하는 정통 이탈리안 레스토랑. 주세페 베르디와 그의 음악을 기리는 레스토랑의 분위기에 맞게 안드레 라윌러 샤프하우저가 그린 40점의 화려한 그림이 내부를 장식하고 있다. 파스타(CHF24~32), 비프 필레(Filetto di manzo, CHF51) 등이 인기 있다.

주소 Gerechtigkeitsgasse 7 CH-3011 Bern
☎ 031 312 63 68
영업 화~일 11:30~14:40, 18:00~23:00
휴무 월
홈페이지 www.bindella.ch
교통 정의의 여신 분수에서 니데크 다리 방향으로 도보 1분. 오른쪽 아케이드에 있다.
지도 p.353-F

아인슈타인 카페 Einstein Kaffee

아인슈타인 하우스 0층에 자리 잡은 모던한 카페. 아인슈타인의 상대성 이론에 착안해 만든 카페의 표어 'relatively the best'가 재치 넘친다. 대표 메뉴로는 라떼 마키아토(Latte Machiato, CHF6.50), 아인슈타인 커피(Einstein Kaffee, CHF8), 치즈 한 접시(Käseteller, CHF11~16) 등이 있다. 무료 와이파이 서비스를 제공한다.

주소 Kramgasse 49 Münstergasse 44 CH-3011 Bern
☎ 031 312 28 28 **영업** 월~목 08:30~22:30,
금 08:30~00:30, 토 07:00~00:30, 일 09:00~18:00
홈페이지 einstein-cafe.ch
교통 베른 중앙역에서 트램 6·7·8·9번이나 버스 10·12·19·30번을 타고 시계탑에서 하차 후 도보 2분(총 5분 소요). **지도** p.353-E

마르타 Marta

석조 아케이드 지하에 자리 잡은 카페 겸 뮤직 바다. 커피의 품질이 좋고, 다양한 차를 갖추고 있다. 치즈 스콘, 홈메이드 케이크 등 차에 곁들일 수 있는 간단한 음식도 판매하고 있다. 또한 가수와 DJ들을 초대해 공연도 한다.

주소 Kramgasse 8 CH-3011 Bern ☎ 031 331 14 14
영업 화~수 17:00~23:30, 목 17:00~00:30,
금 16:00~00:30, 토 10:00~00:30, 일 13:00~22:30
휴무 월 **홈페이지** www.cafemarta.ch
교통 삼손 분수에서 니데크 다리 방면으로 도보 2분. 시청사와 가깝다. **지도** p.353-C

스시 바 야마사키 Sushi Bar Yamasaki

아인슈타인 하우스 근처에 있는 일식집. 샐러드와 미소 수프가 포함된 런치 메뉴(Mittagsmenü)를 추천한다. 런치 메뉴로는 스시 세트 메뉴(CHF23.50), 추케돈 메뉴(Zukedon Menu, CHF26) 등이 있으며, 카마쿠라 스시(Kamakura Sushi, 니기리 7개+마키 6개, CHF43)가 있다. 포장은 10% 할인해 준다.

주소 Kramgasse 75 CH-3011 Bern
☎ 031 311 75 70 **영업** 화~금 11:30~14:00(요리 13:30까지), 18:00~21:30(요리 20:30까지)
홈페이지 www.sushibar-yamasaki.ch
교통 시계탑에서 도보 1분. **지도** p.353-E

아이헨베르거 Eichenberger

50년 이상의 역사를 자랑하는 베른 전통 제과점이자 수제 초콜릿을 판매하는 티룸이다. 특히 곰 문양이 새겨진 헤이즐넛과 꿀을 주재료로 한 베른 전통 진저브레드(Berner Haselnuss Leckrli, CHF7~28)를 추천한다. 곰 문양이 새겨져 있어 여행자들에게 좋은 기념품이 된다.

주소 Bahnhofplatz 5 CH-3011 Bern
☎ 031 311 33 25
영업 월~금 07:00~18:30, 토 07:00~17:00 **휴무** 일
홈페이지 www.confiserie-eichenberger.ch
교통 베른 중앙역 앞 반호프 광장(Bahnhofplatz)에 있다.
지도 p.353-A

리룸 라룸 Lirum Larum

구시가를 돌아다니다가 가볍게 들러 커피 한잔 마시며 쉬어갈 수 있는 소박한 바. 1층은 모던한 바의 모습이며, 아치형 천장의 지하실도 갖추고 있는데 중세 느낌이 물씬 풍긴다. 커피와 카푸치노는 CHF5 내외. 햄과 치즈가 들어간 토스트(Schinken-Käsetoast) CHF9.50, 피자 CHF15~18.

주소 Kramgasse 19A CH-3011 Bern
☎ 031 312 24 42 **영업** 월~금 09:00~19:00,
토 09:00~23:00, 일 11:00~18:00
홈페이지 www.lirum-larum.ch
교통 아인슈타인 하우스에서 니데크 다리 방면으로 도보 1분.
지도 p.353-F

체스부에프 Chäsbueb

시계탑 가까이에 있는 치즈 전문 가게. 근처에만 가도 치즈 냄새가 코를 자극한다. 250가지 이상의 치즈와 치즈 관련 접시나 치즈 전용 나이프, 퐁뒤용 기구들도 판매하고 있다. 아케이드 지상에는 치즈 가게가 있고, 지하에는 치즈와 와인, 퐁뒤를 맛볼 수 있는 공간인 채스쇼이어(Chäs Chäuer)가 있다.

주소 Kramgasse 83 CH-3011 Bern
☎ 031 311 22 71
영업 월 11:00~18:30, 화~목 09:00~18:30,
금 08:00~18:30, 토 08:00~17:00 **휴무** 일
홈페이지 www.chaesbueb.ch
교통 시계탑에서 아인슈타인 하우스 방향으로 도보 1분.
지도 p.353-E

치렌 Tschirren

1919년 문을 열었고 현재 삼대째 가업을 잇고 있는 초콜릿 전문 제과점이다. 베른 최고의 초콜릿 전문점으로, 스위스 럭셔리 초콜릿을 대표하는 브랜드다. 베른에만 3곳에 지점이 있으며 메인 숍은 크람 거리에 있고 베른 중앙역 구내에도 지점이 있다.

주소 Kramgasse 73 CH-3011 Bern
☎ 031 311 17 17
영업 월~토 08:00~19:00, 일 09:00~19:00
홈페이지 www.swiss-chocolate.ch
교통 시계탑과 아인슈타인 하우스 중간에 있다. 시계탑에서 도보 1분. **지도** p.353-E

체스부에프

베른의 쇼핑

라트하우스 아포테케 Rathaus Apotheke

1571년에 오픈한 스위스에서 가장 오래된 약국으로 나무로 만든 오래된 약장에서 고풍스러운 중세 느낌이 물씬 풍긴다. 전통과 현재가 조화를 이루는 약국으로 베른 시민들의 사랑을 받고 있다. 시청사 바로 앞, 크람 거리에 있다.

주소 Kramgasse 2 CH-3000 Bern 8
☎ 031 311 14 81
영업 월 14:00~19:00, 화~금 09:00~19:00,
토 09:00~17:00 **휴무** 일
홈페이지 www.apotheke.ch/rathaus-bern
교통 시계탑에서 곰 공원 방향으로 도보 4분 정도 직진하다가 시청사 맞은편 골목 입구에 위치.
지도 p.353-C

⬦TIP 화요일과 토요일에 열리는 재래시장에 가보자

베렌 광장(Bärrenplatz)과 분데스 광장(Bundes-platz)에서는 화요일과 토요일마자 재래시장이 열린다. 다양한 생활용품, 채소, 과일, 치즈, 꽃 등을 판매한다. 현대화되고 대량 판매를 하는 미그로스(Migros)나 쿠프(Coop)도 있지만, 재래시장에서는 푸근한 인심과 소박한 정겨움을 느껴볼 수 있다. 베른 시민들과 어울려져 재래시장에서 과일이나 잼, 치즈, 햄 등을 맛보는 시간을 가져보자. 또한 골동품 시장도 있으니 맘에 드는 소품을 골라보는 즐거움을 누릴 수도 있다. 주로 오전에 열리고 오후에는 철수하므로 오전에 방문하도록 한다.

프란츠 칼 베버 Franz Carl Weber

스위스를 대표하는 가장 오래된 장난감 가게로 스위스 전역에 지점이 있다. 스위스 장난감 분야에서 최고로 인정받고 있으며, 취리히에는 장난감 박물관도 보유하고 있다.

주소 Marktgasse 52 CH-3011 Bern
☎ 031 311 78 71
영업 월~금 09:30~18:30, 토 09:00~17:00
휴무 일 **홈페이지** www.fcw.ch
교통 베른 중앙역에서 도보 5분. **지도** p.353-E

일요스 쿠치나 Iljos Cucina

40년 이상의 역사를 자랑하는 주방용품과 크리스마스 선물, 장식품 전문 가게다. 유럽에서 생산된 저명한 제조업체들이 만든 다양한 테이블웨어와 유리잔, 독특한 조리도구, 요리책 그리고 테이블을 아름답게 장식하는 인테리어 소품들을 취급하고 있다.

주소 Münstergasse 46, Kramgasse 51 CH-3011 Bern
☎ 031 311 90 11
영업 월~금 09:00~18:30, 토 09:00~17:00 **휴무** 일
홈페이지 www.iljos-cucina.ch
교통 시계탑에서 니데크 다리 방향으로 도보 2분.
지도 p.353-E

플레어 Flair

농장에서 유기농으로 직접 키운 꽃들로 제품을 만들어 판매한다. 세련된 스위스의 꽃꽂이와 데커레이션을 구경할 수 있다. 꽃 관련 제품뿐 아니라 유기농 잼이나 시럽, 접시 같은 생활 소품도 있다.

주소 Kramgasse 60 CH-3011 Bern
☎ 031 311 37 30
영업 월~금 09:00~18:30, 토 08:00~17:00
휴무 일
홈페이지 www.blumenflair.ch
교통 시계탑에서 니데크 다리 방면으로 도보 2분.
지도 p.353-E

일요스 쿠치나

쿠 드 샤포 Coup de Chapeau

온갖 종류와 디자인의 모자를 직접 써보고 고를 수 있는 우아한 모자 전문점이다. 1994년 로잔에 처음 문을 열었고, 제네바에도 지점이 있다. 모자 외에도 장갑, 우산, 지팡이 등의 제품도 판매하고 있다.

주소 Gerechtigkeitsgasse 56 CH-3011 Bern
☎ 031 312 14 92 **영업** 월 14:00~18:30, 화~금 10:30~12:30, 13:30~18:30, 토 10:30~17:00 **휴무** 일
홈페이지 www.chapeaux.ch
교통 시계탑에서 니데크 다리 방향으로 도보 5분.
지도 p.353-C

파토 아 마노 Fatto A Mano

핸드메이드 인테리어 소품 숍. 인테리어 디자이너인 주인 이탈로의 창의적인 작품들이 인상적이다. 의자,

소파, 램프, 홈 액세서리 등 개성 있는 디자인의 인테리어 소품들을 구입할 수 있다.

주소 Gerechtigkeitsgasse 58 CH-3011 Bern
☎ 031 312 23 56 **영업** 화~금 10:00~12:00, 14:00~18:30, 토 10:00~18:00 **휴무** 일~월
홈페이지 www.fattoamano.ch
교통 베른 중앙역에서 12번 버스를 타고 시청사에서 하차. 곰 공원 방향으로 도보 1분. **지도** p.353-C

바자58 Bazaar58

나무, 뿔, 조개껍데기 등과 같은 자연 재료로 만든 1만 개 이상의 단추를 보유하고 있는 액세서리 전문점이다. 단추를 이용한 액세서리 외에도 벨트, 스카프, 패션 주얼리, 샌들, 가방 등도 판매한다. 석조 아케이드 지하에 있으며 내려가는 계단 양쪽의 데커레이션도 아름답다.

주소 Gerechtigkeitsgasse 58 CH-3011 Bern
☎ 031 311 39 49 **영업** 화~금 10:00~13:00, 14:00~18:00, 토 10:00~16:00(계절에 따라 오전 영업 시간 변동)
휴무 일~월 **홈페이지** bazaar58.com
교통 베른 중앙역에서 12번 버스를 타고 시청사에서 하차 후 니데크 다리(곰 공원) 방향으로 10m 거리에 있다. 석조 아케이드 지하에 위치. **지도** p.353-F

파토 아 마노

호텔 슈바이처호프 Hotel Schweizerhof

화려한 실내 장식과 훌륭한 시설을 갖추고 있으며 전통과 모던함이 조화를 이루는 베른 최고의 호텔 중 하나다. 수영장, 사우나, 터키식 목욕탕, 웰빙 스파센터와 멋진 옥상 테라스도 갖추고 있다. 무료 와이파이 서비스를 제공한다.

주소 Bahnhofplatz 11 CH-3001 Bern
☎ 031 326 80 80
객실 수 99실 **예산** 더블 CHF450~
홈페이지 www.schweizerhof-bern.ch
교통 베른 중앙역 바로 옆.
지도 p.353-D

호텔 크로이츠 Hotel Kreuz

모던한 설비를 갖춘 구시가 중심에 자리 잡은 호텔이다. 옥상 테라스에서는 구시가와 베르너 오버란트 알프스 전경을 감상할 수 있다. 와이파이는 유료로 하루에 CHF30이다.

주소 Zeughausgasse 41 CH-3000 Bern 7
☎ 031 329 95 95
객실 수 103실
예산 더블 CHF205~
홈페이지 www.kreuzbern.ch
교통 베른 중앙역에서 12번 버스(파울 클레 센터행)를 타고 베렌 광장에서 하차. 도보 3분.
지도 p.353-B

유겐트헬베르게 베른 Jugendherberge Bern

연방 의회 뒤편 아레강이 내려다보이는 전망 좋은 곳에 위치한 유스호스텔이다. 기차역이 가깝고, 구시가 도보 여행에 적합하다. 무료로 와이파이 이용이 가능하다.

주소 Weihergasse 4 CH-3005 Bern
☎ 031 326 11 11 **객실 수** 35실
예산 도미토리 CHF55~, 싱글 CHF129~, 더블 CHF152~, 조식 뷔페 포함
홈페이지 www.youthhostel.ch/en/hostels/bern
교통 베른 중앙역에서 도보 10분.
지도 p.353-E

호텔 베른 Hotel bern

아르누보 스타일의 외관이 인상적인 호텔 베른은 세련된 디자인의 객실이 인상적이고, 구시가 중심인 시계탑 근처로 접근성이 뛰어나 인기가 높다. 조식은 CHF18. 무료로 와이파이 서비스와 생수를 제공한다.

주소 Zeughausgasse 9 CH-3011 Bern
☎ 031 329 22 22 **객실 수** 116실
예산 더블 CHF175~ (시즌에 따라 가격대 변동)
홈페이지 www.hotelbern.ch
교통 베른 중앙역에서 12번 버스(파울 클레 센터행)를 타고 베렌 광장에서 하차. 도보 3분.
지도 p.353-B

호텔 니데크 Hotel Nydeck

구시가의 니데크 다리 바로 앞에 있는 호텔이다. 객실
은 깨끗한 편이며 밤에는 아래층에 있는 바와 근처 교
회 종소리로 시끄러운 편. 아래층 바에서 제공되는 조
식은 심플하며, 엘리베이터는 없다. 무료로 와이파이
서비스를 제공한다.

주소 Gerechtigkeitsgasse 1 CH-3011 Bern
☎ 031 311 86 86 **객실 수** 12실
예산 더블 CHF180~, 조식 포함(시즌에 따라 가격 변동)
홈페이지 www.hotelnydeck.ch
교통 베른 중앙역에서 12번 버스(파울 클레 센터 행)를 타고 니
데크 다리에서 하차. **지도** p.353-F

호텔 벨뷰 팰리스 Hotel Bellevue Palace

베른 구시가 중심의 연방 의회 바로 옆에 위치하고 있
다. 1913년에 지어진 우아한 아르누보풍의 5성급 호텔
이며 스위스 연방 정부의 공식 게스트하우스이기도
하다. 아레강 변에 자리하고 있어 구시가와 베르너 오
버란트 알프스의 봉우리들을 조망할 수 있다. 조식
CHF38. 무료 와이파이 서비스를 제공한다.

주소 Kochergasse 3-5 CH-3000 Bern 7
☎ 031 320 45 45 **객실 수** 130실
예산 더블 CHF559~
홈페이지 www.bellevue-palace.ch
교통 베른 중앙역에서 도보 8분. **지도** p.353-E

벨 에포크 호텔 Belle Epoque Hotel

정의의 여신 분수 근처에 있다. 아르데코 시대의 가구
와 인테리어로 둘러싸인 벨 에포크 스타일의 아름다
운 부티크 호텔로 1920년대 파리의 느낌이 물씬 풍긴
다. 무료로 와이파이 서비스를 제공한다. 조식 가격은
CHF19.

주소 Gerechtigkeitgasse 18 CH-3011 Bern
☎ 031 311 43 36 **객실 수** 17실
예산 더블 주말 CHF240~, 주중 CHF280~
홈페이지 www.belle-epoque.ch **교통** 중앙역에서 12번 버스
(파울 클레 센터행)를 타고 구시가를 관통해 니데크 다리 입구
에서 내려 다시 뒤로 돌아 도보 1분(도보 진행 방향 오른쪽 석
조 아케이드). **지도** p.353-C

호텔 발트호른 Hotel Waldhorn

구시가 외곽 조용한 주택가에 자리 잡은 모던하고 깔
끔한 호텔이다. 코른하우스 다리(Kornhausbrücke) 건
너편에 있으며 카지노와 가깝다. 조식은 호텔 지하에
서 아침 6시 30분부터 뷔페식으로 제공된다. 무료 와
이파이 서비스를 제공한다.

주소 Waldhöheweg 2 CH-3013 Bern
☎ 031 332 23 43 **객실 수** 46실
예산 더블 CHF175~, 조식 뷔페 포함
홈페이지 www.waldhorn.ch
교통 베른 중앙역에서 트램 9번(반크도르프 반호프행)을 타고
슈피탈액커(Spitalacker)에서 하차.
지도 p.353-C

졸로투른
SOLOTHURN

(**언어** 독일어권 | **해발** 430m)

스위스에서 가장 아름다운 바로크 도시

베른에서 북쪽으로 35km 정도 떨어져 있는 졸로투른은 스위스에서 가장 아름다운 바로크 도시로 알려져 있다. 쥐라(Jura) 산맥의 발치에 있는 이 도시의 구시가는 17~18세기에 전성기를 누린 스위스-독일의 강인함과 이탈리아의 과장이 섞여 있는 독특한 매력이 있다. 종교 개혁의 혼란 속에서도 졸로투른은 가톨릭을 고수했고, 프랑스 대사가 이 도시를 감독하면서 바로크 양식의 도시로 재개발되었다. 졸로투른은 1481년 스위스 연방에 11번째로 가입했는데 이때부터 11이라는 숫자가 신성시되기 시작했다. 그런 이유로 이곳의 교회, 분수, 탑, 성당의 제단, 종, 돌계단 등의 개수는 모두 11개이다. 구시가 곳곳을 돌아보며 11이라는 숫자에 담긴 졸로투른의 비밀을 알아보자.

졸로투른 가는 법

주요 도시 간의 이동 시간

베른 → **졸로투른** 기차 37분
바젤 → **졸로투른** 기차 55분
취리히 → **졸로투른** 기차 55분

졸로투른역 내부

졸로투른역은 스위스 국영 철도인 SBB의 주요 역 중 하나이며 베른, 바젤, 취리히 등 스위스 주요 도시에서 특급 열차를 타고 1시간 이내에 도착할 수 있다. 여름 시즌에는 아레강을 오가는 유람선을 타고 비엘(Biel)과 같은 주변 도시에서 접근할 수도 있다.

기차로 가기

베른 중앙역에서 출발

졸로투른과 베른 사이를 왕복하는 미니 트레인이 있다. 베른 중앙역의 큰 전광판에는 미니 트레인 정보가 잘 보이지 않고, 베른 중앙역 플랫폼 U1~4번을 찾아가야 탈 수 있다. 1시간에 2대씩(매시 5분과 35분에 출발) 운행, 37분 소요.
일반 열차는 비엘(Biel)이나 올텐(Olten)에서 1회 환승해야 한다. 약 50분 소요.
미니 트레인 정보 www.rbs.ch

바젤 SBB역에서 출발

올텐(Olten)에서 1회 환승. 약 55분 소요.

취리히 중앙역에서 출발

ICN이나 IR 열차를 타고 직행으로 약 55분 소요. 1시간에 2대(매시 3분과 30분 출발) 운행.

자동차로 가기

베른에서 출발

고속도로 1번을 타고 루터바흐(Luterbach) 인터체인지로 가서 졸로투른 · 비엘(Solothurn · Biel) 방향 표지판을 따라 5번 고속도로를 타면 된다. 43km, 약 35분 소요.

바젤에서 출발

고속도로 2번을 타고 내려오다가 1번 고속도로를 타고 졸로투른 방면으로 계속 이동하면 된다. 66km, 약 50분 소요.

취리히에서 출발

고속도로 1번을 타고 비엘(Biel) 방향으로 계속 이동하면 된다. 93km, 약 1시간 10분 소요.

INFORMATION

시내 교통

졸로투른 기차역은 구시가 중심과 도보 10분 거리에 있다. 기차역을 나와 2시 방향에 있는 하우프트거리(Hauptstrasse)를 따라 300m 정도 직진하면 구시가와 이어진 보행자 전용 다리인 크로이츠악커 다리(Kreuzackerbrücke)가 나온다. 아레(Aare)강 위에 놓인 이 다리만 건너면 바로 구시가이다. 구시가는 도보로 돌아보기에 충분할 정도로 작은 규모다.

졸로투른의 관광 명소

장크트우르센 성당
St. Ursen Kathedrale ★★★

졸로투른의 상징적인 성당

1762년에서 1773년 사이에 티치노주 아스코나 출신의 바로크 건축가 가에타노 마테오 피소니(Gaetano Matteo Pisoni)와 조카 파올로 안토니오 피소니(Paolo Antonio Pisoni)에 의해 건설되었다.

전면부의 넓고 웅장한 계단과 파사드는 보는 이를 압도한다. 초기 클래식 스위스 건축의 중요한 사례가 되는 이 성당은 쥐라 산맥에

서 나는 밝은 색의 석회암으로 지어졌다. 귀중한 10세기 당시의 글이나 15~20세기의 직물, 화폐 수집품들이 보물관(사전 예약 필수)에 전시되어 있다.

11이라는 숫자는 이 성당과도 관련이 있다. 11개의 제단, 11개의 종이 있으며, 성당의 바깥 계단도 11개씩 3묶음으로 나뉘어 있다.

주소 Kronenplatz CH-4500 Solothurn
☎ 032 622 87 71
개방 성당 매일 08:00~18:30,
탑 전망대 4~10월 월~토 09:30~11:45, 13:30~17:30
요금 성당 무료, 탑 성인 CHF3, 아동(12~17세) CHF2
교통 구시가 중심에 있는 시계탑에서 도보 2분.
지도 p.379

성당 쿠폴라에서 본 전망

TIP 졸로투른의 추천 코스

장크트우르센 성당 → (도보 1분) → 중세 무기고 박물관 → (도보 1분) → 바젤토르 → (도보 3분) → 리트홀츠투름 · 바스티온 → (도보 2분) → 시립 미술관 → (도보 3분) → 종교 개혁 교회 → (도보 1분) → 부리스투름 · 비엘토르 → (도보 1분) → 11시 시계 → (도보 3분) → 아레강 변 → (도보 5분) → 자연사 박물관 → (도보 3분) → 예수회 교회 → (도보 1분) → 시계탑 → (도보 이동) → 11개의 분수

바젤토르·리트홀츠투름·
바스티온
Baseltor·Riedholzturm·Bastion ★★

바젤토르

아름다운 중세 문

바젤토르는 졸로투른에 남아 있는 중세 문 중에서 가장 매력적이며 현재도 사용되고 있다. 성문 양쪽에 붙어 있는 원형 석탑은 중세 졸로투른의 힘을 느끼게 해준다.

바젤토르를 나가서 왼편으로 걸으면 18세기 전후 강인한 요새였던 바스티온을 단단한 외벽이 둘러싼 모습을 볼 수 있다. 리트홀츠투름이 요새의 모서리에 우뚝 솟아 있으며 두꺼운 이중의 외벽이 이 탑을 감싸고 있다.

요새를 따라 계속 걷다 보면 부리스투름(Burristurm)과 비엘토르(Bieltor)가 나온다. 중세 시대 강인했던 졸로투른의 단면을 엿볼 수 있다.

교통 장크트우르센 성당 옆길로 도보 2분. **지도** p.379

바스티온과 리트홀츠투름

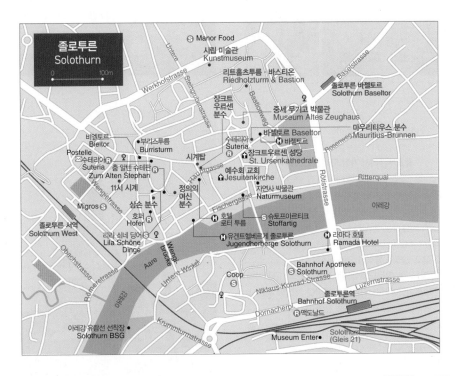

중세 무기고 박물관
Museum Altes Zeughaus ★★

4층 규모의 중세 무기고
17세기 초 프랑스 대사가 졸로투른에 주재하던 시기에 건설된 옛 무기고다. 스위스 어디에서도 보기 드물게 총 4층에 걸쳐 엄청난 규모의 중세 무기와 400벌의 갑옷, 대포들이 전시되어 있다. 각 층마다 종류, 형태, 크기별로 분류되어 있다. 어린이들이 직접 갑옷을 입어볼 수 있는 코너도 있다.

주소 Zeughausplatz 1 CH-4500 Solothurn
☎ 032 627 60 70
개관 화~토 13:00~17:00, 일 10:00~17:00
휴무 월
요금 성인 CHF8, 학생(만 25세 까지) CHF6, 가족(만 16세 이하 자녀와 부모) CHF10, 아동(만 12세 이하) 무료, 스위스 패스 이용자 무료
홈페이지 www.museum-alteszeughaus.ch
교통 장크트우르센 성당을 마주보고 왼쪽 길로 30m 정도 가다가 왼편 안쪽 조이그하우스 광장(Zeughausplatz)에 있다.
지도 p.379

예수회 교회
Jesuitenkirche ★

바로크 건축물 중 으뜸
1680~1689년에 건설된 가톨릭의 남자 수도회 단체인 예수회 교회로, 스위스에서 가장 훌륭한 바로크 건축물 중 하나로 손꼽힌다. 이탈리아식으로 장식된 내부의 천장과 벽면의 치장 벽토는 독특하고 장엄하다. 정면 중앙 위에는 성모 마리아 상이 설치되어 있고, 제단에는 1704년에 그려진 성모 승천 그림을 볼 수 있다. 이 성당에 들어간 모든 대리석은 진짜 대리석이 아니라 장식된 나무와 회반죽이라고 한다.

주소 Hauptgasse 75 CH-4500 Solothurn
개방 08:00~19:00, 겨울 시즌에는 좀 더 일찍 문을 닫는다.
교통 장크트우르센 성당에서 도보 1분.
지도 p.379

시계탑
Zytglogge(Zeitglockenturm) ★★

졸로투른에서 가장 오래된 건축물
13세기 초 세워진, 졸로투른에서 가장 오래된 건축물. 천문 시계는 1545년에 설치되었는데 일반 시계와 달리 큰 바늘이 시간을, 작은 바늘이 분을 나타낸다. 해와 달의 바늘들은 반시계 방향으로 움직이며 천체의 위치를 나타낸다. 시계탑 중간에는 캐릭터 인형들이 자리 잡고 있으며 정각이 되면 움직인다.
시계탑이 있는 마르크트 광장(Marktplatz)이 구시가의 중심이며 이곳에서는 수요일 아침마다 시장이 열린다. 광장 한가운데에는 장크트우르센 분수가 있다.

교통 장크트우르센 성당에서 도보로 2분 거리인 마르크트 광장에 있다.
지도 p.379

11개의 분수들
11 Brunnen ★★

졸로투른의 상징 숫자 11과 관련된 분수들

구시가 곳곳에는 역사적인 건축물이 가득하고, 이 유적들은 대부분 숫자 11과 관련이 있다. 중세 시대부터 110이라는 숫자는 신성시되어 왔는데 졸로투른과 불가분의 관계. 장크트우르센 성당의 11개의 제단, 11개의 종 그리고 11계단씩 3조로 이루어진 외부 계단뿐 아니라 구시가 골목 곳곳에 11개의 분수가 숨어 있다. 이는 베른 구시가에 있는 11개의 분수와 대등한 수준으로 중세에 졸로투른이 얼마나 강력하고 부유했는지를 보여준다.

아래 소개한 4개 분수 외에 도르나허 분수(Dornacher-Brunnen), 클로스터플라츠 분수(Klosterplatz-Brunnen), 서로 나란히 서 있는 기드온 분수(Gedeon-Brunnen)와 모세 분수(Moses-Brunnen), 힌터가세 분수(Hintergass-Brunnen), 게오르그스 분수(Georgs-Brunnen), 프란지스카너 분수(Franziskaner-Brunnen), 총 11개의 분수가 있다.

지도 p.379

삼손 분수

마우리티우스 분수

장크트우르센 분수
St-Ursen-Brunnen

1545년 장크트우르센 성당 앞 크로넨 광장에 세워졌다가 현재의 자리인 마르크트 광장으로 옮겨졌다. 꼭대기에 로마군의 옷을 입고 깃발과 칼을 든 성자 우르센이 있다.

정의의 여신 분수
Gerechtigkeitsbrunnen

베른에 있는 정의의 여신 분수를 모델로 1561년에 만든 것이다. 여신의 오른발 밑에 있는 빨간색과 흰색의 예복을 입은 신성 로마 황제를 기준으로 반시계 방향으로 교황, 터키 술탄, 졸로투른 시장이 있다.

삼손 분수
Simson-Brunnen

1548년에 세워진, 스위스에서 가장 오래된 삼손 분수. 이 분수를 만든 파겐(Pagen)과 로렌츠(Lorenz)가 베른의 삼손 분수도 만들었다.

마우리티우스 분수
Mauritius-Brunnen

중세 무기고 박물관 앞 광장 옆 리트홀츠 광장(Riedholzplatz) 구석에 있다. 원래 나무였으나 1556년에 지금의 분수로 교체되었다.

장크트우르센 분수

정의의 여신 분수

시립 미술관
Kunstmuseum ★

100년이 넘는 역사를 지닌 미술관

19~20세기 스위스와 유럽 예술을 중심으로 한 컬렉션을 전시하고 있다. 16세기 작품인 한스 홀바인의 '졸로투른의 마돈나'와 15세기의 회화 '딸기의 마돈나' 등 오래된 명화들로 유명하다.

주소 Werkhofstrasse 30 CH-4500 Solothurn
☎ 032 624 40 00
개관 화~금 11:00~17:00, 토~일 10:00~17:00 **휴무** 월
요금 무료, 자발적인 기부금을 받고 있다.
홈페이지 www.kunstmuseum-so.ch
교통 졸로투른역에서 버스 2·3·9번을 타고 시립 미술관 (Kunstmuseum) 정류장에서 하차하면 된다. 또는 시계탑이 있는 마르크트 광장(Marktplatz)에서 도보 6분.
지도 p.379

자연사 박물관
Naturmuseum ★

쥐라 산맥에서 발굴된 자연사 유물로 가득

쥐라 산맥 주변의 동물군, 식물군, 광물, 화석 등을 3층에 걸쳐 전시하고 있는 자연사 박물관이다. 특히 졸로투른에서 나온 화석 거북과 인근 바이센슈타인에서 출토된 불가사리 화석은 세계적으로도 유명하다. 직접 만져보고 놀 수 있는 체험 공간이 많다.

주소 Klosterplatz 2 CH-4500 Solothurn
☎ 032 622 70 21
개관 화~토 14:00~17:00, 일 10:00~17:00
휴무 월
요금 무료, 자발적인 기부금을 받는다.
홈페이지 www.naturmuseum-so.ch
교통 장크트우르센 성당에서 아레강 변 방향으로 도보 1분.
지도 p.379

11시 시계
11-Uhr ★

11이라는 숫자를 테마로 한 시계

11이라는 숫자가 신성시하는 졸로투른의 전통을 이어받아 2001년 설치된 시계다. 시간도 11시까지로 표시되어 있고, 시계 내부에서 돌아가는 톱니바퀴도 11개, 시계 위를 장식하고 있는 종도 11개다. 11시, 12시, 오후 5시, 6시에는 시계 위에 앉은 기사가 종을 울리며 간단한 연주를 한다.

위치 비엘토르 바깥 횡단보도를 건너 샨첸 거리(Schanzen-strasse)에 있는 쿠프(Coop) 쇼핑센터 옆 외벽에 있다.
지도 p.379

아레강 유람선
Aare Cruise ★

졸로투른과 비엘 사이를 오가는 유람선

졸로투른을 끼고 흐르는 아레강을 따라 유람선을 타고 아름다운 풍경을 즐길 수 있다. 졸로투른에서 40분 거리에 있는 알트로이(Altreu)에서는 황새 집단 서식지를 관찰할 수 있다. 유람선은 역사적인 소도시 뷔렌(Büren)을 거쳐 비엘까지 운항한다. 여름 시즌(5월 중순~9월 말)에는 하루에 3대, 가을(10월)엔 2대씩 운행한다.

졸로투른에서 알트로이까지는 40분, 뷔렌까지는 1시간 30분, 비엘까지는 2시간 45분 걸린다. 자세한 정보는 졸로투른 관광 안내소에 문의하면 된다.

홈페이지 www.bielersee.ch
요금 졸로투른-알트로이 성인 편도 CHF25, 왕복 CHF50, 아동·학생(만 16세 이하) 편도 CHF12.50, 왕복 CHF25 / 졸로투른-비엘 성인 편도 CHF63, 왕복 CHF126, 아동·학생(만 16세 이하) 편도 CHF31.50, 왕복 CHF63 **지도** 선착장 p.379

유람선이 운항되는 아레강

바이센슈타인
Weissenstein ★

쥐라 산맥 최고의 전망 포인트

스위스 쥐라(Jura) 지역 최고의 뷰포인트 중 하나는 바로 졸로투른 인근에 있는 바이센슈타인이다. 해발 1,284m의 산등성이인 바이센슈타인에 오르면 만년설로 덮인 베르너 알프스가 파노라마처럼 펼쳐지는 장관을 감상할 수 있다. 바이센슈타인 정상에는 으리으리한 쿠어하우스 바이센슈타인 호텔(☎ 032 628 61 61, www.kurhausweissenstein.ch)과 전통 스위스 요리 레스토랑(Gasthof Hinter Weissenstein, ☎ 032 639 13 07, www.hinterweissenstein.ch), 아름다운 알프스 정원이 있다. 또한 호텔에서 여러 갈래로 나뉘는 다양한 하이킹 코스가 있어 자연을 즐기며 한가로운 시간을 보낼 수도 있다.

교통 졸로투른에서 무티어(Moutier)행 열차를 타고 오베르도르프(Oberdorf)에서 하차(14분 소요). 1시간에 1대씩 운행(매시 32분 출발). 오베르도르프에서 바이센슈타인 정상까지 바로 연결되는 자일반(Seilbahn) 표를 구입해 탑승하면 된다.

바이센슈타인 자일반 Seilbahn Weissenstein AG
주소 Bahnhof Oberdorf CH-4515 Oberdorf
☎ 032 622 18 27
요금 오베르도르프–바이센슈타인 구간 편도 성인 CHF20, 아동(만 6~16세) CHF10 / 왕복 성인 CHF30, 아동 CHF15
홈페이지 www.seilbahn-weissenstein.ch

TIP 자전거 대여

졸로투른 주변의 평지대인 미텔란트(Mittelland) 지역은 자전거를 타기에 완벽한 곳으로 알려져 있다. 목가적인 전원이 펼쳐지는 사이클링 루트(루트 정보는 관광 안내소에서 얻을 수 있다)인 5번과 8번은 특히 인기가 높다. 아라우에서 졸로투른까지 이어지는 이 길을 따라 아레강이 흐르고, 황새 서식지인 알트로이도 지난다. 아레강 변에 쉬어가면서 달리기 좋은 이 길은 가족 여행자들에게 이상적인 루트다.

졸로투른 기차역 지하에는 스위스 전역의 기차역 중심으로 체인망을 가지고 있는 퍼블리바이크(Publibike) 대여소가 있다. 반일, 1일, 3일 등 기간에 따라 요금을 책정하고 있다. 전기자전거는 일반 자전거보다 조금 비싸지만, 힘이 덜 들고 편리하다. 이용권 카드를 구매한 다음 자전거를 대여해 타다가 다른 기차역에 반납해도 된다. 스위스 전역에서 사용 가능한 1년 스위스 패스(CHF99), 혹은 각 지역별 패스(졸로투른 패스 CHF25) 중 자신의 스케줄에 알맞은 패스를 구입해 사용하면 된다. 처음 30분은 CHF3.50, 추가 1분당 CHF0.10, 24시간 최대 요금은 CHF240이다. 일부 기차역에서는 가끔 이용하는 사람을 위해 1일 패스(CHF10)를 판매하기도 한다. 관광 안내소나 기차역 지하 사무실에 문의할 것.

홈페이지 www.publibike.ch

춤 알텐 슈테판 Zum Alten Stephan

여러 레스토랑 평가지에서 높은 점수를 받은 졸로투른 최고의 레스토랑. 모던한 하얀색 외벽이 인상적인 이 레스토랑은 외관부터 전통을 느끼게 해준다. 음식의 재료와 맛, 세팅은 톱 클라스다. 리조토(Risotto, CHF22), 비너슈니첼(Wiener Schnitzel, CHF40), 오믈렛(Omelette, CHF25). 미리 예약하는 편이 좋다.

주소 Fridehofplatz 10 CH-4500 Solothurn
☎ 032 622 11 09
영업 화~토 11:30~14:00, 18:00~23:00
휴무 일~월
홈페이지 www.alterstephan.ch
교통 구시가 중심 마르크트 광장 시계탑에서 도보 2분.
지도 p.379

수테리아 Suteria

100년 역사를 자랑하는 초콜릿 전문점이자 제과점이며 졸로투른의 명물 디저트인 졸로투른 토르테(Solothurner Torte)의 원조 가게. 졸로투른 토르테는 크기별로 가격대가 다르며, 지름 18cm CHF30.50, 20cm CHF38, 26cm CHF58.90. 그 외 초콜릿 제품도 다양하다.

주소 Hauptgasse 65 CH-4500 Solothurn /
Schmiedengasse 20 CH-4500 Solothurn
☎ 032 621 80 60 **영업** 월~금 07:00~18:30,
토 07:00~17:00, 일 · 공휴일 09:00~17:00
홈페이지 www.suteria.ch
교통 장크트우르센 성당 앞 하우프트 거리에 큰 지점이 있다. 시계탑에서 비엘토르(Bieltor) 정면까지 이동한 후 왼쪽 골목으로 들어가면 작은 지점이 있다. **지도** p.379

호퍼 Hofer

초콜릿과 졸로투른 토르테를 비롯한 케이크를 파는 제과점이자 현지인들이 즐겨 찾는 티룸. 다양한 초콜릿과 아이스크림을 맛볼 수 있고, 졸로투른 토르테도 크기별로 판매한다. 카푸치노, 라떼 마키아토(CHF5). 채소 카나페, 조각케이크, 샌드위치, 샐러드 등 간단한 먹을거리도 판매한다.

주소 Stalden 17 CH-4500 Solothurn
☎ 032 622 22 02 **영업** 월~금 07:00~18:30,
토 07:30~17:00, 일 09:00~17:00
홈페이지 www.confiseriehofer.ch
교통 시계탑을 마주보고 오른쪽 하우프트 거리(Hauptgasse)를 따라 계속 직진한다. 도보 2분. **지도** p.379

슈토프아르티크 Stoffartig

졸로투른 시민들의 사랑을 받는 직물 디자인 및 생활
소품 가게. 가게 규모에 비해 엄청나게 많은 원단과 다
양한 직물 디자인 제품을 취급하고 있으며 천, 옷감,
핸드프린팅 섬유, 유기농 면 커튼, 천 장난감, 쿠션 등
유용한 생활소품을 판매하고 있다.

주소 Kronengasse 3 CH-4500 Solothurn
☎ 032 621 42 64
영업 화~금 10:00~12:30, 13:15~18:30, 토 10:00~16:00
휴무 일~월
홈페이지 www.stoffartig.ch
교통 장크트우르센 성당을 마주 보고 오른쪽 길(기차역 방향)
로 조금 내려가면 된다.
지도 p.379

리라 쇠네 딩어 Lila Schöne Dinge

보라색, 아름다운 것들이라
는 가게 이름처럼 아기자
기한 일상 소품을 판매하
는 가게. 색채와 디자인이
예쁜 주방용품과 인테리어
소품들을 주로 판매하고
있다. 선물용 기념품을 사
기에도 좋다.

주소 Stalden 39 CH-4500 Solothurn
☎ 032 558 84 80
홈페이지 www.lila-schoenedinge.ch
영업 화~금 09:00~18:30, 토 09:00~17:00
휴무 일~월
교통 마르크트 광장의 장크트우르센 분수에서 도보 1분.
지도 p.379

호텔 로터 투름 Hotel Roter Turm

마르크트 광장의 시계탑에 붙어 있는 건물에 들어선 호텔. 테마별로 농부의 방, 카사노바 로맨스 방, 베토벤 방, 마릴린 먼로 방 등으로 방을 꾸며놓았다. 무료로 와이파이 서비스를 제공한다.

주소 Hauptgasse 42 CH-4500 Solothurn
☎ 032 622 96 21 **객실 수** 36실
예산 더블 CHF205~, 조식 포함
홈페이지 www.roterturm.ch
위치 마르크트 광장의 시계탑에 붙어 있는 건물.
지도 p.379

유겐트헬베르게 졸로투른

Jugendherberge Solothurn

아레강 변에 자리 잡은 유스호스텔. 중세 시대에 있던 건물을 유스호스텔로 새롭게 단장했다. 방이 깔끔하고 아담하다. 조식 뷔페가 포함되어 있다.

주소 Landhausquai 23 CH-4500 Solothurn
☎ 032 623 17 06 **객실 수** 15실(베드 수 94개)
예산 도미토리 CHF45, 싱글 CHF93, 더블 CHF126
홈페이지 www.youthhostel.ch/solothurn
교통 졸로투른 기차역에서 도보 8분.
지도 p.379

바젤토르 Baseltor

요새의 성문인 바젤토르(Baseltor)에 같이 붙어 있는 독특한 구조의 호텔. 최신 설비를 갖춘 15개의 객실은 모던한 디자인과 오랜 전통이 조화를 이룬다. 무료 와이파이 서비스를 제공한다.

주소 Hauptgasse 79 CH-4509 Solothurn
☎ 032 622 34 22
객실 수 15실
예산 더블 CHF205~, 조식 포함
홈페이지 www.baseltor.ch
교통 장크트우르센 성당에서 도보 1분.
지도 p.379

프리부르
FRIBOURG

언어 프랑스어권 | **해발** 610m

스위스에서 가장 잘 보존된 우아한 중세 도시

가톨릭 중심지이자 중세 시대의 순례지로서 중요한 역할을 했던 프리부르에는 성 니콜라스 대성당을 중심으로 11개의 교회가 있으며 수많은 유산을 보유하고 있다.

대성당을 중심으로 한 높은 언덕 위의 구시가 부르(Bourg)와 사린(Sarine) 계곡 아래쪽의 소박한 바스빌 (Basse-Ville) 지역이 사린강을 사이에 두고 묘한 대비와 조화를 이루는 모습이 인상적이다. 바스빌에 사는 노인들 중에는 프랑스어와 독일어가 혼용된 고대 볼제(Bolze) 방언을 사용하는 이들도 아직 남아 있다고 한다. 중세 시대 흔적이 그대로 남아 있는 자갈이 깔린 골목길과 사린강 위에 걸쳐 있는 지붕이 있는 목조다리, 성문과 탑, 대성당 등, 프리부르는 중세의 시간과 문화를 느끼기에 가장 적합한 곳이다.

프리부르 가는 법

주요 도시 간의 이동 시간

베른 → 프리부르 기차 21분, 자동차 30분
로잔 → 프리부르 기차 43분
제네바 → 프리부르 기차 1시간 18분, 자동차 1시간 30분

기차로 가기

스위스의 주요 대도시인 제네바와 취리히를 연결하는 주요 기차 노선상에 있는 도시로 열차로 접근하는 게 편리하다.

베른 중앙역에서 출발
IC, RE 열차로 21분 소요. 1시간에 3대씩 운행. 또는 S1선으로 32분 소요. 1시간에 2대 운행.

로잔 중앙역에서 출발
IC 열차로 43분 소요. 1시간에 2대씩 운행.

제네바 코르나뱅역에서 출발
IC 열차로 1시간 21분 소요. 1시간에 2대씩 운행.

자동차로 가기

프리부르는 스위스의 동서를 가로지르는 고속도로 1번과 수도 베른과 레만 호수의 브베를 잇는 고속도로 12번이 교차하는 곳이어서 자동차로 접근하기가 편리하다. 스위스는 고속도로 통행료가 없으나 고속도로를 이용하려면 연간 도로세 스티커인 비넷(CHF40)을 반드시 구입해 붙여야 한다(렌터카에는 붙어 있다). 주유소, 키오스크(Kiosk) 등에서 판매한다.

베른에서 출발
고속도로 12번을 타고 30분 소요. 약 35km.

제네바에서 출발
고속도로 1번을 타고 레만 호수를 따라 렌(Rennes)으로 가서 9번 고속도로를 타고 브베(Vevey)까지 간 후, 12번 고속도로를 타고 이동하면 된다. 1시간 30분 소요. 약 137km.

브베에서 출발
12번 고속도로를 타고 약 40분 소요. 약 54km.

INFORMATION

프리부르의 네 구역
프리부르는 크게 네 구역으로 나뉜다. 사린강이 흐르는 저지대의 운치 있는 마을인 바스빌(Basse-ville), U자형 계곡을 의미하는 오즈(Auge), 높은 암벽 절벽 위에 자리하고 있는 구시가 중심 마을인 부르(Bourg), 그리고 구시가 중에서도 신시가를 의미하는 누브빌(Neuveville)이다.

시내 교통
기차역에서 구시가까지는 도보로 10분이면 충분히 둘러볼 수 있다. 구시가는 사린강을 중심으로 대성당이 있는 언덕 위 부르 지역과 언덕 아래 바스빌 지역으로 나뉘어 있지만 천천히 걸어서 구석구석 둘러볼 수 있다. 프리부르주 내의 버스 외에 일부 철도 노선을 비롯한 대중교통은 TPF(Transports Publics Fribourgeois)가 책임지고 있다.

홈페이지 www.tpf.ch

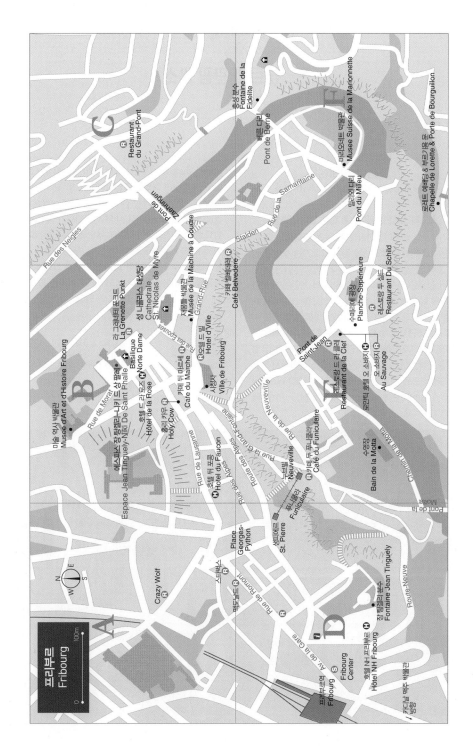

프리부르
Fribourg

100m

N
W + E
S

A

B

C

H

D

Rue des Neigles

Rue de Morat

Pont de Zaehringen

Restaurant
du Grand-Pont

Rue de la Samaritaine

Pont de Berne
베른 다리

충성분수
Fontaine de la
Fidelite

마리오네트 박물관
Musee Suisse de la Marionnette

로레트 예배당 & 부르기용 문
Chapelle de Lorette & Porte de Bourguillon

밀리외 다리
Pont du Milieu

레스토랑 두 실드
Restaurant Du Schild

슈페리에 광장
Planche-Supérieure

카페 벨베데레
Café Belvedere

Stalden

Grand-Rue

Rue des Epouses

성 니콜라스 대성당
Cathédrale
St. Nicolas de Myre

La Grenette Punkt
라 그레네트 분크트

기계 박물관
Musee de la Machine à Coudre

오텔 드 빌
Hotel d'Ville
Ville de Fribourg

Basilique
Notre Dame

에스파스 장 팅겔리-니키 드 생 팔레
Espace Jean Tinguely-Niki De Saint Phalle

미술 역사 박물관
Musee d'Art et d'Histoire Fribourg

Rue de Lausanne

홀리 카우
Holy Cow

호텔 드 라 로즈
Hôtel de la Rose

카페 뒤 마르셰
Café du Marche

호텔 뒤 포콩
Hotel du Faucon

사자상

Rue des Alpes

Route des Grand-Fontaine

Rue de la Neuveville

Pont de
Saint-Jean

레스토랑 드 라 클레
Restaurant de la Clef

오 소바지
Au Sauvage

Café du Funiculaire

노이빌
Neuveville

수영장
Bain de la Motta

Chemin de la Motta

모텔 호텔 오 소바지
Pont de la Motta

카페 두 푸니쿨라
Café du Funiculaire

푸니쿨라
Funiculaire

Place
Georges-
Python

생피에르
St. Pierre

스탁베스

Rue de Romont

Crazy Wolf

팅겔리분수
Fontaine Jean Tinguely

호텔 NH 프리부르
Hôtel NH Fribourg

Fribourg
Center

프리부르역
Fribourg

Av. de la Gare

Route-Neuve

프리부르의 관광 명소

성 니콜라스 대성당
Cathedrale St. Nicolas de Myre ★★

최고의 스테인드글라스를 품은 고딕 건축물

프리부르의 랜드마크이자 가장 높은 건축물인 이 성당은 1283년에서 1490년에 걸쳐 약 200년 동안 건설된 고딕 양식 건축물의 보석이다. '최후의 심판'이 묘사된 정문을 열고 들어서서 365개의 계단을 오르면 74m의 탑 꼭대기까지 올라갈 수 있으며 그곳에서 프리부르 전경과 프레알프스(Prealps) 일대를 조망할 수 있다. 1896년부터 1936년까지 폴란드 화가 요제프 메호퍼(Jozef Mehoffer)가 그린 스테인드글라스는 유럽의 종교적인 아르누보 스테인드글라스 분야에서 최고의 컬렉션으로 인정받는다. 이 아르누보(Art Nouveau) 시리즈는 1970년에 프랑스 화가 알프레드 마네시에(Alfred Manessier)가 완성했다. 1516년에 제작된 설교단도 그 장식이 아름답고 인상적이다. 또 하나 눈여겨 봐야 할 곳은 조그마한 성모교회 예배당(La chapelle du Saint-Sépulcre)이다. 내부에는 15세기 중엽에 사암으로 만든 조각상이 있는데 무덤에 누운 예수를 포함해 10명의 인물이 조각되어 있다. 푸른색 스테인드글라스를 통해 푸른빛이 비치는 가운데 그리스도의 죽음을 슬퍼하는 어머니 성모 마리아와 여인들과 천사, 제자들의 모습이 잘 표현되어 있다.

주소 Rue des Chanoines 3 CH-1702 Fribourg
☎ 026 347 10 40
개관 성당 월~토 07:30~19:00, 일·공휴일 09:00 ~21:30 / 첨탑 3~11월 월~토 10:00~18:00, 일·공휴일 12:00~17:00
요금 첨탑 성인 CHF5, 학생·노인 CHF4, 아동(만 6~16세) CHF2
홈페이지 www.stnicolas.ch
교통 프리부르역에서 도보 12분. 지도 p.389-B

정문의 조각

성당 내부의 조각상

웅장한 대성당 내부

에스파스 장 팅겔리-니키 드 상 팔레 외관

에스파스 장 팅겔리-니키 드 상 팔레
Espace Jean Tinguely-Niki De Saint Phalle
★★★

무빙 아트의 천재 장 팅겔리 부부의 전시장

프리부르에서 태어난 20세기의 유명 화가이자 키네틱 아티스트(Kinetic Artist)인 장 팅겔리와 그의 아내이자 조력자인 니키 드 생 팔레의 영감 넘치는 예술 작품과 기계들이 전시된 멋진 공간이다. 장 팅겔리는 특히 무빙 아트의 천재라고 불린다. 발로 기계에 연결된 버튼을 밟으면 활기차게 움직이는 그의 작품은 시각과 청각, 촉각을 자극하며 공감각적인 즐거움을 선사한다.

내부 전시물

주소 Rue de Morat 2 CH–1700 Fribourg
☎ 026 305 51 40
개관 수·금~일 11:00~18:00, 목 11:00~20:00 **휴무** 월~화
요금 성인 CHF7, 학생 CHF5, 아동(만 16세 이하) 무료, 스위스 패스 이용자 무료 **홈페이지** www.fr.ch/mahf
교통 성 니콜라스 대성당에서 도보 3분. **지도** p.389–B

TIP 추천 코스

구시가 부르(Bourg)의 랜드마크인 성 니콜라스 대성당을 출발점으로 언덕 아래 바스빌 지역을 돌아보고 로레트 예배당에 올라 구시가를 조망한다. 그리고 다시 구시가 부르의 미술 역사 박물관을 돌아보는 코스가 무난하다. 총 소요 시간 5~6시간.
성 니콜라스 대성당 → (도보 10분) → 베른 다리 → (도보 1분) → 충성 분수 → (도보 3분) → 마리오네트 박물관 → (바로 옆) → 밀리외 다리 → (도보 15분) → 로레트 예배당·부르기용 문 → (도보 15분, 생 피에르 역에서 푸니쿨라 탑승, 누브빌 역 하차 후 도보 6분) → 시청사 → (도보 3분) → 구텐베르크 박물관 → (도보 1분) → 에스파스 장 팅겔리-니키 드 상 팔레 → (도보 3분) → 미술 역사 박물관

미술 역사 박물관
Musee d'Art et d'Histoire Fribourg ★★★

프리부르를 대표하는 박물관

풍성한 예술과 고고학 컬렉션을 3채의 옛 건물에 전시
하고 있는 프리부르 최대의 박물관이다. 특히 16세기
부터 전해오는 스위스 조각품을 가장 많이 소장하고
있다. 내부는 건축적으로도 상당히 아름답고, 작품이
전시된 공간마저 예술적이다. 그중에서도 박물관의
정원은 유명 작가들의 기념비적인 작품으로 장식되어
있다. 특히 니키의 '거대한 달(La Grande Lune,
1985~1992)'은 폴리에스테르와 유리, 세라믹으로 만
든 멋진 작품으로 정원 한가운데에 프리부르의 상징
처럼 서 있다.

주소 Rue de Morat 12 CH-1700 Fribourg
☎ 026 305 51 40
개관 화~일 11:00~18:00 **휴무** 월
요금 성인 CHF10, 연장자 · 학생 CHF 8, 아동(만 16세 이하)
무료, 스위스 패스 이용자 무료
홈페이지 www.mahf.ch
교통 성 니콜라스 대성당에서 에스파스 장 팅겔리-니키 드 상
팔레를 지나 도보 5분. **지도** p.389-B

베른 다리
Pont de Berne ★

스위스에서 가장 오래된 목조다리

프리부르의 저지대에 있는 바스빌(Basse-Ville)에는
모두 5개의 중세 다리가 있다. 특히 1250년에 건설된
베른 목조다리는 스위스에서 가장 오래된 다리 중 하
나로 손꼽힌다. 현재 프리부르에서 유일하게 목조식
지붕으로 덮여 있는 약 40m 길이의 이 바로크식 다리
는 지금도 버스와 사람들이 통행하는 주요 통로이기
도 하다.

주소 Rue des Forgerons Auge CH-1700 Fribourg
교통 성 니콜라스 대성당에서 도보 10분.
지도 p.389-F

충성 분수
Fontaine de la Fidelite ★

16세기에 석회암으로 건설된 분수

12면의 석회암 기둥에는 트럼펫을 불고 있는 천사와 용을 죽이는 성 비투스(St. Beatus)가 조각되어 있다. 한스 기엥(Hans Gieng, 1552~1553)의 작품이다.

교통 베른 다리를 건너자마자 오른편에 있다. 도보 1분. **지도** p.389-F

마리오네트 박물관
Musee Suisse de la Marionnette ★

3,000점 이상의 마리오네트 인형

유럽, 아시아, 아프리카의 인형과 배경 장면, 부속 액세서리를 모아놓은 아담한 박물관이다. 인형, 가면, 그림자 인형극 소품 등 3,000점 이상의 독특한 컬렉션을 보유한 스위스에서 보기 드문 박물관이다. 정기적으로 인형극 공연도 하고 있으며, 박물관 카페의 팬케이크도 맛있다는 평을 듣고 있다.

주소 Derrière-les-Jardins 2 CH-1700 Fribourg
☎ 026 322 85 13
개관 수~일 11:00~17:00 **휴무** 월~화
요금 성인 CHF5, 학생 CHF4, 스위스 패스 이용자 무료
홈페이지 www.marionnette.ch
교통 저지대인 바스빌의 밀리외 다리(Pont du Milieu) 바로 옆. 베른 다리에서 도보 3분.
지도 p.389-F

스위스 맥주 박물관 카디날 프리부르
Swiss Bier Museum Cardinal Fribourg ★

프리부르에서 탄생한 카디날 맥주의 역사

유명 맥주 브랜드인 카디날(Cardinal)의 고향인 프리부르의 예전 맥주 양조장 지하 저장고에 세운 박물관이다. 맥주 양조법과 문화, 카디날 맥주의 역사에 관한 자료를 전시하고 있다. 2시간 정도 가이드 투어가 진행되며 맥주 시음도 할 수 있다. 사전 예약 필수.

주소 Passage du Cardinal CH-1700 Fribourg
☎ 079 230 50 30 **개관** 토~일 14:00~17:00 **휴무** 월~금
요금 성인(16세 이상) CHF10, 학생 · 노인 CHF8, 아동(16세 미만) 무료
홈페이지 www.swissbiermuseum.ch
교통 기차역 앞에서 택시로 3분 정도 소요. 또는 기차역에서 도보 10분. **지도** p.389-D

푸니쿨라
Funiculaire ★

100년 넘게 운행되는 프리부르의 명물

1899년 처음 운행을 시작한 프리부르의 명물 중 하나로 고지대의 시내 중심과 저지대의 바스빌을 연결해준다. 도심의 폐수를 이용해 균형추 시스템으로 움직이는데, 이는 유럽에서 유일한 것이다.

주소 Rue de la Sarine CH-1700 Fribourg
☎ 026 351 02 00 **운행** 9~5월 월~토 07:00~19:00, 일 · 공휴일 09:30~19:00 / 6~8월 월~토 07:00~20:00, 일 · 공휴일 09:30~19:00 **휴무** 정기 점검 시 **요금** CHF2.90
홈페이지 fribourg.ch/en/fribourg/trains-touristic-transports/funicular-of-fribourg/
교통 시청사를 마주 봤을 때 오른쪽 그랑퐁텐 거리(Rue la Grand-Fontaine)를 따라 도보 5분. **지도** p.389-D

밀리외 다리
Pont du Milieu ★

아치형의 석조다리

바스빌을 굽이쳐 흐르는 사린강 위의 이 운치 있는 부드러운 아치형 석조다리는 1720년 원래의 목조다리(1275)를 대체해 건설되었다. 이 다리 위에서 바라보는 사린강과 구시가가 어우러진 풍경이 무척 아름답다.

교통 마리오네트 박물관 바로 옆. **지도** p.389-F

재봉틀 박물관
Musée de la Machine à Coudre ★

전 세계 재봉틀이 한자리에

12세기의 아치형 지하 저장고를 이용한 재봉틀 박물관은 전 세계에서 수집한 250점 이상의 19세기와 20세기 때 제작된 재봉틀과 다리미, 중세 진공청소기를 비롯한 특이한 생활용품을 전시하고 있다. 미리 예약해야만 입장할 수 있다. 예약은 홈페이지를 통해 할 수 있다.

주소 Grand-Rue 58 CH-1700 Fribourg
☎ 026 475 24 33 **개관** 연중개방하지만 예약자에 한해 입장 가능 **요금** 가이드 투어 성인 CHF7(1시간 소요)
홈페이지 www.museewassmer.com
교통 성 니콜라스 대성당에서 도보 1분. **지도** p.389-B

장 팅겔리 분수
Fontaine Jean Tinguely ★

장 팅겔리의 개성이 담긴 분수

프리부르에는 역사와 예술적인 아름다움이 느껴지는 12개의 분수들이 구시가 곳곳에 있다. 고풍스러운 중세의 분수와 대비를 이뤄 특히 프리부르 출신인 장 팅겔리 분수는 색다른 느낌을 준다. 이 분수는 유명한 포뮬러 원(Formula 1, F1) 레이싱 드라이버 조 시페르(Jo Siffert)를 기념해 세운 것이다.

교통 관광 안내소 뒤편 그랑 플라스(Grand Place) 잔디밭 구석에 있다. 기차역에서 도보 3분. **지도** p.389-D

로레트 예배당·부르기용 문
Chapelle de Lorette & Porte de Bourguillon ★★

구시가 전체를 조망할 수 있는 전망 포인트

프리부르에는 작은 예배당이 많이 있다. 그중에서도 가장 유명한 것이 바로 로레트 예배당이다. 17세기에 세워진 바로크풍의 이 작은 예배당은 이탈리아 산타 사로레토의 축소 복제판이다. 무엇보다 이 예배당은 사린강을 사이에 두고 고지대 마을보다 좀 더 높은 곳에 있어 이곳에서 바라보는 프리부르 구시가와 주변 경관이 숨 막히게 아름답다. 예배당 뒤편에는 중세의 성벽이 그대로 남아 있고 14세기 중엽에서 16세기에 건설된 부르기용 문이 있다. 내부는 11월에서 2월 사이에 문을 닫는다.

주소 Chemin de Lorette CH-1700 Fribourg
개방 3~10월 24시간 / 11~2월 내부 입장 불가
교통 저지대 마을의 수페리에 광장(Planche-Supérieure) 뒤편 오르막길인 로레트 길을 따라 계속 올라가면 된다. 수페리에 광장에서 도보 10분.
지도 p.389-F

카페 뒤 마르셰 Cafe du Marche

구시가의 낡고 좁은 골목 사이에 있는 매력적인 프랑스 요리 전문 식당이다. 계절별 메뉴와 와인에 대한 평가가 좋고, 스태프들 또한 친절하다. 식사 메뉴 가격은 CHF 24~. 3가지 코스로 제공되는 런치 메뉴도 인기 있다.

주소 Rue des Epouses 10 CH–1700 Fribourg
☎ 026 321 42 20
영업 수~일 10:00~22:30 **휴무** 월·화
홈페이지 www.lecafedumarche.ch
교통 성 니콜라스 대성당 정문에서 도보 1분.
지도 p.389–B

오 소바지 Au Sauvage

스테이크가 맛있기로 소문난 호텔 레스토랑으로, 푸아그라(foie gras)를 비롯한 프랑스 요리를 전문으로 한다. 1가지 전식, 1가지 메인, 1가지 후식으로 구성된 그 주의 런치 메뉴(Menu of the week)가 CHF35. 일반 메인 메뉴는 CHF26~49. 사린강이 흐르는 저지대의 수페리에 광장 분수대 바로 옆에 있다.

주소 Planche Supérieure 12 CH–1700 Fribourg
☎ 026 347 30 60
영업 화~토 11:30~14:00 & 18:30~23:00 **휴무** 일~월
홈페이지 www.hotel-sauvage.ch
교통 수페리에 광장 분수대 바로 옆. **지도** p.389–E

카페 레스토랑 드 라 클레
Café-Restaurant de la Clef

웅장한 석조 생장 다리 바로 옆 사린강 변에 자리 잡은 운치 있는 레스토랑이다. 사린강 변에 있는 테라스에서 바라보는 구시가와 성 니콜라스 대성당의 전망이 좋다. 쇠고기 필레(Filet de Boeuf, CHF49), 코르동 블루(CHF32) 등의 메뉴가 준비되어 있다.

주소 Planche–Supérieure 2 CH–1704 Fribourg
☎ 026 322 11 92 **영업** 화~목 10:00~23:30, 금~토 10:00~24:00 **휴무** 일~월 **홈페이지** www.laclef–fribourg.ch
교통 생장 다리(Pont de Saint–Jean) 바로 옆. **지도** p.389–E

카페 벨베데레 Café Belvedere

고풍스런 구시가의 중심부인 부르(Bourg) 구역에 있는 캐주얼한 카페이며, 점심시간에는 1층을 레스토랑으로 운영한다. 수제 맥주, 스위스 와인, 케이크를 맛볼 수 있으며 일요일에는 브런치도 맛볼 수 있다. 이름처럼 사린강과 그 너머 아랫마을이 한눈에 펼쳐지는 환상적인 조망을 자랑한다. 바로 가까이에 생 니콜라스 성당이 있다. 레드 와인 소스를 곁들인 쇠고기 안심(FILET DE BŒUF À LA SAUCE VIN ROUGE) CHF48, 숙성된 파마산 치즈를 곁들인 비트와 양파 리조토(RISOTTO DE BETTERAVE ET CEBETTE AU VIEUX PARMESAN) CHF36. 커피, 맥주, 와인 등 다양한 음료도 갖추고 있다.

주소 PGrand–Rue 36 CH–1700 Fribourg
☎ 026 323 44 07
영업 4~10월 수 18:00~23:00, 목~금 11:00~14:00 & 18:00~23:00, 토 10:00~14:30, 18:00~23:00, 일 10:00~14:30 / 11~3월 목~금 18:00~23:00, 토 10:00~14:00, 18:00~23:00, 일 10:00~14:00
홈페이지 cafedubelvedere.ch
교통 프리부르 기차역 앞에서 버스 2, 6번을 타고 부르(Bourg) 정류장에서 하차한 후 도보 2분 소요. 총 6~7분 소요. 기차역에서 도보로 15분 소요. **지도** p.389–C

레스토랑 두 실드 Restaurant du Schild

이곳의 건물은 1587년에 지어졌으며 프리부르에서 가장 오래된 식당 중 하나다. 주로 프랑스식 요리를 주메뉴로 계절과 재료에 따라 메뉴는 변동되지만 음식의 맛은 늘 최고로 유지하고 있다. 3가지 코스 메뉴의 가격은 CHF65.

주소 Planche Supérieure 21 CH-1700 Fribourg
☎ 026 322 42 25
영업 화~목 11:30~14:30 & 18:30~23:00,
금 11:30~14:30 & 18:30~23:30, 토 11:30~23:30,
일 11:30~22:00 **휴무** 월
홈페이지 www.restaurantschild.ch
교통 슈페리어 광장에 위치. **지도** p.389-E

오텔 드 빌 Hôtel d'Ville

이름처럼 프리부르 시청사 바로 옆에 있는 프랑스 요리 전문 레스토랑. 발코니에서는 구시가의 멋진 전망을 감상하며 식사를 즐길 수 있다. 전채 1, 메인 코스 & 치즈 또는 디저트 세트 메뉴(Le menu avec une seule entrée, le plat principal & les fromages ou le dessert) CHF89, 전채 2, 메인 코스 & 치즈 또는 디저트 세트 메뉴(Le menu avec deux entrées, le plat & les fromages ou le dessert) CHF114.

주소 Grand Rue 6 CH-1700 Fribourg
☎ 026 321 23 67 **영업** 화 19:00~24:00,
수~토 09:00~14:00, 19:00~24:00(요리 12:00~13:30,
19:00~21:00)
휴무 일~월
홈페이지 www.restaurant-hotel-de-ville.ch
교통 시청사 바로 옆. **지도** p.389-B

카페 두 푸니쿨라 Café du Funiculaire

사린강 방향 아랫마을의 푸니쿨라역 앞에 있는 캐주얼한 식당이다. 내부 인테리어도 소박하며, 주로 동네 사람들이 단골로 들러서 담소를 나누는 정감 넘치는 식당 겸 카페다. 스위스 치즈와 햄 플레이트(Charcuterie Suisse) CHF16.50, 문어 카르파초(Carpaccio de poulpe) CHF18, 프리부르 라비올리(Le Fribourgeois) CHF18, 클래식 버거(Burger Classique) CHF19, 농어 필레(Filets de Perche) CHF29, 티본 스테이크(T-bone Steak de boeuf Suisse) CHF41 등.

주소 Rue de la Sarine 6 CH-1700 Fribourg
☎ 026 347 10 16
영업 월~토 09:30~21:00, 일 10:00~16:00
홈페이지 cafe-du-funiculaire.ch
교통 아랫마을 쪽 푸니쿨라역 옆에 있다.
지도 p.389-E

홀리 카우 Holy Cow

100% 스위스 소고기와 닭고기와 신선한 재료로 만드는 수제 버거 전문점. 코카 콜라 대신 스위스 음료와 샐러드로 메뉴를 구성하고 채식주의자를 위한 베지 버거도 판매하고 있다. 스위스 주요 13곳의 도시에 17개의 지점이 생겼을 정도로 스위스 젊은이들과 현지인들에게 인기가 높다. 빅 비프(Big Beef, 스위스산 소고기 165g) 버거 단품 CHF11.90, 세트(감자 튀김과 탄산음료 포함) CHF16.90, 베이컨 아보카도 비프(Bacon Avocado Beef) 버거 단품 CHF15.90, 세트 CHF20.90.

주소 Rue de Lausanne 6 CH-1700 Fribourg
☎ 021 312 24 04
영업 매일 11:00~23:00
홈페이지 www.holycow.ch
교통 생 니콜라스 성당에서 도보 5분 거리. 기차역 앞에서 버스 1, 2번을 타고 니콜라스 성당(Tilleul/Cathédrale) 정류장에서 하차 후 도보 1분. 총 6분 소요.
지도 p.389-B

로만틱 호텔 오 소바지
Romantik Hôtel Au Sauvage

프리부르 구시가 저지대 마을의 슈페리어 광장에 자리 잡은 호텔이다. 방마다 개성 있게 꾸며져 있다. 무료 와이파이 서비스를 제공한다.

주소 Planche-Supérieure 12 CH-1700 Fribourg
☎ 026 347 30 60
객실 수 16실
예산 싱글 CHF195, 더블 CHF280~, 조식 포함
홈페이지 www.hotel-sauvage.ch
교통 슈페리어 광장에 위치. **지도** p.389-E

호텔 드 라 로즈 Hôtel de la Rose

구시가 중심에 자리 잡은 곳으로 바실리크 노트르담과 에스파스 장 팅겔리-니키 드 상 팔레가 맞은편에 있다. 17세기 건물에 들어서 있으며 내부는 모던하게 단장을 해 편리하고 아늑하다. 무료 와이파이 서비스를 이용할 수 있으며 조식은 1인당 CHF15.

주소 Rue de Morat 1 CH-1700 Freiburg
☎ 026 351 01 01 **객실 수** 40실
예산 싱글 CHF130, 더블 CHF180~
홈페이지 www.hoteldelarose.ch
교통 프리부르역에서 도보 10분. **지도** p.389-B

호텔 뒤 포콩 Hotel du Faucon

보행자 전용 구역에 있는 아담한 호텔. 23개의 넓은 객실을 보유하고 있으며 기차역과 구시가 모두 도보로 다니기에 편리하다. 모든 객실에서 무료 와이파이를 이용할 수 있다.

조식은 1인당 CHF15. 늦을 경우 미리 전화를 하는 편이 좋다.

주소 Rue de Lausanne 76 CH-1700 Fribourg
☎ 026 321 37 90
객실 수 23실
예산 싱글 CHF100, 더블 CHF125~
홈페이지 www.hotel-du-faucon.ch
교통 프리부르역에서 도보 7분. **지도** p.389-B

호텔 NH 프리부르 Hôtel NH Fribourg

기차역 바로 맞은편에 위치해 있어서 이동하기에 편리하며 모던한 설비를 갖춘 호텔. 구시가 방향의 객실에서는 생니콜라스 성당과 구시가, 그리고 그 너머 프레 알프스(Pre-Alps) 전망이 시원스럽게 펼쳐진다. 호텔 바로 옆에 공원이 있어서 산책하기에도 편리하다. 구시가 중심인 생 니콜라스 성당까지 도보로 15분 정도 소요된다. 무료 와이파이 서비스 제공.

주소 Grand Places, 14 CH-1700 Fribourg
☎ 026 351 91 91
객실 수 122실
예산 싱글 CHF129, 더블 CHF149~
홈페이지 www.nh-hotels.com
교통 프리부르 기차역 맞은편. 도보 5분 거리. 생 니콜라스 성당에서 도보 15분 거리.
지도 p.389-D

제네바 주변

Around Genève

제네바와 주변 지역
한눈에 보기

크루아상 모양을 한 유럽 최대의 호수인 레만 호수. 그 서쪽 끝은 스위스령 제네바(Genève)주, 북쪽 해안은 스위스령 보(Vaud)주 그리고 남쪽 해안은 프랑스령이다. 프랑스에 인접해 있어 제네바주와 보주 모두 프랑스어권이다. 언어뿐 아니라 생활습관이나 기질, 문화와 감각에도 프랑스의 분위기가 배어 있다.

제네바 p.402

개성 강한 박물관과 미술관, 유적지가 밀집해 있고, 쇼핑, 문화, 예술, 이벤트, 음식 등 다양한 매력을 자랑하는 곳이다. 레만 호수 유람선을 타고 주변 제네바주와 보주의 소도시들을 둘러보거나 레만 호수 남쪽의 프랑스 마을 에비앙과 알프스의 명산 몽블랑을 편하게 다녀오기에 좋다.

여행 소요 시간 2~3일 **지역번호** ☎ 022
주 이름 제네바(Genève)주
관광 ★★★ **미식** ★★ **쇼핑** ★★★ **유흥** ★★★

로잔 p.440

비탈진 언덕 상부에 펼쳐진 고풍스러운 구시가와 로잔역 아래쪽으로 자리 잡은 우시 지구의 IOC 본부, 박물관 등이 주요 볼거리다. 낙후된 공장 지역에서 모던한 구역으로 재탄생한 플롱 지구는 젊은이들이 즐겨 찾는 새로운 명소로 각광받고 있다.

여행 소요 시간 1일 **지역번호** ☎ 021 **주 이름** 보(Vaud)주
관광 ★★★ **미식** ★ **쇼핑** ★★ **유흥** ★★★

제네바 주변
Around Genève
0 ──────── 10km

뇌샤텔 호수
Lac de Neuchâtel

Lac de St. Point

그뤼에르
Gruyères

로잔
Lausanne

브베
Vevey

라보 지구
Lavaux

레 플레이
Les Pléi

레만 호수
Lac Léman

몽트뢰
Montreux

시옹성
Château de Chillon

에비앙
Evian

제네바 국제공항
Genève Aéroport

제네바
Genève

프랑스
FRANCE

몽블랑
Mont-Blanc(4807m)

몽트뢰 (p.458)

매년 7월에 열리는 세계적인 재즈 페스티벌로 유명하다. 또한 골든패스 파노라마 열차, 초콜릿 열차, 포도밭 열차, 유람선 크루즈 등 다양한 테마 여행과 휴식 여행이 가능한 낭만 여행의 천국이다. 레만 호수 남쪽의 프랑스 마을 에비앙과 몽블랑을 편하게 다녀오기에도 좋다.

여행 소요 시간 1일 **지역번호** ☎ 021 **주 이름** 보(Vaud)주
관광 ★★★ **미식** ★ **쇼핑** ★ **휴양** ★★★

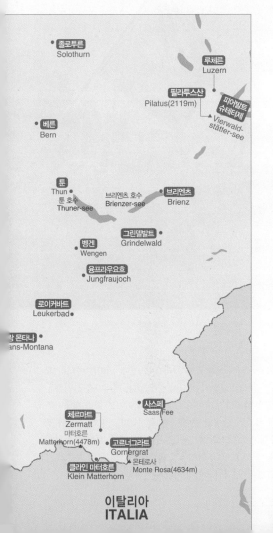

졸로투른
Solothurn

루체른
Luzern

필라투스산
Pilatus(2119m)

피어발트
슈테터제
Vierwald-
stätter-see

베른
Bern

툰
Thun
툰 호수
Thuner-see

브리엔츠 호수
Brienzer-see

브리엔츠
Brienz

그린델발트
Grindelwald

벵겐
Wengen

융프라우요흐
Jungfraujoch

로이커바트
Leukerbad

크랑 몬타나
Crans-Montana

사스페
Saas Fee

체르마트
Zermatt
마터호른
Matterhorn(4478m)

고르너그라트
Gornergrat

클라인 마터호른
Klein Matterhorn

몬테로사
Monte Rosa(4634m)

이탈리아
ITALIA

브베 (p.470)

브베는 유네스코 세계 문화유산인 라보 포도 재배 지역을 둘러보기에 최적의 위치에 있으며, 도보 여행에 적격인 소도시. 5~6월 사이에 수선화로 온통 하얗게 뒤덮이는 레 플레이아드는 당일치기로 가볍게 다녀오기에 좋다.

여행 소요 시간 한나절 **지역번호** ☎ 021
주 이름 보(Vaud)주
관광 ★★ **미식** ★ **쇼핑** ★ **휴양** ★★

그뤼에르 (p.478)

중세 시대 모습이 그대로 보존된 그뤼에르성과 기거 박물관, 그림엽서 같은 마을 풍경과 몽트뢰에서 출발하는 초콜릿 열차 등은 스위스 현지인들에게도 인기가 높다. 또한 차로 10여 분 거리에 있는 몰레종(2,002m)은 하이킹과 스키족들에게 인기 만점이다.

여행 소요 시간 4시간 **지역번호** ☎ 026
주 이름 프리부르(Fribourg)주
관광 ★★★ **미식** ★★★ **쇼핑** ★ **유흥** ★★

제네바
GENÈVE

언어 프랑스어권 | 해발 375m

프랑스 분위기가 짙은 국제 도시

크루아상 모양을 한 유럽 최대 호수인 레만 호수(Lac Léman)의 서쪽 끝에 자리 잡고 있다. 언어뿐 아니라 생활 방식이나 문화, 시민들의 기질과 감각에도 다분히 프랑스의 분위기가 깊이 배어 있다. 제네바를 상징하는 문장에는 독수리와 황금 열쇠가 있는데, 이는 신성 로마 제국의 도시이자 주교의 도시이기도 했던 제네바의 역사적, 종교적 중요성을 말해준다. 제네바는 사상가 루소가 탄생한 곳이자 종교 개혁가 칼뱅이 살았던 곳으로서 사상과 종교의 중심지이기도 했다. 영세 중립국 스위스답게 1863년 발족한 국제 적십자 위원회(ICRC) 본부, UN 유럽 본부, 국제 연합 난민고등판무관 사무소(UNHCR) 등 200개 이상의 국제 기구와 기관 본부들이 제네바에 자리 잡고 있어 '평화의 수도'로 불리며, 국제적인 활기가 넘친다.

ACCESS

제네바 가는 법

주요 도시 간의 이동 시간

인천 → 제네바 비행기(경유) 14~15시간
파리 → 제네바 기차 3시간 20분
루체른 → 제네바 기차 2시간 50분
베른 → 제네바 기차 1시간 50분
로잔 → 제네바 유람선 3시간 30분

비행기로 가기

한국에서 제네바로 가는 직항 노선은 없다. 주로 유럽의 주요 도시 중 한 곳을 경유해 들어갈 수 있다. 비행 시간은 경유지에서 보내는 대기 시간에 따라 조금씩 다르지만 보통 14~15시간 정도 소요된다. 국적기를 비롯해 에어프랑스, 핀에어, 독일항공, 영국항공, 터키항공, 에미레이트항공 등이 제네바 공항으로 연결된다. 파리, 런던, 프랑크푸르트, 암스테르담, 이스탄불, 두바이 등 유럽과 중동의 주요 도시를 잇는 노선을 운항한다. 이지젯(Easyjet), 부엘링(Vueling) 등 저가 항공

사에서도 제네바 노선을 운항하고 있다. 그중 이지젯은 유럽의 주요 도시뿐 아니라 모로코, 이집트까지 다양한 노선을 갖추고 있다.

이지젯 홈페이지 www.easyjet.com
부엘링 홈페이지 www.vueling.com

제네바 국제공항
Aéroport International de Gèneve
취리히에 이어 스위스에서 두 번째로 큰 국제공항으로서 세계의 주요 도시들과 연계 노선이 발달해 있다. 제네바 국제공항에서 시내까지 약 6km 떨어져 있다.

☎ 090 057 15 00 **홈페이지** www.gva.ch

제네바 국제공항

〈TIP〉 공항에서 시내까지 대중교통을 공짜로 이용할 수 있다!

제네바 국제공항은 도착층의 수하물 찾는 곳에서 공항 도착층으로 나가는 게이트 옆에 무료 대중교통권을 발급해주는 자동발권기가 설치돼 있다. 이 대중교통권은 제네바주의 모든 대중교통을 80분간 무료로 이용할 수 있는 티켓이다. 발권기의 우측 하단에 있는 1번이 쓰여 있는 버튼을 누르면 티켓이 나온다. 이 무료 교통 티켓으로 제네바의 버스, 트램, 보트 등 대중교통과 공항에서 시내까지 가는 기차도 이용할 수 있다. 이 무료 티켓은 항공 탑승권을 소지한 승객에게 제공되는 서비스이므로 이용 시 반드시 탑승권을 소지하고 있어야 한다. 이 티켓은 80분간 유효하다. 시내까지는 10분 정도면 도착하므로 호텔을 찾아갈 때도 충분히 이용할 수 있다.

IR 열차 외부

공항에서 시내로 이동하기

IR/RE열차 InterRegio/RegioExpress
공항 도착층 바로 아래 지하 1층에 있는 제네바 공항 (Genève Aéroport)역에서 제네바 시내 중심부의 제네바 코르나뱅(Genève Cornavin)역까지 약 7~8분 소요. 요금 CHF3. 피크 타임 때는 12분 간격으로 열차가 운행한다. 스위스 패스 이용자는 무료.

택시 Taxi
공항에서 시내 중심부까지 약 10분 소요된다. 요금은 CHF35~45 정도. 미터기로 요금이 나오며 교통 체증 상황에 따라 조금씩 변동된다. 짐이 있거나 공휴일, 야간에는 추가 요금이 붙는다.

시내버스 Bus
시내버스는 체크인 층에 정차하는데 러시아워에는 8~15분 간격으로 운행한다. 5 · 10번 버스가 시내 중심인 코르나뱅역까지 운행하며, 약 15분 소요된다. 티켓은 버스 정류장이나 스위스 국철역의 티켓 판매기

> **TIP 공항에서 무료 셔틀버스를 운행하는 호텔**
>
> 공항에서 호텔까지 15~20분 간격으로 무료 셔틀버스를 연중무휴로 운행하는 호텔이 많다. 도착층 바깥에 버스가 대기하고 있다.
> 무료 셔틀버스를 제공하는 호텔은 Crowne Plaza Genève, Express by Holiday Inn, Ibis, Mövenpick Genève, Nash Airport Hotel, NH Geneva Airport Hotel, Starling Geneva Hotel & Conference Center 등이 있다.

에서 구입할 수 있다. 스위스 패스 이용자는 무료. 만약 금요일이나 토요일 밤에 도착한다면 자정부터 새벽 5시까지 운행하는 야간 버스인 녹탐버스(Noctambus)를 이용하면 된다(요금 CHF3 정도). 버스 번호 앞에 'N'이 붙어 있다.

홈페이지 녹탐버스 www.noctambus.ch

기차로 가기

제네바는 스위스 주요 도시와 열차로 연결되어 있다. 제네바의 중심인 코르나뱅역(Gare de Cornavin)은 매일 230편 이상의 열차가 출발하고 도착한다. 8개의 플랫폼이 있어 21개의 플랫폼이 있는 취리히에 비해 규모는 그리 크지 않다. 7 · 8번 플랫폼은 프랑스와 스위스 간 국경 검문 플랫폼 역할을 한다. 프랑스와 인접해 파리, 리옹과 같은 프랑스 도시들과 장거리 노선을 운행하고 있으며 루체른, 베른, 바젤, 취리히 등 스위스의 주요 도시와 연결되어 있다.

버스로 가기

제네바는 스위스의 서쪽 관문의 국제 도시답게 오스트리아, 벨기에, 체코, 프랑스, 독일, 이탈리아, 스페인 등 대부분의 유럽 국가와 연결된 국제노선을 달리는 버스편이 다양하게 있다. 버스 터미널은 시내의 영국 교회 뒤편에 있다.

제네바 버스 터미널 Gare Routiere
주소 Place Dorciere CH-1201 Genève
☎ 0900 320 230 **홈페이지** www.coach-station.com
지도 p.410-A

제네바 버스 터미널

제네바로 가는 주요 열차

역명	운행 정보
베른 → 제네바	IR · IC 열차로 1시간 50분 소요, 1시간에 2대씩 운행
루체른 → 제네바	IR 열차로 3시간 소요, 매시 정각에 출발
취리히 → 제네바	ICN, IC 열차로 2시간 42분~2시간 46분 소요, 1시간에 2대씩 운행
바젤 → 제네바	베른(Bern) 또는 비엘(Biel) 또는 올텐(Olten)에서 1회 환승해서 2시간 45분 내외 소요, 1시간에 3대씩 운행

배로 가기

유럽 최대의 호수인 레만 호수 주변의 제네바주와 보 주의 도시(로잔, 몽트뢰, 라보 지구, 브베 등) 그리고 호수 남쪽의 프랑스 도시 에비앙 마을(Evian les Bains)을 오가는 정기선과 유람선이 운행되고 있다. 제네바에서는 보 리바지(Beau Rivage) 호텔 근처 파키(Pâquis) 부두를 이용한다(지도 p.410-B). 로잔에서 제네바까지 3시간 30분 소요. 유레일패스, 스위스 패스 이용자는 무료.

레만 호 유람선 회사
CGN(Compagnie Generale de Navigation) SA
☎ 084 881 18 48
홈페이지 www.cgn.ch

자동차로 가기

취리히에서 제네바까지 고속도로 1번을 타고 약 3시간 소요된다(약 279km). 바젤에서 갈 때는 고속도로 1번을 타고 약 2시간 40분 소요(약 252km).

INFORMATION

관광 안내소
여행자 인포메이션 센터는 호숫가의 영국 정원(Jardin Anglais)의 꽃시계 근처에 있다.

주소 Promenade du Lac, Jard, Anglais CH-1204 Genève ☎ 022 909 70 00 개방 월~수, 금~토 09:15~17:45, 목 10:00~17:45, 일 · 공휴일 10:00~16:00
홈페이지 www.geneve.com **지도** p.410-D

유용한 패스
제네바 트랜스포트 카드 Geneva Transport Cards
제네바의 호텔, 유스호스텔, 캠핑장 등에서 1박 이상 숙박을 할 경우, 교통카드를 무료로 발급받을 수 있다. 제네바의 트램, 버스, 제네바 시내의 열차 등 제네바의 모든 대중교통(Unireso)을 체류하는 동안 무제한 무료로 이용할 수 있다. 레만 호수 위를 달리는 노란색

택시 보트도 무료로 이용할 수 있으므로 제네바에 숙박을 하는 여행자라면 반드시 발급받도록 한다. 숙소 안내데스크에 문의하면 된다.

제네바 시티 패스 Geneva City Pass
제네바의 박물관, 호수 유람선, 가이드 투어, 미니 트레인 등 50여 가지의 관광지를 무료 또는 할인된 가

격으로 이용할 수 있는 패스다. 24시간권, 48시간권, 72시간권 3종류가 있다. 자신의 체류 일정에 맞춰서 구입하도록 한다. 관광 안내소나 시내 주요 호텔에서 구입할 수 있다.
가격 24시간권 CHF30, 48시간권 CHF40, 72시간권 CHF50

제네바의 시내 교통

도로 표지판

제네바 시내 중심부는 걸어서 충분히 돌아볼 수 있다. 외곽에 있는 UN 본부나 박물관은 트램을 이용하면 돌아보기에 편리하다. 대중교통은 트램, 트롤리 버스, 국철이 있으며, 트램과 트롤리 버스는 TPG에 의해, 제네바 국철은 CFF에 의해 운행되고 있다.

승차권

제네바의 모든 대중교통은 유니레소(Unireso)라는 공통 티켓을 이용한다. 이 티켓은 레만 호수에서 운행하는 대중교통용 택시 보트(Mouettes Genevoises)에도 적용된다. 제네바의 모든 구역에서 통용되는 투 쥬네브(Tout Genève)는 1시간권 CHF3, 1일권 CHF10. 또한 시내 호텔 투숙객에게 무료로 발급해주는 제네바 트랜스포트 카드(p.405)가 있으면 체류하는 동안 대중교통을 무제한 이용할 수 있다. 스위스 패스 이용자도 대중

티켓 판매기

교통을 무제한 무료로 이용할 수 있다. 버스나 트램 정류장에 티켓 판매기가 있으며 제네바 코르나뱅역 TPG(Transports Publics Genevois, 제네바 대중교통 관리업체) 사무실에서도 표를 구입할 수 있다. 관광 안내소에서 시내 지도와 함께 트램과 버스 노선도를 받아두면 편리하다.

TPG 사무실
주소 Place de la Gare
영업 월~금 07:00~19:00, 토 07:00~18:00 **휴무** 일
홈페이지 www.tpg.ch

트램 Tram

제네바 대중교통의 핵심 수단. 1862년 스위스 최초로 말이 끄는 트램 운행을 시작했으며 1889년 증기 트램을 거쳐 1894년 최초로 전기 트램 서비스를 시작했다. 현재 12 · 14 · 15 · 17 · 18번 5개 노선이 운행되고 있으며 추가적으로 노선을 확충할 계획이다.

트램 내부

트롤리 버스 Trolley Bus

제네바의 대중교통망의 일부를 담당하고 있는 트롤리 버스 시스템은 스위스 내에서 로잔에 이어 두 번째로

트롤리 버스의 노선별 운행 구간

노선	운행 구간
2	Genève–Plage – Onex–Cité
3	Gardiol – Crêts–de–Champel
6	Vernier–Village – Genève–Plage
7	Hôpital – Tours Lignon
10	Aéroport – Rive
19	Vernier–Village – Onex–Cité

트롤리 버스

규모가 크다. 1942년 처음 운행을 시작했으며 트램망의 빈 자리를 보완해 주고 있다. 트롤리 버스는 6개 노선으로 운행된다.

택시 Taxi

기본요금은 CHF6.50이며 1km마다 CHF3.20의 요금이 추가된다. 제네바 시외로 나갈 경우에는 요금이 1km당 CHF3.80까지 올라간다. 야간, 일요일, 공휴일과 4명 이상 탑승할 경우에도 요금이 추가된다. 짐이 있는 경우에도 CHF1.50 정도 추가된다. 시내 곳곳의 택시 승강장에서 택시를 이용할 수 있으며, 전화로 예약도 가능하다.

Taxi-phone SA Genève
예약 ☎ 022 331 41 33(24시간)
홈페이지 www.taxi–phone.ch

AA Genève Central Taxi
예약 ☎ 022 320 22 02(24시간)
홈페이지 www.geneve–taxi.ch.

국철 SBB / CFF / FFS

국철의 약칭은 3개로 SBB, CFF, FFS로 불린다. 제네바의 중심 역은 코르나뱅역이며, 제네바 공항과 시내 간 이동 시 이용하게 된다. 제네바 시내 안에서는 국철을 이용할 일이 드물다.

제네바 코르나뱅역

〈TIP〉 **스위스 국철의 모든 시계는 시간이 정확하다!**

국철역마다 걸려 있는 스위스 철도 시계는 한스 힐피커(Hans Hilfiker)가 디자인한 제품으로 정확성과 심플함으로 스위스 철도뿐만 아니라 국가적인 아이콘이 되었다. 국철역마다 있는 시계는 매분마다 마스터 시계로부터 정확한 시간을 알리는 신호를 받아서 작동된다고 한다. 그래서 스위스 국철의 모든 시계는 놀라울 정도로 정확하게 시간이 일치한다.
2012년 애플(Apple) 사에서 이 시계 디자인을 무단으로 복제해서 사용하다가 스위스 국철에 CHF20,000,000을 지불하고 디자인 사용권을 얻은 일화는 유명하다.

COURSE

제네바의 추천 코스

제네바는 하루 안에 모든 곳을 돌아보기에는 벅차다. 추천 코스에서 적절히 가감하거나 일정을 하루 정도 늘려서 여유 있게 보기를 추천한다. 특히 박물관이나 가이드 투어로만 진행되는 UN 유럽 본부를 방문하려면 추가적으로 시간을 할애해야 한다. 또한 온갖 쇼핑을 즐길 수 있는 곳이므로, 쇼핑 시간을 고려하면 최소 2박 3일은 필요하다. 소지하고 있는 스위스 패스나 투숙하는 호텔에서 발급받은 제네바 트랜스포트 카드로 버스나 트램, 보트 등 대중교통을 적절히 활용해서 이동 시간이나 체력 소모를 줄이는 지혜가 필요하다.

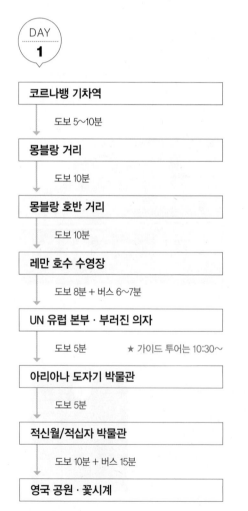

DAY 1

코르나뱅 기차역

↓ 도보 5~10분

몽블랑 거리

↓ 도보 10분

몽블랑 호반 거리

↓ 도보 10분

레만 호수 수영장

↓ 도보 8분 + 버스 6~7분

UN 유럽 본부 · 부러진 의자

↓ 도보 5분   ★ 가이드 투어는 10:30~

아리아나 도자기 박물관

↓ 도보 5분

적신월/적십자 박물관

↓ 도보 10분 + 버스 15분

영국 공원 · 꽃시계

↓ 도보 10분

제토 분수

↓ 도보 15분

몰라르 탑

↓ 바로 근처

론 거리

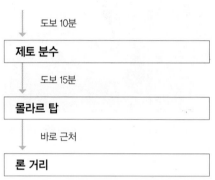

> **TIP** 하루를 더 머문다면 무엇을 할까?

제네바에서 하루를 더 머문다면 레만 호수 주변에 산재한 근교 소도시로의 기차 여행이나 프랑스 에비앙 생수의 원산지 에비앙(Evian les Bains)으로의 당일치기 여행을 추천한다. 제네바 근교 소도시는 유네스코 세계 유산인 라보 지구 포도밭 한가운데에 자리 잡은 아름답고 고풍스러운 와인 마을 생사포린(St-Sapho-rin), 튤립 축제로 유명한 호반 도시 모르주(Morges) 등이 여행하기 좋다. 제네바에서 생사포린은 로잔에서 1회 환승 포함 1시간 소요, 모르주는 직행으로 30분 정도 소요된다.

에비앙에 가려면 로잔의 우시 항구로 가서 레만 호 유람선을 타고 호수를 가로질러 가거나(총 2시간 소요) 영국 교회 뒤편에 있는 제네바 버스 터미널(Gare Routiere Genève)에서 에비앙행 버스를 타고 간다(1시간 30분 소요, 하루에 10대 정도 운행).

DAY 2

루소섬

도보 5분 + 버스 3분

미술 역사 박물관

도보 3분

러시아 정교회

버스 12분

파텍 필립 시계 박물관

버스 + 도보 20분

부르 드 푸르 광장

도보 3분

칼뱅 강당

바로 근처

생피에르 대성당 · 고고학 박물관

도보 2분

종교 개혁 박물관

도보 2분

타벨 저택과 옛 무기고, 시청사

도보 5분

바스티옹 공원

공원 내 바로 근처

종교 개혁 기념비

일자별 여행의 힌트 Q&A

첫째 날

교통비는 얼마나 들지?
스위스 패스나 투숙하는 호텔에서 발급받은 제네바 트랜스포트 카드로 무료 이용.

점심 식사는 어디서?
론 거리에 있는 글로부스 백화점 0층에 있는 푸드홀에서 간편하게 해결한다.

쇼핑은 어디서?
콩페데라시옹 거리, 마르셰 거리, 크루아 도르 거리를 거쳐 리브 광장까지 이어지는 제네바 최대의 쇼핑 거리를 여유롭게 누벼본다. 글로부스, 쿠프 시티, 콩페데라시옹 상트르와 같은 대형 쇼핑몰부터 오메가, 파텍 필립, 프랭크 뮐러, 쇼파드, 피아제, 롤렉스, 바쉐론 콘스탄틴 등 스위스 명품 시계와 보석 매장들이 곳곳에 자리하고 있다.

론 거리

둘째 날

교통비는 얼마나 들지?
스위스 패스나 투숙하는 호텔에서 발급받은 제네바 트랜스포트 카드로 무료 이용.

점심 식사는 어디서?
부르 드 푸르 광장의 클레멘스 카페나 셰 마 쿠진에서 샌드위치나 닭고기 요리로 점심을 해결하며 여유를 즐긴다.

입장료를 절약하려면?
대성당 탑과 고고학 박물관, 종교 개혁 박물관을 모두 둘러볼 경우에는 콤비 티켓을 구입하는 편이 경제적이다. 스위스 패스 이용자는 탑을 제외하고 무료로 입장 가능하다.

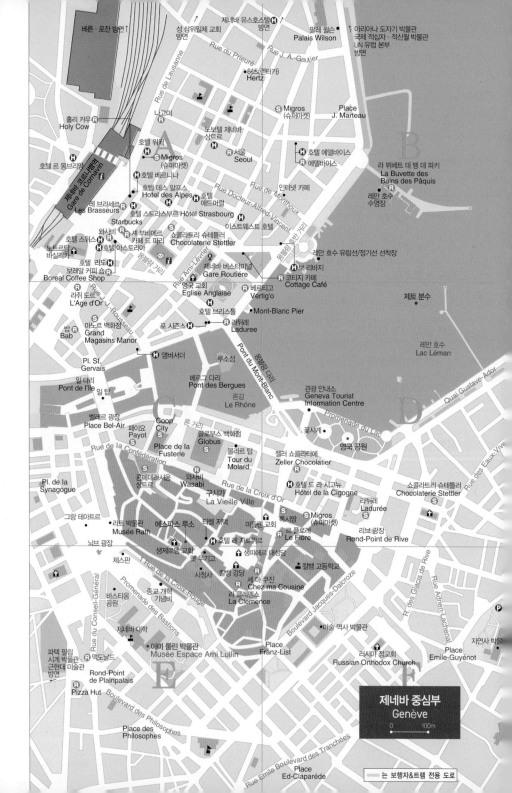

베른·로잔 방면 ↑

제네바 유스호스텔 방면 🏠

팔레 윌슨
Palais Wilson 🏛

아리아나 도자기 박물관
국제 적십자·적신월 박물관
UN 유럽 본부
방면

성 삼위일체 교회
방면

Rue du Prieuré

Rue J. A.-Gautier

Rue de Lausanne

허츠(렌터카) 🚗
Hertz

나고미

Migros
(슈퍼마켓) Ⓢ

Place
J. Marteau

홀리 카우 Ⓡ
Holy Cow

🏨 호텔 에델바이스
에델바이스

호텔 워윅 🏨
Migros Ⓢ
(슈퍼마켓)

노보텔 제네바
상트르

서울 🏨
Seoul

라 뷔베트 데 뱅 데 파키 🚻
La Buvette des
Bains des Pâquis

호텔 르 몽브리앙 🏨
제네바 코른라뱅역
Gare de Cornavin

호텔 베르니나 🏨
인터넷 카페

레만 호수
수영장

호텔 데스 알프스 🏨
Hotel des Alpes

호텔 🏨
애드머럴

Rue Docteur-Alfred-Vincent

레 브라세르 Ⓡ
Les Brasseurs

호텔 스트라스부르 🏨
Hôtel Strasbourg

Rue de Monthoux

레만 호수 유람선/정기선 선착장

노트르담
바실리카 ⛪

Starbucks

셰 부비에르
카페 드 파리

쇼콜라트리 슈테틀러
Chocolaterie Stettler

이스트웨스트 호텔

호텔 스위스 🏨
와사비 🍴

호텔 아스토리아 🏨
Rue Ami-Lévrier

동탕팡 거리

제네바 버스터미널
Gare Routière

보 리바지 🏨

호텔 리도 🏨
보레알 커피 숍 ☕
Boreal Coffee Shop

Rue J.-J.-Rousseau

영국 교회
Église Anglaise

베르티고
Vertig'o

코티지 카페 Ⓡ
Cottage Café

라쥐 도르 Ⓡ
L'Age d'Or

호텔 브리스톨
Mont-Blanc Pier

제토 분수

밥 Ⓡ
Bab

마노르 백화점 Ⓢ
Grand
Magasins Manor

포 시즌즈 🏨

라뒤레 Ⓡ
Laduree

레만 호수
Lac Léman

Pl. St.
Gervais

앰버서더 🏨

루소섬

Pont du Mont-Blanc

일 다리
Pont de l'Ile 일 탑

베르그 다리
Pont des Bergues

관광 안내소
Geneva Tourist
Information Centre

Quai Gustave-Ador

벨레르 광장
Place Bel-Air

론강
Le Rhône

Promenade du Lac

페이요 Ⓡ
Payot

Coop
City

론 거리

글로뷔스 백화점
Globus Ⓢ

꽃시계

영국 공원

쇼콜라트리 슈테틀러
Chocolaterie Stettler

Pl. de la
Synagogue

Place de la
Fusterie

Rue de la Confédération

몰라르 탑
Tour du
Molard

젤러 쇼콜라티에
Zeller Chocolatier

Rue des Eaux-Vive

그랑 테아트르

콩페데라시옹
상트르

와사비
Wasabi

Rue de la Croix d'Or

호텔 드 라 시고뉴 🏨
Hôtel de la Cigogne

라뒤레 Ⓡ
Laduree

라트 박물관
Musée Rath

에스파스 루소

구시가
La Vieille Ville

타벨 저택

마들렌 교회
록시땅 Ⓢ

르 플로르
Le Flore

Migros Ⓢ
(슈퍼마켓)

리브 광장
Rond-Point de Rive

뇌브 광장

체스판

생제르맹 교회 ⛪
호텔 레 자르무르 🏨

생피에르 대성당 ⛪

R des Glacis de Rive

종교 개혁
기념비

시청사
칼뱅 강당

옛무기고

칼뱅 고등학교

Rue du Conseil-Général

Promenade des Bastions

바스티옹
공원

Rue de la Croix-Rouge

세 마 쿠진
Chez ma Cousine

라 클레멘스
La Clemence

Boulevard Jacques-Dalcroze

R des Adrien-Lachenal

제네바 대학

아미 룰린 박물관
Musée Espace Ami Lullin

Place
Franz-List

미술 역사 박물관

러시아 정교회
Russian Orthodox Church

자연사 박물관

Place
Emile-Guyénot

P

파텍 필립
시계 박물관
근현대 미술관
방면

Rond-Point
de Plainpalais

맥도날드

피자헛 Ⓡ
Pizza Hut

Boulevard des Philosophes

Place des
Philosophes

Place
Ed-Claparéde

Rue Émile Boulevard des Tranchées

제네바 중심부
Genève

0 ————— 100m

는 보행자&트램 전용 도로

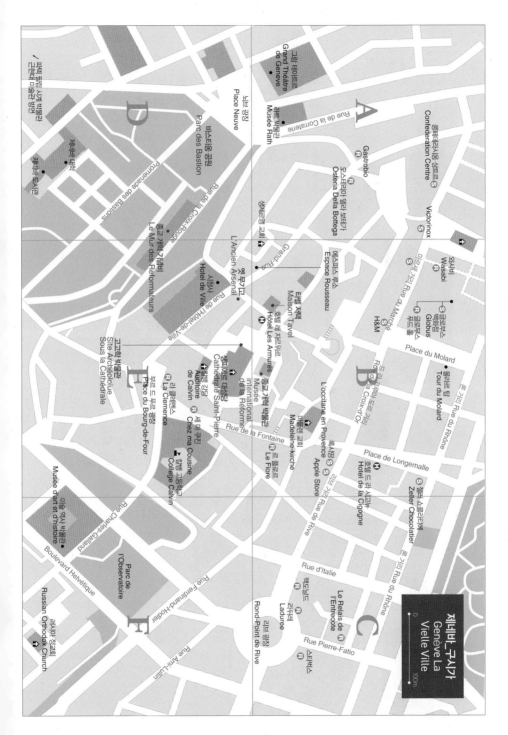

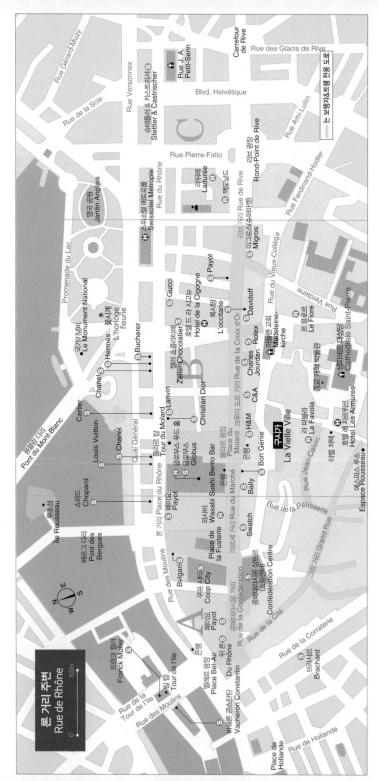

룬 거리 주변
Rue de Rhône

0 ——— 100m

눈 보행자&트램 전용 도로

Rue Gérard-Muzy
Rue de la Scie
Rue Versonnex
Rue de la Scie
Carrefour de Rive
Rue des Glacis de Rive
Rue J. A. Petit-Senn
Blvd. Helvétique
슈테틀러 & 카스트리셔 Stetler & Castrischer
Rue Pierre-Fatio
Rue Ami-Lullin
Promenade du Lac
영국 공원 Jardin Anglais
Rue du Rhône
스위스텔 메트로폴 Swissotel Metropole
라뒤레 Ladurée 해로니드
리브 광장 Rond-Point de Rive
Rue Ferdinand-Hodler
국가기념비 Le Monument National
꽃시계 L'horloge fleurie
Hermès 꽃시계
Bucherer
Chanel
Gucci
Payot
호텔 드 라 시고뉴 Hotel de la Cigogne
L'occitane
Davidoff
리브 광장 Rue de Rive
미그로스(슈퍼마켓) Migros
Rue du Vieux-Collège
Cartier
Louis Vuitton
Chanel
Quai Général
Christian Dior
Lanvin
Zeller Chocolatier 젤러 쇼콜라티에
크루아 도르 거리 Rue de la Croix d'Or
C&A
Charles Jourdan
Rolex
르 플로르 Le Flore
마들렌 교회 Madeleine-kirche
생피에르 대성당 Cathédrale Saint-Pierre
Rue Verdaine
Pont du Mont-Blanc
몽블랑 다리
Chopard 쇼파드
île Rousseau 루소섬
Payot 페이요
투르 뒤 몰라 Tour du Molard
투르 뒤 몰라 Globus
Wasabi Sushi Bento Bar 와사비
은행
몰라르 광장 Place du Molard
은행
H&M
Bon Génie
Bally
La Favola 라 파볼라
Hotel Les Armures 호텔 레 자르뮈르
종교개혁 박물관
Espace Rousseau 에스파스 루소
티벨 자택
La Vieille Ville 구시가
Rue Jean-Calvin
Pont des Bergues 베르그 다리
Bvlgari
Rue des Moulins
Coop City 쿠프 시티
Payot 페이요
Place de la Fusterie
미르제 거리 Rue du Marché
Swatch
콩페데라시옹 거리 Rue de la Confédération
콩페데라시옹 센트 (쇼핑센터) Confédération Centre
Rue de la Pélisserie
Rue de la Cité
그랑 거리 Grand Rue
Rue de la Corraterie
Franck Muller 프랑크 뮐러
Place Bel-Air 벨레르 광장
Tour de l'Île
은행
Du Rhône 뒤 론
Rue de la Tour de l'Île
Vacheron Constantin 바셰론 콘스탄틴
Rue des Moulins
Brachard 브라샤르
Place de Hollande
Rue de Hollande

N W S E

412

제네바의 관광 명소

론강 우안 Rive Droite

론강의 북쪽에 있는 신시가 구역.
제네바의 주요 기차역인 코르나뱅역을 시작으로
몽블랑 거리와 몽블랑 호반 거리, 레만 호수
유람선 선착장, UN 유럽 본부가 있다.

노트르담 바실리카
Basilique Notre-Dame

제네바 가톨릭의 중심

스페인의 산티아고 데 콤포스텔라(Santiago de Compostela)까지 가는 순례자들이 도중에 들르는 고딕 양식의 바실리카. 1875년에 한때 반교권주의 정부에 의해 탄압을 받아 폐쇄되기도 했으나 1911년 가톨릭 교회가 다시 사들여서 현재에 이르고 있다. 코르나뱅 기차역 바로 옆에 있다.

주소 Rue Argand 3 CH–1201 Genève
☎ 022 716 56 66
개방 월 08:30~19:30, 화~금 06:30~19:30,
토 07:30~20:00, 일 07:00~21:30 **입장료** 무료
홈페이지 www.ecr-ge.ch/notre-dame
교통 코르나뱅(Gare Cornavin)역 바로 옆. **지도** p.410-A

몽블랑 거리
Rue du Mont-Blanc ★★★

론강 북쪽 강변의 중심가

코르나뱅역 지하보도에서 레만 호수 방향으로 길게 뻗어 있는 약 400m의 대로. 열차로 제네바에 도착하면 제일 먼저 걷게 되는 거리다. 레만 호수에서 흘러나온 론강 북쪽 강변의 중심대로이며 호텔, 식당, 카페, 명품 숍, 은행, 우체국, 항공사 사무실 등이 대로 양쪽으로 길게 늘어서 있다. 거리 중간쯤에 있는 큰 우체국(Hotel des Postes)까지는 보행자 전용 거리이며, 이 우체국 0층에 관광 안내소가 있다. 우체국 뒤편으로 샤모니 몽블랑이나 유럽의 주요 도시를 오가는 버스가 발착하는 버스 터미널(Gare Routiere)이 있다. 호수 방향으로 계속 직진하면 몽블랑 다리로 연결된다.

위치 코르나뱅역 앞쪽 거리. **지도** p.410-A

몽블랑 호반 거리
Quai du Mont-Blanc ★★★

멀리 몽블랑이 보인다

프랑스와 이탈리아 국경에 걸쳐 있는 명산인 몽블랑 (4,807m)을 조망하기에 가장 적절한 호반 산책로다. 사계절 만년설로 덮인 몽블랑을 따서 이름도 지어졌다. 여름에는 화려한 꽃들이 피어난 정원과 조각상들이 마음에 여유를 주고, 편안히 휴식하기에 좋다. 레만 호수 수영장도 이 산책로에서 들어갈 수 있다.

위치 몽블랑 거리가 끝나면 호수를 마주 보고 왼편으로 이어진 대로.
지도 p.410-B

레만 호수 수영장
Bains des Pâquis ★★

알프스를 감상하며 수영하기

바다와 접하지 않은 내륙 국가인 스위스의 사람들은 호수나 강에서 수영을 즐기고 일광욕을 즐긴다. 특히 여름 시즌에 문을 여는 레만 호수 수영장은 제네바 사람들이 가장 즐겨 찾는 곳이기도 하다.
호수로 튀어나온 잔교(배를 접안시키기 위한 시설) 형태로 되어 있으며 탈의실, 사우나(겨울), 카페와 레스토랑이 들어서 있다. 호수와 도시, 멀리 알프스 산들의 풍경이 아름답다. 터키식 목욕탕인 하맘(Hammam)도 운영되고 있다.

주소 Quai du Mont-Blanc 30 CH-1201 Genève

레만 호수 유람선·정기선
CGN ★★

호수 주변 도시로의 이동수단

레만 호수 주변 도시들을 연결하는 정기선과 유람선이 운항되고 있다. 레만 호수를 따라 제네바를 한 바퀴 도는 제네바 호반 크루즈는 연중 운항되며, 1시간 정도 걸린다. 이 외에도 런치 크루즈(연중)와 선셋 디너 크루즈(5월 말~9월 말), 제네바에서 니옹과 프랑스령인 이부아르를 도는 크루즈 코스(5월 말~9월 중순) 등도 있다.
정기선은 니옹, 로잔, 몽트뢰, 프랑스의 에비앙 등지로 운항하고 있는데, 좀 느리지만 교통수단으로 이용하기 좋다. 스위스 패스 이용자는 정기선을 무료로 탑승할 수 있다. 운항 노선은 계절에 따라 달라질 수 있으니, 홈페이지를 참조하자.

홈페이지 www.cgn.ch **지도** 선착장 p.410-B

수영장
개방 5월·8월 말~9월 중순 10:00~18:00,
5월 말~8월 말 10:00~21:00
입장료 16세 이상 CHF2, 어린이 CHF1, 6세 이하 무료

하맘
영업 여름 시즌 매일 10:00~19:00
요금 CHF10(수건 포함)
홈페이지 www.bains-des-paquis.ch
교통 몽블랑 호반 거리가 끝나는 지점. 1·25번 버스를 타고 나비가시옹(Navigation)에서 하차.
지도 p.410-B

제토 분수
Jet d'Eau ★★

제네바의 가장 유명한 랜드마크

세계에서 가장 큰 분수 중 하나로, 상공 10km 위에서도 보인다고 한다. 1초에 500ℓ의 물을 140m 높이까지 수직으로 쏘아올리는 장관이 펼쳐진다. 분수가 물을 쏘아올리고 있을 때 허공에 떠 있는 물의 양은 무려 7,000ℓ나 된다고 한다. 레만 호수의 좌안에서 좁은 통로를 통해 접근할 수 있다. 봄~가을에는 저녁에도 작동하며 조명 장식이 더해져 더욱 멋지다.

주소 Quai Gustave-Ador CH-1207 Genève
교통 영국 공원 꽃시계에서 도보 10분.
지도 p.410-D

루소섬
Île Rousseau ★

루소 조각상이 있는 작은 섬

레만 호수가 론강으로 흘러드는 지점에 있는 베르그 다리(Pont des Bergues) 중간에 연결된 작은 삼각형 모양의 섬이자 공원이다. 16세기 말에는 도시를 방어하는 요새가 있었다. 제네바의 시민이자 계몽주의 철학자 장 자크 루소를 기념하며 그의 이름을 따서 루소섬으로 불리게 되었다. 제임스 프라디어가 만든 루소의 조각상과 카페 레스토랑도 있다.

주소 Passerelle du Pont des Bergues CH-1201 Genève
교통 6·8·9번 버스를 타고 몽블랑(Mont-Blanc)에서 하차.
지도 p.410-C

성 삼위일체 교회
Eglise de la Sainte Trinité

제네바의 마지막 가톨릭 교회

1994년에 건설된 교회로 거대한 건물들 사이에서 매끄러운 화강암 표면의 직경 20m의 커다란 구형 건물이 시선을 끈다.

제네바 지역에 건설된 마지막 로마 가톨릭 교회로, 건축가 우고 브루노니(Ugo Brunoni)에 의해 설계되었다. 상부의 12개 창문은 빛이 비치면 무지개 색채를 내부에 발한다.

코르나뱅역에서 로잔 대로를 따라 가다가 왼편 페리에 거리 16번지에 있다.

주소 Rue Ferrier 16 CH-1202 Genève
☎ 022 732 79 25
개방 수~목, 토~일 08:00~12:00 & 14:30~17:00, 금 08:00~12:00
휴무 월~화
홈페이지 ecr-ge.ch/ste-trinite
교통 15번 트램을 타고 부티니(Butini)에서 하차.
지도 p.410-A

론강 좌안 Rive Gauche

론강의 남쪽에 있는 구역.
중세의 흔적들이 고스란히 남아 있는 구시가,
세계적으로 유명한 고급 쇼핑거리인 론 거리,
꽃시계로 유명한 영국 공원 등이 위치해 있다.

영국 공원
Jardin Anglais ★★

제네바 시민들의 휴식처

레만 호수 좌안에 1854년에 조성된 영국식 정원. 구시
가와 가까워서 제네바 시민들의 휴식처로 이용된다.
구불구불한 소로와 잡목, 원형의 홀 로툰다와 분수, 초
록의 잔디밭과 나무들이 우거져 도심 속에서 잠시나
마 자연을 느낄 수 있다. 여름철 저녁에는 콘서트가 펼
쳐지기도 한다. 호반 산책로를 따라 걸으며 바라보는
레만 호수와 건너편 제네바의 풍경도 아름답다.

주소 Rues-Basses Longemalle CH-1204 Genève
교통 6·8·9번 버스를 타고 플라스 뒤 포르트(Place du Port)
에서 하차.
지도 p.410-D, p.412-C

꽃시계
L'horloge Fleurie

직경 5m의 꽃시계. 초침
길이는 2.5m로 세계에서
제일 길다. 정밀 시계 제조
업의 중심지인 제네바를
상징하고 있으며, 1955년
에 만들어졌다. 이 꽃시계
는 아름다울 뿐만 아니라
위성을 통해 시간 데이터를 전송해 항상 정확한 시간
을 가리킨다. 시계를 장식하는 데 약 6,500송이의 꽃
과 관목이 사용되었다. 영국 공원의 서쪽 가장자리에
위치해 있다.

국가 기념비
Le Monument National

젊은 두 여인의 거대한 조각상으로, 하나
는 제네바를, 다른 하나는 스위스
를 상징한다. 레만 호수를 바라보
고 있는 두 여인은 칼과 방패를 들고
서로의 허리를 감싸고 있다. 1814년
제네바의 스위스 연방 가입을 기념
하기 위해 세워졌다.

조각가 로버트 도러(Robert Dorer)의 작품

몰라르 탑
Tour du Molard ★

쇼핑 거리에 우뚝 솟은 중세의 탑

몰라르 탑이 서 있는 몰라르 광장은 예전에는 호수를 향해 열려 있던 항구였다. 14세기부터 항구와 도시를 보호하려는 군사용 목적으로 세워진 이 탑은 1591년에 재건되었다. 상부에는 그림이 그려져 있고, 중간 아래 명판에는 '제네바, 피난처의 도시(Geneve Cite de Refuge)'라는 문구가 새겨져 있다. 화려한 쇼핑의 메카인 론 거리 중간에 있다.

주소 Place du Molard 2 CH-1204 Genève
☎ 022 310 02 02
홈페이지 www.latourdumolard.ch
교통 2·5·7·10번 버스나 12번 트램을 타고 몰라르(Molard)에서 하차. **지도** p.410-C, p.411-B

론 거리
Rue du Rhône ★★

세계적으로 유명한 고급 쇼핑가

론강 남쪽의 중심가인 론 거리와 론 거리와 평행하게 뻗어 있는 콩페데라시옹 거리(Rue de la Confédération), 마르셰 거리(Rue du Marché), 크루아 도르 거리(Rue de la Croix d'Or), 리브 거리(Rue de Rive)는 세계적으로 유명한 제네바의 고급 쇼핑가이다. 세계적인 브랜드의 직영점, 고급 시계와 보석 매장, 백화점, 레스토랑, 카페, 금융 기관 등이 거리를 따라 화려하게 늘어서 있다.

교통 2·3·6·7·10·36번 버스나 12번 트램을 타고 몰라르(Molard)에서 하차. **지도** p.412

TIP 제네바의 종교 명소를 돌아보는 여행

인류 역사상 종교는 늘 분쟁의 대상이었지만, 제네바에서는 다양한 종교가 조화를 이루고 공존하고 있다. 종교 개혁의 본고장이었던 제네바는 모든 종교에 대해 관용적인 도시였다. 이 특별한 관용의 정신이 제네바로 하여금 교회 일치 운동의 중심이 되게 했다.
특히 종교 개혁 운동과 칼뱅의 존재는 제네바에게 '프로테스탄트의 로마'라는 명성을 안겨줬다. 다양한 종교를 품고 있는 도시 제네바에는 종교 관련 예배 장소만 140곳 이상이 있다고 한다. 다양한 종교 건축물과 기념물을 둘러보는 여행은 제네바에서만 누릴 수 있다.

노트르담 바실리카 ┈ p.413 성 삼위일체 교회 ┈ p.415 생피에르 대성당 ┈ p.419 종교 개혁 기념비 ┈ p.422 러시아 정교회 ┈ p.422

구시가지 Vieille Ville

제네바의 정치, 종교와
역사의 중심 무대로,
론강 남쪽에 있다. 여유롭게 걸으면서 골목 가득한
중세의 향기에 취해 보자.

시청사
Hôtel de Ville ★

제네바 정치와 역사의 중심

15~17세기에 걸쳐 건설된 시청사(오텔드빌)는 중세
시대부터 수많은 중요 회의가 열린 제네바 정치의 중
심이었다. 1864년 최초의 적십자 협정인 제네바 협정
의 조인식과 1920년 UN의 전신인 국제 연맹의 창설도
이곳에서 이루어졌다. 현재도 제네바주 정부 청사로
이용되고 있다. 안뜰과 마차가 다니도록 만들어진 경
사진 나선 계단만 견학할 수 있다.

주소 Rue de l'Hôtel-de-Ville 2 CH-1204 Genève
교통 36번 버스를 타고 오텔드빌(Hôtel de Ville)에서 하차. 또
는 2·5·7·10번 버스나 12번 트램을 타고 몰라르(Molard)에
서 하차 후 구시가를 가로질러 도보 6분.
지도 p.410-E, p.411-E

오른쪽 건물이 시청사, 왼쪽이 옛 무기고

옛 무기고
L'Ancien Arsenal ★

프레스코 벽화가 있는 옛 무기고

17세기에 지어진 이 건물은 원래 곡물 창고로 사용되
었고, 이후 1877년까지 무기고로 이용되었다. 우아한
아치 아래 지상층의 아케이드에는 5정의 커다란 대포
가 전시되어 있다. 벽면에는 3개의 모자이크 프레스코
벽화가 그려져 있는데, 제네바 출신 화가인 알렉상드
르 상그리아(Alexandre Cingria)가 제네바 역사상 중
요한 장면을 그린 것이다.

주소 Rue de l'Hôtel-de-Ville 1 CH-1204 Genève
교통 2·5·7·10번 버스 또는 12번 트램을 타고 몰라르
(Molard)에서 하차 후 도보 6분.
지도 p.410-E, p.411-E

현재는 주정부 기록 보관소 본청으로 사용되고 있다.

에스파스 루소
Espace Rousseau
(Maison de Rousseau) ★

장 자크 루소의 생가

계몽주의 사상가이자 작가, 음악가, 제네바 시민이었
던 장 자크 루소가 출생한 생가다.
현재 전시관으로 이용되고 있으며 루소의 생애와 작
품들을 살펴볼 수 있다. 건물 1층은 현재 카페로 운영
중이다(화~일 11:00~18:00).

주소 Grand-Rue 40 CH-1204 Genève ☎ 022 310 10 28
개방 화~일 11:00~18:00 **휴무** 월
입장료 성인 CHF7, 학생·실직자 CHF5, 12세 이하 아동 무료
홈페이지 m-r-l.ch
교통 36번 버스를 타고 오텔드빌(Hôtel de Ville)에서 하차.
지도 p.410-C, p.411-B

타벨 저택
Maison Tavel ★

중세 생활을 엿볼 수 있는 귀족의 저택

제네바에서 가장 오래된 주택이며 중세 건축의 독특한 증거물이기도 하다. 1303년에 처음 지어졌으나 1334년 대화재 때 다 타버렸고, 제네바의 귀족이었던 타벨 가족에 의해 재건되었다. 총 6층 건물로, 내부는 박물관으로 변형되었다. 3층에는 하이라이트라고 할 수 있는, 1850년대 제네바를 묘사한 거대한 플라스틱 3D 지도가 있다. 2층은 17~19세기의 가구와 생활용품, 1층은 오래된 집들의 현관문, 0층은 중세의 문장들을 전시하고 있다.

주소 Rue due Puits-St-Pierre 6 CH-1204 Genève
☎ 022 418 37 00

개방 화~일 11:00~18:00 **휴무** 월 **입장료** 무료, 특별전 CHF3(18세까지 무료, 매달 첫째 주 일요일 무료)
홈페이지 www.institutions.ville-geneve.ch
교통 36번 버스를 타고 카테드랄(Cathédrale)에서 하차. 또는 2·7·10번 버스나 12번 트램을 타고 몰라르(Molard)에서 하차 후 도보 5분.
지도 p.410-C, p.411-B

생피에르 대성당
Cathedrale Saint-Pierre ★★★

구시가의 랜드마크이자 프로테스탄트 운동의 중심지

12~13세기에 걸쳐 건설된 가톨릭 교회. 첫 번째 벽은 1160년경에 건설되었고 이후 거의 1세기 동안 작업이 계속되었다. 오랜 시기에 걸쳐 건설된 관계로 로마네스크와 고딕 양식이 혼재되어 있다. 1535년에 종교 개혁 운동 시기에는 프로테스탄트의 예배 장소로 이용되었다. 1536~1564년 종교 개혁가 장 칼뱅이 이곳을 본거지로 프로테스탄트 운동을 시작했다. 이후 프로테스탄트 교회로 사용되며 유럽의 기독교에 큰 영향을 끼쳤다. 본당 내 중간

좌랑에 칼뱅의 의자가 그대로 남아 있다. 157개의 계단이 있는 북쪽 탑에 오르면 제네바 시와 레만 호수, 프랑스의 살레브산이 멋지게 펼쳐진다. 남쪽 탑도 오를 수 있다. 본당 오른쪽 안쪽에 있는 예배당(Chapel)에는 아름다운 프레스코화와 스테인드글라스가 있는데, 조명을 받거나 햇살이 비치면 무척 아름답다. 지하에는 고대 그리스 로마 시대의 고고학 유적이 전시되고 있다.

주소 Place du Bourg-de-Four 24 CH-1204 Genève
☎ 022 311 75 75
개방 10~5월 월~토 10:00~17:30,
일 12:00~17:30(탑 ~17:00) / 6~9월 월~토
09:30~ 18:30, 일 12:00~18:30(탑 ~18:00)
입장료 성당 무료/ 탑 성인 CHF5, 6~16세 CHF2
홈페이지 www.saintpierre-geneve.ch
교통 36번 버스를 타고 카테드랄(Cathédrale)에서 하차. 또는 2·5·7·10번 버스나 12번 트램을 타고 몰라르(Molard)에서 하차 후 도보 5분. **지도** p.410-E, p.411-E

에스파스 생피에르
Espace Saint-Pierre ★★★

고고학 박물관과 종교 개혁 박물관을 통칭

생피에르 대성당, 대성당 지하에 있는 고고학 박물관, 대성당 바로 옆 말레 저택(Maison Mallet)의 0층에 들어서 있는 종교 개혁 박물관 전체를 통칭해 에스파스 생피에르라고 부른다. 생피에르 대성당과 병설되어 있는 2개의 박물관은 지하의 통로로 연결되어 있어 둘러보기 편하다.

입장료 콤비 티켓(Combined Ticket) 성인 CHF18, 학생(16~25세) CHF12, 6~16세 CHF10
콤비 티켓으로 대성당 탑, 대성당 지하 고고학 박물관, 종교 개혁 박물관을 모두 견학할 수 있다.
홈페이지 www.site-archeologique.ch

고고학 박물관
Site Archéologique Sous la Cathédrale

기원전 3세기부터 성당이 건설되던 12세기까지의 고고학 유물과 유적을 전시하고 있다. 특히 이 박물관은 유럽 연합이 수여하는 문화유산 관련 상인 '유로파 노스트라상(Europa Nostra)'을 받을 정도로 그 가치와 중요성을 인정받고 있다.

주소 Place du Bourg-de-Four 24 CH-1204 Genève
☎ 022 310 29 29
개관 매일 10:00~17:00
입장료 성인 CHF8, 학생(16~25세), 아동(6~16세) CHF4
홈페이지 www.site-archeologique.ch
위치 생피에르 대성당 지하.

종교 개혁 박물관
Musée International de la Réforme

제네바와 종교 개혁의 살아 있는 역사를 보여주기 위해 2005년에 설립되었다. 당시 종교 개혁의 무대가 되었던 말레 저택(Maison Mallet)의 모습을 그대로 재현해 놓고 있다.

주소 Rue du Cloître 4 CH-1204 Genève
☎ 022 310 24 31 **개관** 화~일 10:00~17:00 **휴무** 월
홈페이지 www.musee-reforme.ch
입장료 성인 CHF13, 학생(16~25세) CHF8, 아동(7~16세) CHF6
위치 생피에르 대성당 바로 옆. **지도** p.411-B

칼뱅 강당
Auditoire de Calvin ★

칼뱅이 개혁 신학을 설파한 강당

원래는 노트르담 라 뇌브(Notre Dame La Neuve) 예배당이었던 이곳은 1536년부터 프로테스탄트 종교 개혁 운동의 기수 칼뱅이 개혁 신학을 적극적으로 설파한 강의 홀이었다. 1550년대에는 스코틀랜드 종교 개혁가 존 녹스가 프로테스탄트들에게 영어 설교를 하기도 했다. 현재도 다양한 언어로 예배를 드리고 있다.

주소 Place de la Taconnerie 1 CH-1204 Genève
개관 월~금 10:00~12:30 & 14:00~16:00
입장료 무료 **교통** 36번 버스를 타고 카테드랄(Cathédrale)에서 하차. 생피에르 대성당 바로 옆에 있다.
지도 p.410-E, p.411-E

부르 드 푸르 광장
Place du Bourg-de-Four ★

제네바에서 가장 오래된 광장

생피에르 대성당에서 가까운 이 광장은 구시가의 중심에 있으며 제네바에서 가장 오래된 광장이다. 과거에는 제네바로 들어오려면 이 광장을 통과해야만 했다고 한다. 9세기부터 이 광장에는 시장이 열렸다고 한다. 18세기의 아름다운 분수 주변의 야외 테이블에서 커피를 마시며 쉬어가도 좋다.

주소 Place du Bourg-de-Four CH-1204 Genève
교통 3 · 36번 버스를 타고 팔레 에냐르(Palais Eynard)에서 하차. **지도** p.411-E

바스티옹 공원
Parc des Bastion ★★

제네바의 녹색 허파이자 시민들의 휴식처

뇌브 광장(Place de Neuve) 바로 옆에 자리 잡은 바스티옹 공원에는 나무로 우거진 산책로와 잔디밭 그리고 커다란 말들을 움직이는 체스판이 있어 분주한 도심 속 여유로운 쉼터 역할을 한다. 무거운 말들을 옮기며 체스를 두는 사람들의 모습을 구경하는 것도 색다른 즐거움이다. 공원 내에는 100m 길이의 거대한 벽에 새겨진 종교 개혁 기념비가 있다. 겨울에는 무료 스케이트 링크를 오픈한다.

주소 Les Bastions CH-1205 Genève
교통 3번 버스 또는 트램 12번을 타고 플라스 드 뇌브(Place de Neuve)에서 하차 **지도** p.410-E, p.411-D

종교 개혁 기념비
Le Mur des Reformateurs ★★★

종교 개혁의 역사와 중요 인물을 조각

바스티옹 공원 안에 있는 종교 개혁 기념비는 100m 길이의 긴 벽의 가운데에 기욤 파렐, 장 칼뱅, 테오도르 드 베즈, 존 녹스 등 종교 개혁 운동의 핵심 인물들이 5m의 거대한 석상으로 우뚝 서 있다. 벽에는 종교 개혁 운동의 모토였던 '어둠 뒤에 빛이 있으라'란 의미의 'Post Tenebras Lux'가 새겨져 있다.

주소 Promenade des Bastions 1 CH-1204 Genève
교통 3번 버스 또는 12번 트램을 타고 플라스 드 뇌브(Place de Neuve)에서 하차. 바스티옹 공원 안으로 이동. 뇌브 광장에서 진입 시 진행 방향 왼편에 있다.
지도 p.411-D

그랑 테아트르
Grand Théâtre de Genève(GTG) ★

제네바의 문화 공연 중심지

파리 오페라 가르니에(Opéra Garnier)의 복제품이라 불리는 제네바의 오페라 하우스. 1876년 처음 문을 열었으며, 스위스에서 최대 규모를 자랑한다. 수많은 위대한 음악가와 공연자를 초대해서 다양한 공연을 펼치는 문화 공연의 중심지이다.

주소 Boulevard du Théâtre 11 CH-1211 Genève
☎ 022 322 50 50 **요금** 공연에 따라 다름
홈페이지 www.geneveopera.ch
교통 버스 3·5·36번 버스 또는 트램 12번을 타고 플라스 드 뇌브(Pl. de Neuve)에 하차. 또는 2·19번 버스를 타고 테아트르(Théâtre) 하차. 또는 1번 버스나 15번 트램을 타고 시르크(Cirque) 하차. **지도** p.410-C, p.411-A

러시아 정교회
Église Russe ★

아름다운 황금빛 양파 모양 돔

비잔틴 러시아 양식의 걸작으로 평가받는 러시아 정교회는 특히 황금빛 양파 모양의 돔이 인상적이다. 러시아 황제 차르(Tsar)의 친척이었던 안나 페오도로브나 콘스탄치아가 재정적인 후원을 약속하면서, 제네바 거주 러시아 정교회 공동체의 전폭적인 지원을 받아 1859년에 건립되었다. 도스토옙스키의 딸 소피아가 이 교회에서 세례를 받았으나 안타깝게도 3개월 뒤, 사망했다. 그녀는 벼룩시장으로 유명한 플랑팔레(Plainpalais)의 공동묘지에 묻혀 있다.

주소 Rue De-Beaumont 18 CH-1206 Genève
☎ 022 346 47 09
개방 화, 목, 금 11:00~17:00, 수 11:00~19:00, 토 12:00~19:30, 일 09:00~16:00
휴무 월 **홈페이지** eglise-russe.ch
교통 1·8번 버스를 타고 트랑셰(Tranchées)에서 하차. 또는 1·5·8번 버스를 타고 뮤제움(Muséum)에서 하차.
지도 p.411-F

-SPECIAL-

Trip 1

세계 평화의 상징

UN 투어

분쟁과 갈등의 세계사 속에서 적어도 제네바는 평화의 수도로 자타가 인정하는 곳이다. UN의 유럽 본부가 있으며 국제 적십자(Red Cross)와 적신월 본부(Red Croscent) 등 200여 개에 이르는 국제기구가 제네바 국제지구(International District)에 자리하고 있기 때문. 세계 외교의 본고장이자 평화의 수도 제네바에서 이와 관련된 건축물과 기념물, 단체를 찾아보는 것도 의미가 있다.

UN 유럽 본부
Le Palais des Nations(UNO)

제네바의 상징이자 세계 외교의 중심

1929~1936년에 건설된 팔레 데 나시옹(Le Palais des Nations)은 국제도시 제네바의 상징이자 세계 외교의 중심 무대인 제네바를 대표하는 곳이다. 바로 UN 유럽 본부가 이곳에 자리 잡고 있기 때문이다. 매년 2만 5,000명 이상의 각국 대표자들이 방문한다. 뉴욕에 있는 UN 본부 다음으로 세계에서 두 번째로 큰 UN 건물이며 프랑스의 베르사유 궁전과 크기가 같다고 한다. 내부의 방들은 예술 작품으로 장식되어 있는데, 특히

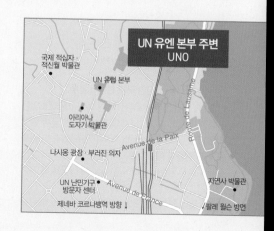

UN 유엔 본부 주변
UNO
국제 적십자 · 적신월 박물관
UN 유럽 본부
아리아나 도자기 박물관
Route de Lausanne
Avenue de la Paix
나시옹 광장 · 부러진 의자
UN 난민기구 방문자 센터
Avenue de France
자연사 박물관
제네바 코르나뱅역 방향
팔레 윌슨 방면

문명을 위한 인권과 연대의 방(Human Rights and Alliance for Civilisation Room)에 있는 천장화가 유명하다. 이 그림은 스페인 화가 미켈 바르셀로(Miquel Barceló)의 작품이며 스페인 정부가 기증했다. 중요 회의가 있는 날을 제외하고 가이드 투어(1시간 소요)로 내부를 견학할 수 있다. 영어, 독어, 프랑스어 등 15개 언어로 투어가 진행되는데, 아쉽게도 한국어는 없다. 방문 시 반드시 신분증을 소지해야 하며 보안상 이유로 짐이나 큰 가방을 소지할 수 없다.

UN 유럽 본부 방문자 서비스 센터
Visitors' Service Palais des Nations
주소 Avenue de la Paix 14 CH-1202 Genève
☎ 022 917 48 96, 022 917 45 39 **입장료** 성인(만 18세 이상) CHF16, 학생 CHF13, 아동(만 6~17세) CHF10
방문자 출입구 팔레 데 나시옹의 프레그니 문(Pregny Gate of the Palais des Nations) **홈페이지** www.unog.ch
교통 8 · 28 · F · V번 버스를 타고 아피아(Appia)에서 하차. 또는 5 · 11 · 13 · 22번 버스나 15번 트램을 타고 나시옹(Nations)에서 하차. **지도** p.423

가이드 투어
기본적으로 평일에 진행되며 시간은 오전 10:00, 오후 12:00, 14:30, 16:00이 있다. 대부분 영어나 불어로 진행되고 온라인으로 미리 예약해야 한다. 가이드 투어는 약 1시간 동안 진행.

팔레 윌슨
Palais Wilson

UN 전신인 국제 연맹의 본부
현재 UN 인권 고등 판무관실의 본부로 사용되고 있는 우아한 건물이다. 과거 UN의 전신이었던 국제 연맹(The League of Nations)의 본부이기도 했다. 이 건물은 국제 연맹의 창설에 주도적인 역할을 한 미국 대통령 우드로우 윌슨(Woodrow Wilson)의 이름을 따 지어졌다.
19세기 말에 원래는 225개의 객실을 보유한 호텔로 건

설되었고, 제1차 세계대전 이후 국제 연맹의 본부로 사용되었다.

주소 Quai Wilson 47 CH-1211 Genève
교통 1번 버스를 타고 고티에(Gautier)에서 하차. 또는 15번 트램을 타고 부티니(Butini)에서 하차. **지도** p.410-B

국제 적십자 · 적신월 박물관
Musee Int'l de la
Croix-Rouge et du Croissant-Rouge

150년 구제 활동의 역사
UN 유럽 본부 바로 근처에 위치해 있으며 본부 안에 박물관이 병설되어 있다. 제네바 출생의 앙리 뒤낭(Henry Dunant)에 의해 창설된 국제 적십자 위원회가 발족된 이래로 약 150년간의 구제 활동의 기록을 전시하고 있다. 적십자 깃발은 스위스 국기의 모양은 그대로 두고 색깔만 서로 뒤바꿔서 만들었다. 적십가 마크 속에 있는 십자가가 기독교를 상징한다는 이유로 이슬람권에서는 자신들의 상징인 초승달을 마크로 삼았고, 명칭도 적신월로 부르고 있다.

주소 Avenue de la Paix 17 CH-1202 Genève
☎ 022 748 95 25
개방 4~10월 화~일 10:00~18:00, 11~3월 10:00~17:00 휴무 월 **입장료** 개인 CHF15, 할인(만 12~22세, 만 65세 이상, 실업자, 장애인, 적십자 회원) CHF10, 만 12세 이하 무료
홈페이지 www.redcrossmuseum.ch
교통 8 · 28 · F · V · Z번 버스를 타고 아피아(Appia)에서 하차. **지도** p.423

나시옹 광장 · 부러진 의자
Place des Nations · Broken Chair

부러진 의자가 서 있는 UN 본부 정면 광장
제네바 국제 지구에 있는 넓은 광장으로, UN 유럽 본

부인 팔레 데 나시옹 앞에 있다. 광장에는 10여 개의 작은 분수들이 다양한 높이에서 하늘을 향해 물을 분사한다. 광장 중심에는 거대한 평화 조형물인 '부러진 의자'가 우뚝 서 있다.

나무로 만든 조형물인 '부러진 의자'는 스위스 조각가 다니엘 베르트(Daniel Berset)의 작품으로, 지뢰에 반대하는 정신을 담았다. 12m 높이의 이 의자는 세 개의 다리로만 서 있는데, 지뢰로 다리를 잃거나 생명을 잃은 희생자들을 추모하는 뜻이 담겨져 있다. 1997년 국제 장애인 단체인 핸디캡 인터내셔널(NGO Handicap International)을 위해 만들었다.

또한 UN 본부 정문 옆의 담벼락에는 거대한 프레스코 화가 그려져 있다. 세라믹 모자이크로 만든 이 벽화는 스위스에서 가장 사랑받는 화가 한스 에르니(Hans Erni)의 작품이다. 그의 100번째 생일이 있던 해에 설치되었다.

주소 Place des Nations CH-1202 Genève
교통 5·8·11·22·28·F·V·Z번 버스나 15번 트램을 타고 나시옹(Nations)에서 하차. **지도** p.423

UN 난민 기구 방문자 센터
UNHCR Visitors' Center

인도주의 운동의 최전선

세계의 난민과 추방된 인사, 피난민들을 지원하고 인권을 보호하기 위한 UN의 대표적인 인도주의 기관. 방문자 센터는 이 기구의 본부 앞 작은 건물에 있으며 이 기구의 권한과 활동들을 소개하고 있다. 나시옹 광장 근처에 있다.

주소 Rue de Montbrillant 94 CH-1201 Genève
☎ 022 739 86 06
홈페이지 www.unhcr.org
교통 15번 트램을 타고 시스몬디(Sismondi)에서 하차. 또는 8·11·22·28번을 타고 나시옹(Nations)에서 하차.
지도 p.423

다양한 테마의 전시를
만날 수 있는

제네바의
미술관·박물관

아리아나 도자기 박물관

제네바는 국제 도시라는 명성에 걸맞게 다채로운 박물관과 미술관이 즐비하다. 시계 애호가들이 감탄해 마지 않는 파텍 필립 시계 박물관, 스위스 3대 박물관 중 하나로 불리는 미술 역사 박물관을 시작으로, 다양한 예술적인 욕구를 채워줄 미술관 여행을 떠나보자.

아리아나 도자기 박물관
Musée Ariana

전 세계 도자기가 한자리에

UN 유럽 본부 옆에 있는 우아한 네오클래식 양식과 네오바로크 양식의 박물관. '스위스 도자기·유리 박물관(Musée Suisse de la Céramique et du Verre)'으로도 불린다. 12세기 이래로 스위스는 물론이고 중국과 유럽 각 나라의 도자기 작품을 선보이고 있으며 2만 점이 넘는 소장품을 자랑한다. 스위스의 예술품 수집상인 구스타브 레빌리오(Gustave Revilliod)가 지은 이 박물관은 그의 어머니인 아리아나(Ariane de la Rive)의 이름을 따서 아리아나 박물관으로 불리게 되었다. 건물 내부와 전시 공간이 상당히 우아하고 아름답다.

주소 Avenue de la Paix 10 CH-1202 Genève
☎ 022 418 54 50
개방 화~일 10:00~18:00 **휴무** 월
입장료 영구 전시물, 매달 첫째 일요일 무료 / 특별전 성인CHF6, 학생CHF4 / 통합권 성인 CHF14, 학생 CHF10, 18세 이하 무료
홈페이지 www.musee-ariana.ch
교통 8·28·F·V·Z번 버스를 타고 아피아(Appia)에서 하차. 또는 5·11·22번 버스나 15번 트램을 타고 나시옹(Nations)에서 하차. **지도** p.423

미술 역사 박물관
Musée d'art et d'histoire

스위스 3대 박물관 중 하나

선사 시대의 유물과 고대 이집트, 그리스와 로마 시대의 조각부터 현대 회화 작품에 이르기까지 7,000점 이상의 작품을 소장하고 있다. 제네바를 대표하는 서양 문화 예술 종합 박물관으로 규모 면에서 스위스 3대 박물관 중 하나로 손꼽힌다. 특히 0층의 고고학 유물과 1층의 회화 수집품들이 볼만하다. 고고학 부문은 다양한 선사 시대 출토품과 이집트의 관들, 그리스와 로마의 조각품 등이 시기별로 잘 전시되어 있다. 회화는 스위스 태생의 상징주의 화가 페르디낭 호들러(Ferdinand Hodler), 나비파 화가 펠릭스 발로통(Félix Vallotton), 프랑스 바르비종파의 대가 장 밥티스테 카미유 코로(Jean-Baptiste Camille Corot)의 작품을 다수 보유하고 있다. 또한 콘라드 위츠(Konrad Witz)의

'기적의 고기잡이'는 사실적인 풍경 묘사로 유럽 회화의 기초가 된 작품으로 알려져 있다. 그림 속 배경에는 당시 제네바의 모습이 자세히 묘사되어 있다.

주소 Rue Charles-Galland 2 CH-1206 Genève
☎ 022 418 26 00
개방 화~일 11:00~18:00 **휴무** 월
입장료 무료(자발적 기부금)
홈페이지 institutions.ville-geneve.ch/fr/mah/
교통 7번 버스를 타고 미술 역사 박물관(Musée d'Art et d'Histoire)에서 하차. 또는 36번 버스를 타고 생 앙투안(Saint Antoine)에서 하차.
지도 p.411-F

파텍 필립 시계 박물관
Patek Philippe Museum

명품 보석 시계의 역사

보석 시계의 대가인 파텍 필립의 필립 스턴(Phillippe Stern) 사장이 수집해 온 16~19세기 유럽의 독특한 시계들, 음악이 나오는 오토마타(Automata), 태엽 시계와 명품 보석 시계, 창업 당시부터 현재까지 파텍 필립이 발표해 온 모델 약 500점 등을 전시하고 있다. 1920년에 지은 건물로 1~2층은 전시실이고, 0층은 보석 시계 공방의 모습을 재현해 놓았다.

주소 Rue des Vieux-Grenadiers 7 CH-1205 Genève
☎ 022 807 09 10
개방 화~금 14:00~18:00, 토 10:00~18:00 **휴무** 일~월
입장료 성인 CHF10, 학생(18~25세)·장애인 CHF7, 18세 이하 무료
홈페이지 www.patekmuseum.com
교통 12·15번 트램을 타고 플랑팔레(Plainpalais)에서 하차.
지도 p.410-E

라트 박물관
Musée Rath

근현대 미술관
Musée d'Art Moderne et Contemporain
(MAMCO)

특별 전시 전문 박물관

1824~1826년에 건설되었으며, 스위스에서 가장 오래된, 예술 작품 전시 목적의 박물관이다. 1880년이 되자 소장품을 다 수용하기에 한계에 이르렀고, 온전히 특별전만을 여는 박물관으로 오늘에 이르고 있다.

주소 Place de Neuve 1 CH-1204 Genève
☎ 022 418 33 40
개방 수~금 14:00~19:00, 토~일 11:00~18:00
휴무 월·화
입장료 성인 CHF10, 학생 CHF5, 18세까지 무료.
매달 첫째 주 일요일 무료
홈페이지 institutions.ville-geneve.ch/fr/mah/preparer-sa-visite/lieux/musee-rath/
교통 3·5·36번 버스 또는 12번 트램을 타고 플라스 드 뇌브(Place de Neuve)에서 하차.
지도 p.410-C, p.411-A

스위스 최대의 현대 미술관

현대 예술 애호가라면 제네바 방문 시 반드시 들러야 할 곳이다. 예전 공장 건물을 미술관으로 개조해 1994년 문을 열었는데, 이 미술관 덕분에 제네바는 유럽 현대 미술의 중심지로 거듭나게 되었다. 스위스 현대 미술 분야에서 가장 큰 규모인 동시에 가장 신생 미술관이다. 4,000여 점의 소장품을 보유하고 있으며, 매년 새로운 전시 작품이 추가되고 있다.

주소 Rue des Vieux-Grenadiers 10 CH-1205 Genève
☎ 022 320 61 22
개방 화~금 12:00~18:00, 토~일 11:00~18:00
휴무 월
입장료 성인 CHF15, 교사, 예술가 CHF10, 18세 이하·학생·기자·장애인 무료. 매달 첫째 일요일 무료
홈페이지 www.mamco.ch
교통 1·27·32번 버스를 타고 에꼴 드 메드친느(École de médecine)에서 하차. 또는 2·19번 버스를 타고 뮈제 데스노그라피(Musée d'Ethno-graphie)에서 하차.
지도 p.410-E, 411-D

등 다양한 메뉴를 갖추고 있다. 20여 종의 피자는 CHF17.50~28.50, 라자냐 CHF21, 버거 종류 CHF20~23.

주소 Rue de la Fontaine 9 CH-1204 Genève
☎ 022 310 76 29
영업 월~목 07:00~23:30, 금 07:00~24:00,
토 09:00~24:00, 일 10:00~23:30
홈페이지 www.restaurantleflore.ch
위치 구시가의 마들렌 교회 뒤편. **지도** p.411-B

라 클레멘스 La Clemence

생피에르 대성당 근처 부르 드 푸르 광장에 있는 프렌치 카페. 소박한 분위기로 제네바 시민들이 즐겨 찾는다. 소고기 BBQ 샌드위치 CHF18.50, 문어 케밥(Octopus Kebab) CHF19.50, 구운 치즈(Grilled Cheese) CHF15.50 등 가볍게 먹을 수 있는 음식을 판매한다.

주소 Place du Bourg-de-Four 20 CH-1204 Genève
☎ 022 312 24 98 **홈페이지** www.laclemence.ch
영업 월~목 07:00~01:00, 금 07:00~02:00,
토 08:00~02:00, 일 08:00~01:00
위치 부르 드 푸르 광장 부근. **지도** p.411-E

르 플로르 Le Flore

이탈리아와 스위스 요리 전문 레스토랑이며, 현지인들에게 특히 인기가 높다. 아담한 내부는 지중해 스타일로 꾸며져 있다. 피자, 리소토, 치킨 카레와 치즈 퐁뒤

라 뷔베트 데 뱅 데 파키
La Buvette des Bains des Paquis

레만 호수 수영장에 붙어 있는 호반 레스토랑. 08:00~11:30에 제공되는 아침 메뉴가 인기 있다. 샌드위치 2개, 과일 주스, 과일 샐러드, 따뜻한 음료 한 잔이 같이 나오는 아침 콤플리트(Petit déjeuner Complet)는 CHF12. 신선한 과일을 곁들인 퐁뒤(Fondue au Crémant de Dardagny et coupette de fruits frais) CHF27. 11:30부터는 샐러드류의 가벼운 메뉴가, 저녁시간(18:00~22:30)에는 퐁뒤와 말린 햄 등의 메뉴가 제공된다. 퐁뒤는 9~4월에만 주문 가능하며, 전화 예약 필수. 현금 결제만 가능하다.

주소 Quai du Mont-Blanc 30 CH-1201 Genève
☎ 022 738 16 16 **영업** 매일 07:00~22:30
홈페이지 buvettedesbains.com
교통 레만 호수 수영장(Bains des Paquis)에 위치.
지도 p.410-B

와사비 Wasabi Sushi Bento Bar

제네바에만 총 12개 지점이 있는 일식집. 다양한 스시와 롤 등을 골라서 먹을 수 있다. 다양한 도시락도 인기. 재료가 신선하고 일반 식당보다 저렴해 현지인들에게 특히 인기가 높다. 테이크아웃도 가능.

주소 Rue du Mont-Blanc 21 CH-1201 Genève
☎ 022 732 36 38
영업 월~토 10:00~21:00 **휴무** 일
홈페이지 wasabisushi.ch
교통 코르나뱅역 지하보도를 통해 몽블랑 거리로 나오면 바로 우측에 위치. **지도** p.410-A

레 브라세르 Les Brasseurs

코르나뱅역 맞은편에 있는 활기찬 분위기의 맥줏집이자 레스토랑. 스위스 전통 요리와 햄버거를 직접 양조한 신선한 맥주와 함께 맛볼 수 있다. 오늘의 메뉴가 CHF22.50, CHF25으로 저렴하고 실속 있다. 햄버거(CHF20~30)뿐 아니라 스위스의 대표 감자 요리인 뢰스티(CHF20~24)와 피자처럼 생긴 다양한 플라멘퀴헤(flammenkueches, CHF20 내외)도 맥주에 곁들이기 좋다.

주소 Place de Cornavin 20 CH-1201 Genève
☎ 022 731 02 06 **영업** 월~목 11:00~01:00,
금~토 11:00~02:00, 일 11:00~01:00
홈페이지 www.les-brasseurs.ch
위치 코르나뱅역 맞은편. **지도** p.410-A

오스테리아 델라 보테가
Osteria della Bottega

구시가지 루소의 생가 근처에 위치한 이태리 토스카나 요리 전문 레스토랑. 모던한 실내 인테리어가 인상적이다. 수제 파스타도 인기가 있으며 이태리 전통 요리를 바탕으로 현대적인 터치를 가미한 다양한 메뉴를 선보인다. 이태리 와인 셀렉션도 아주 훌륭하다. 소고기 타르타르(Tartara di Manzo, CHF28), 파스타(CHF34), 브로콜리를 곁들인 대구 요리(Baccala', broccoli e chou kale CHF40) 등.

주소 Grand Rue 3 CH-1204 Genève
☎ 022 810 84 51
영업 화~금 12:00~14:00, 19:00~22:00, 토 12:30~14:00, 19:00~22:00 **휴무** 일~월
홈페이지 www.osteriadellabottega.com **위치** 시청사에서 그랑 루(Grand Rue) 거리를 따라 도보 4분 **지도** p.411-A

셰 부비에르 카페 드 파리
Chez Boubier Café de Paris

1930년 몽블랑 거리에 자리한 파리 스타일 식당. 홈메이드 감자튀김과 샐러드를 곁들인 등심 스테이크에 비밀리에 개발한 버터를 얹은 요리가 무척 유명하다. '셰 부비에르 고유 메뉴(Notre Menu unique Chez Boubier)'라는 이름으로 제공되고 있으며, 가격은 CHF44. 겨울 시즌에는 퐁뒤 메뉴도 제공한다.

주소 Rue de Mont Blanc 26 CH-1201 Genève
☎ 022 732 84 50 **영업** 매일 11:00~23:00(주방 22:00까지)
홈페이지 www.chezboubier.com
위치 코르나뱅역 바로 앞 몽블랑 거리. **지도** p.410-A

밥 Bab

색동저고리를 떠올리게 하는 모던한 실내 디자인이
인상적인 한국 요리 전문 식당. 현지인들과 단골손님
이 많이 찾는다. 대표 메뉴로는 소고기 비빔밥
(CHF29), 소불고기(CHF33), 제육볶음(CHF30), 잡채
(CHF28), 김치찌개(CHF31) 등이 있다. 테이크아웃도
가능하다.

주소 Rue de Coutance 25 CH-1201 Genève
☎ 022 731 11 33 **영업** 월~금 11:30~14:30, 18:00~22:00,
토 18:00~22:00 **휴무** 일
홈페이지 www.b-a-p.ch
교통 14번 트램, 3·5·10·19번 버스를 타고 쿠탕스
(Coutance)에서 하차. 또는 14·15번 트램이나 1번 버스를
타고 시몽 굴라르(Simon-Goulart)에서 하차. 마노르 백화점
맞은편에 있다. **지도** p.410-C

홀리 카우 Holy Cow

현지 젊은이들에게 큰 인기를 얻고 있는 수제 버거 전
문점. 엄선된 스위스산 쇠고기와 닭고기, 채소로 만든
고품격 버거를 맛볼 수 있다. 빅 비프 버거(Big Beef
Burger) 단품 CHF11.90, 세트(감자튀김과 탄산음료 포
함) CHF16.90.

주소 Place de Cornavin 22 CH-1201 Genève
☎ 022 300 22 70
영업 월~일 11:00~23:00
홈페이지 www.holycow.ch
위치 코르나뱅역 앞. **지도** p.410-A

라쥐 도르 L'Age d'Or

50년 넘게 운영 중인 피자와 파스타를 전문으로 하는
레트로풍의 이탈리안 레스토랑. 작은 접시에 담겨 나
오는 피자가 앙증맞다. 마르게리타는 모차렐라 치즈
대신 스위스 치즈를 사용해 독특한 풍미가 느껴진다.
직경이 9인치 정도의 크기로 양이 적게 느껴질 수도
있다. 황금 시대(L'Age d'Or)라는 식당 이름처럼 내부
는 화려한 바로크풍으로 꾸며져 있다. 특히 안쪽에 있
는 기차 실내 콘셉트의 공간은 마치 기차를 타고 식사
를 하는 듯한 느낌을 준다. 피자는 CHF15 내외, 점심
메뉴 CHF21.50 정도.

주소 Rue de Cornavin 11 CH-1201 Genève
☎ 022 731 30 93 **홈페이지** www.lage-dor.ch
영업 월~토 10:30~22:30 **휴무** 일
교통 6·9·16·19번 버스를 타고 22칸톤(22-Cantons)에서
하차. 코르나뱅역 근처 노트르담 바실리크 옆에 있다.
지도 p.410-C

에델바이스 Edelweis Restaurant

전통 알프스 분위기가
물씬 풍기는 목조 샬레
에서 전통 스위스 요리
를 즐길 수 있다. 밤에
는 라이브로 민속 음악
을 연주한다. 동명의
호텔 내에 있으며, 저녁
에만 오픈한다. 대표 메뉴는 뢰스티(CHF22~30), 에
델바이스 세트 메뉴(CHF57), 제네바 호수의 농어 필레
(Filets de perche du lac Léman, CHF42) 등이 있다.

주소 Place de la Navigation 2 CH-1201 Genève
☎ 022 544 51 51
영업 화~토 18:00~23:00 **휴무** 일~월
홈페이지 www.hoteledelweissgeneva.com
교통 1·25번 버스를 타고 나비가시옹(Navigation)에서 하차.
지도 p.410-B

코티지 카페 Cottage Café

현지인들이 즐겨 찾는 소박한 레스토랑. 오전 7시 30분부터 11시까지는 유기농 빵과 홈메이드 잼 등이 나오는 아침 메뉴가, 낮 12시부터 2시까지는 전식, 메인, 샐러드로 구성된 런치 세트 메뉴가, 저녁 6시부터는 다양한 타파스(Tapas, CHF10~16)를 곁들인 와인 바 메뉴가 제공된다.

주소 Rue Adhémar-Fabri 7 CH-1201 Genève
☎ 022 731 60 16
영업 월~금 07:30~23:00, 토 09:00~23:00
휴무 일·공휴일 **홈페이지** www.cottagecafe.ch
교통 1·25번 버스를 타고 가르 루티에르(Gare Routière)에서 하차. 보 리바지 호텔 방향으로 가는 길에 있다. **지도** p.410-B

보레알 커피 숍 Boreal Coffee Shop

코르나뱅 기차역 앞 몽블랑 거리에 위치하며, 현지인들이 즐겨 찾는 카페이다. 건물 안팎에 테이블이 있다. 커피 애호가들의 사랑을 받는 커피뿐만 아니라 아침에는 샌드위치나 샐러드, 조각 케이크, 브라우니, 머핀 등도 판매한다. 에스프레소 마키아토 2dl CHF4.60, 3dl CHF5.60, 카푸치노 2dl CHF5, 3dl CHF6, 프라페(Frappes) CHF6~9, 머핀 CHF5 내외.

주소 Rue du Mont-Blanc 15, 17 CH-1201 Genève
☎ 022 732 24 90
영업 월~금 07:00~19:00, 토~일 08:00~19:00
홈페이지 www.borealcoffee.ch
위치 코르나뱅역에서 몽블랑 거리로 나오자마자 오른편에 있다. 맥도날드 맞은편. **지도** p.410-A

셰 마 쿠진 Chez Ma Cousine

제네바 시내 세 곳에 지점이 있는 닭요리 전문 레스토랑. 닭고기 재료는 유전자 변형 식품(GMO)이 아닌 양질의 사료로 스위스 농장에서 키운 닭만을 사용한다. 대표 메뉴는 닭고기 수프(Soupe de ma Cousine, CHF13.40), 1/2 바비큐 치킨 (POULET À LA BROCHE, CHF17.90), 시저 샐러드(Salade César, CHF18.40)가 있다.

주소 Place du Bourg-de-Four 6 CH-1204 Genève
☎ 022 310 96 96 **영업** 매일 11:00~22:30
홈페이지 www.chezmacousine.ch
위치 부르 드 푸르 광장 부근. **지도** p.411-E

서울 Seoul

노보텔 호텔 바로 옆에 자리한 전통 한식당. 한국 음식이 그리울 때 찾게 되는 곳이다. 대표 메뉴는 육개장(CHF30), 돌솥비빔밥(CHF32), 김치찌개 (CHF30), 제육볶음 정식(CHF32), 삼겹살(200g, CHF32) 등이다.

주소 Rue de Zurich 17 CH-1201 Genève
☎ 022 732 46 05
영업 화~목 12:00~14:00, 18:30~22:30, 금 12:00~14:00, 18:00~23:00, 토 18:00~23:00 **휴무** 일~월
홈페이지 www.seoulgeneva.com
교통 1·25번 버스를 타고 몽투(Monthoux)에서 하차 후 도보 1~2분. 노보텔 호텔 바로 옆.
지도 p.410-A

글로부스 푸드 홀 Globus Food Hall

론 거리의 글로부스 백화점 0층에 있는 푸드 홀. 아침부터 밤늦게까지 언제든 들러서 간편하게 먹을 수 있다. 타파스, 스시, 웍(wok) 요리, 샐러드, 해산물 등 다양한 메뉴들 중에 골라 먹을 수 있다. 식사 시간이나 주말에는 붐비는 경우가 많다. 가격은 포카치아(Focaccia) CHF13.50, 메인 메뉴는 CHF20 중반.

주소 Rue du Rhône 48 CH-1204 Genève ☎ 058 578 50 50 **영업** 월~토 08:00~21:00(가게에 따라 조금씩 운영 시간 차이 있음)
휴무 일 **홈페이지** www.globus.ch **위치** 론 거리의 글로부스 백화점 0층.
지도 p.412-B

라뒤레 Laduree

1862년 파리에서 시작되어 전 세계적으로 선풍적인 인기를 얻고 있는 마카롱 전문점. 가격은 다소 부담스럽지만 마카롱의 맛은 단연 최고다. 제네바에는 리브 거리 7번지에 작은 지점이 있고, 몽블랑거리 1번지도 화려하고 웅장한 지점이 있다. 카페도 겸하고 있어서 마카롱과 함께 다양한 음료도 맛보며 쉬어갈 수 있다.

주소 Rue du Mont-Blanc 1 CH-1201 Genève / Quai des Bergues 33 CH-1204 ☎ 022 716 06 06
영업 월~일 09:00~19:00
홈페이지 www.laduree.fr
위치 코르나뱅역에서 몽블랑 거리를 따라 몽블랑 다리 방향으로 도보 8분 거리.
지도 p.410-C

제네바의 쇼핑

록시땅 L'occitane

제네바의 쇼핑 거리인 리브 거리에 자리하고 있다. 다양한 록시땅 제품을 만나볼 수 있다. 세일 기간에는 면세점보다 저렴한 가격으로 구매할 수 있다.

주소 Rue de Rive 2 CH-1204 Genève
☎ 022 310 38 30
영업 월~금 10:00~19:00, 토 10:00~18:00
휴무 일
홈페이지 ch.loccitane.com
위치 구시가 쇼핑 거리인 리브 거리 초입.
지도 p.412-B

쿠프 시티 Coop city

전국적인 체인망을 갖춘 슈퍼마켓 쿠프의 대형 매장. 지하 1층에는 식료품이, 1~3층에는 의류와 패션, 주방용품 등이 있다. 생수나 과일, 스위스 기념품도 저렴하게 구입할 수 있다.

주소 Rue du Commerce 5 CH-1204 Genève
☎ 022 818 02 40 **영업** 월~수 08:30~19:00,
목 08:30~20:00, 금 08:30~19:30, 토 08:30~18:00
휴무 일 **위치** 콩페데라시옹 거리와 연결된 코머스 거리.
지도 p.412-A

글로부스 Globus

1896년 처음 취리히에 문을 연 이래, 현재 스위스 전역에 지점을 둔 스위스의 유명 대형 백화점. 제네바 론 거리에 있는 글로부스는 제네바 최대 규모의 백화점이다. 식료품, 인테리어 용품, 패션, 미용, 보석, 시계, 가죽제품 등, 쇼핑의 모든 것을 갖추고 있다.

주소 Rue du Rhone 48 CH-1204 Genève
☎ 058 578 50 50
영업 월~수 09:00~19:00, 목 09:00~20:00,
금 09:00~19:30, 토 09:00~18:00
휴무 일 **홈페이지** www.globus.ch
위치 론 거리 몰라르 광장 근처.
지도 p.412-B

마노르 백화점 Grand Magasins Manor

스위스에서 가장 큰 백화점으로, 무려 110년이 넘는 전통을 자랑한다. 외벽에는 스위스의 유명 화가 한스 에르니의 작품이 크게 걸려 있다. 전 세계 유명 브랜드를 비롯해 신선한 음식들로 가득한 마노르 푸드

와 직영 레스토랑을 운영하고 있다. 특히 0층에서 판매하는 초콜릿은 다른 곳에 비해 저렴한 편이다.

주소 Rue de Cornavin 6 CH-1201 Genève
☎ 022 909 46 99
영업 월~수 09:00~19:00, 목 09:00~21:00,
금 09:00~19:30, 토 08:30~18:00 **휴무** 일
홈페이지 www.manor.ch
교통 14 · 18번 트램이나 3 · 5 · 10 · 19번 버스를 타고 쿠탕스(Coutance)에서 하차, 론강 우안, 한국 식당 '밥' 건너편에 있다. **지도** p.410-C

슈테틀러 & 카스트리셔

Stettler & Castrischer

1947년에 폴 슈테틀러가 창업한 수제 초콜릿 가게. 풍부하고 진한 풍미의 초콜릿은 기념품이나 선물로 구입하기에 좋다. 초콜릿 '제네바의 조약돌'이 대표 상품이다. 파베 드 쥬네브(Pavés de Genève) 24조각 CHF35, 32조각 CHF44, 45조각 CHF60.

주소 Rue de Rhone 69 CH-1207 Genève
☎ 022 735 57 63
영업 월~금 08:00~18:00, 토 09:00~18:00 **휴무** 일
홈페이지 stettler-castrischer.com
교통 2 · 6 · 9 · 10 · 25 · 33번 버스를 타고 오비브 광장(Place des Eaux-Vives)에서 하차
지도 p.412-C

페이요 Payot

19세기 말에 처음 문을 연, 스위스 전국에 체인점이 있는 대형 서점. 특히 지도와 영어 관련 서적들을 잘 갖추고 있다. 짙은 초록색의 외벽과 간판이 눈에 띈다.

주소 Rue de la Confédération 7 CH-1204 Genève
☎ 022 316 19 00
영업 월~금 09:00~19:00, 토 09:00~18:00
휴무 일
홈페이지 www.payot.ch
위치 콩페데라시옹 거리에 위치. **지도** p.412-A

젤러 쇼콜라티에 Zeller Chocolatier

수제 초콜릿 전문점. 맛과 품질은 슈테틀러에 비해 떨어지지만 다양한 동물 형태의 초콜릿은 보는 즐거움을 준다. 가격은 100g당 CHF11~12.

주소 Place Longemalle 1 CH-1204 Genève
☎ 022 311 56 26
영업 월~금 09:00~18:30, 토 10:00~17:00
휴무 일 **홈페이지** www.chocolat-zeller.ch
위치 영국 공원에 있는 꽃시계 근처.
지도 p.412-B

콩페데라시옹 상트르

Confederation Centre

화장품, 보석, 시계, 의류, 식당, 극장 등 약 50개의 매장과 레스토랑이 입점해 있는 전통적인 쇼핑센터. 중앙부가 크게 트여 있어 넓고 밝은 분위기를 자아낸다. 0층은 화장품,

보석, 약국, 생활용품, 1층은 의류를 판매하며, 2층은 레스토랑이다. 2층의 출구는 구시가의 높은 지대와 연결되어 있어 편리하다.

주소 6, 8, 10, Rue de la Confédération CH-1204 Genève
☎ 022 304 80 20
영업 월~수 08:30~19:00, 목 08:30~20:00,
금 08:30~19:30, 토 09:00~18:00 **휴무** 일
홈페이지 www.confederation-centre.ch
교통 12번 트램 또는 16번 버스를 타고 벨에어 시테(Bel-Air Cité)에서 하차. **지도** p.412-A

제네바에는 저렴한 호스텔부터 최고급 5성 호텔에 이르는 다양한 숙소가 있다. 월요일에서 목요일까지는 요금이 높고 주말에는 요금이 내려가며, 시즌에 따라 가격 변동이 크다. 제네바 관광 안내 홈페이지에서 제네바의 호텔 목록을 살펴볼 수 있다. 호텔 투숙시 무료로 발급되는 제네바 트랜스포트 카드(대중 교통 카드)를 꼭 요청하자.

제네바 관광 안내 www.geneve-tourisme.ch

이스트웨스트 호텔 Eastwest Hôtel

럭셔리하면서도 앙증맞은 디자인과 친절한 서비스로 인기가 높은 4성급 호텔로 스몰 럭셔리 콘셉트를 추구한다. 외관은 클래식하지만 내부는 모던한 인테리어에 예술적인 분위기가 가득하며, 동서양의 조화도 느껴진다. 물이 흐르는 야외 테라스와 최신 설비를 갖춘 피트니스 센터, 서재, 레스토랑 등을 갖추고 있다. 무료로 와이파이 이용이 가능하다.

주소 Rue des Pâquis 6 CH-1201 Genève
☎ 022 708 17 17 **객실 수** 41실
예산 더블 CHF350~, 조식 포함 여부는 요금에 따라 변동
홈페이지 www.eastwesthotel.ch
위치 코르나뱅역에서 500m 거리. **지도** p.410-A

호텔 스위스 Hôtel Suisse

몽블랑 거리 입구에 있는 3성급 호텔. 객실은 모던하고 깔끔하다. 열차와 대중교통을 이용하기 무척 편하다. 무료로 와이파이 이용이 가능하다.

주소 Place de Cornavin 10 CH-1201 Genève
☎ 022 732 66 30 **객실 수** 62실
예산 더블 CHF275~, 조식 포함
홈페이지 www.hotel-suisse.ch
위치 코르나뱅역 바로 맞은편에 몽블랑 거리 입구.
지도 p.410-A

호텔 아스토리아 Hôtel Astoria

코르나뱅역 맞은편에 자리하고 있어 교통이 편리한 호텔. 객실에서는 노트르담 대성당이나 챈터풀레 (Chantepoulet) 광장이 잘 보인다. 조식 뷔페는 브리타니아 펍(Britannia Pub)에서 제공된다. 무료 와이파이 사용 가능.

주소 Place de Cornavin 6 CH-1201 Genève
☎ 022 544 52 52 **객실 수** 63실 **예산** 더블 CHF240~(시즌에 따라 변동) **홈페이지** www.astoria-geneve.ch
위치 코르나뱅역 맞은편. **지도** p.410-A

호텔 베르니나 Hôtel Bernina

1932년 설립된 이래 포르타 가족이 대를 이어 경영하고 있는 3성급 호텔이다. 쇼핑 거리인 몽블랑 거리와 가깝고 제네바 호수까지는 도보로 10분이면 도착한다. 객실은 심플하고 모던하다. 무료 와이파이 사용 가능.

주소 Place de Cornavin 22 CH-1211 Genève
☎ 022 908 49 50 **객실 수** 77실
예산 더블 CHF259
홈페이지 www.bernina-geneve.ch
위치 코르나뱅역 맞은편에 있으며 도보 1분 거리.
지도 p.410-A

호텔 브리스톨 Hôtel Bristol

레만 호수와 가까운 몽블랑 광장을 마주하고 있는 우아하고 차분한 분위기의 4성급 호텔. 투숙객들은 사우나, 하맘, 색채 테라피 라운지 등 스파 시설을 무료로 이용할 수 있다. 무료 와이파이 이용 가능.

주소 Rue du Mont-blanc 10 CH-1201 Genève
☎ 022 716 57 00 **객실 수** 100실
예산 더블 CHF515~, 조식 1인당 CHF38
홈페이지 www.bristol.ch
위치 몽블랑 거리가 끝나는 호수 근처.
지도 p.410-C

호텔 레 자르뮈르 Hôtel les Armures

17세기 중세풍의 우아한 건물에 들어선. 전통을 자랑하는 5성급 호텔. 중세에는 이 건물에 제네바의 주교가 거주하기도 했다. 미국 대통령을 지낸 클린턴 가족, 영화배우 소피아 로렌, 조지 클루니, 비틀스의 멤버 폴 매카트니 등 수많은 유명 인사들이 이 호텔에 머물렀다. 32개의 객실은 럭셔리하면서 우아함이 넘친다.

주소 Rue Puits-St-Pierre 1 CH-1204 Genève
☎ 022 310 91 72 **객실 수** 32실
예산 더블 CHF495~(시즌에 따라 변동),
조식 종류에 따라 1인당 CHF16~39
홈페이지 www.hotel-les-armures.ch
위치 생피에르 대성당 정면에서 도보 1분.
지도 p.411-B

보 리바지 Beau Rivage

1865년 마이어 가족이 설립한 이후 현재 4대째 대를 이어 운영하고 있는 유서 깊은 5성급 호텔. 최초로 엘리베이터를 도입한 호텔이기도 하다. 오스트리아의 황비 시시(Sissi)가 묵었던 스위트룸과 그녀의 유품이 남아 있다. 무료로 와이파이 이용 가능.

주소 Quai du Mont-Blanc 13 CH-1201 Genève
☎ 022 716 66 66 **객실 수** 90실
예산 더블 CHF890~, 히스토릭 스위트 CHF5,000~.
조식 콘티넨탈식 CHF37, 뷔페식 CHF47
홈페이지 www.beau-rivage.ch
교통 몽블랑 호반 거리에 있으며 제네바-파키(Genève-Pâquis) 선착장 근처.
지도 p.410-B

호텔 워윅 Hôtel Warwick

코르나뱅역 근처에 위치한 4성급의 호텔로 2010년 레노베이션을 거쳤다. 모던한 인테리어와 목재 가구가 안락함을 더한다. 무료 와이파이 이용 가능.

주소 Rue de Lausanne 14 CH-1201 Genève
☎ 022 716 80 00 **객실 수** 167실
예산 더블 CHF320~(시즌에 따라 변동), 조식 CHF29
홈페이지 www.warwickgeneva.com
위치 코르나뱅역을 나와서 바로 왼편.
지도 p.410-A

호텔 데스 알프스 Hotel des Alpes

코르나뱅 기차역에서 데스 알프스 거리를 따라 조금만 걸으면 나오는 깔끔하고 아담한 호텔. 기차역과 제네바 호수 중간쯤에 위치해 있어 교통과 관광 모두 편리하다. 내부는 깨끗하고 투숙객을 위한 편의 시설도 잘 갖추고 있다. 로비에는 투숙객이 언제든 이용할 수 있는 자동 커피 머신과 간단한 스낵도 있다. 리셉션 24시간 오픈. 무료 와이파이 제공.

주소 Rue des Alpes 14 CH-1201 Genève
☎ 022 731 22 00 **객실 수** 28실
예산 더블룸 CHF219~, 조식 포함
홈페이지 www.hotelalpes.ch
위치 코르나뱅 기차역에서 데스 알프스 거리를 따라 제네바 호수 방향으로 도보 3~4분.
지도 p.410-A

노보텔 제네바 상트르
Novotel Genève Centre

모던한 객실과 스위트, 최신 설비의 피트니스 센터와 사우나, 터키식 목욕탕, 휴식 공간, 일광욕실 등을 갖춘 스파를 제공한다. 객실에서 와이파이 무료 이용 가능. 바로 옆에 한식당인 서울식당이 있다.

주소 Rue de Zurich 19 CH-1201 Genève
☎ 022 909 90 00 **객실 수** 206실
예산 더블 CHF265~(시즌에 따라 요금 변동), 조식 포함
홈페이지 www.novotel.com
교통 코르나뱅역을 나오자마자 왼편 로잔 거리(Rue de Lausanne)를 따라 걷다가 취리히 골목(Rue de Zurich)으로 들어가서 직진. 도보 7분 내외. **지도** p.410-A

호텔 스트라스부르 Hotel Strasbourg

코르나뱅 기차역 바로 앞에 위치해 있다. 제네바 호수와 가깝고 구시가도 도보나 트램으로 접근하기 용이하다. 방음이 잘 되는 창문이 설치되어 있어서 외부 소음이 적다. 무료 와이파이가 제공된다.

주소 Rue Pradier 10 CH-1201 Genève
☎ 022 906 58 00 **객실 수** 51실 **예산** 더블 CHF140~
홈페이지 fassbindhotels.ch/hotel/strasbourg
교통 코르나뱅역에서 알프스 거리(Rue des Alpes)를 따라 걷다가 프라디에르 거리(Rue Pradier)로 들어서면 바로 나온다. 도보 3~4분.
지도 p.410-A

호텔 에델바이스 Hôtel Edelweiss

레만 호수 근처 알프스 목조 샬레 느낌이 가득한 정감 있는 호텔. 산악 스타일의 가구로 장식된 내부는 편안한 분위기다. 이 호텔이 운영하는 에델바이스 레스토랑도 인기가 높다. 무료 와이파이 제공.

주소 Place de la Navigation 2 CH-1201 Genève
☎ 022 544 51 51 **객실 수** 42실
예산 더블 CHF279~, 조식 별도
홈페이지 www.hoteledelweissgeneva.com
교통 1·25번 버스를 타고 나비가시옹(Navigation)에서 하차. 또는 코르나뱅역에서 도보 10분.
지도 p.410-B

호텔 애드머럴 Hôtel Admiral

코르나뱅역에서 가깝다. 몽블랑 거리와 나란히 있는 알페스 거리(Rue des Alpes) 중간의 펠레그리뇨 거리(Rue Pellegrino) 골목으로 들어가면 나온다. 아침 뷔페는 같은 가격대의 다른 호텔들에 비해 풍성한 편이다. 다만 호텔 오른쪽 방향이 홍등가 주변이라 야간에 소음이 심하며 방음도 잘 안 되는 편이다. 주변 소음에 민감한 여행자나 어린 자녀와 함께 여행하는 가족은 피하는 편이 좋다. 위치나 가격 면에서는 무난하다. 무료 와이파이 제공.

주소 Rue Pellegrino Rossi 8 CH-1201 Genève
☎ 022 906 97 00 **객실 수** 25실
예산 더블 CHF209부터, 조식 뷔페 포함
홈페이지 www.hoteladmiral.ch
교통 몽블랑 거리 옆에 있는 알프스 거리 근처에 있다. 또는 코르나뱅역에서 도보 5분.
지도 p.410-A

제네바 유스호스텔

Auberge de Jeunesse Genève

1932년에 오픈한 이래로 오늘날에 이르고 있다. 리셉션은 오전 6시 30분부터 10시까지, 오후 2시부터 한밤중까지 연다. 연중무휴이며 유스호스텔 회원 카드가 없는 사람은 1박에 CHF6을 추가해야 한다. 전화나 이메일로 예약을 받지 않으니 숙박 어플을 이용하자.

주소 Rue Rothschild 28 CH-1202 Genève
☎ 022 732 62 60
객실 수 58실, 베드 수 334개, 도미토리 36실
예산 더블 CHF100~, 조식 포함
홈페이지 genevahostel.ch/en/
교통 15번 트램을 타고 부티니(Butini)에서 하차 후 두 블록 뒤로 이동 후 로스차일드 거리로 진입. 도보 4분 거리. 레만 호수와 가까운 콰르티에 데 파키(Quartier des Pâquis)에 위치
지도 p.410-A

호텔 리도 Hotel Lido

코르나뱅 기차역에서 3분 거리에 있는, 작지만 깔끔한 호텔. 시외버스 터미널이 근처에 있어 샤모니 몽블랑 등을 다녀오기에 좋다. 객실은 모던하고 깔끔하다.

주소 Rue de Chantepoulet 8 CH-1201 Genève
☎ 022 731 55 30
객실 수 29실
예산 더블 CHF160~, 조식 별도
홈페이지 www.hotel-lido.ch
교통 코르나뱅 기차역에서 도보 3분.
지도 p.410-A

로잔
LAUSANNE

언어 프랑스어권 | 해발 455m

구시가의 우아함과 모던함을 갖춘 학문과 교육의 도시

레만(Léman) 호수의 가장 북쪽 언덕 경사지에 펼쳐진 로잔은 로잔 대학과 국제 학교, 호텔 학교, 발레 학교 등 다양한 교육 기관이 자리 잡은 교육과 학문의 도시답게 젊은 활기가 넘친다. 또한 국제 올림픽 위원회(IOC) 본부가 있는 곳으로 세계에서 유일하게 올림픽 마크 로고와 깃발을 항상 사용할 수 있는 '올림픽의 수도'라고 불린다. 스위스에서 네 번째로 큰 도시이자 빠른 메트로 시스템을 보유한 세계에서 가장 작은 도시이기도 하다. 몽트뢰와 호수 동쪽 끝까지 이어지는 스위스 리비에라(Riviera)의 한 도시로서 구시가의 우아함과 새롭게 부상하는 플롱(Flon) 지구의 모던함이 공존하며, 우시(Ouchy) 항구의 낭만과 여유가 넘치는 곳이 바로 로잔이다.

ACCESS

로잔 가는 법

제네바주 교통의 요지로서 기차 노선이 잘 갖춰져 있다. 또한 레만 호수 유람선·정기선을 타고 제네바, 몽트뢰 등 주변 도시와 호수 반대편 프랑스 도시들까지 왕래할 수 있다.

기차로 가기

제네바역에서 출발
IC·IR 열차로 33~39분 소요. RE 열차로 48분 소요. 1시간에 6대 정도 운행.

몽트뢰역에서 출발
IR 열차로 21분 소요. S1·S3 열차로 30분 내외 소요. 1시간에 4대 정도 운행.

베른역에서 출발
IR(매시 4분), IC(매시 34분 출발) 열차로 1시간 6~12분 소요. 1시간에 2대 운행.

배로 가기

스위스와 프랑스에 걸쳐 있는 레만 호수 주변에 자리한 로잔, 제네바, 코페(Coppet), 니옹(Nyon), 몽트뢰, 브베(Vevey), 에비앙(Evian, 프랑스 도시이므로 여권 필요) 등 크고 작은 여러 도시를 호수 정기선과 유람선이 이어주고 있다. 런치나 디너 크루즈도 있으며 대부분 주변 풍경을 감상할 수 있도록 느린 속도로 운항하고 있다. 겨울철에는 긴 노선은 운항하지 않는다.
에비앙-로잔 구간은 편도 35분 소요, 제네바-로잔 구간 편도 약 3시간 30분 소요. 스위스 패스 이용자는 무료 이용 가능.

레만 호수 정기선 www.cgn.ch(시간표 참조)

자동차로 가기

제네바에서 출발
고속도로 1번을 타고 계속 달리다가 로잔-쥐드/로잔-우시/로잔-상트르(Lausanne-Sud/Lausanne-Ouchy/Lausanne-Centre) 이정표를 따라가면 된다. 약 64km 거리이며 약 50분 소요된다.

몽트뢰에서 출발
9번 고속도로를 타고 계속 달리다가 로잔-벤느 10번 출구(Exit 10-Lausanne-Vennes)로 나간다. 1번 도로인 베른 도로(Route de Berne)로 좌회전해 로잔 방면으로 가면 된다. 약 30km 거리이며 약 26분 소요된다.

로잔 기차역

로잔의 시내 교통

로잔의 관광 명소는 크게 언덕 상부의 구시가와 중턱의 로잔 국철역 아래 우시 지구로 나뉜다. 도시 규모는 크지 않아서 도보로 다닐 수 있지만, 경사가 심해 고지대와 저지대를 연결하는 메트로(Metro)를 이용하는 것이 편하다.

메트로 Metro

로잔 대중교통국 TL(Transports Publics de la Eégion Lausannoise)에서 운행한다. 두 개의 노선이 운행 중이며, 로잔을 가로지르는 M1호선과 세로로 고지대와 저지대를 이어주는 M2호선은 로잔 플롱(Flon)역에서 교차한다. 특히 구시가와 우시 지구를 연결하는 M2호선은 구시가-로잔역-우시 지구를 둘러보는 여행자들에게 아주 유용하고 편리한 노선이다. 구시가에서 우시까지는 메트로로 6분 정도면 도착한다. 메트로는 7~8분 간격으로 수시로 운행한다.

티켓 판매기

메트로역에는 M자 간판이 크게 세워져 있어 눈에 잘 띈다. 승차권은 역내 티켓 판매기나 관광 안내소에서 구입할 수 있으며, 스위스 패스 이용자는 무료로 이용할 수 있다.

요금 1회권 CHF2.30(최대 3곳의 정류장까지 30분 유효), 1시간권 CHF3.70, 1일권 CHF9.30

홈페이지 www.t-l.ch

메트로역 입구

> TIP **로잔의 명물, 로잔 메트로**
> **(Métro de Lausanne)**
>
> 로잔 메트로는 S반(S-Bahn)열차를 제외하면 스위스에서 유일한 도시 철도 시스템이다. 또한 스위스 내의 도시들 중에서 가장 작은 규모의 도시 철도를 운행하고 있다. 대부분의 구간이 단선인 1호선은 1991년에 개통했으며 총 길이가 8km로 시내 중심부와 로잔 대학, 로잔 연방 공과대학교, 그리고 로잔 근교의 르낭(Renens)까지 연결된다.
> 여행자들이 주로 이용하는 메트로 2호선(M2)은 로잔-우시(Ouchy) 간 푸니쿨라(funicular) 노선을 토대로 2008년에 개통한 고무타이어 지하철이다. 로잔의 세로축 노선으로 저지대의 우시역(해발 373m)과 고지대의 르 크루아세트(Les Croisettes, 해발 711m)까지 연결한다. 경사가 급한 2호선을 타고 우시항구로 내려가는 것도 색다른 경험이 될 것이다.

버스 Bus

메트로처럼 TL에서 운행하는 버스는 노선이 복잡하므로 관광 안내소에서 노선도를 받아두는 것이 좋다. 10개 노선의 트롤리 버스와 25개 노선의 일반 버스가 운행 중이다. 로잔 시내는 버스를 굳이 이용하지 않아도 메트로와 도보만으로 충분히 돌아볼 수 있다.

요금 1회권 CHF2.30, 1시간권 CHF3.70, 1일권 CHF9.30

택시 Taxi

로잔역 앞에는 택시 승강장이 있으며 급한 일이 있을 때는 묵고 있는 호텔 프런트에 택시를 불러달라고 요청하면 된다. 기본 요금은 CHF6.20, 1km마다 CHF3.0이 추가된다. 로잔에서 브베까지 약 CHF90, 몽트뢰까지 CHF100 정도 나온다. 야간이나 공휴일에는 1km당 요금이 CHF3.80 정도로 올라간다.

INFORMATION

관광 안내소
연중무휴로 운영되는 로잔 관광 안내소 본부는 우시 지구에 있다. 열차로 도착할 경우 로잔역 구내에 있는 안내소를 이용할 수 있다. 호수 정기선으로 도착할 경우에는 우시 지구나 우시 메트로역에 있는 관광 안내소에서 시내 지도와 메트로 노선도를 받아두자.

☎ 021 613 73 73
홈페이지 www.lausanne-tourisme.ch

로잔역 관광 안내소

우시 지구
주소 Avenue de Rhodanie 2 CH-1001 Lausanne
운영 월~금 08:00~12:00, 13:00~17:00,
토~일 09:00~17:00

로잔역
주소 Pl. de la Gare 9 CH-1003 Lausanne
운영 09:00~18:00

우시 메트로역
주소 Pl. de la Navigation 6 CH-1006 Lausanne
운영 10~3월 09:00~18:00, 4~9월 09:00~19:00

로잔 대성당
주소 Pl. de la Cathédrale CH-1014 Lausanne
운영 4~5월·9월 월~토 09:30~13:00, 14:00~18:30,
일 13:00~17:30, 6~8월 월~토 09:30~18:30,
일 13:00~17:30, 10~3월 월~토 09:30~13:00,
14:00~17:00, 일 14:00~17:00

로잔 트랜스포트 카드
Lausanne Transport Card
로잔에 있는 호텔에서 숙박하는 여행자는 교통 카드를 꼭 발급받도록 하자. 호텔 투숙객에게 무료로 발급해 주는 이 교통 카드는 로잔에서 체류하는 동안 모든 대중교통을 무료로 무제한 이용할 수 있다. 숙소를 체크아웃하는 날도 사용 가능하다.

무료 와이파이 존
로잔에는 스위스의 다른 도시와는 달리 무료 와이파이 존이 관광 명소 곳곳에 있다. 리폰 광장, 팔뤼 광장, 프랑수아 교회, 우시역 주변, 플롱 지구 등에는 무료 와이파이 존이 있어 비싼 인터넷 요금에 대한 부담을 줄일 수 있다.

COURSE

로잔의 추천 코스

로잔은 경사진 비탈을 따라 형성되어 있어서 걸어 다니기에 조금 힘들 수도 있다. 구시가는 도보로 천천히 다니고, 구시가와 우시항구 사이를 이동할 때는 세계 최단 길이의 메트로 2호선을 잘 활용해서 다니는 편이 좋다.

팔뤼 광장(시청사, 정의의 분수)

↓ 도보 4분

노트르담 대성당

↓ 도보 4분

생메르성

↓ 도보 5분

리폰 광장 & 뤼민 궁전

↓ 도보 15분(또는 2번 버스로 10분)

아르 브뤼 미술관

↓ 2, 4번 버스 이용 10분(또는 도보 13분)

플롱 지구

↓ 메트로 2호선 10분(또는 도보 15분)

플랫폼 10(로잔 주립 미술관, MUDAC, 사진 박물관)

↓ 메트로 2호선 20분

올림픽 박물관

↓ 도보 10분

우시성과 호반 산책로

여행의 힌트 Q&A

교통비는 얼마나 들지?
이용하고 있는 스위스 패스나 투숙하는 호텔에서 발급받은 로잔 트랜스포트 카드로 무료로 이용할 수 있다.

점심 식사는 어디서?
도시의 모던함을 좋아한다면 플롱 지구에서, 구시가의 운치를 느끼고 싶다면 시청사가 있는 팔뤼 광장 근처에서 점심 식사를 하는 것이 좋다. 프랑스어권답게 프렌치 요리를 많이 맛볼 수 있다. 구시가의 크레프리 라 샹들뢰르(Crêperie la Chandeleur)의 크레페나 플롱역 근처에 있는 마종(Majong)에서 아시안 요리를 맛보는 것도 좋다.

당일치기 근교 여행을 한다면?
기차를 타고 주변 소도시를 돌아보는 것도 좋고, 레만 호수 유람선을 타고 호수를 돌아보는 것도 색다른 추억을 선사한다. 로잔을 기점으로 레만 호수를 따라 동쪽에 자리한 브베, 몽트뢰, 라보 포도밭 등에서는 스위스 리비에라의 아름다움을, 서쪽에 자리한 모르주(Morges), 니옹, 제네바에서는 다양한 도시 여행을 즐길 수 있다. 호수 유람선을 타고 건너편 프랑스령인 에비앙 생수의 원천이 있는 에비앙 마을(Evian les Bains)을 당일치기로 다녀오는 것도 좋다.

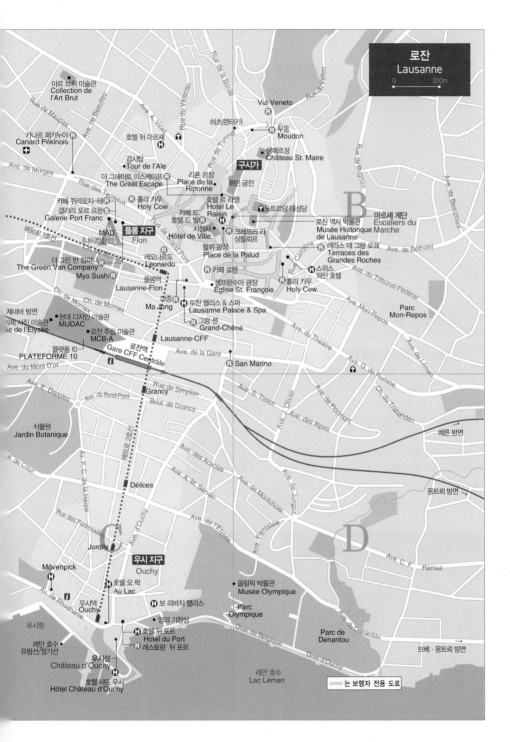

로잔
Lausanne
0   200m

아르 브뤼 미술관
Collection de
l'Art Brut

Via Veneto

카나르 페키누아
Canard Pékinois

호텔 뒤 마르셰

무동
Moudon

생메르성
Château St. Maire

감시탑
Tour de l'Ale

구시가

허츠(렌터카)

더 그레이트 이스케이프
The Great Escape

리폰 광장
Place de la
Riponne

뢰민 궁전

카페 퀴리오자-테
Café Curiosa-Té

홀리 카우
Holy Cow

호텔 르 라쟁
Hotel Le
Raisin

노트르담 대성당

카페트

호텔 드 빌
Hôtel de Ville

로잔 역사 박물관
Musée Historique
de Lausanne

마르셰 계단
Escaliers du
Marche

갤러리 포르 프랑
Galerie Port Franc

시청사

크레프리 라
상들뢰르

테라스 데 그랑 로쉐
Terraces des
Grandes Roches

MAD
(나이트클럽)

플롱 지구
Flon

레오나르도
Leonardo

팔뤼 광장
Place de la Palud

카페 로망

스위스
와인 호텔

더 그린 반 컴퍼니
The Green Van Company

플롱역
Lausanne-Flon

생프랑수아 광장
Eglise St. François

홀리 카우
Holy Cow

Myo Sushi

마종
Ma Jong

Parc
Mon-Repos

제네바 방면

엘리제 사진 미술관
Musée de l'Elysée

현대 디자인 미술관
MUDAC

로잔 주립 미술관
MCB-A

로잔 팰리스 & 스파
Lausanne Palace & Spa

그랑 셴
Grand-Chêne

플랫폼 10
PLATEFORME 10

로잔역
Gare CFF Centrale

Lausanne-CFF

San Marino

식물원
Jardin Botanique

Grancy

Rue de Simplon

Boul. de Grancy

베른 방면

Délices

몽트뢰 방면

Jordils

우시 지구
Ouchy

Mövenpick

호텔 오락
Au Lac

올림픽 박물관
Musée Olympique

Parc de
Denantou

Parc
Olympique

우시역
Ouchy

우시항

보 리바지 팰리스

브베 · 몽트뢰 방면

레만 호수
유람선/정기선

앙리 기장상

호텔 뒤 포르
Hotel du Port

레스토랑 뒤 포르

우시성
Château d'Ouchy

호텔 샤또 우시
Hôtel Château d'Ouchy

레만 호수
Lac Léman

는 보행자 전용 도로

로잔의 관광 명소

구시가 Vieille Ville

로잔 기차역 북쪽의 경사진 언덕을 중심으로
로잔의 고풍스러운 구시가가 형성되어 있다.
시가 자체는 경사진 길이 많지만
그리 넓지 않아 충분히 걸어 다닐 수 있다.

노트르담 대성당
Cathédrale de Notre Dame ★★★

구시가의 가장 높은 곳에 위치한 대성당

1170년에서 1235년에 걸쳐 완성된 웅장한 대성당으로
스위스에서도 가장 훌륭한 고딕 양식 성당으로 평가
받는다. 원래 가톨릭 대성당으로 건설되었으나, 종교
개혁을 거치면서 1536년에 프로테스탄트 대성당이 되
었다.
'사도의 입구'라 불리는 남쪽 현관에는 모세, 예수, 요
한과 같은 성서 속 인물들이 정교하게 묘사돼 있는데
13세기에 새겨진 것이다. 성당 안으로 들어서면 13세
기 고딕 예술의 걸작으로 평가받는 남쪽 벽의 장미창

이 눈길을 끄는데 햇빛이 비칠 때면 빛과 스테인드글
라스가 만들어내는 아름다움에 탄성이 절로 나온다.
하나님을 중심으로 땅과 바다, 공기와 불에 관한 다양
한 소재를 묘사해 놓은 직경 9m의 화려한 스테인드글
라스는 중세의 신앙과 가치관을 잘 보여준다. 거대한
파이프 오르간 또한 인상적이다.
정면 입구로 가면 오른쪽에 첨탑(유료)으로 오르는
232개의 계단이 이어진다. 이 첨탑에는 1405년 이래로
수백 년 동안 이어져 내려오는 불침번 전통이 있다. 매
일 밤 10시부터 새벽 2시까지 다섯 차례 육성으로 시
간과 도시의 안전함을 알리고 있다. 7~9월에는 40분
간의 무료 가이드 투어를 운영한다.

주소 Pl.de la Cathédrale 13 CH-1005 Lansanne
☎ 021 316 71 61
개방 10~3월 매일 09:00~17:30,
4~9월 매일 09:00~19:00 / 탑 4~5월 · 9월 월~토
09:30~13:00, 14:00~18:30, 일 13:00~17:30,
6~8월 월~토 09:30~18:30, 일 13:00~17:30, 10~3월 월~
토 09:30~13:00, 14:00~17:00, 일 14:00~17:00
입장료 성당 무료, 첨탑 성인 CHF5, 아동(6~16세) CHF2
홈페이지 www.cathedrale-lausanne.ch
교통 메트로 2호선을 타고 리폰(Riponne-Béjart)역 하차 후
마르셰 계단을 통해 올라가거나 리폰 광장 옆길로 올라가도
된다.
지도 p.445-B

마르셰 계단
Escaliers du Marché ★★

로잔에서 가장 아름다운 장소

팔뤼 광장(Place de la Palud)에서 대성당까지 이어진 가파른 경사에 설치된 마르셰 계단은 로잔에서 가장 아름답고 중세 시대 느낌이 온전히 보존되어 있는 장소 중 하나다. 지붕이 있는 구불구불한 목조 계단이 가파른 돌길 위로 대성당까지 이어져 있다. 14세기까지 계단 오른쪽으로 광장이 있었고 그곳에서 시장(Marché)이 열렸기 때문에 이러한 이름이 붙여졌다고 한다. 계단 옆으로 상점과 카페, 레스토랑이 운치 있게 들어서 있다.

교통 메트로 2호선을 타고 리폰(Riponne-Béjart)역에서 하차 후 팔뤼 광장으로 이동한다.
지도 p.445-B

생메르성
Château St. Maire ★★★

주교의 거주지였던 성

구시가 언덕 북쪽 끝에 자리 잡은 생메르성은 1397년부터 1426년까지 주교의 거주지로 지어진 성이다. 로잔에서 가장 높은 곳에 자리하고 있는 모습은 당시 주교의 권위와 힘을 보여준다. 현재는 주청사로 이용되고 있다. 성은 이탈리아 북부 아오스타 계곡 출신이었던 당시 주교 기욤 드 샬랑의 초청을 받은 이탈리아 건축가들이 지은 것으로 추정된다. 실제로 성 상부는 이탈리아 북부산 벽돌로 지어졌다. 내부는 입장 불가.

주소 Place du Chateau 4 CH-1005 Lausanne
☎ 021 613 7373 **교통** 5·6·8번 버스나 메트로 2호선을 타고 리폰(Riponne-Béjart)역에서 하차 후 대성당 뒤편까지 도보 10분. **지도** p.445-B

TIP 게(Guet)의 전통 - 수백 년을 내려오는 불침번의 전통

진정한 전통은 오랜 세월과는 상관없이 계속 후대에 이어진다. 로잔의 노트르담 대성당 탑 위에서는 매일 밤 10시부터 새벽 2시까지 500년 넘게 지속되어 온 전통이 지켜지고 있다. 매일 밤 시각과 도시의 안전을 시내에 육성으로 알리는 불침번(Guet)의 전통이 바로 그것이다. 밤 10시부터 새벽 2시까지 매시간 대성당 탑 위에서 사방을 향해 육성으로 "C'est le guet. Il a sonne dix, il a sonne dix!(여기 불침번이 있다. 10시다. 10시다!)"라고 소리를 친다. 공식적으로 이 풍습이 기록된 건 1405년부터이며 그 이전부터 존재했다는 이야기도 전해온다. 다른 나라와 도시에도 이와 비슷한 풍습이 있었지만, 로잔처럼 매일 이 전통을 지키는 곳은 이제 찾아볼 수 없다. 한편, 탑 위에는 불침번을 위한 작은 방이 있다. 밤 10시가 되면 종이 울리고, 그 종이 다 울리고 나면 불침번이 소리친다. 중세 시대의 집들이 대부분 목조로 지어졌기 때문에 화재에 취약해 이 불침번은 시간을 알리는 역할뿐 아니라 화재를 감시하는 역할도 했다. 유럽 대부분의 대성당이 그렇듯 로잔의 대성당은 특히 구시가의 제일 높은 곳에 있어 탑에 오르면 도시 전체를 두루 둘러볼 수 있다. 현재는 일반인도 불침번의 전통을 견학할 수 있다. 단, 단체 견학은 불가능하며 개별적으로 이틀 전에 예약을 해야 한다. 노트르담 대성당이나 관광 안내소에 문의하면 된다.

리폰 광장 & 뤼민 궁전
Place de la Riponne & Palais de Rumine ★★

로잔 시민들의 생활을 엿볼 수 있는 곳

구시가에 있는 넓은 광장을 향해 있는 뤼민 궁전은 1904년 로잔 대학교 건물로 지어졌으며, 현재는 주립 미술관과 대학 도서관으로 이용되고 있다. 리폰 광장에서는 매주 수요일과 토요일에 골동품과 생활용품, 치즈와 빵 등 식료품 시장이, 겨울에는 크리스마스 시장이 열린다. 이 광장에서는 로잔 시에서 무료로 제공하는 와이파이를 이용할 수 있다.

교통 메트로 2호선 리폰(Riponne-Béjart)역에서 하차해 지상으로 나오면 바로 옆. **지도** p.445-A

로잔 역사 박물관
Musée Historique de Lausanne ★★

로잔의 역사를 한눈에 볼 수 있다

로잔 대성당 맞은편에 있는 이곳은 15세기까지는 주교가 거주하던 전망 좋은 영지였다. 이후 1918년 박물관으로 문을 열었는데, 로잔의 선사 시대 유적부터 19세기에 이르기까지 55만 점의 유물들을 보관, 전시하고 있다. 1:200의 축척으로 17세기 로잔의 모습을 보여주는 모형이 인상적이다. 4명의 모형 제작자가 2년에 걸쳐 작업한 걸작인데, 850채의 건물, 1,700개의 굴뚝, 500명의 사람들, 4,000그루의 포도나무를 묘사하고 있다.

주소 Place de la Cathédrale 4 CH-1005 Lausanne
☎ 021 315 41 01 **개관** 화~일 11:00~18:00
휴무 월(7~8월 월 오픈 11:00~18:00)
입장료 성인 CHF12 / 학생 · 아동(만 16세 이하),
매달 첫째 주 토, 스위스 패스 이용자 무료
홈페이지 www.lausanne.ch/mhl
교통 로잔 대성당 맞은편. **지도** p.445-B

아르 브뤼 미술관
Musée de l'Art Brut ★★

색다른 해석의 예술 작품

문화적, 사회적 제약에서 자유로운 예술을 추구하는 장 뒤뷔페(Jean Dubuffet)가 1976년에 설립한 미술관이다. 주류에서 벗어나 완전히 순수하고 예술적인 목적으로 만드는 작품이나 다양하게 해석될 수 있는 작품 등, 폭넓은 분야의 작품을 전시하고 있다.

주소 Avenue des Bergières 11 CH-1004 Lausanne
☎ 021 315 25 70
개관 7~8월 매일 11:00~18:00 / 9~6월 화~일 11:00~18:00
휴무 월
입장료 성인 CHF12, 학생 CHF6 / 아동(만 16세 이하), 매달 첫째 주 토, 스위스 패스 이용자 무료
홈페이지 www.artbrut.ch
교통 2 · 3번 버스를 타고 볼리외-조미니(Beaulieu-Jomini)역에서 하차.
지도 p.445-A

플랫폼 10 Plateforme 10

로잔의 새로운 랜드마크. 로잔의 주요 박물관을
한곳에서 감상할 수 있다.

현대 디자인 미술관
MUDAC ★★★

디자인과 현대 응용 미술의 현주소

플랫폼 10의 기획으로 로잔역 옆에 새롭게 문을 연 이
곳은 디자인과 현대 응용 미술에 대한 현주소와 미래
를 알 수 있는 모던하고 세련된 미술관이다. 디자인,
응용 미술, 현대 미술, 행위 예술과 관련된 다양한 주
제를 기획하고 전시한다.

주소 Place de la Gare 17 CH-1003, Lausanne
☎ 021 318 44 00
개관 월·수·금~일 10:00~18:00, 목 10:00~20:00 **휴무** 화
입장료 성인 CHF15, 장애인·실직자·은퇴자·학생 CHF12, 만
26세 이하 무료, 3곳의 미술관(MUDAC, 엘리제 사진 박물관,
MCBA(주립 미술관)) 통합권 성인 CHF25, 실직자·은퇴자·
학생 CHF19, 만 26세 이상 성인 동반권 CHF38 / 만 26세 이
하, 매달 첫째 주 토, 스위스 패스 이용자 무료
교통 로잔 기차역 출입구를 나와서 왼쪽 방향으로 도보 5분.
지도 p.445-A

엘리제 사진 박물관
Musée de l'Elysée ★

사진에 관심 있다면 들러보자

마리오 자코멜리(Mario Giacomelli),
로버트 카파(Robert Capa) 등 유명
작가의 작품을 비롯해 찰리 채플린
을 비롯한 유명 인사들의 사진들까
지 10만여 점을 보유하고 있다. 거장
들의 작품뿐 아니라 현대의 젊은 작

로잔 주립 미술관
MCB-A(Musee Cantonal des Beaux-Arts) ★★★

새로운 예술 프로젝트 플랫폼 10

기존의 뤼민 광장에서 로잔역 바
로 옆에 새롭게 조성된 플랫폼
10(PLATEFORME 10) 부지의 새
건물로 이전했다. 대중교통이나
도시 간 열차를 통해 쉽게 접근
할 수 있게 했다. 주립 미술관
(MCBA)을 필두로 한 플랫폼 10 프로젝트는 주립 사진
박물관(Musee de l'Elysee), 현대 디자인 미술관
(MUDAC)을 모두 수용하여 예술적 향기 가득한 박물
관 구역을 만드는 작업이었다. 마침내 2021년 프로젝
트가 완성되었고, 로잔의 새로운 랜드마크로 탄생했
다. 박물관뿐만 아니라 레스토랑, 서점, 강당, 도서관
등이 어우러지는 복합 예술 공간으로 조성되었다.
1만 점 이상의 예술품을 소장하고 있는 주립 미술관은
고대 이집트 미술부터 큐비즘에 이르기까지 폭넓은
작품을 전시하고 있다. 보(Vaud)주 출신의 풍경 화가
루이스 뒤크로(Louis Ducros, 1748~1810)의 작품이
인상적이다.

주소 Place de la Gare 16 CH-1003 Lausanne
☎ 021 316 34 45
개관 화~수, 금~일 10:00~18:00, 목 10:00~20:00 휴무 월
입장료 성인 CHF15, 장애인·실직자·은퇴자·학생 CHF12, 만
26세 이하 무료 / 3곳의 미술관(MUDAC, 엘리제 사진 박물관,
MCBA(주립 미술관)) 통합권 성인 CHF25, 실직자·은퇴자·
학생 CHF19, 만 26세 이상 성인 동반권 CHF38 / 만 26세 이
하, 매달 첫째 주 토, 스위스 패스 이용자 무료
홈페이지 www.mcba.ch
교통 로잔역에서 도보 3분. 버스 1, 3, 21번을 타고 로잔역 하
차 후 도보 이동. 메트로 2호선 로잔역 하차 후 도보 3~4분.
지도 p.445-A

가들의 작품들도 지원, 전시하고 있다.

주소 Place de la Gare 17 CH-1003 Lausanne
☎ 021 318 44 00
개관 월·수·금~일 10:00~18:00, 목 10:00~20:00 **휴관** 화
입장료 성인 CHF15, 장애인·실직자·은퇴자·학생 CHF12, 만
26세 이하 무료 / 3곳의 미술관(MUDAC, 엘리제 사진 박물관,
MCBA(주립 미술관)) 통합권 성인 CHF25, 실직자·은퇴자·
학생 CHF19, 만 26세 이상 성인 동반권 CHF38 / 만 26세 이
하, 매달 첫째 주 토, 스위스 패스 이용자 무료
홈페이지 elysee.ch
교통 플랫폼 10구역에 있다. 로잔 기차역을 나와서 왼쪽 방향
으로 도보 5분.
지도 p.445-A

우시 지구 Ouchy

로잔 기차역을 기준으로 경사지 아래쪽으로
레만 호수까지 이어진 지역.
내리막길이어서 걸어 내려갈 수 있지만,
메트로 2호선을 타고 우시항구까지 네 정류장이면
바로 호수 앞까지 내려갈 수 있다. 호숫가를 따라
고급 호텔과 레스토랑 등 호반 리조트가
형성되어 있다. 우시 지구의 서쪽 비디(Vidy)에는
IOC 본부와 올림픽 박물관과
조각 공원이 자리 잡고 있다.

우시성
Château d'Ouchy ★★

럭셔리 호텔로 바뀐 성

12세기에 레만 호숫가에 건설된 이 성은 현재는 네오
고딕 양식의 럭셔리 호텔로 운영 중이다. 호텔 내부에
는 아직도 예전의 유적이 그대로 남아 있다. 애초에는
요새로 지을 계획이었다고 한다. 현재까지도 우뚝 솟
아 있는 감옥탑은 1177년에 건설된 성의 일부였다.
19세기에 들어서면서 성을 개조했고, 중세의 벽들과
모던한 디자인을 결합한 부티크 럭셔리 호텔(호텔 샤
토 우시)로 변신했다.

주소 Hôtel Château d'Ouchy, Place du Port CH-1006
Lausanne
☎ 021 331 32 32
홈페이지 www.chateaudouchy.ch
교통 메트로 2호선 우시(Ouchy)역을 나오자마자 왼쪽으로 도
보로 1분 정도 가면 길 건너편에 있다.
지도 p.445-C

올림픽 박물관
Musée Olympique ★★★

로잔의 필수 명소

1993년 6월에 레만 호숫가의 비탈진 자연 속에 자리
잡은 올림픽 박물관은 매년 20만 명 이상의 방문객이
찾아오는 로잔의 필수 명소다. 올림픽과 관련된 물품,
우표, 주화, 비디오, 영화 등 다양한 전시물을 구경할
수 있다. 레만 호수와 알프스 전망이 좋은 레스토랑도
있다.

주소 Quai d'Ouchy 1 CH-1006 Lausanne
☎ 021 621 65 11
개관 화~일 09:00~18:00
휴무 월
입장료 성인(만 16세 이상) CHF20, 학생 CHF14, 아동(만 15세
까지) 무료
홈페이지 www.olympic.org/museum
교통 메트로 2호선이나 버스 2번을 타고 우시(Ouchy)역에 내
려서 포르 거리(Pl. du Port)와 우시 부두길(Quai d'Ouchy)을
따라 도보 10분. 또는 8·25번 버스를 탄 뒤, 바로 올림픽 박물
관에서 하차. 유람선이나 정기선을 타고 우시항구에 도착할 경
우 도보 400m 거리에 있다.
지도 p.445-D

팔뤼 광장
Place de la Palud ★★★

구시가의 중심

구시가의 보행자 전용 구역 중심에 있는 9세기 중세 시장 광장. 17세기에 지어진 시청사(Hôtel de Ville)를 비롯해 고풍스러운 중세 건물들로 둘러싸여 있는 아름답고 활기찬 광장이다. 매주 수요일과 토요일에는 이 광장과 리폰 광장 일대에 식료품과 생활용품 위주의 활기찬 시장이 열린다. 광장의 한쪽 끝에는 정의의 여신 분수(Fontaine de la Justice)가 있으며, 분수 뒤편 메르시에 거리(Rue Mercère)로 들어서면 왼쪽으로 마르셰 계단이 시작된다. 이곳 정의의 여신은 실제로는 복제품이며 원본은 로잔 역사 박물관(p.448)에 보관 중이다.

정의의 여신 분수 뒤에 있는 약국 건물 1층 외벽에는 오메가 로고가 붙어 있는 팔뤼 시계(Horloge de la Palud)가 있다. 가로로 긴 검은색 건물 부조에 동그란 태양 얼굴을 한 시계인데, 매시 정각이 되면 한 무리의 작은 장난감 인형들이 벽에서 나와 시계를 한 바퀴 돌면서 행진하며 들어간다.

교통 메트로 2호선 리폰(Riponne-Béjart)역에서 하차.
지도 p.445-A

레만 호수 유람선·정기선
CGN ★★

레만 호수를 운항하는 이동수단

런치 크루즈와 선셋 크루즈 등 다양한 유람선을 운행하고 있다. 특히 벨 에포크(Belle Epoque) 증기선 크루즈는 국가 중요 역사 기념물로 지정되었으며 현재도 운행 중이다.

레만 호수 정기선은 로잔에서 레만 호수를 가로질러 맞은편에 있는 프랑스 에비앙(35분 소요)과 스위스 리비에라라 불리는 브베(1시간 소요)-몽트뢰(1시간 30분 소요)-시옹성(1시간 50분 소요) 구간을 운행하고 있다. 운항 시간과 횟수는 계절에 따라 변동되므로 홈페이지에서 확인하자.

홈페이지 www.cgn.ch **지도** 선착장 p.445-C

부자들이 사랑한 항구, 우시 지구

옛날에는 어촌 마을이었지만 19세기 중반 레만 호수의 항구 역할을 하기 위해 로잔시에 통합되었다. 예전부터 배우 찰리 채플린이나 패션 디자이너 샤넬 등 유명 인사와 갑부들이 이곳에 별장을 짓고 레만 호수의 풍경을 즐겼다. 레만 호수에 있는 항구 중에서 우시항구가 최대 규모를 자랑한다. 그래서 항구에는 유명 인사와 부유층이 소유하고 있는 크루즈 선들과 요트들이 즐비하다. 구시가와는 완전히 상반된 분위기를 풍기는 곳이다.

레만 호수 근교 여행하기, 프랑스의 에비앙 Evian

로잔을 여행한다면 그리고 일정에 여유가 있다면 레만 호수 건너편에 있는 프랑스의 작은 도시 에비앙에 가 보자. 프랑스뿐 아니라 유럽을 대표하는 세계적인 생수 에비앙의 본고장인 이 도시의 정식 명칭은 에비앙 레 뱅(Evian les Bains)이다. 차갑고 신선한 샘이 솟아오르는 이곳은 말 그대로 미네랄 생수 에비앙의 도시다. 도시 곳곳에 식수대가 있는데, 사람들마다 물통이나 페트병에 물을 담아 먹는다. 선착장에서 내린 후 먼저 관광 안내소에서 지도를 챙기자. 호반 거리에서 우회전한 다음 카지노 바로 앞에서 좌회전하면 생수 회사 에비앙의 옛 본사가 있는데, 일반인에게 공개되는 관광 명소 중 하나다. 로잔에서 레만 호수 정기선을 타면 약 35분 걸린다. 프랑스로 입국하므로 만일의 경우를 대비해 여권을 소지해야 한다.

로잔의 새로운 명소 탐험

플롱 지구
Quartier du Flon

플롱 지구는 당시 유럽에서는 그 선례를 보기 힘든 엄청난 프로젝트로 탄생한 도시 개발 지역이다. 로잔 중심에 있던 대규모 공업 지대를 새롭게 디자인해 모던한 첨단 생활 구역으로 변화시킨 놀라운 모험의 결과물이다.

교통 메트로 1·2호선 로잔 플롱(Lausanne-Flon)역 하차 **지도** p.445-A

플롱 지구의 역사

원래 플롱은 사람이 살지 않는 계곡이었는데, 19세기 초 들어선 공장으로 인해 악취가 나게 되었고, 결국 로잔 시민들이 피해다니던 곳이었다. 20세기 초에는 로잔의 주된 화물 운송 기지 역할을 하면서 도시의 현대화에 뒤처지며 쓸모없는 공장 지대로 남게 되었다.

하지만 1991년 로잔의 메트로 1호선이 개통된 이후 로잔 플롱에 중앙역이 자리 잡았다. 이후 로잔-우시 라인과 교차하는 중심 자리를 플롱이 차지하게 되었다. 사실 1990년대까지만 해도 플롱은 여전히 로잔에서 안 좋은 지역으로 인식될 정도로 이미지가 나빴다. 그러나 1999년 플롱을 탈바꿈하기 위한 시의회의 결정으로 로잔 플롱 지구 발전 프로젝트 (Plan partiel d'affectation, PPA)가 시행되었다.

로잔에서 가장 트렌디한 장소, 플롱

이후 최신 영화를 상영하는 복합 상영관이 세워졌고 첨단 사무실과 수십 개의 쇼핑 센터, 개성 넘치는 디자이너 가구점, 갤러리, 레스토랑과 바, 나이

트클럽 등 모던하고 다양한 시설이 들어서면서 플롱은 로잔에서 가장 트렌디하고 젊고 핫한 장소로 변모했다. 특히 플롱의 진면목을 볼 수 있는 시간은 밤이다. 세련되고 현대적인 건물들이 제각각 조명을 받아 낮보다 더 화려한 모습으로 변신하는데, 로잔 구시가와는 완전히 색다른 느낌을 연출한다.

로잔의 젊은이들은 주말이 되면 대부분 플롱 지구로 모여들어 활기를 더한다. 플롱에는 젊은이들이 모여드는 클럽이나 바가 많다. 특히 플롱의 나이트클럽 MAD는 우리나라 가수 싸이도 와서 공연했을 정도로 유명하다.

메트로 2호선 플롱역에서 하차해 지상으로 나오면 바로 플롱 지구로 이어진다.

플롱 관광 안내소
주소 Rue de Genève 7 CH-1003 Lausanne
☎ 021 341 12 12 **홈페이지** www.mobimo.ch

크레프리 라 샹들뢰르
Crêperie la Chandeleur

미리 예약하지 않으면 앉기 힘들 정도로 붐비는 크레페 전문 레스토랑. 바나나 누텔라 크레페(Banane et nutella crepes) CHF12, 소금 버터 캐러멜 크레페(Caramel beurre sale crepes) CHF10, 시금치 · 달걀 · 토마토가 들어간 팬케이크(Epinards, oeuf, fromage et tomate fraiche) CHF17.50 등 다양한 메뉴가 있다.

주소 Rue Mercerie 9 CH-1003 Lausanne ☎ 021 312 84 19
영업 화~목 11:30~23:00, 금~토 11:30~23:30 **휴무** 일~월
홈페이지 www.lachandeleur.ch
교통 팔뤼 광장에서 정의의 여신 분수 뒤로 노트르담 대성당 올라가는 길(Rue Mercerie) 왼편에 위치. **지도** p.445-B

홀리 카우 Holy Cow

스위스산 쇠고기로 만든 수제 버거 전문점으로 현지 젊은이들에게 인기가 높다. 쇠고기 육질이 살아 있어 한 끼 식사로 든든하다. 음료수도 콜라 대신 스위스산 음료만 판매한다. 빅비프 버거(CHF11.90), 빅비프 버거 세트(CHF16.90) 등이 추천 메뉴

주소 Rue des Terreaux 10 CH-1003 Lausanne
☎ 021 323 11 66 **영업** 월~일 11:00~23:00
홈페이지 www.holycow.ch **교통** 시청사에서 도보 6분.
지도 p.445-B

테라스 데 그랑 로쉐
Terraces des Grandes Roches

로잔 젊은이들이 즐겨 찾는 카페 겸 바이다. 현대 미술관 아래 샤를 베시에 다리 밑 공간에 숨어 있어서 현지인이 아니면 알 수 없는 독특한 카페다. 넓은 공간 속에 컬러풀한 의자들이 편안한 분위기를 선사한다. 다양한 맥주, 와인, 칵테일, 커피를 제공한다. 여름철에는 소규모의 콘서트와 공연이 열린다.

주소 Escaliers des Grandes-Roches 1003 Lausanne
☎ 021 312 34 18
영업 월~금 12:00~00:00, 토 11:30~00:00,
일 13:00~00:00
홈페이지 lesgrandesroches.ch
교통 로잔 대성당에서 샤를 베시에 다리(Pont Charles Bessieres) 아래 계단으로 도보 4분. **지도** p.445-B

마종 Ma Jong

메트로 2호선 플롱역에서 가까운 일식 및 태국식 전문 아시안 음식점. 로잔의 젊은이들에게 인기 있는 곳으로 꼽힌다. 대부분의 메인 요리는 CHF18 내외. 쇼유 라멘(Shoyu Ramen), 야키니쿠(Yaki-Niku), 팟타이 (Phat Thai) 등 각각 CHF18.

주소 Escaliers du Grand-Pont 3 CH-1003 Lausanne
☎ 021 329 05 25
영업 월~토 11:30~22:00, 일 18:30~22:00
홈페이지 www.ma-jong.ch
교통 메트로 2호선 로잔 플롱(Lausanne-Flon)역에서 도보 3분. **지도** p.445-A

카페 로망 Café Romand

1951년에 처음 문을 연 오랜 전통의 레스토랑. 세월의 때가 묻어 있는 실내 가구와 장식이 특별한 분위기를 풍긴다. 전통 지역 요리와 스위스 요리 전문 식당이며 지역 와인도 맛볼 수 있다. 오늘의 런치 스페셜(L' Assiette du jour, a midi, CHF22), 뢰스티(CHF27), 다양한 채소 믹스 샐러드(Salade du berger, CHF27.50), 파페 보두아(Papet Vaudois, 훈제 돼지고기와 양배추 소시지, CHF26.50) 등을 맛볼 수 있다.

주소 Place Saint-François 2 CH-1003 Lausanne
☎ 021 312 63 75
영업 월~토 11:30~14:15, 18:30~22:00 **휴무** 일·공휴일
홈페이지 www.cafe-romand.ch
교통 메트로 2호선 로잔 플롱(Lausanne-Flon)역에서 도보 5분. **지도** p.445-A

카페 드 호텔 드 빌 Cafe de l'Hôtel de Ville

19세기의 건물을 사용하는 작은 카페로 내부는 아늑하고 아기자기하다. 현지인들이 즐겨 찾는 곳으로 주인장 마리(Marie)가 개발한 샐러드가 특히 인기가 높다. 가끔 사진전이나 그림 전시회가 열리기도 한다. 메뉴는 CHF17~25 정도.

주소 Place de la Palud 10 CH-1003 Lausanne
☎ 021 312 10 12 **영업** 화·목·금 11:30~19:00,
수·토 09:00~19:00 **휴무** 일~월
위치 팔뤼 광장 시청사 옆. **지도** p.445-A

더 그레이트 이스케이프 The Great Escape

2003년에 오픈해서 현지인들과 여행자들에게 인기를 얻고 있는 바 겸 카페다. 다양한 버거 메뉴 (CHF14~21)와 탭 비어는 이 집의 자랑이다. 잉글랜드 프리미어 리그를 비

롯해서 유럽 축구 일정에 맞춰 현지인들이 몰려와 축구 중계와 함께 가볍게 맥주를 즐기기도 한다.

더 롤스 버거(The Rolls Burger, 소고기 160g, CHF20), 더 그레이트 시저 샐러드(The great cesar salad, CHF23), 닭고기 그릴(SUPRÊME DE POULET GRILLÉ, CHF23)을 비롯해서 다양한 런치 메뉴 (CHF20~36) 등이 있다.

주소 Rue Madeleine 18 CH-1003 Lausanne
☎ 021 312 31 94
영업 월~목 11:00~01:00, 금~토 11:00~02:00,
일 11:00~01:00(주방 월~수, 일 12:00~22:30,
목~토 12:00~23:00)
홈페이지 www.the-great.ch
교통 리폰 광장에서 노트르담 대성당 방향으로 계단을 올라가다 오른쪽에 있다. 도보 1분 거리. **지도** p.445-A

더 그린 반 컴퍼니 The Green Van Company

로잔 플롱 지구의 모던한 햄버거 가게. 2014년 푸드 트럭으로 시작해서 로잔(2017년)과 제네바(2020년)에 버거 매장을 열었다. 버거 패티에 사용되는 소고기와 닭고기, 탄산음료도 모두 스위스산이다. 핫소스가 들어간 헬 버거(Hell Burger) CHF18, 더 그린 클래식 버거(The Green Classic Burger) CHF15 등, 버거 단품은 CHF15~23 선이다.

주소 Rue du Port-Franc 8 CH-1003 Lausanne
☎ 079 945 00 69
영업 월~목 11:00~22:00, 금~토 11:00~22:30,
일 11:00~22:30
홈페이지 thegreenvan.ch
교통 메트로 2호선 로잔 플롱(Lausanne-Flon)역에서 도보 4분.
지도 p.445-A

레스토랑 뒤 포르트 Restaurant du Port

우시 지구 레만 호숫가에 자리 잡은 해산물과 지역 요리 전문 레스토랑. 레몬 소스를 곁들여 버터에 구운 농어 필레가 인기 있다. 홈메이드 양념 연어(Home made marinated salmon, CHF18.50), 랍스터 그라탕(Scampin gratin, CHF49.50), 오늘의 요리(Plats du jour, CHF20 내외) 등을 맛보자.

주소 Place du Port 5 **☎** 021 612 04 44
영업 월~토 11:30~14:00, 18:30~22:00 / 일 11:30~14:30, 18:30~22:00
홈페이지 www.hotel-du-port.ch
교통 우시 지구 레만 호숫가에 위치. 메트로 2호선 우시 (Ouchy)역에서 도보 1분.
지도 p.445-C

카페 퀴리오지-테 Café Curiosi-Thés

플롱 지구에 있는 유명 앤티크 가구점 포르 프랑(Port Franc) 내에 있는 아담하고 독특한 카페. 가구 구경을 하다가 잠시 쉬어갈 수 있다. 커피(CHF3.20), 사과 주스(Jus de Pomme, CHF4), 차 한 주전자(Theiere, CHF5) 등을 판매한다.

주소 Rue de Genève 21 CH-1003 Lausanne
☎ 078 639 10 58
영업 월~금 12:00~18:30, 토 11:00~18:00 **휴무** 일
홈페이지 www.galerieportfranc.ch
교통 메트로 2호선 로잔 플롱(Lausanne-Flon)역에서 도보 5분. **지도** p.445-A

레오나르도 Leonardo

로잔 플롱 지구의 중심에 있는 이탈리안 레스토랑. 새롭게 부상하는 플롱 지구 중심에 있는 레스토랑답게 모던한 분위기를 풍긴다. 추천 메뉴는 리소토(Risotto, CHF32), 봉골레 스파게티(Vongoles Spaghetti, CHF29), 비프 필레 구이(Filet de Boeuf Grille, CHF42).

주소 Voie du Chariot 6 CH-1003 Lausanne-Flon
☎ 021 311 49 70
영업 월~토 11:45~14:30, 18:30~22:30
휴무 일
홈페이지 www.leonardo-barandfood.com
교통 메트로 2호선 로잔 플롱(Lausanne-Flon)역에서 도보 3분. **지도** p.445-A

마르셰 뒤 상트레 빌
Marchés du Centre-Ville

로잔의 활기 넘치는 볼거리로 매주 수요일과 토요일 아침에 구시가지 일대의 팔뤼 광장과 리폰 광장에서 열리는 벼룩시장과 식료품 시장이 있다. 리폰 광장에서는 다양한 골동품 노점상과 빵, 치즈, 과일, 햄 가게들이 좌판을 펼친다. 저렴한 가격에 골동품이나 중고품을 살 수 있고, 신선한 현지 음식을 맛볼 수 있다. 특히 메트로 2호선 리폰역 입구 근처에 있는 빵 노점상은 현지인들에게 인기 있는 가게다. 커다란 마카롱 몇 개에 배가 부를 정도다.

주소 Place de la Riponne & Place de la Palud 일대
교통 메트로 2호선 리폰(Riponne–Béjart)역 하차.
지도 리폰 광장 · 팔뤼 광장 p.445-A

수십 년이 훌쩍 넘는 빈티지 루이비통 프렁크를 보는 즐거움도 있다

갤러리 포르 프랑 Galerie Port Franc

플롱 지구에 있는 복고적이면서도 세련되고 트렌디한 가구점. 25년 전부터 오리지널 소파, 팜 테이블(farm table), 덴마크 사이드보드 등 빈티지 가구를 주로 판매해 왔다. 창고형 갤러리 안에는 다양한 매장이 있어 둘러보는 재미가 있다. 임스(Eames), 놀(Knoll), 사리넨(Saarinen), 알토(Aalto), 르 코르뷔지에(Le Corbusier), 빌 야콥센(Bill Jacobsen)과 같은 뛰어난 디자이너들의 가구부터 아직 널리 알려지지 않았지만 재기 넘치는 신진 디자이너들의 가구들을 볼 수 있다. 스칸디나비아 가구도 있으며 독특한 아이템을 다수 보유하고 있다. 갤러리 안에는 카페도 있어 잠시 쉬어 갈 수도 있다.

주소 Rue de Genéve 21 CH-1003 Lausanne
☎ 078 639 10 58
영업 월~금 12:00~18:30, 토 11:00~18:00 **휴무** 일
홈페이지 www.galerieportfranc.ch
교통 메트로 2호선 로잔 플롱(Lausanne-Flon)역에서 도보 5분. **지도** p.445-A

호텔 르 라쟁 Hôtel Le Raisin

로잔 구시가 중심 팔뤼 광장
에 있으며 시청사와 마주보
고 있는 아담한 호텔. 모든
객실은 2013년에 레노베이션
을 마쳤다. 구시가 도보 여행
에는 최적의 위치다. 무료로
와이파이 사용이 가능하다.

주소 Place de la Palud 19 CH-1003 Lausanne
☎ 021 312 27 56
객실 수 7실 **예산** 더블 CHF160~
홈페이지 www.leraisin-lausanne.ch
교통 메트로 2호선 리폰(Riponne-Béjart)역에서 도보 1분.
지도 p.445-A

스위스 와인 호텔 Swiss Wine Hotel

객실에서 바라다보이는 대성당과 구시가지 전망이 좋
은 3성급 호텔. 무료 와이파이 사용이 가능하며 온라
인 예약 사이트를 이용하면 거의 50% 할인된 요금으
로 숙박할 수 있다.

주소 Rue Caroline 5 CH-1003 Lausanne
☎ 021 320 21 41 **객실 수** 62실
예산 더블 CHF220~(시즌에 따라 가격 변동), 조식 별도
홈페이지 byfassbind.com
교통 메트로 2호선 베시에르(Bessières) 역에서 하차하면 길
건너편에 있다. 메트로역에서 리프트(승강기)를 타고 나오면
건널목 바로 건너편이다.
지도 p.445-B

호텔 뒤 마르셰 Hôtel du Marché

2014년 레노베이션을 통해 새롭게 단장한 2성급 호텔.
주택가에 자리 잡고 있어서 조용한 편이다. 무료 와이
파이 사용이 가능하다.

주소 Rue Pre-du-marche 42 CH-1004 Lausanne
☎ 021 647 99 00
객실 수 26실 **예산** 더블 CHF147~, 조식 별도
홈페이지 www.hoteldumarche-lausanne.ch
교통 메트로 2호선 리폰(Riponne-Béjart)역에서 하차. 뤼민
광장에서 도보 7분. **지도** p.445-A

호텔 오 락 Hôtel Au Lac

우시항구 앞에 있는 벨에포크 양식의 3성급 호텔이다.
호텔에서 운영하는 레스토랑 르 피라트는 미슐랭 가
이드가 추천하는 곳이기도 하다. 무료 와이파이 사용
이 가능하다.

주소 Place de la Navigation 3 CH-1000 Lausanne
☎ 021 613 15 00 **객실 수** 84실
예산 더블 CHF246~, 조식 포함 **홈페이지** www.aulac.ch
교통 메트로 2호선 우시(Ouchy)역을 나오자마자 바로 왼쪽
모퉁이에 자리 잡고 있다. **지도** p.445-C

몽트뢰
MONTREUX

언어 프랑스어권 | 해발 395m

아름다운 풍광을 자랑하는 호반 도시

몽트뢰는 이웃한 브베(Vevey)와 함께 '스위스의 리비에라'로 불리는 곳으로 이미 19세기 초부터 평화로운 풍경과 온난한 기후로 주목받은 관광지다. 특히 라보 포도 재배 지역(Wine-growing Area of Lavaux)은 유네스코 세계 문화유산으로 등재되어 있을 만큼 그 아름다움과 가치를 인정받고 있다. 레만 호수의 북동쪽 끝에 자리 잡은 몽트뢰는 장 자크 루소와 시인 바이런이 시옹성과 주변 지역의 아름다움을 묘사하면서 유럽의 귀족들이 이곳을 찾기 시작했다. 빅토르 위고, 구스타브 에펠, 찰리 채플린, 간디, 프레디 머큐리 등 이곳을 찾은 유명 인사는 셀 수 없이 많다. 몽트뢰 리베에라 호숫가 도시들마다 유명 인사들과 관련된 장소나 사연이 있어 이를 찾아가는 것도 색다른 즐거움이 될 것이다.

몽트뢰 가는 법

주요 도시 간의 이동 시간

제네바 → 몽트뢰 기차 1시간 5분
로잔 → 몽트뢰 기차 20분
　　　　　　　　배 1시간 10분

기차로 가기

제네바역에서 출발
IR 열차로 약 1시간 5분 내외 소요. 1시간당 2대씩 운행.

로잔역에서 출발
R 열차로 약 20분 소요. S선은 약 30분 소요. 1시간당 각각 2대 정도씩 운행.

배로 가기

제네바, 로잔에서 레만 호수 정기선을 이용해 몽트뢰에 도착할 수 있다.

제네바에서 출발
레만 호수 정기선을 타고 약 4시간 30분 소요. 여름 시즌에만 운행.

몽트뢰 기차역

레만 호수 정기선

로잔에서 출발
레만 호수 정기선을 타고 약 1시간 10분 소요.

홈페이지 www.cgn.ch

자동차로 가기

제네바에서 출발할 때 고속도로 1번을 타고 로잔 진입 전까지 온 후 고속도로 9번을 타고 계속 이동하면 된다. 제네바에서 로잔 근처까지 약 57km. 40분 소요. 로잔 근처에서 몽트뢰까지 약 25분 소요. 36km.
고속도로보다는 시간이 조금 더 걸리더라도 레만 호수와 라보 포도 재배 지역을 조망할 수 있는 일반 도로 1번과 9번을 따라 레만 호수를 오른편에 끼고 달리는 것도 좋다.

INFORMATION

시내 교통
열차로 도착할 경우 기차역은 호반보다 높은 지대에 있어 계단이나 엘리베이터를 이용해 호반으로 내려가야 한다. 도시 규모가 작은 몽트뢰는 걸어서 둘러보기에 충분하다. 관광객을 위한 미니 트레인도 운행되고 있으며 주변 도시로 이동할 때는 열차나 버스, 호수 정기선을 적절히 활용하는 편이 좋다. 스위스 패스 이용자는 호수 정기선을 포함한 모든 대중교통을 무료로 이용할 수 있다. 호텔 투숙객들에게 몽트뢰의 대중교통을 이용할 수 있는 몽트뢰 리비에라 카드(Montreux Riviera Card)를 무료로 발급해 주니 이를 잘 활용한다. 몽트뢰 중심부에서 시옹성까지는 호반 산책로가 잘 조성되어 있다. 도보 약 40분 소요. 버스 201번 또는 열차 S선으로 10분 소요.

몬트뢰의 관광 명소

몬트뢰 호반 산책로
Chemin Fleuri ★★

레만 호수와 알프스 산을 보면서 산책

몬트뢰의 중심 거리인 그랑 거리(Grand Rue)와 나란히 뻗어 있는 산책로. 전 세계에서 모인 여행자들로 늘 활기가 넘친다. 레만 호수 정기선·유람선 선착장을 중심으로 브베 방향과 시옹성(Château du Chillon) 방향으로 길게 이어져 있다. 계절에 따라 산책로 주변에 흐드러지는 형형색색 꽃과 알프스 산을 배경으로 호수 위를 오가는 유람선들은 낭만적인 풍경을 자아낸다. 산책로를 따라 계절에 따라 다양한 예술 조형물을 전시하고 있어 눈이 즐겁다. 선착장에서 호수를 바라볼 때 오른쪽 방향으로 브베, 왼쪽 방

향으로 시장 광장(Place du Marché), 프레디 머큐리 동상과 카지노 바리에르, 시옹성이 있다. 시옹성까지 이어진 산책로를 따라 호수와 마을, 포도밭을 감상하며 여유롭게 걷다 보면 40분 정도 소요된다.

지도 p.460-A

호반 산책로 원형 무대

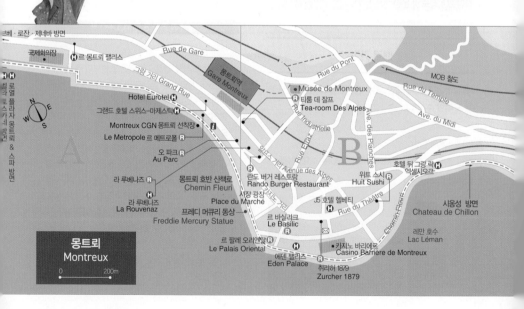

프레디 머큐리 동상
Freddie Mercury Statue ★★★

몽트뢰를 대표하는 이미지 중 하나

몽트뢰 호반 산책로의 중간 쯤에 우뚝 서 있는 조각상은 프레디 머큐리를 추모하기 위해 세워졌다. 몽트뢰와 관련된 가장 대표적인 인물이 바로 전설적인 록 그룹 퀸(Queen)의 리더 프레디 머큐리(Freddie Mercury, 1946~1991)다. 평온한 분위기의 몽트뢰를 마음에 들어 한 그는 이곳에 자주 머물면서 곡을 쓰고 녹음도 했다. 이곳에 있는 퀸 소유의 녹음 스튜디오인 마운틴 스튜디오(Mountain Studios)에서 그의 마지막 앨범인 〈Made in Heaven〉(1995)을 녹음했다. 특히 이 앨범에 담긴 'A Winter's Tale'은 프레디가 1991년 세상을 떠나기 전 마지막으로 남긴 곡 중 하나이며 몽트뢰를 주제로 노래한 곡이기도 하다. 1995년에 발표한 앨범 〈Made in Heaven〉 재킷 사진에는 바로 레만 호수를 바라보며 손을 번쩍 들고 있는 이 프레디 머큐리의 모습이 담겨 있다. 1996년의 조각가 이레나 세드레카(Irena Sedlecka)가 만든 프레디 머큐리 조각상은 3m 높이의 역동적인 모습으로 레만 호수를 바라보며 서 있다. 2003년 이래로 이곳에서는 매년 9월 첫 번째 주말을 프레디 머큐리 기념일로 지정해 그를 기리고 있다.

교통 몽트뢰 기차역에서 레만 호수 방향으로 도보 5분
지도 p.460-B

카지노 바리에르
Casino Barrière de Montreux ★

재즈 페스티벌이 열리던 전통의 카지노

1881년에 처음 건설된 전설적인 카지노 바리에르는 카지노뿐 아니라 많은 유명 오케스트라와 재즈 · 블루스 · 록 · 아티스트들이 공연을 펼친 무대였다. 1967년부터 시작된 몽트뢰 재즈 페스티벌이 과거 이곳에서 열리기도 했다. 현재는 1만㎡의 부지에 3개의 고급 레스토랑, 2개의 바, 카지노, 명품 숍, 수영장 등을 갖추고 있다.

교통 Rue du Théâtre 9 CH-1820 Montreux
☎ 021 962 83 83 **개관** 일~수 09:00~03:00,
목 09:00~04:00, 금~토 09:00~05:00
홈페이지 www.casinodemontreux.ch
교통 몽트뢰 기차역에서 도보 10분. 그랑 거리(Grand Rue)로 내려와서 버스를 타고 6분 소요. **지도** p.460-B

◇TIP 몽트뢰 재즈 페스티벌 Montreux Jazz Festival

매년 7월 초부터 중순까지 레만 호반의 휴양 도시 몽트뢰에서 열리는 세계적인 축제. 캐나다 몬트리올에서 열리는 국제 재즈 페스티벌에 이어 세계에서 두 번째로 큰 규모다.

몽트뢰 재즈 페스티벌은 1967년 스위스 워너뮤직 디렉터를 지낸 클로드 놉스, 재즈 피아니스트 지오 보마드, 르네 랑겔에 의해 처음 시작되었다. 처음에는 3일간 재즈 아티스트들만 참여했으며 몽트뢰 카지노에서 열렸다. 그 당시 키스 재럿, 잭 드존넷, 빌 에반스, 엘라 피츠제럴드 등 유명 재즈 뮤지션이 참여했다. 세월이 흐르면서 재즈뿐만 아니라 블루스, 록 등 다양한 장르의 음악가들이 참여하는 세계적인 축제로 발전했고, 축제 기간도 2주 정도로 늘어났다. 레드 제플린, 핑크 플로이드, 프랭크 자파, 프린스, 산타나, 에릭 클랩튼, 레이 찰스, 링고 스타 등 당대의 내로라하는 음악가들이 이곳 무대를 찾았고, 이 시기에만 무려 20만 명이 몽트뢰를 찾을 정도로 세계적인 명성을 얻게 되었다.

공연은 1993년 이후 규모가 좀 더 큰 의회 컨벤션 센터(Congress and Convention Centre Montreux)로 무대를 옮겼다. 현재 컨벤션 센터를 중심으로 크고 작은 주변 무대에서 공연이 열린다.

홈페이지 www.montreuxjazz.com

시옹성
Château de Chillon ★★★

호수에 떠 있는 듯 신비로운 성

몽트뢰에서 3km 정도 떨어진 레만 호수의 동쪽 끝에 자리하고 있는 작은 바위섬이자 중세의 성. 마치 호수 위에 떠 있는 것처럼 인상적이고 신비롭다. 성의 기원에 관해서는 의견이 분분하지만, 9세기경 알프스를 넘어오는 상인들에게 통행세를 징수하기 위해 처음 세워졌다고 한다. 12세기에는 이 지역에서 위세를 떨치던 사보이(Savoy) 가문이 이 성을 사들여 개축, 증축하면서, 14세기에 이르러 현재의 모습을 갖추게 되었다. 16세기에 종교 개혁을 추진하려고 했던 제네바의 수도원장 보니바르(Bonivard)가 사보이 공국의 왕에게 포로로 잡혀 1530년부터 시옹성의 지하 감옥에 갇히게 되었다. 베른 군대의 침공으로 1536년 감옥에서 풀려나기까지 보니바르는 6년간 지하 감옥의 입구에서 다섯 번째 기둥에 사슬에 묶인 채로 지냈다. 19세기에 이 성을 방문하여 보니바르의 이야기를 들은 영국의 시인 바이런(Lord Byron)이 '시옹의 죄수(The Prisoner Of Chillon, 1816)'라는 서사시를 지어 세상에 널리 알려졌다. 지하 감옥 입구에서 세 번째 기둥에는 바이런의 서명이 남아 있어 그때의 역사를 말해준다. 현재 시옹성은 스위스에서 가장 많은 방문객이 찾는

역사적인 기념물 중 하나다. 성 내부는 중세 모습을 온전히 잘 보존하고 있으며 4개의 큰 홀과 3개의 안뜰, 중세 시대 모습이 원형대로 보존된 다양한 방을 구경할 수 있다. 가장 오래된 방 중에서 카메라 도미니(Camera Domini)는 사보이 공작의 방인데, 14세기의 중세 벽화로 장식되어 있어 인상적이다.

성 입구 매표소에는 한국어로 된 브로슈어가 있으니 반드시 챙기도록 한다.

주소 Avenue de Chillon 21 CH-1820 Veytaux
☎ 021 966 89 10
개방 6~8월 09:00~19:00(마지막 입장 18시까지), 4~5, 9~10월 09:00~18:00(마지막 입장 17시까지), 11~3월 10:00~17:00(마지막 입장 16시까지)
휴무 1월 1일, 12월 25일
요금 성인(만 16세 이상) CHF13.50, 아동(만 6~15세) CHF7, 가족(성인 2명 + 만 6~15세 자녀 2~5명) CHF35, 학생 CHF11.50 / 리비에라 카드 이용자 성인 CHF6.75, 아동 CHF3 / 스위스 패스 이용자 무료
홈페이지 www.chillon.ch
교통 몽트뢰에서 호반 산책로를 따라 도보로 40분 거리에 있으며 자동차로 5분 거리. 또는 201번 버스(Villeneuve VD, gare행)를 타고 약 10분 소요(10분 간격 운행), 시옹역(Château de Chillon, Veytaux)에서 하차. 또는 몽트뢰역에서 S1번 열차(1시간에 1대 정도 운행)를 타고 비토시옹(Veytaux-Chillon)에서 하차(3분 소요), 역에서 호숫가를 따라 도보 3분이면 입구에 도착. 또는 몽트뢰에서 호수 정기선 CGN을 타면 15분 소요.
지도 p.460-B, p.400

와인 창고

지하 감옥

몽트뢰는 다양한 테마 열차가 발착하는 기차 여행의 중심 도시이다. 치즈 마을 그뤼에르와 초콜릿 공장을 당일치기로 다녀올 수 있는 초콜릿 열차와 중세 도시 루체른과 몽트뢰를 이어주는 골든패스 파노라마 특급 열차는 누구나 타보고 싶은 꿈의 기차다.

스위스 초콜릿 열차
Chocolate Train

초콜릿을 찾아가는 달콤한 여행

벨 에포크 양식이 돋보이는 빈티지한 1915년 풀만(Pullman) 기차나 골든패스의 파노라마 열차를 타고 몽트뢰에서 아침에 출발한다. 스위스 3대 치즈 중 하나인 그뤼에르 치즈의 본고장, 그뤼에르 마을의 치즈 공장을 비롯해, 중세의 성과 그림 같은 그뤼에르 마을을 둘러본다. 그 후 브록의 카이에 네슬레(Cailler-Nestle) 초콜릿 공장과 박물관, 초콜릿 할인 매장을 방문하고, 저녁 때 몽트뢰에 다시 도착하는 여정이다. 5~6월, 9~10월에는 매주 월·수·목요일에, 7~8월에는 매일 운행한다. 티켓에는 왕복 기차 1등석, 그뤼에르-브록 구간 버스 환승, 그뤼에르 치즈 공장과 그뤼에르성 입장료, 브록 초콜릿 박물관(공장) 입장료까지 모두 포함되어 있다. 단, 점심 식사는 제공하지 않는다. 반드시 예약해야 하며 티켓 구입과 관련 정보는 기차역이나 기차역 안에 있는 골든패스 사무실에 문의한다.

코스 몽트뢰-그뤼에르(Gruyères)-브록(Broc)-몽트뢰
운행 5~6월, 9월 화·목·토, 7~8월 화·목 ~일
요금 성인(만 16세 이상) 1등석 CHF99, 2등석 CHF89, 스위스패스 소지 시 CHF59, 만 6세 이상 아동 1등석 CHF79, 2등석 CHF69 **총 소요 시간** 7시간 30분
문의 몽트뢰 골든패스(Golden Pass) 사무실
주소 Rue de la Gare 22 CH-1820 Montreux
☎ 021 989 81 90 **홈페이지** journey.mob.ch

골든패스 라인
Golden Pass Line

꼭 한번 타 보고 싶은 열차

골든패스 라인은 스위스의 대조적인 두 문화를 연결하는 독특한 테마 열차다. 레만 호숫가의 프랑스어 문화권과 스위스 중부의 독일어 문화권을 이어주며 그림 같은 풍경 속을 달린다. 골든패스 라인은 몽트뢰-츠바이짐멘(Zweisimmen)-인터라켄(Interlaken)-루체른을 연결하는 여정을 따라 스위스 알프스와 들판과 호수를 달린다. 특이하게도 골든패스 라인은 파노라마 열차를 가진 세 개의 회사가 공동 운영하고 있다. 몽트뢰에서 츠바이짐멘까지는 몽트뢰-오버란트 베르

누아(Montreux-Oberland Bernois), 츠바이짐멘에서 인터라켄까지는 BLS, 인터라켄부터 루체른까지는 첸트랄반(Zentralbahn)이 각각 운영하고 있다. 따라서 츠바이짐멘과 인터라켄에서 각 1회 환승을 해야 한다.

몽트뢰에서 출발할 경우, 레만 호수의 그림 같은 풍경을 보며 잠시 달리다가 어느새 깊은 숲속에 진입한다. 겨울에는 환상적인 눈꽃 열차로 변신한다. 아름다운 그슈타트(Gstaad)를 경유해 츠바이짐멘에 도착하면 첫번째 환승을 해야 한다. 츠바이짐멘에서 인터라켄까지는 환상적인 아이거(Eiger), 묀히(Münch), 융프라우의 고봉들을 배경으로 잔잔한 툰(Thun) 호수의 정취를 감상할 수 있다. 인터라켄에서 인터라켄과 루체른을 이어주는 루체른-인터라켄 익스프레스를 타고 그

림 같은 브리엔츠(Brienz) 호수를 지나 마이링겐 (Meiringen)을 지난다. 브뤼니히 고개(Brünig Pass)를 여유롭게 통과해 루체른(Lucerne) 호수를 끼고 스위스에서 가장 아름다운 중세 마을 루체른으로 간다.

모든 구간을 다 타는 것도 좋지만, 자신의 일정과 스케줄에 따라 선택하는 것도 좋다. 특히 몽트뢰와 츠바이짐멘 구간의 골든패스 라인은 두 가지 특별한 즐거움이 있다. 첫 번째는 VIP 전면 좌석이다. 열차의 맨 앞부분을 통유리로 제작하고 특별한 자리를 만들어서 기관사가 아닌 승객이 열차의 제일 앞자리에 앉을 수 있게 좌석을 배치했다. 멋진 풍경을 마주할 수 있는 것은 물론이고, 마치 자신이 열차의 기관사가 되어 열차를 운행하는 기분이 들 정도로 짜릿하며, 속도감을 생생하게 느낄 수 있다. 좌석 수가 많지 않기 때문에 미리 예약해야 하고 추가 요금도 내야 한다. 또 한 가지는 1930년대 스타일의 오리엔탈 익스프레스(Orient Express) 골든패스 클래식 열차. 클래식한 분위기의 공간 속에서 한층 더 운치 있는 기차 여행을 즐길 수 있다.

코스 몽트뢰-츠바이짐멘(Zweisimmen)-인터라켄 동역 (Interlaken Ost)-루체른. 츠바이짐멘과 인터라켄 동역에서 각각 환승.

구간별 소요 시간
몽트뢰(Montreux)-츠바이짐멘(Zweisimmen) 1시간 50분 / 츠바이짐멘(Zweisimmen)-인터라켄 동역(Interlaken Ost) 1시간 10분 / 인터라켄 동역(Interlaken Ost)-루체른(Lucerne) 2시간
요금 파노라마 열차(예약 권장) 예약비 CHF9
몽트뢰-츠바이짐멘 1등석 편도CHF58, 왕복 CHF116 / 2등석 편도 CHF33, 왕복 CHF66
몽트뢰-인터라켄 동역 1등석 편도 CHF93, 왕복 CHF186 / 2등석 편도 CHF53, 왕복 CHF106
몽트뢰-루체른 1등석 편도 CHF133, 왕복 CHF266 / 2등석 편도 CHF76, 왕복 CHF152
VIP 전면 좌석(예약 필수) 예약비 CHF15, 스위스 패스 이용자는 골든패스 구간 무료(예약비 유료)
문의 골든패스 라인 열차 사무소(Rail Center Golden Pass
주소 Rue de la Gare 22 CH-1820 Montreux
☎ 021 989 81 90, 084 024 52 45
홈페이지 journey.mob.ch **운영** 08:00~18:00

라 루베나즈 La Rouvenaz

이탈리아 요리와 다양한 해산물 요리를 주 메뉴로 하는 레만 호숫가 근처의 레스토랑. 정오부터 오후 3시까지 런치 메뉴가 제공되는데 CHF16~19으로 가격 대비 실속이 있다. 저녁은 오후 6시 30분부터 시작된다. 에노테카와 호텔도 운영하고 있다. 대표 메뉴로는 마르게리타 피자(Margherita, CHF18), 봉골레 스파게티 (Spaghetti alle Vongole, CHF32), 해산물 야채 튀김 (Fritto misto, 소(Petit) CHF16, 대(grand) CHF26), 홈메이드 라자냐(Lasagne all'Emiliana, CHF26).

주소 Rue de Marche 1 CH-1820 Montreux
☎ 021 963 27 3
영업 월~목 11:45~14:00, 18:00~23:30,
금~토 11:45~14:30, 18:00~00:00,
일 11:45~15:00, 18:00~23:00
홈페이지 www.rouvenaz.ch
교통 몽트뢰역에서 도보 4분.
지도 p.460-A

오 파크 Au Parc

레만 호숫가에 있으며 피자를 비롯한 이탈리아 요리와 해산물과 육류 메뉴가 인기인 레스토랑. 전식, 메인, 후식으로 구성된 오늘의 메뉴가 CHF22으로 가격 대비 실속이 있다. 낮 12시부터 오후 2시까지 제공된다. 대표 메뉴는 카르보나라 스파게티(Spaghetti alla carbonara, CHF25.50), 마르게리타 피자(Margherita, CHF16.50), 참치 타다키(Tataki de Thon, CHF42).

주소 Grand Rue 38 CH-1820 Montreux
☎ 021 963 31 57
영업 매일 11:30~14:00, 18:00~22:00
홈페이지 www.au-parc.com
교통 몽트뢰역에서 도보 4분.
지도 p.460-A

위트 스시 Huit Sushi

카지노 대로에 자리한 일식 레스토랑으로, 현지인들의 평이 좋은 곳이다. 초밥이 인기있으며, 롤, 마키, 비빔밥 등이 준비되어 있다. 메뉴당 가격은 CHF13~40 정도.

주소 17 Avenue du Casino CH-1820 Montreux
☎ 021 960 3224
영업 월~화, 목~금 11:30~14:30, 18:00~22:00,
토~일 12:00~15:00, 18:00~22:00
휴무 수
홈페이지 huitsushi.ch
교통 카지노 바리에르에서 도보 3분. 또는 프레디 머큐리 동상에서 도보 7분.
지도 p.460-B

르 바실리크 Le Basilic

카지노 근처 바리에르 테아트르 거리에 있는 아시안 식당이다. 새우 꼬치구이(Brochette de Crevettes, 3조각 CHF30), 참치 사시미(Sashimi Thon, CHF11), 뷔페 메뉴(CHF29~52)가 인기다. 스시 등 다양한 일식 메뉴가 있다.

주소 Rue de Theatre 16 CH-1820 Montreux
☎ 021 963 06 46
영업 화~금 12:00~14:30, 18:00~22:30,
토~일 12:00~15:00, 18:00~23:00 **휴무** 월
교통 프레디 머큐리 조각상에서 호반 산책로를 따라 걷다가 테아트르 거리(Rue de Theatre)로 들어서면 나온다. 도보 3분 거리. 카지노 바리에르에서 도보 2분. **지도** p.460-B

르 메트로폴 Le Metropole

레만 호숫가 선착장 근처에 위치한 유러피언 레스토랑. 음식은 평범한 편이지만 호수 전망이 좋다. 연어 필레(Filet de saumon, CHF33), 비프 타르타르(Tartare de Boeuf 180g, CHF35), 피자(CHF19~27), 크렘 브륄레(Creme Brulee, CHF13) 등이 있다.

주소 Grand-Rue 55 CH-1820 Montreux
☎ 021 963 75 58
영업 매일 11:00~22:00
홈페이지 www.lemetropole.ch
교통 레만 호숫가 선착장 근처 몽트뢰 관광 안내소 옆.
지도 p.460-A

르 팔레 오리엔탈 Le Palais Oriental

화려한 이슬람 양식의 내부는 마치 스위스가 아닌 낯선 아랍의 식당에 와 있는 듯하다. 주메뉴도 모로코, 이란과 레바논 요리로 구성되어 있다. 대표 메뉴는 그릴 치킨 케밥(Djoudjeh-kebab, CHF43), 양고기 쿠스쿠스(Couscous à l'agneau, CHF44), 새우 카레(Crevettes au curry, CHF42).

주소 Quai Ernest Ansermet 6 CH-1820 Montreux
☎ 021 963 12 71
홈페이지 www.palaisoriental.ch
영업 수~일 11:30~23:00 **휴무** 월·화
교통 프레디 머큐리 동상에서 호반 산책로를 따라 시옹성 방향으로 도보 2분. **지도** p.460-B

티룸 데 잘프 Tea-room Des Alpes

간단한 케이크와 샐러드, 신선한 빵과 샌드위치 등으로 간단한 요기를 할 수 있는 소박한 티룸. 대표 메뉴는 버터 크루아상(Croissant au beurre, CHF7.50), 베이글(Bagel, CHF6.30), 바게트(Baguette, CHF6.50 내외), 카푸치노(Cappuccino, CHF3.90).

주소 Avenue des Alpes 62 CH-1820 Montreux
☎ 021 963 41 07 **영업** 월~금 07:00~16:30 **휴무** 토~일
교통 몽트뢰역을 나와 왼쪽 방향으로 알프스 대로(Avenue des Alpes)를 걷다 보면 나온다. 도보 3분 거리.
지도 p.460-B

란도 버거 레스토랑
Rando Burger Restaurant

지역 식재료와 품질 좋은 스위스 소고기와 닭고기로 양질의 버거를 만들어 제공하는 버거 전문점이다. 30년 이상 함께 살아온 부부가 미국 체류 중에 경험한 미국식 버거와 스위스 재료를 잘 조합해서 현지인들의 입맛을 사로잡고 있다. 2011년 처음 생 세르그(St-Cergue)라는 작은 마을에 문을 열었고, 몇 년 후인 2016년에 그의 딸이 몽트뢰에 새로운 지점을 열었다. 한국식 바비큐 소스를 곁들인 돼지고기 버거(Burger du moment) CHF19.90, 클래식 비프 버거(Classic Boeuf) CHF16.90, 소고기 패티가 2장 들어가는 란도 스페셜 버거(Lando Special) CHF21.90, 닭고기 버거인 르 루스터(Le Rooster) 버거 CHF16.90, 사이드 메뉴로 감자튀김(Frites de Patate) CHF4.50, 어니언 링(Onion Ring) 8조각 CHF5.50 등이 있다.

주소 Rue de la Paix 11 CH-1820 Montreux
☎ 021 963 06 92
영업 화~토 11:30~14:00, 18:00~21:30
휴무 일~월
홈페이지 www.randoburger.ch
교통 프레디 머큐리 동상에서 도보 5분 거리
지도 p.460-B

취리허 1879 Zurcher 1879

카지노 대로(Avenue du Casino) 45번지에 있는 130년이 넘는 전통을 자랑하는 제과점이자 레스토랑. 전통 요리법에 따라 최고의 재료로 만든 다양한 초콜릿 제품을 맛볼 수 있다. 레스토랑은 12시부터 시작된다. 취리허 조식 세트(Petit Dejeuner Zurcher) CHF19.50, 오전에만 제공되는 토스트를 곁들인 오믈렛(Omelette) CHF12, 라떼 마키아토(Latte Machiatto nature) CHF5.70.

주소 Avenue du Casino 45 CH-1820 Montreux
☎ 021 963 59 63
영업 화~토 08:00~18:30, 일 08:00~17:00 **휴무** 월
홈페이지 www.confiserie-zurcher.ch
교통 프레디 머큐리 동상에서 도보 4분. **지도** p.460-B

취리허 1879

몽트뢰의 숙소

로열 플라자 몽트뢰 & 스파
Royal Plaza Montreux & Spa

몽트뢰 호숫가에 위치한 전망 좋은 5성급 스파 호텔이다. 객실은 호수 전망과 반대편 산 전망으로 나뉜다. 호수 전망의 방 테라스에서 보는 제네바 호수와 시가지 전망이 좋다. 객실은 깔끔하며 호수 전망을 갖춘 방이 요금이 조금 더 높다. 기차역에서 도보 10분, 구시가 중심까지 도보 15분 정도 소요된다.

주소 Av. Claude-Nobs 7 CH-1820 Montreux
☎ 021 962 50 50 **객실 수** 154실
예산 더블룸 CHF213~, 조식 별도
홈페이지 www.royalplaza.ch
교통 몽트뢰 기차역에서 204번 버스를 타고 1정거장 가서 베르넥스(Vernex)에서 하차 후 도보 1분. 총 2~3분 소요. 유람선 선착장에서 호반 산책로를 따라 호수를 왼편에 두고 도보 12분 거리. **지도** p.460-A

라 루베나즈 La Rouvenaz

레만 호숫가에 위치한 이 호텔은 작지만 실용적인 숙소다. 몽트뢰 기차역과 컨벤션 센터에서 도보로 5분 거리에 있으며 호수에서 20m 거리에 있다. 이 호텔에서 운영하는 이탈리안 레스토랑은 현지인들에게 인기가 높다. 무료 와이파이 사용 가능.

주소 Rue du Marche 1 CH-1820 Montreux
☎ 021 963 27 36
객실 수 17실
예산 더블 CHF200~, 조식 포함
홈페이지 www.rouvenaz.ch
교통 몽트뢰역과 컨벤션 센터에서 도보 5분 거리에 있으며 호수에서 20m 거리.
지도 p.460-B

J5 호텔 헬베티 J5 Hôtels Helvetie

1865년에 처음 문을 연 3성급 호텔로 앤티크한 가구를 갖춘 고풍스러운 객실이 매력적이다. 모든 객실은 각각 다르게 꾸며져 있으며 6층 테라스에서 바라보는 레만 호수 전망이 환상적이다. 무료 와이파이 사용이 가능하다.

주소 Avenue du Casino 32 CH-1820 Montreux
☎ 021 966 7777 **객실 수** 62실
예산 더블 CHF153~, 조식 별도
홈페이지 www.helvetie.ch
교통 카지노 바리에르와 가까우며 레만 호숫가에서 200m 거리. **지도** p.460-B

호텔 뒤 그랑 락 엑셀시오르
Hôtel du Grand Lac Excelsior

케 드 플뢰르(Quai des Fleurs, 꽃둑길)에 있으며, 바로 앞에 호수가 있어 레만 호수와 알프스를 조망하기 좋다. 1907년 벨 에포크 양식으로 지어진 이 호텔은 정통 아르데코풍 스테인드글라스 창문이 인상적이다. 여름철에는 카지노 바리에르의 야외 수영장을 무료로 이용할 수 있다. 무료 와이파이 사용 가능.

주소 Rue Bon Port 27 CH-1820
☎ 021 966 57 57 **객실 수** 58실
예산 더블 CHF239(시즌에 따라 변동, 조식도 요금제에 따라 변동)
홈페이지 www.hotelexcelsiormontreux.com
교통 레만 호수의 케 드 플뢰르(Quai des Fleurs, 꽃둑길)에 위치. 몽트뢰역에서 그랑 거리(Grand Rue)로 내려가서 201번 버스를 타고 10분 거리. **지도** p.460-B

브베
VEVEY

언어 프랑스어권 | 해발 383m

찰리 채플린이 여생을 보낼 만큼 사랑했던 도시

레만(Léman) 호수의 북쪽 몽트뢰와 이웃한 브베는 여행자들로 늘 북적이는 몽트뢰와는 달리 한적하고 여유로운 시간을 누릴 수 있는 아름다운 호반 도시다. 특히 1867년에 다국적 식품 기업인 네슬레(Nestlé)가 설립된 곳이며, 현재도 네슬레의 본부가 이곳에 있다. 1875년 다니엘 피터(Daniel Peter)가 우유를 첨가한 밀크 초콜릿을 만들면서 지금과 같은 납작한 모양의 고체 초콜릿이 탄생했는데, 그 장소가 바로 이곳 브베다.

브베와 떼려야 뗄 수 없는 관계의 유명 인사는 바로 찰리 채플린이다. 그는 브베를 사랑한 나머지 생애 마지막 24년을 이곳에서 살았다. 그의 동상은 호반 산책로의 아름다운 정원에 트레이드마크인 턱시도를 입고 모자와 지팡이를 든 채 레만 호수를 바라보며 서 있다.

브베 가는 법

주요 도시 간의 이동 시간

몽트뢰 → 브베 기차 6분, 배 20분
로잔 → 브베 기차 14분, 배 1시간

기차로 가기

기차로 브베에 가는 것이 가장 편리할 뿐만 아니라, 레만 호수의 멋진 전망도 감상할 수 있으므로 적극 추천한다. 로잔에서 발레(Valais)주 방향으로 향하는 모든 기차는 브베에서 정차한다. 단, 국제선 열차는 정차하지 않는다.

몽트뢰역에서 출발
IR 열차 6분. S1선 열차 9분 소요. 수시 운행.

로잔역에서 출발
RE · IR 열차로 14분 소요. S1(21분 소요)과 S3(16분 소요)열차도 수시 운행.

배로 가기

시간 여유가 있는 여행자라면 로잔이나 몽트뢰에서 호수 유람선을 타고 레만 호수를 가로질러 여유롭게 브베에 도착할 수 있다. CGN이 운행하는 호수 정기선은 여름 시즌에는 자주 운행한다. 참고로 스위스 패스 이용자는 호수 유람선을 무료로 이용할 수 있다.

로잔 우시항구에서 출발
CGN 호수 정기선을 타고 보통 1시간 정도 소요된다.

몽트뢰를 거쳐 브베로 오는 정기선은 2시간 10분 소요된다. 여름 시즌에는 하루에 오전 2대, 오후에 2대씩 운행한다.

몽트뢰역에서 출발
CGN 호수 정기선을 타고 약 20분 소요. 여름 시즌에는 오전에 3대, 오후에 4대씩 운행한다.

버스로 가기

201번 버스는 몽트뢰와 시옹성을 경유해 브베와 빌뇌브(Villeneuve) 사이를 자주 운행한다. 몽트뢰에서 브베까지 약 30분 소요되며, 10분 간격으로 운행한다. 기차보다 시간이 오래 걸리지만 가격(CHF3.70)은 동일.

자동차로 가기

몽트뢰에서 출발하면 일반 국도 9번을 통해 약 12분 걸린다(약 7km). 로잔에서 출발할 경우, 일반 국도 9번으로 약 25분 소요(약 18km).

INFORMATION

시내 교통
기차역 바로 옆에 있는 슈퍼마켓 쿠프(COOP) 앞 자전거 대여소에서 CHF20의 예치금을 맡기면 무료로 자전거를 대여할 수 있다. 스위스 패스나 숙소에서 무료로 받을 수 있는 리비에라 카드(Riviera Card)가 있으면 대중교통을 무료로 이용할 수 있다.

브베의 관광 명소

그랑드 플라스
Grande Place(Place du Marche) ★★

광장 한쪽에 관광 안내소가 있다.

시장이 열리는 활기찬 광장

매주 화요일과 토요일 아침에 그랑드 플라스 광장에서 다채롭고 활기찬 시장이 열리며 지역 특산품과 골동품을 파는 가판대가 들어선다. 그리고 7~8월 토요일에는 평소에 열리던 시장 대신 민속 시장이 열린다. 이때는 다양하고 질 좋은 와인 재배업자들이 전통 복장을 입고 나와 시음용 와인을 제공하고, 흥겨운 브라스 밴드와 함께 알프스 호른 등을 연주한다.

교통 브베 기차역에서 폴 세레솔 대로(Av. Paul-Cérésole)를 따라 도보 5분. **지도** p.473

호반 산책로
Quai Perdonnetn ★★★

레만 호수를 감상하기 딱 좋은 산책로

레만 호수의 호반 산책로를 따라 다양한 카페와 레스토랑이 호수를 바라보고 길게 늘어서 있다. 호반 산책로는 꽃과 나무들로 꾸며져 있으며, 호수를 조망할 수 있는 물가에는 군데군데 감각적인 디자인의 벤치가 배치되어 있어 잠시 쉬어갈 수도 있다.

이 호반 산책로를 따라 계속 걷다 보면 찰리 채플린 동상을 만날 수 있다. 그의 트레이드마크인 중절모와 콧수염, 지팡이에 턱시도를 갖춘 조각상은 브베의 상징과도 같다. 그는 브베를 사랑한 나머지 생애 마지막 24년을 이곳에서 보냈으며, 그와 그의 아내는 도시 외곽의 코르시에 묘지(Cimetiere de Corsier)에 안장되어 있다.

교통 그랑드 플라스(시장 광장)에서 호반 산책로를 따라 도보 6분. **지도** p.473

스위스 사진기 박물관
Musée Suisse de l'appareil Photographique ★

이미지의 도시, 브베에 어울리는 박물관

그랑드 플라스 광장에서 호수를 바라봤을 때 왼편으로 스위스 사진기 박물관이 있다. 1971년 클로드 앙리 포니(Claude-Henry Forney)가 설립한 곳으로, 사진과 카메라의 역사를 알 수 있는 다양한 자료를 전시하고 있다. 사진과 카메라에 관심이 있는 여행자라면 둘러볼 만하다.

주소 Grande Place 99 CH-1800 Vevey ☎ 021 925 3480
개관 화~금 11:00~17:30 **휴무** 월
홈페이지 cameramuseum.ch **지도** p.473

와인 장인 협회와 박물관
Le Musée de la Confrérie des Vignerons ★

세계적인 와인 장인의 축제가 열리는 곳

브베에서는 대략 20년마다 한 번씩 세계적인 와인 장인의 축제(Fête des Vignerons)가 열린다. 이 축제는 와인 장인 협회에 의해 1797년부터 시작되었다. 최근에는 2019년 7월 18일부터 8월 11일까지 성대하게 열렸다. 와인과 관련한 다양한 행사와 공연이 그랑드 플라스 광장에서 펼쳐진다. 와인 장인 협회가 운영하는 자체 박물관에서는 축제의 역사와 와인에 대해 살펴볼 수 있다.

주소 Rue d'Italie 43 CH-1800 Vevey ☎ 021 923 87 05
개관 화~일 11:00~17:00 **휴무** 월
홈페이지 www.fetedesvignerons.ch
교통 브베 기차역에서 도보 7분.
지도 p.473

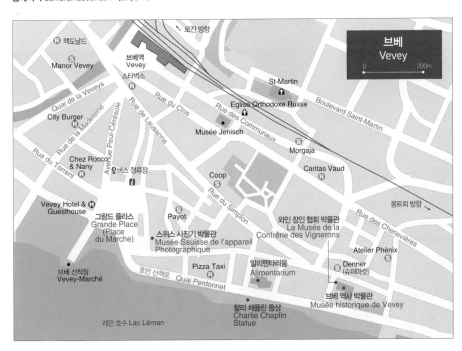

알리멘타리움
Alimentarium ★★

네슬레가 세운 세계 최초의 식량 박물관

찰리 채플린의 조각상 바로 앞에는 거대한 포크가 호수에 꽂힌 채로 우뚝 서 있다. 이 포크는 세계적인 식품 기업 네슬레가 설치한 것으로 세계 최초 식량 박물관의 상징이기도 하다. 채플린 동상 바로 뒤에는 '알리멘타리움'이라 불리는 식량 박물관이 있다. 구매, 요리, 섭취, 소화라는 주제로 상설 전시를 하고 있으며, 다양한 쌍방향 체험 관람 시설을 갖추고 있다.

주소 Quai Perdonnet 25 CH-1800 Vevey ☎ 021 924 4111
개관 10〜3월 화〜일 10:00〜17:00,
4〜9월 화〜일 10:00〜18:00 **휴무** 월
입장료 성인 CHF13, 학생 CHF11, 아동(만 6〜15세) CHF4 / 어린이(만 5세 이하), 스위스 패스 이용자 무료
홈페이지 www.alimentarium.org
교통 브베 기차역에서 그랑드 플라스를 지나 호반 산책로를 따라 도보 15분.
지도 p.473

레 플레이아드
Les Pléiades ★★

5월의 눈처럼 새하얗게 피어나는 수선화

브베 북쪽에 있는 해발 1,360m의 작은 산. 5월 중순부터 6월 초 사이 수선화의 일종인 나르시스가 들판을 하얗게 수놓는 풍경이 인상적인데 스위스 사람들은 이를 두고 '5월의 눈'이라 부른다. 하이킹 코스를 따라 걷거나, 자전거를 타고 언덕을 내려가며, 신비로운 5월의 눈을 만끽해 보자.

주소 브베 기차역에서 R선을 타고 레 플레이아드(Les Pléiades)에 하차(44분 소요, 1시간에 1대 운행).

©Switzerland Tourism Japan

도보 여행자와
와인 애호가가 사랑하는

라보 포도 재배 지역
Terrasses de Lavaux

세계 자연 유산으로 등록된 라보 지구의 포도밭
라보(Lavaux) 지구는 보(Vaud)주의 레만 호수를
따라 무려 30km나 뻗어 있는 면적 830ha의 계단

식 포도 재배 지역이다. 대략 로잔에서 몽트뢰까지
걸쳐 있으며 호수로부터 500m 높이의 언덕으로
브베와 함께 6곳의 호반 마을을 포함하는 구역이
다. 고대 로마 시대부터 이 지역에 포도나무가 재
배되었다는 증거가 있지만, 실제로 포도나무가 재
배된 시기는 베네딕트와 시토 수도회가 이 지역을
다스리던 11세기부터라고 간주된다. 라보 지구는
온화한 기후와 햇살을 잘 받는 남향의 언덕에 있어
포도를 재배하기에 최적의 지리적 조건을 갖췄다.
이곳에서 재배되는 주된 품종은 화이트 와인 품종
중 최고로 인정받는 샤슬라(Chasselas)다.
2007년부터 유네스코 세계 유산으로 지정된 라보
포도 재배 지역은 칸톤(주)의 법에 의해 보호받고
있다. 이곳에는 다양한 하이킹 루트가 있어 도보
여행자들과 와인 애호가들의 발길이 끊이지 않고
있다. 특히 스위스 관광청에서는 생사포랭(Saint-
Saphorin)에서 뤼트리(Lutry) 구간을 하이킹 코스
로 추천하고 있다.

레만 호숫가를 달리는 S선 열차

가는 방법
가는 방법에 따라 즐기는 방법도 달라진다.

S선 열차
라보 지구를 돌아보기 가장 좋은 교통수단은 레만 호숫가를 따라 달리는 S선 열차다. 로잔에서는 S1 열차와 S3열차를 이용해 뤼트리(Lutry), 빌레트 (Vilette), 쿨리(Cully), 에페스(Epesses), 리바 (Rivaz), 생사포랭 등 라보 지구의 마을에 들를 수 있다. 셰브르(Chexbres) 마을은 브베에서 S31번 열차로 갈 수 있다. 대부분의 열차는 아침 5시부터 자정까지 운행한다. 중간 마을에 잠시 내려서 포도 밭으로 올라가 여유롭게 하이킹 코스를 걸어보아 도 좋다.

포도밭 열차 Vineyard Train(Train des Vignes)
라보 지구의 계단식 포도밭을 제대로 감상하고 싶 다면 포도밭 열차(와인 열차)를 이용하자. 레만 호 숫가를 달리는 S선 열차는 호수 옆 포도밭 아래쪽 으로 달리기 때문에 레만 호수와 알프스 산을 보기 에는 좋지만, 포도밭을 전체적으로 조망하기는 어 렵다. 와인 열차는 브베와 퓌두(Puidoux) 사이 포 도밭의 중간 고도보다 조금 위쪽에 있는 철로를 달 리므로, 계단식 포도밭과 레만 호수, 알프스까지 이어지는 환상적인 전망을 볼 수 있다. 매일 1시간 에 1대꼴로 운행한다.

특히 셰브르 마을에는 멋진 계단식 포도밭들 사이 로 수많은 하이킹 거리가 뻗어 있는데, 거리 곳곳 에 라보 포도밭의 역사와 포도 종류에 대해 설명해 주는 이정표들이 있어 알차게 하이킹을 즐길 수 있 다. 또한 포도밭 중간중간 작은 마을이나 와이너리가 자리하고 있으므로 와인을 시음하거나 구입할 수 있어, 도보 여행자와 와인 애호가들로부터 많은 사랑을 받고 있다.

브베에서 종착역인 퓌두-셰브르(Puidoux-Chexbres)까지는 약 12~13분 소요된다. 매시 9분에 브베에서 출발하며 중간에 브베-푸니(Vevey-Funi)~코르소-코르나예(Corseaux-Cornalles)~셰브르 빌(Chexbres Ville)에 정차한다.

라보 익스프레스 Lavaux Express
☎ 084 884 8791, 021 791 6262
홈페이지 www.lavauxexpress.ch
소요 시간 쿨리-에페스-데잘레-쿨리 구간 1시간 15분 소요
요금 성인 CHF16, 청소년(만 13~18세), 학생 CHF12, 어린이(만 4~12세) CHF6, 만 3세 이하 무료

라보 파노라믹 Lavaux Panoramaic
☎ 079 887 6658
홈페이지 www.lavaux-panoramic.ch
요금 생사포랭까지 성인 CHF16, 아동(만 6~15세) CHF8, 만 5세 이하 무료(시기별로 코스와 프로그램에 따라 요금이 달라지므로 예약 전 홈페이지에서 확인 필수)

호수 정기선
호수 정기선을 타고 라보 지구를 돌아볼 수도 있다. 로잔의 우시항구 또는 브베나 몽트뢰에서 호수 정기선을 타고 라보 지구의 마을 중 정기선이 정박하는 뤼트리, 쿨리, 리바 등에서 내릴 수 있다.
로잔 우시항구에서 뤼트리(Lutry)까지 약 20분, 쿨리(Cully)까지 약 30분, 리바에서 생사포랭(Rivaz-St-Saphorin)까지 약 45분, 브베까지 1시간, 로잔 우시항구에서 몽트뢰까지 1시간 30분 정도 걸린다.

버스
로잔의 메트로 정류장인 라 살라즈(La Sallaz)에서 매일 65번 버스가 운행한다. 이 버스는 라보의 높은 고도에 있는 마을인 사비니(Savigny)와 포렐(Forel)을 연결한다. 이 두 마을은 포도밭 하이킹을 위한 좋은 출발점이며 자전거로 돌아보기에도 좋다.

라 살라즈에서 사비니까지 약 13분 소요. 40분 간격으로 운행한다. 라 살라즈에서 포렐까지 약 20분 소요되며 1시간 간격으로 운행한다.

하이킹
도보 여행자들은 열차나 버스, 정기선으로 마을에 도착해서 하이킹 코스 안내판이나 지도를 보고 걸어보자. 로잔의 우시성에서 몽트뢰의 시옹성(Château de Chillon)까지 부지런히 걸으면 9시간 정도 걸린다. 몽트뢰와 브베의 관광 안내소에서는 라보 지구가 포함된 상세한 지도와 브로슈어를 배포하고 있다.
걷다가 힘이 들면 라보 익스프레스(Lavaux Express)와 라보 파노라믹(Lavaux-Panoramic) 열차를 이용하자. 4~10월에 운행하는 기차로, 기차라기보다는 두 개의 객차(객차 하나당 좌석 17개)로 구성된 트랙터다. 라보 익스프레스는 쿨리와 뤼트리, 두 곳에서 출발한다. 금요일부터 일요일 저녁까지는 라보 지구의 와인 셀러에 들러 와인을 맛볼 수 있는 와인 셀러 트레인(Wine Cellars Train)으로 바뀐다. 5곳의 와인 셀러를 방문하며 3가지 와인을 시음할 수 있고, 기념으로 와인잔 1개를 받을 수 있다.
주말마다 운행하는 라보 파노라믹은 셰브르 빌(Chevbres-Ville) 기차역에서 출발해 테라스식 포도밭을 가로질러 샤르돈(Chardonne), 셰브르(Chexbres), 리바(Rivaz), 생사포랭 등의 마을을 거치며 아름다운 포도밭 풍경을 보여준다.

문의처 브베 관광 안내소(Montreux-Vevey Tourisme)
주소 Grande Place 29 CH-1800 Vevey
☎ 084 886 8484
홈페이지 www.montreuxriviera.com

그뤼에르
GRUYÈRES

언어 프랑스어권 | 해발 810m

치즈 향기 가득한 중세 도시

프리부르(Fribourg)주의 작은 언덕 중턱에 자리한 그뤼에르는 마을의 상징인 학을 프랑스어로 그뤼(Gru)라고 발음하는 것에서 이름이 유래됐다. 특히 이곳은 치즈로 유명해 치즈 견학을 하러 오는 여행자들이 많다. 그뤼에르 치즈는 퐁뒤용으로 사용되며 스위스뿐 아니라 세계적으로도 인기가 높다. 그뤼에르 마을은 규모가 작아서 마을을 돌아보는 데 한 시간도 걸리지 않지만, 중세 시대 모습이 그대로 보존된 집과 그뤼에르성, 마을 중심 광장 등 다채로운 매력을 지녔다. 또한 영화 〈에일리언〉의 캐릭터를 창조한 초현실주의 예술가 H. R. 기거의 박물관과 에일리언을 테마로 한 기거 바는 색다른 즐거움을 안겨준다. 마을 곳곳에서 치즈 퐁뒤 향기가 풍겨 나오는 그뤼에르는 프리부르주의 보석과 같다.

그뤼에르 가는 법

주요 도시 간의 이동 시간

몽트뢰 → 그뤼에르 기차 1시간 14분
프리부르 → 그뤼에르 기차 55분

기차로 가기

기차표는 티켓 판매기를 이용해야 한다. 기차역과 마을은 도보로 15~20분 거리다.

몽트뢰역에서 출발

골든패스 파노라마 열차(Goldenpass Panoramic, Zweisimmen 방향) 또는 지역선(Regio, Zweisimmen 방향)을 타고 몽보폰(Montbovon)역에 하차 후, 지역선(Regio, Broc-Fabrique 방향)으로 1회 환승. 약 1시간 14분 소요. 시간당 1대씩 운행.

프리부르역에서 출발

RE · IR 열차로 14분 소요. S1 열차(21분 소요)와 S3 열차(16분 소요)도 수시 운행.

자동차로 가기

주차장은 총 3곳이 있으며 주차장에서 마을까지는 5~10분 정도 걸어 올라가야 한다.

몽트뢰역에서 출발

고속도로 9번 · 12번을 타고 뷜(Bulle)까지 가서 그뤼에르 · 몰레종 방면으로 약 35분 소요. 41km.

프리부르에서 출발

고속도로 12번을 타고 가다가 뷜을 지나 그뤼에르 · 몰레종 방면으로 약 30분 소요. 34km.

INFORMATION

시내 교통

그뤼에르성이 있는 마을까지는 멀지 않지만, 오르막길을 계속 올라가야 한다(도보 15~20분 소요). 기차역을 마주보고 있는 치즈 공장 앞에서 출발하는 TPF버스를 타면 구시가 입구까지 3분만에 올라갈 수 있지만, 배차가 시간당 2대 정도로 적은 편이다.

TPF 버스 운행 시간표(그뤼에르역~마을)
오전 6시~오전 7시는 04분, 26분, 34분 3대 운행,
오전 8시~오후 7시는 매시간 26분, 34분 2대 운행
요금 CHF2.20
홈페이지 www.tpf.ch | **스마트폰 어플** SBB Mobile

그뤼에르 패스포트 Passeport la Gruyère

그뤼에르에 숙박할 여행자에게는 그뤼에르 패스포트를 추천한다. 이 패스포트에는 호텔 숙박, 웰컴 음료수 1잔, 그뤼에르 아침 식사 1회, 퐁뒤 저녁 식사(2박 이상)가 포함된다. 또한 대중교통 무료 이용권, 주요 관광 명소 무료 입장권 2장 등 CHF150 이상의 가치가 있다. 홈페이지(www.la-gruyere.ch)에서 온라인으로 예약 가능하다. 호텔(카테고리 1~5까지)에 따라 가격이 다르며, 카테고리4 기준은 1박에 (퐁뒤 식사 불포함) CHF135, 2박(퐁뒤 식사 포함)은 CHF235.

홈페이지 www.la-gruyere.ch/passeport

그뤼에르 관광 안내소

주소 Rue du Bourg 1 CH-1663 Gruyères
☎ 026 919 85 00
운영 1~2월 월~금 13:00~16:30, 토~일 10:30~12:00, 13:00~16:30 / 3월 매일 10:30~12:00, 13:00~16:30 / 4월 매일 10:30~12:00, 13:00~17:30 / 5~6월 매일 09:30~12:00, 13:00~17:30 / 7~8월 매일 09:30~17:30 / 9~10월 매일 09:30~12:00, 13:00~17:30 / 11~12월 매일 10:30~12:00, 13:00~16:30
홈페이지 www.la-gruyere.ch/gruyeres

그뤼에르의 관광 명소

중세 마을의 모습을 온전히 보존하고 있는 흔치 않은 곳이다. 마을 규모는 작지만 마을 외곽의 성벽도 남아 있으며 그뤼에르성과 성의 정원 등 볼거리가 알차다. 그뤼에르성, 기거 박물관이 들어서 있는 생제르맹 성, 마을의 요새 벽, 부르 가(Rue du Bourg) 7번지와 39번지, 47번지 등은 스위스 국가 중요 유산으로 등록되어 있다.

그뤼에르 치즈 공장
La Maison du Gruyères ★★★

치즈 제조 현장을 직접 볼 수 있다

그뤼에르 마을 아래 기차역 뒤편에 자리 잡은 그뤼에르 치즈 제조 공장이다. 치즈를 만드는 과정을 견학할 수 있으며, 치즈 시식과 구입이 가능하다. 치즈 퐁뒤 레스토랑도 있다. 치즈 공장은 시청각과 후각 자료를 이용해 그뤼에르 치즈의 특징을 알려준다. 한글로 된 안내서도 구비되어 있다. 입장할 때 치즈 샘플을 무료로 나누어 준다.

주소 Place de La Gare 3 CH-1663 Pringy-Gruyères
☎ 026 921 8400
입장료 성인 CHF7, 학생(만 12세 이상) CHF6, 가족(성인 2 + 만 12세 이하 아동) CHF12, 스위스 패스 소지자 무료 / 콤비

티켓(그뤼에르 치즈 공장+그뤼에르성) 성인 CHF16
개관 6~9월 09:00~18:30, 10~5월 09:00~18:00(마지막 입장은 폐관 30분 전까지)/치즈 제조 시간 09:00~12:30(계절에 따라 1일 2~4회)
홈페이지 www.lamaisondugruyere.ch
교통 그뤼에르 기차역 바로 뒤편, 도보 1분. **지도** p.480

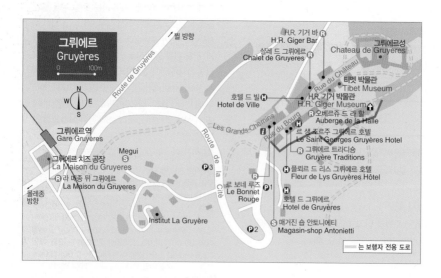

회화전시관

기사의 방

그뤼에르성
Château de Gruyères ★★★

다양한 전시가 열리는 문화 공간 겸 박물관

그뤼에르 마을 제일 높은 곳에 웅장하게 서 있는 이곳은 스위스에서도 유명한 중세 시대 성 중 하나다. 언덕 꼭대기에 있어 사방으로 탁 트인 전망을 볼 수 있으며, 프레알프스와 마을 아래 초원 지대가 그림처럼 펼쳐져 아름답다. 이 성은 11세기에 건설되었는데, 11세기부터 16세기까지 19명의 백작들이 이 성을 거쳐갔다. 1493년 화재로 지하 감옥을 제외하고 다 소실되었고, 마지막 백작인 미셸(Michel)은 재정적인 어려움으로 인해 1554년에 결국 파산했다. 부유한 제네바의 왕족인 보비(Bovy)와 발란드(Balland) 가문이 이 성을 1848년에 사들여서 프랑스 풍경화가인 코로(Corot)를 포함

해 여러 명의 화가들이 이곳에 거주했다. 이후 1938년에 프리부르주 정부가 이 성을 사들이면서, 현재 박물관과 다양한 전시회가 열리는 문화 공간으로 이용되고 있다. 백작의 침실을 장식하고 있는 플레미시(Flemish) 태피스트리, 코로 자신이 그린 풍경화로 꾸며진 코로(Corot)의 방, 스테인드글라스와 내부 장식이 화려하고 아름다운 기사의 방, 초현실주의 작품들이 걸려 있는 전시실 등 다양한 볼거리가 있다.

주소 Rue du Château 8 CH-1663 Gruyères
☎ 026 921 2102
개관 11~3월 10:00~17:00, 4~10월 09:00~18:00, 연중무휴
입장료 성인 CHF12, 학생 CHF8, 아동(6~15세) CHF4(스위스 패스 소지자 무료) / 콤비 티켓(그뤼에르성+H.R. 기거 박물관) CHF19 / 콤비 티켓(그뤼에르성+그뤼에르 치즈 공장) CHF16, 그뤼에르성+티벳 박물관 CHF17
홈페이지 www.chateau-gruyeres.ch
교통 마을 중심 광장에서 도보 5분. **지도** p.480

H.R. 기거 박물관
H.R. Giger Museum ★★

〈에일리언〉의 디자이너인 기거의 박물관

H.R. 기거(1940~2014)는 세계적으로 인정받는 초현실주의 작가다. 그는 1979년에 개봉한 리들리 스콧의 영화 〈에일리언〉의 주인공 캐릭터인 에일리언과 배경 세트 디자인으로 아카데미 시각 효과상을 수상했다.
박물관에는 그의 초현실주의 회화,

조각, 가구와 영화 디자인을 전시하고 있다. 마을 외곽 성 테오둘 성당(Église Saint-Théodule) 공동묘지에 기거의 무덤이 있다.

주소 Château St. Germain CH-1663 Gruyères
☎ 026 921 2200
개관 4~10월 월~금 10:00~18:00, 토~일 10:00~18:30 / 11~3월 화~금 13:00~17:00, 토~일 10:00~18:00
휴무 월
입장료 CHF12.50, 학생 CHF8.50, 아동(만 6~16세) CHF4, H.R. 기거 박물관+그뤼에르성 콤비 티켓 CHF19
홈페이지 www.hrgigermuseum.com
교통 마을 광장에서 그뤼에르성 방향으로 도보 2분.
지도 p.480

티벳 박물관
Tibet Museum ★★

티벳 불교 관련 스위스 최고의 박물관

티벳 불교의 다양한 불교 조각상, 회화 그리고 불교용품을 소장하고 있다. 티벳을 비롯해 네팔, 카슈미르, 히말라야 지역들, 북인도와 미얀마 등지에서 나온 희귀한 불교 전시품들을 갖추고 있다.

주소 Rue du Château 4 CH-1663 Gruyères
☎ 026 921 3010
개관 부활절(4월경)~10월 매일 11:00~18:00 / 11월~부활절(4월경) 화~금 13:00~17:00, 토~일 11:00~18:00
휴무 월
입장료 CHF10, 학생 CHF8, 아동(6~16세) CHF5.

티벳 박물관+그뤼에르성 콤비 티켓 CHF17
홈페이지 www.tibetmuseum.ch
교통 마을 광장에서 도보 3분. H.R. 기거 박물관 바로 옆에 있다. **지도** p.480

몰레종
Moléson ★★★

해발 2,500m 이하의 프레 알프스 대자연을 만끽하자

그뤼에르에서 지역 버스로 10분 정도 거리에 있는 몰레종(2,002m)은 여름에는 트레킹과 등산, 암벽 등반에 적합하고, 겨울에는 스키와 스노보드를 타기에 좋은 천혜의 자연환경을 갖추고 있다. 몰레종 정상까지 푸니쿨라와 케이블카를 타고 부담없이 방문할 수 있다. 푸니쿨라는 몰레종-수르-그뤼에르(Moléson-sur-Gruyères, 1,100m)에서 플란-프란시(Plan-Francey, 1,500m)까지, 케이블카는 플란-프란시(1,520m)에서 몰레종 정상(2,002m)까지 운행한다. 여름에는 정상까지 올라갔다 내려오는 코스로 하이킹을 하면서 몰레종의 파노라마를 만끽할 수 있으며, 겨울에는 플란-프란시에서 스키나 스노보드를 즐기기 좋다. 그뤼에르 패스포트가 있으면 푸니쿨라는 무료로 이용할 수 있다.

교통 그뤼에르 마을 광장에서 도보 3분 거리에 있는 1번 주차장 부근 버스 정류장에서 TPF 버스를 타고 15분이면 몰레종 수르 그뤼에르(Moléson-sur-Gruyéres)에 도착한다. 여기서 푸니쿨라를 타고 산으로 올라가면 된다.

푸니쿨라 & 케이블카
요금 몰레종 수르 그뤼에르-(푸니쿨라)-플란 프란시-(케이블카)-몰레종 정상까지 성인(만 25~63세) 편도 CHF14, 왕복 CHF35 / 청소년(만 16~24세) 편도 CHF10.40, 왕복 CHF25.10 / 아동(만 6~15세) 편도 CHF7.80, 왕복 CHF19.60
운행 5월 중순~10월 말 09:10~17:30(20분 간격), 여름 시즌 금~토 저녁 운행 18:00~23:00(30분 간격)
홈페이지 www.moleson.ch

그뤼에르 트라디숑 Gruyère Traditions

마을 중심 광장의 분수대 옆에 있는 전통 치즈 퐁뒤 전문 레스토랑. 내부에는 전통 방식으로 치즈를 만드는 과정을 볼 수 있는 커다란 구리통이 있다. 인기 메뉴는 치즈 퐁뒤(Fondue moitié-moitié 220g, 1인 CHF29.50), 라클레트 Raclette(1인 CHF35), 치즈 뢰스티(Rösti Fromage, CHF24.50) 등.

주소 Rue du Bourg 20 CH-1663 Gruyèress
☎ 026 921 3090
영업 매일 08:00~23:00
홈페이지 www.gruyere-traditions.ch
교통 마을 광장 분수대 근처.
지도 p.480

샬레 드 그뤼에르 Chalet de Gruyères

알프스 전통 목조 샬레 양식 건물에 자리한 인기 있는 퐁뒤 전문 레스토랑. 알프스 샬레에서 볼 수 있는 각종 목각 인형, 소의 종, 부츠 등 다양한 인테리어 소품

이 목가적인 분위기를 더한다. 여름에는 야외 테라스에서 퐁뒤를 즐길 수 있다. 추천 메뉴는 그뤼에르 퐁뒤(Fondue Chateau de Gruyéres, CHF29.50), 샬레 믹스드 그릴(Grillades du Chalet, CHF36), 치즈 모둠(Fromages Assortis, CHF19), 후식은 그뤼에르 전통 머랭과 크림(Meringue avec Creme, CHF13)이 좋다.

주소 Rue du Bourg 53 CH-1663 Gruyèress
☎ 026 921 21 54
영업 매일 12:00~21:00
홈페이지 www.gruyereshotels.ch/chalet-de-gruyeres
교통 마을 광장에서 그뤼에르성 방향으로 도보 1분.
지도 p.480

오베르쥬 드 라 할 Auberge de la Halle

구시가 중심에 있으며 전통 목조 샬레 스타일로 장식된 내부는 따뜻한 분위기다. 여름철에는 구시가를 볼 수 있는 야외 테라스 자리나 주변 산들을 볼 수 있는 실내 창가 자리가 인기 있다. 그뤼에르 치즈와 햄, 달걀 반숙을 곁들인 따뜻한 뢰스티(Rösti au jambon, CHF26), 치즈의 풍미를 한껏 느낄 수 있는 라클레트(Raclette, CHF29), 3~4가지 종류의 퐁뒤(Fondue, CHF29~36) 등이 인기 메뉴다.

주소 Rue du Bourg 24 CH-1663 Gruyères
☎ 026 921 21 78
영업 월~목 10:00~22:00, 금~토 10:00~23:30,
일 10:00~22:00
홈페이지 www.aubergehalle.ch
교통 구시가 중심 분수대 근처
지도 p.480

르 보네 루즈 Le Bonnet Rouge

중세 저택을 카페로 손수 개조했다. 여름엔 야외 테라스에서 구시가를 바라보면서 전통 과자 머랭과 함께 커피를 마셔보자. 그뤼에르 치즈 퐁뒤(Fondue AOP 230g, 1인 CHF24), 그뤼에르 특산 머랭 크림 (Meringues crème de la Gruyere, CHF11) 등이 인기 있다.

주소 Rue du Bourg 7 CH-1663 Gruyères
☎ 079 439 64 09 **영업** 월 10:00~15:00,
화~토 09:00~22:00, 일 10:00~20:00
교통 관광 안내소에서 마을로 들어가는 입구 왼편.
지도 p.480

H.R. 기거 바 H.R. Giger Bar

스위스 초현실주의 예술가이자 영화 〈에일리언〉의 캐릭터를 만들어낸 H.R. 기거가 만든 테마 카페 겸 바. 인테리어는 마치 영화 〈에일리언〉의 세트처럼 기괴하고 독특하다. 3개의 머랭과 그뤼에르 크림이 곁들여 나오는 에일리언 커피(Alien Coffee, CHF15)를 추천한다.

주소 Rue du Château 3 CH-1663 Gruyères
☎ 026 921 0800 **영업** 4~10월 매일 10:00~20:30,
11~3월 화~일 10:00~20:30 **휴무** 11~3월 월
홈페이지 www.hrgiger.com
교통 마을 광장에서 그뤼에르성 방면으로 도보 2분. H.R. 기거 박물관 맞은편에 있다. **지도** p.480

라 메종 뒤 그뤼에르

La Maison du Gruyère

그뤼에르 치즈 공장에서 운영하는 레스토랑. 기차역 바로 뒤 치즈 공장 매표소 오른쪽에 있다. 스위스 전통 요리와 그뤼에르 치즈 요리를 주메뉴로 하고 있다. 그뤼에르 치즈 퀴시와 샐러드(Cheese quiche of Gruyère AOP and salad, CHF22.50), 그뤼에르 치즈 퐁뒤(Cheese fondue Gruyère AOP, CHF25.50), 전식과 치즈 퐁뒤, 머랭, 그뤼에르 더블크림이 포함된 세트 메뉴인 그뤼에르 메뉴 세트 (Gruyère menu, CHF46) 등을 맛볼 수 있다.

주소 Place de La Gare 3 CH-1663 Pringy-Gruyères
☎ 026 921 8422
영업 6~9월 월~토 07:30~20:00, 일 08:00~20:00,
10~5월 월~토 07:30~19:00, 일 08:00~19:00
홈페이지 www.lamaisondugruyere.ch
교통 그뤼에르 기차역 바로 뒤편. **지도** p.480

SHOPPING

매거진 숍 안토니에티

Magasin-shop Antonietti

르 보네 루즈 카페 바로 옆 부르 거리 11번지에 있는 머랭(Meringue) 전문점으로, 1946년부터 그뤼에르 특산 머랭을 판매하고 있다. 그뤼에르 지역에서 생산한 더블크림과 머랭은 스위스에서도 유명하다. 전통적으로 머랭은 나무 오븐에 굽지만, 이곳은 프리부르주의 전통에 따라, 머랭을 작은 나무단지에 담겨 나오는 더블크림과 곁들여 먹는다. 머랭은 종이 박스에 포장된 상태로, 더블크림은 통에 담아서 판매한다. 가격은 머랭 16조각 1상자 CHF9, 더블 크림은 300g 1통 CHF7.

주소 Rue du Bourg 11 CH-1663 Gruyères
☎ 026 921 2292 **영업** 작은 가게이므로 상황에 따라 다르다. **교통** 관광 안내소에서 마을 광장 들어가는 입구
지도 p.480

마을 규모가 크지 않아 호텔 수는 적지만 편의시설은 잘 되어 있다. 마을 분수대를 중심으로 대부분의 호텔들이 몰려 있다.

르 생 조르주 그뤼에르 호텔
Le Saint Georges Gruyères Hotel

그뤼에르 마을 중심에 자리하며 14개의 객실은 마을이나 계곡 중 하나로 향하고 있어 전망이 좋다. 각 방은 지난 5세기 동안 그뤼에르역사에서 중요한 인물들의 이름이 붙어 있다. 직원들도 친절하며 호텔에서 운영하는 레스토랑도 인기가 높다.

주소 Rue du Bourg 22 CH-1663 Gruyères
☎ 026 921 8300 **예산** 더블 CHF180~, 조식 포함
홈페이지 www.lesaintgeorges.ch
교통 마을 광장 분수대 근처.
지도 p.480

플뢰르 드 리스 그뤼에르 호텔
Fleur de Lys Gruyères Hôtel

마을 중심부 위치한 350년 된 건물에 들어서 있는 우아한 호텔. 총 10개의 객실이 있으며, 객실은 구시가 마을 중심을 향해 있거나 마을을 둘러싼 알프스를 향하고 있어 전망이 좋다. 호텔에서 운영하는 레스토랑에서는 스위스 전통 요리와 프랑스 요리를 맛볼 수 있다. 와이파이를 무료로 사용할 수 있다.

주소 Rue du Bourg 14 CH-1663 Gruyères
☎ 026 921 8282 **예산** 더블 CHF150~, 조식 포함
홈페이지 hotel-fleurdelys.ch
교통 마을 광장 분수대 근처. **지도** p.480

호텔 드 그뤼에르 Hotel de Gruyères

전원풍으로 꾸며진 발코니가 딸린 조용한 객실이 있는 아담한 호텔. 쌍둥이 산인 샤모아산과 브록산의 파노라마 전망을 대부분의 객실에서 즐길 수 있다. 그뤼에르성을 비롯해 주요 명소는 도보 5분 이내 거리에 있다. 34개의 객실이 있으며 와이파이를 무료로 사용할 수 있다.

주소 Ruelle des Chevaliers 1 CH-1663 Gruyères
☎ 026 921 1933
예산 더블 CHF200~, 조식 포함 **객실 수** 34실
홈페이지 www.gruyeres-hotels.ch
교통 마을 외곽 주차장 근처.
지도 p.480

호텔 드 빌 Hotel de Ville

마을 중심 분수대 근처에 있는 아담한 샬레 호텔. 전통 목조 양식과 모던한 분위기가 조화를 이룬다. 객실은 8개로 각 방마다 개성 있는 인테리어로 꾸며져 있다. 호텔에서 운영하는 레스토랑에서는 퀴시(quiche), 라클레트, 퐁뒤 등 그뤼에르 치즈를 이용한 다양한 요리를 맛볼 수 있다.

주소 Rue du Bourg 29 CH-1663 Gruyères
☎ 026 921 2424
예산 더블 CHF160~, 조식 포함 **객실 수** 8실
홈페이지 www.hoteldeville.ch
교통 마을 광장 분수대 근처.
지도 p.480

체르마트 주변

Around Zermatt

체르마트와 주변 지역 한눈에 보기

대자연 속에서 계절마다 하이킹, 등산, 산악 자전거, 스키, 스노보드, 온천, 골프 등 다양한 액티비티를 즐길 수 있는 곳이다. 거대한 산들로 둘러싸인 발레주 관광의 거점 체르마트를 중심으로 일정이나 동선을 짜는 편이 좋다. 자연 속에서 힐링을 얻고 싶다면 일정을 여유 있게 잡도록 한다.

체르마트 p.490

우뚝 서 있는 피라미드형의 마터호른(4,478m)은 그 웅장한 아름다움으로 '스위스 알프스의 여왕'이라 불린다. 바로 그 마터호른 관광의 유일한 기지가 바로 체르마트다. 하늘로 솟아오른 백색의 마터호른과 소가 풀을 뜯고 있는 푸른 들판, 꽃으로 장식된 샬레가 어우러져 동화 같은 풍경을 자아낸다.

여행 소요 시간 2~3일 **지역번호** ☎ 027
주 이름 발레(Valais)주
관광 ★★★ **미식** ★ **쇼핑** ★★ **액티비티** ★★★

로이커바트 p.526

병풍처럼 펼쳐진 겜미 고개 기슭의 막다른 산길에 자리한 작은 마을. 중세 시대부터 온천으로 인기가 높은 리조트 지역이다. 마을에는 대형 온천 시설을 비롯해 자체 온천 풀장을 갖춘 호텔도 다수 있다. 석회질의 온천수는 류머티즘과 혈행 장애에 효과가 있다고 한다.

여행 소요 시간 1~2일 **지역번호** ☎ 027
주 이름 발레(Valais)주
관광 ★★ **미식** ★ **쇼핑** ★ **휴양** ★★★

체르마트 주변
Around Zermatt
0   20km

졸로투른
Solothurn

뇌샤텔 호수
Lac de
Neuchâtel

베른
Bern

브리엔
Brien

툰
Thun
툰 호수
Thuner-see

브리엔츠 호수
Brienzer-see

그린델발트
Grindelwa

그뤼에르
Gruyères

벵겐
Wengen

융프라우요흐
Jungfraujoch

시옹성
Château de Chillon

로이커바트
Leukerbad

크랑 몬타나
Crans-Montana

사스페
Saas Fee

체르마트
Zermatt

마터호른
Matterhorn(4478m)

고르너그라트
Gornergrat

몬테로사
Monte

클라인 마터호른
Klein Matterhorn

이탈리아
ITALIA

크랑몬타나 (p.535)

포도밭으로 뒤덮인 구릉 지대 가장 안쪽에 위치한 도시. 여름에는 하이킹과 골프, 겨울에는 스키를 즐길 수 있는 고원 리조트와 상류층의 별장지로도 유명하다. 세련된 레스토랑과 숍이 늘어서 있는 시내는 고급스러운 분위기가 감돈다.

여행 소요 시간 1~2일 **지역번호 ☎** 027
주 이름 발레(Valais)주
관광 ★★ **미식** ★ **쇼핑** ★★ **액티비티** ★★★

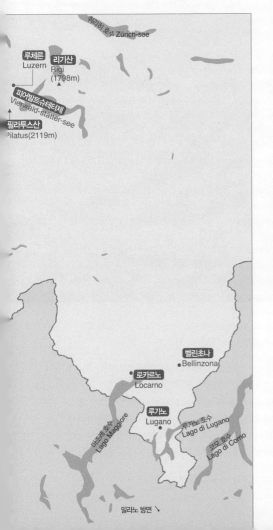

사스페 (p.548)

사스페의 눈은 설질이 좋기로 유명하다. 표고차가 1,800m에 달하는 스키 활강 코스의 총 길이는 무려 100km에 이른다. 세계에서 가장 높은 곳에 설치된 지하 푸니쿨라 철도와 세계에서 가장 높은 곳에 위치한 회전 레스토랑도 사스페의 인기 스폿 중 하나다. 또한 다양한 하이킹 루트가 있어 하이킹족들에게도 최고의 여행지다.

여행 소요 시간 1~2일 **지역번호 ☎** 027
주 이름 발레(Valais)주
관광 ★★★ **미식** ★ **쇼핑** ★ **액티비티** ★★★

체르마트
ZERMATT

언어 독일어권 | 해발 1,620m

스위스 최고의 인기를 자랑하는 알프스 리조트

스위스인들이 진정으로 사랑하는 산악 지역은 융프라우가 아니라 오히려 스위스 알프스의 여왕 마터호른이 있는 체르마트 일대다. 해발 4,478m의 마터호른이 그림처럼 솟아오른 계곡 아래에 있는 예쁜 알프스 리조트가 바로 체르마트다. 19세기 중반 영국의 등반가 에드워드 윔퍼(Edward Whymper)가 마터호른 정상을 정복할 때 체르마트를 전초기지로 삼으면서 알려지기 시작했다. 윔퍼 이후 수많은 산악가와 여행자가 찾아오는 여행지가 되었다. 깨끗한 환경을 보존하기 위해 휘발유 차량의 진입을 금지하고 있어 전기 자동차나 마차가 다니는 모습을 자주 접할 수 있다. 전 세계에서 몰려온 다양한 인종과 언어, 문화권의 여행자들을 쉽게 마주칠 수 있는 곳이다.

ACCESS

체르마트 가는 법

주요 도시 간의 이동 시간

취리히 → 체르마트 기차 3시간 10분
제네바 → 체르마트 기차 3시간 40분

체르마트 기차역

기차로 가기

기차로 접근하는 게 제일 무난하다. 휘발유 차량은 진입이 금지되어, 자동차로는 체르마트까지 들어갈 수 없기 때문. 스위스 각지에서 국철을 타고 브리크(Brig)나 비스프(Visp)로 간 다음, R선으로 갈아타고 체르마트로 향한다.

취리히역에서 출발

IC 열차로 비스프(2시간 소요)까지 간 후 R선으로 환승(1시간 소요)하면 된다. 환승 대기 시간까지 포함해 총 3시간 10분 소요되며, 시간당 1대씩 운행된다.

제네바역에서 출발

IR 열차로 비스프(2시간 20분 소요)까지 간 후 R선으로 환승하면 된다. 환승 대기 시간까지 포함해 총 3시간 40분 소요되며, 시간당 1~2대씩 운행된다.

자동차로 가기

체르마트 마을에는 휘발유 차량이 진입할 수 없다. 단 투어 버스에 한해 체르마트역 바로 앞까지는 진입이 가능하다. 자동차 여행자들은 대부분 체르마트에서 5km 떨어진 테슈역 옆에 있는 주차장, 마터호른 터미널 테슈(Matterhorn Terminal Täsch)에 주차한다. 실내에 약 2,100대의 주차 공간이 있다. 마터호른 고타르트 철도에서 운행하는 테슈~체르마트 구간 셔틀 열차를 타고 체르마트로 들어가면 된다.

제네바에서 출발

제네바에서 로잔–몽트뢰를 거쳐 A9번 도로를 타고 마르티니(Martigny)–시에르(Sierre)–비스프(Visp)를 거쳐 테슈까지 간다. 약 233km, 2시간 50분 소요. 그런 테슈에 주차한 뒤, 셔틀 열차를 타고 체르마트에 들어간다.

취리히에서 출발

취리히에서 A4/E41번 도로를 타고 내려오다가 알트도르프(Altdorf)에서 A2/E35번 도로를 타고 안데르마트(Andermat)까지 온 후, 19번 도로를 타고 비스프를 거쳐 테슈에 도

테슈에서 체르마트로 가는 셔틀 열차

착하면 된다. 약 215km, 3시간 30분 소요. 테슈에 차를 주차한 후, 셔틀 열차를 타고 체르마트로 들어간다.

테슈~체르마트 구간 셔틀 열차
운행 06:00~01:00(20분 간격 수시 운행, 주말과 야간에는 1시간 1대) 소요. 약 12분
요금 성인 편도 CHF8.20, 왕복 CHF16.40.
스위스 패스 이용자는 무료

시내 교통

기차역 앞 풍경

체르마트는 유명세에 비해 마을 규모는 그리 크지 않은 편이다. 걸어서 30분 이내에 대부분의 장소에 도달할 수 있다. 마터 비스파(Matter Vispa) 강 양쪽으로 마을의 주요 거리가 형성되어 있다. 시내 교통 수단으로는 전기 버스와 전기 택시가 있으며 해발 2,000~3,000m의 산악 지대에 있는 고르너그라트 전망대와 수네가 전망대에 손쉽게 오를 수 있는 산악 열차를 운행하고 있다.

전기 버스 E-Bus (Elektro-Bus)

역 앞과 마을 외곽까지 강변을 따라 연결한다. 녹색 노선과 빨간색 노선이 마터호른 글래시어 파라다이스 (Matterhorn Glacier Paradise)와 체르마트 기차역 (Bahnhof/Spiss) 사이를 왕복하고 있다. 요금은 CHF2.

전기 택시 E-Taxi (Elektro-Taxi)

시속 20km 정도의 속도를 내며 일반적으로 6명까지 탑승할 수 있다. 체르마트 시내에서는 CHF15 내외로 균일하며, 짐이 있거나 야간에 탈 경우에는 추가 요금이 붙는다.

체르마트 고르너그라트 등산 철도
Zermatt Gornergrat Bahn

주소 Bahnhofplatz CH-3920 Zermatt
☎ 027 927 77 77
홈페이지 www.gornergrat.ch
교통 체르마트 기차역(Bahnhof)을 나와서 길 건너편.
지도 p.493-C

고르너그라트 등산 철도 승강장

관광 안내소
체르마트 관광 안내소 Zermatt Tourismus

주소 Bahnhof-platz 5 CH-3920 Zermatt
☎ 027 966 81 00
홈페이지 www.zermatt.ch
운영 매일 08:00~20:00
교통 체르마트역 나오자마자 오른쪽.
지도 p.493-C

알핀 센터 Alpin Center(Zermatters)

스키 스쿨 사무소를 겸하고 있는 이곳은 다양한 근교 도시 어드벤처 투어 상품을 기획한다. 또한 홈페이지를 통해 평균 5~6시간 정도 소요되는 4,000m 산악 투어와 하이킹 등 다양한 프로그램을 이용할 수 있다.

주소 Bahnhofstrasse 58 CH-3920 Zermatt
☎ 027 966 24 66
홈페이지 www.zermatters.ch
운영 12월 초~4월 말 08:00~12:00, 15:00~19:00,
6월 중순~9월 말 09:00~12:00, 15:00~19:00,
비수기 오픈 시간은 따로 공지
교통 반호프 거리에 위치. 몽 세르뱅 팰리스(Mont Cervin Palace) 호텔 입구 맞은편.
지도 p.493-B

⟨TIP⟩ **일기 예보**

케이블 텔레비전 채널인 텔레 인포 체르마트 (Tele Info Zermatt)가 각 전망대의 모습을 실시간으로 중계하고 있다. 호텔에 따라 다르긴 하지만, 호텔 로비에서 일기 예보를 확인할 수 있다. 전망대로 가기 전에는 반드시 날씨를 확인할 것.

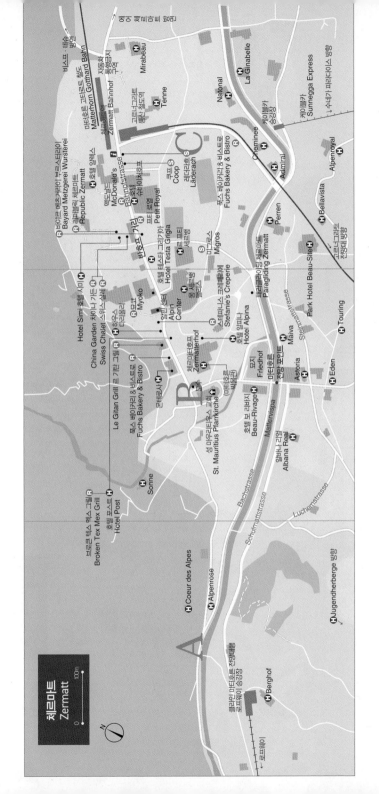

체르마트
Zermatt

0   100m

비스프·태쉬
방향

에어 첼리마트 방향

마터호른 고트하르트 철도
Matterhorn Gotthard Bahn

마터호른 고트하르트 철도
Zermatt Bahnhof

Mirabeau

La Ginabelle

자동차
통행금지
구역

그린디그라트
등산 철도역

케이블카
승강장

케이블카
Sunnegga Express

(수네가) 파라디이소 방향

Natonal

Tenne

Cheminee

그린디그라트
Läderach

코프 S
Coop

푹스 베이커리 & 비스트로
Fuchs Bakery & Bistro

Admiral

Alpenroyal

바이른 메츠거라이 부르스터라이
Bayard Metzgerei Wursterei

리퍼블릭 체르마트
Republic Zermatt

맥도널드
McDonald's
반호프슈트라세
Bahnstrasse

호텔
슈타인마트

프티 로열
Petit Royal

프티
세르벵

Perren

Bellavista

그린디그라트
전망대 방향

호텔 시미
Hotel Simi

차이나 가든
China Garden
스위스 샬레
Swiss Chalet

호텔 테스타 그리기아
Hotel Testa Grigia

미그로스
Migros

파라글라이딩 체르마트
Paragliding Zermatt

Park Hotel Beau-Site

Myoko

알핀 센터
Alpin
Center

웅 세르벵
펠리스

스테파니스 크레페리에
Stefanie's Creperie

호텔 알피나
Hotel Alpina

Maiva

Touring

Le Gitan Grill 르 기탄 그릴

하우스
디리올리

체르마터호프
Zermatterhof

모지
Friedhof

Astoria

Eden

푹스 베이커리 & 비스트로
Fuchs Bakery & Bistro

몬테로사

(마터호른
박물관)

성 마우리티우스 교회
St. Mauritius Pfarrkirche

호텔 보 리바지
Beau-Rivage

마터비스파
Mattervispa

Sonne

알바나 리얼
Albana Real

브로큰 텍스 멕스 그릴
Broken Tex Mex Grill

호텔 포스트
Hotel Post

바흐슈트라세
Bachstrasse

Coeur des Alpes

Alpenrose

슈마트슈트라세
Schmattstrasse

루흐마트슈트라세
Luchmattstrasse

클라인 마터호른 전망대행
로프웨이 승강장

Berghof

로프웨이

로프웨이 방향

Jugendherberge 방향

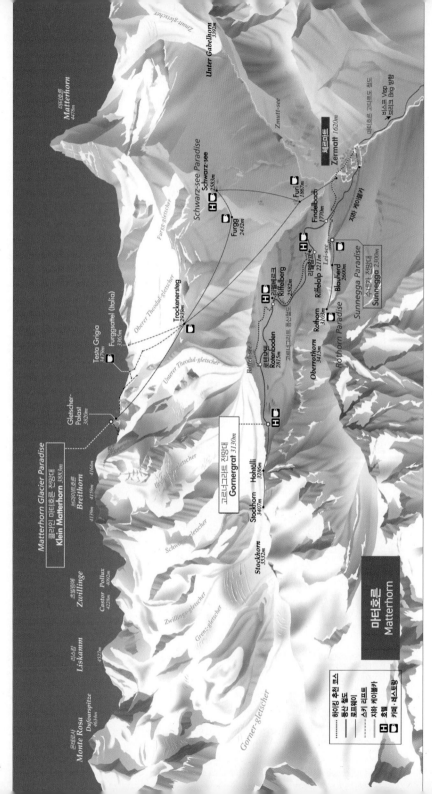

마터호른 Matterhorn 4478m

첸뮤트 글렛처 Zmutt-gletscher

운터 가벨호른 Unter Gabelhorn 3392m

체르마트 Zermatt 1620m

비스프 Visp
브리그 Brig 방향
마테로반 고르너그라트 철도

슈바르츠제 파라다이스
Schwarz-see Paradise
슈바르체 Schwarz-see 2583m

푸리 Furi 1867m

풍 Furgg 2432m

핀델바흐 Findelbach 1770m

오버러 테오둘 글렛처 Oberer Theodul-gletscher

트로케너스텍 Trockensteg 2939m

테스타 그리지아 Testa Grigia 3479m

푸르그자텔 (이탈리아) Furggsattel (Italia) 3365m

리펠알프 Riffelalp 2211m

수네가 전망대 Sunnegga 2300m

블라우헤르트 Blauherd 2600m

레흐 Lei-see

리펠베르크 Riffelberg 2582m

로트호른 Rothorn 3103m

운테러 테오둘 글렛처 Unterer Theodul-gletscher

글렛처 팔로스트 Gletscher-Palast 3820m

로텐보덴 Rotenboden 2815m

오버로트호른 Oberrothorn 3415m

로트호른 파라다이스 Rothorn Paradise

수네가 파라다이스 Sunnegga Paradise

마터호른 글레이셔 파라다이스
Matterhorn Glacier Paradise
클라인 마터호른 전망대
Klein Matterhorn 3883m

고르너그라트 전망대
Gornergrat 3130m

호엔리 Hohtälli 3286m

슈톡호른 Stockhorn 3407m

브라이트호른 Breithorn 4164m 4159m 4139m

슈톡호른 Stockhorn 3532m

츠빌링에 Zwillinge

카스토르 폴룩스 Castor Pollux 4228m 4092m

리스캄 Liskamm 4527m

몬테로사 Monte Rosa
뒤푸르슈피체 Dufourspitze 4634m

마터호른 Matterhorn

슈바르체 글렛처 Schwarze-gletscher

츠빌링 글렛처 Zwillings-gletscher

그렌츠 글렛처 Grenz-gletscher

고르너 글렛처 Gorner-gletscher

리펠 제 Riffel-see

하이킹 추천 코스
등산 철도
로프웨이
스키 리프트
지하 케이블카
호텔
카페 · 레스토랑

494

COURSE

체르마트의 추천 코스

마터호른 주변의 산악 지대를 제대로 즐기려면 최소 2박 3일은 필요하다. 고르너그라트 주변에서 체르마트 하이킹 코스와 블라우헤르트, 수네가 주변 5곳의 호수를 한 바퀴 돌아보는 하이킹 코스 등 돌아볼 곳이 다양하다. 겨울 시즌에는 다양한 스키나 스노보드를 즐길 수 있으며 산악 열차와 케이블카로 연결되는 다양한 전망대에서 알프스의 진수를 감상할 수 있다.

DAY
1

09:30 체르마트 고르너그라트 반
체르마트 기차역 앞에 있는 고르너그라트 전망대행 등산 열차에 탑승한다(42분 소요). 올라갈 때 마터호른이 잘 보이는 쪽은 열차 진행 방향의 오른쪽 창가 좌석이다.

10:20 고르너그라트 전망대
전망대 감상 후 다시 고르너그라트역으로 내려와 로텐보덴행 고르너그라트 반을 탄다. 하이킹에 자신 있는 사람은 여기서부터 로텐보덴을 향해 걸어도 좋다.

11:10 로텐보덴
로텐보덴역에 내려서 리펠제 방향으로 태양의 길(Sonnenweg) 하이킹(p.509)을 시작한다. 리펠베르크까지 거리는 약 3km이며 약 1시간이 소요된다.

12:10 리펠베르크
리펠베르크역에 있는 레스토랑에서 점심 식사를 하거나 전망 좋은 잔디밭에 앉아 도시락을 먹는다. 일정이 바쁘거나 체력적으로 부담이 있는 여행자는 고르너그라트 등산 열차를 타고 체르마트로 내려가면 된다. 계속 하이킹을 하려면 리펠알프 방향으로 이정표를 따라 걷는다(50분 소요).

14:00 리펠알프
리펠알프 리조트에서 잠시 쉬었다가 도보 5분 거리에 있는 리펠알프역에 도착한 후, 고르너그라트 열차를 타고 체르마트로 내려간다. 내려갈 때는 열차 진행 방향의 왼쪽 창가 좌석이 마터호른과 체르마트 마을을 담기에 좋은 위치다.

14:30 체르마트 반호프 거리

마터호른 박물관과 성 마우리티우스 교회가 있는 곳이 거의 끝 지점이다. 박물관과 교회 사이로 난 길을 따라 조금만 걸으면 마터호른에서 조난당해 사망한 등산가들이 잠들어 있는 묘지(Friedhof)가 있다.

15:00 마터호른 전망 포인트

묘지에서 마터비스파(Mattervispa)강 방향으로 조금 더 걸어가면 강 위에 작은 다리가 나온다. 그 다리 중간 지점이 바로 체르마트 마을에서 마터호른이 가장 멋지게 보이는 포인트다.

DAY 2

둘째 날 일정에서는 하이킹 도중에 점심시간이 겹치고 주변에 식당이 없을 확률이 높기 때문에 간단한 도시락을 준비하는 편이 좋다.

09:30 체르마트 수네가 파라다이스행 케이블카 승강장

체르마트 기차역에서 고르너그라트 반 승강장 옆길로 10분 정도 걸으면 수네가 파라다이스행 케이블카 승강장에 닿는다. 케이블카 5분 소요.

09:45 수네가 파라다이스

테라스에서 멋진 전망을 감상한 후 케이블카역을 나오면, 왼편에 볼리(Wolli) 통행로가 있다. 이 통로로 들어가 엘리베이터를 타고 라이제로 내려간다.

10:00 라이제

여름철에는 마터호른의 반영이 가장 아름답게 비치는 호수로 인기가 높다. 호수를 시계 방향으로 한 바퀴 돌다보면 마터호른과 호수가 한눈에 들어오는 촬영 포인트가 있다.

10:30 로트호른 파라다이스

수네가 파라다이스로 돌아가 8인승 곤돌라를 타고 블라우헤르트까지 간다. 블라우헤르트에서 150인승 케이블카를 타고 로트호른까지 갈 수 있다. 로트호른 파라다이스에서 4,000m급 봉우리 38개로 둘러싸인 파노라마를 감상할 수 있다.

11:00　블라우헤르트

로트호른에서 케이블카를 타고 블라우헤르트로 내려온 후 본격적인 5-호수의 길(5-seenweg) 하이킹(p.514)을 시작한다. 역을 나와 이정표를 따라 정면 방향으로 슈텔리제를 향해 걸으면 된다 (20분 소요).

11:20　슈텔리제

슈텔리제를 시계 방향으로 한 바퀴 돌다가 가장 뒤쪽 지점에서 마터호른을 바라보자. 이때 바람이 불지 않는다면 멋진 반영 사진을 담을 수 있다. 호수를 한 바퀴 돌아본 후 내리막길을 따라 그린지제로 향한다.

11:45　그린지제

슈텔리제에서 내리막길을 따라 20~25분 정도 걷다 보면 나무가 우거진 곳에 숨어 있는 그린지제를 만날 수 있다. 다른 호수에 비해 길쭉하게 생긴 그린지제에서도 나무와 마터호른이 조화를 이루는 멋진 반영을 감상할 수 있다. 그린지제에서 다시 그륀제로 계속 이정표를 따라 걷는다.

12:15　그륀제

그린지제에서 30분 정도 평탄한 길을 따라 걸으면 그륀제를 만날 수 있다. 맑고 깨끗한 호수에 발도 담그고, 호숫가 벤치나 바위 위에서 점심을 먹자. 도시락을 준비하지 못했다면 그륀제에서 도보로 7분 거리에 있는 베르그휘스 그륀제(Bärghüs Grünsee) 레스토랑에서 식사를 해결하자.

13:00　무수지제

그륀제에서 베르그휘스 그륀제 레스토랑을 지나 큰 갈림길이 나오면 오른편 넓은 길로 계속 걷는다. 5분 정도 걸어가다 보면 왼편에 무수지제 방향을 알려주는 이정표가 나온다. 여기서 나무들이 우거진 가파른 산길을 걸어야 한다. 구불구불한 내리막길을 걷다가 작은 다리를 건너서 왼편 내리막길로 계속 걸어가자. 5분 정도 걸으면 무수지제와 마터호른이 다시 모습을 드러낸다.

13:30　라이제

5-호수의 길의 종점인 라이제가 다시 모습을 드러낸다. 라이제에서 엘리베이터를 타고 수네가 파라다이스로 올라간 후, 다시 체르마트로 내려가는 케이블카를 탑승하면 된다.

체르마트의 관광 명소

반호프 거리
Bahnhof-strasse ★★★

약 500m 거리의 중심가

체르마트 기차역에서 성 마우리티우스 교회까지 일직선으로 뻗어 있는 약 500m의 대로. 호텔과 식당, 상점과 스포츠 용품점이 대로 양쪽으로 길게 늘어서 있는, 마을 중심가다. 특히 여름과 겨울에는 여행자로 항상 붐빈다. 마을 안에는 자동차의 진입이 금지되어 있으며, 모든 구역이 보행자 전용 도로이지만, 이따금 기차역으로 손님을 태우러 오거나 마중하는 호텔 마차와 전기 자동차가 오간다. 기차역은 고르너그라트행 등 산 열차역과 길 하나를 사이에 두고 마주보고 있다.

참고로 여름에는 아침 9시~9시 30분경과 저녁 5시~5시 30분경에 마을 위에 있는 산양 우리와 마을 아래에 있는 목초지를 오가는 산양 무리가 반호프 거리를 통과한다.

반호프 거리에는 5성급 유명 호텔 몽 세르뱅 팰리스(Mont Cervin Palace)가 있으며, 그 앞이 산악 가이드 조합인 알핀 센터(Alpin Center)다. 더 나아가면 체르마터호프(Zermatterhof) 호텔이 나오는데, 호텔 내에 마터호른 박물관이 있다. 반호프 거리의 끝에는 노아의 방주를 묘사한 아름다운 천장화로 유명한 성 마우리티우스 교회가 있다. 가톨릭 교회와 체르마터 호텔 사잇길로 들어가면 마터호른에서 조난당한 등산가들이 잠들어 있는 묘지(Friedhof)가 나온다.

묘지에서 마터비스파(Mattervispa)강에 놓인 다리를 건너 강변길을 따라 서쪽으로 가면 마터호른 글래시어 파라다이스로 가는 곤돌라 승강장인 마터호른 탈스테이션(Matterhorn Talstation)이 있다. 역에서 곤돌라 승강장까지는 천천히 걸어도 15분밖에 걸리지 않는다. 참고로 반호프 거리 중심가를 벗어나서 조금만 외곽으로 가면 쥐의 침입을 막기 위해 건물 입구와 기둥 꼭대기 등에 역경사로 판자를 부착한 곡물 창고, 꽃으로 장식한 샬레 등 발레주 특유의 정취를 느낄 수 있다. 마을 규모가 작기 때문에 길을 헤맬 염려가 없으므로 마음대로 산책을 즐겨보자.

지도 p.493-C

마터호른 박물관
Matterhorn Museum ★★

마터호른 등반의 역사를 한눈에 볼 수 있는 곳

마터호른의 등반과 관련된 역사와 물품을 비롯해 지질, 식물 등 귀중한 자료를 전시해 놓은 산악 박물관이다. 1865년 마터호른 등정에 최초로 성공한 에드워드 윔퍼 등반대가 하산하다가 조난 사고를 당했을 당시의 부러진 자일 등 관련 물품이 전시되어 있다.

주소 Kirchplatz CH-3920 Zermatt
☎ 027 967 41 00 **개관** 1~6월 매일 15:00~18:00 / 7~9월 매일 14:00~18:00 / 10월 15:00~18:00 / 11월 중순~12월 중순 금~일 15:00~18:00, 월~목 휴관 / 12월 중순~12월 말 매일 15:00~18:00
입장료 성인 CHF12, 학생 CHF8, 아동(만 10~16세) CHF7, 스위스 패스 이용자 무료
홈페이지 www.zermatt.ch/en/museum
교통 체르마트역에서 도보 7분. 반호프 거리가 끝나는 지점에 있으며 성 마우리티우스 교회와 길 하나를 사이에 두고 나란히 있다. 박물관 입구는 그랜드 호텔 체르마터호프(Zermatterhof)의 넓은 정원 한구석에 있다.
지도 p.493-B

성 마우리티우스 교회
St. Mauritius Pfarrkirche ★

노아의 방주 천장화가 아름다운 교회

마우리티우스는 수호 성인의 이름으로, 체르마트에 있는 로마 가톨릭 교구 교회다. 반호프 거리가 끝나는 지점인 키르히 광장(Kirchplatz)에 자리하고 있으며, 교회 내부에는 노아의 방주를 묘사한 아름다운 천장화가 있다. 전체 인구의 3분의 1이 외국인인 체르마트의 특성 때문에 설교는 이탈리아어, 독일어, 포르투갈어, 크로아티아어 등 다양한 언어로 진행된다.

주소 Kirchplatz CH-3920 Zermatt
☎ 027 966 22 11 **홈페이지** pfarrei.zermatt.net
교통 체르마트역에서 도보 8분. 반호프 거리가 끝나는 지점에 있다. **지도** p.493-B

마터호른 전망 포인트
(키르히 다리)
Kirchbrücke ★★★

체르마트 최고의 전망 포인트

반호프 거리가 끝나는 지점의 성 마우리티우스 교회와 마터호른 박물관 사이로 난 키르히 거리(Kirchstrasse)로 들어선다. 등산가들이 잠든 묘지 프리트호프(Friedhof)를 지나면 마터비스파(Mattervispa)강이 나

오고, 강 위의 다리 중간 지점에서는 웅장한 모습으로 솟아 있는 마터호른이 한눈에 들어온다. 이곳이 체르마트에서 마터호른을 감상하고 사진에 담아내기에 가장 좋은 포인트다. 마터호른에 해가 비치는 오전이 특히 사진 찍기 좋다. 참고로 반호프 거리의 교회에서 그대로 길을 따라 5분 정도 더 가도 마터호른이 보인다.

교통 체르마트역에서 도보 12분. 또는 기차역에서 571 · 572번 전기 버스를 타고 키르히브뤼케(Kirchbrücke)에서 하차(9분 소요). **지도** p.493-B

고르너그라트 전망대
Gornergrat ★★★

4,000m의 고봉 29개가 이루는 최고의 절경

해발 고도 3,130m에 있는 전망대로, 마터호른을 포함해 4,000m가 넘는 산들과 계곡 사이 빙하들의 웅장한 장관을 감상할 수 있다. 스위스 최초로 톱니바퀴식 전동 열차를 운행한 고르너그라트 등산 열차는 100년이 넘는 역사를 가지고 있다. 해발 1,620m의 체르마트에서 출발해 핀델바흐, 리펠알프, 리펠베르크, 로텐보덴을 거쳐 해발 3,089m에 있는 종점역인 고르너그라트역까지 마터호른을 비롯한 알프스의 비경을 숨김 없이 보여준다.

체르마트에서 24분 간격으로 열차가 운행되며 고르너그라트역까지 42분 정도 소요된다. 여름에도 날씨가 상당히 쌀쌀하므로 따뜻하게 입고 가는 것이 좋다. 체르마트에서 올라갈 때는 열차의 오른쪽 창문에 앉으면 마터호른을 잘 볼 수 있다. 등산 열차를 타고 가다 보면 처음에는 오른쪽 앞쪽으로 마터호른이 보이다가 어느 지점이 되면 뒤편으로 보이게 된다. 큰 폭포(바흐)가 있는 핀델바흐(Findelbach)를 통과한 후 리펠알프(Riffelalp)역을 지나면서 숲이 사라지고 완만한 능선을 따라 등산 열차가 달리는데 이때 창밖으로 펼쳐지는 풍경은 숨막힐 정도로 아름답다. 하이킹 코스(p.508 참조)의 기점인 로텐보덴(Rotenboden)역을 지나면 주변은 온통 바위길이며, 거대한 고르너 빙하(Gorner-gletscher)가 바로 앞에 나타난다. 중간중간 자신이 원하는 역에서 내려서 쉬어가거나 하이킹을 즐겨도 좋다.

일단은 종점인 고르너그라트(Gornergrat)역에서 내린 후 역을 나와서 쿨름 호텔(Kulmhotel)이 있는 방향으로 조금만 걸어가면 엘리베이터가 있다. 엘리베이터를 타고 올라가서 쿨름 호텔 야외 테라스를 거쳐 해발 3,130m의 고르너그라트 전망대에 오른다.

고르너그라트 전망대에 서면 360도 알프스의 비경을 감상할 수 있다. 마터호른(4,478m)의 동쪽 벽을 중심으로 왼편으로 클라인 마터호른전망대(Klein Matterhorn, 3,883m, 마터호른 글래시어 파라다이스)와 브라이트호른(Breithorn, 4,164m), 리스캄(Liskamm,

체르마트 고르너그라트 등산 철도역

고르너그라트 전망대에서 본 쿨름 호텔과 마터호른

4,527m), 스위스 최고봉인 몬테로사(Monte Rosa, 4,634m)가 병풍처럼 둘러싸고 있다. 4,000m가 넘는 29개의 고봉을 한눈에 감상할 수 있는 절호의 기회다. 쿨름 호텔에서 운영하는 카페 겸 레스토랑의 야외 테라스로 내려와서 식사를 하거나 커피를 마시며 대자연을 만끽해 보자.

> **TIP** 스위스 발레주 블로그에서 무료로 배포하는 〈스위스 발레주 쿠폰〉을 미리 다운로드 받아서 인쇄해 가자. 체르마트 고르너그라트 왕복 티켓 결제 시 쿠폰을 보여주면 "Noodle Soup"이 찍힌 티켓을 준다. 열차를 타고 고르너그라트역에 도착하면 역사 안에 있는 에델바이스 숍이나 리펠베르크역 매점(Kiosk)에서 무료로 신라면 컵라면을 받을 수 있다. 고르너그라트역에서는 알레치 빙하와 마터호른을 감상하며 컵라면을 먹을 수 있고, 리펠베르크에서는 마터호른을 배경으로 컵라면을 먹을 수 있다.
>
> 스위스 발레주 네이버 블로그
> https://blog.naver.com/gornergrat-2016

고르너그라트 등산 열차 Gornergrat Bahn(GGB)
전화 027 927 70 00 **홈페이지** www.gornergratbahn.ch
코스 체르마트(Zermatt)–핀델바흐(Findelbach)–리펠알프(Riffelalp)–리펠베르크(Riffelberg)–로텐보덴(Rotenboden)–고르너그라트(Gornergrat)
운행 성수기에는 아침 8시부터 24분 간격으로, 비수기에는 1시간에 1대씩 운행. 좀 더 자세한 내용은 GGB 사무소나 홈페이지에서 운행 시간표를 참고.
타는 곳 및 매표소 체르마트역을 나와 길 건너편에 있으며 역 안에 매표소가 있다.

쿨름 호텔 3100 Kulmhotel Gornergrat
주소 Gornergrat 3100m CH–3920 Zermatt
☎ 027 966 64 00 **홈페이지** www.gornergrat-kulm.ch

주요 구간 요금표(단위 CHF, 2024년 여름 기준)

구간	편도	왕복
체르마트 – 고르너그라트	66	132
체르마트 – 로텐보덴	57	114
체르마트 – 리펠베르크	42	84
체르마트 – 리펠알프	29	58
리펠알프 – 로텐보덴	33	66
리펠베르크 – 로텐보덴	19	38

※여름 요금. 계절에 따라 요금 변동. 스위스 트래블 패스 이용자 50% 할인.

리펠알프 Riffelalp

고르너그라트로 향하는 중간역인 리펠알프. 이 역을 지나서 더 높이 올라가면 나무들을 볼 수 없는 삼림 한정 지역이다. 즉, 이 역은 숲이 우거진 마지막 역인 셈이다. 리펠알프역에서 도보 5분 거리에 5성급 호텔인 리펠알프 리조트가 있다. 호텔의 넓은 정원에 있는 카페에서 잠시 휴식을 취하며 커피를 마시거나 식사를 하는 것도 좋다. 리펠알프역에서 리펠알프 리조트까지는 철로가 이어져 있는데, 이는 호텔 투숙객을 위해 호텔에서 운행하는 예쁜 붉은색 트램 전용 선로다.

리펠알프 리조트 호텔 Riffelalp Resort Hotel
주소 Riffelalp Resort 2222m CH–3920 Zermatt
☎ 027 966 05 55 **홈페이지** www.riffelalp.com

리펠베르크 Riffelberg

리펠베르크역

웅장한 마터호른이 상당히 가까운 간이역이다. 리펠알프에서 위로 올라가거나 로텐보덴에서 리펠제 호수를 거쳐 내려오면서 하이킹하는 구간으로 인기가 높다. 간이역에 인접해 있는 리펠베르크 호텔과 레스토랑은 1878년 마크 트웨인이 머무른 곳으로 유명하다. 그는 1881년 '리펠베르크 오르기(Climbing the Riffelberg)'라는 글을 써서 세상에 발표하기도 했다. 또한 비탈진 초원 위에 서 있는 아담한 리펠베르크 예배당은 웅장한 마터호른과 대비를 이루면서 신혼부부의 웨딩 촬영 장소로 인기가 높다. 레스토랑에서는 스위스 전통 요리를 맛볼 수 있다.

리펠하우스 1853 Riffelhaus 1853
주소 Riffelberg 2500m CH–3920 Zermatt
☎ 027 966 65 00 **홈페이지** www.riffelberg.ch

마터호른의 반영이 비치는 라이제 호수

마터호른의 반영이 비치는 라이제

로트호른·수네가 파라다이스
Rothorn & Sunnegga Paradise ★★★

라이제에 비친 마터호른과
5개 호숫길로 이어지는 최고의 전망대

체르마트에서 수네가(Sunnegga), 블라우헤르트
(Blauherd)를 거쳐 해발 3,103m의 로트호른 파라다이
스(Rothorn Paradise)까지 올라가는 코스. 총 40분 정
도 소요된다.

체르마트에서 케이블카인 수네가 익스프레스를 타고
수네가 파라다이스에 내린 후 8인승 곤돌라로 환승,
다시 블라우헤르트에서 150인승 케이블카로 환승을
하여 로트호른 파라다이스에 도착한다. 로트호른은
다른 어느 곳보다도 마터호른과 주변 산을 사진으로
가장 멋지게 담아낼 수 있는 전망대다. 특히 4,000m
급 고봉 38개로 둘러싸인 멋진 파노라마를 선사한다.
※운행 일정이 계절이나 날씨에 따라 조금씩 달라지니 주의.

구간별 교통 정보
◎ 체르마트~수네가
수네가 익스프레스 Sunnegga Express
소요 시간 5분
운행 08:00경~18:00(여름 시즌 기준)
타는 곳 수네가-로트호른역(Sunnegga-Rothorn). 체르마트
역 앞의 고르너그라트 등산 열차역 옆길을 따라 도보 7분 거리
에 있다.

◎ 수네가~블라우헤르트
8인승 곤돌라 Sunnegga-Blauherd GB
소요 시간 7분
운행 08:10경~17:00(여름 시즌 기준)
타는 곳 수네가 익스프레스역을 나와 오른쪽 방향에 있다.

수네가 익스프레스

502

수네가에서 본 마터호른

블라우헤르트와 로트호른행 곤돌라

◎ 블라우헤르트~로트호른
150인승 케이블카 Blauherd-Rothorn GB
소요 시간 5분
운행 08:20경~16:40(여름 시즌 기준)
타는 곳 블라우헤르트 곤돌라역 내에 있다.

체르마트-수네가-블라우헤르트-로트호른 구간별 요금표
(단위 CHF, 2023년 기준)

구간	편도	왕복
체르마트 - 수네가	20	28.50
체르마트 - 블라우헤르트	36.50	58.50
체르마트 - 로트호른	53	81.50
수네가 - 블라우헤르트	18.50	28.50
수네가 - 로트호른	33	54
블라우헤르트 - 로트호른	17.50	26.50

※스위스 패스 이용자 50% 할인
※여름 성수기 요금으로 계절에 따라 요금이 달라진다(2024년 4월까지는 요금표보다 금액이 낮음).

수네가 파라다이스
Sunnegga Paradise

지하를 통과하는 케이블카 수네가 익스프레스를 타고 5분이면 도착하는 수네가 파라다이스는 체르마트에서 가장 손쉽게 올라갈 수 있는 전망대다. 전망대의 해발 고도는 2,300m. 전망대에 있는 뷔페 바 수네가의 야외 테라스에서는 마터호른이 한눈에 들어온다.

수네가에서 꼭 빼놓지 말고 방문해야 할 곳은 전망대 왼편 아래쪽에 있는 호수 라이제(Leisee)와 스키 초보자들과 아이들을 위한 볼리 파크(Wolli Park)다. 왼편으로 돌아서 내려가도 되고, 수네가역을 나올 때 왼편에 있는 볼리 통로로 들어가서 엘리베이터를 타고 내려가는 방법도 있다.

라이제는 특히 오전에 바람이 잔잔한 날이면 마터호른 반영이 가장 아름답게 비치는 대표적인 촬영 포인트이기도 하다. 호수 주변은 여름 시즌에는 피크닉을 즐기기에 좋으며 겨울에는 스키장으로 변모한다. 수네가에서 핀델른(Findeln)을 거쳐 체르마트로 내려가는 하이킹 코스는 푸르른 녹음과 마터호른을 바라보며 걸을 수 있는 무난한 코스로 인기가 높다(p.516).

수네가행 익스프레스 타는 곳

라이제 호수

블라우헤르트
Blauherd

수네가에서 로트호른으로 올라갈 때 거치는 중간역. 수네가 익스프레스역을 나와 오른쪽 방향에 있는 승강장에서 8인승 곤돌라를 타면 블라우헤르트에 도착한다.

블라우헤르트는 추천 하이킹 코스(p.514)로 소개된 5-호수의 길(5-Seenweg)의 출발 지점이다. 블라우헤르트 주변 산책로를 따라 아름다운 알프스 야생화가 가득하고, 마터호른을 비롯한 산들의 풍경이 아름답다. 블라우헤르트에서 25분 정도 걸으면 5-호수의 길의 첫 번째 호수인 슈텔리제(Stelisee)가 나타난다. 맑은 날 대기가 안정된 때에는 호수에 마터호른이 비치는 사진을 담을 수 있다. 굳이 5-호수의 길을 걷지 않고 블라우헤르트에서 슈텔리제까지만 다녀와도, 충분히 알프스의 자연을 느낄 수 있다.

로트호른 파라다이스
Rothorn Paradise

블라우헤르트에서 150인승 케이블카를 타고 로트호른에 오르면 세상에서 가장 아름다운 마터호른의 모습을 볼 수 있다. 마터호른뿐 아니라 스위스에서 가장 높고 알프스 산 중에는 두 번째로 높은 몬테로사의 최고봉 두푸르슈피체(Dufourspitze, 4,634m)부터 바이스호른(Weisshorn, 4,506m)까지 눈앞에 시원하게 펼쳐진다.

해발 3,100m의 로트호른 파라다이스 전망대에는 멋진 파노라마를 감상할 수 있는 로트호른 레스토랑(Restaurant Rothorn)도 있다. 이 레스토랑에서는 아침 일출 감상과 뷔페식 식사 그리고 체르마트~로트호른 왕복 승차권이 포함된 '일출 패키지(성인 CHF81)'를 판매하고 있다. 떠오르는 아침 햇살에 핑크빛으로 빛나는 마터호른을 보는 것은 평생 잊지 못할 특별한 경험일 것이다. '일출 패키지'는 알프스식 아침 뷔페를 즐기고 아침 8시에 체르마트로 출발한다. 단, 7~9월의 화요일에만 진행된다. 대신 겨울 시즌에는 달빛 속에서 스키를 타고 하강하는 '달빛 하강 패키지(성인 CHF70.5)'를 판매한다.

패키지 상품 예약
로트호른 레스토랑 Restaurant Rothorn
주소 Rothorn 3100m CH-3920 Zermatt
☎ 027 967 26 75(15시까지)
홈페이지 www.matterhornparadise.ch
(하단 mountain-adventures 메뉴)

마터호른 글래시어 파라다이스
Matterhorn Glacier Paradise ★★★

유럽에서 가장 높은 전망대

체르마트 외곽의 승강장에서 곤돌라를 타고 트로케너 슈테크(Trockenersteg)까지 간 후, 대형 곤돌라로 갈아탄다. 환승 시간을 포함하여 약 30~40분 만에 전망대에 도착한다. 해발 3,820m에 있는 전망대역은 유럽에서 가장 높은 곳에 위치한 케이블카역이다. 전망대역에는 카페 레스토랑, 여름 스키와 스노보드 슬로프 출입구, 빙하 동굴, 브라이트호른 등산로 출입구, 해발 3,883m의 전망대 테라스로 올라가는 리프트가 있다.

마터호른 글래시어 파라다이스 전망대(클라인 마터호른 전망대라고도 부른다)는 이탈리아와 무척 가깝다. 마터호른과 이웃하는 브라이트호른(Breithorn)의 어깨 부분에 살짝 올라 앉은 듯한 느낌으로 자리하고 있다. 해발 3,883m로 유럽에서 가장 높은 곳에 위치한 전망대. 하늘로 치솟아 올라 있는 전망대에 오르면 '알프스의 여왕'이라는 별명을 지닌 마터호른의 매혹적인

뒷면을 볼 수 있다. 이탈리아, 프랑스, 스위스 3개국에 걸친 알프스 거봉들 38개와 14개의 빙하들 그리고 멀리 융프라우요흐까지 멋진 파노라마를 감상할 수 있다. 날씨가 쾌청한 날에는 지중해가 보이기도 한다. 또한 알프스에서 제일 높은 몽블랑(Mont Blanc)도 손에 만져질 듯 가깝게 느껴진다. 위쪽으로는 봉긋한 곡선의 브라이트호른 정상이 가까이 보인다. 전망대에서 2시간 30분 정도 빙하를 가로질러 브라이트호른 (4,164m)에도 등반할 수 있다. 다만 이곳은 고도가 높아 공기가 희박하기 때문에 고산병을 조심해야 한다. 가능한 한 천천히 움직이도록 하자.

사시사철 스키를 즐길 수 있는 세계적인 스키 구역이자 유럽에서 가장 규모가 큰 여름 스키 지역이 아래에 있다.

입장료 전망대 CHF8
교통 체르마트-(곤돌라 5분)-푸리-(곤돌라 7분)-슈바르츠제-(곤돌라 9분)-트로케너슈테크-(곤돌라 8분)-마터호른 글래시어 파라다이스(클라인 마터호른)
소요 시간 체르마트~마터호른 글래시어 파라다이스 전 구간 40분(환승 시간 포함). 5~6월에 일부 구간은 운행이 중지되기도 한다.
홈페이지 www.matterhornparadise.ch

체르마트 – 마터호른 글래시어 파라다이스 각 구간별 요금표
(단위 CHF, 2023년 기준)

구간	편도	왕복
체르마트 – 푸리	14.50	21
체르마트 – 슈바르츠제	39.50	60.50
체르마트 – 트로케너슈테크	51.50	79
체르마트 – 마터호른 글래시어 파라다이스	78	120
푸리 – 슈바르츠제	26.50	44
푸리 – 트로케너슈테크	45	67
푸리 – 마터호른 글래시어 파라다이스	66	101
슈바르츠제 – 트로케너슈테크	22	33
슈바르츠제 – 마터호른 글래시어 파라다이스	51.50	79
체르마트 – 테스타 그리지아	121	185

※스위스 패스 이용자 50% 할인
※여름 성수기 요금으로 계절에 따라 요금이 달라진다(2024년 4월까지는 요금표보다 금액이 낮음).

푸리
Furi

체르마트 마을 외곽의 마터호른 글래시어 파라다이스(클라인 마터호른)행 곤돌라 승강장에서 8인승 곤돌라인 '마터호른 익스프레스'를 타고 푸리(1,867m)까지 간다. 푸리에서 검은 호수라는 뜻의 슈바르츠제로 가는 코스와 트로케너슈테크로 바로 올라가는 코스로 나뉜다.
푸리–슈바르츠제(Schwarzsee, 2,583m)–트로케너슈테크(Trockenersteg, 2,939m)–마터호른 글래시어 파라다이스(3,883m) 구간과 푸리–트로케너슈테크–마터호른 글래시어 파라다이스 두 가지 코스 중 자신의 일정이나 곤돌라 운행 스케줄과 하이킹 코스에 따라 선택하면 된다.

인기 있는 하이킹 코스는 슈바르츠제에서 푸리 마을까지 내려오는 코스다. '낙엽송 길'이라는 뜻의 레르헨베크(Lärchenweg)라고 불리는 코스로, 알프스 초원과 소나무들과 낙엽송이 있는 길을 걷는다. 최고의 풍경을 선사하는 코스이며 하이킹 경험이 있는 사람에게 적합하다. 체르마트–푸리–트로케너슈테크–마터호른 글래시어 파라다이스 코스로 올라간 후, 마터호른 글래시어 파라다이스–트로케너슈테크–슈바르츠제–푸리–체르마트 코스로 내려오면 좋다.

슈바르츠제(호수)–푸리 구간 하이킹
총 거리 4.44km **소요 시간** 1시간 40분
추천 시기 6~9월 **난이도** 중급

슈바르츠제
Schwarzsee

해발 2,583m에 있는 수정처럼 맑고 우아한 아름다움이 있는 호수다. 특히 호숫가에 있는 아담한 마리아 춤 슈네(Maria zum Schnee) 예배당이 호수 표면에 비치는 모습은 무척 아름답다. 마터호른의 발치에 있는 이 호수는 체르마트에서 푸리까지 곤돌라를 타고 5분, 푸리에서 곤돌라를 갈아탄 후 7분이면 도착할 수 있다.

빙하 궁전
Gletscher-Palast

거대한 빙하 속에 조성해 놓은 빙하 궁전으로, 다양한 동물과 조형물 등의 얼음 조각상을 감상할 수 있다. 또한 빙하 속에서 와인을 시음할 수 있는 공간도 있다. 융프라우요흐와 사스페에도 얼음 궁전이 있지만 이 얼음 궁전이 가장 높은 고도에 있다. 마터호른 글래시어 파라다이스 전망대역에서 리프트를 타면 표면보다 15m 아래의 빙하 중심에 있는 동화 같은 궁전으로 데려다준다. 빙하 표면에 깊게 갈라진 틈을 의미하는 크레바스(crevasse) 사이를 걸어볼 수 있으며, 얼음으로 만든 미끄럼틀도 타볼 수 있다.

입장료 성인 CHF8, 어린이 CHF4

체르마트에서 즐기는 특별한 체험

단순히 먼 거리에서 체르마트의 풍경을 보기만 하는 건 다소 아쉽다. 스위스가 자랑하는 최고의 자연을 다양한 방법으로 감상해 보자. 헬리콥터에 타거나 패러글라이딩을 하며 내려다볼 수도 있고, 다양한 액티비티를 통해 몸으로 자연을 한껏 느껴볼 수도 있다.

헬리포트 에어 체르마트

헬리콥터 관광 Helicopter Sightseeing

헬리콥터를 타고 체르마트 주변 산지를 비행하며 관광할 수 있다. 최소 탑승 인원은 4명이며, 다양한 비행 코스가 있다. TV 프로그램 〈꽃보다 할배〉에 등장한 헬기 관광이 바로 에어 체르마트였다.

에어 체르마트 Air Zermatt
주소 AG Heliport CH-3920 Zermatt ☎ 027 966 86 86 **요금** 스탠더드 1인당 CHF220(20분 소요, 최소 4인 기준)
홈페이지 www.air-zermatt.ch
위치 체르마트역을 나와 왼편으로 도보 10분 정도 걸어가면 헬리콥터 승강장으로 올라가는 커다란 엘리베이터가 있다. 엘리베이터를 타고 올라가면 사무실과 탑승장이 있다. **지도** p.493-C

패러글라이딩 Paragliding

대자연을 감상하며 패러글라이딩의 자유와 스릴을 느낄 수 있다. 고도로 숙련되고 자격증을 소지한 파일럿과 함께 하는 탠덤 비행(Tandem Flights)이 인기다. 카메라를 반드시 챙겨 지상에서는 담을 수 없는 색다른 사진을 찍어보자. 착륙 지점은 체르마트 기차역 뒤편이다.

패러글라이딩 에어 택시 체르마트 Paragliding Air Taxi Zermatt
주소 Bachstrasse 8 CH-3920 Zermatt ☎ 027 967 67 44 / 079 628 97 87 **요금** 탠덤 비행 CHF170~(구간별, 시즌별로 다름) **홈페이지** www.paragliding-zermatt.ch **지도** p.493-B

라이제 설원에서 본 마터호른

스키 · 스노보드
Skiing & Snowboarding

1년 365일 스키와 스노보딩을 즐길 수 있는 곳이 바로 체르마트다. 알프스에서 가장 높은 고도에, 겨울에는 총 길이 360km에 이르는 활강 코스를 자랑한다. 세계에서 제일 큰 규모의 여름 스키 지역으로 명성이 높다. 반호프 거리 곳곳에 있는 렌털 숍에서 장비를 대여할 수 있다.

스키 패스 Ski Pass
요금 1일 CHF79~82, 2일 CHF82~146, 기간에 따라 요금이 달라지며, 최대 1개월권, 1시즌권까지 있다.

SPECIAL
Trip

알프스의 자연을 만끽하는
다양한 하이킹 코스

마터호른 산악 하이킹

고르너그라트에서 로텐보덴으로 가는 길

체르마트, 테슈, 란다(Randa) 주변 지역에는 400km 이상의 하이킹 코스가 발달해 있다. 각자 체력과 취향, 여행 기간에 따라 자신에게 적합한 하이킹 코스를 선별해 알프스의 자연을 즐길 수 있다. 산악 철도를 타면 남녀노소 누구나 손쉽게 해발 3,000m 이상의 고도에 올라갈 수 있다. 테슈와 란다 지역은 바이스호른(Weisshorn)과 미샤벨(Mischabel)의 고봉들이 파노라마처럼 펼쳐지는데, 좀 더 높은 고도를 원하는 하이커들에게 추천할 만하다. 에밀 졸라, 에드워드 윔퍼, 알버트 슈바이처 등 역사상 위대한 인물들의 발자취를 좇을 수 있는 트레킹 코스도 있으며 산악 지역을 걷기 부담스럽다면, 마을 근교를 따라 평탄한 코스를 걸어도 좋다. 다양한 테마를 자랑하는 트레킹 코스는 자연 속 걷기의 즐거움뿐 아니라 걷고 있는 지역의 역사와 문화도 더 깊이 들여다보게 해준다.

508

어느 코스로 갈까?

체르마트 주변에는 5곳의 계곡들이 있고, 마터호른과 몬테로사(Monte Rosa)를 감상할 수 있는 70가지 이상의 하이킹 코스가 실타래처럼 펼쳐져 있다. 니콜라이탈(Nikolaital) 계곡을 따라 이어진 유로파베크(Europaweg) 코스는 몬테로사 여행의 일부분이기도 하다. 여기서는 체르마트를 기점으로 산악철도와 케이블카를 타고 해발 2,000m 내지는 3,000m 이상의 알프스 자연 속에서 어렵지 않게 걸을 수 있는 대표 코스를 소개하고자 한다.

주의 사항

맑은 날은 시야가 좋아서 문제가 없지만, 구름이 낀 날이나 비가 오는 날에는 미끄러지거나 조난당할 위험도 있다. 날씨가 좋지 않다면 하이킹을 포기할 것. 관광 안내소나 서점에서 1/25,000 축척의 지도(Wanderkarte)를 구해 반드시 휴대해야 한다.

걸어보기를 추천한다. 걷기에 가장 좋은 계절은 봄부터 가을까지. 물론 겨울에도 하이킹 코스의 눈을 기계를 이용해 잘 다져놓아서 바닥이 미끄럽지 않은 신발이나 트레킹화를 신으면 걸을 수 있다.

스위스 전역에서는
하이킹 코스를 안내해 주는 이정표를 통일시켜 인식하기 쉽다.

★ 추천 코스 1 ★

태양의 길 · 마크 트웨인의 길
Sonnenweg·Mark Twain Weg

코스 고르너그라트(Gornergrat, 3,083m) → 로텐보덴(Rotenboden, 2,815m) → 리펠베르크(Riffelberg, 2,585m) → 리펠알프(Riffelalp, 2,211m)
추천 시기 사계절 **소요 시간** 2시간 **구간 거리** 5.2km
난이도 중

고르너그라트에서 출발해 로텐보덴을 거쳐 리펠베르크까지의 태양의 길(①)과 리펠베르크에서 리펠알프까지의 마크 트웨인의 길(②)을 합친 하이킹 코스를 말한다.
자신의 체력과 일정을 고려해 태양의 길과 마크 트웨인의 길 중 하나를 선별하여 걸어도 좋고 여유가 있는 여행자라면 느긋하게 반나절 동안 전체를 다

고르너그라트 빙하

① 태양의 길 Sonnenweg

코스 고르너그라트(Gornergrat, 3,083m) → 로텐보덴
(Rotenboden, 2,815m) → 리펠베르크(Riffelberg, 2,585m)
추천 시기 봄~가을 **소요 시간** 1시간 10분 **구간 거리** 3km
난이도 중급

일부 가파른 구간을 제외하면 전반적으로 완만한
경사나 평지를 이루고 있어 천천히 걷는다면 초보
자도 충분히 걸을 수 있다. 해발 고도가 3,000m 이
상이기 때문에 봄에는 물론 초여름에도 일부 구간
에는 눈이 남아 있을 수 있어 미끄럼에 주의하거나

로텐보덴으로 향해 걷는 여행자들

일부 구간은 돌아서 가야 한다. 겨울에는 전체 코스
를 다 걷기보다는 로텐보덴에서 리펠베르크나 리펠
알프까지, 또는 리펠베르크에서 리펠알프까지 걷는
코스를 추천한다.

체르마트 → 고르너그라트(등산 열차로 이동)

체르마트역 맞은편에 있는 고르너그라트 등산 열차
(Gornergrat Bahn)를 타고 종점인 고르너그라트역
에서 내린다. 역에서 조금 걸어 올라가면 쿨름 호텔
(Kulmhotel)과 고르너그라트 전망대가 있다. 쿨름
호텔 위쪽에 있는 고르너그라트 전망대에서는 고르
너 빙하를 비롯한 수많은 빙하와 마터호른을 포함
해 몬테로사(Monte Rosa, 4,634m), 브라이트호른
(Breithorn, 4,164m), 클라인 마터호른(Klein
Matterhorn, 3,883m), 폴룩스(Pollux, 4,092m), 카
스토르(Castor, 4,228m), 리스캄(Lyskamm,
4,527m) 등 29개나 되는 4,000m 이상의 고봉을
감상할 수 있다. 쿨름 호텔에서 운영하는 카페 노천
테라스에서 마터호른을 감상하며 여유롭게 커피 한
잔을 마신 후 천천히 출발하자.

고르너그라트 → 로텐보덴

고르너그라트에서 로텐보덴역까지는 거의 바위와 돌투성이 길로 이어져 있으므로 하이킹 초보자라면 고르너그라트 등산 열차를 타고 로텐보덴까지 내려가기를 권한다. 로텐보덴역에 도착한 후 본격적으로 하이킹 코스가 시작된다. 로텐보덴에서 리펠베르크까지 가는 길은 고도가 높고, 주로 바위와 돌 그리고 풀과 작은 야생화들이 바닥에 깔려 있으며, 주변으로는 마터호른을 비롯해 만년설에 덮인 고봉들이 병풍처럼 둘러서 있다. 로텐보덴역의 오른편에 마터호른, 정면에 고르너 빙하와 브라이트호른, 왼편에 몬테로사가 자리 잡고 있다.

로텐보덴 → 리펠베르크

로텐보덴에서 먼저 역 아래쪽으로 보이는 리펠제(Riffel-see)를 향해 내려간다. 경사가 다른 곳에 비해 급하고 돌투성이이므로 넘어지지 않도록 조심한다. 리펠제로 바로 내려가지 말고 왼편으로 곧장 걸어가면 장대한 고르너 빙하 전경을 감상할 수 있다. 잠시 빙하를 감상한 후 리펠제를 향해 이동한다.

리펠제는 큰 호수와 작은 호수 2개로 구성되어 있다. 큰 호수가 먼저 나온 뒤 작은 호수가 나온다. 자연보존구역인 리펠제의 큰 호수 표면에는 날씨가 좋으면 마터호른의 동쪽 면이 멋지게 비친다. 광물이 녹아 있는 호수에 비친 마터호른의 암벽 봉우리는 사진 애호가들의 로망이기도 하다. 여름철에는 호수 주변에 새하얀 목화가 흐드러지게 피어 있다. 바람에 흔들리는 목화와 호수, 마터호른이 어울린 모습은 말 그대로 아름다움 자체다. 작은 호수는 상당히 작아서 반영을 담기 힘들다.

호수를 지나 이정표를 따라 리펠베르크 방면으로

야생화

계속 걸어가자. 바위 틈새에 다채로운 색깔로 피어난 야생화도 아름답고 왼편으로 우뚝 솟아 있는 마터호른은 정말 매력적이다. 내리막길을 계속 걷다 보면 갈림길이 나오는데 왼쪽 내리막길은 상당히 멀리 돌아가는 길이며(표지판에는 리펠베르크까지 35분이라고 표시되어 있음), 오른편 평탄한 길은 힘들지 않게 리펠베르크로 이어지므로(표지판에 리펠베르크까지 20분 소요 표시) 자신의 체력과 시간을 고려해 선택하자.

무난한 오른편 길을 따라 외길이 계속 이어진다. 서서히 아래쪽으로 멀리 리펠베르크역이 보이므로 여유롭게 걸어가도록 한다. 이 부근은 사방이 열려 있는 공간이어서 마터호른을 비롯해 주변 경관을 감상하기에 정말 좋다. 로텐보덴역에서 리펠베르크까지는 약 1시간이 걸린다. 리펠베르크역에는 호텔과 레스토랑이 있으므로 잠시 휴식을 취할 수 있다. 체력적으로 힘들다면 리펠베르크역에서 고르너그라트 등산 열차를 타고 체르마트로 바로 내려가면 된다. 체력적으로 문제가 없다면 리펠베르크에서 리펠알프까지의 구간인 마크 트웨인의 길(p.512)을 이어서 계속 걷도록 하자.

고르너그라트 등산 열차

리펠제

② 마크 트웨인의 길 Mark Twain Weg

코스 리펠베르크(Riffelberg, 2,585m) → 리펠알프(Riffelalp, 2,215m)
추천 시기 6~10월 **소요 시간** 50분 **구간 거리** 2.2km
난이도 중급

〈톰 소여의 모험〉, 〈허클베리 핀의 모험〉 등으로 유명한 미국 작가 마크 트웨인(Mark Twain, 1835~1910)은 두 번째 유럽 여행 중이던 1878년 8월에 체르마트를 방문했다. 체르마트의 호텔 몬테 로사(Monte Rosa), 리펠알프와 리펠베르크에도 머물렀다. 1881년에 출간된 여행기 〈A Tramp Abroad〉에 '리펠베르크 등반(Climbing the Riffelberg)' 이야기를 기록했다. 그가 이곳을 찾을 당시만 해도 산악 열차는 없었고, 어렵게 도보로 등반을 해야만 했다. 리펠베르크 등반은 과장되고 풍자적이며 영웅담에 가깝게 묘사되어 있다. 17명의 산악 가이드를 포함해 205명이 등반에 참여했고, 22배럴의 위스키와 154개의 우산 등을 가져갔다고 기록되어 있다.

리펠베르크에서 리펠알프까지의 하이킹 코스를 걸으며 마터호른을 코앞에서 감상할 수 있다. 깊은 계곡과 곳곳에 있는 마을들이 눈에 들어온다. 리펠알프 리조트(Riffelalp Resort)에는 마크 트웨인이 실제 머문 테라스에서 멋진 장관을 감상할 수 있다. 대부분 완만한 내리막길이고 낮은 풀들과 야생화가 깔려 있어 걷기도 수월하다. 봄이나 초여름에도 녹지 않은 눈으로 인해 미끄러운 곳이 있을 수 있으며, 일부 구간은 상당히 가파른 돌길이므로 주의하도록 한다. 고르너그라트 등산 철도가 오르내리는

하이킹 길에 만난 염소 무리들

산악 등반가들

리펠알프 가는 길

리펠알프 리조트

만년 빙하를 보며 걷는 길

리펠알프역 가는 길

모습을 볼 수 있으며 북쪽으로 경사진 길을 내려가다 보면 계곡 아래쪽에 5성급 호텔인 리펠알프 리조트의 모습이 보이기 시작한다.

비탈진 경사를 거의 다 내려가면 작은 개울물이 흐른다. 개울물을 건너서 잔디가 있는 오르막길로 가지 말고 리펠알프 리조트로 이어지는 왼편의 평탄한 길로 가야 한다. 1856년에 창업한 역사 깊은 이 호텔은 1961년에 화재로 전소했다가 복원의 목소리가 높아져서 오랜 기간의 재건 과정을 거친 후 2001년에 다시 문을 열었다. 이 호텔의 넓은 정원에 있는 카페에서 잠시 휴식을 취하며 커피를 마시거나 식사를 하는 것도 좋다. 리펠알프 리조트에서 리펠알프(Riffelalp)역까지는 철로가 이어져 있는데, 이는 호텔 투숙객을 위해 호텔에서 운행하는 붉은색의 예쁜 송영 트램 전용 선로다. 리펠알프 리조트에서 리펠알프역까지는 도보로 5분 거리다. 리펠알프역에서 고르너그라트 등산 열차를 타고 체르마트로 내려가면 된다.

이 코스를 걷기에는 마터호른에 해가 비치는 오전이 좋다. 오후에는 역광이 되어 난반사가 심해지고 마터호른도 뿌옇게 보이기도 한다. 이 코스는 비탈진 구간이 많은 편이어서 비가 오거나 눈이 녹지 않은 계절에는 미끄러지거나 부상당할 수 있으므로 일기 예보를 잘 확인하고 맑은 날에 하이킹을 하기를 권한다.

5-호수의 길
5-Seenweg

코스 블라우헤르트(Blauherd, 2,580m) → 슈텔리제(Stellisee, 2,537m) → 그린지제(Grindjisee (2,334m) → 그륀제 (Grünsee, 2,300m) → 무수지제(Moosjiesee, 2,140m) → 라이제(Leisee, 2,232m) → 수네가 파라다이스 전망대 (Sunnegga, 2,290m)
추천 시기 봄~가을 **소요 시간** 2시간 30분~3시간
구간 거리 7.6km **난이도** 중급

슈텔리제와 마터호른

마터호른이 그림처럼 비치는 반영을 볼 수 있는 호수를 비롯해 융단처럼 깔려 있는 알프스의 다양한 야생화와 핀델른 빙하가 만들어낸 모레인(moraine, 빙하에 의해 운반·퇴적되는 물질의 집합체를 총칭하는 것으로, 퇴석(堆石) 또는 빙퇴석(氷堆石)이라고 함)과 대자연의 파노라마를 마음껏 느낄 수 있는 하이킹 코스다.

블라우헤르트 → 슈텔리제
체르마트에서 수네가 익스프레스를 타고 수네가에 내린 후 블라우헤르트행 케이블카로 갈아탄다. 블라우헤르트에서 로트호른 파라다이스(Rothorn Paradise)까지 올라가는 케이블카를 타고 로트호른 전망대에서 고봉들이 펼치는 파노라마와 계곡으로 흘러내리는 빙하들이 만들어내는 장관을 감상한다. 다시 블라우헤르트로 내려와 본격적인 하이킹을 시작한다. 케이블카역을 나와 이정표를 보고 5-호수의 길(5-seenweg) 또는 슈텔리제(Stellisee)라고 표시된 방향으로 걷기 시작한다. 블라우헤르트에서 슈텔리제까지 20분이면 도달한다.

마터호른을 등지고 오솔길을 걸어가면 목가적인 호수 슈텔리제가 모습을 드러낸다. 슈텔리제는 바람이 잔잔한 날이면 마터호른의 반영이 멋지게 비치는 포인트다. 호수를 시계 방향으로 한 바퀴 돌다가 가장 뒤쪽 지점에서 호수 전경과 마터호른의 반영을 함께 담아낼 수 있다.

슈텔리제 → 그린지제
슈텔리제를 한 바퀴 돌아 비탈길을 20분 정도 걸어 내려오다가 오른편으로 나무가 우거진 안쪽에 그린지제가 숨어 있다. 이 호수에도 마터호른이 나무들 사이로 그림처럼 비친다. 역시 호수를 시계 방향으

그린지제

로 반 바퀴 정도 돌아 호수와 주변 나무들, 마터호른의 반영까지 한 눈에 담아낼 수 있다.

그린지제 → 그륀제

그린지제에서 다시 하이킹 코스로 나온 후 전반적으로 평탄하고 비스듬한 내리막길을 따라 30여 분 정도 걸으면 그륀제에 도달한다. 상당히 맑고 깨끗해 바닥까지 다 비치는 산속 호수이며 작은 물고기도 떼 지어 살고 있다. 이곳은 특히 맑은 공기를 들이마시며 피크닉을 즐기기에 이상적인 장소다. 호수 주변 벤치나 바위에 앉아서 준비해 온 도시락이나 과일을 먹으며 쉬어가기에 적당하다. 빙하가 녹아서 흘러내린 물로 형성된 호숫물은 얼음장처럼 차갑다. 잠시 발을 담그거나 수영복을 안에 입고 왔다면 수영을 해도 된다.

그륀제 → 무수지제

그륀제에서 무수지제를 찾아가는 길이 5-호수의 길 코스 중 가장 어려운 편이다. 그륀제에서 무수지제까지 약 35~40분이 소요된다. 그륀제에서 7분 정도 걸어가면 베르그휘스 그륀제(Bärghüs Grünsee) 레스토랑이 나타난다. 이 레스토랑을 지나면 갈림길이 나오는데 계속 내려가는 길이 아니라 오른쪽으로 이어진 넓은 길로 가도록 한다. 5분 정도 넓은 길을 따라 가다 보면 왼편에 무수지제로 가는 이정표가 나타난다. 여기서부터는 가파른 산길을 내려가는 코스여서 미끄러지지 않도록 주의한다. 침엽수가 우거진 숲속 오솔길을 따라 계속 내려가다 보면 작은 다리가 하나 나온다. 그 다리를 건

그린지제

너 5분 정도 더 내려가면 웅장한 마터호른을 배경으로 옥빛의 무수지제가 모습을 드러낸다. 인공적인 느낌이 가장 강한 호수인데, 맑은 날에는 마터호른의 반영이 잘 비친다.

무수지제 → 라이제

무수지제는 5-호수의 길 중에서 해발 고도가 가장 낮은 곳에 위치해 있다. 그래서 라이제로 가기 위해서는 다시 산속 오르막길을 올라가야 한다. 25분 정도 마터호른 산비탈에 펼쳐진 발레주 특유의 가옥들로 이루어진 마을들을 보면서 걷는다.

라이제는 겨울 시즌에는 호수가 있는지조차 알 수 없을 정도로 눈이 쌓이고, 주변에는 스키를 즐기는 사람들로 북적댄다. 봄부터 가을까지는 마터호른의 반영이 가장 아름답게 비치는 촬영 명소로 인기가 높다. 라이제에서 하이킹을 마무리하고 수네가 파라다이스로 올라가서 마터호른의 전경을 한눈에 바라볼 수 있는 레스토랑 야외 테라스에서 커피나 식사를 하면서 여정을 마무리한다.

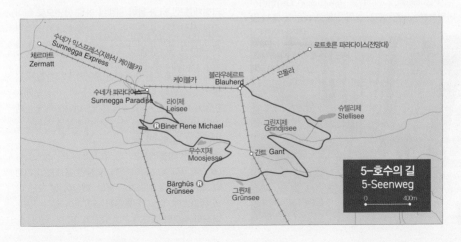

수네가 익스프레스(지하식 케이블카)
Sunnegga Express

체르마트
Zermatt

수네가 파라다이스
Sunnegga Paradise

케이블카

블라우헤르트
Blauherd

곤돌라

로트호른 파라다이스(전망대)

라이제
Leisee

Biner Rene Michael

슈텔리제
Stellisee

그린지제
Grindjisee

무수지제
Moosjesse

간트 Gant

Bärghüs
Grünsee

그륀제
Grünsee

5-호수의 길
5-Seenweg

0   400m

★ 추천 코스 3 ★

구르메 길
Gourmetweg

코스 수네가(Sunnegga, 2,300m) → 핀델른(Findeln, 2,050m)→ 핀델바흐(Findelbach, 1,770m) → 체르마트 (Zermatt, 1,610m)
추천 시기 6~10월 **소요 시간** 1시간 30분 **구간 거리** 5km
난이도 하

마터호른의 반영으로 그림처럼 아름다운 라이제와 낭만적인 샬레가 있는 산비탈의 작은 마을 핀델른을 지나 소나무와 낙엽송이 우거진 숲속을 거닐어 보자. 박력 넘치는 핀델바흐 폭포의 웅장한 모습과 핀델바흐 다리 위를 달리는 고르너그라트 등산 열차의 모습을 감상할 수 있다. 소나무와 낙엽송이 우거진 숲속을 걷다보면, 뛰어다니는 사슴을 목격하기도 한다.

해발 고도가 낮아 들판이 많으며, 하이킹 코스의 처음부터 끝까지 마터호른을 정면에서 볼 수 있는 훌륭한 전경을 자랑한다. 길 상태가 좋고, 코스 도중에 카페, 레스토랑도 있으니 화장실을 이용하거나 휴식을 취하기도 좋다. 초보자나 고령자에게도 안심하고 추천할 만한 코스다.

체르마트에서 케이블카를 타고 해발 2,300m의 수네가 파라다이스에서 내린다. 케이블카역을 나오자마자 왼편으로 긴 통로가 있다. 그 통로를 따라 걸어가면 라이제로 내려가는 엘리베이터가 나온다. 수네가 파라다이스 전망대에서 왼편으로 걸어내려갈 수 있다.

라이제(Leisee, 2,245m)로 내려가 호수 건너편에서 마터호른을 바라보자. 날씨가 맑고 바람이 불지 않

마터호른 기슭의 평화로운 전통 주택들

는 날에 표면에 비치는 마터호른은 실제 마터호른과 어우러져 웅장한 데칼코마니를 만들어낸다. 가능한 한 오전에 올라가야 멋진 반영 사진을 찍을 수 있다.

라이제를 한 바퀴 돌아 핀델른 마을 방면으로 하이킹을 시작하자. 발레주의 산악 마을 특유의 넓적한 돌 지붕의 샬레가 여기저기 흩어져 있는 핀델른 마을이 마터호른을 배경으로 낭만적으로 펼쳐진다. 웅장한 마터호른을 마주보며 걸어가는 오솔길은 정말 아름다워서 감탄사가 흘러나온다. 이정표에는 핀델른 에겐(Eggen)과 핀델른 빌디(Wildi)가 있는데 빌디 방면으로 가도록 한다. 마터호른을 정면으로 바라보고 걸어가면 된다.

가다 보면 아들러 히타(Adler Hitta)라는 레스토랑(☎ 027 967 10 58)이 있다. 힘들면 음료를 마시거나 식사를 하며 쉬어가도 좋다. 햇살이 질 드는 야외 테라스에서는 마터호른을 조망하며 쉴 수 있다. 가정식 수프와 닭고기 구이 요리가 인기가 있다.

소나무와 낙엽송이 우거진 숲길

아들러 히타를 지나 오솔길을 따라 마터호른을 마주하고 계속 걷다 보면 야생화가 피어 있고, 소나무와 낙엽송이 우거진 숲이 나타난다. 빽빽한 나무들이 우거진 숲속을 걸으며 맑고 깨끗한 공기를 마음껏 마신다. 내리막길이니 미끄럼에 주의하면서 구불구불한 숲속 오솔길을 계속 내려가다 보면 고르너그라트 등산 열차의 철로와 핀델바흐 폭포가 왼편 아래에 보인다. 숲속을 뛰노는 사슴을 만나기도 하는 숲이 바로 이곳이다.

어느 정도 내려가면 철로가 있는 길이 나온다. 철로를 건너 체르마트 방향으로 표시된 왼편으로 계속 이동한다. 길 오른편으로 마을이 보이고 마터호른도 다시 모습을 드러낸다.

계속 길을 따라 걷다 보면 핀델바흐 폭포와 폭포를 건너가는 고르너그라트 철로가 깔린 높다란 육교를 올려다볼 수 있는 전망 포인트가 있다. 폭포를 감상한 후 본격적으로 마을이 시작되는 길로 들어서면 발레주 전통 가옥을 만날 수 있다. 바닥을 높이 띄운 전통 목조 곡물 창고와 오랜 세월이 느껴지는 목조 주택, 넓적한 돌판 지붕을 많이 볼 수 있다.

마을 사이로 난 큰 길을 따라 15~20분 정도 걸어가면 체르마트 중심부로 들어갈 수 있다. 보통 걸음으로 2시간 정도 소요되며 중간에 식사나 휴식을 취한다면 3~4시간 정도 예상하면 된다.

체르마트로 이어진 마을길

숲속 야생 동물

핀델바흐 폭포와 고르너그라트 철교

3100 쿨름 호텔 레스토랑
비스어비스 & 파노라마 셀프
3100 Kulmhotel Restaurant
vis-à-vis & Panorama Self

해발 3,100m의 고르너그라트 전망대에 있는 쿨름 호텔의 레스토랑. 전통 스위스 요리를 주메뉴로 하고 있다. 야외 테라스에 앉아 주변 고봉들의 멋진 경관을 감상할 수 있다. 이곳에는 100석 정도의 좌석을 갖추고 있는 비스어비스(식사류 CHF30~52)와 셀프서비스 레스토랑 파노라마(파스타 CHF20~, 뢰스티 CHF19~)가 있다.

주소 Gornergrat 3100m CH-3920 Zermatt
☎ 027 966 64 00
영업 비스어비스 매일 09:00~17:00(요리 12:00~15:00), 호텔 투숙객을 위한 저녁 영업 매일 19:00~22:00
파노라마 셀프 매일 09:00~17:00(요리 ~15:00까지)
홈페이지 www.gornergrat-kulm.ch
교통 고르너그라트역에서 도보 3분. 엘리베이터를 타고 올라간다.

레스토랑 리펠하우스 1853
Restaurant Riffelhaus 1853

해발 2,500m에 위치한 전망 좋은 레스토랑 겸 호텔. 마크 트웨인을 비롯한 유명 인사들이 많이 들른 곳으로 유명하다. 뢰스티(Rösti, CHF24.5), 치즈 퐁뒤(Käsefondue, CHF25) 등 전통 요리를 맛볼 수 있다.

주소 Riffelberg 2500m CH-3920 Zermatt
☎ 027 966 65 00
영업 매일 12:00~14:30, 저녁에는 호텔 투숙객을 위해 오픈
홈페이지 www.riffelhaus.ch
교통 리펠베르크역에서 도보 1~2분.

뷔페 & 바 리펠베르크
Buffet & Bar Riffelberg

스위스 전통 음식을 주메뉴로 하는 셀프서비스 식당. 마터호른이 가장 아름답게 보이는 리펠베르크역 바로 옆에 있다. 식당은 깔끔하고 음식도 괜찮은데, 성수기에는 상당히 붐비고 가격도 꽤 비싼 편이다. 멋진 경치를 편안하게 감상하며 쉬고 싶을 때 들러보자. 식사류 CHF20~30.

주소 Riffelberg 2500m CH-3920 Zermatt
☎ 027 966 65 09
영업 08:30~16:15(식사 11:00~15:30)
홈페이지 www.matterhorn-group.ch
교통 리펠베르크역에서 도보 1분.

뷔페 바 수네가 Buffet-Bar Sunnegga

해발 2,300m의 수네가 전망대에 있는 레스토랑으로 성수기에는 늘 붐비는 곳이다. 음식 맛이 뛰어난 건 아니지만 주변 전망이 무척이나 아름다워 야외 테라스에서 간단히 커피나 음료수를 한잔 마시면서 쉬어가기에 좋다. 식사류 CHF20~30.

주소 Sunnegga 2300m 3920 Zermatt
☎ 027 967 30 46
영업 09:00~15:30(계절에 따라 푸니쿨라와 곤돌라 운행 시간표에 따라 변동 가능)
홈페이지 www.sunnegga.ch
교통 수네가 케이블카역 바로 앞에 위치.

프티 로열 Petit Royal

체르마트의 메인 거리인 반호프 거리에 있는 이름처럼 작고 예쁜 2층 카페. 주인장 알렉산드라는 무척 친절하고, 2층 공간이 특히 아늑하다. 당근 케이크(Karottenkuchen, CHF5.50), 부다페스트 케이크(Budapest, CHF5.50)가 인기다. 커피 종류 CHF4~9.50

주소 Bahnhofstrasse 7B CH-3920 Zermatt
☎ 027 967 00 25 **영업** 매일 08:00~19:00
교통 체르마트역을 나와서 오른편 반호프 거리를 따라 도보 2분. **지도** p.493-C

바야르 메츠거라이 부르스터라이

Bayard Metzgerei Wursterei

가게 앞에 설치된 노점에서 즉석에서 구운 소시지를 판매한다. 소시지가 큰 편이어서 한 개로도 간단한 식사 대용으로 충분하다.
추천 메뉴로는 브라트부어스트(Bratwurst, 송아지 고기 흰 소시지, CHF7), 슈블링(Schübling, 붉은색 소고기 소시지, CHF7), 맥주 (CHF4~5) 등이 있다.

주소 Bahnhofstrasse 9 CH-3920 Zermatt
☎ 027 967 22 66
영업 12~3월 · 7~9월 08:00~12:00, 14:00~19:00, 4~6월 · 10~11월 08:00~12:00, 14:00~18:30
홈페이지 www.metzgerei-bayard.ch
교통 체르마트역에서 반호프 거리를 따라 도보 2분.
지도 p.493-C

차이나 가든 China Garden

현대적인 중국 레스토랑. 레스토랑 평가 전문지인 고미요(Gault Millau)로부터 20점 만점에 13점을 받았을 정도로 맛을 인정받고 있다.
어향우육(Rindfleisch Szetschuan, CHF35), 달걀 소고기 볶음(Rindfleisch mit Gemüse, CHF35), 탕수육(Schweinefleisch säss-sauer mit Ananas, CHF31) 등이 있다.

주소 Bahnhofstrasse 18 CH-3920 Zermatt
☎ 027 967 53 23
영업 월~토 12:00~14:00, 18:00~23:00(주방 21:30까지)
휴무 일 **홈페이지** www.chinagarden-zermatt.ch
교통 반호프 거리 중심에 위치하며 체르마트역에서 도보 3분.
지도 p.493-B

스위스 샬레 Swiss Chalet

체르마트의 중심에 있는 전통 샬레 스타일의 레스토랑. 치즈 퐁뒤와 미트 퐁뒤, 초콜릿 퐁뒤 등 다양한 퐁뒤 메뉴와 육류 메뉴를 주메뉴로 하고 있다. 차이나 가든과 이웃해 있다. 퐁뒤 메뉴(CHF25~)는 2인 이상 주문 가능하다.

주소 Bahnhofstrasse 18 CH-3920 Zermatt
☎ 027 967 5855 **영업** 월~화 · 목~일 18:00~21:30
휴무 수 **홈페이지** www.swiss-chalet-zermatt.ch
교통 체르마트역에서 반호프 거리를 따라 도보 3분.
지도 p.493-B

스테파니스 크레페리에
Stefanie's Creperie

반호프 거리를 걷다 보면 반지하 공간에 작은 크레페 가게가 있다. 테이크 아웃 전문이며 다양한 크레페 메뉴를 갖추고 있다. 기본 크레페 CHF6, 누텔라 크페레 CHF9, 밀크 초콜릿 크레페 CHF10, 치즈 퐁뒤 크레페 CHF16 등.

주소 Bahnhofstrasse 60 CH-3920 Zermatt
☎ 079 772 99 66 **영업** 매일 13:00~18:00
교통 체르마트역에서 반호프 거리를 따라 도보 5분
지도 p.493-B

푹스 베이커리 & 비스트로
Fuchs Bakery & Bistro

1965년 처음 문을 연 초콜릿과 제과 전문점으로 시내 곳곳에 지점이 있다. 대를 이어 물려받은 레시피로 직

접 만들고 있다. 눈 쌓인 마터호른을 재현한 초콜릿 마터회른리(Matterhörnli, 5조각 CHF13.50)와 마라카이보(Maracaibo 65%, CHF7.50)는 선물용으로 특히 인기가 높다.

주소 Bahnhofstrasse 72 CH-3920 Zermatt
☎ 027 967 22 12 **영업** 07:30~19:00
홈페이지 www.fuchs-zermatt.ch
교통 체르마트역을 나와 반호프 거리를 따라 도보 5분.
지도 p.493-B

묘코 Myoko

자일러 호텔에서 경영하는 일본 요리 전문점. 전통 일본 스시와 사시미, 테판야키 등을 맛볼 수 있다. 니기리 스시 6점(Maki-Sushi, CHF32), 사시미 12점(Gemischte Sashimi Auswahl, CHF48), 참치 그릴구이(Grill Tunasteak, CHF43), 스시 정식(Menu Sushi, CHF68) 등이 있으며 또한 다양한 코스 메뉴를 갖추고 있다.

주소 Tempel 2 CH-3920 Zermatt ☎ 027 966 87 39
영업 매일 18:00~23:00
홈페이지 www.myokozermatt.ch
교통 체르마트역에서 도보 4~5분. **지도** p.493-B

 식료품과 일용품을 구입할 수 있는 슈퍼마켓

쿠프 Coop

신라면 컵라면 (CHF3.10), 태양초 고추장 500g(CHF5.75)도 판매한다.

주소 Zermatt Haus Viktoria CH-3920 Zermatt
☎ 027 966 28 30 **영업** 08:00~20:00
교통 체르마트역 앞 반호프 광장 건너편 빅토리아 하우스(Victoria Haus) 건물 안에 있다. **지도** p.493-C

미그로스 Migros

주소 Zermatt Hofmattstrasse 3920
☎ 027 720 65 40
영업 08:15~19:00
홈페이지 www.migros.ch
교통 체르마트역에서 반호프 거리를 따라 120m 정도 걸어가다가 왼편의 호프마트 거리로 100m 정도 이동.
지도 p.493-C

리퍼블릭 체르마트 Republic Zermatt

반호프 거리 근처에 위치한 캐주얼한 식당이자 펍으로 버거 메뉴가 인기이며, 다양한 탭 맥주를 제공한다. 발레주 특산 와인도 맛볼 수 있다. 소고기와 라클레트 치즈가 들어간 로드 베이컨 버거(Lord Bacon Burger, CHF32), BBQ 소스로 구운 닭날개 12조각(Chicken Wings, 12stk, CHF32), 카프레제 샐러드(Caprese Salat, CHF18).

주소 Brantschenhaus 18 CH-3920 Zermatt
☎ 027 967 26 26 **영업** 화~일 17:00~24:00 **휴무** 월
홈페이지 www.republic-zermatt.ch
교통 체르마트역에서 반호프 거리를 따라 걷다가 오른쪽 브란트쉔하우스 거리로 들어서면 나온다. 총 4분 소요.
지도 p.493-C

맥도날드 McDonald's

메뉴는 여느 맥도날드 지점과 같지만, 발레주의 특징이 살아 있는 목조 주택의 외형과 실내는 편안함과 정겨움을 느끼게 한다. 빅맥 메뉴 미디엄 CHF13.50. 무료로 와이파이를 사용할 수 있다.

주소 Bahnhofstrasse 12 CH-3920 Zermatt
☎ 027-967-64-65
영업 매일 10:00~22:00
교통 체르마트역을 나와서 오른쪽
반호프 거리(Bahnhofstrasse)를 따라 도보 1분.
지도 p.493-C

레더라흐 Läderach

수제 초콜릿 전문점으로, 다양한 초콜릿과 트러플(Truffle, 동그란 초콜릿 과자)을 골라 먹는 재미가 있다. 트러플은 알코올이 들어간 것과 안 들어간 것이 있으니 취향에 따라 선택하자.
프랄린(Pralines, 8개 CHF15.90), 트러플(Truffles, 16개 CHF28.50) 등을 맛볼 수 있다.

주소 Bahnhofplatz 2 CH-3920 Zermatt
☎ 027-967-43-73
영업 매일 10:00~19:00
홈페이지 www.laederach.com
교통 체르마트역 앞 반호프 광장에 위치. **지도** p.493-C

TIP 발레주의 명물

살구 Aprikose
발레주의 특산품으로는 단연 살구(아프리코제)를 들 수 있다. 초여름인 5~7월, 론 계곡의 외길 도로인 9번 도로나 체르마트로 올라가는 산길 옆에 살구를 파는 노점이 많다.

하이다 Heida
체르마트 주변의 경사면, 해발 고도 1,400~1,600m 지대의 가장 높은 포도밭에서 만들어지는 명물 와인이 바로 하이다이다. 생산량이 적어 현지에서만 마실 수 있는 보기 드문 와인이다. 미디엄 드라이의 화이트 와인으로 과일 맛이 난다.

체르마트의 숙소

겨울 시즌에는 가격이 상당히 높아지며 스키 패스와 결합한 다양한 패키지 상품을 판매한다. 호텔에 따라 최소 숙박일을 규정해 놓는 경우도 있다.

몽 세르뱅 팰리스 Mont Cervin Palace

1852년 문을 연 역사 깊은 호텔로, 체르마트를 대표하는 5성급 호텔이다. 명성에 걸맞게 기차역으로 마중나오는 붉은색 송영 마차도 우아하고 멋지다. 세련된 인테리어와 넓은 공간, 마터호른의 멋진 전망을 자랑하는 창문과 체르마트의 지붕들이 바라다보이는 남향 발코니가 인상적이다.

주소 Bahnhofstrasse 31 CH-3920 Zermatt
☎ 027 966 88 88
객실 수 165실
예산 더블 CHF650~, 하프 펜션 CHF820~(시즌과 객실에 따라 가격 변동)
오픈 12월 중순~4월 중순, 6월 중순~9월 말
홈페이지 www.montcervinpalace.ch
교통 체르마트역에서 반호프 거리를 따라 도보 5분.
지도 p.493-B

몬테로사 Monte Rosa

체르마트에서 가장 오래된 호텔로 1839년에 건설되었다. 영국의 등산가 에드워드 윔퍼가 이곳에 머물렀고, 이후 1865년 7명의 등반대와 함께 최초로 마터호른을 정복했다. 호텔 입구 외벽에는 윔퍼의 얼굴 부조가 설치되었다.

주소 Bahnhofstrasse 80 CH-3920 Zermatt
☎ 027 966 03 33 **객실 수** 41실
예산 더블 CHF440~, 하프 펜션 CHF560~(시즌과 객실에 따라 가격 변동) **영업** 12월 중순~4월 중순, 6월 중순~9월 중순
홈페이지 www.monterosazermatt.ch
교통 체르마트역에서 반호프 거리를 따라 계속 직진하다 보면 대로 왼편에 있다. 역에서 도보 7분. **지도** p.493-B

하우스 다리올리 Haus Darioli

1964년 처음 작은 호텔로 문을 열었고, 2대째 다리올리 가족이 운영하면서 2013년에 대대적인 리뉴얼을 통해 가족이나 2~5명까지 이용할 수 있는 아파트먼트 숙박 형태로 바뀌었다. 침실 2개, 욕실 2개, 주방, 거실 등을 갖춘 숙소로 가족 여행자나 5명 이내 단체 여행자에게 추천한다. 최소 2박 이상 예약 가능하다.

주소 Bahnhofstrasse 64 CH-3920 Zermatt
☎ 056 441 73 27 **예산** 1박 기준 CHF240~(시즌에 따라 변경) **홈페이지** dariolizermatt.ch
교통 체르마트역을 나와서 반호프 거리를 따라 400m 정도 계속 직진하면 된다. 알핀 센터 옆에 있다. 역에서 도보 5분.
지도 p.493-B

호텔 보 리바지 Hotel Beau-Rivage

체르마트 시내에서 마터호른이 가장 멋지게 보이는 전망 포인트 다리 오른편에 있는 호텔이다. 주인장 막스 줄렌(Max Julen)은 1984년 사라예보 올림픽에서 장거리 스키 경주인 자이언트 슬랄롬(Giant Slalom) 챔피언이었다. 스키 시즌에는 투숙객에게 스키에 대한 전문적인 조언도 해준다. 마터호른이 보이는 방은 가격이 좀 더 높다. 무료 와이파이 사용이 가능하다.

주소 Kirchstrasse 44 CH-3920 Zermatt
☎ 027 966 34 40
객실 수 30실
예산 더블 여름(6월 말~10월 초) CHF180~,
겨울(12월~4월 중순) CHF220~, 조식 포함
홈페이지 www.beau-rivage-zermatt.ch
교통 체르마트역을 나와서 반호프 거리를 따라 마터호른 박물관까지 직진한 후 박물관과 성 마우리티우스 교회 사잇길로 좀 더 걸으면 나온다. 역에서 도보 10~11분.
지도 p.493-B

호텔 알렉스 Hotel Alex

1960년 원래는 등산가였으나 불의의 사고를 당한 알렉스 페렌이 체르마트의 중심에 문을 연 전통 샬레 스타일의 가족 경영 호텔이다. 겉모습은 샬레이지만, 내부는 전통적 가구와 화려한 장식과 그림으로 꾸며진 우아한 부티크 호텔의 품격이 느껴진다.

주소 Bodmenstrasse 12 CH-3920 Zermatt
☎ 027 966 70 70 **객실 수** 84실
예산 더블 비수기 CHF420~, 성수기 CHF500~ (시즌에 따라 가격 변동), 하프보드 포함
홈페이지 www.hotelalexzermatt.com
교통 체르마트역을 나와서 반호프 광장 바로 뒤편에 있다. 역에서 도보 1~2분. **지도** p.493-C

호텔 슈바이처호프 Hotel Schweizerhof

자일러가 계열 호텔. 대부분의 객실과 스위트룸에서 마터호른의 전경이 보이는 발코니가 딸려 있다. 기차역과 고르너그라트반역이 무척 가까워서 주변 산악 하이킹이나 스키장을 이용하기에 편리하다. 무료 와이파이 사용이 가능하다.

주소 Bahnhofstrasse 5 CH 3920 Zermatt
☎ 027 966 00 00
객실 수 108실 **예산** 더블 비수기 CHF350~,
성수기 CHF475~(시즌에 따라 가격 변동)
영업 12월 중순~4월 중순 & 6월 초~9월 말
홈페이지 www.schweizerhofzermatt.ch
교통 체르마트역을 나와서 반호프 거리를 따라 도보 1분.
지도 p.493-C

호텔 시미 Hotel Simi

스위스 스키 국가대표팀의 일원이었던 시몬 비너(Simon Biner)가 1983년 세운 호텔이며 현재는 그의 아들이 물려받아 운영하는 모던한 호텔이다. 기차역에서 반호프 거리를 따라 150m 정도 걷다가 오른편으로 난 브란트쉔하우스 길로 들어서서 80m 정도 걸으면 나오는 조용한 골목 안쪽에 있다. 사우나와 스팀욕, 월풀, 솔라리움 등을 갖춘 스파도 제공한다. 무료 와이파이 사용이 가능하다.

주소 Brantschenhaus 20 CH-3920 Zermatt
☎ 027 966 45 00
객실 수 41실
예산 더블 CHF220~, 조식 포함
홈페이지 www.hotelsimi.ch
교통 체르마트역에서 도보 3~4분.
지도 p.493-B

체르마터호프 Zermatterhof

1879년에 처음 문을 연 전통의 우아함과 현대적인 편의성이 조화를 이루는 럭셔리 호텔. 대부분의 객실에서 마터호른의 절경을 감상할 수 있다. 호텔의 웰빙 존인 비타 보르니(Vita Borni)에는 수영장, 사우나, 뷰티 트리트먼트실 및 커플을 위한 전용 스파가 있다.

주소 Bahnhofstrasse 55 CH-3920 Zermatt
☎ 027 966 66 00
객실 수 78실
예산 여름 시즌 6월 말~9월 중순 일반 객실 CHF450~710, 스위트 CHF750~2,170 / 겨울 시즌 11월 말~4월 말 일반 객실 CHF490~990 / 스위트 CHF940~2,650, 조식 포함
홈페이지 www.zermatterhof.ch
교통 체르마트역에서 도보 6분.
지도 p.493-B

리펠알프 리조트 Riffelalp Resort

1884년 해발 2,222m의 대자연 속에 세운 유서 깊은 5성급 호텔이다. 유럽 상류층이 즐겨 찾는 호텔이며 전통과 모던함을 갖춘 최고의 호텔로 명성을 이어오고 있다. 대부분의 객실에 마터호른의 절경을 바라볼 수 있는 발코니가 딸려 있다. 또한 투숙객들은 유럽에서 가장 높은 곳에 위치한 야외 수영장에서 수영을 즐길 수도 있다. 무료 와이파이 사용이 가능하다.

주소 Riffelalp Resort 2222m CH-3920 Zermatt
☎ 027 966 05 55
객실 수 72실
예산 더블 비수기 CHF430~, 조식 포함, CHF590~(하프보드) **영업** 12월 중순~4월 중순, 6월 말~9월 말
홈페이지 www.riffelalp.com
교통 체르마트에서 고르너그라트 철도를 타고 리펠알프역에 내리면 호텔에서 운영하는 빨간색 전용 트램으로 무료로 픽업해 준다. 리펠알프역에서 숲길로 도보 5분.

테셔호프 호텔 Täscherhof Hotel

테슈 기차역 앞 반호프 광장에 자리하고 있어 편리하다. 목재를 주재료로 한 전통 주택 스타일이다. 시즌에 따라 가격이 변동된다. 무료로 와이파이를 사용할 수 있다.

주소 Bahnhofplatz CH-3929 Täsch
☎ 027 966 62 62 **객실 수** 58실
예산 더블 CHF165~, 조식 포함
홈페이지 www.taescherhof.ch
교통 테슈역을 나와서 반호프 광장에 있다.

3100 쿨름 호텔 고르너그라트
3100 Kulmhotel Gornergrat

스위스 알프스에서 가장 고지대에 있는 호텔로 해발 3,100m의 고르너그라트 종점에 우뚝 솟아, 최고의 전망을 자랑하는 곳이다. 객실에서는 방향에 따라 마터호른이나 몬테로사를 비롯한 주변 고봉들을 감상할 수 있다.

주소 Gornergrat 3100m CH-3920 Zermatt
☎ 027 966 64 00 **객실 수** 23실
예산 더블 CHF310~(시즌에 따라 가격 변동), 하프보드 포함
홈페이지 www.gornergrat-kulm.ch
교통 고르너그라트역에서 좀 더 위쪽으로 걸어가면 호텔로 가는 엘리베이터가 나온다. 고르너그라트역에서 도보 4분.

호텔 시티 Hotel City

테슈에 위치해 있다. 가족이 운영하는 이 호텔은 본관에 예약이 다 차면 도보 5분 거리에 있는 게스트하우스 생 마르틴(Guesthouse St. Martin) 별관에 숙소를 제공한다. 무료 와이파이 사용이 가능하다. 체르마트에도 시티 호텔이 있으니 헷갈리지 말자.

주소 Neue Kantonsstrasse CH-3929 Täsch
☎ 027 967 36 06
객실 수 49실
예산 더블 CHF140~, 조식 포함
홈페이지 www.hotel-city.ch
교통 테슈(Täsch)역을 나와서 길 건너편에 위치하고 있다.

리펠하우스 1853 Riffelhause 1853

리펠베르크역에 있는 산악 호텔로 해발 2,600m 지점에 세워져 있다. 바로 앞에서 마터호른이 눈부신 장관을 보여주며 모든 방에서 체르마트 주변의 산들을 감상할 수 있다. 여름철에는 하이킹, 겨울철에는 스키장의 거점이 되는 곳이어서 늘 여행자들에게 인기가 높다. 무료 와이파이 사용이 가능하다.

주소 Riffelberg 2500m CH-3920 Zermatt
☎ 027 966 65 00 **객실 수** 29실
예산 더블 비수기 CHF340~, 성수기 CHF395~(시즌에 따라 가격 변동), 하프보드 포함 **홈페이지** www.riffelhaus.ch
교통 체르마트에서 고르너그라트 열차를 타고 리펠베르크역에 하차.

호텔 알피나 Hotel Alpina

발레주의 목조 주택의 분위기를 그대로 간직한 아담한 호텔이다. 외관뿐만 아니라 내부 벽면과 천장, 바닥까지 모두 목조로 인테리어가 되어 있어서 편안한 느낌을 준다. 발코니가 딸린 방에서 마을을 내려다보는 운치가 있다. 조식은 바로 이웃해 있는 샬러스 태너호프 호텔 1층에서 제공되는데 소박하지만 훌륭한 편이다. 체크인과 아웃도 태너호프 호텔 리셉션에서 응대한다.

주소 Englischer Viertel 5 CH-3920 Zermatt
☎ 027 967 10 50 **객실 수** 23실
예산 더블 CHF200~, 조식 포함
홈페이지 alpinazermatt.ch
교통 체르마트역에서 반호프 거리를 따라 걷다가 왼쪽으로 엥글리셔 비어텔(Englischer Viertel) 골목으로 조금만 걸으면 나온다. 총 도보 8분. **지도** p.493-B

 TIP 자동차 여행자라면 테슈에 묵는 것을 추천한다

자동차로 온 여행자들은 차를 테슈(Täsch)역 옆에 있는 공용 주차장에 세워두어야 한다. 체르마트에 숙소를 구하기가 힘들다면 테슈에 있는 숙소를 추천한다. 테슈에서 체르마트 사이에 새벽부터 밤늦게까지 20분 간격으로 운행되는 셔틀 열차를 탈 경우 12분이면 도착하니 편리하다. 테슈가 숙소도 저렴한 편이다.

로이커바트
LEUKERBAD

언어 독일어권 | **해발** 1,404m

괴테와 모파상이 즐겨 찾은 스위스 최고의 중세 온천 마을

알프스 일대에서 가장 큰 온천 휴양지로, 로마 시대부터 사랑을 받아온 곳이다. 로이커바트에는 1일 390만ℓ 의 온천수가 흘러넘치는 30개의 온천 욕장에 있으며, 유럽에서 가장 방대한 온천수를 보유하고 있다. 대형 온천 센터가 2곳이 있으며 독자적인 온천 풀장이 있는 호텔도 많다. 석회질이 풍부한 온천수는 51℃로, 130가지 유용한 성분을 함유해 류머티즘이나 혈행 장애에 효과가 있다고 알려져 있다. 사계절 언제나 몸을 담글 수 있는 노천 온천은 온천욕을 즐기며 아름다운 경관을 감상할 수 있어 더욱 매력적이다. 마을 뒤편으로 병풍처 럼 펼쳐진 암벽 겜미 고개(Gemmi Pass)는 보는 이를 압도한다. 해발 2,322m의 겜미 고개를 연결하는 케이 블카를 타면 자연을 만끽하며 하이킹을 즐길 수 있다.

로이커바트 가는 법

주요 도시 간의 이동 시간

체르마트 → 로이커바트
기차 + 포스트버스 2시간 30분, 자동차 1시간 20분
제네바 → 로이커바트
기차 + 포스트버스 3시간, 자동차 2시간 15분
베른 → 로이커바트
기차 + 포스트버스 2시간, 자동차 2시간 10분

로이커바트는 스위스 남서부 발레주 깊은 산속 겜미 고개 기슭의 막다른 산길에 있는 작은 마을이다. 아직 기차는 연결되지 않아 철도가 들어갈 수 있는 로이크(Leuk)까지 간 후 로이크에서 포스트버스(약 30분 소요)를 갈아타고 로이커바트까지 들어갈 수 있다. 달리는 버스 좌우로 멋진 전망이 펼쳐진다. 전통적인 샬레와 가정집들은 구시가에 대부분 몰려 있으며 온천 리조트 지구에는 다양한 호텔과 레스토랑, 상점, 온천 센터가 밀집해 있다.

기차 & 버스로 가기

체르마트역에서 출발
기차로 비스프(Visp)까지 간 후(1시간 10분 소요), 비스프에서 로이크(Leuk)행으로 환승해 일단 로이크까지 간다(14분 소요). 로이크 기차역(Bahnhof)에서 로이커바트행 포스트버스를 타면

로이크역 앞에 정차한 로이커바트행 포스트버스

된다(30분 소요). 총 2시간 30분 소요. 기차는 1시간에 1대씩 운행하며, 기차 도착 시간에 맞춰 로이크역에 포스트버스가 대기하고 있다.

제네바역에서 출발
로이크까지 직행 열차로 간 후(2시간 10분 소요), 로이커바트행 포스트버스를 타면 된다(30분 소요). 총 3시간 정도 소요.

베른역에서 출발
기차로 비스프까지 간 후(55분 소요), 로이크행으로 환승해 로이크역에서 내린다(14분 소요). 로이크역에서 다시 로이커바트행 포스트버스를 타면 된다(약 30분 소요). 총 2시간 소요.

자동차로 가기

베른에서 출발
A12번 도로를 타고 프리부르(Fribourg)를 거쳐 브베(Vevey)까지 내려온 후 브베에서 A9 · E62번 도로를 타고 몽트뢰(Montreux)를 거쳐 마르티니(Martigny)까지 내려간다. 마르티니에서 시옹(Sion), 시에르(Sierre) 방면으로 계속 가다가 로이크(Leuk)에서 로이커바트 이정표를 따라가면 된다. 베른에서 로이커바트까지 191km, 약 2시간 10분 소요.

체르마트에서 출발
일단 자동차가 진입할 수 있는 가장 가까운 마을인 테슈(Täsch)까지 열차로 나온 후, 테슈에서 자동차를 타고 비스프와 로이크를 거쳐 로이커바트까지 간다. 테슈에서 로이커바트까지 약 63km, 1시간 20분 소요.

제네바에서 출발

레만 호수를 따라 로잔을 거쳐 몽트뢰까지 이동한 후 베른 부분 설명과 동일하게 가면 된다. 제네바에서 로이커바트까지 196km, 약 2시간 15분 소요.

택시로 가기

발레주의 로이크나 시에르, 시옹역에서 로이커바트까지 택시를 이용할 수 있다. 택시는 각 도시의 택시 회사에 전화로 예약하거나, 호텔 프런트에 부탁하면 된다. 로이크~로이커바트 CHF70~80, 약 35분 소요. 시에르~로이커바트 약 CHF90 정도, 45~50분 소요. 시옹역에서 로이커바트까지 약 CHF180, 약 1시간 정도 소요.

로이커바트 택시 Alpen Garage und Taxi GmbH
☎ 027 470 22 40

시에르 택시 AAA Association autorisée au stationnement en gare CFF(ATS)
☎ 027 455 63 63

시옹 택시 Taxi Azady
☎ 079 779 95 80

시내 교통

마을 규모가 크지 않아 도보로 충분히 돌아볼 수 있다. 로이커바트를 관통하여 마을 외곽을 감싸고 수스텐(Susten) 방향으로 흐르는 달라(Dala) 강을 기준으로 동쪽은 버스 터미널과 온천 센터와 호텔이 몰려 있는 온천 리조트 지구이고, 겜미 고개 방향인 서쪽은 오래된 목조 샬레가 옹기종기 모여 있는 구시가다. 전통적인 샬레와 가정집들은 구시가에 대부분 몰려 있으며 온천 리조트 지구에는 다양한 호텔과 레스토랑, 상점, 온천 센터가 밀집해 있다. 그러므로 온천 리조트 지구에 숙소를 잡는 편이 여러모로 편리하다. 마을은 온천 리조트 지구에서 작은 달라(Dala)강을 건너 구시가 끝까지 도보 15분 정도면 걸어갈 수 있을 정도로 작다. 버스 터미널이 있는 시청사에서 온천 리조트 지구의 중심인 발리저 알펜테름 온천 센터가 있는 도르프 광장(Dorfplatz)까지 도보 7분이면 도착한다.

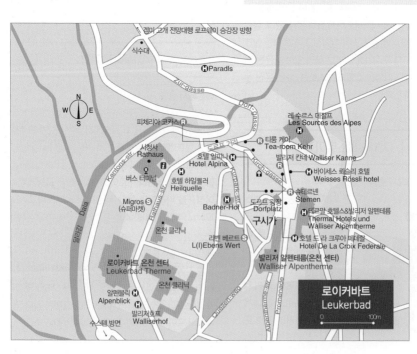

로이커바트
Leukerbad
0 ——— 100m

로이커바트의 관광 명소

로이커바트 온천 센터
Leukerbad Therme ★★★

마을에서 운영하는 대중적인 분위기의 온천

고대 로마인의 욕탕이 있던 자리였으며, 중세 시대에는 치료 효과로 유명했던 이곳 온천 센터는 유럽에서 가장 큰 알프스 온천이다.

장엄한 산들로 둘러싸인 천혜의 온천에서 최저 28℃에서 최고 44℃에 이르는 10가지의 온천욕을 경험할 수 있다. 실내외 수영장, 아동용 수영장, 워터 슬라이드 등 다양한 시설을 갖추고 있다. 사우나와 터키탕(16세 이상)은 추가 요금을 내야 한다. 온천 센터 안에 레스토랑과 피체리아도 있다.

대중적인 분위기인데다 어린이(8세 미만 무료)도 입장이 가능해 주로 가족 단위 이용객이 즐겨 찾는다.

입장권은 출구에서도 필요하므로 잃어버리지 않도록 주의할 것. 수영복과 수건은 가져가야 한다.

주소 Rathausstrasse 32 CH-3954 Leukerbad
☎ 027 472 20 20
영업 온천 센터 09:00~21:00 / 사우나 스팀욕장 10:00~20:00, 연중무휴
입장료 3시간권 성인(만 16세 이상) CHF28, 아동(만 6~15세) CHF17 / 1일권 성인(만 16세 이상) CHF35, 아동(만 6~15세) CHF21 / 만 5세 이하 무료
홈페이지 www.leukerbad-therme.ch
교통 시청사를 마주봤을 때 왼편 내리막길로 라트하우스 거리(Rathausstrasse)를 따라 도보로 1분 정도 내려가면 입구가 나온다.
지도 p.528

발리저 알펜테름
Walliser Alpentherme ★★★

세련된 리조트 분위기의 온천

로이커바트의 중심인 도르프 광장에 자리 잡은 세련된 분위기의 온천 센터. 테르말 호텔 로이커바트에서 경영하는 온천 센터로, 호텔과는 지하 통로로 연결되어 있다. 37~40℃의 야외 온천 풀장에서는 로이커바트를 둘러싼 알프스의 웅장한 산들이 병풍처럼 둘러싼 멋진 파노라마를 감상할 수 있다. 발레주의 전통을 살린 다양한 시설을 갖춘 사우나 빌리지(아이는 8세 이상, 어른 동행), 고대 로마의 목욕 의식을 재현해 사우나와 스팀욕, 온천욕, 마사지 등을 2시간 동안 차례로 체험하는 로만 아이리시 배스(16세 이상)는 수영복을 입지 않는 누드 구역으로, 별도로 예약하고 추가 요금을 내야 한다. 입장권은 출구에서도 필요하므로 잃어버리지 말고 잘 간수하자. 수영복과 수건은 가져가야 한다.

주소 Dorfplatz CH-3954 Leukerbad
☎ 027 472 10 10, 027 472 18 06/07(스파 트리트먼트 예약), 027 472 18 05/09(온천 안내 데스크)
영업 매일 09:00~20:00, 로만 아이리시 배스 금~토 10:00~18:00(예약 필수)
입장료 3시간권 성인(만 16세 이상) CHF33, 아동(만 8~15세)

CHF26.50 / 로만 아이리시 배스 CHF79
홈페이지 www.alpentherme.ch
교통 버스 터미널에서 도보 6분. 헬리오파크 호텔에서 지하로 연결. **지도** p.528

겜미 고개 정상에서 본 풍경

겜미 반 케이블카 승강장

겜미 고개 전망대
Gemmi Pass ★★★

**알프스 고봉을 한눈에 감상할 수 있는
최고의 산악 고개**

4,000m가 넘는 스위스 최고봉들인 몬테로사(Monte Rosa), 바이스호른(Weisshorn), 마터호른(Matterhorn)과 베르너 알펜(Berner Alpen)의 파노라마와 로이커바트의 전경을 감상할 수 있는 전망대이다.

겜미 고개는 남쪽 발레주의 로이커바트와 북쪽 베른주의 칸데르슈테크(Kandersteg)를 잇는, 베르너 알펜을 가로지르는 높은 산악 고개이다. 해발 1,411m의 로이커바트에서 해발 2,322m의 겜미 고개까지 케이블카를 타고 손쉽게 올라갈 수 있다. 병풍 바위의 최고봉인 다우벤호른(Daubenhorn, 2,941m)이 바로 옆에 솟아 있다.

겜미 고개 근처에는 다우벤제(Daubensee) 호수가 있다. 이 호수는 지상으로 보이는 유출구가 없다는 것이 특징이다. 여름에는 겜미 고개 전망대에서 다우벤제까지 가서 호수를 한 바퀴 돌고 오는 하이킹 코스가 인기다.

겜미 고개를 가는 방법은 두 가지가 있다. 첫째 로이커바트에서 케이블카를 타고 손쉽게 정상까지 오르는 방법이며, 둘째 2시간 정도 소요되는 도보 하이킹으로 정상에 도달하는 방법이다. 하이킹 코스는 상당히 가파르고 구불구불해 난이도가 높은 편이다. 자신의 일정과 체력에 따라 선택하도록 하자.

케이블카 겜미 반 Gemmi Bahnen, Leukerbad LLG
☎ 027 470 18 39
운행 09:00~17:00(계절에 따라 운행 시간이 다르며 30분마다 운행, 성수기에는 10분마다 운행)
요금 로이커바트-겜미 고개 구간 성인 편도 CHF26, 왕복 CHF36, 스위스 패스 이용자 50% 할인, 부모 동반 아동(만 16세까지) 무료 / 겜미 고개-다우벤제 호수 구간 성인 편도 CHF6, 왕복 CHF9
승강장 위치 로이커바트 도르프 광장에서 키르히 거리(Kirchgasse), 도르프 거리(Dorf-gasse)를 거쳐 달라강을 건너 구시가의 추르 거리(Zur-gasse)로 가면 겜미 고개 전망대행 케이블카 승강장(Gemmi Bahn, Leukerbad LLG)이 있다. 로이커바트 구시가 중심부인 도르프 광장에서 케이블카 승강장까지 도보 10분. 케이블카를 타고 전망대까지 약 6분 소요된다. 올라가는 길에 케이블카 창밖으로 보이는 알프스 고봉과 마을이 어우러진 풍경도 무척 아름답다.
홈페이지 www.gemmi.ch

※로이커바트의 호텔에 투숙하는 손님들에게는 로이커바트 카드 플러스(Leukerbad Card Plus, LBC+)가 발급된다. 겜미 반을 비롯해서 온천 센터 입장료 할인 등 다양한 혜택이 있다.

 TIP **아서 코난 도일 소설에 등장한 겜미 고개**

겜미 고개는 아서 코난 도일의 단편소설 〈마지막 사건(The Final Problem)〉에 언급된 것으로도 유명하다.

셜록 홈스와 왓슨 박사가 마이링겐(Meiringen)으로 가는 길에 이 고개를 통과한다. 겜미 고개를 넘어간 셜록 홈스는 모리아티 교수와 라이헨바흐(Reichenbach) 폭포에서 극적으로 만난다.

더 이상의 내용은 스포일러가 될 수 있어 생략한다. 여행 가방에 이 책을 챙겨가서 온천욕을 즐기며 읽어봐도 즐거울 것이다.

로이커바트의 식당

로이커바트는 작은 마을 규모에 비해 50곳이나 되는 레스토랑이 있다. 지역 전통 요리와 세계 각국의 다양한 요리를 먹을 수 있으며, 바렌(Varen)에서 주로 생산되는 지역 전통 와인인 피폴트루(Pfyfoltru) 와인을 곁들이면 금상첨화다. 관광 안내소에서 레스토랑 목록이 담긴 브로슈어를 받을 수 있다.

레스토랑 슈테르넨 Restaurant Sternen

풍뒤, 라클레트, 케제슈니테 등 치즈 요리가 전문인 전형적인 샬레 스타일의 레스토랑. 내부는 70년대 복고풍이다. 이곳의 라클레트는 손님들의 평이 좋다. 감자와 빵이 함께 나오는 토마토 풍뒤(tomaten fondue)도 추천한다. 풍뒤는 기본 2인 이상 주문. 토마토 풍뒤(Tomaten Fondue, CHF32/1인), 샴페인 풍뒤(Champagner Fondue, CHF36/1인), 1인용 전통 풍뒤(Traditionelles Fondue, CHF33), 케제슈니테(Käseschnitte, CHF21 내외).

주소 Sternengässi 6 CH-3954 Leukerbad
☎ 027 470 11 20
영업 화~토 11:00~23:00 **휴무** 일~월
홈페이지 www.sternen-leukerbad.ch(독일어)
교통 도르프 광장에서 도보 1분 거리. 시청사에서 8분 거리에 있다. **지도** p.528

피체리아 코카스 Pizzeria Choucas

피자를 주메뉴로 하는 지중해 요리 전문 식당으로, 35년이 넘는 전통을 자랑하는 곳이다. 아이들이 직접 피자를 구워보는 체험도 할 수 있으며 실내 놀이방도 갖추고 있다. 체리 토마토, 구운 베이컨, 구운 서양호박, 신선한 백리향이 들어간 가이스수퓌르 피자(Geissupür Pizza), 피자 마피오소(Mafioso) 등 다양한 피자를 직접 화덕에 굽는다(CHF20~23).

주소 Dorfstrasse 9 CH-3954 Leukerbad
☎ 027 470 24 13 **영업** 10:00~23:00
홈페이지 www.choucas.ch
교통 시청사에서 도보 5분. **지도** p.528

알펜블릭 Alpenblick

호텔을 겸한 레스토랑으로, 발레주 전통 요리와 스테이크를 주메뉴로 하고 있다. 추천 메뉴로는 화이트와인 소스 가자미 필레(Seezun genfilet an Weissweinsauce, CHF31), 우둔살 스테이크(Rumpsteak, CHF29), 발레주 스테이크(Walliser Steak, CHF27) 등이 있다.

주소 Rathausstrasse 36 CH-3954 Leukerbad
☎ 027 472 70 70
영업 화~일 08:00~23:00(요리 12:00~14:00 & 18:00~22:00)
휴무 월·5월 말~6월 말·11월 중순~12월 하순
홈페이지 www.alpenblick-leukerbad.ch
교통 부르거바트 온천 센터 입구에서 도보로 1분 정도 내리막길을 내려가면 바로 나온다. **지도** p.528

티룸 케어 Tea-room Kehr

구시가와 주변 산들을 바라보며 커피와 차, 와인을 맛볼 수 있는 아담한 찻집이다. 디저트로 머랭(Meringues)이나 파이(Torten), 아이스크림(Eiscreme) 등도 판매한다. 호텔 파라다이스(Hotel Paradise)도 운영하고 있다.

주소 Dorfstrasse 16 CH−3954 Leukerbad
☎ 027 470 13 05
영업 화~토 08:15~12:00, 13:30~18:00
휴무 일~월, 11월 말~12월 중순
교통 시청사에서 도보 2분. 시청사를 마주봤을 때 오른편 길로 계속 직진하면 된다. **지도** p.528

SHOPPING

리벤 베르트 L(I)Ebens Wert

독일 뮌헨 출신의 플로리스트가 2008년 로이커바트를 찾았다가 자연에 대한 새로운 영감을 얻어 2012년 문을 연 인테리어 및 생활 소품 가게. 자연을 소재로 한 다양한 수공예품과 향기 좋은 미용용품은 선물용으로도 좋다.

주소 Tuftstrasse 2 3954 Leukerbad
☎ 079 589 91 01
영업 월~화, 목~토 10:00~18:00 **휴무** 일 · 수
홈페이지 lebenswertesliebenswert.com/
교통 시청사에서 도보 1분. 도르프 광장에서 키르히가세로 도보 1분. **지도** p.528

HOTEL

로이커바트의 숙소

테르말 호텔스 & 발리저 알펜테름
Thermal Hotels und Walliser Alpentherme

호텔이 발리저 알펜테름 온천 센터와 바로 연결되어 있다. 스파는 물론 피트니스 시설과 2개의 레스토랑이 있다. 그리 크지 않은 도르프 광장을 둘러싸고 총 3개 동으로 구성되어 있으며, 지하 통로로 연결되어 있어 투숙객들이 온천 센터를 이용하기에 편리하다. 투숙객 전용의 무료 온천 풀장(동굴/실내/야외 풀장)도 따로 있다. 대부분의 방에서 발레주 알프스의 멋진 풍경을 감상할 수 있다. 무선 인터넷은 공용 공간에서 1시간당 CHF10. 아침 뷔페 메뉴가 풍성하다. 파노라마, 겜미 스위트 투숙객은 무료 주차뿐 아니라 알펜테름 온천 풀장 등을 무료로 입장할 수 있는 혜택이 있다.

주소 Dorfplatz 1 CH−3954 Leukerbad
☎ 027 472 16 22
객실 수 135실
예산 더블 CHF219~(객실 유형에 따라 가격 차이가 심함). 조식 뷔페 포함
홈페이지 thermalhotels.ch
교통 버스 터미널에서 도보 6분.
지도 p.528

바이세스 뢰슬리 호텔
Weisses Rössli Hotel

로이커바트의 중심부인 도르프 광장에서 1분 거리에
있는 소규모의 호텔. 알펜테름 온천에서 도보로 1분
거리, 겜미 케이블카 승강장은 700m 거리에 있다. 객
실에 딸린 발코니에서 마을 지붕과 주변 산을 감상할
수 있다. 체크인은 정오부터 오후 5시 사이이며, 늦게
도착하는 경우 미리 연락해야 한다.

주소 Tuftstrasse 4 CH–3954 Leukerbad
☎ 027 470 33 77 **객실 수** 25실
예산 더블 CHF120~, 조식 포함 **홈페이지** www.weroessli.ch
교통 버스 터미널에서 도보 5분. **지도** p.528

호텔 알피나 Hotel Alpina

알펜테름 온천 센터에서 도보 1분 거리에 있는 소규모
가족 경영 호텔이다. 공용 욕실 방은 좀 더 저렴하다.
2박 이상 머물 경우 숙박 요금을 8% 할인해 준다. 동
명의 레스토랑을 운영하고 있으며 음식도 평이 좋은
편이다. 무료 WIFI.

주소 Sternengässi 7 CH–3954 Leukerbad
☎ 027 472 27 27 **객실 수** 19실
예산 더블룸 CHF180~, 조식 포함
홈페이지 www.alpina-leukerbad.ch
교통 도르프 광장에서 도보 1분 거리. 시청사에서 8분 거리에
있다. **지도** p.528

호텔 알펜블릭 Hotel Alpenblick

부르커바트 입구에서 도보 1분 이내에 있는 로텐
(Roten) 가족이 경영하는 친절한 숙소다.
5가지 코스 메뉴가 나오는 저녁 식사가 제공되는 하
프보드는 1인 1박당 CHF32을 추가하면 된다. 호텔은
깔끔한 편이다.

주소 Rathausstrasse 36 CH–3954 Leukerbad
☎ 027 472 70 70 **객실 수** 30실
예산 더블 CHF200~, 조식 포함
홈페이지 www.alpenblick-leukerbad.ch
교통 시청사에서 라트하우스 거리를 따라 도보 3분. 부르거바
트 온천을 지나면 바로 나온다. **지도** p.528

호텔 하일퀠러 Hotel Heilquelle

시청사 바로 맞은편에 있어 찾기도 쉽고 위치도 편리
하다. 객실마다 아름다운 주변 산을 감상할 수 있는
전망을 제공한다. 모든 객실 요금에 조식 뷔페와 부르
거바트 입장권(단, 체크아웃하는 날은 이용 불가)이 포
함되어 있다. 무료로 와이파이를 이용할 수 있다.

주소 Rathausstrasse 7 CH–3954 Leukerbad
☎ 027 470 22 22 **객실 수** 22실
예산 더블 CHF178~(시즌에 따라 가격 변동), 조식 포함, 하프
보드의 경우 1인 1박당 CHF32 추가
홈페이지 www.heilquelle.ch
교통 시청사 바로 맞은편. **지도** p.528

크랑몬타나
CRANS-MONTANA

언어 프랑스어권 | **해발** 크랑(Crans) 1,460m, 몬타나(Montana) 1,471m

알프스 고원의 휴양 리조트

스위스 남서부 발레주의 알프스 중심에 있는 휴양지인 크랑몬타나는 시에르(Sierre) 위쪽 해발 1,500m의 평탄한 고원에 자리하고 있다. 바이스호른(Weisshorn)을 비롯한 발레주의 알프스 산을 바라보는 전망이 아름답다. 크랑몬타나는 동쪽의 몬타나와 서쪽의 크랑 두 마을을 합쳐 부르는 이름이다. 겨울철에는 해발 2,927m의 플랑 모르트(Plaine Morte)에서 시작하는 140km에 이르는 스키 활강 코스로, 여름철에는 하이킹 코스와 골프를 즐길 수 있는 리조트로 인기가 높다. 특히 이곳의 크랑 수르 시에르(Crans-sur-Sierre)는 세상에서 가장 아름답고 높은 곳에 자리한 골프 코스로 알려져 있다. 크랑몬타나 주변에는 8개의 호수가 있는데, 휴가철에는 호수 주변에서 수영, 윈드서핑 등을 즐기며 일광욕을 하는 휴양객도 많다.

크랑몬타나 가는 법

주요 도시 간의 이동 시간

제네바 → 크랑몬타나(시에르 경유)
기차 + 푸니쿨라 또는 기차 + 버스 2시간 50분~3시간
자동차 2시간 10분(185km)
시에르 → 크랑몬타나
자동차 25분(16km)

기차로 가기

제네바역에서 출발
IR 열차를 타고 시에르(Sierre)까지 약 2시간 소요, 1시간에 2대씩 운행된다. 시에르 기차역을 나와서 바닥의 빨간색 선을 따라 도보로 6분 거리에 있는 푸니쿨라 승강장(Sierre SMC)으로 이동한 후 푸니쿨라를 타면 몬타나까지 12~20분 소요(CHF13.20, 스위스 패스 이용자 무료). 매시 15분과 45분에 출발하는 푸니쿨라 운행 시간에 맞춰 기차역과 푸니쿨라 승강장 사이를 오가는 빨간색 무료 셔틀버스도 운행하고 있다.

버스로 가기

일단 기차를 타고 시에르까지 온 후, 시에르 기차역 앞에서 SMC버스(시에르–몬타나–크랑 구간 운행)를 타면 몬타나까지 약 30분 소요. 크랑까지는 37분 정도 걸린다.

SMC(Sierre–Montana–Crans)버스
시에르와 크랑몬타나를 비롯해 주변 마을을 연결하는 버스가 바로 SMC버스다. SMC버스는 두 노선이 있다.

12.421번은 시에르–크랑–몬타나–아미노나 구간을 왕복하는 버스이며, 12.422번은 시에르–몰렝(Mollens)–몬타나–크랑 구간을 왕복한다. 1시간에 1대 정도 운행. 시에르에서 크랑몬타나 마을로 가는 경

크랑 버스 정류장

우나 근교의 하이킹 코스에 손쉽게 접근하거나 마을로 돌아올 때 SMC버스를 잘 활용하면 체력적인 부담을 크게 덜 수 있다.

SMC버스

자동차로 가기

제네바에서 고속도로 A1번과 9번을 타고 레만 호수를 따라 로잔, 몽트뢰를 거쳐 마르티니(Martigny)까지 내려온 후 시옹(Sion)을 지나 시에르(Sierre)까지 온다. 시에르에서 산길을 따라 16km 정도 올라간다. 제네바에서 크랑몬타나까지 총 185km. 약 2시간 10분 소요.

INFORMATION

시내 교통
높은 고원 지대에 있는 크랑몬타나는 가파른 산길을 올라 마을에 도착하면 평탄하게 이어져 있다. 동쪽의 몬타나와 서쪽의 크랑 사이는 약 1.5km 거리이며 도보로 15~20분, SMC버스로 약 7분이면 갈 수 있다.

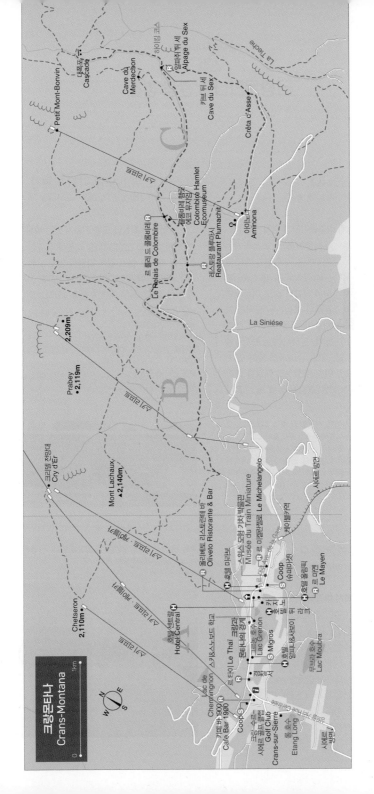

크랑몬타나
Crans-Montana

0 _____ 1km

N
W ☆ E
S

Alpage du Sex
알파쥐 뒤 세
La Tièche

캐스케이드
Cascade

대표 쿠르스
하이킹 코스

Petit Mont-Bonvin

Cave du
Merdechon

카브 뒤 세
Cave du Sex

Créta d'Assé

크파리 167

콜롬브르 참가
에코 뮤지엄
Colombire Hamlet
Ecomuseum

이미노나
Aminona

르 를레 드 콜롬비르
Le Relais de Colombire

레스토랑 플루마시
Restaurant Plumachit

La Siniése

2,209m

Prabey
•2,119m

크파리 167

크리펫 정망대
Cry d'Er

Mont Lachaux
▲2,140m

스위스 모형 기차 박물관
Musée du Train Miniature

올리베토 리스토란테 바
Oliveto Ristorante & Bar

르 미켈란젤로 Le Michelangelo

호텔 미라보

Chetseron
2,110m

크파리 167

텔레카비네 · 크파리 167

S Coop
(슈퍼마켓)

르 마옌
Le Mayen

Hotel Central
호텔 센트럴

호텔 센트럴
스키&스노보드 학교

르 타이 Le Thai
크랑마

Lac Grenon
크랑의 경계

S Migros

호텔
움피트&사보이

Lac Moubra
무브라 호수

Lac de
Cherrignon
셰리뇽 호수

Cafe Bar 1900
카페 바 1900

CoopS
크랑 수르

크랑스 골프 클럽
Golf Club
Crans-sur-Sierre

Etang Long
룽 호수

크랑몬타나의 관광 명소

몬타나
Montana ★★

발레주의 스키 리조트이자 휴양지

푸니쿨라를 타고 올라가는 경우에는 역 왼편의 가르 대로(Avenue de la Gare)를 따라 500m 정도 이동하면 몬타나 중심가인 오거리 교차로가 나온다. 가르 대로 중간쯤에 관광 안내소가 있다. 몬타나에는 카지노뿐 아니라 다양한 레스토랑, 호텔, 슈퍼마켓 등이 있다. 여름철에는 매주 금요일 아침이면 가르 대로를 따라 수공예품과 잼, 발레주 전통 소시지 등을 파는 전통 시장이 열린다.

교통 시에르 기차역 앞에서 SMC버스를 타거나 기차역에서 도보 5~6분 거리에 있는 푸니쿨라역에서 푸니쿨라(CHF13.20, 스위스 패스 이용자 무료)를 타고 올라간다. 시에르역에서 푸니쿨라역까지 무료 셔틀버스가 운행 중이다. SMC버스는 12.421번은 시에르-크랑-몬타나-아미노나 구간을 왕복하며, 12.422번은 시에르-몰렁-몬타나-크랑 구간을 왕복한다. 1시간에 1대씩 운행. **지도** p.537-A

그르농 호수
Lac Grenon ★★★

반영이 특히 아름다운 호수

크랑몬타나에는 모두 8곳의 호수와 연못(Étang)이 있다. 여름에는 무브라 호수(Lac de la Moubra)와 롱 연못(Étang Long)에서 수영, 윈드서핑을 즐길 수 있고, 겨울에는 롱 연못에서 스케이팅, 컬링을 즐긴다. 몬타나의 카지노 뒤에 있는 디쿠어 연못(Étang d'Ycoor)은 가볍게 산책을 하기에 좋다. 특히 몬타나와 크랑 사이에 있는 그르농 호수는 이른 아침에 잔잔한 물결 위에 비치는 반영이 무척 아름답다.

스위스 모형 기차 박물관
Musee du Train Miniature ★

한국산 최상급 모형 기차가 있는 박물관

1,300개 이상의 모형 기차를 비롯해 유명한 고타르트 철도와 레티슈 철도 같은 다양한 철도 노선과 유명한 자연 경관을 함께 전시하고 있다. 이곳에 전시된 모형 중 최상급 모델들은 대부분 한국산이라고 한다.

주소 Route de Clovelli 7 CH-3963 Crans-Montana
☎ 027 565 47 47
개관 10:00~13:00, 15:00~19:00
입장료 성인 CHF12, 어린이 CHF6, 스위스 패스 이용자 무료
홈페이지 www.trains-miniatures.ch
교통 몬타나 중심부 오거리 교차로에서 도보 1분.
지도 p.537-A

교통 몬타나 마을과 크랑 마을 사이에 위치. 몬타나 중심부 또는 크랑 중심부에서 도보 8분 이내.
지도 p.537-A

콜롬비레 햄릿 에코 박물관
Colombire Hamlet Ecomuseum

레스토랑을 겸한 친환경 에코 박물관

크랑몬타나에서 대폭포 하이킹 중에 들를 수 있는 플루마시에 자리 잡은 곳으로, 레스토랑을 겸한 에코 박물관이다. 레스토랑이 있는 현대적인 건물과 에코 박물관을 이룬 3채의 전통적 샬레가 있다. 이 지역의 문화유산을 비롯해 고지대에 있는 샬레에서의 생활과 전통적인 목장을 보여주고 있다.

주소 Route de Plumachit CH-3963 Aminona
☎ 079 880 87 88
개관 7월 초~8월 말 매일 10:00~17:00(마지막 입장 16:00) / 5월 하순~9월 하순 주말에만 오픈, 내부 관람은 1시간 소요되는 가이드 투어로 진행(겨울 시즌에는 미리 예약 요망)
입장료 성인 CHF10, 아동(만 6~15세)·학생·노인 CHF5
홈페이지 www.colombire.ch
교통 몬타나 푸니쿨라역(Montana Gare)에서 버스로 17분.
지도 p.537-C

크리델 전망대
Cry d'Er ★

여름철에는 하이킹, 겨울철에는 스키 천국

발레주 알프스를 조망하기에 좋고 여름철에는 하이킹을, 겨울철에는 활강 코스를 따라 스키를 즐기기에 좋은 곳이다. 크랑의 텔레페리언 거리(Route des Telepheriques)에 있는 승강장에서 케이블카를 타고 올라갈 수 있다.

케이블카
운행 09:15~16:30. 여름철·겨울철 성수기 매일, 비수기 수~일 **요금** 1등석 CHF8, 2등석 CHF5
교통 승강장 크랑의 상트랄 거리에서 도보 5분.

크리델 전망대
개방 09:15~16:30 **입장료** 무료 **지도** p.537-B

크랑
Crans ★★

국제 대회가 열리는 골프의 도시

몬타나에서 크랑 중심가인 상트랄 거리(Rue Centrale)까지는 도보로 15분 정도 걸린다. 매년 9월마다 오메가 유러피언 마스터스 스위스 오픈 대회가 열리는 18홀과 9홀의 골프 코스가 상트랑 거리 양쪽에 자리 잡고 있다. 여름에는 토요일 아침에 재래시장이 들어선다. 거리에 상점과 레스토랑, 호텔이 많다.

교통 몬타나 중심부에서 크랑 중심부까지 도보 15분 또는 SMC버스로 5분 소요.
지도 p.537-A

🅣🅘🅟 크랑몬타나의 골프 코스

매년 9월 유럽에서 두 번째로 큰 골프 대회인 오메가(Omega) 유러피언 마스터스 스위스 오픈이 열리는 도시답게 크랑몬타나에는 세계적인 골프 코스들이 있다. 해발 1,500m의 고지대에 있지만 평평한 분지여서 스위스에서 첫손에 꼽힐 정도로 골프장이 특히 발달했다. 유럽에서도 최고로 인정받는 명문 골프장 크랑 수르 시에르 골프 클럽은 해발 1,500m에 있는 4개의 골프 코스에서 마터호른에서 몽블랑까지 알프스의 눈부신 파노라마 전망을 바라보며 골프를 즐길 수 있다. 골프 시즌이 끝나면 골프장은 모두 눈부신 스키장과 눈썰매장으로 변모해 겨울 스포츠 마니아들을 끌어모으고 있다.

크랑 수르 시에르 골프 클럽 Golf Club Crans-sur-Sierre
홈페이지 www.golfcrans.ch

고산 식물과
알프스의 풍경이 아름다운

크랑몬타나
하이킹

여름철에는 대폭포 주변으로 넓은 고원 곳곳에 보라, 파랑, 노랑, 하양, 분홍색의 야생화가 흐드러지게 피어 있어 무척 아름답다. 하이킹에 가장 좋은 시기는 7~8월 사이. 고원 지대라 생각만큼 덥지 않다.

코스 크랑몬타나(1,471m) → 아미노나(Aminona, 1,515m) → 카브 뒤 세(Cave du Sex, 1,900m) → 대폭포(Cascade, 1,950m) → 카브 뒤 세 → 카브 드 콜롬비레(Cave de Colombire, 1,850m) → 플루마시(Plumachit) → 크랑몬타나

자신에게 맞는 코스를 선택

크랑몬타나에서 대폭포까지의 전체 코스는 왕복 20km가 넘을 만큼 상당히 길다. 거의 아침부터 저녁까지 걸어야 하며 오르막길도 많아서 상당히 힘든 중급 이상의 코스다. 일정이 촉박하거나 체력적인 부담이 있는 여행자라면 이 코스 중에 가장 편안하게 자연을 즐길 수 있는 카브 뒤 세~대폭포 구간만 돌아보는 것을 추천한다. 여유가 있다면 아미노나까지 버스를 타고 가서 그곳에서부터 걷기 시작해 대폭포까지 돌아보고 다시 플루마시로 돌아와 버스를 타고 크랑몬타나로 돌아오는 코스도 좋다. 자신의 일정과 체력을 고려해 적절히 선택할 것.

하이킹을 시작할 때

일단 출발은 몬타나의 관광 안내소에서 시작한다. 직원에게 문의해 하이킹에 필요한 지도와 코스에 관한 정보를 얻도록 한다.

크랑몬타나 관광 안내소

만일 코스 전체를 걷기 어렵다면 크랑 중심부 혹은 몬타나 푸니쿨라역 앞에서 SMC버스를 타고 아미노나 혹은 플루마시까지 이동한다. 크랑~아미노나는 15분, 몬타나~아미노나는 8분 정도 소요된다. 크랑~플루마시는 25분, 몬타나~플루마시는 15분 정도 소요된다.

버스가 자주 운행하지 않으며 버스에 따라서는 아미노나까지만 가는 경우도 있으므로 관광 안내소에서 버스 시간표를 반드시 확인하자.

나무 위에 노란색 다이아몬드 표시가 있다.

★ 추천 코스 1 ★

몬타나 → 아미노나 케이블카 승강장

소요 시간 1시간 30분~2시간

몬타나 관광 안내소에서 아미노나까지 가기 위해 몬타나 병원(Berner Klinik Montana) 뒤쪽 숲길로 걸어간다. 노란색으로 된 하이킹 이정표들이 나오면, 아미노나 방향 이정표를 계속 따라가면 된다. 100년 길(100 ANS Promenade du 100eme)이라는 이정표도 같이 표시되어 있다. 마을 사잇길, 숲속 오솔길 등을 따라 노란색 다이아몬드 표시로 하이킹 코스를 잘 표시해 놓고 있다. 잠시 포장도로인 몬타나 크랑 도로(Route de Montan-Crans)를 걷다 보면 만년설이 쌓인 발레주 알프스의 4,000m가 넘는 고봉들이 파노라마처럼 펼쳐져 시선을 끈다. 이정표를 따라 가다 보면 왼편 오르막길은 플루마시로, 오른편은 아미노나로 이어진다. 어느 쪽으로 가든 대폭포 방향이므로 상관없다. 일단 아미노나행으로 코스를 잡는다. 돌아올 때는 대신에 플루마시를 거쳐 크랑몬타나로 이동하면 된다.

아미노나 케이블카 승강장

이정표를 따라 걷다 보면 그로토 전망 포인트(Point de vue Grotto)가 있다. 암벽 위로 연결된 철계단을 올라가면 바이스호른(Weisshorn, 4,512m)을 비롯한 알프스 고봉들과 주변 계곡과 시에르까지 한눈에 펼쳐진다. 숲길을 따라 아미노나 방향으로 계속 걸어가면 갑자기 현대적인 고층 아파트 건물이 나타난다. 그 아파트 단지를 왼편으로 끼고 뒷길로 올라가면 몬타나 크랑 도로가 나오고 금방 아미노나 케이블카 승강장이 있는 버스 정류장이 나온다. 크랑몬타나에서 버스를 타고 온 여행자들은 여기서 내리면 된다.

그로토 전망 포인트

초원 뒤로 펼쳐진 풍광

카페 겸 레스토랑 부베트 카브 뒤 세

카브 뒤 세 → 대폭포

소요 시간 1시간

카브 뒤 세 옆으로 작은 폭포가 있고, 오른쪽으로 나무 계단길이 있다. 여기서부터 폭포까지 가는 길이 무척이나 아기자기하고 정감이 넘친다. 평탄한 길을 따라 옆으로는 맑은 물이 흐르고, 주변에는 알프스의 고봉과 숲이 펼쳐져 체력적인 부담 없이 누구나 걸을 수 있다.

물길 따라 오솔길을 20분 정도 걸으면 갈림길이 나오는데 왼편 물길이 있는 길을 따라 계속 걷도록 한다. 갈림길에서 15분 정도 물길을 따라 걸으면 첫 번째 계곡 사이로 쏟아지는 커다란 폭포가 나타난다. 첫 번째 폭포 너머 푸른 초원 지대에 두 번째 폭포가 있다. 가파른 계단을 조심해서 올라가자. 계단

아미노나 케이블카 승강장 → 카브 뒤 세

소요 시간 1시간

아미노나 케이블카 승강장을 지나자마자 갈림길이 나오는데 왼편의 작은 길인 메영 도로(Route des Mayens)를 따라 간다. 여기서부터는 카브 뒤 세 (Cave du Sex) 또는 티에슈(Tièche) 이정표 방향을 따라 도로를 계속 걸어가면 된다. 중간중간 카페 겸 레스토랑(Cafe de lu Cure)도 나오고, 전원 풍경이 시선을 사로잡는다.

숲길로 들어가 걷다 보면 푸른 초원에 목가적인 집들이 드문드문 자리 잡은 아름다운 풍광이 나온다. 계속 오르막길을 올라가면 야생마가 뛰노는 목장도 눈에 띈다. 카브 뒤 세에는 쉬어갈 수 있는 카페 겸 레스토랑 부베테 카브 뒤 세(Buvette Cave du Sex)가 있다.

위로는 삼림 한계선을 넘는 곳이기 때문에 나무는 사라지고 푸른 초원이 펼쳐진다.

푸른 초원 너머 멀리 두 번째 대폭포가 보인다. 이 푸른 초원에는 다양한 알프스 야생화가 마치 융단처럼 깔려 있다. 들판 옆으로 강(Tièche)이 흐르고 운이 좋으면 목자들이 염소 떼를 끌고 풀을 먹이러 나오는 장관을 구경할 수도 있다. 강물에 발을 담그고 잠시 쉬어도 좋고, 첫 번째 폭포 바로 위쪽에 나무 벤치와 테이블이 있어 그곳에서 도시락을 먹어도 좋다. 바비큐용 화덕과 그릴용 철판도 설치되어 있다.

대폭포에서 다시 돌아가는 길

소요 시간 1시간

초원에 있는 두 번째 폭포를 보고 다시 첫 번째 폭포로 내려갈 때는 온 길과는 다른 방향, 즉 첫 번째 폭포 왼편 길로 내려간다. 처음에 보지 못한 첫 번째 폭포의 전경을 감상하며 내려갈 수 있다. 20분 정도 걸으면 처음에 올 때 왼편으로 갔던 갈림길과 합쳐지는 곳이 나온다. 수로가 있는 오솔길을 따라 카브 뒤 세로 다시 돌아가면 된다. 카브 뒤 세에 있는 카페 겸 레스토랑 야외 테라스에서 아름다운 전경을 감상하며 목장 우유나 맥주를 한잔 마시며 쉬어가는 것도 좋다.

카브 뒤 세 → 카브 드 콜롬비레
→ 플루마시

소요 시간 1시간 5분

돌아갈 때는 아미노나 방향이 아닌 카브 드 콜롬비레(25분 소요)를 거쳐 플루마시(40분 소요) 방향으로 간다. 부베트 카브 뒤 세 레스토랑 건물을 등지고 앉았을 때 오른편이나 정면의 목장 가운데 길로 가면 된다. 비포장 오솔길을 따라 작은 물길이 나란히 흐르고 발레주 알프스의 산들이 파노라마처럼 계속 펼쳐지는 멋진 전망을 볼 수 있다. 혹 갈림길이 나와도 카브 드 콜롬비레와 플루마시 이정표를 따라, 물길이 있는 오솔길을 계속 걸으면 된다. 콜롬비레에는 현대적인 레스토랑이 있는데, 야외 테라스의 전망이 좋다. 라클레트와 전통적인 요리, 발레주 와인을 맛볼 수 있다. 콜롬비레에서 조금만 걸으면 포장도로가 나오고 10분 정도 걸으면 플루마시 버스 정류장에 금세 도착한다.

플루마시 버스 정류장에서
크랑몬타나로 돌아가기

이곳에서 버스를 타고 17분이면 몬타나 푸니쿨라역(Montana Gare)에 도착한다. 버스는 하루에 몇 대 다니지 않기 때문에 시간표를 반드시 확인하도록 한다. 혹시 버스가 끊겼다면 버스 정류장 근처에 있는 레스토랑 플루마시로 가서 택시를 불러달라고

부탁해도 된다. 체력과 시간적인 여유가 있다면 플루마시를 거쳐 크랑몬타나까지 걸어가도 된다. 플루마시에서 크랑몬타나까지는 뚜렷한 매력이 있는 길은 아니므로 플루마시에서 버스나 택시로 돌아오는 편이 좋다.

TIP
산악 트레킹 전문 가이드의 도움을 받아도 좋다

크랑몬타나에는 숙련된 산악 트레킹 전문 가이드들이 있다. 또한 이들은 이곳 지역의 문화와 역사에 대해 잘 알려준다. 건축, 공예, 지역 관습, 와인 등 다양한 주제에 대한 전문 지식을 들으며 트레킹을 즐길 수 있다. 아래 정보를 참고하자.

트레킹 전문 가이드 업체
Swiss Mountain Sports
주소 Route du Parc 3 CH-3963 Crans-Montana
☎ 027 480 44 66
홈페이지 www.sms04.ch

Bureau Des Guides Montana
주소 Route des Arolles 2 CH-3963 Crans-Montana
☎ 027 481 14 80
홈페이지 www.esscrans-montana.ch

Adrenatur
주소 Impasse de la Plage 3 CH-3963 Crans-Montana
☎ 027 480 10 10
홈페이지 www.adrenatur.ch

르 마옌 Le Mayen

올림픽 호텔(Hotel Olympic)에서 운영하는 발레주 전통 요리 전문 레스토랑. 1968년부터 문을 열었고 2대에 걸쳐 운영 중이다. 로컬 재료를 최대한 활용해서 발레주의 특색이 살아 있는 요리를 선보인다. 스위스 전통의 다양한 뢰스티 요리와 치즈 · 소고기를 활용한 퐁뒤, 버거 메뉴를 제공하고 있으며 다양한 와인 셀렉션도 갖추고 있다.

추천 메뉴는 발레주의 말린 고기와 치즈 뢰스티(Valaisan Rösti, CHF33), 라클레트(CHF37~49), 치즈 퐁뒤(CHF28~39).

주소 Rue Louis-Antille 9 CH-3963 Crans-Montana ☎ 027 481 29 85 **영업** 월~화 · 목~일 07:30~24:00(주방 11:30~14:30, 18:30~22:30) **홈페이지** www.hotelolympic.ch **위치** 몬타나 중심부 교차로에서 도보 2분. **지도** p.537-A

르 미켈란젤로 Le Michelangelo

가르 대로(Avenue de la Gare)에 있는 정통 이탈리안 레스토랑. 대표 메뉴는 송로버섯 라비올리(Ravioli alla Tartufana, CHF32), 마르게리타 피자(Margherita pizza, CHF22.50), 오소 부코(Osso buco, CHF37.50) 등이 있다.

주소 Avenue de la Gare 25 CH-3963 Crans-Montana ☎ 027 481 09 19 **영업** 매일 09:00~22:00 **홈페이지** www.pizzeriamichelangelo.ch **위치** 몬타나 사거리 교차로에서 가르 대로를 따라 관광 안내소 방면으로 도보 3분. **지도** p.537-A

카페 바 1900 Cafe Bar 1900

크랑의 상트랑 거리에 있는 파리풍의 전통 카페 겸 바. 팬케이크, 파니니, 샐러드, 클럽 샌드위치, 크레페 등을 판매한다. 누텔라가 들어간 비엔나 초콜릿 크레페 (Viennese chocolate crepe with Nutella, CHF10 내외) 를 추천한다.

주소 Rue Centrale 31 CH-3963 Crans-Montana
☎ 027 480 19 00
영업 매일 07:30~22:30
홈페이지 le1900.ch
교통 크랑 중심부인 상트랑 거리에 있으며 크랑 관광 안내소에서 도보 1분.
지도 p.537-A

알파쥐 뒤 세 Alpage du Sex

크랑몬타나에서 대폭포로 가는 길, 카브 뒤 세에서 만날 수 있는 전통 레스토랑이다. 초원이 펼쳐진 목장 한 구석에 자리 잡은 곳으로 여름철 야외 테이블에서 바라보는 전망이 좋다. 신선한 목장 우유(CHF2.5), 와인, 맥주 등 간단한 음료 CHF10 내외. 식사 메뉴는 CHF20~30.

주소 Cave du Sex CH-3963 Crans-Montana
☎ 076 526 57 95
영업 7월~10월초 10:00~18:30
교통 아미노나에서 도보로 1시간 10분 거리. 플루마시에서 도보로 1시간 거리에 있다.
지도 p.537-C

레스토랑 플루마시 Reataurant Plumachit

크랑몬타나와 대폭포 하이킹 구간 중 중간 지점에 있는 전통 레스토랑이다. 테라스에서는 이탈리아 알프스, 마터호른, 바이스호른과 몽블랑의 꼭대기까지 멋진 파노라마를 감상할 수 있다. 스위스 전통 요리와 발레주 지역 요리를 제공한다. 가격대는 1인당 CHF40 내외.

주소 Plumachit Restaurant CH-3963 Crans-Montana
☎ 027 481 25 32
영업 6월 중순~10월 중순 매일 11:30~20:30
(저녁 식사는 예약 필수)
교통 몬타나에서 도보로 1시간 거리. 몬타나에서 SMC버스를 타고 20분 정도 달리면 종점인 플루마시 버스 정류장에 도착한다. 버스 정류장에서 내리막길로 도보 3분 소요된다.
지도 p.537-C

호텔 알피나 & 사보이 Hotel Alpina & Savoy

발레주 알프스의 전망을 보여주는 객실은 넓고 편안하며 쾌적하다. 몬타나와 크랑의 중간 도로에서 살짝 올라간 숲속에 위치해 있어 한적하게 자연을 느낄 수 있다. 대부분의 객실은 알프스를 감상할 수 있는 발코니를 갖추고 있다. 무료 와이파이 제공.

주소 Route du Rawyl 15 CH-3963 Crans-Montana
☎ 027 485 09 00
객실 수 44실 **예산** 더블 CHF250~. 조식 포함
홈페이지 www.alpina-savoy.ch
위치 크랑 관광 안내소에서 도보 5분 또는 몬타나 중심부에서 도보 15분. **지도** p.537-A

호텔 뒤 라크 Hotel du Lac

그르농 호숫가에 자리 잡은 가족 경영의 샬레 호텔. 환상적인 전망의 발코니를 갖추고 있다. 버스를 이용할 경우 포럼 디쿠르(Forum d'Ycoor)에서 하차하면 된다. 객실 예약 시 계곡이 보이는 방을 요청하자. 일출과 함께 멋진 장관을 감상할 수 있다. 무료 와이파이 제공.

주소 Route du Rawyl 42 CH-3963 Crans Montana
☎ 027 481 34 14 **객실 수** 30실 **예산** 더블 CHF146~,
조식 포함, 하프보드는 1인 1박당 CHF35 추가
홈페이지 www.hoteldulac-crans-montana.ch
위치 몬타나 중심부 사거리에서 도보 10분, 그르농 호숫가 근처. **지도** p.537-A

호텔 미라보 Hotel Mirabeau

몬타나 푸니쿨라역에서 도보 7분 거리에 있으며 전통적인 목조 호텔이다. 넓은 객실마다 개별 발코니가 있어 시내를 내려다볼 수 있고 쇼핑하기에 편하다. 무료 와이파이 제공.

주소 Av. Théodore Stéphani 2 CH-3963 Crans-Montana
☎ 027 480 21 51 **객실 수** 45실
예산 더블 CHF145~, 성수기 CHF210~, 조식 포함
홈페이지 www.mirabeau-hotel.com
위치 몬타나 중심부 사거리에서 도보 1분 이내. **지도** p.537-A

호텔 올림픽 Hotel Olympic

몬타나 중심에 위치해 있으며, 모던하고 깔끔한 분위기다. 남향의 방들은 발코니를 갖추고 있다. 무료 와이파이 제공.

주소 Rue Louis Antille 9 CH-3963 Crans-Montana
☎ 027 481 29 85
객실 수 21실 **예산** 더블 비수기 CHF175~, 성수기 CHF225~, 조식 포함 **홈페이지** www.hotelolympic.ch
위치 몬타나 중심부 사거리에서 도보 2분.
지도 p.537-A

▷TIP◁ 골프·스키 패키지 상품

골프와 스키로 유명한 고원 리조트답게 호텔 투숙객을 위한 골프나 스키와 관련된 다양한 패키지 상품이 있다. 주로 5박 이상의 장기 투숙객에게 잭 니클라우스 골프 코스(9홀) 혹은 발레스테로스(18홀) 무료 그린피, 스키 패스를 결합한 상품을 제공하고 있다. 오메가 유러피언 마스터스 골프 대회가 있는 9월 초는 숙박비가 상당히 올라간다.

사스페

SAAS-FEE

언어 독일어권 | 해발 1,800m

사스 계곡 깊숙이 숨어 있는 계곡의 요정

'계곡의 요정'이라는 뜻의 사스페(Saas Fee)는 사스 계곡(Saastal)의 중심에 자리 잡은 곳으로 현대 문명의 때가 묻지 않은 청정함과 독특한 문화 덕분에 '알프스의 진주'라고 불린다. 한여름인 7~8월에도 해발 3,500m에 있는 만년설 위에서 스키를 즐길 수 있는 스키 리조트 마을이다. 스위스 최고봉인 돔(Dom, 4,545m), 알라린호른(Allalinhorn), 알프후벨(Alphubel) 등 고봉들이 마을을 둘러싸고 거대한 페(Fee) 빙하가 마을까지 쏟아질 듯한 풍경은 아름다움을 넘어 박력이 넘친다. 사스페 역시 호텔의 서비스 차량만 제외하고 일반 차량은 진입할 수 없다. 집을 지을 경우 40%는 무조건 목조로 지어야 한다. 바닥에 큰 돌을 받치고 지면보다 높게 지은 전통적인 곡물 저장 창고인 라카르드(Raccard Granary)를 곳곳에서 볼 수 있다.

사스페 가는 법

사스페는 아직까지 철도가 개통되어 있지 않아 자동차나 포스트버스(Post Bus)를 이용해야 한다. 사스페에 가려면 브리크(Brig)나 비스프(Visp)로 간 다음, 이곳에서 포스트버스를 탄다.

기차 + 버스로 가기

스위스 주요 도시에서 기차를 타고 브리크나 비스프까지 간 후 브리크역 또는 비스프 남역(Bahnhof Süd)에서 사스페행 포스트버스 511번을 타면 된다. 브리크에서 매시 15분과 45분에 출발, 1시간 19분 소요. 비스프에서 매시 12분과 42분에 출발, 약 52분 소요.
511번 포스트버스의 노선을 살펴보면 브리크 기차역에서 출발하여 비스프 남역(Bahnhof Süd)−슈탈덴 사스 기차역(Stalden−Saas, Bahnhof)−사스페 버스 터미널(종점)까지 운행한다. 도착하기 전에 사스페가 들어간 정류장 이름이 많으므로 주의하고, 종점인 사스페 버스 터미널에서 내리면 된다. 버스 터미널에 우체국과 키오스크(매점)가 있다.

사스페 버스 터미널

자동차로 가기

스위스 각지에서 일단 비스프에 도착한 후 체르마트 방향으로 가다 보면 슈탈덴(Stalden)이 나온다. 슈탈덴에서 체르마트와 사스페 방향으로 길이 크게 나뉘는데, 왼편의 사스페 방면으로 계곡을 건너는 다리를 지나면 계곡을 따라 산길로 사스페까지 계속 이어진다. 비스프에서 사스페까지는 약 26km 거리이며 35분 정도 걸린다. 구불구불한 산길이므로 운행 시 주의해야 한다. 대기 오염을 막고자 사스페 마을 안으로는 일반 차량 진입이 금지되어 있다. 차는 마을 입구에 있는 유료 주차장 빌딩인 파크하우스(Parkhaus)나 야외 주차장에 주차해야 한다. 주차 빌딩의 터미널 A나 B에서 짐을 내리고, 차를 주차 빌딩이나 야외 주차장에 주차하면 된다. 그리고 무료 공중전화로 호텔에 전화하면 무료 픽업을 나온다.

사스페 주차장 Parkhaus
주소 Parkhaus Saas Fee 3906 Saas Fee ☎ 027 958 15 70
요금 첫날 3시간 초과부터는 유료. 이용 시간에 따라 요금이 달라진다. **지도** p.550−B

> ⬦ TIP **영화와 뮤직비디오의 배경이 된 사스페**

한여름에도 스키를 탈 수 있는 미텔알라린(Mittelallalin)은 영화 〈007 여왕 폐하 대작전〉(1969)에 등장한 곳으로 유명하다. 또한 이곳을 배경으로 전설적인 인기 팝 남성 듀오 웸(Wham)이 1984년에 발표한 '라스트 크리스마스(Last Christmas)'의 뮤직비디오를 촬영하기도 했다.

시내 교통

마을 규모가 크지 않아 도보로 둘러보기에 충분하다. 거의 대부분의 호텔이 무료 픽업 서비스를 제공하므로 버스 터미널에 도착 후 호텔에 연락하면 전기 자동차로 데리러 온다. 체크아웃할 때 역시 버스 터미널이나 주차장까지 무료로 전기 자동차로 데려다준다. 전기 택시(Electro-taxis)도 있으므로 급할 때 이용하자.

전기 택시 Public Electro-taxis
Anselm ☎ 079 220 21 37
Bolero ☎ 027 957 70 20
Center Reisen ☎ 079 439 10 29
Imseng ☎ 027 957 33 44
Supersaxi ☎ 079 272 75 90

사스탈카드 SaastalCard

사스페 지역을 방문한 여행자가 숙박을 할 경우 발급되는 게스트카드로, 도착하는 첫날부터 사용 가능하다. 이 카드가 있으면 메트로 알핀을 제외한 사스페의 모든 케이블카를 체류 기간 동안 무제한 무료로 이용할 수 있으며 대중교통 또한 무제한으로 이용할 수 있다. 사스페 지역에서 36가지의 다양한 할인 혜택도 제공한다.

홈페이지 www.saas-fee.ch/en/saastalcard

발급 방법

사스페에 숙박하는 여행자는 사스탈카드 발급 로고가 있는 숙소에서 첫날부터 이메일로 디지털 형태의 사스탈카드를 발급받을 수 있다. 프린트를 원하면 숙소 주인에게 요청하면 된다.

발급 비용은?

사스탈카드는 구매하는 카드가 아니라 숙박을 하는 여행자가 여행자세를 지불하면 발급받을 수 있으며, 사스페 지역에서 혜택을 제공하는 카드이다. 여행자세 성인 1박 기준 CHF7, 아동(6~15세) CHF3.50.

관광 안내소

버스 터미널 바로 앞 길 건너편에 관광 안내소가 있다. 도보 1분 이내.

주소 Obere Dorfstrasse 2 CH 3906 Saas Fee
☎ 027 958 18 58
개방 여름 시즌 월~토 08:30~12:00, 14:00~18:00, 7월 초 ~ 8월 중순 매일 08:30~18:00 휴무 일 / 겨울 시즌 월~일 08:30~12:00, 14:00~18:00 휴무 4월 말부터 토~일 휴무
홈페이지 www.saas-fee.ch

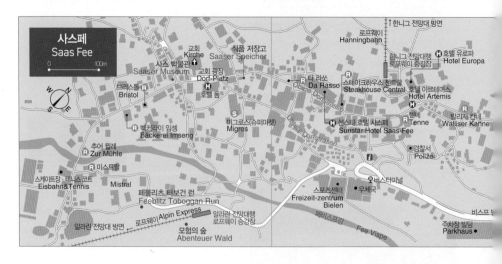

사스페의 관광 명소

사스 박물관
Saaser Museum ★

사스페 전통과 문화유산을 보존하고 있는 곳

1732년에 건설된 옛 사제의 집에 들어선 사스 박물관은 4층의 목조 건물에 20세기 초 사스 계곡의 옛집들 내부, 사스 계곡 전통 의상, 광물, 빙하의 역사, 종교적인 유물과 수공예품, 옛 스키용품 등을 전시하고 있다. 독일 작가 칼 추크마이어(Carl Zuckmayer, 1896~1977)의 빙하에 관한 연구가 특히 흥미를 끈다.

주소 Dorfstrasse 6 CH-3906 Saas Fee
☎ 027 957 14 75 **개방** 화 · 목 14:30~17:00
휴무 일~월 · 수 · 금 · 토
입장료 성인 CHF6(사스탈카드 소지자 CHF5), 아동 CHF3(사스탈카드 소지자 CHF2.50)
홈페이지 www.saas-fee.ch/en/culture-customs/saas-museum
교통 사스페 버스 터미널에서 도보 7분.
지도 p.550-A

식품 저장고
Saaser Speicher ★

사스페 전통 목조 저장 창고

1878년에 전통 방식으로 지어진 목조 저장 창고로 옛 모습이 온전히 보존되어 있다. 저장고에 보관된 말린 햄과 소시지나 곡물을 쥐들의 침입으로부터 지키기 위해 일반 가옥과는 달리 받침대 위에 건물을 세웠다. 이 받침대는 주로 둥글고 넓적한 판석을 이용했고, 판석 위에 나무 기둥을 세워 건물 전체를 지상에서 거의 1m 정도까지 공중에 띄운 게 특징이다.
오베레 도르프 거리(Obere Dorfstrasse)를 따라 돔 광장(Domplatz)으로 가는 길가에 있으며 이 외에도 사스페 곳곳에서 볼 수 있다.

주소 교통 사스페 버스 터미널에서 도보 4분.
지도 p.550-A

페블리츠 터보건 런
Feeblitz Toboggan Run ★★

사스페 자연에서 즐기는 알파인 코스터

남녀노소 누구나 이용할 수 있는 알파인 코스터. 2인까지 탑승 가능하며 출발 지점까지 알프스에서 가장 가파른 경사를 올라가 시속 40km로 계곡으로 다시 내려온다. 탑승장은 알라린 전망대행 알핀 익스프레스 케이블카 탑승장 바로 옆에 있다.

주소 Feeblitz Rodelbobbahn Postfach 74 CH-3906 Saas Fee ☎ 027 957 31 11
개방 수~일 13:30~17:30(날씨나 시즌에 따라 변동 가능)
휴무 월 · 화
입장료 성인 CHF7.50, 아동(만 8~16세) CHF5.50

홈페이지 www.feeblitz.ch
교통 사스페 버스 터미널에서 도보 7분.
지도 p.550-A

여름철 재래시장
Sommermarkt ★★

지역 전통 음식과 생활용품 시장

마을 중심을 관통하는 거리인 도르프 거리를 따라 길게 시장이 형성된다. 전통 치즈, 수제 빵, 전통 술, 와인, 허브와 목공예품, 라클레트, 잼, 소시지, 말린 햄, 자수정, 소시지 구이, 자수 제품, 소종과 같은 지역 골동품 등 다양한 가판대가 들어선다.

영업 7~8월 매주 목 13:30~18:00
교통 사스페 마을 중심의 오베레 도르프 거리(Obere Dorfstrasse / 지도 p.550-B)를 따라 들어선다. 사스페 버스터미널에서 도보 3분.

모험의 숲
Abenteuer Wald ★★★

가족이 함께 즐기는 자연 어드벤처 체험장

사스페의 숲속에 설치된 자연 어드벤처 체험장이다. 아이를 동반한 가족이 함께 체험할 수 있는 공중 트레킹, 줄 타기, 출렁다리 건너기 등 다양한 코스가 있다. 이용자의 키에 따라 디스커버리 투어(115cm 이상)와 그랜드 투어(145cm 이상)로 나뉜다. 체험 시간은 최소 1시간에서 길게는 2시간 30분 정도 소요된다.

주소 Neben der Talstation Alpin Express 3906 Saas-Fee
☎ 027 958 18 58
개방 6월 중순~7월 초 화~일 12:00~18:00(마지막 입장 16시까지), 월 휴무 / 7월 초~8월 월~일 10:00~19:00(마지막 입장 17시까지) / 9월~10월 초 화~일 12:00~18:00(마지막 입장 16시까지), 월 휴무 / 악천후 시 휴무
입장료 성인 CHF31, 청소년(13~16세) CHF26, 아동(12세까지) CHF21
홈페이지 www.saas-Fee.ch
위치 페블리츠 터보건 런 탑승장 옆.
지도 p.550-A

알라린 전망대(미텔알라린)
Allalin(Mittelallain) ★

사계절 스키를 즐길 수 있는 전망대

사스페 마을에 근접해 있는 페 빙하의 위로 우뚝 솟은 알라린호른(Allalinhorn, 4,027m)의 중턱에 자리 잡은 해발 3,500m의 전망대. 테쉬호른(Täschhorn, 4,491m)이나 돔(Dom, 4,545m) 등 알프스 고봉들이 펼쳐진 전망이 아름답다. 사계절 스키와 스노보드 코스가 있어 늘 여행자들로 붐빈다. 한여름에도 녹지 않는 만년설 한가운데에 있어 온통 눈으로 뒤덮인 세상을 즐길 수 있다.

사스페 마을 외곽에 있는 알핀 익스프레스 케이블카 승강장으로 이동해 케이블카를 타고 모레니아(Morenia)까지 올라간 후 펠스킨(Felskinn, 3,000m)행으로 환승한다. 펠스킨에서 세계에서 가장 높은 곳에 세워진 지하 푸니쿨라인 메트로 알핀(Metro Alpin)을 타고 해발 3,500m의 알라린 전망대에서 내리면 된다. 사스페에서 편도 25분 정도 소요되며, 왕복 요금 성인

CHF80, 아동 CHF40. 사스탈카드 소지자는 펠스킨까지는 무제한 무료이며 메트로 알핀 티켓은 따로 구입해야 한다.

지도 p.550-A

아이스 케이브 알라린
Ice Cave Allalin

알라린 전망대 안에 있는 기네스가 지정한 세계 최대의 빙하 동굴이다. 수천 년 동안 존재해온 것으로 여겨지며 5,500m³의 용량을 자랑한다. 상당히 추우니 옷을 따뜻하게 입도록 한다.

주소 Saas Fee Bergbahnen AG CH-3906 Saas Fee
☎ 027 958 11 00
개방 09:00~15:00(메트로 알핀 운행 스케줄에 따라 변동)
입장료 성인 CHF20, 아동(만 6~15세) CHF12
홈페이지 www.saas-fee.ch

360도 회전 레스토랑
Drehrestaurant Three S!xty

전망대 2층에 자리한 레스토랑은 식사를 하는 동안 360도 회전을 하므로 편안히 앉아 멋진 파노라마를 감상할 수 있다. 1층에는 셀프서비스 바가 있는데, 바깥에 있는 테라스 의자에 앉아 만년설로 덮인 알라린호른(4,027m)의 멋진 모습을 감상하며 음료를 마실 수 있다.

주소 Mittel Allalin CH-3906 Saas Fee ☎ 027 957 17 71
영업 09:00~16:00 **홈페이지** www.threesixty-saasfee.ch

미텔 알라린 스키장
Mittel Allalin Ski Run

메트로 알핀을 타고 계단을 올라와서 전망대 건물 바깥으로 나가면 한여름에도 만년설이 덮여 있는 눈밭이 펼쳐진다. 정면 아래쪽으로 멀리 스키 코스가 페 빙하 방향으로 넓게 형성되어 있다. 눈밭을 하이킹하거나 알라린호른을 등반하는 등반가들도 심심찮게 만날 수 있다. 스키를 즐기거나 눈밭을 가볍게 하이킹을 하면서 만년설과 빙하를 감상하자. 개방 시간과 이용에 관한 자세한 정보는 관광 안내소에 문의하면 된다.

지점 미텔알라린(Mittelallalin, 해발 3500m)
도착 지점 사스페(Saas-Fee, 해발 1800m)
총 길이 8.3km 고도 차 1,700m **코스 난이도** 중급
개방 계절에 따라 다르며 케이블카 운행 시간과 연동해서 운영된다. 겨울 시즌에 메트로 알핀은 대략 오후 4시까지 운행.
위치 알라린 전망대 앞 알라린호른 아래쪽

△ TIP 사스페 주변 산악 지대와 스키장에 갈 때는 케이블카를 타자

사스페에는 주변의 산악 지역과 스키장을 연결하는 다양한 노선의 케이블카가 운행 중이다. 해발 2,336m의 하니크(Hannig), 해발 3,000m의 펠스킨(Felskinn), 해발 2,448m의 슈필보덴(Spielboden), 해발 2,870m의 렝플루(Längfluh) 등 사스페를 중심으로 다양한 케이블카 노선이 있다. 페 빙하 한가운데에 자리 잡은 렝플루 전망대에 오르는 동안 색다른 느낌을 경험할 수 있다. 특히 해발 3,500m의 미텔알라린으로 연결해주는 알핀 익스프레스는 단연 인기다. 미텔알
라린에서는 한여름에도 만년설이 뒤덮인 스키장을 이용할 수 있어 사시사철 스키를 둘러멘 여행자를 만날 수 있다. 대부분 오후 4시 전후로 운행이 종료되므로 시간을 잘 체크하고 일정을 짜야 한다. 시즌에 따라 운행 시간과 간격에 변동이 있으므로 자세한 내용은 관광 안내소에 문의하도록 한다. 뷔르거패스 또는 사스패스 이용자는 체류하는 동안 모든 케이블카를 무료로 무제한 사용할 수 있다(단 뷔르거패스의 경우 메트로 알핀은 제외).

렝플루
Längfluh ★★

페 빙하와 사스 계곡을 감상하기 좋다

렝플루(2,870m)는 사스페 마을 뒤쪽으로 스위스와 이탈리아 국경에 있는 펜닌 알프스(Pennine Alps)에 속한 암반 돌출부다. 사스페 마을로 쏟아내릴 듯 흘러내린 페 빙하(Fee Gletscher)가 렝플루로 인해 두 갈래로 나뉜다. 렝플루는 사스페에서 케이블카를 타고 슈필보덴(Spielboden, 2,448m)을 거쳐 페 빙하 위를 지나 손쉽게 오를 수 있다. 페 빙하의 한가운데에 있는 렝플루 전망대에 오르면 장엄한 빙하와 스위스 최고봉인 돔(4,545m)을 포함한 미샤벨 산군(Mischabel Massif)

과 사스 계곡을 둘러싼 장대한 풍경을 감상할 수 있다. 또한 겨울 시즌에는 만년설이 내려앉은 환상적인 페 빙하 슬로프에서 스키를 즐길 수 있다. 중간 환승역인 슈필보덴에서는 야생동물 마멋을 볼 수 있고 자연을 즐길 수 있는 하이킹 코스가 있다. 뷔르거패스 소지자는 슈필보덴까지는 무료, 사스패스 소지자는 렝플루까지 무료로 이용할 수 있다.

사스페-슈필보덴/렝플루 케이블카
운행 여름 08:30~16:15(30), 겨울 09:00~16:15(30).
시즌에 따라 변동된다.
요금 사스페-슈필보덴 편도 성인 CHF30, 아동 CHF15 /
왕복 성인 CHF46, 아동 CHF23
사스페-렝플루 편도 성인 CHF37, 아동 CHF18.50 /
왕복 성인 CHF52, 아동 CHF26
홈페이지 www.saas-fee.ch/en/saastal-bergbahnen

크로이츠보덴
Kreuzboden ★★

알파인 스포츠를 즐기기에 최적의 기지

4,000m가 넘는 봉우리 18개로 둘러싸인 크로이츠보덴(2,397m) 지역은 등산, 하이킹, 산악자전거 등 알파인 스포츠를 즐기기에 최적이다. 햇살이 잘 드는 테라스와 파노라마 전망을 감상할 수 있는 레스토랑이 있어 쉬어가기에도 좋다. 크로이츠보덴에서 사스그룬트(Saas-Grund)까지 11km의 산길을 따라 내려오는 몬스터트로티(Monstertrotti) 스쿠터 바이크를 즐길 수 있으며, 크로이츠보덴을 중심으로 여기저기 뻗어 있는 트레킹 코스도 추천할 만하다. 특히 크로이츠보덴에

서 사스그룬트(Saas-Grund)까지 내려오는 알파인 플라워 트레일(알프스 꽃길 트레킹)에서는 약 250여 종의 고산 식물들을 관찰할 수 있다. 크로이츠보덴에는 산악 호수도 있어 알프스의 고봉과 함께 멋진 풍경을 감상할 수 있고, 사스페와 사스 계곡 전체의 장대한 풍경을 즐길 수 있다. 크로이츠보덴에 가려면 사스페 아래쪽에 있는 사스그룬트 마을에서 케이블카를 타야 한다.

그룬트-크로이츠보덴 케이블카 Bergbahnen Hohsaas AG
주소 3910 Saas-Grund ☎ 027 958 15 80
운행 코스 Saas-Grund-Trift-Kreuzboden
운행 08:00~16:45(시즌에 따라 조금씩 변동)
요금 왕복 성인 CHF30, 아동 CHF15 /
사스탈카드 소지자 무료.

vom Salatbuffet) CHF22, 채소와 감자튀김을 곁들인 생선 튀김(Fischknusperli mit Gemüse und Pommes Frites) CHF12 등의 메뉴가 있다.

주소 Lomattenstrasse 9 CH-3906 Saas-Fee
☎ 027 958 10 10
영업 겨울 시즌 07:30~10:30, 18:30~21:30 /
여름 시즌 07:30~14:00, 18:30~21:30
홈페이지 allalin.ch/dining
교통 사스페 버스 터미널에서 도보 8분
지도 p.550-B

다 라쏘 Da Rasso

이탈리안 레스토랑으로, 여름철에는 야외 테라스에서 주변 경관을 감상하며 식사나 커피를 즐길 수 있다. 주인장 라쏘(Rasso) 씨는 실제로 에베레스트산을 등정했을 정도로 산악 애호가다. 마을 중심 거리인 오베레 도르프 거리에 있다. 식사 메뉴 CHF25~.

주소 Obere Dorfstrasse 46 CH-3906 Saas Fee
☎ 027 957 15 26
영업 월~화 · 목~일 10:00~22:00(식사 주문 11:30~21:00)
휴무 수
홈페이지 www.da-rasso.ch
교통 사스페 버스 터미널에서 도보 3분.
지도 p.550-B

발리저 칸네 Walliser Kanne

관광 안내소와 버스 터미널 근처에 위치해 있다. 정감 있는 내부 목조 천정이 인상적이다. 볼로네제 파스타(Teigwaren Bolognese) CHF18, 채소 샐러드(Teller

스테이크하우스 첸트랄
Steakhouse Central

식당 이름처럼 쇠고기, 돼지고기, 양고기, 닭고기 등 육류 스테이크로 메인 메뉴를 구성하고 있는 스테이크 전문점. 뜨거운 돌판 위에 올린 380g의 두툼한 스테이크가 제공된다.

스테이크에 곁들일 수 있는 스위스와 이탈리아 와인 셀렉션이 아주 훌륭하다. 닭가슴살(Poulet Brüstchen, CHF27), 돼지고기 안심 스테이크(Schweins-steak vom Nierstück, CHF31), 쇠고기 안심 필레(Rindsfilet, CHF64) 등을 맛볼 수 있다.

주소 Obere Dorfstrasse 20 CH-3906 Saas Fee
☎ 027 957 25 45
영업 17:00~01:00, 시즌에 따라 08:30~19:00
휴무 12월 초 · 6월
홈페이지 www.steakhouse-saasfee.ch
교통 사스페 버스 터미널에서 도보 2분. **지도** p.550-B

텐네 Tenne

아담한 실내와 햇살이 잘 드는 테라스를 갖춘 전통 목조 레스토랑. 치즈 퐁뒤(CHF30~), 뢰스티(CHF20~), 육류 메뉴(CHF35~)를 주메뉴로 하고 있으며 슈니첼이나 파스타와 같은 여행자에게 친숙한 요리도 제공한다. 여름에는 저녁시간에 지역 음악 밴드를 초청해 연주를 들려주기도 한다.

주소 Bielmattstrasse 30 CH-3906 Saas Fee
☎ 027 957 12 12 **영업** 10:00~23:00(시즌에 따라 변동)
홈페이지 www.hotel-tenne.ch
교통 사스페 버스 터미널에서 도보 2분. **지도** p.550-B

미스트랄 Mistral

발레주의 신선한 재료를 이용한 지역 전통 요리와 다양한 프랑스와 지중해식 메뉴를 제공한다. 야외 테라스에서는 페 빙하가 잘 보인다. 채소 크림수프(Frische Gemüse-Cremesuppe, CHF9.50), 송아지 코르동 블루(Feines Kalbs-Cordon bleu, CHF43) 등을 맛볼 수 있다.

주소 Gletscherstrasse 1 CH-3906 Saas Fee
☎ 027 958 92 10
영업 매일 09:00~22:30(요리 주문 시간은 성수기 11:30~21:00, 비수기 11:30~14:00, 18:00~21:00)
홈페이지 www.hotel-mistral.ch
교통 사스페 버스 터미널에서 돔 광장을 거쳐 알핀 익스프레스 방향으로 도보 10분. 돔 광장에서 도보 5분 **지도** p.550-A

추어 뮐레 Zur Mühle

도르프 거리가 거의 끝나는 지점에 있으며 도깨비 형상 같은 특이한 나무 조각상이 건물에 붙어 있어 눈에 잘 띈다. 신선한 제철 재료로 만든 메뉴와 치즈 퐁뒤, 뢰스티, 파스타, 달팽이, 육류 요리 등 다양한 메뉴를 갖추고 있다. 식사 메뉴는 CHF25~30.

주소 Dorfstrasse 61 CH-3906 Saas Fee
☎ 027 957 26 76
영업 6월 말~10월 중순, 12월~4월 말 월~일 09:00~23:30(요리 주문 여름 11:30~14:30, 17:30~22:00, 겨울 11:30~15:00 & 18:30~22:00)
홈페이지 www.zurmuehle-saas-fee.ch
교통 사스페 버스 터미널에서 돔 광장을 거쳐 도보 7분. 돔 광장에서 도보 3분. **지도** p.550-A

벡커라이 임셍 Bäckerei Imseng

발레주의 전통 빵과 케이크, 스낵 등을 판매하는 제과점 겸 찻집이다. 홈메이드 토르테(Torte, CHF7~)와 맥주도 있다. 특히 발레주 특산 살구 케이크(Aprikosen kuchen, CHF5~)를 추천한다. 그 밖에도 프레첼(CHF3.50), 도넛(CHF3) 등을 맛볼 수 있으며, 일요일 오전 10시부터 오후 1시 사이에 브런치 메뉴(Sonntags Brunch, 1인당 CHF29)를 즐길 수 있다.

주소 Dorfstrasse 35 CH-3906 Saas Fee
☎ 027 958 12 58 **영업** 07:00~19:00
홈페이지 www.hotel-imseng.ch
교통 사스페 버스 터미널에서 도보 7분. 돔 광장에서 도보 3분. **지도** p.550-A

최성수기인 겨울 시즌에는 호텔 가격이 상당히 높아
지며 스키 패스와 결합한 다양한 패키지 상품을 판매
한다. 호텔에 따라 최소 숙박일을 규정해 놓은 경우도
있다. 스키 시즌에는 케이블카 승강장에 스키 장비 보
관소를 무료로 운영하는 호텔도 많다.

호텔 아르테미스 Hotel Artemis

사스페의 중심에 자리 잡은 친절한 소규모 가족 경영
호텔이다. 발코니가 딸린 밝고 넓은 방을 제공한다. 특
히 3층 방의 경우 나무 들보를 드러낸 인테리어로 아
늑한 샬레 분위기를 느낄 수 있다. 호텔 투숙객들은
지하 통로로 연결된 이웃 호텔인 유로파 호텔(Hotel
Europa)의 사우나와 온수 욕탕을 비롯한 스파 이용
할 수 있다. 무료로 와이파이도 이용할 수 있다.

주소 Hanniggasse 1 CH-3906 Saas Fee
☎ 027 957 32 01 **객실 수** 25실
예산 더블 CHF180~, 조식 뷔페 포함
홈페이지 www.artemishotel.ch
교통 사스페 버스 터미널에서 도보 3분.
지도 p.550-B

선스타 호텔 사스페 Sunstar Hotel Saas-Fee

1893년 처음 문을 연 전
형적인 스위스 샬레 스
타일의 4성 호텔. 마을
과 계곡, 주변 산들이 다
보이는 전망 좋은 위치
에 있으며 마을 중심에
자리하고 있어 관광에도
편리하다. 무료로 와이파이를 이용할 수 있다.

주소 Obere Dorfstrasse 30 CH-3906 Saas Fee
☎ 027 958 15 60 **객실 수** 36실
예산 더블 비수기 CHF140~, 성수기 CHF260~,
조식 뷔페 포함
홈페이지 www.sunstar.ch
교통 사스페 버스 터미널에서 도보 3분.
지도 p.550-B

호텔 돔 Hotel Dom

1881년 처음 문을 열었고, 2012년 레노베이션을 통해
모던함과 알프스 산골의 소박함이 조화를 이루는 세련
된 4성 호텔이다. 방마다 정보와 오락 프로그램이 담긴
아이패드가 비치되어 있다. 파노라마 전망을 감상할 수
있는 테라스와 와인셀러를 갖추고 있다. 무료로 와이파
이 서비스를 이용할 수 있다.

주소 Dorfplatz 2 CH-3906 Saas Fee
☎ 027 9587700 **객실 수** 28실
예산 더블 CHF250~, 조식 포함
홈페이지 the-dom.saas-fee-hotels.com
교통 사스페 버스 터미널에서 도보 6분. **지도** p.550-A

장크트갈렌 주변

Around St. Gallen

장크트갈렌과 주변 지역
한눈에 보기

스위스 동북부에 위치한 장크트갈렌은 옛 모습과 현대적인 도시의 모습이 공존한다. 또한 자연과 어우러진 작은 마을들을 여행하면서 바쁜 마음을 잠시 자연 속에 내려놓고 여유롭게 관조하며 즐길 수 있는 곳이기도 하다.

장크트갈렌 p.562

온전히 보존되어 있는 구시가는 도보로 돌아보기에 적당한 규모다. 중세 시대 거상들이 거주하며 화려하게 꾸민 주택들이 인상적이다. 구시가의 중심에 있는 대성당과 대성당 부속 수도원 도서관은 반드시 들러봐야 할 곳이다. 도서관을 가득 채운 귀중한 필사본들에서 천년의 세월을 느낄 수 있다.

여행 소요 시간 1일 **지역번호** ☎ 071
주 이름 장크트갈렌(St. Gallen)주
관광 ★★ **미식** ★★ **쇼핑** ★ **액티비티** ★

아펜첼 p.571

푸른 언덕 한가운데에 자리 잡고 있는 아름다운 중세 마을 아펜첼은 화사한 그림이 그려진 주택들과 독특한 민속 의상, 요들과 전통 음악이 인상적인 곳이다. 매년 야외 광장에서 전 주민이 중요 안건에 대해 직접 거수 투표로 참여하는 란데스게마인데(Landesgemeinde)는 직접 민주주의의 전통으로 지금까지 이어지고 있다.

여행 소요 시간 1~2일 **지역번호** ☎ 071
주 이름 아펜첼 이너로덴(Appenzell Innerrhoden)주
관광 ★★ **미식** ★★ **쇼핑** ★ **유흥** ★ **액티비티** ★★★

마이엔펠트 p.585

라인 계곡에 자리 잡은 그라우뷘덴(Graubünden)주는 스위스 유일의 국립 공원이 위치할 정도로 깨끗한 자연과 독특한 로망슈(Romansch) 문화가 어우러진 곳이다. 《하이디》 이야기와 와인으로 유명한 마이엔펠트는 자연 속 하이킹을 즐기기에 딱 좋은 여행지다. 저녁에는 향긋한 와인에 취해볼 수 있는 낭만적인 곳이기도 하다.

여행 소요 시간 6시간 **지역번호** ☎ 081
주 이름 그라우뷘덴(Graubünden)주
관광 ★★★ **미식** ★ **쇼핑** ★ **액티비티** ★★★

바트라가츠 (p.596)

《하이디》 이야기의 배경 마을이기도 한 바트라가츠는 이름에서도 알 수 있듯이 온천으로 유명한 곳이다. 5성급 호텔 퀠렌호프(Quellenhof)에서 운영하는 최신 시설의 온천에서 휴식을 취하거나, 주변 자연에서 하이킹을 즐길 수도 있다.

여행 소요 시간 3~4시간 **지역번호** ☎ 081
주 이름 장크트갈렌(St. Gallen)주
관광 ★★ **미식** ★★ **쇼핑** ★ **휴양** ★★★

↑슈투트가르트 방면　　　　↑울름 방면

독일
DEUTSCHLAND

샤프하우젠
Schaffhausen

라인 폭포
Rheinfall

슈타인암라인
Stein am Rhein

Überlinger-see

보덴 호수
Boden-see

취리히 국제공항
Zürich Flughafen

장크트갈렌
St. Gallen

취리히
Zürich

아펜첼
Appenzell

리히텐슈타인
LIECHTENSTEIN

취리히 호수
Zürich-see

오스트리아
AUSTRIA

리기산
Rigi
▲(1798m)

피어발트슈테터제
Vierwald-stätter-see

바트라가츠
Bad Ragaz

마이엔펠트
Maienfeld

슈쿠올
Scuol

장크트갈렌 주변
Around St. Gallen
0　　　20km

생모리츠
St. Moritz

장크트갈렌
ST. GALLEN

언어 독일어권 | 해발 670m

화려한 바로크 양식의 수도원의 도시

스위스 동부의 경제와 문화의 중심 도시인 장크트갈렌은 아펜첼(Appenzell)의 청정한 자연과 넓은 호수 보덴제(Bodensee) 사이에 놓여 있는 편안하고 여유로운 도시다. 옛 모습이 고스란히 남아 있는 아름다운 구시가와 분주한 현대 도시의 삶이 공존하는 곳이기도 하다. 유네스코 세계 문화유산으로 지정된 화려한 바로크식 수도원 자체로도 이 도시를 찾아야 할 충분한 이유가 된다. 무엇보다 눈부신 로코코 양식의 천장화를 비롯해 천년이 넘는 고문서와 옛 성서 문헌으로 가득한 수도원 도서관은 장크트갈렌 여행의 하이라이트다. 이 수도원만 들른다고 해도 장크트갈렌을 꼭 찾아야 하는 이유로 부족함이 없다. 천년의 세월을 담은 종이 냄새에 저절로 시간 여행의 묘미를 느낄 수 있는 곳이 바로 장크트갈렌이다.

ACCESS

장크트갈렌 가는 법

기차로 가기

취리히 중앙역에서 출발
EC, IC 열차로 1시간 10분 정도 소요. 1시간에 2~3대 수시로 운행.

샤프하우젠역에서 출발
S-Bahn 열차로 직행 1시간 55분 정도 소요. 빈터투어(Winterthur)에서 IC 열차로 환승 시 1시간 30분 소요. 1시간에 4대 정도 운행.

자동차로 가기

취리히에서 고속도로 1번을 타고 장크트갈렌 첸트룸(Zentrum) 출구로 나간다. 출구에서 나온 후 장크트갈렌(St. Gallen), 첸트룸(Zentrum, 중심부), 반호프(Bahnhof, 기차역) 표지판을 따라가면 된다. 출구에서 장크트갈렌 반호프까지 약 2분 소요.

장크트갈렌역

INFORMATION

시내 교통
기차역은 구시가 남서쪽 200m 거리에 자리 잡고 있으며 구시가까지는 도보 5분 정도 소요된다. 택시나 버스가 있지만, 구시가를 돌아보는 데는 도보로도 충분하다. 물터 거리(Multer-gasse), 마르크트 거리(Markt-gasse), 슈피저 거리(Spiser-gasse)가 구시가의 주요 거리인데, 수도원과 이 주요 거리를 따라 부담 없이 산책할 수 있다.
도시 전체를 관망할 수 있는 곳은 세 호수의 언덕(Dreiweihern)으로, 이곳에 오르려면 수도원(Klosterhof) 뒤편에 있는 케이블카 뮐레그반(Mühleggbahn)을 이용하면 된다(약 1분 소요). 언덕 위에 도착하면 오른쪽 계단을 오르다가 오른쪽 작은 길을 따라 300m 정도 걸어가면 벤치가 나온다. 이곳이 바로 전망 포인트다.

추천 코스
슈타트라운지 → (도보 3분) → 직물 박물관 → (도보 3분) → 구시가 → (도보 1분) → 장크트갈렌 수도원 → 수도원 도서관 → (도보 2분) → 푸니쿨라 승강장 → (푸니쿨라 1분) → 세 호수의 언덕

관광 안내소
장크트갈렌뿐 아니라 스위스 동부 지역 전체에 대한 정보를 제공한다. 2시간 정도 소요되는 훌륭한 워킹 가이드 투어 프로그램도 운영하고 있다(CHF20).
주소 Bankgasse 9 9000 St. Gallen
☎ 071 227 37 37
개방 월~금 09:00~18:00, 토 09:00~15:00, 일 10:00~15:00
홈페이지 www.st.gallen-bodensee.ch
교통 장크트갈렌 수도원 바로 앞 암 갈루스 광장의 방크 거리(Bankgasse)에 있다.
지도 p565-B

장크트갈렌의 관광 명소

장크트갈렌 수도원(대성당)
Kloster & Kathedrale ★★

장크트갈렌의 정신적인 지주이자 랜드마크

613년경 아일랜드 수도승 갈루스가 현재 자리에 작은 은신처를 세운 것이 오늘날 수도원의 기원이 되었고, 그 후 8세기에 오트마르가 그 자리에 카롤링거 스타일의 장크트갈렌 수도원을 세웠다. 8세기 중엽에 다양한 필사본의 복사와 수집 작업이 이루어지기 시작했고, 수많은 앵글로색슨과 아일랜드 수도승들이 필사본을 베끼기 위해 이곳으로 몰려들기 시작했다.

18세기에 대성당을 포함한 새로운 건축물이 후기 바로크 양식으로 건설되었으며, 대성당의 내부는 스위스에서 가장 중요한 바로크 기념물 중 하나로 인정받고 있다.

수도원 건물은 대성당과 붙어 있으며 현재 주교의 관저, 도서관, 주(칸톤) 정부 관사, 몇 개의 학교로 사용되고 있다. 대성당 내부는 세 개의 통로가 있는 회중석과 중앙의 쿠폴라를 갖춘 하얀색의 바실리카풍으로 이루어져 있다. 천장에 그려진 요제프 바넨마허의 프레스코화는 웅장하다. 중앙 쿠폴라는 성삼위와 사도들, 성인들이 있는 천국을 보여주고 있다. 남쪽 제단에는 갈루스가 아일랜드에서 7세기에 가지고 온 종이 있다. 이 종은 유럽에서 현존하는 가장 오래된 세 개의 종 중 하나다.

주소 Klosterhof 6a CH-9000 St. Gallen
☎ 071 224 05 50
개방 월~수 06:00~18:30, 목~토 07:00~18:30,
일 07:30~20:30(미사 시간 및 일요일 오전에는 개방 안 됨)
홈페이지 sg.kath.ch
교통 장크트갈렌 기차역에서 도보 10분. **지도** p.565-B

수도원 도서관
Stiftsbibliothek ★★★

고서로 가득한 세계 최고의 도서관

장크트갈렌 수도원 도서관은 현재 16만 권 이상의 서적을 보유하고 있고, 그중에서 2,100개 정도의 필사본 자료는 유럽 최대 규모를 자랑한다. 8~12세기의 음악, 문학, 미술, 라틴 철학, 독일 언어학, 의학서 등을 수기로 베낀 희귀한 필사본 자료이며, 그중 400여 개는 1,000년이 넘은 자료다. 특히 중세 초기 아일랜드의 희귀 문서와 세계적으로 유명한 장크트갈렌 수도원 설계도는 주목할 만한 가치가 있다. 또한 구텐베르크 시대의 희귀한 인쇄본으로 알려진 인큐나불라(Incunabula)도 약 1,650부를 소장하고 있다.

일반인이 방문할 수 있는 바로크 홀(2층)은 1767년에 완성되었으며 내부는 화려한 로코코 양식으로 장식되어 있다. 건축가 피터 툼(Peter Thumb)에 의해 설계되었으며, 3만 권 정도를 소장하고 있다. 1983년에 위대한 카롤링거 수도원의 완벽한 전형으로 인정받으며 유네스코 세계 문화유산에 등재되었다. 세계에서 가장 오래되고 가장 아름다운 도서관으로 인정받고 있다. 바로크 홀의 제일 안쪽 구석에는 고대 이집트 사제 딸의 미라가 있는데, 무려 7세기의 것이라고 한다. 바로크 홀에 입장할 때는 나무 세공이 된 바닥을 보호하기 위해 입구에서 신발을 감싸는 덧신(슬리퍼)을 신어야 한다.

바로크식 아치형 지하실인 라피다리움(Lapidarium)에는 카롤링거, 고딕, 초기 바로크식 건축 조각품들이 전시되어 있다.

주소 Klosterhof 6D CH-9001 St. Gallen
☎ 071 227 34 16
개방 월~일 10:00~17:00 **휴관** 새해, 성탄절 등(자세한 휴관 일정은 홈페이지 참조)
요금 바로크 홀과 지하 라피다리움 입장 성인 CHF12, 학생 CHF9, 수도원 전체 성인 CHF18, 학생 CHF12
홈페이지 www.stiftsbezirk.ch
교통 장크트갈렌 대성당 부속 수도원 2층에 있다. 장크트갈렌 기차역에서 도보 10분. **지도** p.565-B

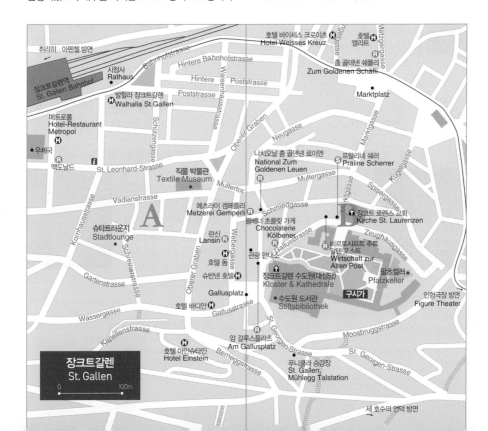

취리히·아펜첼 방면
호텔 바이세스 크로이츠 Hotel Weisses Kreuz
호텔 엘리트
장크트갈렌역 St. Gallen Bahnhof
시청사 Rathaus
Hintere Bahnhofstrasse
Hintere Poststrasse
춤 골데넨 쉐플리 Zum Goldenen Schäfli
발할라 장크트갈렌 Walhalla St.Gallen
Poststrasse
Marktplatz
메트로폴 Hotel-Restaurant Metropol
Neugasse
Oberer Graben
나치오날 춤 골데넨 로이엔 National Zum Goldenen Leuen
프랄리네 쉐러 Praline Scherrer
우체국
맥도날드
St. Leonhard-Strasse
직물 박물관 Textile Museum
Multergasse
Multertor
장크트 로렌스 교회 Kirche St. Laurenzen
Vadianstrasse
메츠라이 겜페를리 Metzerei Gemperli
Schmiedgasse
슈타트라운지 Stadtlounge
란신 Lansin
필베너 초콜릿 가게 Chocolaterie Kölbener
비르트샤프트 추르 알텐 포스트 Wirtschaft zur Alten Post
Zeughausgasse
Kornhausstrasse
Schreinerstrasse
호텔 돔
관광 안내소
팔츠켈러 Pfalzkeller
Gartenstrasse
슈반넨 호텔
장크트갈렌 수도원(대성당) Kloster & Kathedrale
수도원 도서관 Stiftsbibliothek
구시가
인형극장 방면 Figure Theater
Gallusplatz
호텔 바디안
Wassergasse
Kapellenstrasse
암 갈루스플라츠 Am Gallusplatz
Moosbruggstrasse
호텔 아인슈타인 Hotel Einstein
Berneggstrasse
St. Georgen-Strasse
푸니쿨라 승강장 St. Gallen, Mühlegg Talstation
St. Georgen-Strasse

장크트갈렌 St. Gallen
0 — 100m

세 호수의 언덕 방면

과수의 집

구시가의 중심인 갈루스 광장

구시가
Altstadt ★

중세 시대 부유한 상인들의 화려한 집들

중세에 섬유 산업으로 부유해진 상인들은 자신들이 거주하는 집들의 파사드를 화려한 출창(벽보다 튀어나오게 장식한 창. 중세 시대 부의 상징)으로 장식했다. 현재 구시가 안에 정확히 111개의 출창들이 각기 정교한 아름다움과 개성을 뽐내고 있다. 구시가의 슈피저 거리(Spisergasse), 마르크트 광장에서 수도원까지 이어진 마르크트 거리(Marktgasse), 쿠겔 거리(Kugelgasse), 슈미트 거리(Schmiedgasse)에서 주로 발견할 수 있다. 그중에서도 가장 유명한 것이 슈미트 거리 15번지의 펠리칸의 집(Hauszum Pelikan)과 21번지의 힘의 집(House of Stregth), 쿠겔 거리 8번지의 공의 집(House of the Ball), 10번지의 백조의 집(House of Swan), 슈피저 거리 22번지의 낙타 출창(The Camel Oriel), 갈루스 거리 22번지에 있는 괴수의 집(Hauszum Grief)이다. 마르크트 거리와 노이 거리의 구석에는 16세기 종교 개혁을 받아들였던 시장 바디안(Vadian, Joachim von Watt)의 동상이 서 있다. 교통 장크트갈렌 기차역에서 도보 10분. 수도원을 포함해 타원형으로 이루어져 있으며 도보로 돌아보기에 충분하다.

지도 p.565-B

슈타트라운지
Stadtlounge ★★

빨간색이 인상적인 공공 라운지

스위스에서 가장 큰 야외 거실이라고 불리는 색다른 장소. 예전에 섬유 공장이 있었고 현재는 금융 중심인 구역을 시민들을 위한 공공 라운지를 만들었다. 온통 빨간색 카펫이 깔려 있고 빨간색 의자를 설치한 독특한 라운지는 2005년 개방 이후 시민과 여행자들의 사랑을 받고 있다. 야간에는 공중에 매달린 독특한 등이 켜져 색다른 분위기를 연출한다.

주소 Roter Platz **교통** 장크트갈렌역에서 도보 5분.
지도 p.565-A

직물 박물관
Textile Museum ★

다양한 섬유 제품과 직물 작품을 전시

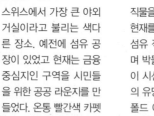

직물을 빼놓고 장크트갈렌의 현재를 말할 수 없다. 다양한 섬유 작품을 전시하고 있으며 박물관 외벽의 천 조각품이 시선을 끈다. 장크트갈렌의 유명한 직물 작가인 레오폴드 이클레와 존 야코비의 작품이 인상적이다.

주소 Vadianstrasse 2 CH-9000 St. Gallen
☎ 071 222 17 44 **개관** 10:00~17:00
요금 성인 CHF12, 학생(만 26세까지) CHF5, 만 18세 이하 청소년·아동 CHF5, 스위스 패스 이용자 무료
홈페이지 www.textilmuseum.ch
교통 장크트갈렌역에서 도보 5~10분. **지도** p.565-A

세 호수의 언덕
Drei Weihern

구시가 남쪽 언덕에 자리한 인공 호수

프로이덴베르크(Freudenberg)의 경사진 비탈에 자리한 5개의 인공 호수다. 여름에는 시민들의 수영장으로, 겨울에는 아이스 스케이팅장으로 이용되기도 한다. 현재 가장 인기 있는 호수는 만넨바이허(Mannenweiher) 호수인데 공공 수영장으로 이용되고 있으며 입장료도 무료다.

교통 장크트갈렌 수도원에서 만넨바이허 호수까지는 도보 25분. 또는 푸니쿨라역(Mühlegg Talstation)에서 푸니쿨라를 타고 뮐레크(Mühlegg)에서 내린 후 드라이린덴벡 길 (Dreilindenweg)로 10분 정도 걸어가면 만넨바이허 호수가 나온다.

팔츠켈러
Pfalzkeller

수도원 와인 저장고를 리모델링한 건축물

장크트갈렌 수도원의 예전 와인 저장고에 들어선 현대적인 건축물. 스페인 출신의 건축가 산티아고 칼라트라바는 1998년에 와인 저장고를 현대적인 세미나실을 비롯해 콘서트나 다양한 모임을 할 수 있는 공간으로 변모시켰다. 건축에 관심 있는 여행자라면 들러보길 추천한다.

주소 Klosterhof CH-9000 St. Gallen ☎ 071 229 38 97
교통 장크트갈렌 수도원의 동쪽 가장자리에 있다. 장크트갈렌 주립 경찰서 건너편에 입구가 있다. 장크트갈렌 기차역에서 도보 10분.
지도 p.565-B

인형극장
Figure Theatre

장크트갈렌의 대표적인 인형극장

1956년에 설립된 장크트갈렌 인형극장은 아동과 성인 모두를 위한 인형극 공연을 한다. 아이들을 위한 공연은 매주 수·토·일요일 오후 2시 30분에 있다. 구시가에서 도보나 대중교통으로 쉽게 접근할 수 있다.

주소 Lämmlisbrunnenstrasse 34 CH-9000 St. Gallen
☎ 071 222 60 60
홈페이지 www.figurentheater-sg.ch
교통 버스 1·7·11번을 타고 Theater에서 하차. 12번 버스는 칸톤슐레(Kantonsschule)에서 하차. S11번 슈피저토르 (Spisertor)에서 하차.
지도 p.565-B

ⓣ TIP 장크트갈렌 야외 팝 페스티벌

장크트갈렌 야외 팝 페스티벌은 스위스에서 가장 오래된 야외 축제 중 하나다. 또한 독일어 사용 지역 내에서 두 번째로 큰 축제이기도 하다. 장크트갈렌 도시 바로 옆 자연으로 둘러싸인 지터(Sitter)강 변에 거대한 캠핑장이 형성된다. 캠핑 구역과 공연장이 분리되어 있지 않아 자리만 잘 잡으면 자신의 텐트에서 공연을 관람할 수도 있다. 30년 넘게 열리고 있는 이 축제에는 반 모리슨(Van Morrison)이나 메탈리카(Metallica), 로스로보스(Los Lobos), 오퍼스(Opus), 브라이언 애덤스(Bryan Adams), 산타나(Santana), 제임스 브라운(James Brown), 딥퍼플(Deep Purple) 같은 세계적인 밴드와 가수들이 참여했다. 매년 6월 말에 3~4일에 걸쳐 진행된다. 자세한 일정과 내용은 공식 홈페이지 참조.

홈페이지 www.openairsg.ch

메츠거라이 겜페를리 Metgerei Gemperli

장크트갈렌 전통 소시지(브라트부어스트) 가게. 송아지 고기와 돼지고기, 베이컨, 우유를 섞은 독특한 브라트부어스트를 만들어낸다. 향신료가 은은하게 밴 하얀색 소시지는 그릴에 구운 것과 삶은 것 두 종류로 판매한다. 가격 CHF7~.

주소 Schmiedgasse 34 CH-9000 St.Gallen
☎ 071 222 37 23, 079 691 88 71
영업 월~수, 금 11:00~18:30, 목 11:00~20:00,
토 11:00~17:00 **휴무** 일
교통 장크트갈렌 기차역에서 도보 6분.
지도 p.565-A

나치오날 춤 골데넨 로이엔
National Zum Goldenen Leuen

수백 년이 넘는 전통을 자랑하는 비어홀. 주인 발터토블러(Walter Tobler)는 맥주 소믈리에로서의 자부심이 있으며 2002년 이래로 지금까지 직접 양조한 맥주를 제공하고 있다. 프레첼이나 하얀색 소시지를 안주로 곁들여 8가지 종류의 전통 맥주를 맛볼 수 있다. 런치 메뉴는 CHF20 내외. 줄여서 'NAZ'라고도 부른다.

주소 Schmiedgasse 30 CH-9004 St.Gallen
☎ 071 222 02 62
영업 월~수 11:00~22:30, 목~금 11:00~23:00,
토 11:00~18:00 **휴무** 일 · 공휴일 **홈페이지** naz-sg.ch
교통 장크트갈렌 수도원에서 도보 1~2분. **지도** p.565-B

프랄리네 쉐러 Praline Scherrer

70년 전통의 초콜릿 상점. 오직 천연 재료만을 이용해 전통 레시피에 기초해 만든 수제 초콜릿 가게로 자부심이 상당하다. 수제 초콜릿과 트러플(truffle, 바삭바삭한 초콜릿 안에 초콜릿 크림을 넣고 코코아 파우더를 살짝 뿌린 것)이 단연 인기다. 장크트갈렌 비에베(St. Gallen Bieber, 생강과자)도 인기가 많다.

주소 Marktgasse 28 CH-9000 St.Gallen
☎ 071 220 16 69
영업 월 09:00~17:30, 화~금 09:00~18:00,
토 09:00~17:00 **휴무** 일
홈페이지 www.praline-scherrer.com
교통 장크트갈렌 수도원에서 도보 1분.
지도 p.565-B

란신 Lansin

베트남과 아시아 음식을 전문점이다. 메인 요리는 CHF20~35. 베트남 쌀국수(Vietnamesische reisnudelsuppe, CHF21.50~23.50)와 새우 볶음밥 (Cöm chiên tôm, CHF25) 등이 있다.

주소 Webergasse 16 CH-9000 St. Gallen
☎ 071 223 20 00 **영업** 월 11:30~14:30, 화~목 11:30~14:30, 17:30~22:00, 금 11:30~14:30, 17:30~23:00, 토 11:30~14:30, 17:00~23:00 **휴무** 일
홈페이지 lansin.ch **교통** 장크트갈렌 수도원에서 도보 2분. 기차역에서 도보 8분. 호텔 돔 바로 옆에 있다. **지도** p.565-A

비르트샤프트추르 알텐 포스트

Wirtschaftzur Alten Post

1552년 지어진 건물에 들어서 있는 작은 식당으로 현지인들의 사랑을 받고 있는 곳이다. 신선한 재료로 만든 스테이크, 양고기, 생선 요리가 인기 있다. 식사 메뉴 CHF40~.

주소 Gallusstrasse 4 CH-9000 St. Gallen
☎ 071 222 66 01 **영업** 수~토 11:30~14:00, 17:30~(저녁 폐점 시간은 유동적), 일 11:30~14:00, 16:30~21:00
휴무 월~화 **홈페이지** www.apost.ch
교통 장크트갈렌 수도원 바로 옆에 있다. 갈루스 광장에서 도보 2분. **지도** p.565-B

퀼베너 초콜릿 가게

Chocolaterie Kölbener

대성당 바로 앞에 위치한 현지인들에게 인기가 높은 카페 겸 초콜릿 전문점. 다양한 초콜릿이 들어간 음료와 초콜릿을 구입할 수 있다. 초콜릿 음료 CHF4~6. 크림이 들어간 초콜릿 음료 중 핫스파이시(Hot Spicy)는 마시다 보면 조금씩 매콤함이 느껴지는 독특한 맛이다.

주소 Gallusstrasse 20 CH-9000 St. Gallen
☎ 071 222 57 70
영업 월~금 08:00~18:00, 토~일 08:30~17:00
홈페이지 www.chocolaterie-koelbener.ch
교통 장크트갈렌 수도원 바로 앞에 있다. 기차역에서 도보 10분. **지도** p.565-B

암 갈루스플라츠 Am Gallusplatz

장크트갈렌 수도원 맞은편 갈루스 광장에 자리 잡은 품격 높은 프렌치 레스토랑. 저녁에는 가격이 상당히 비싸다 보니 상대적으로 저렴한 런치 메뉴를 추천한다. 비너슈니첼(Wiener Schnitzel, CHF28), 쇠고기 필레(Rindsfilet, CHF34), 스위스식 송아지 간 요리 (Kalbsleberli Schweizer Art, CHF28)를 맛볼 수 있다.

주소 Gallusstrasse 24 CH-9000 St. Gallen
☎ 071 223 33 30
영업 화~토 10:00~14:00, 17:00~23:00 **휴무** 일~월
홈페이지 amgallusplatz-sg.ch
교통 갈루스 광장에 있으며 장크트갈렌 수도원에서 도보 1분. **지도** p.565-B

장크트갈렌의 숙소

호텔 돔 Hotel Dom

구시가 중심에 있는 모던하고 깨끗한 호텔. 전속 디자이너와 건축가를 둘 정도로 인테리어나 색채 구성이 감각적이고 뛰어나다. 0층에 있는 레스토랑의 점심 뷔페는 푸짐하고 세 가지 접시 크기별로 가격을 매긴다. 모든 방은 휠체어로 접근 가능하다. 무료로 와이파이 서비스를 제공한다.

주소 Webergasse 22 CH-9000 St.Gallen
☎ 071 227 71 71 **객실 수** 43실
예산 더블(공용 욕실) CHF130~160, 더블(개인 욕실) CHF225~255, 조식 포함
홈페이지 www.hoteldom.ch
교통 장크트갈렌 수도원에서 도보 2분. **지도** p.565-A

슈반넨 호텔 Schwanen Hotel

구시가지 중심에 위치한다. 수도원과 갈루스 광장에서 가깝다. 호텔 전용 주차장은 없으며 인근 공용 주차장을 이용해야 한다. 인테리어는 평범하며 방은 심플하다.

주소 Webergasse 23 CH-9000 St. Gallen
☎ 071 222 65 62 **객실 수** 9실
예산 더블 CHF160~, 조식 포함
홈페이지 pizzeria-schwanen.ch
교통 장크트갈렌 수도원에서 도보 2분.
지도 p.565-A

호텔 바디안 Hotel Vadian

장크트갈렌 수도원 바로 앞 광장에 위치하며, 실내는 모던하고 깔끔하다. 호텔 본관에서 몇 발자국 떨어지지 않은 방크 거리(Bankgasse) 7번지에는 바디안 호텔의 별관인 푀르트너호프(Pförtnerhof) 건물이 있다. 아름답고 우아한 역사적인 목조 건물에서 숙박을 할 수 있다. 무료로 와이파이 서비스를 제공한다.

주소 Gallusstrasse 36 CH-9000 St.Gallen
☎071 228 18 78 **객실 수** 22실
예산 더블 CHF160~, 조식 포함
홈페이지 www.hotel-vadian.com
교통 장크트갈렌 수도원에서 도보 2분. **지도** p.565-A

호텔 바이세스 크로이츠
Hotel Weisses Kreuz

가족이 경영하고 있는 저렴한 호텔. 구시가 바깥에 자리 잡고 있지만 구시가도 도보로 5분이면 도달할 수 있다. 내부는 심플하게 구성되어 있고, 주택가라 조용한 편이다. 엘리베이터는 없으며 무료로 와이파이 서비스를 제공한다.

주소 Engelgasse 9 CH-9000 St.Gallen
☎ 071 223 28 43 **객실 수** 14실 **예산** 더블 CHF115~, 조식 포함 **홈페이지** www.weisseskreuz-sg.ch
교통 장크트갈렌 기차역에서 도보 8분. **지도** p.565-B

아펜첼
APPENZELL

언어 독일어권 | 해발 789m

고유의 문화와 자연으로 빛나는 곳

아펜첼은 스위스에서 역사와 문화, 자연이 가장 잘 어우러진 도시 중 하나다. 작고 예쁜 골목길은 무수한 작은 기념품 가게와 부티크가 즐비하며 여유롭게 걸으며 구경하기에 딱 좋은 아담한 규모다. 무엇보다도 파사드마다 프레스코화로 장식된 건물들은 아펜첼 여행의 백미. 거미줄처럼 촘촘한 하이킹 길들은 아펜첼 주변의 완만한 언덕과 산들 사이로 이어지고 있다. 여름철에는 해발 2,502m의 센티스(Säntis) 산을 중심으로 한 알프슈타인(Alpstein) 산악 지대 주변으로 하이킹을 즐기려는 여행자들로 붐비고, 겨울철에는 스키를 즐기려는 여행자들로 넘쳐난다. 근교의 해발 1,644m 에벤알프(Ebenalp)에서 패러글라이딩을 즐기는 사람들도 이곳을 즐겨 찾는다.

ACCESS

아펜첼 가는 법

스위스 북동부 산악 지대에 위치하고 있기 때문에, 아펜첼에 가기 위해서는 그 관문에 해당하는 장크트갈렌(St. Gallen)이나 고사우(Gossau)를 거쳐 가야 한다. 아펜첼행 열차의 철로는 스위스 일반 열차와는 폭이 다르기 때문에, 아펜첼행 열차는 대부분 별개의 승강장에서 출발한다.

기차로 가기

장크트갈렌에서 S–Bahn 11번 아펜첼 철도(아펜첼러반, Appenzeller Bahnen)를 타고 약 50분 소요. 1시간에 직행 2대 운행.
아펜첼러반은 장크트갈렌 메인 플랫폼이 아닌 기차역 한쪽에 있는 아펜첼러반 전용 플랫폼 11~14번에서 출

발한다. 플랫폼 1A 옆으로 난 길을 통해 접근할 수 있다.

자동차로 가기

장크트갈렌 남쪽으로 20km 거리에 있다. 장크트갈렌에서 447번 국도를 타고 가이스(Gais)까지 가서 448번 국도를 타면 금방 아펜첼에 갈 수 있다.

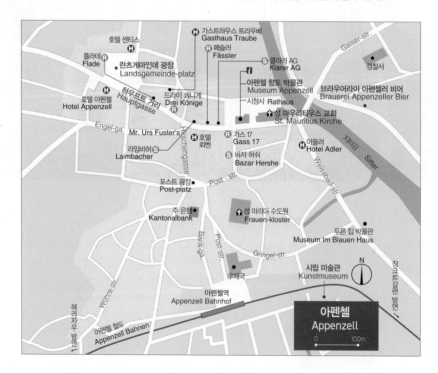

아펜첼 기차역

시내 교통

아펜첼 기차역에서 포스트 거리(Poststrasse)를 따라 도보 5분이면 구시가 중심에 도착한다. 구시가는 소규모여서 도보로 구경하기에 충분하다. 아펜첼 근교의 자연을 즐기기 위해 바서라우엔(Wasserlauen)으로 갈 때는, 아펜첼 기차역에서 1시간에 1~2대꼴로 운행하는 바서라우엔행 S23번 열차를 타면 11분이면 도착한다. 바서라우엔 기차역을 나와 길을 건너 조금 아래쪽에 있는 바서라우엔-에벤알프 케이블카(Luftseilbahn Wasserauen-Ebenalp) 승강장으로 가서 케이블카를 타고 에벤알프 산악 지대로 올라가면 하이킹을 할 수 있다. 해발 868m의 바서라우엔에서 해발 1,644m의 에벤알프까지 6분이면 도달한다(15분 간격). 이곳에서 하이킹이나 패러글라이딩을 즐길 수 있다.

바서라우엔-에벤알프 케이블카
Luftseilbahn Wasserauen-Ebenalp

☎ 071 799 12 12
운행 여름 시즌 07:30~19:00, 겨울 시즌 09:30~17:00(계절에 따라 운행 스케줄은 변동되며, 특히 4월과 11월은 시설 보수 관계로 운행이 제한될 수 있다.)
요금 여름 시즌 성인 편도 CHF22, 왕복 CHF34 / 아동(만 6~15세) 편도 CHF9, 왕복 CHF14(스위스 패스 이용자 50% 할인, 겨울 시즌에는 다양한 스키 패스와 결합해 요금 체계가 다양함)
홈페이지 www.ebenalp.ch

추천코스

시립 미술관 → (도보 5분) → 아펜첼 향토 박물관 → (도보 1분) → 성 마우리티우스 교회 → (도보 3분) → 프라우어라이 아펜첼러 비어 → (도보 3분) → 하우프트 거리 → (도보 5분) → 란데스게마인데 광장 → (도보 5분) → 아펜첼 기차역 → (기차 11분) → 바서라우엔 하이킹 즐기기

※바서라우엔에서 하이킹을 즐기려면 오전에 추천 코스대로 구시가 관광과 점심 식사를 마치고, 아펜첼 기차역으로 돌아가 14시에 출발하는 바서라우엔행 기차를 탄다. 11분 후 바서라우엔에 도착하면, 제알프 호수로 이어지는 하이킹을 즐긴다. 걷기가 부담되는 사람은 바서라우엔역을 나와 길 건너 조금 아래쪽에 있는 승강장에서 케이블카를 타고 에벤알프로 올라가 주변 지역을 산책해도 좋다. 저녁 6시에 아펜첼 기차역에 도착하는 일정이 적당하다.

외버레파레 Öberefahre

봄, 가을 목동들이 화려한 전통 의상을 입고 가축들을 고지대 목초지로 몰고 가거나 집으로 돌아오는 전통 축제. 소의 목에 달린 종소리와 목동들의 요들송이 어울려서 흥겨운 분위기를 전한다. 봄에는 주로 5월, 여름에서 가을로 넘어가는 8월과 9월 사이에 알프슈타인(Alpstein) 일대에서 펼쳐진다.

아펜첼 카드 Appenzeller Card

아펜첼과 주변 지역 호텔, 산악 숙소, B&B 등 3박 이상 동일한 숙소에 체류하는 여행자에게 무료로 제공되는 카드. 아펜첼과 주변 지역 기차와 버스 등 대중교통 2등석을 무료로 이용할 수 있다. 바서라우엔-에벤알프 케이블카, 호허카스텐(HoherKasten) 케이블카, 야콥스바트-크론베르그(Jakobsbad-Kronberg) 케이블카 각각 2회 무료 이용, 주요 박물관 무료 입장, 자전거 대여, 슈타인(Stein) 치즈 농장 방문 등을 비롯해 수많은 혜택이 있다.

홈페이지 www.appenzell.ch

바서라우엔행 아펜첼 철도

아펜첼의 관광 명소

하우프트 거리
Hauptgasse ★★★

구시가를 수놓은 벽화와 타핀의 아름다움

전통 목조 주택들

아펜첼 구시가의 중심 거리로, 예스럽고 화려한 색채감이 있는 건물들이 늘어서 있어 아펜첼에서 가장 매력적인 명소다. 시청사(Rathaus)의 파사드는 아우구스트 슈미트가 그린 그림 덕분에 특히 깊은 인상을 준다. 또한 뢰벤 약국(Löwen pharmacy)에 요하네스 후겐토블러가 둥근 아치형의 패널에 그린 약초 그림들은 약국 이미지와 조화를 이루며, 건물을 멋스럽게 꾸며주고 있다.

하우프트 거리의 간판들

하우프트 거리의 건물들마다 걸려 있는 독특한 간판들을 '타핀(Tafeen)'이라고 부른다. 약국, 호텔, 향수 가게, 관광 안내소, 카페 등 가게들의 특징과 함께 유머가 담겨 있는 타핀들을 살펴보는 것 또한 구시가를 여행하는 즐거움 중 하나다.

교통 아펜첼 기차역에서 도보 3분.
지도 p.572

란츠게마인데 광장
Landsgemeinde-platz ★

현재도 시행되는 직접 민주주의의 현장

매년 4월 마지막 일요일에 약 3,000명의 유권자들이 아펜첼주의 중요한 의사 결정을 위한 거수 투표권을 행사하기 위해 란츠게마인데 광장에 집결한다. 직접 민주주의의 이 고유한 전통은 오늘날 글라루스(Glarus)와 아펜첼 이너로덴(Innerrhoden)주에만 남아 있다. 약 300㎡ 넓이의 광장은 평소에는 주차장으로 이용되기도 하는데, 주변으로는 아름다운 외관의 호텔과 레스토랑이 둘러싸고 있다. 광장 한쪽에 거수 투표를 상징하는 석상이 서 있는 분수대가 있다.

주소 Landsgemeinde-platz CH-9050 Appenzell
교통 아펜첼 기차역에서 도보 5분.
하우프트 거리(Hauptgasse)에서 도보 5분 이내. **지도** p.572

아펜첼 향토 박물관
Appenzell Museum ★

아펜첼만의 독특한 문화 체험장

아펜첼 이너로덴주의 역사 문화 박물관. 아펜첼 특유의 전통 의상, 다양한 자수 제품, 수공예 작품, 옛 생활 도구들을 전시하고 있다. 특히 1층에서 보여주는 아펜첼 전통 민속 음악에 대한 비디오 영상은 한 번쯤 감상하기를 권한다.

주소 Hauptgasse 4 CH-9050 Appenzell
☎ 071 788 96 31
개관 4~10월 월~금 10:00~12:00, 13:30~17:00,
토~일 11:00~17:00 / 11~3월 화~일 14:00~17:00, 월 휴관
요금 성인 CHF7, 학생 CHF4, 스위스 패스 이용자 무료
홈페이지 www.museum.ai.ch
교통 아펜첼 기차역에서 도보 3분. 관광 안내소가 있는 시청사 건물에 있다. **지도** p.572

성 마우리티우스 교회
St. Mauritius Kirche ★

웅장한 바로크 양식의 로마 가톨릭 교회

시청사 바로 옆에 있는 성 마우리티우스 교회는 아펜첼 교구가 설립된 1071년에 처음 역사에 등장한다. 금색과 붉은색으로 채색된 교회 내부는 화려하고, 겉보기와는 달리 웅장하다. 천장 중앙에 그려진 타원형의 프레스코화와 제단 앞에 장식된 황금 조형물들이 보는 이를 압도한다. 교회 바로 옆에는 소박하고 평화로운 묘지가 조성되어 있다.

주소 Weissbadstrasse 2 CH-9050 Appenzell
교통 관광 안내소(시청사)에서 도보 1분.
지도 p.572

시립 미술관
Kunstmuseum ★

포스트모던한 외관이 인상적인 회화 전시관

20세기와 현대 미술 작품뿐만 아니라 칼 아우구스트 리네르(Carl August Liner, 1871~1946)와 그의 아들 칼 발터리네르(Carl Walter Liner, 1914~1997)의 회화들을 전시하고 있다. 소장품도 인상적이지만 취리히의 건축가 안네테 기곤(Annette Gigon)과 마이크 구이어(Mike Guyer)에 의해 설계된 박물관의 독특한 외관도 건축학적으로 유명하다.

주소 Unterrainstrasse 5 CH-9050 Appenzell
☎ 071 788 18 00
개관 4~10월 화~금 12:00~17:00, 토 · 일 11:00~17:00 /
11~3월 화~토 14:00~17:00, 일 11:00~17:00
휴무 월
요금 요금 성인 CHF15, 학생 · 아동 CHF10, 가족 CHF25
홈페이지 kunstmuseumappenzell.ch
교통 아펜첼 기차역 바로 뒤편에 위치. 도보 3분.
지도 p.572

브라우어라이 아펜첼러 비어
Brauerei Appenzeller Bier ★

아펜첼 전통 맥주 체험

1886년 처음 문을 연, 120년 전통의 맥주 양조장. 아펜첼 지역에서 남아 있는 마지막 양조장이다. 로허(Locher) 가문이 대를 이어 이 전통 맥주를 지켜오고 있다.

전통 아펜첼 맥주의 양조 기법에 관한 정보를 얻을 수 있고 내부 투어도 할 수 있다. 독어, 프랑스어, 영어, 이탈리아어로 된 오디오 세트를 무료로 제공한다.

주소 Brauereiplatz 1 CH-9050 Appenzell
☎ 071 788 01 76
개방 월 13:00~18:30, 화~금 09:00~18:30,
토 09:00~17:00, 일 10:00~17:00(계절에 따라 개방 시간 변동 가능)
요금 맥주 시음은 10명 이상 그룹으로 진행된다.
1인당 요금 CHF8.50
홈페이지 www.appenzellerbier.ch
교통 관광 안내소(시청사)에서 도보 3분. **지도** p.572

 아펜첼 근교에서 즐기는 패러글라이딩

바서라우엔과 에벤알프에서 패러글라이딩 강습과 체험을 할 수 있다.

아펜첼 비행학교 Flugschule Appenzell
주소 Schwendetalstrasse 85 CH-9057 Wasserauen
☎ 071 799 17 67
홈페이지 www.gleitschirm.ch

아펜첼 근교의
산악 지대에서 즐기는

알프슈타인
하이킹

아펜첼이 속해 있는 알프슈타인 산악 지대는 여름이면 초록의 계곡과 산들 사이로 다양한 하이킹 코스가 이어지고, 겨울철에는 온통 새하얀 눈으로 덮인 산길을 걷거나 스키를 타고 신나게 내려올 수 있다. 외국인 여행자들이 주로 찾는 융프라우나 체르마트와는 달리 대부분 스위스 각지에서 찾아온 현지인들이 여유로운 자연을 즐기는 곳이다. 해발 2,502m의 센티스(Säntis)산을 중심으로 한 조금은 힘이 드는 산길 코스와 마을과 마을을 이어주는 평탄한 목초지 산책 코스까지 수많은 하이킹 코스가 있다. 높은 지대와 연결된 케이블카가 운영되고 있어 체력에 자신이 없는 사람은 케이블카를 적절히 활용하는 것도 좋다.

★ 추천 코스 1 ★

바서라우엔 ↔ 제알프 호수

코스 바서라우엔(Wasserauen)−휘텐(Hütten)−제알프 호수 (Seealpsee) 시계 방향으로 한 바퀴−코벨(Chobel)−바서라우엔
*이동 경로는 반대로 가도 상관없다.
추천 시기 봄에서 가을 사이, 겨울에는 조금 경사진 코스가 있지만 눈부신 설경을 볼 수 있어 추천한다.
구간 거리 7.4km **소요 시간** 2시간 30분 **난이도** 중

아펜첼에서 열차로 10분 거리에 있는 바서라우엔은 센티스산 기슭에 있는 작은 동네다. 바서라우엔의 두 개의 호텔, 반호프 바서라우엔과 알펜로즈 사이에 주차장이 있는데, 그 사이로 왼편 산길을 알려주는 이정표를 따라가면 된다. 짧은 구간의 알프스 초원을 걷다 보면 후텐토벨(Huttentobel) 골짜기로 오르는 길이 이어진다. 초록의 너도밤나무 숲 사이를 걸으면 졸졸 흐르는 맑은 계곡이 오르막 트레킹 길을 따라 이어진다.

짜낸 우유로 만든 요구르트를 저렴한 가격에 판매하기도 한다. 신선한 요구르트 한 잔과 함께 평화로운 풍경을 감상한다.

호수를 거의 한 바퀴 돌면 베르그가스트하우스 제알프제(Berggasthaus Seealpsee) 호텔이 나오고 바서라우엔으로 내려가는 길이 이어진다. 오른편으로 병풍처럼 길게 이어진 암벽을 보면서 코벨(Chobel) 방향으로 내려간다. 슈벤디바흐(Schwendibach) 골짜기를 따라 작은 시냇물이 트레킹 길 오른쪽으로 계속 흘러내려간다. 그 내리막길로 45분 정도 걸어가면 평지가 나오고 처음 출발지인 바서라우엔에 도착한다.

★ 추천 코스 2 ★

맨발 하이킹
Barfussweg

코스 야콥스바트(Jakobsbad)—곤텐(Gonten)—곤텐바트(Gontenbad)
*이동 경로는 반대로 가도 상관없다.
추천 시기 봄에서 가을 사이 **구간 거리** 4.9km
소요 시간 1시간 50분 **난이도** 하
*이 코스는 눈길 하이킹 코스로도 가능하다. 물론 겨울에는 반드시 눈길을 걷기에 적합한 신발을 착용하도록 한다.

조금 가파른 산길을 오르면 알프휘텐(Alp Hütten)에 도달하는데, 이곳에서부터 넓은 초록 평지가 시작된다. 알프 발트휘테(Alp Waldhütte)까지 상쾌한 공기를 마시며 평평한 초원길을 걷다 보면 군데군데 산속 오두막들과 소 떼를 만날 수 있다. 초원을 둘러싼 장엄한 알프슈타인산이 파노라마처럼 펼쳐지는데, 그중 가장 높은 센티스산의 전망이 장관이다. 그러다가 갑자기 깊은 산속 제알프 호수에 도착한다. 호수 왼편의 오솔길을 따라 걸으며 그림 같은 호수와 호수에 비친 반영을 감상하기에 좋다. 호수 주변으로는 알프스의 작은 오두막들과 호텔 두 곳이 있다. 호수 주변 오두막에서는 직접 키운 소에서

야콥스바트에서 곤텐바트까지 해발 900m 고도의 평지를 걷는 코스다. 맨발로 걷는 독특하고 색다른 경험을 할 수 있다. 트레킹의 처음과 끝 부분에는 발을 씻을 수 있는 크나이프(Kneipp) 스테이션이 있다. 곤텐바트에서는 발뿐만 아니라 몸 전체를 담글 수 있는 유명한 천연 머드 욕탕도 있다. 평탄한 코스이고 소요 시간도 2시간 이내이다 보니 어린이나 노년층, 가족이 함께하기에 좋다. 아펜첼 기찻길로 나란히 이어지는 구간이므로 일부 구간은 기차로 이동할 수도 있다. 숲이 아닌 평지를 이동하기 때문에 무더운 여름 시즌에는 직사광선을 피할 수 있는 모자를 착용하기를 권한다. 아펜첼에서 야콥스바트까지 열차로 10~13분 소요. 1시간에 3대 정도 운행.

★ 추천 코스 3 ★

맨세 호수 트레킹

코스 바서라우엔(Wasserauen)-제알프제(Seealpsee)-운터스트리히(Unterstrich)-메글리스알프(Meglisalp)-비더알프자텔(Widderalpsattel)-볼렌비스(Bollenwees)-펠렌제(Fälensee)-셈티저제(Sämtisersee)-플라텐뵈델리(Plattenbödeli)-브륄이자우(Brülisau)
*이동 경로는 반대로 가도 상관없다.
추천 시기 봄에서 가을 사이 **구간 거리** 17.3km
소요 시간 6시간 **난이도** 상

바서라우엔에서 슈벤데바흐(Schwendebach) 시냇물이 흐르는 계곡을 따라 산길을 오른다. 첫 번째 호수인 제알프제에 도착한 후 호수의 끝부분에서 왼편 숲속으로 운터스트리히를 따라 산등성이를 타고 올라간다. 곧 목가적인 낙농 마을 메글리스알프(Meglisalp)에 도착한다. 여기서부터 남동쪽으로 다소 가파른 길을 따라 뵈첼자텔(Bötzelsattel)까지 도달하면 거기서부터 비더알프자텔까지는 평탄한 편이다. 비더알프(Widderalp)부터는 부드러운 내리막길을 걸으면 된다.

숲에 도달하기 전에 오른쪽으로 향하면 부츠 바위라는 이름의 슈티펠펠젠(Stiefelfelsen)이 나온다. 이 바위를 지나서 조금만 올라가면 눈부신 풍경이 펼쳐진다. 가파른 바위 절벽 사이에 자리 잡은 두 번째 호수인 펠렌제가 눈앞에서 빛난다. 이 호수 앞에는 베르크가스트하우스 볼렌비스(Berggasthaus Bollenwees) 호텔이 있다.

알프 푸르글렌(Alp Furgglen)을 지나 숲속을 통과하면 마지막 세 번째 호수인 셈티저제에 도착한다. 이제 베르크가스트하우스 플라텐뵈델리(Berggasthaus Plattenbödeli) 호텔까지 약간의 오르막을 올라간 후, 브뤼엘토벨(Brüeltobel) 골짜기를 따라 가파른 내리막길을 따라간다. 헥센벨들리(Hexenwäldli)를 통과해서 최종 목적지인 브륄이자우에 도착한다.

★ 추천 코스 4 ★

> ### 선사 시대 동굴 탐험

코스 슈벤데(Schwende)-트리베른(Triebern)-보멘(Bommen)-에셔(äscher)-빌트키르힐리(Wildkirchli)-에벤알프(Ebenalp)
추천 시기 봄에서 가을 사이 **구간 거리** 4.4km
소요 시간 2시간 **난이도** 중

슈벤데 기차역에서 생 마틴(St. Martin) 교회를 지나 트리베른을 향해 오르막을 오른다. 그 길을 따라 걷다가 왼쪽으로 그늘진 관목 숲을 통과해서 에욱스트(Eugst)까지 계속 간다.

갈림길이 나오면 왼쪽으로 향한다. 카모르(Kamor), 호허카스텐(HoherKasten) 그리고 알프 시겔(Alp Sigel)의 장대한 바위 암벽이 병풍처럼 펼쳐지는 장관을 만날 수 있다. 계속 걷다 보면 에벤알프 동쪽 면 수직 암벽 바로 아래에 둥지를 틀고 있는 에셔 빌트키르힐리(Äscher Wildkirchli) 레스토랑이 나타난다.

가파른 바위에 단단히 고정된 나무 다리를 건너서 가다 보면 빌트키르흘리 동굴이 나온다. 이 동굴은 석기 시대로 추정되는 석기와 유골이 발굴되어 세계적으로 유명해진 곳이다. 이곳 유물들은 아펜첼 향토 박물관과 장크트갈렌 역사 민족 박물관에 전시되어 있다. 동굴을 따라가면 에벤알프에 마침내 도착한다.

에벤알프는 해발 1,644m의 초원지대다. 에벤알프를 기점으로 최정상 센티스산(4시간 15분 소요)이나 아래쪽 제알프제(1시간 소요), 바서라우엔(1시간 45분 소요) 등으로 향하는 다양한 하이킹 코스가 있다. 아펜첼 지역의 그림 같은 풍경들이 파노라마처럼 펼쳐지는 곳이기도 하다.

주변 지역을 돌아본 후에 에벤알프에서 케이블카를 타고 바서라우엔으로 내려갈 수 있다. 출발 지점인 슈벤데는 아펜첼에서 기차로 7분 거리에 있다. 시간당 1~2대 운행.

★ 추천 코스 5 ★

> ### 아펜첼-슈벤데 구간(겨울 시즌)

코스 브라우어라이 광장(Brauereiplatz)-슈타인에그(Steinegg)-바이스바트(Weissbad)-슈벤데(Schwende)
추천 시기 겨울 시즌 **구간 거리** 6km **소요 시간** 1시간 30분
난이도 하

눈 쌓인 겨울철 아펜첼 지역의 평지를 체력적인 부담 없이 걸을 수 있는 코스다. 아펜첼 구시가의 아펜첼 전통 맥주 양조장이 있는 브라우어라이 광장에서 출발한다.

지터(Sitter)강을 따라 걷다 보면 눈이 많이 쌓인 날에는 몽환적이고 그림 같은 풍경들이 펼쳐진다. 드넓은 초원을 덮은 눈밭과 군데군데 모여 있는 목가적인 마을들, 배경으로 둘러싼 산들이 만들어내는 풍경이 한 폭의 그림 같다.

슈벤데에 도착하면 기차를 타고 아펜첼로 돌아오거나, 좀 더 걷고 싶다면 운터라인(Unterrain)을 거쳐 아펜첼로 돌아오는 코스를 이용하면 된다.

아펜첼의 식당

플라데 Flade

하우프트 거리에 자리 잡은 편안한 분위기의 카페 겸 레스토랑이다. 따뜻한 계절에는 야외석도 있다. 다양한 스위스 요리와 아펜첼 특유의 요리를 맛볼 수 있다. 계절별로 그날(오늘)의 메뉴가 3가지씩 제공된다.

주소 Hauptgasse 32 CH-9050 Appenzell
☎ 071 780 15 66
영업 월 · 화 · 금 · 토 09:00~22:00, 일 09:00~18:00
휴무 수 · 목
교통 아펜첼 기차역에서 도보 4분. **지도** p.572

가스 17 Gass 17

시청사 맞은편에 있는 모던한 카페 겸 레스토랑이다. 에스프레소를 비롯한 간단한 음료와 빵, 샌드위치, 아펜첼 전통 과자 등을 판매한다. 레스토랑의 대표 메뉴로 소고기 앙트레코트(Rindsentrecote, CHF47), 클래식 햄버거인 후스 버거(Huus-Burger, 단품 CHF16.50, 감자튀김 포함 CHF21.50), 치즈 한 접시(kaeseplaettl, CHF25.50) 등이 있다.

주소 Hauptgasse 17 CH-9050 Appenzell
☎ 071 780 17 17(레스토랑) / 071 787 17 30(베이커리)
영업 월~목 10:30~24:00, 금 · 토 10:30~02:00,
일 10:30~22:00
홈페이지 www.gass17.ch
교통 아펜첼 기차역에서 도보 4분. **지도** p.572

에셔 빌트키르힐리

Aescher-Guesthouse on the mountain

에벤알프의 기암절벽에 숨어 최고의 전망을 자랑하는 레스토랑이자 산장이다. 매년 5월부터 10월말까지만 문을 연다. 달걀을 곁들인 스위스 전통 뢰스티가 이 집의 자랑이자 최고 인기 메뉴다. 아펜첼 전통 맥주를 곁들이며 바라보는 알프스 풍경이 환상이다. 아펜첼에서 바서라우엔까지 기차로 이동한 후, 바서라우엔에서 에벤알프행 케이블카를 탄다. 에벤알프에서 내린 후 산길을 15분 정도 걸어가면 절벽 아래 숨어 있는 산장이 보인다. 카드 결제는 CHF50 이상일 때 가능하니 현금을 챙겨가도록 한다. 뢰스티 CHF20~26, 소시지를 곁들인 오늘의 수프(Tagessuppe mit Wurst, CHF13) 등이 있다.

주소 Äscher 1 CH-9057 Schwende
☎ 071 799 11 42 **영업** 5~10월 월~일 07:30~20:30(요리 11:00~19:30), 11월 월~일 08:00~20:00(요리 11:00~19:30)
홈페이지 www.aescher.ch
교통 바서라우엔에서 에벤알프행 케이블카를 타고 에벤알프에 내린 후, 이정표를 보고 15분 정도 도보로 이동.

페슬러 Fässler

전통 제과점이자 카페. 아펜첼 전통 생강빵 비버를 비롯한 전통 과자와 케이크류, 커피와 차를 맛볼 수 있다. 아펜첼에서 생산된 크림으로 만든 케이크류를 추천한다. 차 한 주전자의 가격은 CHF7.60.

주소 Hauptgasse 16 CH-9050 Appenzell
☎ 071 787 11 05
영업 화~일 08:00~18:30 **휴무** 월
홈페이지 www.cafe-faessler.ch
교통 아펜첼 기차역에서 도보 4분. **지도** p.572

드라이 쾨니게 Drei Könige

이름처럼 세 왕의 간판 장식이 인상적인, 가족이 경영하는 카페 겸 제과점. 아펜첼 전통 빵인 비버나 란츠그멘츠룀을 비롯해서 신선하고 맛난 수제 빵들과 샌드위치, 커피와 음료를 즐길 수 있다. 지하에는 건물의 역사를 느끼게 해 주는 작은 전시 공간이 있으며 누구나 둘러볼 수 있다.

주소 Hauptgasse 24/26 CH-9050 Appenzell
☎ 071 787 11 24

영업 월 · 수~금 07:30~18:30, 토 07:30~17:00, 일 08:00~17:00 **휴무** 화
홈페이지 www.drei-koenig.ch
교통 아펜첼 기차역에서 도보 5분. **지도** p.572

⬦ TIP 아펜첼의 전통 음식

비버 Biber

으깬 아몬드를 설탕과 버무려 만든 마지판(marzipan)으로 속을 채운 생강빵이다. 이 빵의 표면에는 아펜첼 지역의 다양한 문양이 새겨져 있다.

란츠그멘츠룀 Landsgmendchröm

란츠게마인데 집회가 끝난 후 남성들이 집으로 돌아갈 때 사 가는 파이였다고 한다. 설탕과 달걀을 넣은 반죽에 헤이즐넛으로 속을 채워서 만드는 맛있는 파이이다. 주로 차나 커피에 곁들여 먹는다.

지트부어스트 Siedwurst

주로 쇠고기를 주재료로 하는 아펜첼의 전통 소시지. 일반적으로 끓는 물에 삶아 먹는다. 미나릿과의 회향풀인 캐러웨이와 마늘이 혼합된 향신료가 특별한 맛을 더한다.

치즈 타르트 Chäsflade

아펜첼의 유명한 치즈 타르트는 사실 빵을 만들 때 나오는 부산물이었지만 지금도 여전히 빵 반죽으로 만들고 있다. 아펜첼 치즈와 아니스 열매, 우유 혼합물을 반죽 위에 올리고 구워 만든다.

모스트브뢰클리 Mostbröckli

소의 허리 부분 고기를 향신료에 절인 후 훈제를 해 만든다. 얇게 썰어 빵, 레드 와인과 함께 먹는다.

아펜첼 치즈 Appenzeller Cheese

향긋한 향과 훌륭한 밀도, 적절한 경도를 가진 아펜첼 치즈는 스위스를 대표하는 치즈다. 숙성하는 동안 치즈를 허브 염수로 규칙적으로 문질러주는데 이 과정이 맛을 뛰어나게 하며, 숙성 기간에 따라 맛이 다르다. 클래식(Classic)은 3~4개월 숙성된 치즈이며 은색 라벨로 감싼다. 쉬르슈아(Surchoix)는 4~6개월 숙성된 치즈이며 금색 라벨을 두른다. 6개월 이상 숙성된 엑스트라(Extra)는 검은 라벨로 감싼다.

아펜첼 맥주 Appenzeller Bier

로허 가족이 현재 5대에 걸쳐 전통 기법으로 수작업으로 제조하고 있다. 독특한 병 모양과 마개, 전통 그림이 붙어 있는 라벨이 인상적이다.

아펜첼의 쇼핑

아펜첼의 숙소

라임바허 Laimbacher

아펜첼에서 가장 오래된 제과점. 1872년 처음 문을 연 이 가게는 이 지역의 다양한 전통 쿠키와 빵들을 만들어왔다. 전통 요리법에 따라 손수 만드는 아펜첼의 오리지널 생강빵 비버(Biber, 크기에 따라 CHF24~50)가 특히 유명하다. 아펜첼 전통을 표현한 포장지로 잘 포장이 되어 있어 선물용으로도 좋다.

주소 Hauptgasse 22 CH-9050 Appenzell ☎ 071 787 17 44
영업 수~일 08:45~17:00 **휴무** 월~화
(겨울 시즌 주말에만 오픈)
홈페이지 www.laimbacher.ch
교통 아펜첼 기차역에서 도보 4분. **지도** p.572

바자 허쉬 Bazar Hershe

기념품을 비롯해 파스나흐트 축제용 장식품, 불꽃놀이 소품 등을 판매하고 있다. 아펜첼 전통 주택답게 아름다운 지붕과 벽화로 장식되어 있다.

주소 Poststrasse 2 CH-9050 Appenzell
☎ 071 787 13 62
영업 월 13:00~17:00, 화~금 10:00~12:00, 13:00~17:00, 토~일 10:00~17:00
교통 아펜첼 기차역에서 도보 3분. **지도** p.572

호텔 아펜첼 Hotel Appenzell

란츠게마인데 광장 입구에 있는 깔끔하고 편안한 호텔. 간판이 상당히 인상적이다. 방은 널찍한 편이며, 무료로 와이파이 서비스를 제공한다.

주소 Hauptgasse 37 CH-9050 Appenzell
☎ 071 788 15 14 **객실 수** 16실
예산 더블 겨울 CHF210~, 여름 CHF230~, 조식 포함
홈페이지 www.hotel-appenzell.ch
교통 아펜첼 기차역에서 도보 5분. **지도** p.572

호텔 아들러 Hotel Adler

하우프트 거리가 시작되는 아들러 광장에 자리 잡은 아담한 호텔이다. 바로 옆으로 지터(Sitter) 강이 흐르고 있다. 모던한 객실과 전통적인 객실을 모두 갖추고 있다. 무료로 와이파이를 이용할 수 있다.

주소 Weissbadstrasse 2 CH-9050 Appenzell
☎ 071 787 13 89 **객실 수** 21실
예산 더블 CHF170~, 수피리어 더블 CHF190~
홈페이지 www.adlerhotel.ch
교통 아펜첼 기차역에서 도보 5분. **지도** p.572

호텔 트라우베 Hotel Traube

란츠게마인데 광장 바로 근처에 있는 마르크트 거리에 위치한 적당한 가격의 호텔이다. 특히 300년이 넘는 전통 벽화가 그려진 나무로 된 벽이 인상적이다. 무료로 와이파이 서비스를 제공한다.

주소 Marktgasse 7 CH-9050 Appenzell
☎ 071 787 14 07 **객실 수** 7실
예산 더블 CHF160~, 조식 포함
홈페이지 traube-appenzell.ch
교통 아펜첼 기차역에서 도보 4분. **지도** p.572

호텔 뢰벤 Hotel Löwen

하우프트 거리의 약국 맞은편에 있다. 아펜첼러 룸은 전통 핸드 페인팅으로 장식된 침대가 있어 아펜첼의 분위기를 물씬 느낄 수 있다. 무료 와이파이 사용 가능.

주소 Hauptgasse 25 CH-9050 Appenzell
☎ 071 788 87 87 **객실 수** 28실
예산 더블 5~10월 CHF180~, 11~4월(월요일 휴무)
CHF160~ **홈페이지** www.loewen-appenzell.ch
교통 아펜첼 기차역에서 도보 4분. **지도** p.572

로만틱 호텔 센티스 Romantik Hotel Säntis

란츠게마인데 광장에 자리 잡은 우아하고 편안한 4성급 호텔. 목조 인테리어가 편안함을 더하고 작은 다락방은 상당히 매력적이다.
1층 레스토랑도 현지인들에게 인기가 많다. 스위스 로만틱 그룹의 회원 호텔로서 자부심을 가지고 좋은 평판을 받고 있다. 무료 와이파이 사용 가능.

주소 Landsgemeindeplatz 3 CH-9050 Appenzell
☎ 071 788 11 11
객실 수 36 **예산** 더블룸 CHF240~
홈페이지 www.saentis-appenzell.ch
교통 아펜첼 기차역에서 도보 7분 **지도** p.572

호텔 알펜로제 Hotel Alpenrose

바서라우엔 기차역 근처에 있어 알프슈타인 주변 지역 하이킹을 위한 최적의 위치에 있다. 또한 행글라이딩 착륙장이 바로 근처라 행글라이더들에게도 이상적인 숙소다.

주소 Schwendeltalstrasse 97 CH-9057 Wasserauen
☎ 071 799 11 33
영업 부활절(Ostern)~10월 말
객실 수 12실, 28베드 **예산** 더블 공용 욕실 CHF110~,
개별 욕실 CHF160~, 조식 포함
홈페이지 www.alpenrose-ai.ch
교통 바서라우엔 기차역에서 도보 5분.

마이엔펠트

MAIENFELD

언어 독일어권 | 해발 560m

알프스 소녀 하이디를 찾아가는 동화 속 여행

마이엔펠트는 알프스 산맥의 라인 계곡을 통과하는 길목에 있다. 그림 같은 알프스 산들을 배경으로 마을을 둘러싸고 있는 포도밭이 인상적이며, 질 좋은 와인 산지로도 유명하다. 1346년에 처음 도시로서 언급된 마이엔펠트가 전 세계에 알려지게 된 계기는, 1880년 스위스 여류 작가 요한나 슈피리(Johanna Spyri)가 쓴 《하이디》의 무대가 바로 이곳이었기 때문이다. 슈피리는 마이엔펠트의 이웃 마을 예닌스(Jenins)에 머물면서 주변 마을과 산들을 산책하며 《하이디》를 구상했다고 한다. 애니메이션 〈알프스 소녀 하이디〉의 배경 역시 이 주변 풍경을 토대로 그려졌다고 한다. 이제 이 마을들과 아름다운 자연은 '하이디랜드(Heidiland)'라고 불리며 스위스에서 인기 있는 여행지로 각광받고 있다.

ACCESS

마이엔펠트 가는 법

기차로 가기

장크트갈렌에서 1시간에 1대씩 운행, 1시간 17분 소요. 취리히에서 자르간스(Sargans)나 바트라가츠를 거쳐 1시간 10분~1시간 40분 소요, 1시간에 2대씩 운행. 바트라가츠에서는 한 정류장 거리로 2분 소요. 1시간에 2~3대 운행된다.

버스로 가기

열차가 연결되지 않는 곳이나 산지가 많은 지역에서는 포스트버스를 이용하는 것도 현명한 방법이다. 바트라가츠 기차역 앞에서 마이엔펠트 마을 중심(우체국)까지 포스트버스로 약 10분 소요. 편도 요금은 CHF4.40.

자동차로 가기

바트라가츠에서 마이엔펠터 거리까지 직진해 3km. 쿠어에서 북서쪽으로 라인강을 따라 A13번 도로를 이용 17km 거리에 있다.

INFORMATION

시내 교통

기차역에서 마을 중심까지 도보로 6분 정도면 갈 수 있지만, 하이디도르프까지는 도보로 1시간 정도 걸린다. 걷는 게 부담스럽다면 기차역과 하이디도르프 근처의 하이디호프 호텔까지 운행하는 하이디버스(Heidibus)를 이용하면 된다. 5월부터 10월 말의 토·일·공휴일 10:00~17:00에만 운행한다. 요금은 포스트버스 요금과 동일하다(편도 CHF4.40). 마이엔펠트 기차역에서 하이디도르프까지 약 6분 소요되며, 30분 간격으로 운행한다.

관광 안내소

시청사 광장 관광 안내소
주소 Städtli 9 CH-7304 Maienfeld
☎ 081 302 58 58
개방 월~금 10:00~12:00, 13:30~17:00
휴무 토~일
홈페이지 www.heidiland.com
교통 마을 중심 시청사 광장에 있다.

하이디랜드 관광 안내소
하이디랜드 기념품점과 요한나 슈피리 박물관, 비노텍(와인바)를 갖추고 있다. 하이디도르프와의 협력 하에 뷘트너 헤르샤프트(Bündner Herrschaft)의 네 개의 마을인 플레슈(Fläsch), 마이엔펠트(Maienfeld), 예닌스(Jenins), 말란스(Malans)에 대한 여행과 숙박에 대한 정보도 제공하고 있다.
주소 Bahnhofstrasse 1 CH-7304 Maienfeld
☎ 081 330 18 10
홈페이지 www.heididorf.ch
교통 마이엔펠트 기차역 앞 70m 거리. 구시가 방향에 있다. **지도** p.587-A

하이디랜드(Heidiland) 기념품점
주소 Marché Heidiland Maienfeld CH-7304 Maienfeld
☎ 081 302 61 00
영업 매일 09:00~17:00, 점심시간에는 1시간 정도 문을 닫는다(계절에 따라 주말 휴무).

SIGHTSEEING

마이엔펠트의 관광 명소

시청사 광장
Städtli-platz ★

만화 영화 속에 등장한 소박한 광장

시청사 광장

시청사의 벽화

기차역에서 반호프 거리 (Bahnhofstrasse)를 따라 6분 정도 걸어가면 화려한 프레스코화로 채색된 시청사와 꽃으로 장식된 분수대가 있는 시청사 광장이 있다. 우체국과 관광 안내소도 이곳에 있다. 광장이라기보다는 마을 중심의 대로 같은 느낌이 더 강하다. 이 광장 분수대와 그 너머로 보이는 시청사 풍경이 〈알프스 소녀 하이디〉 애니메이션에 등장한다.

교통 마이엔펠트 기차역에서 도보 6분. **지도** p.587-A

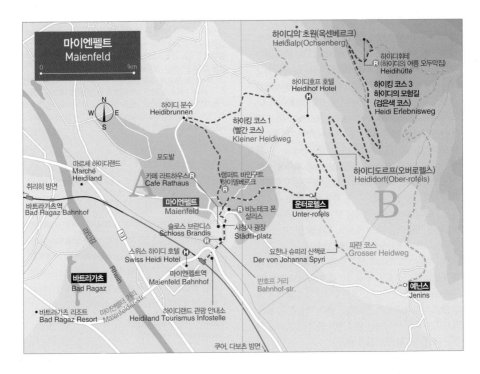

하이디 마을

세계 각국에서 출간된 《하이디》

하이디 세상 박물관

하이디 하우스 내부

하이디도르프(오버로펠스)
Heididorf(Ober-rofels) ★★★

동화 속 하이디가 살았던 산속 마을

하이디 하우스

《하이디》의 작가 요한나 슈피리의 하이디 세상 박물관(Johanna Spyri Heidiwelt)과 하이디 하우스(Heidihaus)가 있는 산속 작은 마을이다. 아랫마을인 운터로펠스에서 좀 더 산 위로 올라가면 위쪽 마을 오버로펠스가 나온다. 이 오버로펠스 마을을 하이디도르프(Heididorf), 즉 하이디 마을이라고 부른다. 하이디는 여름 시즌에는 하이디도르프 위쪽 옥센베르크의 초원에 있는 오두막집에서 지냈고, 겨울철에는 이곳 로펠스 마을의 목조집에서 지냈다. 하이디가 겨울을 보냈던 집은 하이디 하우스라는 이름으로 동화 속 당시 생활상을 그대로 재현한 상태로 여행자들에게 공개되고 있다.

요한나 슈피리의 하이디 세상 박물관 0층은 기념품점과 매표소 겸 안내소, 우체국으로 이용되고 있으며, 2층에는 전 세계 언어로 번역된 《하이디》 작품과 하이디 관련 시청각 자료가 전시되고 있다. 박물관 앞 울타리가 있는 작은 공터에는 염소들이 있어 마을 아래 전원을 배경으로 사진을 찍기 좋다.

주소 Heididorf CH-7304 Maienfeld
☎ 081 330 19 12
개관 3월 15일~11월 15일 10:00~17:00, 겨울에는 전화나 홈페이지에서 미리 방문 가능 여부 문의
요금 요금 하이디 초원 오두막 + 하이디 하우스+ 요한나 슈피리 하이디 세상 박물관 성인 CHF13.90, 아동(만 5~14세) CHF5.90, 만 4세 이하 어린이 무료
홈페이지 www.heididorf.ch
교통 마이엔펠트 시청사에서 운터로펠스를 거쳐 도보 40분 소요. 5~10월 주말과 공휴일에는 마이엔펠트 기차역에서 출발하는 하이디 버스를 타고 하이디호프 호텔 앞에 내려서 도보로 이동하면 편리하다. 하이디호프 정류장까지 버스로 약 6분, 버스 정류장에서 하이디도르프까지 도보 10분 정도 소요된다.
지도 p.587-B

 TIP 축제 Herbstfest

매년 9월 말에 뷘트너 헤르샤프트(Bündner Herrschaft)에 속한 마이엔펠트, 말란스(Malans), 예닌스(Jenins), 플레슈(Fläsch) 네 개의 마을이 교대로 주최하는 가을 포도 수확 축제. 이 가을 와인 축제 때는 조용하던 마을이 많은 먹을거리와 와인, 다양한 이벤트와 콘서트로 흥겨운 축제의 장이 된다.

홈페이지 www.wiikend.ch
www.weinfest-maienfeld.ch

하이디의 초원(옥센베르크)

하이디의 초원(옥센베르크)
Heidialp(Ochsenberg) ★★★

달콤한 휴식을 즐길 수 있는 오두막집

하이디도르프의 하이디 하우스 오른쪽 길로 이어진 하이디 모험길(Heidi's Erlebnisweg) 2번 이정표를 따라 본격적으로 산길을 오른다. 하이디 마을에서 옥센베르크(Ochsenberg)까지 길을 따라 곳곳에 《하이디》 이야기와 그림이 담긴 총 12개의 이정표와 조형물, 안내판들이 있어 심심하지 않게 걸을 수 있다. 넉넉 잡아 1시간 30분에서 2시간 정도 여유를 가지고 산길을 오르면 믿을 수 없을 만큼 갑자기 넓은 초원이 펼쳐진다. 알프스 소녀 하이디가 여름을 보냈던 산 위의 초원이 바로 이곳이다. 이 옥센베르크를 하이디알프(Heidialp)라고도 부른다. 하이디 하이킹 코스의 최종 목적지인

하이디 모험길에서 바라본 라인 계곡

하이디의 여름 오두막집 하이디휘테(Heidihütte)는 그 초원 위쪽에 평화롭게 자리하고 있다. 현재는 레스토랑으로 이용되고 있는데, 비교적 저렴한 가격에 그라우뷘덴주의 향토 요리를 맛볼 수 있다. 전통 맥주와 곁들여 먹는 그라우뷘덴주의 향토 음식은 하이킹으로 지친 몸과 마음을 달래주기에 충분하다.

지도 p.587-B

예닌스
Jenins ★

《하이디》 이야기를 구상한 마을

《하이디》의 작가 요한나 슈피리가 주로 체류하던 마을이다. 그녀는 이곳에 머물면서 인근 마이엔펠트와 운터로펠스, 오버로펠스, 옥센베르크 등의 마을과 자연을 둘러보면서 작품을 구상하고 완성했다. 특히 예닌스와 운터로펠스 마을을 이어주는 길은 '요한나 슈피리의 산책로(Der von Johanna Spyri)'라고 부르는데, 하이디 하이킹 코스 중 하나이기도 하다.

교통 마이엔펠트 기차역에서 도보 40분. 또는 마이엔펠트 우체국(Post) 앞에서 22번 버스를 타면 7분 소요(1시간 간격으로 운행).
지도 p.587-B

마이엔펠트의 포도밭과 추천 와이너리

라인강의 동쪽으로 이웃하고 있는 마이엔펠트, 플레슈, 예닌스, 말란스 등의 지역을 '뷘트너 헤르샤프트(Buendner Herrschaft)'라고 부른다. 이 지역은 스위스에서도 상당히 독특한 와인 재배 지역 중 하나다. 특히 17세기에 도입된 피노누아(Pinot Noir) 포도가 잘 재배되는 곳으로 유명하다. 따스한 남풍인 푄(Föhn)의 영향 때문이라고 한다. 약 300명의 와인 제조업자들이 20종 이상의 포도를 재배해서 우수한 와인을 생산하고 있다. 마이엔펠트 마을은 포도밭으로 둘러싸여 있다고 해도 과언이 아니다. 하이디 산책로를 걷는 길도 포도밭과 이어져 있다. 하이디 길에서 살짝 벗어나서 포도밭 사이로 난 옛길을 걸어보는 것도 색다른 추억을 선사한다. 특히 직접 재배한 포도로 와인을 담그는 와이너리도 많아서 질 좋은 현지 와인을 저렴한 가격에 맛볼 수 있다. 추천 와이너리 정보는 레스토랑 정보를 참조한다.

홈페이지 www.graubuendenwein.ch

비노테크 폰 살리스 Vinotek von Salis

1994년 처음 문을 연 그라우뷘덴주의 와이너리. 안드레아 다바츠가 두 친구와 함께 처음 와인 숍을 시작했고, 현재는 마이엔펠트를 대표하는 와이너리 중 하나로 명성을 떨치고 있다. 그리손스(Grisons)에 2ha가 넘는 포도밭을 가지고 있으며, 이곳에서 생산한 질 좋은 포도와 플레슈, 마이엔펠트, 예닌스와 말란스 지역 80여 명의 포도 재배 농부들로부터 최고의 포도를 공급받아 와인을 숙성시킨다. 전문 와인 숍으로 와인 테이스팅을 할 수 있으며 온라인으로도 와인을 판매하고 있다. CHF10대의 와인부터 CHF2,890의 2005년산 로마네 콩티(Romanee Conti Richebourg 2005)에 이르기까지 다양한 와인을 보유하고 있다.

주소 Kruseckgasse 3 CH-7304 Maienfeld ☎ 081 302 50 57
영업 화~금 14:00~18:00, 토 09:30~16:00 **휴무** 일~월
홈페이지 www.vonsalis-wein.ch
교통 시청사 광장에서 도보 4분. **지도** p.587-B

램퍼트 바인구트 하이델베르크 Lampert's Weingut Heidelberg

국제 와인 경연 대회에서 피노누아 금메달을 수상자 와이너리. 3대에 걸쳐 포도밭 하이델베르크를 가꿔온 전통의 와이너리. 2만8,000그루의 포도나무 중 3분의 2가 수령 20년 이상이며, 가장 오래된 포도나무의 수령은 45년이다. 약 85%가 피노누아(Pinot Noir)종이다. 포도를 재배할 때 기계 사용을 자제하고 대부분 사람이 직접 수확한다. 단체 손님들이 주로 찾는 레스토랑에서는 와인과 어울리는 다양한 음식도 맛볼 수 있다. 램퍼트의 라벨을 달고 있는 주요 와인들은 1병당 CHF10~50대. 홈메이드 라비올리(Hausgemachte Maultaschen, CHF28), 푹 삶은 우둔살 스테이크와 레드 와인(Geschmorte Rumpsteaks mit Rotweinschalotten und grünen Bohnen, CHF38), 구운 돼지고기와 피노누아 레드 와인(Schweinekrustenbraten pinot Noir mit Rotkraut, CHF34) 등을 맛볼 수 있다.

주소 Heidelberggässli 4 CH-7304 Maienfeld ☎ 081 330 72 05, 079 610 55 23
영업 월~금 08:00~18:00, 토요일 08:00~14:00
휴무 일 **홈페이지** weingut-heidelberg.ch
교통 시청사 광장에서 도보 7분. **지도** p.587-A

슐로스 브란디스 Schloss Brandis

15세기에 세워진 중세의 성이자 현재 그라우뷘덴주에서 가장 저명한 레스토랑 중 하나다. 와인 저장고가 상당히 인상적이다. 가격대는 메뉴 CHF30~50, 풀코스 메뉴 CHF85 내외. 계절에 따라 메뉴는 달라진다.

주소 Schloss Brandis 2 CH-7304 Maienfeld
☎ 081 302 24 23
영업 11:00~23:00, 연중무휴
홈페이지 www.schlossbrandis.ch
교통 시청사 광장에서 도보 2분.
지도 p.587-A

카페 라트하우스 Café Rathaus

시청사 광장 시청사 탑에 붙어 있는 카페 겸 레스토랑이다. 스위스 전통 요리를 주메뉴로 삼고 있으며 소박한 인테리어가 정감이 넘친다. 햄 오믈렛(CHF15), 뢰스티(Rösti, CHF20)를 비롯해 맥주나 물 등의 음료 가격은 CHF4~5 내외다.

주소 Städtli CH-7304 Maienfeld
☎ 081 302 12 63
영업 수~일 07:30~18:30 휴무 월~화
교통 시청사 광장에 있다. 기차역에서 도보 6분.
지도 p.587-A

하이디휘테 Heidihütte

옥센베르크의 초원 한가운데 있는 하이디의 여름 오두막으로 현재는 레스토랑이다. 소금과 향신료를 뿌려 공기 중에서 건조시킨 소고기인 뷘트너플라이쉬(Bündnerfleisch)나 보리와 뷘트너플라이쉬, 베이컨, 콩, 양파, 당근 등의 재료를 잘게 썰어 넣고 우유를 첨가해 끓인 수프인 게르스텐주페(Gerstensuppe)와 같은 이 지역 향토 요리를 비교적 저렴한 가격에 맛볼 수 있다. 그 외 맥주, 커피, 와인 등 다양한 음료수도 판매한다. 알프스 치즈 한 접시(Kaese Portion, CHF10), 뷘트너브레틀리(Bündnerbrettli, 프로슈토, 뷘트너플라이쉬, 치즈, 살라미, CHF20), 와인 마이엔펠터 블라우부르군더(Maienfelder Blauburgunder, CHF18) 등을 맛볼 수 있다.

주소 Heidihütte CH-7304 Maienfeld
교통 하이디도르프(오버로펠스)에서 도보 시간 20분 소요.
지도 p.587-B

알프스 소녀
하이디를 따라가는

마이엔펠트 하이킹

스위스 여류 작가 요한나 슈피리의 명작 《하이디》 그리고 이 원작을 바탕으로 만든 일본 애니메이션 〈알프스 소녀 하이디〉는 전 세계 남녀노소 모두의 사랑을 받은 작품이다. 《하이디》를 이야기할 때 빼놓을 수 없는 곳이 바로 마이엔펠트와 그 주변 마을과 자연이다. 요한나 슈피리가 직접 거닐면서 작품을 구상한 이 지역에는 작품과 관련된 3개의 하이킹 루트가 있다. 그중 일반 여행자가 걷기 좋은 제1코스와 제3코스를 소개한다.

홈페이지 www.heididorf.ch

★ 제1코스 Kleiner Heidiweg ★

**마이엔펠트역 ↔
하이디도르프(오버로펠스 마을)**

코스 마이엔펠트 기차역(해발 약 500m) → 시청사 광장 → 운터로펠스 마을 → 하이디도르프(오버로펠스 마을, 해발 약 660m) → 하이디호프 호텔 → 하이디 분수 → 시청사 광장 → 마이엔펠트 기차역
*이동 경로는 반대로 가도 된다.
소요 시간 2시간~2시간 30분 **난이도** 하
지도 p.587의 빨간색 점선

하이디가 겨울이 되면 산 아래 마을로 내려와 겨울을 보냈던 마을을 돌아보는 작은 하이디 길이다. 마이엔펠트역에서 시청사 광장으로 6분 정도 도보 이

동 후, 시청사 광장 가운데를 가로지르는 도로를 따라 광장을 빠져나온다. 광장에서 성당이 있는 오른쪽 길인 포아슈타트 거리(Vorstadtgasse)로 간다. 하이디 하우스(혹은 하이디도르프) 이정표가 있으니 잘 살피면서 걷는다. 주택가를 지나면 왼편으로 포도밭이 조금씩 보이기 시작한다. 갈림길이 나오면 로펠스(Rofels) 방향, 혹은 하이디도르프 방향으로 계속 걸으면 된다. 빨간색의 하이디벡(Heidiweg) 이정표도 눈에 띄기 시작한다. 평범한 주택가를 걷다가 'Rofels 50m rechts'라는 이정표가 보이면 그 이정표에서 50m쯤 가서 오른쪽 길로 가라는 표시이므로 잘 살펴보아야 한다. 50m 쯤 가서 두 갈림길이 나오면 오른쪽 길(Lurgasse)로 가면 된다.

아기자기한 주택의 조형물

하이디 분수

아름다운 전원 풍경

하이디도르프에서 만난 염소

그 길을 따라 걷다 보면 길 옆으로 포도밭이 펼쳐진다. 갈림길이 나오면 로펠스 혹은 하이디도르프(하이디 하우스) 방향 이정표를 따라가면 된다. 여유롭고 목가적인 포도밭들과 그 너머 배경으로 둘러싼 산들을 바라보며 상쾌하게 하이킹을 할 수 있다. 포도밭을 벗어나 오르막길을 계속 걸으면 아랫동네라는 의미의 운터로펠스(Unter-Rofels)가 나타난다. 작은 분수가 있는 마을 중심을 가로질러 오르막길을 조금 숨이 차게 걷다 보면, 금세 위쪽 마을이라는 의미의 오버로펠스(Ober-Rofels) 마을, 즉 하이디도르프(Heididorf)에 도달한다. 마을 입구에 하이디 하우스에 온 걸 환영하는 간판이 세워져 있다. 그리 크지 않은 소박한 마을 중심에 몇 채의 건물이 있고, 나무 울타리 안에 염소를 키우는 작은 목장이 있다. 우체국(Die Post) 간판이 걸려 있는 2층 건물이 요하나 슈피리 박물관(1층)이자 기념품점 겸 매표소(0층)다. 박물관 위쪽에 하이디 하우스의 옛 생활상을 그대로 재현해 놓았다.

하이디 하우스를 마주 보았을 때 갈림길이 있는데 왼쪽 길이 하이디호프 호텔 방향이다. 하이디 하우스 오른쪽은 제3코스가 시작되는 길이다. 하이디호프 호텔 방향으로 왼쪽길은 이제 완만한 길이다.

목가적인 풍경을 감상하면서 그 길을 따라 계속 걸어간다. 사거리 갈림길에서 하이디호프 호텔 방향인 오른쪽 길이나 마이엔펠트 방향인 왼쪽 길로 가지 말고 하이디벡 이정표를 따라 계속 직진한다. 초원 사이로 난 길을 걷다 보면 왼쪽의 비포장도로로 살짝 꺾으라는 이정표가 나온다.

그 이정표를 따라 작은 숲속을 걸어가면 자동차가 달리는 포장도로가 나오는데, 그 포장도로 건너편에 하이디 분수(Heidibrunnen)가 있다. 하이디 분수에서 온 길을 되돌아서 200m 정도 걷다가 포도밭 방향인 오른편으로 꺾어야 한다. 큰 나무들이 모여 있는 곳을 이정표가 가리키고 있다. 포도밭 사잇길로 이정표를 따라 계속 내려가면 마이엔펠트 구시가와 시청사 광장이 나온다.

보통 걷는 시간만 2시간 정도 소요되며, 하이디 세상 박물관과 하이디 하우스를 구경하는 시간, 하이킹 도중 휴식 시간까지 고려한다면 3~4시간은 예상해야 한다. 하이디도르프에서 시간이 없거나 지친다면 하이디호프 호텔에서 바로 마이엔펠트로 이어지는 지름길로 내려가거나 호텔 앞에서 출발하는 하이디 버스를 타고 마이엔펠트 마을로 돌아가는 방법도 있다.

신책홀에서 바라본 라인 계곡 / 마운틴 바이킹을 즐기는 여행자들

★ 제3코스 Heidi Erlebnisweg ★

> **하이디도르프 ↔**
> **하이디의 초원(옥센베르크)**

코스 하이디도르프(Heididorf, 오버로펠스, 해발 약 660m) → 하이디 모험길(Heidi Erlebnisweg) 12코스 → 하이디의 초원(Heidialp, 옥센베르크) → 하이디 여름 오두막집 → 하이디의 초원 → 하이디 모험길 → 하이디도르프
소요 시간 2시간 30분~3시간 **난이도** 중
지도 p.587의 검은색 점선

하이디도르프(하이디 마을, 해발 약 600m)의 하이디 하우스에서 시작해 하이디의 여름 초원과 오두막(해발 1,111m)이 있는 옥센베르크까지 올라가는 코스다. 해발 600m에서 해발 1,111m까지 계속 구불구불한 오르막길을 올라가는 코스라서 체력적인 부담이 있을 수 있다. 현지 안내 책자에는 2시간 정도 걸린다고 되어 있지만, 실제로는 최소 2시간 30분에서 3시간 정도 넉넉하게 시간을 잡는 편이 좋다. 오두막에서는 간단한 음식도 먹을 수 있으므로 그곳에서 잠시 쉬어가는 시간까지 4시간 정도 예상하고 하이킹을 시작하자.

하이디가 여름을 보냈던 산 위의 넓은 초원과 여름 오두막집을 찾아가는 코스가 바로 하이디 하이킹 코스 제3코스인 하이디 에클레프니스베크(Heidi Erlebnisweg, 하이디의 모험길)이다. 예전에는 하이디의 초원과 오두막 집 코스는 제2코스인 그로서 하이디베크(Grosser Heidiweg)를 통해 가야만 했다고 한다. 그런데 이 코스는 산길이 험하고, 6~8시간이 걸려 일반 여행자에게는 너무 힘들었기 때문에, 좀 더 짧은 제3코스 하이디 에클레프니스베크(Heidi Erlebnisweg)가 만들어졌다.

오버로펠스 마을, 즉 하이디도르프에서 일단 출발한다. 마이엔펠트역에 도착한 여행자는 역에서 출발하는 하이디 버스를 타고 하이디호프 호텔에서 내려서 호텔을 마주 봤을 때 오른쪽에 있는 하이디도르프까지 5~10분 정도 도보로 이동하면 된다. 하이디도르프의 하이디 하우스 입구 맞은편 벽에는 안내 지도가 부착된 나무 간판이 서 있다.

하이디 하우스 박물관 오른쪽으로 난 오솔길을 따라 올라가면 숲으로 이어진다. 옥센베르크까지 이어지는 모든 길이 구불구불한 오르막길이며 비포장 산길이라 적절히 휴식을 취하면서 걷는 편이 좋다. 코스 중간중간 커브길이 나올 때마다 번호가 매겨져 있는 안내판이 있는데, 《하이디》 책 내용 중 각 장소와 연관된 내용 발췌본과 그림, 그리고 관련 기념 조형물이 설치되어 있어 재미있게 읽고 보고 생각하면서 걸을 수 있다.

하이디 하우스 앞에 있는 1번 안내판부터 두 번째 커브까지는 다른 곳보다 상당히 가파르고 좁은 산길이 이어지다가 그 이후부터는 경사가 완만하고 길도 넓어진다. 2번 안내판 베크바이저 광장(Wegweiser-platz)에 이르면 큰 길이 나오는데 왼쪽 오르막길, 옥센베르크 하이디휘테 길로 가도록 한다.

3번 안내판에 도착하면 양과 염소 떼가 목을 축일 수 있는 약수와 물통이 있다. 시원하고 깨끗한 물이므로 마셔도 좋고, 간단히 세수를 하거나 수건에 물을 묻혀 더위를 식히기에 좋다. 4번 안내판이 있는 장소는 하이디에서 알름 삼촌이 음식을 만들기 위해 땔감을 모으던 장소다. 5번 안내판이 있는 곳에는 나무로 된 독수리 조형물이 있다. 이곳에서는 마이엔펠트에서 가장 높은 해발 2,562m의 팔크니스(Falknis)산을 바라볼 수 있다. 피터 할아버지의 염소를 노리던 독수리 둥지가 있던 곳으로 묘사되고 있다.

6번 안내판 옆에는 나무로 된 하이디를 비롯한 커다란 조형물들이 있다. 7번 안내판 츠뉘니 광장(Znueni-Platz)에 이르면 그야말로 시원스런 전망이 눈앞에 펼쳐지는데, 발 아래로 그라우뷘덴의 라인 계곡과 마을들을 한눈에 감상할 수 있다. 맑은 날에는 멀리 쿠어(Chur)까지 보인다. 이곳은 휠체어를 탄 클라라가 아름다운 전망을 감상하던 곳이다. 나무 벤치가 있으니 그곳에 앉아 잠시 쉬면서 간식을 먹기에도 좋다. 8번 알푀히 광장(Alpöhi-Platz)은 알름 삼촌과 하이디가 마을로 내려가는 길에 잠시 벤치에 앉아 자연의 소리를 감상하던 장소. 안내판 오른쪽으로 숲으로 난 작은 길로 들어가면 큰 나무 아래 나무 벤치가 있다. 풀벌레 소리, 바람 소리, 그리고 멀리 소들의 종소리를 들을 수 있다.

9번 가이센페터 광장(Geissenpeter-Platz)은 클라라의 휠체어가 부서진 장소다. 이 사건을 계기로 클라라는 걸을 수 있게 된다. 안내판 옆에 나무로 만든 휠체어가 덩그러니 놓여 있다. 10번(Holztoene)을 지나서 11번 나무집(Das Baumhaus)에 이르면 나무로 지어진 커다란 전망대 타워가 있다. 하이디와 피터가 초원의 염소를 지켜볼 때 올랐던 나무집을 기념해 지은 것이다. 프랑크푸르트에 머물던 하이디는 마이엔펠트의 초원과 마을이 그리워서 그 도시의 높은 탑에 오르기도 했다.

이 전망대에 오르면 사방을 살펴볼 수 있고, 각 방

마을 뒤편의 포도밭

향마다 주요 도시명을 나무에 새겨놓았다. 이 전망대를 지나 조금 더 오르막길을 걸어가면 갑자기 나무들이 사라지고 드넓은 초원이 펼쳐진다. 마지막 12번 안내판이 세 갈림길에 서 있는데, 바로 하이디 알프(Heidialp)를 설명하고 있다. 하지만 사방을 둘러봐도 오두막이 보이지 않는다. 안내판을 마주 봤을 때 왼쪽 풀밭 사이로 난 작은 길을 따라 200m 정도 더 걸어가면 초원 한복판에 자그마한 오두막이 모습을 드러낸다. 오두막은 여름철에 카페 겸 레스토랑으로 문을 연다.

오두막에 서면 바로 앞에 푸른 초원이 시원하게 펼쳐지고 그 아래로 라인 계곡과 주변 산, 마을, 라인 강이 아스라이 모습을 드러낸다. 오두막에서 가꾸는 작은 화분에는 에델바이스가 자라고, 알프스의 야생화들이 피어 있다. 이 지역 전통 치즈와 뷘트너 플라이쉬를 맛보며 평화롭고 아름다운 하이디의 동화 속 세상을 여유롭게 감상해 본다. 내려가는 코스는 온 길을 그대로 역순으로 돌아가면 된다. 내리막길이므로 올라올 때보다는 훨씬 수월하게 내려갈 수 있다.

간식 시간

피터의 자리

바트라가츠
BAD RAGAZ

언어 독일어권 | 해발 516m

《하이디》이야기 속 온천 리조트

바트라가츠는 타미나 계곡의 끝 장크트갈렌주의 남동쪽에 자리 잡은 작은 휴양 마을이다. 13세기 중엽 순례자들이 온천물에 목욕을 하기 위해 바트라가츠에서 4km 정도 떨어진 페퍼스 수도원을 찾기 시작했으며, 1840년에 파이프관을 이용해 사람들이 접근하기 쉬운 바트라가츠로 온천수를 끌어오면서 온천 리조트로 유럽에서 명성을 떨치기 시작했다. 무엇보다도 동화《하이디》에서 휠체어를 타고 생활하는 클라라가 요양을 위해 찾은 곳으로 이야기 속에 등장해 더욱 인기가 높다. 현재 관광 안내소가 있는 옛 공중 욕탕인 도르프바트(Dorfbad)가 바로 애니메이션〈알프스 소녀 하이디〉의 배경 그림이 된 곳인데, 애니메이션 속 모습과 현재의 모습이 너무나 똑같다. 라인강을 사이에 두고 하이디의 마을 마이엔펠트와 이웃하고 있다.

ACCESS
바트라가츠 가는 법

취리히 중앙역에서 RE 직행 열차로 가거나, 자르간스 (Sargans)에서 1회 환승을 해 바트라가츠에 도착할 수 있다. 남쪽에서 올라갈 때는 쿠어(Chur)를 경유해 도착한다.

기차로 가기

취리히 중앙역에서 출발
쿠어 방면으로 가는 지역 특급 열차인 RE를 타고 1시간 14분 소요, 1시간에 1대씩 운행. 직행은 매시 12분에 출발. 23시 12분 막차. 그 외 열차는 자르간스에서 1회 환승해야 한다.

반대편 쿠어에서 갈 경우에는 보통 열차를 타고 세 번째 역에서 내리면 된다(Chur → Landquart → Maienfeld → Bad Ragaz 순). 1시간에 3대 정도씩 운행, 15~17분 소요.

파두츠(Vaduz)에서 출발
포스트버스를 타고 약 30분 거리인 자르간스로 이동한 후, 쿠어행 보통 열차로 갈아타고 5분 정도 가서 바로 다음 역에 내리면 된다. 자르간스에서 바트라가츠행 열차는 1시간에 3대 정도씩 운행.

자동차로 가기

취리히에서 고속도로 3번을 타고 이어서 고속도로 13번을 이용하면 된다. 파두츠에서는 고속도로 13번을 이용하면 된다. 쿠어에서도 마찬가지로 고속도로 13번을 이용한다. 나오는 출구는 모두 고속도로 13번의 바트라가츠 출구다. 출구에서 바트라가츠 중심부까지 약 10분 소요.

INFORMATION

시내 교통

포스트버스 정류장

바트라가츠는 크게 국철역, 구시가, 리조트 세 구역으로 나뉜다. 도시의 규모는 상당히 작아서 도보로도 충분히 다닐 수 있다. 바트라가츠 기차역에서 구시가 중심까지는 도보로 10분 정도 소요된다. 구시가에서 온천 리조트까지는 도보로 5~10분 정도 걸린다. 짐이 많거나 무겁다면 기차역 바로 앞에 포스트버스가 있으므로 구시가 중심이나 리조트까지 포스트버스를 이용하면 5분 이내에 도착한다. 택시로는 3분이면 도착한다. 기차역에서 리조트까지 약 1km.

관광 안내소

도르프바트 Dorfbad

관광 안내소는 구시가 중심에 있는 도르프바트 건물인데, 애니메이션 〈알프스 소녀 하이디〉의 배경이 된 곳으로 유명하다. 관광 안내소에서 바트라가츠와 주변 지역 호텔, 레스토랑, 다양한 액티비티 정보를 얻을 수 있다.

주소 Am Platz 1 CH-7310 Bad Ragaz
☎ 081 300 40 20
개방 월~금 08:30~12:00, 13:00~17:00, 토 09:00~13:00
휴무 일
홈페이지 www.heidiland.com
교통 바트라가츠 기차역에서 도보 12분
지도 p.598-A

SIGHTSEEING

바트라가츠의 관광 명소

구시가
Altstadt ★

소박하고 조용한 구시가

기차역에서 구시가 중심까지는 반호프 거리
(Bahnhofstrasse)를 따라 400m 정도 직진하면 된다.
구시가 중심에는 대로처럼 생긴 바르톨로메 광장
(Bartholome-platz)이 있다. 분수와 꽃시계가 있으나
예전에는 공중 욕탕이었고, 현재는 관광 안내소인 도
르프바트(Dorfbad)가 바로 옆에 있다. 구시가 곳곳에
다양하고 재미있는 조형물과 체스판이 설치되어 있
다. 타미나 협곡에서 흘러나와 라인강으로 합류하는
타미나강이 구시가를 가로질러 흐르고 있다.

교통 바트라가츠 기차역에서 반호프 거리(Bahnhofstrasse)를
따라 도보 12분. 또는 기차역 앞에서 451 · 452번 버스를 타고
4분 소요.
지도 p.598-B

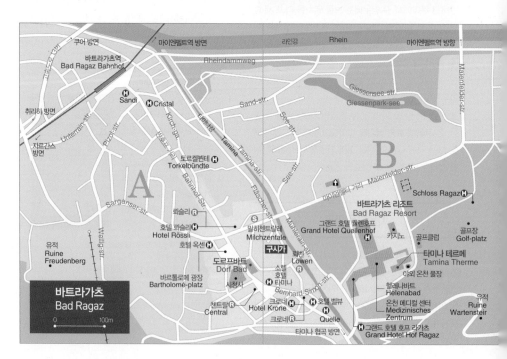

도르프바트
Dorfbad

〈알프스 소녀 하이디〉의 배경으로 등장

〈알프스 소녀 하이디〉 동화와 애니메이션의 배경이 된 곳이다. 이야기 속에서 휠체어 생활을 하는 클라라가 요양차 들렀던 온천 도르프바트는 애니메이션과 똑같은 모습으로 유지되고 있다. 도르프바트 입구 오른쪽 작은 분수대에서는 계속 물이 흘러나오고 있다. 바트라가츠 구시가의 중심으로서 현재 관광 안내소가 들어서 있으며 바트라가츠와 주변 지역의 숙박, 레스토랑, 액티비티에 관한 다양한 정보를 얻을 수 있다. 또한 공중 욕탕으로 명성을 날리던 곳인 만큼 스파 하우스로 재단장해서 현지인들과 여행자들을 맞고 있다.

주소 Am Platz 1 CH-7310 Bad Ragaz ☎ 081 330 17 50
영업 화~토 09:00~12:15, 13:15~18:00 **휴무** 일~월
요금 성인 CHF80(60분 이용), 커플 CHF100(60분 이용)
홈페이지 www.spahouse.ch
교통 바트라가츠 기차역에서 도보 12분. **지도** p.598-A

타미나 테르메
Tamina Therme ★★★

그랜드 리조트 내 5성급 호텔인 그랜드 호텔 퀠렌호프 옆에 있는 대중 온천 센터. 타미나 협곡의 깊숙한 원천에서 하루에 약 800만ℓ나 되는 36.5℃ 온천수가 끊임없이 용출되고 있다. 타미나 테르메 온천수는 나트륨, 마그네슘, 칼슘을 다량 함유해 특히 순환기 질환, 내장 질환, 류머티즘에 큰 효과가 있다고 알려져 있다. 개장 초기에는 방문객들은 밧줄을 타고 협곡 아래로 내려갔다고 한다. 1840년부터 4km나 되는 파이프를 통해 바트라가츠까지 온천수를 끌어오기 시작했고, 1872년 바로 이곳 바트라가츠에 유럽 최초의 실내 온천 풀장이 세워졌다. 릴케, 니체, 토마스 만, 빅토르 위

고 등 많은 유명 인사가 즐겨 찾았다고 한다. 2009년 레노베이션을 통해 주변 자연환경을 조망할 수 있는 현대적인 시설을 갖추게 되었다.

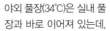

야외 풀장(34℃)은 실내 풀장과 바로 이어져 있는데, 장대한 그리손스(Grisons)산을 바라보며 온천을 즐길 수 있다. 초록 잔디로 둘러싸여 있고 풀장 구석구석 다양한 기능들을 갖춘 온천수가 쏟아진다. 여름엔 선탠을 하기 좋다. 타월 1장은 입장료에 포함되어 있지만 추가 타월은 CHF3을 내야 한다. 손목에 찬 키로 결제하면 되고 온천욕 후, 퇴장 시 안내 데스크에서 입장료와 함께 결제가 된다.

※생일을 맞은 사람은 생일이 표시된 신분증을 제시하면 무료로 입장할 수 있다.

주소 Hans Albrecht-Strasse CH-7310 Bad Ragaz
☎ 081 303 27 40
영업 월~목, 토~일 08:00~22:00, 금 08:00~23:00, 연중무휴
요금 2시간 월~금 CHF33, 토~일·공휴일 CHF40 / 1시간당 추가 요금 CHF4/ 아침(08:00~11:00) 월~금 CHF23, 토~일·공휴일 CHF30(그 외 저녁 이용권, 1일 이용권 등도 있으며, 사우나는 별도 요금, 만 3~16세는 할인 적용) / 1일권 월~금 CHF47, 토~일·공휴일 CHF54
홈페이지 www.taminatherme.ch
교통 바트라가츠 기차역이나 구시가에서 도보 10~15분, 기차역이나 구시가에서 포스트버스를 이용해 타미나 테르메 앞으로 바로 갈 수도 있다.
지도 p.598-B

타미나 협곡

알테스바트 페퍼스·타미나 협곡 (타미나슐루흐트)
Altesbad Pfäfers & Taminaschlucht ★

800여 년 전에 발견된 옛 페퍼스 온천과 신비로운 바위 협곡

1240년 우연히 발견된 미네랄 온천으로 건강에 좋아 오랜 세월 사랑을 받아왔다. 바트라가츠에서 타미나 협곡 사이 비포장도로를 걸어서 닿을 수 있는 곳이다. 예전에는 이 온천수의 치료 효과로 수많은 중세의 왕들과 왕비들이 즐겨 찾았다고 한다. 현재 두 개의 박물관과 페퍼스 온천은 최초로 연구한 의사 파라셀수스(Paracelsus)의 기념관이 있다.

알테스바트 페퍼스에서 몇 미터 떨어진 곳이 바로 신비로운 타미나 협곡으로 들어가는 입구다. 이곳에서 엄청난 물의 힘을 매우 가까이에서 느낄 수 있다. 450m의 길고 안전한 길은 터널을 통과해 산으로 이어진다. 바트라가츠에서 451번 포스트버스를 이용해 알테스바트 페퍼스까지 오거나 바트라가츠 뒤편 협곡 산책로를 따라 이동할 수도 있다

주소 Altesbad Pfäfers CH-7312 Bad Ragaz
☎ 081 302 71 61 **개방** 4월 말~5월 초 09:00~16:15, 5월 초~9월 초 09:00~17:15, 9월 초~10월 중순 10:00~16:15
휴무 겨울 시즌 **홈페이지** www.altes-bad-pfaefers.ch
교통 바트라가츠 기차역이나 우체국(Post), 관광 안내소 앞 버스 정류장에서 451번 버스(1시간 1대 운행)를 타고 15~17분 정도 이동(여섯 정류장). 라골(Ragol)에서 하차 후 도보 5분 이동(총 20분 정도 소요).

피촐산
Pizol

글라루스 알프스의 최고봉

장크트갈렌주에서 가장 높은 산인 해발 2,844m의 피촐은 바트라가츠를 굽어보고 있는 글라루스 알프스에 속해 있다. 피촐에는 산 속 다섯 개의 호수를 일컫는 피촐제엔(Pizolseen)이 있다. 방저제(Wangsersee), 빌트제(Wildsee), 쇼텐제(Schottensee), 슈바르츠제(Schwarzsee), 바살바제(Baschalvasee)의 다섯 개 호수 모두 해발 2,000m 이상의 높이에 있다. 작은 빙하

인 피촐글레처는 산 북쪽 해발 2,600m 지점에 있다. 콘스탄스 호수 맞은편에 있는 라인 계곡의 멋진 전망을 감상할 수 있는 피촐은 하이킹족들, 노르딕 하이킹족, 사이글리스, 스키어들에게 다양한 루트를 제공하고 있다.

교통 바트라가츠 기차역에서 456번 버스를 타고 피촐반(Pizolbahn)역까지 10분 소요. 하차 후 피촐산 체어리프트를 타고 올라간다.

바트라가츠의 식당

첸트랄 Central

가족이 경영하는 전형적인 스위스 레스토랑. 라클레트, 다양한 종류의 뢰스티, 채소나 감자, 샐러드를 곁들인 스테이크 요리 등이 있다. 대표 메뉴로는 뢰스티(Rösti, CHF21.50), 송아지 고기 스테이크(Schweinsteak, CHF29.50) 등이 있다. 바트라가츠 구시가 중심에 위치한다.

주소 Am Platz 6 7310 Bad Ragaz
☎ 081 302 13 85
영업 화~금 08:00~23:00, 토 09:00~23:00(요리 11:30~13:30, 18:00~21:30) **휴무** 일~월
교통 도르프바트(관광 안내소)에서 도보 1분.
지도 p.598-A

뢰슬리 Rössli

500곳 이상의 포도밭에서 들여온 와인 리스트를 보유한 레스토랑이다. 가격 대비 뛰어난 점심 메뉴가 인기가 있다. 바트라가츠 주변 지역에서 나는 신선한 식재료와 좋은 고기로 요리를 한다. 식사 메뉴는 CHF24~.

주소 Freihofweg 3 CH-7310 Bad Ragaz
☎ 081 302 32 32, 081 300 42 84
영업 화~토 12:00~13:45, 18:00~21:15 **휴무** 일~월
홈페이지 www.roessliragaz.ch
교통 도르프바트(관광 안내소)에서 도보 2분.
지도 p.598-A

크로네 라운지 Krone Lounge

크로네 호텔 1층에 위치한 소박한 라운지로 다양한 음료와 피자처럼 생긴 핀사 로마나(Pinsa Romana)가 인기다. 핀사 메뉴는 CHF15~29.

주소 Kronenplatz 10 CH-7310 Bad Ragaz
☎ 081 515 78 10
영업 5월 중순~10월 중순 11:00~21:15
휴무 겨울 시즌
홈페이지 lightragaz.com/angebot/light-lounge
교통 도르프바트(관광 안내소)에서 도보 2분.
지도 p.598-B

SHOPPING

밀히첸트랄레 Milchzentrale

다양한 스위스 치즈를 판매하는 전문점이자 와인, 전통 술, 전통 식품을 판매하는 식료품점. 지역 우유 생산자 협력업체로 등록되어 있으며 좋은 품질의 유제품을 좋은 가격에 제공하고 있다.

주소 Maienfelderstrasse 3 CH-7310 Bad Ragaz
☎ 081 302 11 52
영업 월~금 07:30~12:00 & 13:30~18:30, 토 07:30~16:00 **휴무** 일
홈페이지 www.milchzentrale.ch
교통 도르프바트(관광 안내소)에서 도보 2분.
지도 p.598-A

그랜드 호텔 퀠렌호프
Grand Hotel Quellenhof

1996년 처음 문을 연, 스위스와 유럽 각국의 유명 인사들이 즐겨 찾는 명소. 바트라가츠 구시가와 타미나 강을 경계로 녹음이 우거진 공간에 들어가 있는 스위스 최고의 온천 리조트 호텔이다. 이 호텔이 속해 있는 그랜드 리조트 바트라가츠는 투숙객 전용의 온천 센터 헬레나바트(Helena Bad)와 공중 온천 센터 타미나 테르메(투숙객은 무료), 아름다운 18홀 PGA 챔피언십 코스의 골프장, 카지노 등을 갖추고 있다.

주소 Bernhard-Simonstrasse Bad Ragaz Resort CH-7310 Bad Ragaz
☎ 081 303 30 30 **객실 수** 155실
예산 퀠렌호프 더블 CHF790~, 스파 스위트 더블 CHF880~
홈페이지 www.resortragaz.ch
교통 바트라가츠 기차역 앞에서 451번 버스를 타고 타미나 테르메까지 2~3분 이동 후 도보로 1~2분 이동.
지도 p.598-B

그랜드 리조트 바트라가츠
Grand Resort Bad Ragaz

그랜드 리조트 내의 퀠렌호프 호텔 바로 옆에 있는 자매 호텔이다. 가격은 퀠렌호프보다 저렴한 편이고 방의 크기도 퀠렌호프에 비해 작은 편이지만 5성급 호텔의 화려함과 우아함이 넘친다. 퀠렌호프와 마찬가지로 그랜드 리조트 내외의 온천을 비롯한 모든 편의 시설과 서비스를 이용할 수 있다.

주소 Bernhard-Simonstrasse Bad Ragaz Resort CH-7310 Bad Ragaz ☎ 081 303 30 30
객실 수 131실 **예산** 더블 CHF500~
홈페이지 www.resortragaz.ch
교통 바트라가츠 기차역 앞에서 451번 버스를 타고 타미나 테르메까지 2~3분 이동 후 도보로 1~2분 이동. **지도** p.598-B

호텔 뢰슬리 Hotel Rössli

구시가 중심에 있는 가족 경영의 아담하면서도 모던한 호텔. 바로 옆에 슈퍼마켓 쿠프(Coop)가 있고, 타미나 테르메가 도보 5분 거리에 있다. 이케아 가구와 현대적인 인테리어로 깔끔한 편이다. 무료로 와이파이 서비스를 이용할 수 있다.

주소 Freihofweg 3 CH-7310 Bad Ragaz
☎ 081 302 32 32 **객실 수** 19실
예산 더블 비수기(11~3월) CHF205~, 성수기(4~10월, 1월 말, 크리스마스 시즌) CHF240~, 3박 이상 5% 할인, 7박 이상 10% 할인
홈페이지 www.roessliragaz.ch
교통 도르프바트(관광 안내소)에서 도보 2분. **지도** p.598-A

호텔 벨뷰 Hotel Bellevue

바트라가츠 구시가에서 가장 작은 호텔 중 하나. 객실도 상당히 작은 편이다. 아침 식사는 작은 호텔 규모에 비해 상당히 잘 나오는 편이다. 무료로 와이파이 서비스를 제공한다. 리셉션은 저녁시간부터 아침까지 닫으므로 늦게 도착할 때는 미리 연락을 해두자.

주소 Bernhard Simonstrasse 2 / Badstrasse CH-7310 Bad Ragaz ☎ 081 302 23 33
객실 수 12실
예산 더블 CHF240~, 조식 포함
홈페이지 www.bellevue-genusswerkstatt.ch
교통 도르프바트(관광 안내소)에서 도보 2분.
지도 p.598-B

소렐 호텔 타미나 Sorell Hotel Tamina

바트라가츠 구시가 중심에 위치한다. 현대적인 디자인을 바탕으로 한 감각적인 인테리어가 돋보인다. 하이킹, 골프, 스키, 온천 패키지 상품도 판매하고 있다. 무료 와이파이 서비스를 제공한다.

주소 Am Platz 3 CH-7310 Bad Ragaz
☎ 081 303 71 71
객실 수 51실
예산 더블 CHF230~
홈페이지 www.hoteltamina.ch
교통 도르프바트(관광 안내소)에서 도보 2분.
지도 p.598-B

호텔 옥센 Hotel Ochsen

구시가 중심 바르톨로메 광장에 위치하고 있다. 10개의 객실 중 2곳은 휠체어로 접근 가능하다. 타미나 테르메 온천 센터나 겨울철에는 스키 리조트 이용권을 묶은 패키지 상품도 판매한다. 무료 와이파이 서비스를 제공한다. 보통 11월 말에서 12월 25일까지는 휴무.

주소 Bartholoméplatz CH-7310 Bad Ragaz
☎ 081 330 79 20
객실 수 10실
예산 더블 CHF190~, 조식 포함
홈페이지 www.ochsenragaz.ch
교통 도르프바트(관광 안내소)에서 도보 2분.
지도 p.598-A

토르켈뷘테 Torkelbündte

란돌트(Landolt) 가족이 경영하는 아담한 호텔. 객실은 호텔 규모에 비해 널찍하며 인테리어는 심플하고 깔끔하다. 객실은 싱글룸 6실, 더블룸 6실로 총 12실이다. 모든 객실은 발코니를 갖추고 있다. 무료 주차 공간을 제공한다.

주소 Fläscherstrasse 21a CH-7310 Bad Ragaz
☎ 081 300 44 66
객실 수 12실
예산 더블 비수기(1~3월, 11~12월) CHF170, 성수기(4~10월) CHF186, 조식 포함
홈페이지 www.torkelbuendte.ch
교통 도르프바트(관광 안내소)에서 도보 6분.
지도 p.598-A

생모리츠 주변
Around St. Moritz

생모리츠와 주변 지역
한눈에 보기

생모리츠가 속해 있는 그라우뷘덴(독어로 Graubünden, 프랑스어로 그리종 Grisons)주는 스위스에서 가장 크고 가장 동쪽에 자리하고 있다. 그라우뷘덴은 이탈리아, 오스트리아, 리히텐슈타인과 국경을 접하고 있어 스위스의 다른 지역과는 차별화된 개성 있고 다양한 문화를 보여준다.

생모리츠 `p.608`

세련되고 우아한 분위기가 가득한 세계적으로 유명한 고급 휴양지로서 1년에 평균 322일 정도가 화창한 샴페인 기후로도 인기가 높은 곳이다. 그라우뷘덴주 관광의 거점 도시이자 엥가딘의 아름다운 계곡을 따라 청정한 자연을 만끽할 수 있는 최적의 여행지이기도 하다.

여행 소요 시간 1~2일 **지역번호** ☎ 081
주 이름 그라우뷘덴(Graubünden)주
관광 ★★ 미식 ★ 쇼핑 ★★ 액티비티 ★★★

슈쿠올 `p.630`

미네랄 온천수가 솟아나는 엥가딘 계곡의 아담한 마을이다. 구시가 주택들은 로마네스크 양식의 장식으로 우아함을 보여준다. 슈그라피토라는 독특한 벽면 장식은 슈쿠올만의 자랑이다. 스위스 국립 공원과 근교의 엥가딘 대자연은 여행자들에게 특별한 매력이다.

여행 소요 시간 3시간 **지역번호** ☎ 081
주 이름 그라우뷘덴(Graubünden)주
관광 ★★ 미식 ★ 쇼핑 ★ 액티비티 ★★★

뮈스테어 `p.636`

8세기 샤를마뉴 대제의 명령으로 쿠어의 주교에 의해 건설된 곳으로 성 요한 베네딕트 수도원을 보기 위해 찾는 곳이다. 1983년 유네스코 세계 문화유산으로 지정된 수도원 내부의 화려한 프레스코화는 카롤링거 왕조 시대 예술의 걸작으로 인정받고 있다.

여행 소요 시간 4~5시간 **지역번호** ☎ 081
주 이름 그라우뷘덴(Graubünden)주
관광 ★★★ 미식 ★ 쇼핑 ☆☆☆ 액티비티 ☆☆☆

티라노 p.641

티라노는 사실 스위스가 아니라 이탈리아의 전형적인 작은 마을이다. 스위스와 이탈리아 국경에 위치한 인구 1만 명 정도의 아담한 국경 마을로서, 베르니나 특급의 종착지이기도 하다. 스위스 철도역과 이탈리아 철도역이 이웃해 있는 풍경이 흥미롭다.

여행 소요 시간 1일 **지역번호** ☎ 039
주 이름 이탈리아 발텔리나(Valtelina) 지방
관광 ★★ **미식** ★★ **쇼핑** ☆☆☆
액티비티 ☆☆☆

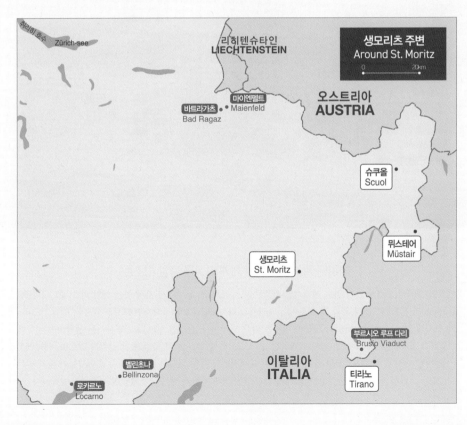

취리히 호수
Zürich-see

리히텐슈타인
LIECHTENSTEIN

생모리츠 주변
Around St. Moritz
0   20km

오스트리아
AUSTRIA

마이엔펠트
Maienfeld

바트라가츠
Bad Ragaz

슈쿠올
Scuol

뮈스테어
Müstair

생모리츠
St. Moritz

부르시오 루프 다리
Brusio Viaduct

벨린초나
Bellinzona

이탈리아
ITALIA

티라노
Tirano

로카르노
Locarno

생모리츠

ST. MORITZ

언어 독일어권(60%), 이탈리아어(20%)권, 로망슈어(5%)권 | **해발** 1,856m

엥가딘 계곡에 자리한 세계 최고급 휴양 리조트

엥가딘 계곡에 포근히 안겨 있는 세계적인 리조트 도시. 알프스 동부에서 가장 높은 산인 피츠 베르니나(Piz Bernina)가 생모리츠에서 불과 몇 킬로미터 거리에 있다. 생모리츠의 구시가인 도르프 지구는 해발 1,856m 에 위치해 있다. 1년 중 320일이 햇살이 비치는 맑은 날이어서 '선샤인 시티'라고도 불리는 생모리츠는 동계 올림픽을 1928년과 1948년 두 번이나 개최한 도시로도 유명하다. 스키 코스가 잘 갖춰져 있으며, 세계에서 가장 비싼 스키 리조트 지역으로 꼽히기도 한다. 그래서인지 특히 유럽의 상류층과 유명 인사들이 즐겨 찾는 다. 또한 스위스 특급 열차 중, 여행자들에게 인기 있는 빙하 특급과 베르니나 특급이 이곳에서 발착한다.

생모리츠 가는 법

생모리츠역으로 들어오는 열차

생모리츠역 앞의 포스트버스 정류장

생모리츠는 스위스 철도로 연결되는 마을 중 고도가 가장 높다. 유네스코 세계 유산에 등재된 라에티안 철도가 운영하는 생모리츠 기차역(해발 1,775m)은 알불라(Albula)와 베르니나 노선의 끝에 자리한다. 기차역은 도르프 지구의 셀라스 거리(Via Serlas) 아래쪽 생모리츠 호숫가에 위치해 있다. 기차역 바로 옆에 포스트버스 정류장이 있어 시내 이동이나 주변 지역 이동에 용이하다.

기차로 가기

취리히 중앙역에서 출발

쿠어(Chur)나 란트쿠아르트(Landquart)까지 IC를 타고 1시간 10분 내외 소요. 쿠어나 란트쿠아르트에서 지역 특급 RE로 갈아타고 약 2시간 소요. 1시간에 1~2대씩 운행. 총 소요 시간 3시간 10분 내외.

체르마트역에서 출발

빙하 특급 열차를 타고 8시간 이동한다. 5월 초~10월 말은 하루에 3대, 오전 출발. 12월 중순~5월 초는 하루에 1대, 오전 출발. 10월 말~12월 중순에는 운행하지 않는다.

자동차로 가기

취리히에서 출발

고속도로 3·13번을 타고 투시스 남쪽(Thusis–Süd) 출구로 나온다. 이곳에서 산길인 일반 도로 3번을 따라 올라가다가 실바플라나(Silvaplana)에서 좌회전하여 일반 도로 27번으로 진입하여 직진한다.

체르마트에서 출발

비스프(Visp)로 이동한 후 일반 도로 9·19번을 타고 라이헨나우(Reihenau)로 향한다. 그 다음 고속도로 13번을 타고 투시스 남쪽 출구로 나온 후 취리히 여정에 나온 대로 하면 된다.

쿠어에서는 고속도로 13번을 타고 투시스 남쪽 출구로 나온 후 위의 나머지 여정대로 가면 된다.

시내 교통

생모리츠는 산비탈에 자리한 구시가 도르프 지구와 호숫가의 바트 지구로 나뉜다. 도르프 지구와 바트 지구는 인접해 있으며 포스트버스를 타고 약 10분 거리에 있다. 도보로는 20~25분 정도 소요된다. 도르프 지구는 관광지와 교통, 숙소, 상점, 식당 등 대부분의 편의 시설이 있으며, 도보로도 충분히 다닐 수 있는 규모다. 만약 바트 지구에 숙소가 있다면 포스트버스를 타고 도르프 지구의 중심인 학교 광장(Pl. da Scoula)에 내린 후 걸어서 둘러보면 된다.

철도로 도착해서 높은 지대인 중심부로 가려면 기차역 바로 옆에서 포스트버스를 이용하거나 택시를 타는 편이 좋다. 택시 승강장은 역 앞에 있다. 호텔에 따라서 무료 픽업 서비스를 제공하기도 하므로 문의해 보자.

포스트버스

도르프 지구의 학교 광장

관광 안내소

도르프 지구의 중심부인 모리티우스 광장(Plazza Mauritius)의 모퉁이에 자리 잡고 있다. 기차역에도 관광 안내소(5월 말~10월 말, 12월 초~4월 중순 매일 10:00~14:00, 15:00~18:30)가 있다. 문을 여는 시간이 계절에 따라 다르므로 주의해야 한다.

주소 Via Maistra 12 CH-7500 St. Moritz
☎ 081 837 33 33
개방 봄 · 가을 월~금 09:00~18:00, 토 10:00~14:00 / 여름 · 겨울 월~토 09:00~18:30 휴무 일
홈페이지 www.stmoritz.ch
www.engadin.stmoritz.ch

엥가딘 카드 Engadine Card

생모리츠에서 2박 이상 머무는 여행자는 생모리츠 호텔협회에 가입된 100곳 이상의 호텔에서 엥가딘 카드를 무료로 발급받을 수 있다. 발급받은 엥가딘 카드로 여름 시즌에는 대중교통과 주변 산악 지대 케이블카 및 로프웨이를 무료로 이용할 수 있다. 겨울 시즌에는 1박 이상 체류할 경우 일반 대중교통과 로프웨이 무료 이용 혜택을 주며, 1일에 CHF35을 추가하면 스키 코스로 연결되는 케이블카와 로프웨이를 무제한 이용할 수 있는 스키 패스를 원래 가격보다 저렴하게 이용할 수 있다. 반드시 호텔 프런트 데스크에 문의해 발급받도록 한다.

화이트 투르프 White Turf

생모리츠를 대표하는 축제는 매년 생모리츠 호수의 빙판 위에서 펼쳐지는 말 경주 시합인 화이트 투르프(white Turf)다. 매년 2월의 3주간의 일요일마다 엥가딘의 수려한 산을 배경으로 꽁꽁 언 빙판 위에서 전 유럽에서 몰려온 순혈종의 말들이 힘차게 달린다. 매년 3만 명 이상의 관객들이 이 경주를 보기 위해 생모리츠로 몰려든다. 세 번의 경주에서 획득한 점수를 합산해 최고점을 얻은 말에게 '엥가딘의 왕(King of the Engadine)'이라는 타이틀이 수여된다.

주소 Via Aruons 29 CH-7500 St. Moritz
☎ 081 833 84 60
홈페이지 www.whiteturf.ch

생모리츠 611

TIP 생모리츠가 겨울 휴양지로 유명해진 이유

생모리츠의 호텔 개척자인 요하네스 바드루트(Johannes Badrutt)는 여름 시즌에 이곳을 찾아온 영국인 손님 4명과 내기를 했다. 그 내용인즉슨 만일 영국 손님들이 겨울에 다시 생모리츠를 찾았을 때 이 도시가 마음에 들지 않는다면 여행 비용 일체를 배상해 주고 만일 겨울의 생모리츠가 매력적이라는 걸 인정한다면 그 손님들이 원하는 기간 동안 자신의 손님으로 머물도록 초대하겠다는 것이었다. 이 사소한 내기가 바로 생모리츠의 겨울 관광의 시발점이자 알프스 겨울 관광의 시작이었다. 스위스 최초의 관광 안내소가 세워진 곳도 생모리츠였다. 19세기 말에 크게 성장한 생모리츠는 스위스 최초로 1878년 쿨름 호텔에 전구를 설치했다. 1880년 최초의 컬링 토너먼트가 열린 곳도, 최초의 유럽 아이스 스케이팅 챔피언십과 알프스 최초의 골프 토너먼트가 열린 곳도 이곳이었다. 또한 봅슬레이의 탄생지도 바로 생모리츠이며, 1906년 눈 위에서 열린 최초의 말 경주, 1907년 얼음 위에서의 경주, 스위스 최초의 스키 스쿨이 열린 곳이기도 하다. 1980년 초부터 생모리츠는 '톱 오브 더 월드'라는 슬로건을 내걸었고, 1987년에는 트레이드마크로 정식 등록했다.

생모리츠를 즐기는 방법

빙하 특급·
베르니나 특급

빙하 특급 ⓒ Switzerland Tourism

스위스의 관광 열차 중에서도 가장 유명한 것이 바로 빙하 특급과 베르니나 특급이라 할 수 있다. 생모리츠에서 출발하거나 경유하는 두 개의 특급 열차는 각기 다른 매력을 지니고 있어 철도 마니아는 물론 스위스를 여행하는 이들에게 꼭 타봐야 할 로망으로 여겨진다.

빙하 특급
Glacier Express

세계에서 가장 유명한 특급 열차

빙하 특급은 스위스 알프스의 대표적인 두 산악 휴양 도시인 생모리츠와 체르마트를 이어주는 알프스 횡단 특급 열차다. 그라우뷘덴주의 생모리츠는 다보스와 함께 세계의 부자들과 유명 인사들이 즐겨 찾는 겨울 휴양지이며, 발레주의 체르마트는 세계

에서 가장 많이 카메라에 담긴 고봉 마터호른이 내려다보이는 청정 산악 마을이다. 또한 그라우뷘덴주는 '스위스의 그랜드캐니언'이라고 불리는 라인 협곡이 있다.

스위스 민영 철도 회사마다 다양한 관광 열차를 운행하고 있는데, 그중 가장 대표적인 것이 바로 빙하 특급이다. 마터호른 고타르트 철도(Matterhorn Gotthard Bahn, MGB)와 레티슈 철도(Rhätische Bahn, RhB)가 공동 운행하고 있다. 체르마트와 생

모리츠 간 270km를 약 8시간에 걸쳐 달리는데, 평균 시속이 약 34km밖에 되지 않아서 '세상에서 가장 느린 특급 열차'라고도 불린다. 예전에는 푸르카 고개를 넘을 때 창밖으로 론 빙하를 볼 수 있었지만, 지금은 푸르카 터널을 통과하기 때문에 론 빙하를 감상할 수 없어 빙하 특급이라는 이름이 조금 무색해졌다. 하지만 특급 열차 중 여전히 높은 인기를 누리는 이유는 전 구간을 따라 철로 주변의 경관이 매우 아름답기 때문이다. 마터호른 고봉을 비롯한 수많은 알프스의 고봉들, 깊은 계곡들과 깎아지르는 듯한 암벽, 그 계곡들 사이 옥빛에 가까운 빙하천들, 봄여름 꽃이 만발한 들판, 291개나 되는 철도교, 91개의 터널, 해발 2,033m의 오버알프 구간 등 드라마틱한 장면이 쉴 새 없이 펼쳐진다. 급경사를 오르거나 내리막 구간을 운행할 때는 톱니바퀴인 래크 앤드 피니언(Rack & Pinion) 시스템을 이용해 천천히 움직인다. 또한 2008년 유네스코 세계 유산으로 지정된 레티슈 철도의 알불라(Albula)–베르니나(Bernina) 구간을 지나가는데, 이 구간의 전망은 단연 압권이다. 각 좌석마다 제공되는 개인 이어폰을 통해 알프스 횡단 루트의 중요한 장소들을 지나칠 때마다 주요 언어(영어·독일어·프랑스어·일본어·중국어·이탈리아어)로 설명을 들을 수 있다.

빙하 특급이 처음 운행된 해는 1930년이었다. 1982년까지 빙하 특급은 오로지 여름 시즌에만 운행되었다. 왜냐하면 푸르카(Furka) 패스와 오버알프(Oberalp) 패스는 겨울에는 눈으로 완전히 덮여버리기 때문이었다. 이후 푸르카 터널이 개통되면서 론 빙하를 볼 수 있는 기회는 잃었지만, 연중무휴로 운행할 수 있게 되었다.

빙하 특급은 세상에서 가장 느린 특급 열차라는 색

다른 콘셉트 덕분에 오히려 1983년부터 승객의 수가 급격히 증가하기 시작했다.

★ 대표 구간 ★
알불라 노선 Albula Line
해발 1,775m의 생모리츠역을 떠나자마자 열차는 엥가딘 초원의 사메단(Samedan)과 베버(Bever)를 지나 알불라 터널로 들어간다. 터널을 나온 열차는 알불라 계곡의 첫번째 역인 프레다(Preda)를 지나 베르귄(Bergün)을 향해 간다. 이 구간은 거리에 비해 고도 차이가 크기 때문에 나선형 구간이 많다.
열차가 계곡 끝에 있는 필리수르(Filisur)에 도달하면, 여기서부터 이 노선의 가장 상징적인 랜드마크인 란트바서 비아둑트(Landwasser Viaduct)를 지나게 된다. 빙하 특급을 담은 사진이나 영상에서 가장 인상적이고 아름다운 장면이 바로 이 비아둑트(구름 다리)다.

★ 예약 ★
빙하 특급의 모든 좌석이 지정석이므로 예약이 필수다. 스위스의 주요 철도역에서 3개월 전부터 예약

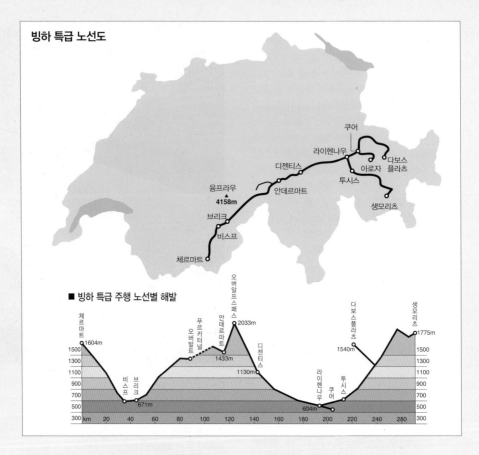

빙하 특급 노선도

■ 빙하 특급 주행 노선별 해발

을 할 수 있다. 우리나라에서는 레일유럽이나 각 여행사를 통해 좌석 예약 및 승차권 구입이 가능하다.

레일유럽 한국지사
홈페이지 www.raileurope.co.kr

빙하 특급 식당칸

빙하 특급
평균 소요 시간 생모리츠–체르마트 8시간
운행 빈도 · 횟수 12월 중순~5월 초 1일 1편, 5월 초~10월 초 1일 2편(7월 중순~9월 중순 1일 3편)
홈페이지 www.rhb.ch / www.glacierexpress.ch

빙하 특급 요금표(2024년 기준, 단위 CHF)

구간 ＼ 좌석	1등석 (편도)	2등석 (편도)
생모리츠 – 체르마트	272	159
생모리츠 – 안데르마트	150.40	88
다보스 – 체르마트	260	152
쿠어 – 체르마트	212	124

※만 6세 이하 무료, 만 6~16세 50% 할인, 스위스 패스 이용자 무료
※좌석 예약 필수이며 예약비는 여름 시즌 장거리 CHF49, 단거리 CHF39, 겨울 시즌 장거리 CHF39, 단거리 CHF29

베르니나 특급 열차
Bernina Express

최근 가장 높은 인기를 누리는 열차

베르니나 특급은 쿠어(혹은 다보스)에서 출발해 생모리츠를 경유한 후 스위스 알프스를 넘어 이탈리아의 티라노(Tirano)까지 이어지는 열차다. 대부분의 코스가 알불라·베르니나 문화 경관 지역의 레티슈 철로 구간을 통과한다.

스위스 투시스(Thusis)에서 이탈리아 티라노에 이르는 구간은 특히 그 아름다움과 문화적 가치를 인정받아 2008년 유네스코 세계 문화유산으로 등재되었다. 스위스와 이탈리아에 걸쳐 있는 다국적 세계 문화유산으로서 알불라·베르니나 구간은 스위스의 알프스 동부의 알불라 산악 지대와, 그 옆 이탈리아 알프스 북부의 베르니나 산악 지대를 이어주는 2개 노선의 기차길이다. 알불라 노선은 1904년에 운행이 시작되었고 베르니나 구간은 수많은 빙하로 덮인 지역에 건설되었다. 황홀한 자연 경관 속에 수많은 터널과 고가 다리와 같은 장대한 인공 구조물을 지나간다.

쿠어에서부터 생모리츠를 지나 티라노역까지 총 122km의 아름다운 이 구간은 196개의 다리를 지나고 20개 도시와 마을, 55개의 터널을 지나며 베르니나 패스 중 가장 높은 해발 고도 2,253m 지점인 오스피치오 베르니나(Ospizio Bernina)를 통과한다. 건설된 지 100여 년이 지났지만 여전히 좋은 상태를 유지하고 있다.

이름은 특급 열차이지만 고도 차이가 크고 곡선이 많은 구간을 운행하느라 빠른 속도로 달리지는 못한다. 4시간 정도 소요되는 이 베르니나 특급 열차는 티라노까지는 특급 열차를 타고 가지만, 티라노에서 종착지인 루가노(Lugano)까지는 연계 버스인 베르니나 특급 버스로 갈아타고 가야 한다. 티라노에서 루가노까지 코모 호수를 따라 버스로 약 3시간 소요된다. 티라노역을 나와서 오른쪽 지하도를 통해 지상으로 나가면 베르니나 버스 정류장이 있다. 이 버스도 전 좌석 예약제로 운행되므로 미리 예약하지 못했다면 티라노 기차역 창구에서 루가노행 베르니나 버스표를 예약·구매할 수 있다.

★ 대표 구간 ★
베르니나 라인 Bernina line

빙하 특급보다 더 드라마틱하고 더 많은 빙하를 볼 수 있는 특급 열차. 스위스를 찾는 여행자들 사이에 단연 인기가 높다. 쿠어와 생모리츠에서 출발해 베르니나 고개의 가장 높은 지점인 오스피치오 베르니나(Ospizio Bernina, 2,253m)를 넘어 이탈리아의 티라노까지 이어진다. 이 노선은 전 노선이 단선으로 되어 있어 상행 열차와 하행 열차는 각 역이나 대기 선로에서 상대편 열차가 지나가기를 기다렸다가 선로를 다시 달린다. 특히 이탈리아 접경으로 갈수록 마치 구시가를 달리는 트램처럼 마을이나 도시의 찻길을 가로지르거나 마을 중심부의 주택가를 횡단하기도 한다. 주로 도시 외곽으로 달리는 열차와는 또다른 즐거움과 풍경을 선사한다. 특히 360도 회전하는 브루시오의 루프 다리는 최고의 볼거리이다. 브루시오역에서 하차한 후 기차역 아래 내리막 길로 마을 중심도로를 따라 도보로 10분 정도 내려가면 목초지 들판 한가운데 돌로 만들어진 루프 다리가 보인다. 목초지 위쪽에서 내려다보거나 루프 다리 아래로 내려가서 뒤로 물러서서 루프 다리를 올려다볼 수 있는 곳이 주요 촬영 포인트다.

또한 열차의 종착지인 티라노 마을의 마돈나 교회 앞 교차로도 세계적으로 유명한 촬영 포인트다. 마돈나

교회를 배경으로 그 앞 교차로를 통과하는 베르니나 익스프레스의 모습은 너무나 유명한 장면이다.

생모리츠를 떠나서 베르니나 계곡의 폰트레시나(Pontresina, 1,774m)에 도착한 후 모르테라치(Morteratsch, 1,896m)역을 지나 베르니나 패스로 오른다. 빙하와 함께 동부 알프스의 가장 높은 봉우리인 피츠 베르니나(Piz Bernina)를 볼 수 있다. 중간에 베르니나 디아볼레차(Bernina Diavolezza, 2,093m)에 정차한다. 그 후 베르니나 특급 열차는 비앙코 호수(Lago Bianco) 위 가장 높은 역인 해발 2,253m의 오스피치오 베르니나역에 도착한다.

알프 그룀(Alp Grüm, 2,091m)은 팔뤼 호수(Ago Palü) 위에 있는 알프스 남쪽의 첫 번째 역이다. U자형 회전을 여러 번 한 후에 포스키아보(Val Poschiavo) 계곡 위 카발리아(Cavaglia, 1,693m)를 지나 이탈리아어를 사용하는 스위스의 포스키아보(1,014m)에 정차한다. 그 후로는 계속 내리막 코스가 이어지는데 몇 개의 역을 지나면 360도 회전하는 나선형 철로(Brusio Viaduct)로 너무나 유명한 브루시오(Brusio, 780m)를 지나게 된다. 이탈리아 국경이 있는 캄포콜로뇨(Campocologno, 553m)를 지나자마자 베르니나 특급 열차는 티라노(Tirano, 430m)에서 그 긴 여정을 마무리한다.

베르니나 특급 열차
출발지 쿠어(Chur) / 다보스(Davos) / 생모리츠(St. Moritz)
도착지 티라노(Tirano) 평균 소요 시간 4시간
운행 빈도 매일
운행 횟수 생모리츠를 기준으로 이탈리아 티라노까지 겨울 시즌(10월 말~5월 초)에는 매일 오전에 1대, 여름 시즌(5월 초~10월 말)에는 하루 3대씩 베르니나 특급 열차를 운행하고 있다.

베르니나 특급 버스

티라노-루가노 구간은 티라노 14시 25분 출발, 루가노 17시 30분 도착이며, 루가노-티라노 구간은 오전 10시 루가노 출발, 13시 티라노 도착이다. 각각 하루에 1대씩 운행한다. 인원이 많을 경우에는 버스 1대에 1대를 더 추가해 운행하기도 한다. 베르니나 특급 버스는 3월 말에서 10월 말까지만 운행한다.

베르니나 특급 열차 요금표(2024년 기준, 단위 CHF)

구간 \ 좌석	1등석 (편도)	2등석 (편도)
쿠어 – 티라노	113	66
쿠어 – 포스키아보	101	59
생모리츠 – 티라노	57	33
생모리츠 – 포스키아보	42,60	25

※예약 필수이며 예약비는 여름 시즌 CHF16, 겨울 시즌 CHF10, 베르니나 특급 버스 여름 시즌 CHF26, 겨울 시즌 CHF20, 만 6~16세 50% 할인, 스위스 패스 이용자 무료(예약비는 별도)

베르니나 특급 버스

베르니나 특급 버스 정류장

베르니나 익스프레스의 모든 좌석은 지정석으로 운행되기 때문에 반드시 예약해야 한다. 스위스의 주요 철도역에서 예약을 할 수 있다. 우리나라에서는 레일유럽이나 각 여행사를 통해 좌석 예약 및 승차권 구입이 가능하다.

레일유럽
홈페이지 www.raileurope.co.kr
레티슈 철도
주소 Bahnhofstrasse 25 CH-7002 Chur
☎ 081 288 65 65, 081 288 61 00
개방 07:00~19:00 **홈페이지** www.rhb.ch

베르니나 특급 열차 & 버스 노선도

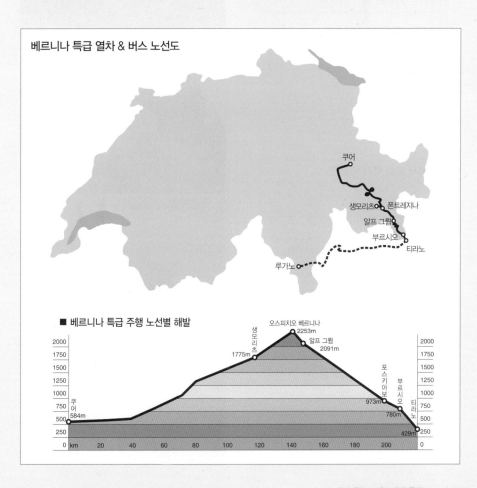

쿠어
생모리츠   폰트레지나
알프 그륌
부르시오
티라노
루가노

■ 베르니나 특급 주행 노선별 해발

오스피치오 베르니나 2253m
알프 그륌 2091m
생모리츠 1775m
쿠어 584m
포스키아보 973m
부르시오 780m
티라노 429m

COURSE

생모리츠의 추천 코스

구시가인 도르프 지구에 관광 명소와 쇼핑 거리가 모여 있다. 도르프 지구를 둘러본 후 케이블카와 로프웨이를 타고 피츠 나이르 전망대까지 올라갔다가, 가볍게 하이킹을 즐기며 내려오는 코스를 추천한다.

DAY
1

생모리츠 기차역
↓ 도보 5분

생모리츠 호수
↓ 도보 15분

엥가딘 박물관
↓ 도보 5분

바르퓌서 교회 역사 박물관
↓ 도보 2분

세간티니 미술관
↓ 도보 15분+케이블카 · 로프웨이 40분
(총 55분 소요)

피츠 나이르 전망대
↓ 로프웨이 10분

코르빌리아
↓ 푸니쿨라 25분
(또는 하이킹 코스로 도보 2시간)

도르프 지구
↓ 중심부에서 도보 10분

베리 미술관

생모리츠 호수

세간티니 미술관

피츠 나이르 전망대

도르프 지구

생모리츠의 관광 명소

엥가딘 박물관
Museum Engiadinais ★★

엥가딘의 전통적인 생활상을 엿볼 수 있다

엥가딘 지방에서 수집한 13세기에서 19세기의 각종 골동품을 전시하고 있다. 박물관 건물은 나뭇결을 그대로 살린 벽, 세밀한 조각으로 장식한 기둥 등 전부 엥가딘의 전통 양식으로 지어졌다. 스그라피토(Sgraffito)라고 하는 독특한 외관 벽면 장식이 인상적이다.

주소 Via dal Bagn 39 CH−7500 St. Moritz
☎ 081 833 43 33
개관 5월 하순~10월 말, 12월 초~4월 중순 목~일 11:00~17:00, 월~수 휴관 / 4월 하순~5월 하순, 10월 말~11월 휴관
요금 성인 CHF15, 학생(만 25세까지) CHF10, 만 17세 이하 아

동 무료, 스위스 패스 소지자 무료
홈페이지 www.museum-engiadinais.ch
교통 도르프 중심부에서 도보 10분.
지도 p.611−A

엥가딘 전통 주택 양식의 엥가딘 박물관

세간티니 미술관
Segantini Museum ★★★

엥가딘의 자연을 화폭에 담아낸 작품들

조반니 세간티니(Giovanni Segantini, 1858~1899)는 현실적 상징주의 화가이자 19세기 말 알프스 회화를 부활시킨 중요한 인물로 평가받는다. 그는 엥가딘의 사계절, 일출이나 일몰의 다양한 색채와 변화를 독특한 터치와 색채로 묘사했다. 그의 작품 중에서 가장 유명한 것이 1층에 전시되어 있는 미완성작 '생(生, Das Leben)', '자연(自然, Die Natur)', '사(死, Der Tod)' 3부작이다.

주소 Via Somplatz 30 CH-7503 St. Moritz
☎ 081 833 44 54
개관 5월 20일~10월 20일, 12월 10일~4월 20일(변동될 수 있으니 홈페이지에서 확인) / 화~일 11:00~17:00
휴무 일~월·1월 1일·부활절·성탄절
요금 성인 CHF15, 학생(만 16~25세) CHF10, 아동(만 6~15세) CHF3
홈페이지 www.segantini-museum.ch
교통 도르프 중심부에서 도보 10분
지도 p.611-A

도르프 지구
St. Moritz-Dorf ★★

생모리츠의 중심, 구시가

학교 광장(Plazza da Scoula)을 중심으로 경사지를 따라 동서로 옆으로 길게 펼쳐져 있는 생모리츠의 중심, 구시가 구역이다. 도르프의 중심은 관광 안내소가 있는 시청사 앞의 모리티우스 광장(Plazza Mauritius)과 포스트버스 정류장이 있는 학교 광장이다. 모리티우스 광장, 중심 거리인 마이스트라 거리(Via Maistra)와 셀라스 거리(Via Serlas) 주변으로 고급 호텔과 레스토랑, 유명 브랜드 상점과 고급 시계점이 늘어서 있다. 학교 광장에 있는 주차장 빌딩 옆길로 올라가면 피츠 나이르 전망대행 케이블카를 탈 수 있다.

교통 생모리츠 기차역에서 도보 15분. 기차역 앞 버스 정류장에서 3번 버스를 타고 5분 소요. **지도** p.611-A

베리 미술관
Berry Museum ★

엥가딘 출신 화가 베리의 작품을 전시

엥가딘 출신의 의사이자 화가였던 피터 로버트 베리(Peter Robert Berry, 1864~1942)는 세간티니의 그림에 감명을 받아 파리와 뮌헨의 미술 학교에서 그림을 배운 뒤 고향 땅인 엥가딘 지방으로 돌아와 40년이 넘는 세월 동안 다양한 유화와 파스텔화, 드로잉 등을 그렸다. 그의 그림 스타일은 인상파 화가 고흐를 떠올리게 하는데, 힘 있는 붓 터치와 밝고 강렬한 색채가 인상적이다.

주소 Via Arona 32 CH-7500 St. Moritz
☎ 081 833 30 18
개관 여름 시즌(7월 중순~10월 중순) 월~금 14:00~18:00
휴무 토~일, 비수기
요금 성인 CHF15, 12세 이하 무료
홈페이지 www.berrymuseum.com
교통 도르프 중심부에서 도보 5분.
지도 p.611-A

생모리츠 디자인 갤러리
St. Moritz Design Gallery ★

보행자 통로에 설치된 파격적인 갤러리

기차역과 호수 그리고 팰리스 호텔 사이에 있는 셀레타 주차장을 활용해 만든 파격적인 갤러리다. 1년 365일 24시간 내내 열려 있다. 바트루트 팰리스 호텔에서 생모리츠 호수까지 이어지는 보행자 통로를 따라 다양한 사진과 그림 포스터가 전시되어 있다.

주소 Parkhaus Serletta CH-7500 St. Moritz
☎ 081 834 40 02
개관 24시간, 연중무휴
홈페이지 www.design-gallery.ch
교통 생모리츠 기차역에서 도보 5분.
지도 p.611-B

정상의 케이블카 승강장

피츠 나이르 전망대
Piz Nair ★★★

엥가딘의 고봉을 볼 수 있는 최고의 전망대

'하늘이 대지를 만지는 곳'이라는 표어처럼 피츠 나이르(해발 3,057m)는 엥가딘의 유명한 봉우리 대부분을 조망할 수 있는 파노라마를 펼쳐낸다. 생모리츠 도르프와 찬타렐라(Chantarella)에서 케이블카나 셀레리나(Celerina)에서 올라오는 마르군스(Marguns) 곤돌라를 타고 코르빌리아에 내려 피츠 나이르 전망대행 로프웨이로 갈아타면 쉽게 정상역에 도달할 수 있다.
피츠 나이르는 코르빌리아와 마르군스 스키 구역 위쪽 정상에 있다. 피츠 나이르는 엥가딘에서 해발 3,303m의 코르바치에 이어 두 번째로 높은 산이다. 피츠 나이르가 있는 생모리츠는 스위스에서 단연 제일 큰 스키 구역 중 하나다. 여름 시즌에는 잘 보존된 하이킹 코스가 약 90km에 이른다.

엥가딘 생모리츠 산악 정보
홈페이지 www.engadin.stmoritz.ch/mountains

코르빌리아-피츠나이르 케이블웨이
AG cableway Corviglia Piz Nair
☎ 081 833 43 44
홈페이지 booking.engadin.ch
교통 도르프 지구의 학교 광장 뒤편의 푸니쿨라 승강장(St. Moritz SMBB)에서 푸니쿨라를 타고 찬타렐라로 간 다음(5분 소요), 푸니쿨라를 갈아타고(15분 소요) 코르빌리아(Corviglia)에서 내린다. 코르빌리아 푸니쿨라역 왼편에 있는 피츠 나이르 전망대행 코르빌리아 로프웨이 승강장(Corviglia LCPN)으로 이동한다. 이곳에서 로프웨이를 타면 바로 피츠 나이르 정상역까지 간다. 도르프에서 출발 시 환승 시간까지 고려해 총 35~40분 정도 소요.
※보통 여름철에는 상행 첫편이 오전 8시 20분, 하행 마지막 편이 16시 50분. 겨울철은 상행 8시 30분, 하행 16시 30분이다. 운행 시간은 계절이나 날씨에 따라 다르므로 반드시 푸니쿨라와 로프웨이 사무소나 관광 안내소에 문의하는 편이 좋다. 5월과 11월에는 운행하지 않는다.
요금 생모리츠 도르프-찬타렐라-코르빌리아-피츠 나이르 왕복 요금(여름 시즌 기준) 성인 CHF79.20, 청소년(만 13~17세) CHF52.80, 아동(만 6~12세) CHF26.40
※엥가딘 카드 소지자는 무료

> **TIP** 피츠 나이르 전망대 레스토랑

정상역에 있는 파노라마 레스토랑은 엥가딘의 전경을 감상하면서 간단한 음료나 커피, 혹은 그라우뷘덴의 전통 요리로 식사를 하기 좋다. 파노라마 레스토랑의 테라스에서 생모리츠 호수와 생모리츠 시내, 엥가딘 계곡과 수려한 베르니나 알프스의 눈부신 파노라마를 감상할 수 있다.

생모리츠 근교 여행

오버엥가딘의 대자연 즐기기

생모리츠 주변의 오버엥가딘(Oberengadin) 지역은 계절마다 다양한 스포츠와 액티비티를 즐길 수 있다. 엥가딘의 청정하고 아름다운 대자연 속에서 누릴 수 있는 다양한 즐거움을 절대 놓치지 말자.

홈페이지 www.bergbahnenengadin.ch

겨울

오버엥가딘에는 주요 구역이 4곳 있다. 일반적인 스키·스노보드 외에도 달빛 스키, 얼음 위 카이트 서핑, 컬링, 패러글라이딩 등 다양한 겨울 액티비티들이 있다.

생모리츠 바트 지구의 성당 옆에서는 1시간에 CHF10 내외의 요금으로 말이 끄는 썰매를 탈 수 있다. 얼어붙은 생모리츠 호수 위를 가로질러 달린다.

★ 주요 스키 구역 ★

코르빌리아-피츠 나이르
Corviglia-Piz Nair

엥가딘 계곡의 북쪽 면으로 햇살이 잘 드는 남향이다. 이곳에 접근할 수 있는 루트는 3가지인데, 첫 번째 루트는 생모리츠 바트 지구로부터 지그날(Signal)까지 케이블카로 이동한 뒤, 체어리프트를 타고 해발 2,659m의 문트 다 산 무레찬(Munt da San Murezzan)까지 가면 된다. 생모리츠 도르프 지구에서는 푸니쿨라를 타고 찬타렐라(Chantarella)를 경유해 코르빌리아(Corviglia, 2,486m)까지 올라갈 수 있다. 이 곳에서 피츠 나이르 정상(3,057m)까지 케이블카를 타고 올라가면 된다. 생모리츠 근처의 셀레리나(Celerina)에서도 곤돌라를 타고 마르군스(Marguns, 2,278m)까지 올라간 뒤, 체어리프트를 타고 코르빌리아까지 갈 수 있다.

코르바치-푸르첼라스
Corvatsch-Furtschellas

생모리츠 바트 지구 남쪽으로 3km 정도 떨어져 있는 주를레(Surlej)에서 케이블카를 타고 무르텔(Murtel, 2,702m)에 도착한 후, 다시 곤돌라를 타고 피츠 코르바치(Piz Corvatsch, 3,451m)까지 올라가면 된다. 얼음 동굴이 있는 피츠 코르바치에서 생모리츠 바트까지 약 8km의 스키 활주로가 이어진다.

디아볼레차-라갈브
Diavolezza-Lagalb

생모리츠 남쪽으로 12km 떨어진 구역으로, 폰트레시나(Pontresina)에서 접근하는 게 수월하다. 이곳은 경사가 가파르고 난이도가 높은 코스여서 중급자 이상에게 권한다.

추오츠 Zuoz

생모리츠 남쪽으로 12km 떨어진 구역으로, 폰트레시나(Pontresina)에서 접근하는 게 수월하다. 이곳은 경사가 가파르고 난이도가 높은 코스여서 중급자 이상에게 권한다.

여름

여름 시즌에 오버엥가딘 계곡 구석구석을 누빌 수 있는 하이킹 코스가 발달해 있다. 최고의 하이킹 코스 중 하나는 무오타스 무라글(Muottas Muragl, 2,453m)에서 출발하는 파노라마벡(Panorama-weg)이다.

★ 주요 하이킹 코스 ★

무오타스 무라글 파노라마벡
Muottas Muragl Panoramaweg

코스 무오타스 무라글 푸니쿨라 꼭대기역 출발/알프 란구아르트, 폰트레시나 도착
구간 길이 7km **추천 시즌** 6~10월 **소요 시간** 약 2시간 **난이도** 하

무오타스 무라글 로만틱 호텔(Romantik Hotel Muottas Muragl) 앞에서 출발해 엥가딘의 장대한 전망을 감상하며 파노라마 길을 따라 걷는 코스다. 무라글 계곡(Val Muragl)과 운터러 샤프베르크(Unterer Schafberg, 2,218m), 울창한 스위스 소나무 숲을 차례로 통과해 해발 2,330m의 알프 란구아르트(Alp Languard)에서 마무리되는 여정이다. 알프 란구아르드에서 체어리프트를 타고 폰트레시나(Pontresina) 마을로 내려오면 된다.
주소 Engadin St. Moritz Mountains AG
☎ 081 830 00 00
홈페이지 www.muottasmuragl.ch
www.engadin.stmoritz.ch

셀레리나 맨발 하이킹
Barefoot trails in Celerina

1번 코스(Trail 1)
코스 산 지안(San Gian)-푼트 달스 보우브스(Punt dals Bouvs)-산 지안 **이동 거리** 2.8km **소요 시간** 약 45분

2a 코스(Trail 2a)
코스 산 지안(San Gian)-코마 주오트(Choma Suot)-산 지안 **이동 거리** 3.6 km **소요 시간** 약 1시간

2b 코스(Trail 2b)
코스 산 지안(San Gian)-코마 주오트(Choma Suot)-산 지안 **이동 거리** 5.0 km **소요 시간** 약 1시간 30분

2c 코스(Trail 2c)
코스 산 지안(San Gian)-슈타저제(Stazersee)-산 지안 **이동 거리** 6.1 km **소요 시간** 약 2시간

자연과 좀 더 가까워지고자 하는 열정적인 사람을 위한 맨발 트레킹 코스. 맨발 걷기는 혈액순환과 면역 체계를 강화시켜 신체 건강에 좋다. 셀레리나 주변의 아름다운 슈타츠 숲(Staz Forest)은 이를 위한 최적의 장소다. 아이가 있는 가족 여행자에게도 적합하다. 총 4개의 맨발 하이킹 코스가 있다.

트레일 정보 센터
주소 Celerina Tourist Information CH-7505 Celerina
☎ 081 830 00 11

생모리츠는 재생가능한 에너지 자원 생산을 증진시키고 자연환경을 보호하는 에너지 프로젝트를 진행하고 있다. 수력, 태양열, 바이오가스 자원을 이용한 에너지가 실제로 생모리츠에서 피츠 나이르에 이르기까지 사용되고 있다.
클린 에너지 트레킹은 태양열판이 설치되어 있는 피츠 나이르 정상역에서 시작된다. 피츠 나이르에서 문트 다 산 무레찬(Munt da San Murezzan)으로 내려가는 가파른 코스다. 문트 다 산 무레찬에서 알피나휘테(Alpinahuette)까지는 비교적 넓고 평탄한 길이 이어지다가 알피나휘테에서 코르빌리아까지 가파른 길이 이어진다. 코르빌리아부터는 전반적으로 평탄한 내리막길이 계속된다. 사스 룬쵤(Sass Runzöl)을 거쳐 알프 노바(Alp Nova)까지 특별한 석회암으로 이루어진 지대를 통과하면 된다. 그 후 코르빌리아 철로 아래로 통과한 다음 찬타렐라까지 길게 휘어진 길을 따라가면 된다.

트레일 정보 센터
주소 Engadin St. Moritz CH-7500 St. Moritz
☎ 081 830 00 01
홈페이지 www.engadin.stmoritz.ch

클린 에너지 투어
Clean Energy tour

코스 피츠 나이르(Piz Nair)-문트 다 산 무레찬(Munt da San Murezzan)-코르빌리아(Corviglia)-사스 룬쵤(Sass Runzöl)-찬타렐라(Chantarella)
이동 거리 8.2km **최저 고도** 1,039m **최고 고도** 해발 3,022m
소요 시간 2시간 15분

코르빌리아-생모리츠 도르프 트레킹
Corviglia - St. Moritz Dorf Trekking
(필자의 추천 트레킹 코스)

코스 코르빌리아(Corviglia)-마르군스(Marguns) 방향-메르헨벡(Märchenweg)-알프 라레트(Alp Lalet)-찬타렐라(Chantarella) 또는 생모리츠 도르프(St. Moritz Dorf)
이동 거리 코르빌리아-생모리츠 도르프 6.2km / 코르빌리아-찬타렐라 7km **소요 시간** 1시간 30분~2시간 내외
추천 시기 6~10월 **난이도** 중

비교적 난이도가 무난하고, 생모리츠의 자연을 즐
길 수 있는 여정은 코르빌리아에서 출발하는 코스
다. 코르빌리아(2,486m)에서 마르군스(2,278m) 방
향으로 완만한 경사의 초록 들판을 걸어내려 간다.
하이킹 길의 흔적과 이정표가 있으니 잘 따라가면
된다. 석회암 구역과 야생화로 가득한 들판이 계속
이어지고 계곡 아래 생모리츠 호수와 호수 너머 엥
가딘의 산들이 멋진 풍경을 선사한다. 마르군스까
지 가도 되지만, 마르군스 방향으로 가되 좀 더 생
모리츠 호수에 가까운 길 전망이 더 좋다.
그렇게 내려오다 보면 마르군스에서 알프 라레트
(Alp Lalet)로 이어진 매르헨벡 길이 나온다. 알프
라레트 방향(생모리츠 도르프 방향) 오른쪽 큰 길은
계속 내리막길이 이어진다. 내려오다가 셀레리나 방
향과 생모리츠 도르프 방향(찬타렐라)으로 갈라지
는 길이 나온다. 여기서도 오른쪽 좁은 내리막길로
내려간다. 그렇게 내려가다 보면 숲속에서 찬타렐
라와 생모리츠 도르프 갈림길의 이정표가 나오는데
시간의 여유가 있고, 체력적인 부담이 없다면 찬타

렐라로 가는 방향(직진)으로, 그렇지 않다면 생모리
츠 도르프(왼쪽 내리막길) 길로 선택한다.

TIP
엥가딘 지역의 다양한 액티비티

수많은 하이킹 코스와 함께 생모리츠와 주변 엥가
딘 지역에서는 산악자전거, 전기 자전거, 암벽 타기,
빙하 걷기, 카누 타기, 승마, 래프팅, 윈드서핑, 카이
트 서핑 등 다양한 액티비티를 즐길 수 있다. 산악
자전거 코스는 무려 400km에 이른다. 코르빌리아
행 케이블카는 자전거를 휴대하고 탈 수 있다.

www.stmoritz-experience.ch
생모리츠 주변 산과 계곡에서 즐길 수 있는 다양한 액티
비티 소개

www.windsurfing-silvaplana.ch
실바플라나 호수에서 즐길 수 있는 윈드서핑 소개

www.kitesailing.ch
실바플라나 호수에서 즐길 수 있는 카이트 세일링 소개

코르바치 Corvatsch

이탈리아안과 스위스 요리를 주메뉴로 하는 엥가딘 스타일의 레스토랑이다. 목재를 활용한 내부 인테리어는 안락함을 준다. 퐁뒤와 육류 등이 주메뉴이며 계절마다 메뉴가 바뀐다. 대표 메뉴로는 송아지 게슈네첼테스(CHF45.50), 쇠고기 등심 스테이크(Entrecôte Café de Paris mit Pommes Frites, CHF46.50), 뢰스티(Rösti, CHF25~30) 등이 있다.

주소 Via Tegiatscha 1 CH-7500 St.Moritz
☎ 081 837 57 57
영업 매일 겨울 11:30~23:00, 여름 11:30~22:00
휴무 4월 중순~5월 말
홈페이지 www.hotel-corvatsch.ch
교통 생모리츠 바트 지구의 중심에 위치. 코르빌리아/피츠 나이르 스키 구역으로 올라가는 지그날(Signal) 케이블카 승강장에서 도보 3분 거리. 기차역에서 도보 20분. 버스로는 5분 정도 소요된다.
지도 p.611-A

엔기아디나 Engiadina

치즈 퐁뒤와 그릴 스테이크가 주메뉴인 레스토랑. 도르프 중심의 학교 광장에서 100년 넘게 영업하다가 최근 생모리츠 호숫가로 옮겼다. 중심부에서 도보 12분 거리. 팰리스 호텔에서 기차역까지 에스컬레이터를 이용하면 좀 더 수월하게 갈 수 있다. 전통 치즈 퐁뒤(Käse-fondue traditionell mit Brot, CHF31.50), 뢰스티 피자(Rösti Pizza, CHF22~23), 뷘트너텔러(Bündnerteller, CHF27.50) 등을 맛볼 수 있다.

주소 Via Dimlej 1 CH-7500 St. Moritz
☎ 081 833 30 00, 081 833 32 65
영업 매일 10:00~00:00(요리 주문 11:00~22:00)
홈페이지 www.restaurant-engiadina.ch
교통 생모리츠 기차역 뒤편 호수 방향으로 도보 8분.
지도 p.611-B

파노라마 레스토랑 피츠 나이르
Panorama Restaurant Piz Nair

도르프 지구 위쪽 엥가딘에서 두 번째로 높은 피츠 나이르 정상에 있는 레스토랑이다. 엥가딘의 봉우리들이 파노라마처럼 펼쳐지는 가운데 현지에서 나는 신선한 재료로 만든 전통 요리를 맛볼 수 있다. 홈메이드 수프와 파이, 그라우뷘덴 전통 요리를 추천한다. 식사 메뉴 CHF24~.

주소 Bergstation Corviglia CH-7500 St. Moritz
☎ 081 833 08 75
영업 겨울 시즌 12월 중순~4월 초,
여름 시즌 5월 초~10월 중순 09:00~16:30
(피츠 나이르 로프웨이 운행 시즌에 따름)
홈페이지 www.piznair.ch
교통 피츠 나이르 전망대 건물 내에 있다. 도르프 지구에서 푸니쿨라와 케이블카를 타고 40여 분 소요.

존네 Sonne

1979년부터 존네 호텔에서 운영하고 있는 레스토랑.
바트 지구에 있으며 주로 이탈리안 피자와 스위스 전
통 요리를 주메뉴로 하고 있다. 화덕에서 직접 구워내
는 이탈리아 전통 피자가 인기(테이크아웃도 가능). 좌
석도 250석 이상이며 단체 여행자도 많이 찾는 곳이
다. 대표 메뉴로는 마르게리타 피자(Margherita,
CHF13.50), 칼초네(Calzone, CHF18), 뷘트너플라이쉬
(Bündnerfleisch, CHF27.50) 등이 있다.

주소 Via Sela 11 CH-7500 St. Moritz
☎ 081 838 59 59 **영업** 07:00~23:00(요리 주문 11:30부터
가능), 피자 11:30~14:00 & 17:00~23:00 **휴무** 4~6월 중순
홈페이지 www.sonne-stmoritz.ch
교통 생모리츠 기차역 앞 버스 정류장에서 3번 버스를 타고
8정류장을 가서 존네(Sonne) 정류장에 하차하면 바로 앞에 있
다(8분 소요). **지도** p.611-A

하우저 Hauser

도르프의 중심에 위치한 레스토랑. 아침 7시 30분부
터 조식 뷔페를 1인당 CHF25에 이용할 수 있다. 샌드
위치와 뢰스티, 채식주의자 메뉴를 갖추고 있다. 특히
월요일부터 금요일까지 요일별로 제공하는 CHF25의
런치 메뉴가 가격 대비 훌륭하다. 추천 메뉴는 피요다
(Piöda, 수·금 저녁, 1인 CHF55)다. 테이블 위에 뜨거
운 돌판을 놓고 그 위에 각종 고기와 해산물, 채소 등
을 구워 먹는 요리인데 스위스에서는 상당히 보기 드
문 메뉴다. 다양한 사이드 디시와 홈메이드 소스가 곁
들여진다. 매주 수요일과 금요일 저녁에 피요다 핫 스
톤 뷔페를 열고, 12가지 종류의 고기, 채소, 홈메이드
소스, 다양한 사이드 메뉴를 제공한다.

주소 Via Traunter Plazzas 7 CH-7500 St. Moritz
☎ 081 837 50 50 **영업** 매일 07:30~23:00, 연중무휴
홈페이지 www.hotelhauser.ch
교통 생모리츠 기차역에서 도르프 중심부를 향해 도보 15분.
지도 p.611-A

(TIP) 켐핀스키 호텔에서 온천 즐기기

켐핀스키 호텔은 생모리츠 바트 지구에 위치해 있으며 코르빌리아 스키와 하이킹 구역에 바로 접근할 수 있는 케이
블카역 맞은편에 있다. 켐핀스키 호텔의 온천은 자연으로 돌아가자는 모토로 빙하수와 엥가딘 숲속의 허브들과 나무
들 그리고 베르겔 화강암을 재료로 독특하고 우아한 분위기를 만들어낸다. 사우나, 실내 풀장, 크나이프(Kneipp) 욕
탕, 일광 테라스, 여성 전용 스파 등 다양한 시설을 갖추고 있다. 생모리츠에서 다양한 활동을 즐긴 후 이곳 온천에서
피로를 풀도록 하자. 숙박객이 아니어도 요금을 내면 온천을 이용할 수 있다.

주소 Via Mezdi 27 CH-7500 St. Moritz
☎ 081 838 30 90
영업 풀장·사우나 겨울 07:30~22:00, 여름 07:30~21:00 / 여성 전용 스파 겨울 14:00~22:00, 여름 14:00~20:00 / 미용과
마사지 겨울 08:00~21:00, 여름 08:00~20:00
요금 호텔 투숙객 무료, 투숙객의 손님 CHF50, 일반 이용객 1일 입장권 성인 CHF75, 아동(3~12세, 성인 동반, 07:30~19:00)
CHF45, 해피 아워(12:00~15:00) 성인 입장권 CHF50
홈페이지 www.kempinski.com
교통 생모리츠 기차역 앞 버스 정류장에서 3·4번 버스를 타고 10정거장 가서 생모리츠 바트 지구의 지그날(Signal)에서 하차
후 도보 2분(총 12분 소요). **지도** p.611-A

호텔 에덴 Hotel Eden

도르프 지구 중심에 위치해 있으며 전통과 모던이 조화를 이루는 깔끔한 호텔이다. 체크인은 오후 3시부터 가능하다. 요청 시 추가 요금을 내고 기차역까지 셔틀 서비스를 받을 수 있다. 와이파이 서비스를 무료로 제공한다.

주소 Via Veglia 12 CH-7500 St.Moritz
☎ 081 830 81 00 **객실 수** 35실
예산 더블 CHF341~, 조식 포함
홈페이지 www.eden.swiss
교통 생모리츠 기차역 앞에서 버스 3번을 타고 도르프 지구의 클리닉 구트(Klinik Gut)에서 하차 후 도보 3분(총 5분 소요).
지도 p.611-B

슈테파니 Steffani

한 가족이 3대째 운영 중인 호텔이다. 소나무와 석재를 활용한 객실은 깔끔하다. 사우나와 실내 수영장을 갖추고 있다. 도르프 지구의 중심인 학교 광장과 피츠 나이르행 승강장에 인접해 있어 쇼핑과 관광에 편리하다.

주소 Via Traunter Plazzas 6 CH-7500 St. Moritz
☎ 081 836 96 96 **객실 수** 64실
예산 더블 CHF360~(계절에 따라 요금이 다르므로 홈페이지 참조), 조식 포함 **홈페이지** www.steffani.ch
교통 생모리츠 기차역 앞에서 버스 3번을 타고 도르프 지구의 클리닉 구트(Klinik Gut)에서 하차 후 도보 2분(총 4분 소요).
지도 p.611-A

랭가드 Languard

도르프 지구 중심 보행자 구역에 있는 무척 친절하고 전통적인 분위기의 호텔이다. 조식당이나 남향 방에서는 생모리츠 호수와 오버엥가딘의 산들이 파노라마처럼 펼쳐진다. 무료로 와이파이 서비스 이용 가능.

주소 Via Veglia 14 CH-7500 St. Moritz
☎ 081 833 31 37
객실 수 22실
예산 더블 CHF214~(시즌에 따라 가격이 다름, 홈페이지 참조), 조식 포함
홈페이지 www.languard-stmoritz.ch
교통 생모리츠 기차역에서 도보 10분.
지도 p.611-B

존네 Sonne

크게 3개의 건물로 구성되어 있는 호텔로 바트 지구에 있다. 메인 건물은 레스토랑과 붙어 있는 존네 호텔 건물이다. 3개의 건물에 숙박하는 손님들이 모두 이곳의 레스토랑에서 아침 식사를 제공받는다. 무료로 제공받는 와이파이는 호텔 존네와 카사 델 솔레에서만 가능하다.

주소 Via Sela 11 CH-7500 St. Moritz
☎ 081 838 59 59 **객실 수** 82실
예산 더블 존네 CHF120~, 카사 델 솔레 CHF110, 카사 프랑코 CHF95~(겨울 성수기 기준 계절에 따라 요금이 달라지므로 홈페이지 참조), 조식 포함
홈페이지 www.sonne-stmoritz.ch
교통 생모리츠 기차역 앞 버스 정류장에서 3번 버스를 타고 8 정거장을 가서 존네(Sonne) 정류장에 하차하면 바로 앞에 있다(8분 소요).
지도 p.611-A

유겐트헤르베르게 생모리츠

Jugendherberge St.Moritz

밝고 현대적인 가구가 배치된 방에서 볼 수 있는 생모리츠 호수와 산들의 전망이 좋다. 바트 지구의 산 아래쪽에 위치해 있어 오버엥가딘 지역의 스키 구역과 호스텔에서 60m 이내에 있는 하이킹과 사이클링 루트에 접근이 용이하다. 연중무휴. 체크인은 오후 3시부터 가능하며 5월과 11월에는 오후 5시부터 가능하다. 무료로 와이파이를 이용할 수 있다.

주소 Via Surpunt 60 CH-7500 St. Moritz
☎ 081 836 61 11
객실 수 94실
예산 도미토리 1인 CHF47~, 더블룸(개인욕실) CHF186~, 조식 뷔페 포함(시즌에 따라, 스키장 이용 여부에 따라 요금이 변동되므로 홈페이지에 반드시 확인하자.)
홈페이지 www.youthhostel.ch/st.moritz(독, 영)
교통 생모리츠 기차역 앞 3번 버스를 타고 바트 지구의 존네(Sonne) 정류장에서 하차 후 도보 7분 이동. 총 15분 소요.
지도 p.611-A

하우저 Hauser

스위스 소나무를 재료로 한 가구 인테리어와 심플하고 모던한 디자인이 인상적인 호텔이다. 도르프 지구 학교 광장 아래쪽 트라운터 광장에 자리 잡고 있다. 기차로 도착할 경우 도착 예정 시간을 미리 알려주면 호텔에서 무료로 픽업을 나온다. 무료 와이파이 사용이 가능하다.

주소 Via Traunter Plazzas 7 CH-7500 St. Moritz
☎ 081 837 50 50 **객실 수** 51실
예산 더블 여름 시즌 CHF189~, 겨울 시즌 CHF209~, 조식 포함
홈페이지 www.hotelhauser.ch
교통 생모리츠 기차역에서 도르프 지구 중심부를 향해 도보 13분. 3번 버스를 타고 클리닉 구트(Klinik Gut)에서 하차 후 도보 2분(총 4분 소요). **지도** p.611-A

발트하우스 암 제 Waldhaus am See

생모리츠 기차역에서 가깝다. 생모리츠 호수와 엥가딘의 산들을 굽어보고 있는 전망 좋은 호텔이다. 사우나, 스팀 욕장, 솔라리움, 마사지룸 등을 갖추고 있으며 주차 공간이 넓다. 무료 와이파이 서비스, 호텔과 코르빌리아행 푸니쿨라역 무료 셔틀, 기차역과 호텔 간 무료 셔틀 버스를 제공한다.

주소 Via Dim Lej 6 CH-7500 St. Moritz
☎ 081 836 60 00 **객실 수** 50실
예산 더블 비수기 CHF220~, 겨울 성수기 CHF430~(시즌에 따라 요금 차이가 크므로 홈페이지 참조), 조식 포함
홈페이지 www.waldhaus-am-see.ch
교통 생모리츠 기차역 뒤편 호수 방향으로 도보 9분.
지도 p.611-B

슈쿠올
SCUOL

언어 로망슈어권, 독일어권 | 해발 1,244m

독특한 벽면 장식의 온천 도시

슈쿠올은 오스트리아와의 국경까지 20km 정도 떨어져 있는 그라우뷘덴주의 온천 도시로 스위스의 동쪽 끝자락 인(Inn) 강변에 위치해 있다. 로망슈어를 공식 언어로 사용하는 대표적인 마을이기도 하다. 옛날부터 유명한 온천 마을이었고, 운터엥가딘 계곡의 비즈니스 중심지이다. 1992년 온천 센터가 문을 열면서 스위스의 대표적인 온천 리조트로서 각광받기 시작했다. 온천과 함께 독특한 벽면 장식인 스그라피토(Sgraffito)도 유명하다. 스그라피토는 석회유를 바르고 벽면을 끌로 깎아낸 후 다양한 그림과 색채로 장식을 하는 것이 특징이다. 구시가 가옥들의 벽면마다 고유의 장식과 색채, 무늬로 꾸며진 스그라피토를 구경하는 즐거움을 이 있다.

ACCESS
슈쿠올 가는 법

주요 도시 간의 이동 시간

생모리츠 → 슈쿠올 기차 1시간 20분(1회 환승)
취리히 → 슈쿠올 기차 2시간 40분(1회 환승)

스위스의 동쪽 끝자락 그라우뷘덴주의 작은 마을이며, 오스트리아와의 국경까지 약 20km 거리에 위치해 있다. 위치상 생모리츠에서 접근하기가 쉬우며, 취리히에서도 열차를 1회 환승해서 접근할 수 있다. 생모리츠와 일반 국도 27번으로 연결되어 있다.

기차로 가기

생모리츠역에서 출발
레티슈 철도(RhB)의 RE선를 타고 사메단(Samedan)까지 간 후(7분 소요) 슈쿠올-타라스프(Scuol-Tarasp)역에서 하차하면 된다(약 1시간 10분 소요). 환승 대기 시간까지 모두 약 1시간 20분 소요. 매시 2분에 출발. 1시간에 1대씩 운행.

취리히 중앙역에서 출발
IC 열차를 타고 란트쿠아르트(Landquart)까지 간 후(1시간 4분 소요), 란트쿠아르트에서 레티슈 철도의 RE선을 타고 슈쿠올-타라스프 역에서 내리면 된다(약 1시간 25분 소요). 환승 대기 시간까지 모두 합해 약 2시간 40분 소요. 1시간에 1대씩 운행.

슈쿠올-타라스프역

자동차로 가기

생모리츠에서 출발
일반 도로 27번을 이용해 1시간 30분 소요. 약 60km 거리.

취리히에서 출발
고속도로 3·13번을 타고 란트쿠아르트로 나온 후, 일반 도로 28번을 타고 셀프란자(Selfranga)로 가서 카 트레인을 타고 베라이나 터널(Vereina-tunnel)을 통과한 후 일반 도로 27번을 이용하면 된다. 약 3시간 소요되며 거리는 약 197km.

택시로 가기

슈쿠올이 속해 있는 운터엥가딘 지역 내에서는 택시로 이동하는 것도 가능하다. 운터엥가딘 지역은 오스트리아, 이탈리아와 국경을 접하고 있는 스위스 남동쪽 그라우뷘덴주에 속해 있는 계곡 지역이다.

아바 택시(ABA Taxi, Scuol) ☎ 081 864 80 80
굴러 트래블(Guler travel) ☎ 081 864 10 00
지온 트래블(Zion travel) ☎ 076 418 07 42

시내 교통

열차로 도착하면 슈쿠올-타라스프(Scuol-Tarasp)역에서 내리게 된다. 역과 구시가 중심부는 떨어져 있는데, 도보로 약 20분, 포스트버스로는 4~5분 소요된다. 기차역 광장에 버스 정류장이 있다. 911 · 912 · 913 · 921 · 923 · 925번 포스트버스가 구시가를 지나는데, 기차역(Staziun)에서 구시가 중심에 있는 엥가딘 온천(BognEngiadina)까지 세 정류장이다. 구시가는 그리 크지 않으므로 도보로 충분히 돌아볼 수 있다. 포스트버스 요금은 성인 CHF4.40, 아동(6~16세) CHF2.20.

관광 안내소

주소 StaziunScuol CH-7550 Scuol
☎ 081 861 88 00
개방 월~금 08:00~18:30,
토 09:00~12:00, 13:30~17:30, 일 09:00~12:00
홈페이지 www.engadin.com, www.scuol.ch
교통 슈쿠올-타라스프 기차역 바로 옆.

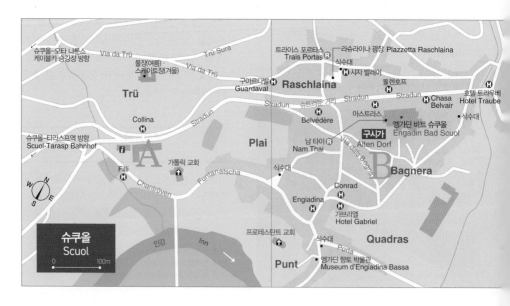

슈쿠올의 관광 명소

구시가
Alten Dorf ★★

독특한 벽면 장식이 아름다운 구시가

이탈리아어로 '긁음'이라는 뜻을 가진 스그라피토(Sgraffito)는 일반적으로 회화, 도자기 등 시각 예술에서 적용되는 기법이다. 색이 다른 2개의 면을 포갠 뒤, 윗면을 군데군데 긁어내, 무늬나 형태가 아랫면의 색으로 드러나게 하는 방법이다. 슈쿠올의 400년이 넘는 주택들 벽면은 이러한 스그라피토 기법으로 표현한 다양한 문양과 그림, 색채로 장식되어 있어 특히 구시가 골목길에서 많이 볼 수 있다. 구시가 중심 거리인 슈트라둔(Stradun) 거리에서 온천 센터를 등지

고 윗길로 올라가면 라슈라이나(Raschlaina) 지구가 있다. 라슈라이나 광장과 골목 곳곳에서 스그라피토가 장식된 벽면들을 감상할 수 있다. 또한 온천 센터에서 인강 방면 구시가 남쪽 지역에도 다양한 문양의 스그라피토로 장식된 주택들을 볼 수 있다.

라슈라이나 광장(Piazzetta Raschlaina)에는 두 종류의 광천 샘이 흘러나오는 식수대가 있다. 이 광천수는 무기질이 풍부하다고 알려져 있으며 물의 색깔과 맛이 다르다. 바로 마시거나 물병에 담아갈 수 있으므로 마음껏 맛보도록 하자. 구시가 곳곳에 5군데 정도 광천수가 나오는 분수대가 있다. 마실 수 있는 물은 '트링크바서 상테(Trinkwasser Sante)'라고 표시해 두었다.

주소 Piazzetta Raschlaina
교통 슈쿠올−타라스프 기차역에서 슈쿠올 구시가 방면으로 도보 15분. 기차역에서 버스 901번을 타고 슈쿠올 프라투오르(Pratuor) 정류장에서 하차 후 도보 2분(총 5분 소요).
지도 p.632−B

구시가의 아름다운 주택과 식수대

엥가딘 바트 슈쿠올

엥가딘 바트 슈쿠올
Engadin Bad Scuol(Bogn Engiadina) ★★★

알프스 온천의 여왕

'알프스 온천의 여왕'이라고 불리는 온천 센터. 월풀, 스팀욕, 솔라리움, 사우나, 소금물풀, 로만 아이리시 욕장 등을 갖추고 있다. 야외 온천 풀장은 운터엥가딘의 산들이 둘러싸고 있는 풍경이 일품이다. 광천수가 나오는 식수대도 있는데, 컵 요금(CHF1.50)을 지불하면 유황천, 탄산천 등 4종류의 광천수를 마실 수 있다.

주소 Via dals Bogns 323 CH-7550 Scuol
☎ 081 861 26 00
영업 매일 08:00~21:45 / 광천수 식수대 월~금 08:00~10:30 휴무 토~일
요금 3시간권 성인(만 18세 이상) CHF34, 청소년(만 12~17세) CHF20, 아동(만 6~11세) CHF13 / 저녁 입장권(19:30~) 성인 CHF24, 청소년 CHF14, 아동 CHF9, 만 6세 미만 무료
홈페이지 www.bognengiadina.ch
교통 슈쿠올-타라스프 기차역 앞에서 923번 버스를 타고 슈쿠올 엥가딘 온천(Bogn Engiadina) 정류장에서 하차하면 바로 옆에 있다(4~5분 소요). **지도** p.632-B

모타 나룬스
Motta Naluns ★★

운터엥가딘 자연 속 스키 & 하이킹 지역

슈쿠올 중심부에서 1km 떨어진 곳에 슈쿠올 케이블카 승강장이 있다. 케이블카를 타면 스키어들과 하이킹족에게 인기가 높은 해발 2,146m의 모타 나룬스(Motta Naluns)로 올라간다. 이 지역은 하이킹 여정의 출발점이자 아름다운 운터엥가딘 산악 세계의 중심이기도 하다. 스키 지역에는 13개의 케이블카와 스키 리프트를 갖춘, 무려 80km에 이르는 스키 활강 코스인 피스트(piste)가 있다. 하강 코스는 초보자들도 탈 수 있을 정도로 어렵지 않다. 여름과 겨울에는 지역 버스와 연계해 산악 케이블카역에 쉽게 접근할 수 있다. 스키 시즌에는 버스가 무료다.

슈쿠올-모타 나룬스 케이블카
운행 여름 시즌 5월 말~6월 말, 8월 말~11월 초 09:00~16:45, 6월 말~8월 말 08:00~17:15 / 겨울 시즌 12월 초~3월 초 08:45~16:00(계절과 날씨에 따라 조금씩 시간은 변동)
요금 왕복 성인 CHF26, 아동 CHF13 / 겨울철 스키 패스 1일권 성인 CHF67
홈페이지 www.bergbahnen-scuol.ch
지도 p.632-A

슈쿠올의 식당

슈쿠올의 숙소

남 타이 Nam Thai

엥가딘 바트 슈쿠올 안에 있는 편안한 분위기의 태국 레스토랑. 두 명의 태국 셰프가 직접 고른 메뉴로 구성되어 있다. 똠얌꿍(Tom yam goong, CHF16), 새우와 바질이 들어간 매운 카레 갱 당 궁(Gaeng dang goong, CHF35.50) 등을 맛볼 수 있다.

주소 Stradun 323 CH-7550 Scuol ☎ 081 864 81 43
홈페이지 www.belvedere-hotelfamilie.ch
영업 월 · 목~일 18:00~21:30 **휴무** 화~수
교통 엥가딘 바트 슈쿠올 온천 센터 내에 위치. **지도** p.632-B

트라이스 포르타스 Trais Portas

슈쿠올에서 가장 작은 레스토랑이며 작지만 예쁘게 꾸민 세 개의 방에서 신선하고 질 좋은 스테이크를 맛볼 수 있다. 스위스 전통 요리와 지중해식 요리를 주메뉴로 하고 있다. 가격대는 CHF20~80 정도이며, 예약 필수.

주소 Vi 356 CH-7550 Scuol ☎ 081 860 38 20
영업 화~토 17:30~22:00
휴무 일~월(계절에 따라 영업일과 오픈 시간이 달라지므로 홈페이지에서 확인할 것)
홈페이지 www.traisportas-scuol.ch
교통 슈쿠올-타라스프 기차역에서 901번 버스를 타고 프라투오르(Pratuor) 정류장에서 하차 후 도보 2분(총 5분 소요).
지도 p.632-B

호텔 퀠렌호프 Hotel Quellenhof

구시가 중심 스트라둔 거리 한가운데에 위치해 있다. 밝은 분위기의 실내 인테리어와 전통 나무 벽과 가구들이 인상적이다. 온천 센터와 슈트라둔 대로를 사이에 두고 거의 마주보고 있어 온천 이용자에게 편리하다.

주소 Vi 335 CH-7550 Scuol
☎ 081 864 12 15, 081 252 69 69
객실 수 30실 **예산** 더블 CHF150~, 조식 포함
홈페이지 www.quellenhofscuol.ch
교통 슈쿠올-타라스프 기차역에서 901 · 923번 버스를 타고 엥가딘 온천(Bogn Engiadina) 정류장에서 하차 후 버스 지나온 방향으로 도보 1분(총 5~6분 소요). **지도** p.632-B

샤자 발레어 Chasa Valär

구시가 라슈라이나 광장에 있는 광천수 식수대 바로 옆에 있는 B&B 게스트하우스 겸 아파트먼트다. 다양한 스그라피토를 구경할 수 있는 구시가 한가운데에 있다.

주소 Vi 364 CH-7550 Scuol
☎ 081 864 19 59 **객실 수** 20실
예산 더블 CHF110~, 조식 포함
홈페이지 www.ferienhaus364.ch
교통 슈쿠올-타라스프 기차역에서 901 · 923번 버스를 타고 벨베데레 정류장에서 하차 후 도보 1분(총 3~4분 소요).
지도 p.632-B

뮈스테어
MÜSTAIR

언어 로망슈어권 | 해발 1,247m

아름다운 프레스코화를 간직한 수도원이 있는 계곡 마을

이탈리아와 맞닿은 스위스의 동쪽 끝, 그라우뷘덴주 깊은 뮈스테어 계곡(Val Müstair)에 포근히 안겨 있는 뮈스테어는 인구가 1,000명도 채 안 되는 작은 마을이다. 이 마을 외곽에 있는 성 요한 베네딕트 수도원에는 9세기에 그려진 프레스코화가 남겨져 있으며 스위스 국가 중요 유산이자 유네스코 세계 문화유산으로 지정된 유서 깊은 곳이다. 이 아름다운 수도원을 보기 위해 스위스와 세계 각국에서 여행자들이 작은 마을 뮈스테어를 찾는다.

ACCESS

뮈스테어 가는 법

주요 도시 간의 이동 시간

생모리츠 → 뮈스테어 기차+버스 2시간 20분
자동차 1시간 15분

생모리츠에서 약 73km 거리로 2시간 20분 소요. 대중 교통으로 갈 경우 기차로 바로 연결되는 편은 없으며 중간에 체르네츠(Zernez)역에 내려서 뮈스테어행 버스로 갈아타야 한다.

기차와 버스로 가기

생모리츠역에서 열차를 타고 체르네츠에서 내린다. 약 47분 소요. 체르네츠 기차역 바로 옆에 있는 포스트버스 정류장에서 말스 기차역(Mals Bahnhof)행 811번 포스트버스를 타고 뮈스테어 수도원(Müstair, Clostra Son Jon) 정류장에서 하차한다. 약 1시간 7분 소요. 환승 시간을 포함해서 총 2시간 20분 정도 소요된다. 뮈스테어 버스 정류장이 총 4개인데 정류장 이름을 잘 보고 반드시 클로스트라 손 존(Clostra Son Jon, 성 요한 베네딕트 수도원)에서 하차하도록 한다.

체르네츠 – 뮈스테어 수도원 버스
운행 07:00~19:00, 매시 15분 출발
요금 성인 CHF22, 아동(6~16세) CHF11

체르네츠 역

자동차로 가기

생모리츠에서 일반 도로 27번을 타고 북쪽으로 계속 이동한 후 체르네츠에서 일반 도로 28번으로 진입하면 된다. 스위스 국립 공원을 지나쳐서 이후 수도원이 나올 때까지 계속 직진한다. 약 74km 거리로 1시간 15분 소요.

성 요한 베네딕트 수도원 앞 버스 정류장

INFORMATION

시내 교통
성 요한 베네틱트 수도원 앞 버스 정류장에 도착해 길을 건너면 바로 수도원이 있다. 뮈스테어 마을 자체에 특별한 볼거리가 있는 것은 아니며, 수도원을 여유롭게 돌아보는 것으로 충분하다.

뮈스테어의 관광 명소

성 요한 베네딕트 수도원
Clostra Son Jon ★★★

1200년 동안 보존된 프레스코화를 간직

뮈스테어 마을 외곽 도로변에 자리 잡은 고대 베네딕트 수도원. 기나긴 세월에도 잘 보존된 카롤링거 시대의 벽화 덕분에 이 수도원은 1983년 유네스코 세계 유산으로 지정되었다. 이 수도원은 이탈리아에서 알프스를 넘어 뮈스테어 계곡을 통과하는 길에 위치해 있어 계곡의 통행을 통제할 수 있도록 요새화되었다. 건설 당시에는 남자 수도원으로 지어졌으나 12세기에 수녀들이 거주하는 수도원으로 바뀌었으며 현재도 많은 수녀들이 생활하고 있다. 수도원 뒤쪽에는 아담한 뮈스테어 마을과 그 주변을 둘러싼 산들이 운치 있고 평화로운 느낌을 준다. 겉으로 보기에는 평범한 외관이지만 안에 들어서면 화려하고 웅장한 프레스코화가 벽면과 천장을 가득 채우고 있다.

9세기 초에 일련의 프레스코화가 교회 내부에 그려졌다. 이후 11세기와 12세기에 건물을 증축하면서 예전 프레스코화 위에 새로운 그림을 덧칠했는데, 20세기에 와서야 재발견되었다. 벽화는 남동쪽 벽면에서 시작해 시계 방향으로 이야기가 서술되고 있다. 카롤링거 왕들과 성서의 이야기들, 특히 다윗 왕과 그리스도

의 묘사가 특히 인기가 있다. 서쪽 벽면의 그림들은 최후의 심판 그림으로 이어져 있다. 동쪽 벽면과 애프스들은 12세기에 로마네스크 프레스코화로 다시 그려졌으며 성 요한의 순교, 지혜로운 처녀와 어리석은 처녀 등 주로 신약성서의 주제들을 보여주고 있다.

수도원에 병설되어 있는 3층 첨탑(Planta Tower)은 천년이 넘는 세월 동안 수도원의 삶과 고고학적인 역사를 잘 보존하고 있으며, 현재 박물관으로 이용되고 있다. 옛 성구(聖具)와 당시 생활용품들이 전시되어 있으며 수녀들의 고요하면서도 사적인 생활 공간을 잠시 엿볼 수 있다. 수도원 입구 왼편의 안내 데스크에서 입장권을 구입해 프레스코화가 그려진 교회 내부 왼편 박물관 입구인 흰색 문의 호출 벨을 누르면 안에서 관리자가 안에서 자동으로 열어주는 식으로 운영하고 있다.

수도원 매점에서는 수도원과 뮈스테어 계곡에서 생산한 다양한 상품과 수녀들이 직접 만든 종교적인 성구들, 공예품들을 구입할 수도 있다. 특히 이곳 수도원에서 만든 누스토르테인 '클로스트라 손 존 누스토르테(Clostra Son Jon Nusstorte)'가 단연 인기다. 수익금은 수도원을 보수하는 데 사용된다. 수도원의 왼편으로 길 건너편에는 차발라치(Chavalatsch) 호텔 겸 레스토랑이 있어 숙박을 원하거나 식사를 원하는 여행자가 편리하게 이용할 수 있다.

주소 Postfach 30 CH-7537 Müstair
☎ 081 851 62 28
개관 박물관 연중무휴(성탄절 제외).
5~10월 월~토 09:00~17:00, 일·공휴일 13:30~17:00 /
11~4월 10:00~12:00 & 13:30~16:30. 일, 공휴일은 오전 휴관, 오후 개관
입장료 박물관 성인 CHF12, 학생 CHF8, 청소년(6~16세) CHF6, 6세 이하 무료
홈페이지 www.muestair.ch
교통 뮈스테어 마을 중심을 가로지르는 큰 도로를 따라 도보로 15분 정도 걸으면 넓은 들판에 상당히 큰 규모의 수도원을 쉽게 발견할 수 있다. 체르네츠(Zernez)에서 출발하는 말스(Mals)행 811번 포스트버스가 수도원과 뮈스테어 계곡 사이 마을마다 정차한다. 약 1시간 8분 소요. 수도원에 인접한 마을인 산타 마리아 발 뮈스테어(Sta. Maria Val Müstair) 우체국(posta)에서 수도원까지 버스로 10분 정도 소요된다. 뮈스테어라는 이름으로 정류장이 많은데, 클로스트라 손 존(Clostra Son Jon) 정류장에서 내리면 바로 길 건너편에 수도원이 있다.

⟨TIP⟩ 수도원 게스트하우스

수도원은 게스트하우스를 운영하고 있는데 총 9개의 방이 있다. 개인뿐만 아니라 커플도 묵을 수 있으며, 음식을 조리할 수 있는 주방도 딸려 있다. 숙박객은 수도원의 기도 생활과 성찬, 명상에 참여할 수 있다. 11월에는 문을 닫는다.

⟨TIP⟩ 누스토르테 Nusstorte

견과류 파이. 그라우뷘덴주만의 특산물이라고 할 수는 없지만 한때 엥가딘 지역에서만 주로 생산되었다. 원래 다른 지역에 있던 지역 제빵 요리사가 호두가 잘 자라는 남부 지역인 그라우뷘덴으로 이 누스토르테를 가지고 왔다고 한다. 오늘날은 그라우뷘덴주에서 생산되는 누스토르테가 그 명성을 얻게 되었고, 기념품으로 스위스 전역으로 판매되고 있다. 뮈스테어 수도원과 인근 마을에 들러 누스토르테만의 깊은 맛을 느껴보자.

카페 푸시나 Café Fuschina

마이어벡 전통 제과점에서 바로 옆자리에 오픈한 카페로 함께 운영하고 있다. 뷘트너 게르스텐주페(Bündner Gerstensuppe, CHF10.50) 등 그라우뷘덴주의 전통 요리를 비교적 저렴한 가격에 맛볼 수 있다.

주소 Veglia 99 CH-7536 Sta. Maria Val Müstair
☎ 081 858 51 16
영업 월~토 07:00~12:00 & 14:00~18:00 **휴무** 일
홈페이지 www.meierbeck.ch
교통 성 요한 베네딕트 수도원에서 체르네츠행 811번 버스를 타고 산타 마리아 발 뮈스테어(Sta. Maria Val Müstair) 우체국(Posta) 정류장에서 하차한 후, 버스 진행 방향으로 마을 중심 도로를 따라 도보 2~3분 거리에 있다.

마이어벡 Meier-beck

40년 전통의 누스토르테 전문 제과점. 2012년 스위스 챔피언 제빵사에 선정된 직원이 있을 정도로 실력이 뛰어난 제과점이다. 1981년에 제과점 바로 옆에 카페 푸시나(Fuschina)를 오픈해 같이 운영하고 있다.

누스토르테(Tuorta da nusch, 16cm(550g) CHF21.50, 19cm(750g) CHF27).

주소 Via Veglia 99 CH-7536 Sta. Maria Val Müstair
☎ 081 858 51 16
영업 월~토 07:00~12:00, 14:00~18:00 **휴무** 일
홈페이지 www.meierbeck.ch
교통 카페 푸시나(왼쪽 참조) 바로 옆.

차발라치 Chavalatsch

차발라치 호텔에서 운영하는 레스토랑으로 다양한 세트 메뉴(CHF30 이하)를 적당한 가격에 판매하고 있어 수도원 방문 시 한 끼 식사를 해결하기에 좋다.

주소 Purtatscha 11 CH-7537 Müstair
☎ 081 858 57 32
홈페이지 www.hotel-muestair.ch
교통 뮈스테어 클로스트라 손 존(Clostra Son Jon) 버스 정류장에서 도보 2분. 수도원 맞은편에 있다.

티라노
TIRANO

언어 이탈리아어권 | 해발 429m

베르니나 특급의 종착지인 이탈리아 도시

티라노는 베르니나 특급의 종착지이자 스위스 국경을 지나 이탈리아 발텔리나(Valtellina) 지방에 속한 도시다. 이곳에서 루가노까지는 베르니나 특급 버스를 타고 이동하게 된다. 일정에 따라 티라노에서 하루 정도 체류하다 가거나 기차역과 연결된 연계 버스를 이용해 루가노까지 가면 된다. 특히 베르니나 특급이 티라노의 구시가 중심인 마돈나 교회를 가로질러 종착역으로 들어가는 모습은 다른 도시에서 볼 수 없는 아름다운 장면이다. 티라노에 도착하기 전에 지나온 브루시오(Brusio)의 360도 회전 루프 철교 위를 달리는 빨간색 열차를 사진에 담아보는 것도 좋다. 이탈리아 땅이므로 유로화가 통용되지만 스위스 프랑으로 환율을 계산해서 받아주는 가게들도 꽤 있으므로 잠깐 체류하는 데 큰 불편은 없다.

티라노 가는 법

주요 도시 간의 이동 시간

생모리츠 → 티라노 자동차 약 1시간(58km)

기차로 가기

생모리츠에서 지역선이나 베르니나 특급을 타고 약 2시간 30분 소요. 1시간에 1대씩 운행.

쿠어에서는 사메단(Samedan), 폰트레지나 (Pontresina)에서 각각 환승해야 한다. 약 4시간 소요. 1~2시간마다 1대씩 운행.

자동차로 가기

생모리츠에서 일반 도로 27번을 타고 폰트레지나 방면으로 가서 폰트레지나에서 일반 도로 29번을 타고 계속 남쪽(이탈리아 방면)으로 내려가면 된다. 외길이므로 길을 잃을 염려는 없다. 약 1시간 소요. 58km.

INFORMATION

시내 교통

티라노 기차역은 스위스 철도들이 도착하는 스위스 레티슈 철도역과 이탈리아 열차들이 운행되는 이탈리아 국철역으로 분리되어 있다. 기차역에서 시내 중심인 구시가까지는 도보 10분 정도면 도달한다. 기차역에서 사진 포인트인 마돈나 교회까지는 도보 15분 정도 소요된다.

루가노행 베르니나 특급 버스

티라노역 Tirano Stazione

베르니나 특급을 비롯해 스위스에서 넘어오는 레티슈 열차들이 도착하는 곳은 티라노 시내에 있는 스위스 레티슈 철도역이다. 원래는 역 구내에서 입국 심사를 했으나 요즘은 거의 하지 않는다. 국경을 넘기 때문에 만일을 대비해 여권을 소지할 것. 스위스 철도역을 나오면 바로 오른편에 이탈리아 국철역이 있다. 이탈리아 국철역 내에 티라노 관광 안내소가 있으므로 지도와 자료를 받아두면 좋다. 두 역 사이 지하 통로를 통해 바깥으로 나가면 베르니나 특급과 연계된 루가노행 베르니나 특급 버스 정류장이 있다.

지도 p.643-B

이탈리아 국철역

티라노의 관광 명소

마돈나 교회
Santuariodella Madonna di Tirano ★★

베르니나 특급이 바로 앞을 지나는 성당

1504년 9월 29일에 성모마리아가 발현했다는 전설을
바탕으로 16세기에 건설되었다. 사실 교회 자체보다는
교회 앞을 가로질러 티라노 마을 중심부를 관통하는
선로 위로 베르니나 특급이나 빨간색 레티슈 열차가
통과하는 장면으로 유명하다. 수시로 열차가 운행하
므로 로터리 맞은편에 있는 카페에 앉아 여유롭게 감
상하는 것도 좋다.

주소 Piazza della Basilica 1 23037 Tirano Sondrio
☎ 39 034 270 12 03 **교통** 티라노 기차역에서 비알레 이탈리
아 대로(Viale Italia)를 따라 도보 15분. **지도** p.643-A

브루시오 루프 다리
Brusio Viaduct ★★★

베르니나 특급이 360도 회전하는
최고의 파노라마 루프 다리

쿠어에서부터 생모리츠를
지나 티라노역까지 196개의
다리, 20개 도시와 마을, 55
개의 터널을 거치는 총
122km 이상의 아름다운 구
간을 달리는 베르니나 특급
은 최고의 인기를 구가하는

테마 열차다. 특히 360도 회전하는 브루시오의 루프
다리는 최고의 볼거리이자 열정적인 사진작가들의 피
사체이기도 하다. 브루시오역에서 하차한 후 기차역
아래 내리막길로 도보로 10분 정도 내려가면 목초지
들판 한가운데에 돌로 만든 루프 다리가 보인다. 목초
지 위쪽에서 내려다보거나 루프 다리 아래로 내려가
좀 더 뒤로 물러서서 루프 다리를 올려다보는 곳이 주
요 촬영 포인트다. 티라노의 스위스 기차역에서 지역
선이나 베르니나 특급을 타고 20분 정도면 도착한다.
1시간에 1대씩 운행한다.

교통 브루시오 기차역 하차 후 도보 10분 **지도** p.607

루가노 주변
Around Lugano

루가노와 주변 지역
한눈에 보기

이탈리아와 국경을 접하고 있는 티치노(Ticino)주는 고풍스러운 역사와 아름다운 산과 호수가 어우러진 곳이다. 스위스의 가장 남쪽에 위치한 주(칸톤)답게 화창한 햇살이 기분을 상쾌하게 해주는 최고의 휴양지이기도 하다. 이탈리아어를 유일한 공식 언어로 사용하고 있는 티치노주는 전형적인 이탈리아의 정취가 물씬 풍겨난다.

루가노 p.648

스위스 남부, 이탈리아와 길게 국경을 맞대고 있는 티치노(Ticino)주의 중심이 바로 루가노다. 특히 추운 겨울에는 북부 스위스인들이 온난한 기후와 햇살을 즐기기 위해 몰려든다. 여름 시즌에는 호수 유람선을 타고 근교 도시를 여유롭게 둘러보기에도 좋다.

여행 소요 시간 1일, 근교 도시 포함 시 2일 이상   **지역번호** ☎ 091 **주 이름** 티치노(Ticino)주
관광 ★★ **미식** ★★ **쇼핑** ★★ **휴양** ★★

벨린초나 p.662

티치노주 교통의 요충지로 번영했던 중세 시대 요새 도시다. 유네스코 세계 문화유산에 등재된 3개의 각기 다른 형태의 웅장한 중세 시대의 성들과 구시가를 둘러싼 요새 벽인 무라타(Murata) 벽이 볼만하다.

여행 소요 시간 5시간   **지역번호** ☎ 091
주 이름 티치노(Ticino)주
관광 ★★★ **미식** ★ **쇼핑** ★ **액티비티** ★★

로카르노 p.669

루가노에서 벨린초나를 거쳐 약 1시간이면 도착할 수 있는 마조레 호숫가의 아름다운 도시. 마조레 호수를 사이에 두고 이탈리아를 마주보고 있는 국경 접경 도시로, 신인 영화감독의 등용문으로 유명한 로카르노 국제 영화제가 열려 세계적으로 알려진 도시다.

여행 소요 시간 5시간 **지역번호** ☎ 091
주 이름 티치노(Ticino)주
관광 ★★★ **미식** ★★ **쇼핑** ★ **휴양** ★★

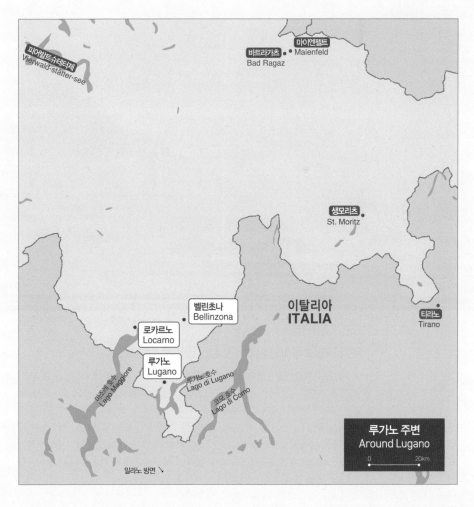

피어발트슈테터제
Vierwald-stätter-see

바트라가츠
Bad Ragaz

마이엔펠트
Maienfeld

생모리츠
St. Moritz

벨린초나
Bellinzona

이탈리아
ITALIA

티라노
Tirano

로카르노
Locarno

루가노
Lugano

마조레 호수
Lago Maggiore

루가노 호수
Lago di Lugano

코모 호수
Lago di Como

밀라노 방면 ↘

루가노 주변
Around Lugano

0   20km

루가노
LUGANO

언어 이탈리아어권 | **해발** 272m

이탈리아의 정취와 남부의 햇살이 가득한 호반 도시

절반은 스위스령, 나머지 절반은 이탈리아령인 루가노 호숫가에 자리 잡은 티치노 남부의 화려한 관광 도시. 호수를 따라 호텔과 별장, 명품 브랜드 상점들이 길게 늘어서 있다. 루가노 토박이들이 한가로운 시간을 보내는 리포르마 광장과 고급 브랜드 상점이 늘어선 보행자 전용 구역 나사 거리, 호수와 산들이 어우러진 풍경을 보며 산책을 즐길 수 있는 호반 산책로 등 구시가도 볼거리가 충분하다. 또한 로카르노, 벨린초나 등 근교 소도시 여행뿐 아니라 국경 너머 이탈리아의 그림 같은 호수 마을 코모, 첨단 패션의 도시 밀라노까지도 당일치기로 다녀올 수 있는 최적의 거점 도시이기도 하다. 눈부신 태양과 온화한 기후 탓에 야자수나 활엽수가 많이 자라고 있어 지중해 스타일의 독특한 분위기가 느껴진다.

ACCESS

루가노 가는 법

주요 도시 간의 이동 시간

취리히 → 루가노 비행기 40분
제네바 → 루가노 비행기 1시간
밀라노 → 루가노 버스 1시간 15분

비행기로 가기

취리히에서 국내선 항공기를 타고 약 40분 소요. 제네바에서 국내선 항공기를 타면 약 1시간 소요.

기차로 가기

취리히 중앙역에서 출발
EC, ICN 특급 열차를 타고 약 2시간 40분 소요. 1시간에 1~2대씩 운행.

루체른역에서 출발
EC, ICN 특급 열차를 타고 2시간 30분 소요. 2시간에 1대씩 직행 운행.

생모리츠역에서 출발
베르니나 특급을 타고 티라노를 거쳐 루가노로 가는 방법(총 5시간 30분 소요. 1회 환승)과 투시스와 벨린초나를 거쳐 가는 방법이 있다(총 3시간 45분 소요. 2회 환승). 베르니나 특급 열차는 티라노에서 최종적으로 멈춘다. 티라노 기차역에서 연계된 베르니나 특급 버스를 타고 루가노까지 갈 수 있다. 티라노에서 버스로 3시간 10분 내외 소요. 요금 편도 CHF34, 왕복

CHF68.
티라노에서 기차를 타면 티라노 이탈리아 기차역(Tirano FS)에서 몬자(Monza)까지 가서, 루가노행 열차로 갈아타야 한다. 티라노에서 기차로 3시간 30분~4시간 20분 소요(1회 환승). 일반 열차를 이용할 경우 생모리츠에서 투시스까지는 RE(지역특급 열차)로, 투시스에서 벨린초나까지는 버스로, 벨린초나에서 루가노까지는 열차로 갈아타고 가야 한다.

버스로 가기

이탈리아 밀라노 말펜사 공항에서 말펜사 익스프레스(Malpensa Express) 버스를 타고 약 1시간 15분 소요.

요금 편도 CHF25, 왕복 CHF40.
홈페이지 www.malpensaexpress.ch
www.luganoservices.ch

자동차로 가기

루체른에서 출발
2번 도로를 타고 안데르마트, 벨린초나를 거쳐 남쪽으로 내려오다가 고속도로(Autostrada) 2번 도로를 탄다. 안데르마트, 벨린초나를 거쳐 남쪽으로 계속 내려오다가 루가노 북쪽(Lugano Nord) 방향으로 나가면 된다. 169km, 약 2시간 소요.

취리히에서 출발
4번 도로를 타고 내려오다가 알트도르프(Altdorf)에서 2번 도로로 합류한다. 안데르마트, 벨린초나를 거쳐 남쪽으로 내려오다가 고속도로로 들어와 루가노 북쪽 방향으로 나간다. 205km, 2시간 16분 소요.

시내 교통

루가노 기차역

경사지에 자리 잡은 루가노는 급경사 언덕길이 많은 편이다. 루가노 기차역이 고지대에 있으며, 시청사와 리포르마 광장이 있는 구시가 중심지와 호텔이 몰려 있는 파라디소(Paradiso) 지구는 저지대인 호숫가에 위치해 있다.

기차역에서 구시가로 가는 경우 내리막길이어서 걸어서 내려가도 되지만, 구시가에서 기차역으로 올라갈 때나 구시가로 빨리 내려가려면, 기차역과 구시가의 치오카로 광장(Piazza Cioccaro)을 바로 연결해 주는 푸니쿨라(요금 CHF1.30, 스위스 패스 이용자 무료 / 05:20~23:50, 5~10분 간격) 이용을 권한다.

기차역에서 파라디소(Paradiso) 지구에 가려면 루가노역에서 기차를 타고 다음 역인 파라디소역에 내려서 언덕길을 내려가거나 택시나 9번 버스를 타고 가면 된다. 구시가에서 파라디소 지구까지는 도보로 20분 정도 소요된다. 구시가는 도보로도 구경할 수 있다.

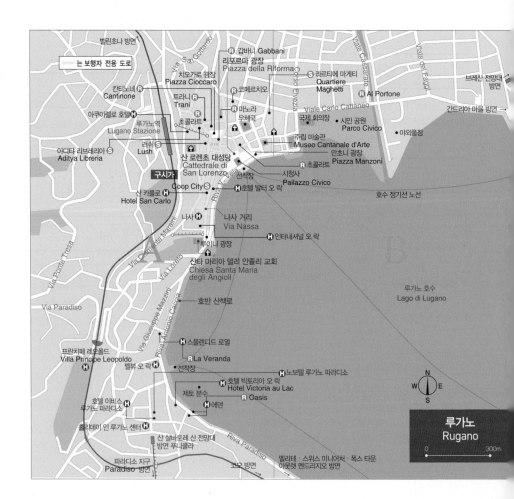

COURSE

루가노의 추천 코스

루가노 여행은 루가노 구시가지와 호반 산책로로 이어지는 파라디소 지구로 크게 구분할 수 있다. 아래의 추천 코스 대로 루가노와 인근 멜리데에 있는 스위스 미니어처 테마 파크를 여행한다면 최소 하루 전일이 소요된다. 주변 소도 시인 벨린초나, 로카르노, 이탈리아 코모까지 여행을 하고자 한다면 3박 정도는 머무르며 여유 있게 돌아보는 편이 좋다.

DAY
1

루가노역

↓ 푸니쿨라 2분 + 도보 7분

산 로렌초 대성당

↓ 도보 5분

리포르마 광장 · 시청사

↓ 도보 3분

나사 거리

↓ 도보 2~3분

산타 마리아 델리 안졸리 교회

↓ 도보로 바로

호반 산책로

↓ 도보 15분+푸니쿨라 12분

산 살바토레산 전망대 ★ 관광 후 점심 식사

↓ 열차 5분 (파라디소역→멜리데역)+
도보 8분

멜리데 스위스 미니어처 테마파크

↓ 열차 8분 (멜리데역→루가노역)+
도보 10분

콰르티에 마게티(쇼핑) ★ 관광 후 저녁 식사

↓ 도보 5분

시청사 주변(야경 감상)

산타 마리아 델리 안졸리 교회

가로수가 우거진 호반 산책로

루가노의 관광 명소

구시가
Citta Vecchia ★★★

여유롭게 산책하기 좋은 구시가

루가노 기차역 아래 호수 주변으로 형성되어 있는 구시가는 도보로 돌아보기에 충분한 규모다. 이탈리아의 정취가 느껴지는 크고 작은 광장들과 거리, 식당들이 즐비해 여유롭게 돌아보기에 좋다.

리포르마 광장과 시청사

리포르마 광장
Piazza della Riforma

루가노 구시가의 중심이자 카페와 레스토랑이 줄지어 늘어선 넓은 광장. 광장의 정면에는 네오클래식 양식으로 1844년에 지어진 시청사(Palazzo Civico)가 자리 잡고 있다. 이 광장에서는 매주 화요일과 금요일, 아침 8시부터 낮 12시까지 신선한 채소와 과일, 꽃들을 파는 시장이 열리고, 토요일에는 골동품 시장이 선다. 시청사 건물 한 모퉁이에 관광 안내소가 자리 잡고 있어 관광 정보와 시내 지도를 구할 수 있다. 관광 안내소 앞에 바로 루가노 호수가 펼쳐지며 호수 유람선과 정기선 선착장이 있다.

교통 루가노역에서 푸니버스(푸니쿨라)를 타고 치오카로 광장(Piazza Cioccaro)으로 내려온 후 도보 5분.
지도 p.650-A

구시가 골목

고급 쇼핑가인 나사 거리

르나르디노 루이니(Bernardino Luini)가 생애 말년에 그린 것으로 입구에서 왼쪽에 있는 작품이 '최후의 만찬'이며, 오른편 안쪽의 예배당에 있는 작품이 '성모자상'이다. 그리고 내진과 외진을 구분하는 창에서부터 천장에 걸쳐 있는 작품이 '그리스도의 십자가형'이다.

주소 Piazza Luini CH-6900 Lugano
☎ 091 922 01 12 **개방** 07:00~18:00
교통 시청사에서 도보 6분. **지도** p.650-A

나사 거리
Via Nassa

리포르마 광장에서 루이니 광장(Piazza Luini)까지 이어져 있는 약 500m의 보행자 전용 도로다. 루가노에서 가장 고급스럽고 번화한 쇼핑 거리이며 스위스에서도 가장 세련된 거리 중 하나로 손꼽힌다. 백화점, 명품 브랜드 매장, 명품 시계점, 생활용품 상점, 식료품점들이 나사 거리 양쪽으로 루이니 광장까지 길게 늘어서 있다.

지도 p.650-A

산 로렌초 대성당
Cattedrale di San Lorenzo

818년에 처음 건설된 후 여러 번 증축과 개축을 거치면서 다양한 시대의 건축 양식이 혼재되어 있다. 14세기에서 16세기에 만든 내부의 프레스코화와 바로크 양식의 내부 장식이 인상적이다. 특히 3개의 문과 둥근 창이 아름답게 배열된 성당의 파사드는 16세기 초에 만든 것으로 초기 이탈리아 르네상스 양식의 우아함이 넘친다. 대성당 정면 테라스에서 바라보는 루가노 구시가와 호수, 주변 산들의 전망이 장관이다.

주소 Via Borghetto 2 CH-6900 Lugano
☎ 091 967 18 68 **개방** 06:30~18:00
교통 루가노 기차역 조금 아래쪽 고지대에 위치해 있다. 구시가에서는 푸니쿨라역 옆으로 난 오르막길을 6분 정도 걸어 올라가다가 왼쪽으로 모퉁이를 돌면 대성당이 보인다.
지도 p.650-A

산타 마리아 델리 안졸리 교회
Chiesa Santa Maria degli Angioli

루이니 광장에 있는 이 교회는 1490년에 프란치스코 수도원으로 처음 세워졌는데, 겉보기에는 눈에 잘 띄지 않을 정도로 평범하고 수수해 보인다. 하지만 내부는 아름답고 화려한 프레스코화로 가득하다.

프레스코화는 1529년에 이탈리아 르네상스 시대를 대표하는 화가이자 레오나르도 다 빈치의 제자였던 베

호반 산책로
Riva Antonio Caccia ★★

호수를 바라보며 걷는 낭만적인 산책로

나사 거리의 남쪽 방향 끝에
있는 루이니 광장 앞 호숫가
에서 호텔들이 밀집한 파라디
소 지구의 에덴 호텔 근처까
지 루가노 호숫가를 따라 조
성된 호반 산책로다. 산책로
를 따라 가로수가 길게 이어져 있고, 파라디소 지구 근
처에는 잔디밭과 꽃밭, 분수대도 가꾸어져 있다.

교통 루이니 광장에서 스플렌디드 로열(Splendid Royal) 호텔
앞까지 도보 12분. 에덴(Eden) 호텔까지 약 20분 정도 소요.
지도 p.650-A

루가노 호수 유람선·정기선

근교 호수 마을을 둘러볼 수 있는 유람선

루가노 구시가의 시청사 앞 선착장과 파라디소 지구
의 벨뷰 오 락(Bellevue au Lac) 호텔 근처 선착장 2곳
에서 루가노 호수 유람선과 정기선이 운행되고 있다.
스위스 미니어처 테마파크가 있는 멜리데(Melide)와
간드리아(Gandria), 모르코테(Morcote) 등 호수 주변
아름다운 소도시들을 들른다. 유람선은 모닝 크루즈,
런치 크루즈, 이브닝 크루즈 등이 여름 시즌에 운항되
고 있다. 시기에 따라 운행 시간표가 변동되므로 홈페
이지에서 반드시 확인하자. 현지 호텔, 관광 안내소,
선착장에서 운행 프로그램과 시간표를 손쉽게 구할
수 있다.

주소 Viale Castagnola 12 CH-6906 Lugano
☎ 091 971 52 23
요금 루가노-간드리아 편도 CHF16.60, 왕복 CHF27.40 /
루가노-멜리데 편도 CHF16.60, 왕복 CHF27.40 /
루가노-파라디소 편도 CHF5, 왕복 CHF8.40, 스위스 패스 소
지자 50% 할인 / 이브닝 크루즈(Crociera Serale) CHF39.60,
스위스 패스 이용자 식비만 지불
홈페이지 www.lakelugano.ch
지도 선착장 p.650-A

산 살바토레산 전망대
Monte San Salvatore ★★

산 살바토레산

테라스에서 바라보는 파노라마 전망

루가노 구시가에서 남쪽 방향의 파라디소 지구로 20분 정도 걸으면 유네스코 세계 자연 유산으로 선정된 산 살바토레산으로 올라가는 푸니쿨라 승강장이 있다. 푸니쿨라를 타면 해발 912m의 전망대까지 편도 12분 정도 걸린다(요금 편도 CHF23, 왕복 CHF30). 산 정상역의 카페에서 루가노를 조망할 수 있다. 정상역에서 5분 정도 걸으면 파노라마 테라스(Terazza Panoramica)가 나온다. 테라스에는 교회가 하나 있는데, 교회 앞에는 루가노 시가와 호수, 루가노 북동쪽 근교의 브레산(Monte Bre) 전경이 펼쳐지고, 교회 뒤편으로는 멜리데(Melide) 다리와 산 조르지오산(Monte San Giorgio)을 바라볼 수 있다.

산 살바토레산 전망대행 푸니쿨라
☎ 091 985 28 28
운행 3월 중순~말 09:00~17:00, 3월 말~7월 중순 09:00~18:00, 7월 중순~8월 중순 09:00~23:00, 8월 중순~10월 말 09:00~18:00, 9월~10월 말 09:00~18:00, 10월 말~11월 초 09:00~17:00, 11월 초~3월 중순 휴무, 30분마다 운행한다.
요금 성인 편도 CHF25, 왕복 CHF32, 아동(만 6~16세) 편도 CHF11, 왕복 CHF14, 스위스 패스 이용자 50% 할인(운행 시기와 요금이 변동될 수 있으므로 홈페이지에서 확인할 것)
홈페이지 www.montesansalvatore.ch

푸니쿨라 승강장

교통 구시가에서 푸니쿨라 승강장까지 도보 20분. 루가노 기차역에서 파라디소까지 한 정류장으로, 기차를 타고 파라디소역에 내려 기차역 아랫길로 내려가면 도보 5분 거리에 승강장이 있다. 또는 구시가 시청사와 주립 미술관 사이에 있는 만초니 광장(Piazza Manzoni)에서 출발하는 관광 트램(Trenini Turistici)을 타고 파라디소 지구까지 쉽게 갈 수 있다. 관광 트램 운행 시간은 10:00~18:00, 30분 간격 운행.
지도 푸니쿨라 승강장 p.650-A

멜리데 스위스 미니어처
Melide Swiss Miniatur ★★

스위스의 모든 관광 명소를 미니어처로!

루가노 남쪽으로 약 8km 떨어진 곳에 위치한 작은 마을 멜리데(Melide)에 조성된 스위스 미니어처 테마파크다. 루체른의 카펠교, 몽트뢰의 시옹성, 제네바 대성당, 베른 시계탑 등 스위스의 주요 건축물들과 융프라

우를 비롯한 알프스의 자연, 3,560m 길이의 모형 철로 위를 실제로 달리는 18대의 철도 모형 등 스위스를 대표하는 자연과 건축물, 도시들을 모아놓았다. 총 127개의 주제로 미니어처가 전시되어 있으며 1,500종의 식물들과 1만5,000송이 이상의 꽃들로 장식되어 있다. 전체 규모는 크지 않으나 다 둘러보는 데 적어도 1시간은 소요된다. 마치 소인국에 간 걸리버가 된 듯한 기분이 든다.

주소 Swiss Miniatur CH-6815 Melide
☎ 091 640 10 60
개방 4월 초~11월 초 매일 09:00~18:00 / 11월 초~4월 초 휴무(오픈 시기나 오픈 시간이 변동될 수 있으므로 홈페이지 확인할 것)
요금 성인 CHF21, 아동(만 6~15세) CHF14, 만 5세 이하 무료
홈페이지 www.swissminiatur.ch
교통 루가노에서 열차로 7분 거리에 있으며 멜리데 기차역에서 내려서 도보 10분 이내. 루가노에서 호수 정기선을 타고 약 35분 소요. 루가노에서 포스트버스를 타고 약 10분 소요.
지도 p.650-B

벨린초나

SPECIAL
Trip 1

루가노 근교로 떠나는
당일치기 여행

스위스와 이탈리아
소도시 여행

이탈리아 국경 접경 지대에 위치한 지리적인 특성 덕분에 벨린초나와 로카르노, 아스코나, 간드리아와 같은 근교 소도시들뿐 아니라 국경 너머 이탈리아의 코모 호수 주변 도시들도 당일치기로 여유롭게 돌아볼 수 있다. 일정에 맞춰 여유롭게 두 곳 정도만 둘러보아도 색다른 즐거움을 누릴 수 있다.

벨린초나
Bellinzona

중세 시대 성이 있는 도시

루가노에서 열차 또는 자동차로 30분이면 도착한다. 여행의 하이라이트는 유네스코 세계 문화유산에 등재된 웅장한 중세 시대의 성 3개와 구시가를 둘러싼 요새 벽인 무라타(Murata)다. 기차역에 도착하자마자 택시를 타고 코바로성으로 올라가서 성 내부와 도시 전경을 감상하자. 언덕길을 걸어 내려오면서 몬테벨로성에 들른 뒤, 구시가로 들어와서 그란데성과 구시가 일대를 돌아보는 코스를 추천한다. → p.662

홈페이지 www.bellinzonaturismo.ch
교통 루가노에서 지역선인 S선 10번을 타고 30분 소요. 또는 EC를 타고 24분 소요. 1시간마다 S선 2대, EC 1대, 총 3대 운행. 자동차는 고속도로 2호선을 타고 30분이면 도착.

로카르노
Locarno

명물 빵 파네토네와 국제 영화제로 유명

루가노에서 벨린초나를 거쳐 약 1시간이면 도착할 수 있는 마조레 호숫가의 아름다운 도시. 로카르노의 명물 빵인 파네토네와 큰 방석 형태의 루오타비코다를 맛보는 즐거움도 누릴 수 있다. 여름밤 광장에서 펼쳐지는 필름 페스티벌을 즐기고, 운치 있는 호수와 구시가 산책해 보자. 또는 케이블카를 타고 언덕 꼭대기에 있는 오르셀리나역에서 마돈나 델 사소 교회(Santuario Madonna del Sasso)와 로카르노 전경을 감상하는 것도 좋다. → p.669

홈페이지 www.maggiore.ch
교통 루가노에서 IC 열차나 S선을 타고 벨린초나 또는 주비아스코(Giubiasco)에 도착한 후 로카르노행 S선 20번으로 갈아타면 된다. 총 1시간 정도 소요. 1시간당 3대씩 운행. 자동차는 루가노에서 고속도로 2호선을 타고 벨린초나 방향으로 계속 올라가다가 일반 도로 13호선으로 갈아타고 50분 정도 소요.

아스코나
Ascona

파스텔 톤 동화 속 마을

티치노주 로카르노 지방에 속한 작은 호수 마을이다. 야자수가 자라는 온화한 기후와 한가로운 호숫가의 정취 덕에 북부의 스위스인들과 이탈리아인, 독일인들이 즐겨 찾는 휴양지로 발전했다. 호숫가를 따라 노천 카페가 줄지어 있고 휴양객들을 위한 보트가 정박해 있다. 구시가 골목길은 옛 모습은 그대로 남아 있는데,

특히 구시가의 주택들은 알록달록한 파스텔 톤으로 칠해져 있어 동화 속 마을처럼 느껴진다. 또한 5월에 펼쳐지는 아스코나 거리 예술제(Artisti di Strada), 유럽에서 가장 큰 재즈 축제인 재즈 아스코나(6~7월), 음악 축제인 세티마네 뮤지칼리 디 아스코나(Settimane Musicali di Ascona) 등 다채로운 예술 행사가 열리는, 예술의 향기가 가득한 곳이다.

홈페이지 www.ascona-locarno.com
교통 루가노에서는 로카르노를 거쳐 방문할 수 있다. 로카르노에서 남서쪽으로 3km 거리에 있으며 자동차로 13번 도로를 타고 5분이면 도착한다. 로카르노에서 버스로는 10분 정도 소요된다. 기차 노선은 없다.

이탈리아 코모
Como

코모 호수 유람선의 낭만

루가노에서 당일치기로 다녀올 수 있는 이탈리아의 대표적인 소도시가 바로 코모다. 이탈리아 코모 호수의 리조트 도시이자 이탈리아 실크의 산지로도 유명한 도시다. 코모의 상징인 대성당과 구시가 중심인 카보우르 광장 그리고 코모 호수 유람선 등 볼거리와 즐길 거리가 알차다. 특히 대성당은 밀라노 두오모 대성당을 설계했던 건축가 스파치(Spazzi)가 설계했는데, 1396년에 착공해 1740년에 완성된 역작이다. 실크의 산지답게 실크 제품을 취급하는 상점들이 자주 눈에 띈다. 호수 유람선을 타고 코모 호수 주변의 여러 소도시를 방문해도 좋고, 유람선을 타고 한 바퀴 호수를 유람하는 것도 좋다. 이탈리아 피자나 파스타를 스위스에 비해 상당히 저렴한 가격에 맛볼 수도 있다.

홈페이지 www.lakecomo.org
교통 루가노에서 자동차로 30km 거리로, 고속도로 2호선을 타고 약 30분 소요. 루가노에서 S선 10번을 타고 직행으로 약 35~43분 소요. 매시 28분 출발. EC(유로시티)로 가는 경우 27분 소요(1일 5대 운행). 루가노에서 치아소(Chiasso)까지 간 후 코모행으로 1회 환승하는 S선 열차의 경우 53분 소요. 매시 58분 출발. 치아소까지 ICN을 타고 가는 경우 33분 소요. 매시 48분 출발.

루가노의 식당

칸티노네 Cantinone

치아토네(Chiattone) 언덕과 치오카로 광장(Piazza Cioccaro) 사이 루가노의 역사 지구 중심에 위치한 리스토란테. 정통 지중해 요리부터 전통적인 티치노 요리를 주메뉴로 하고 있다. 또한 생선 요리가 유명하며, 이탈리아 접경 도시답게 다양한 종류의 피자도 메뉴에 있다. 250가지 라벨의 세계 주요 와인 리스트도 자랑거리. 티치노와 이탈리아 전통 술인 그라파(grappa)를 비롯한 다양한 주류도 갖추고 있다. 감자, 토마토와 올리브를 곁들인 지중해 농어 필레(Filetti di branzinoalla Mediterranea con patate, pomodorini e olive, CHF35)를 비롯해 피자(CHF15~25), 볼로네제 스파게티(Spaghetti alla Bolognese, CHF17,50) 등을 맛볼 수 있다.

주소 Piazza Cioccaro 8 CH-6900 Lugano
☎ 091 923 10 68
영업 매일 09:00~24:00(음식 서비스 시간 11:00~23:00), 피체리아 11:00~23:30
홈페이지 www.cantinonelugano.ch
교통 루가노 기차역에서 도보 7분. **지도** p.650-A

코메르치오 Commercio

루가노에서 목재를 이용하는 전통 오븐을 갖춘 최초의 피체리아로 1961년 처음 문을 열었다. 갈리(Galli) 부부가 창의적인 피자 메뉴를 개발하면서 발전을 거듭해 오늘날 대규모 레스토랑에 이르렀다. 이탈리아와 루가노 지역 요리와 지중해식 요리를 주메뉴로 하고 있다. 마르게리타(Margherita), 피오렌티나(Fiorentina), 디아볼라(Diavola) 등 피자의 가격대는 CHF14~20, 육류 스테이크 요리는 고기 종류에 따라 쇠고기(Manzo) CHF33~45, 송아지(Vitello) CHF34~39.

주소 Via Ludovico Ariosto 4 CH-6900 Lugano
☎ 091 923 43 64 **영업** 월~토 06:00~01:00, 피체리아 11:00~15:00, 17:00~24:30 휴무 일
홈페이지 www.ristorantecommercio.ch
교통 시청사 앞 리포르마 광장에서 도보 5분.
지도 p.650-A

마노라 Manora

리포르마 광장 근처에 있는 스위스의 유명 백화점 중 하나인 마노르에서 운영하는 뷔페식 레스토랑이다. 백화점에서 이어지는 약간 위쪽의 긴 계단 골목 중간에 있다. 다양한 요리와 디저트 중에서 접시에 원하는 것을 골라 담은 후 계산대에서 결제하면 된다. 생선, 육류 그릴 구이와 파스타, 피자, 샐러드, 디저트, 와인, 주스 등 다양한 메뉴를 갖추고 있다. 루가노 시내의 일반 레스토랑에 비해 상대적으로 저렴한 편으로 1인당 CHF25 내외. 점심 시간에는 많이 붐비는 편이다.

주소 Salita Chiattone 10 CH-6900 Lugano
☎ 091 912 76 99
영업 화~토 07:30~22:00 **휴무** 일~월
홈페이지 www.manor.ch
교통 시청사 앞 리포르마 광장에서 도보 4분.
지도 p.650-A

홈페이지 www.gabbani.com
교통 구시가 푸니쿨라 정류장에서 도보 1분 이내.
지도 p.650-A

트라니 Trani

레스토랑, 와인바, 에노테카를 겸하고 있는 인기 있는 레스토랑. 산 로렌초 대성당에서 구시가 중심으로 내려오는 운치 있는 계단 골목길 중간에 있다. 이탈리아와 지중해 요리, 채식주의자들을 위한 메뉴를 갖추고 있으며, 음식과 분위기 모두 좋은 평가를 받고 있다. 대표 메뉴로는 아티초크 · 랍스터와 새우 타르타르 (Tartare di carciofi, astice e gambero, 소 CHF21, 대 CHF39), 송아지 고기 에스칼로프 · 구운 감자 · 계절 채소(La paillard di vitello, patate al forno e verdure di stagione, CHF37), 얇게 썬 참치와 콩나물 · 찐 감자 (Tagliata di tonno, germogli di soja e patate al vapore, CHF39) 등이 있다.

주소 Via Cattedrale 12 CH-6900 Lugano
☎ 091 922 05 05
영업 월~금 11:45~14:00 & 18:45~22:00,
토 18:00~00:00 **휴무** 일 **홈페이지** trani.ch
교통 구시가 푸니쿨라 정류장에서 도보 2분, 시청사 앞 리포르마 광장에서 도보 5분. **지도** p.650-A

갑바니 Gabbani

치오카로 광장 근처 구시가 중심에 자리 잡고 있다. 피자, 라비올리, 라자냐, 살라미 등 이탈리아 요리를 선보이는 레스토랑이다. 미니멀리스트 콘셉트의 인테리어로 밝고 심플한 분위기. 애피타이저, 메인 코스와 디저트가 포함된 그날의 메뉴는 1인당 CHF27~37다. 가게 규모가 작아 붐비는 경우가 많다.

주소 Piazza Cioccaro 1 CH-6900 Lugano
☎ 091 911 30 83
영업 월~토 11:00~21:00 **휴무** 일, 수요일 저녁에는 아페리티보(Aperitivo, 저녁 식사 전, 허기진 속을 살짝 달래며 칵테일이나 와인, 맥주와 함께 간단한 음식을 먹는 것)를 즐길 수 있다.

카노바 초콜라트 Canova Chocolat

구시가에 2개의 체인점이 있는 젤라토 전문점이다. 구시가 중심 리포르마 광장 바로 옆 카노바 거리 1번지에 자리한 가게 외에 산 로렌초 대성당 올라가는 길모퉁이에도 체인점이 있다. 맛과 청결함 모두 우수하다. 다양한 종류의 초콜릿과 커피, 시나몬, 피스타치오, 과일 등 다양한 젤라토를 맛볼 수 있다.

주소 Via Canova 1 CH-6900 Lugano
☎ 076 575 03 57
영업 월 08:00~21:00, 화~금 08:00~23:00,
토 16:00~24:00 **휴무** 일
교통 시청사 앞 리포르마 광장에서 도보 1분.
지도 p.650-A

루가노의 쇼핑

아디탸 리브레리아 Aditya Libreria

전 세계에서 들여온 독특한 주제의 책들을 판매하는 작고 우아한 책방이다. 인간의 내면과 명상, 자아 성찰을 돕는 책을 주로 판매한다. 인도, 켈트, 아프리카에서 들여온 CD 음반과 수공예품 위주의 생활 소품도 판매하고 있다.

주소 Via Cattedrale 13 CH-6900 Lugano
☎091 923 23 73
영업 화~목 10:00~13:00, 14:00~18:00, 금 10:00~18:00, 토 10:00~17:00 **휴무** 일~월
홈페이지 www.aditya.ch
교통 구시가 푸니쿨라역에서 도보 3분.
지도 p.650-A

러쉬 Lush

수제 화장품, 미용용품을 판매하는 상점이다. 동물 실험을 반대하며 환경 보호 캠페인을 벌이기도 한다. 수제로 만든 천연 비누를 비롯해 다양한 미용용품을 한국보다 저렴한 가격에 구입할 수 있다.

주소 Piazza Cioccaro 11 CH-6900 Lugano
☎ 091 922 52 70 **영업** 월~수 · 금 10:00~18:30, 목 10:00~19:00, 토 10:00~17:00 **휴무** 일
홈페이지 www.lush-shop.ch
교통 구시가 푸니쿨라 정류장에서 도보 1분.
지도 p.650-A

콰르티에 마게티 Quartiere Maghetti

생활용품, 인테리어 상점, 식당, 영화관 등이 입주해 있는 모던하고 깨끗한 복합 쇼핑몰. 옷 가게와 액세서리, 인테리어 상점들이 눈에 띈다. 주로 이탈리안 레스토랑과 카페가 있으며 타이 음식점도 있다.

주소 Via al Forte 10 CH-6900 Lugano
☎ 091 922 89 66
영업 가게마다 영업 시간은 조금씩 다르며, 대부분 일요일에는 쉬는 곳이 많다. **홈페이지** www.quartieremaghetti.ch
교통 리포르마 광장에서 도보 5분. **지도** p.650-B

폭스 타운 아웃렛 멘드리지오

Fox Town Outlet Mendrisio

유럽 최대 명품 아웃렛. 정상 가격에서 보통 30~70%까지 할인된 가격으로 판매한다. 아르마니(Armani), 버버리(Burberry), 디올(Dior), 구찌(Gucci), 프라다(Prada) 등 명품 브랜드를 포함한 250개의 유명 브랜드 상품들을 만날 수 있다. 1,200대 주차 가능한 무료 주차장, 카지노, 바와 레스토랑 등도 갖추고 있다.

주소 Angelo Maspoli 18 CH-6850 Mendrisio
☎ 084 882 88 88
영업 매일 11:00~19:00 / 12월 24일, 31일 11:00~17:00
휴무 1월 1일, 8월 1일, 크리스마스, 12월 26일(Boxing Day)
홈페이지 www.foxtown.ch
교통 루가노에서 15km, 이탈리아 밀라노에서 50km 떨어진 멘드리지오(Mendrisio)에 위치한다. 루가노에서 자동차로 15분 정도 소요되며, 기차로는 S선이나 RE 열차를 타고 15~20분 소요된다. 시간당 3~4대 운행
지도 p.650-B

아쿠아렐로 호텔 Acquarello Hotel

루가노 기차역에서 푸니쿨라를 타고 구시가지로 내려가면 푸니쿨라역 안쪽에서 찾을 수 있다. 객실에 따라 창밖으로 푸니쿨라가 오르내리는 장면이 보이기도 한다. 약간의 소음이 있지만 전반적으로 심플한 호텔이다. 구시가지와 기차역 모두 접근하기에 용이한 위치에 있다는 것이 가장 큰 장점이다. 100% 금연 호텔. 이코노미 객실은 푸니쿨라가 보이는 방향이며, 스탠더드 객실은 호텔의 후면 방향이어서 좀 더 조용한 편이다. 전망은 그리 좋지 않다. 와이파이는 24시간 CHF2에 이용할 수 있다.

주소 Piazza Cioccaro 9 CH–6900 Lugano
☎ 091 911 68 68 **객실 수** 59실
예산 더블 겨울 시즌 CHF150~, 여름 시즌(5~10월) CHF170~, 조식 포함
홈페이지 www.acquarello.ch
교통 구시가 내 푸니쿨라 탑승장 안쪽으로 도보 1분 이내.
지도 p.650–A

호텔 발터 오 락 Hotel Walter Au Lac

구시가 중심 보행자 전용 거리인 나사 거리 근처에 있는 호텔. 쇼핑을 좋아하는 여행자들에게 좋은 선택이다. 38개의 모든 객실에서 호수 전경이 보이며 인테리어가 깔끔하다. 무료 와이파이 서비스를 제공한다.

주소 Piazza Rezzonico 7 CH–6900 Lugano
☎ 091 922 74 25 **객실 수** 38실
예산 더블 CHF225~, 조식 포함
홈페이지 www.walteraulac.ch
교통 시청사에서 도보 2분. **지도** p.650–A

호텔 나사 Hotel Nassa

구시가 보행자 전용 도로인 나사 거리에 있는 호텔. 루가노 호수도 도보 2~3분, 리포르마 광장은 5분이면 갈 수 있다. 연중무휴이며 무료로 와이파이를 이용할 수 있다. 방향에 따라 호수 전망과 안뜰 정원 전망 방으로 나뉜다.

주소 Via Nassa 60–62 CH–6900 Lugano
☎ 091 910 70 60 **객실 수** 22실
예산 더블 11~3월 CHF220~, 4~10월 CHF260~, 조식 포함
홈페이지 www.hotelnassa.ch **교통** 시청사에서 도보 5분.
지도 p.650–A

호텔 이비스 루가노 파라디소

Hotel Ibis Lugano Paradiso

2012년에 문을 연 깨끗하고 현대적인 이비스 체인 호텔. 파라디소 지구에 자리하고 있으며, 산 살바토레 산 전망대행 푸니쿨라역에서 200m 거리에 있다. 체크인은 낮 12시부터 가능하며 체크아웃도 낮 12시까지다. 무료 와이파이 이용이 가능하다.

주소 Via Geretta 10a CH–6900 Lugano–Paradiso
☎ 091 986 19 09 **객실 수** 70실
예산 더블 CHF139~, 조식 CHF16
홈페이지 ibis.accorhotels.com
교통 루가노 기차역에서 S10 열차를 타고 루가노 파라디소역에서 하차 후 도보 5분(총 7분 소요). **지도** p.650–A

벨린초나
BELLINZONA

언어 이탈리아어권 | **해발** 243m

그림 같은 3개의 성이 있는 중세 요새 도시

알프스 기슭 티치노 강 동쪽에 위치한 벨린초나는 스위스와 이탈리아를 연결하는 교통의 요충지로 스위스에서 가장 이탈리아다운 도시다. 벨린초나는 북쪽에서 오는 사람들에게는 이탈리아로 들어가는 관문이고, 남쪽에서 오는 사람들에게는 알프스로 들어가는 통로였기에 중세부터 번영을 누렸다. 특히 온전하게 보존된 3개의 중세 성들이 만들어내는 스카이라인이 인상적이다. 요새화된 벨린초나는 중세 시대 방어를 위한 건축의 중요한 본보기가 되었다. 그란데성(Castel Grande), 몬테벨로성(Castello di Montebello), 사소코바로성(Castello di SassoCobaro)을 비롯해 그란데성과 몬테벨로성을 중심으로 형성된 구시가를 둘러싼 튼튼한 요새 벽인 무라타 성벽은 유네스코 세계 문화유산이자 벨린초나 여행의 하이라이트다.

벨린초나 가는 법

티치노주의 행정수도인 벨린초나는 남쪽의 루가노와 로카르노 등 주요 도시와 철도, 고속도로가 잘 연결되어 있어 대중교통이나 자동차로 접근하기가 용이하다.

기차로 가기

루가노역에서 출발
특급 열차인 유로시티(EC)나 ICN 열차로 22~24분, 지역선인 S10선으로 30분 소요. 1시간에 3~4대 운행.

로카르노역에서 출발
IR 열차로 17분. 또는 S20선으로 27분 소요. 1시간에 3~4대 운행.

벨린초나 기차역

자동차로 가기

루가노에서 출발
고속도로 A2번을 타고 계속 북쪽으로 올라가면 된다. 약 35km. 35분 소요.

로카르노에서 출발
A13번과 루트 13(Route 13)번 도로를 타고 약 30분 소요. 약 24km.

시내 교통
구시가 중심부는 규모가 크지 않아 도보로 다니기에 충분하다. 기차역에서 구시가 중심부까지 약 400m 거리다. 다만 3개의 성 중에서 사소코바로 성은 마을 남동쪽 언덕 꼭대기에 있어 오르막길로 접근해야 한다. 도보로 올라가기에는 꽤 힘든 편이니 기차역에서 택시를 타고 올라가길 권한다. 기차역에서 성까지 약 3.3km. 택시로 10분 소요.

택시

또는 구시가 콜레지아타 광장(Piazza Collegiata)과 언덕 꼭대기 사소코바로성까지 왕래하는 관광 열차를 이용해도 좋다.

관광 열차 Trenino Artù
운행 시기 4월~10월 말
콜레지아타 광장 출발 매일 10:00, 11:20, 13:30, 15:00, 16:30(7~8월 마지막 출발 시간 17:45) / 토요일 고베르노 광장(Piazza Governo) 출발 11:20, 13:30
요금 성인 CHF12, 학생 CHF10, 6세 이하 무료

추천 코스
지도를 보며 크게 동선을 만들어보자. 우선 성 3곳의 위치를 파악해 둘 것. 여유가 없는 여행자는 구시가와 그란데성 위주로 둘러보면 되고, 반일 정도의 여유가 있다면 3개의 성과 구시가를 차례로 둘러보길 추천한다. 점심 식사는 미리 도시락을 준비해 몬테벨로성 관광 후에 먹거나, 그란데성 안의 레스토랑에서 식사해도 좋다.
벨린초나 기차역 → (택시 10분 또는 도보 45분) → 사소코바로성 → (도보 30분) → 몬테벨로성 → (도보 10분) → 구시가 중심부 → (도보 10분 또는 델라 발레 광장 Piazzette della Valle에서 엘리베이터 이용) → 그란데성

벨린초나의 관광 명소

구시가
Centro ★★

그란데성을 중심으로 형성된 구시가

기차역을 나와 역 앞 거리(Viale Stazione)를 왼쪽 방향으로 5~6분 정도 걸어가면 요새 벽이 보이기 시작한다. 구시가가 본격적으로 시작되는 지점 오른쪽에 델라 발레 광장(Piazzetta della Valle)이 자리 잡고 있다. 이 광장의 한쪽 구석 암벽 틈새에 그란데성으로 올라가는 엘리베이터(리프트)가 있다. 구시가에서는 중세시대 부유했던 상인들이 살던, 화려한 발코니가 돌출된 저택들이 주로 눈에 띈다.

구시가 중심부로 좀 더 걸어가면 넓은 콜레지아타 광장(Piazza Collegiata)이 있다. 이 광장을 둘러싼 우아한 르네상스 건물들이 구시가의 중심을 형성한다. 이 광장에 있는 콜레지아타 교회는 코모 대성당을 건축한 건축가가 설계했다. 이 광장에 연결된 노세토 거리(Via Nosetto)를 따라 조금 더 걸어가면 아담한 노세토

시청사

콜레지아타 교회

광장이 모습을 드러낸다.

삼각형 모양의 노세토 광장에 있는 시계탑 건물이 시청사(Palazzo Civico)다. 1920년대에 르네상스 스타일로 재건된 시청사는 내부는 로지아(Loggia, 이탈리아 건축에서 한쪽 벽이 없이 트인 방이나 홀을 이르는 말) 양식으로 구성되어 있어 독특하고 아름답다.

교통 벨린초나 기차역에도 도보 5분
지도 p.664

그란데성
Castelgrande ★★★

구시가 중심의 커다란 제1의 성

벨린초나에서 가장 오래되고 큰 성으로, 구시가 중심부의 커다란 바위 위에 우뚝 솟아 있다. 그란데성에서 내려다보는 구시가와 주변 경관이 무척 아름답다. 커다란 암벽 위에 세워져 중세 시대에는 난공불락의 요새로 자리 잡았다. 북쪽 면은 거의 수직에 가깝고 남쪽 면도 무척 가파른데 성 내부는 거의 평평하고, 직경이 150~200m 정도다. 13세기 전까지는 요새였지만 13세기 중엽에 비로소 외부가 확장되고 탑이 추가되어 성으로서의 모습을 갖추게 되었다. 성 내부에는 고고학 역사 박물관(Museo Storico)과 레스토랑, 와인바가 있다. 검은 탑(Torre Nera)과 하얀 탑(Torre Bianca)에 올라갈 수 있으며, 서쪽과 남쪽의 요새 벽(Murata) 위와 터널 형태의 아래쪽 길도 걸을 수 있다.

☎ 091 825 21 31
개방 봄~여름 매일 10:00~18:00, 가을~겨울 10:30~16:00
입장료 성인 CHF15, 아동(만 6~16세) CHF8, 3개의 성+박물관+전시관 통합 입장권 벨린초나 패스(Bellinzona Pass) CHF28 **홈페이지** fortezzabellinzona.ch
교통 구시가의 델라 발레 광장(Piazzetta Della Valle)으로부터 엘리베이터를 타고 성 내부에 도달할 수 있다. 또는 구시가 콜레지아타 광장에서 살리타 산 미셸(Salita S. Michele) 거리와 살리타 카스텔그란데(Salita Castelgrande) 거리를 따라 도보 8분이면 성 안뜰에 도달할 수 있다.
지도 p.664

- - -

몬테벨로성
Castello di Montebello ★★★

언덕 중턱에 자리한 제2의 성

아름다운 산을 의미하는 몬테벨로성은 구시가 동쪽 언덕 중턱에 있다. 콜레지아타 교회 뒤편에 있으며 구시가에서 올라가는 길이 있다. 구시가 중심보다 고도가 140m 더 높아서 구시가 전경과 맞은편에 있는 그란데성을 조망하기에 좋다. 14세기 초반 이탈리아의 루스카 가문에 의해 건설되었으며, 19세기엔 황폐화되기도 했으나 20세기 초에 복구되었다. 1974년에 문을 연 고고학 역사 박물관이 감시탑과 거주 구역에 자리 잡고 있다.

☎ 091 825 21 31
개방 봄~여름 매일 10:00~18:00, 가을~겨울 10:30~16:00
(겨울 시즌에는 안뜰과 바깥뜰만 입장 가능)
입장료 성인 CHF10, 아동(만 6~16세) CHF5
홈페이지 fortezzabellinzona.ch
교통 구시가의 콜레지아타 교회 뒤편으로 도보 12분. 또는 기차역에서 도보 20분.
지도 p.664

사소코바로성
Castello di SassoCorbaro ★★★

언덕 꼭대기에 우뚝 선 제3의 성

구시가 남서쪽 암벽 언덕 위에 우뚝 솟아 있는 사소코
바로성은 구시가보다 약 230m 더 높은 고도에 자리
잡은 세 번째 성이다. 전형적인 스포르차(Sforza, 이탈
리아 북부 밀라노의 명문 가문)성인 이 성은 조르니코
전투 후인 1479년 밀라노 공작의 명령에 의해 6개월
만에 건설되었다. 3개의 성 중에서 가장 작은 규모이
지만 전망은 가장 뛰어나다. 박물관과 특별 전시가 열
리는 전시실을 갖추고 있다. 특별 전시실은 현대 티치
노주의 화가들의 작품들을 주로 전시한다. 성 안뜰에
는 미슐랭 가이드 추천을 받은 레스토랑이 있다.

☎ 091 825 21 31
개방 봄~여름 매일 10:00~18:00, 가을~겨울 10:30~
16:00(겨울 시즌에는 안뜰과 바깥뜰만 입장 가능)
입장료 성인 CHF15, 아동(만 6~16세) CHF8
홈페이지 fortezzabellinzona.ch
교통 시가지 다로 골목(Via Daro)에서 4번 버스를 타고 아르
토레(Artore)까지 올라간 후(7분 소요) 성까지 도보 15분 이동.
구시가에서 도보로는 45분 소요. 택시를 타면 10분 이내 도착
할 수 있다. 구시가 노세토 광장 근처에 있는 고베르노 광장
(Piazza Governo)에서 출발하는 관광 열차(Trenino Artù, 성
인 CHF12)를 타고 올라오는 방법도 있다. 고베르노 광장에서
출발해서 종점인 사소코바로성까지 간다.
지도 p.664

높은 성벽

성 내부

언덕 꼭대기에 자리한 성

TIP 벨린초나의 축제

라바단 Rabadan 매년 2월 벌어지는 카니발. 마스
크를 쓴 행렬과 축제 행사가 펼쳐진다. 마르디 그라
스(Mardi Gras, 참회 화요일, 사순절이 시작되기 전
날) 전 목요일부터 주말까지 계속된다.
홈페이지 www.rabadan.ch

스파다넬라 로카 Spadanella Rocca 매년 6월 초.
몬테벨로성에서 펼쳐지는 중세 축제.
홈페이지 www.spadanellarocca.ch

피아차 블루스 Piazza Blues 6월 말 세계적인 명성
을 가진 연주자들이 참여하는 블루스 축제.
홈페이지 www.piazzablues.ch

토요일 시장 빵, 티치노주의 치즈, 와인, 과일, 채소,
수공예품 등 다양한 식료품과 생활용품 시장이 구
시가 곳곳에서 열린다. 토요일 아침부터 오후 1시
정도까지 열린다.

치즈 마켓 매년 10월 초. 티치노주의 알프스에 사는
치즈 생산업자들이 치즈를 전시하고 판매한다.

카스텔그란데 Castelgrande

그란데성 안에 있는 레스토랑. 지중해식 요리를 주메뉴로 한다. 5가지 코스 메뉴(CHF85), 리소토(Risotto, CHF21), 라비올리(Ravioli, CHF22) 등을 맛볼 수 있다.

주소 Salita Castelgrande CH-6500 Bellinzona ☎ 091 814 87 81
영업 화~토 19:00~00:00 **휴무** 일~월 **홈페이지** castelgrande.ch
교통 그란데성 내부에 있으며 구시가에서 도보 10분. 델라 발레 광장(Piazzetta della Valle)에서 성과 연결된 엘리베이터를 타고 성으로 올라갈 수 있다. **지도** p.664

오스테리아 사소코바로
Osteria Sasso Corbaro

사소코바로성 안뜰에 문을 연 레스토랑. 미슐랭 가이드와 고미요의 추천을 받은 벨린초나의 맛집이다. 고성의 느낌이 그대로 살아 있는 인테리어는 음식의 흥취를 돋운다. 메뉴는 지역 전통 요리와 지중해식 요리가 주메뉴다. 코스 메뉴(Menu completo, CHF89~), 단품 메뉴(CHF30 내외) 등을 선보인다.

주소 Via Sasso Corbaro 44 CH-6500 Bellinzona
☎ 091 825 55 32
영업 화~일 11:30~15:00, 18:30~00:00(주방 12:00~14:00, 19:00~21:00)
휴무 월 , 일요일 저녁, 여름휴가 시즌, 12월 말~1월 중순
홈페이지 www.osteriasassocorbaro.ch
교통 사소코바로성(p.666) 교통 정보 참조.
지도 p.664

크로체 페데랄레 Croce Federale

그란데성이 보이는 구시가에 위치한 동명의 호텔에서 함께 운영하는 레스토랑. 외부의 작은 테라스와 우아한 실내로 나뉜다. 실내의 큰 유리창 밖으로 벨린초나의 커다란 암벽을 볼 수 있다. 티치노주와 북부 이탈리아의 전통 요리를 주메뉴로 하고 있다. 대표 메뉴로는 아스파라거스 리소토(Asparagi risotto, CHF25), 피자(CHF20 내외) 등이 있다.

주소 Viale Stazione 12A CH-6500 Bellinzona
☎ 091 825 16 67
영업 07:00~23:00, 연중무휴
홈페이지 www.hotelcrocefederale.ch
교통 벨린초나 기차역에서 도보 5분.
지도 p.664

그로토 산 미켈레 Grotto San Michele

카스텔그란데 레스토랑과 같이 운영되는 곳으로, 미첼레는 요새 벽과 그란데성의 포도밭 사이에 있다. 벨린초나 구시가와 티치노 계곡의 숨막히는 전망을 감상하며 식사를 할 수 있다. 이곳은 전통 티치노 요리를 주메뉴로 하고 있다. 그날의 메뉴(Godendadel Giorno, CHF24), 3코스 메뉴(CHF31)를 추천한다.

주소 Salita Castelgrande CH-6500 Bellinzona
☎ 091 814 87 81
영업 화~토 10:30~00:00(요리 주문 12:00~22:00),
일 10:30~17:00
휴무 월
교통 그란데성 내부에 있으며 구시가에서 도보 10분. 델라 발레 광장(Piazzetta della Valle)에서 성과 연결된 엘리베이터를 타고 성으로 올라갈 수 있다.
지도 p.664

로칸다 오리코 Locanda Orico

벨린초나의 유명 맛집으로 구시가에 자리한 작지만 아담한 식당이다. 대표 메뉴로는 소꼬리 파이(Timballo di coda di manzo, CHF35), 돼지허릿살 요리(Lombata di maiale Pata Negra, CHF45), 밀푀유(Millefoglie, CHF25) 등이 있다.

주소 Via Orico 13 CH- 6500 Bellinzona
☎ 091 825 15 18
영업 화~토 11:45~14:00, 18:45~00:00
휴무 일~월
홈페이지 www.locandaorico.ch
교통 시청사에서 도보 5분.
지도 p.664

코로나 Corona

구시가 중심 시청사 근처에 위치한 레스토랑이다. 현지인들에게 특히 인기 있으며 오소 부코(ossobuco), 폴렌타(polenta), 피자 메뉴가 평이 좋다. 고트 치즈가 들어간 바닐라 리소토(risotto allavaniglia con fonduta di caprino)를 추천한다. 양도 넉넉한 편이며 가격도 적당한 편이다. 주메뉴 가격은 CHF25 내외.

주소 Via Camminata 5 CH-6500 Bellinzona
☎ 091 825 28 44
영업 월~금 10:00~00:00, 토 09:00~00:00
휴무 일
홈페이지 www.ristorantecorona.com
교통 벨린초나 기차역에서 구시가 중심부 방향으로 도보 10분.
지도 p.664

🏨 HOTEL 벨린초나의 숙소

호텔 감퍼 Hotel Gamper

기차역에서 50m 거리에 있으며 역 바로 맞은편 도로변에 있다. 객실은 조용한 편이며 내부는 소박하다. 전망 좋은 방에서는 그란데성이 멋지게 바라다보인다. 공용 구역에서 무료 와이파이 사용이 가능하다.

주소 Viale Stazione 29a CH-6500 Bellinzona
☎ 091 825 37 92 **객실 수** 28실
예산 더블 CHF160~, 조식 포함
홈페이지 www.hotel-gamper.ch
교통 벨린초나 기차역에서 도보 2분. **지도** p.664

호텔 & 스파 인터나치오날레
Hotel & SPA Internazionale

2010년 10월에 재오픈한 이 호텔은 넓은 스파와 깨끗하고 현대적인 객실이 특징이다. 기차역 바로 맞은편에 있다. 객실에 따라 벨린초나의 성이 바라다보인다. 무료로 와이파이 서비스를 제공한다.

주소 VialeStazione 35 CH-6500 Bellinzona
☎ 091 825 43 33 **객실 수** 63실
예산 더블 CHF200~, 조식 포함
홈페이지 www.hotel-internazionale.ch
교통 벨린초나 기차역 바로 맞은편. **지도** p.664

로카르노
LOCARNO

언어 이탈리아어권 | 해발 205m

로마 제국 시대부터 사랑받고 있는 휴양 도시

1년 중 약 100일이 해가 비치는 날일 정도로 스위스에서 가장 따뜻한 기후를 가진 호반 도시다. 마조레 호수 북쪽에 위치해 있으며 루가노처럼 호수 건너편이 이탈리아 땅이다. 루가노보다 규모는 작지만 독특한 정취가 느껴진다. 1925년 10월 유럽의 안전보장을 위해 체결한 로카르노 조약과 신인 영화감독의 등용문으로 유명한 로카르노 국제 영화제로도 유명하다. 야자수와 레몬트리가 무성히 자라는 온화한 기후로 구시가의 중심 그란데 광장(Piazza Grande)은 매년 여름 필름 축제를 보러 온 영화 마니아들과 관광객들로 넘쳐난다. 로카르노 구시가에서 푸니쿨라를 타고 오르셀리나(Orselina)에 내리면 웅장하고 아름다운 마돈나 델 사소(Madonna del Sasso) 교회가 로카르노와 마조레 호수, 주변 산을 굽어보고 있다.

로카르노 가는 법

주요 도시 간의 이동 시간

루가노 → 로카르노 기차 1시간
벨린초나 → 로카르노 기차 20분

로카르노는 티치노주의 행정 수도인 벨린초나, 휴양 도시인 루가노와 철도 및 고속도로가 잘 연결되어 있어 교통이 편리하다.

기차로 가기

루가노역에서 출발
중간에 벨린초나 또는 주비아스코(Giubiasco)에서 1회 환승해야 한다. 루가노에서 벨린초나까지는 특급 IC 열차나 S10선으로, 주비아스코는 S10선을 타고 간다. 벨린초나에서 로카르노는 IR선을, 주비아스코에서 로카르노는 S20선을 탄다. 어느 쪽을 선택하든 환승 대기 시간을 포함하면 약 1시간 소요. 1시간당 3대 정도 운행된다.

벨린초나역에서 출발
R선을 타고 20분 소요.

자동차로 가기

루가노에서 출발
고속도로 A2번을 타고 벨린초나 방향으로 계속 올라가다가 몬테세네리(Monte Ceneri) 48번 출구로 나와서 2번 도로를 탄다. 그 후, 로카르노 방면으로 A13번 고속도로를 타고 가면 된다. 약 43km. 약 50분 소요.

벨린초나에서 출발
남동쪽으로 13번 도로를 타고 내려가다가 칸토날레 길(Str. Cantonale)로 빠진 후 A13번 고속도로를 타고 로카르노로 계속 가면 된다. 약 25km. 30분 소요.

시내 교통
기차역과 시내 중심부는 도보로 충분히 다닐 수 있을 정도로 작은 규모다. 단, 높은 산비탈에 위치한 마돈나 델 사소 교회에 가려면 구시가에서 출발하는 푸니쿨라를 타고 로카르노보다 고지대인 오르셀리나(Orselina) 혹은 산투아리오(Santuario)역까지 올라가는 편이 좋다.

푸니쿨라 Funicolare Locarno-Madonna del Sasso
주소 Via alla Ramogna 2 CH-6600 Locarno
☎ 091 751 11 23
운행 편도 6분 정도 소요. 15분 간격으로 운행된다. 매일 08:05~21:05(운행 간격과 시간은 월별로 조금씩 변동될 수 있다). 11월 중 정기 점검 기간에는 운행하지 않는다.
요금 편도 성인 CHF4.80, 아동 CHF2.20 / 왕복 성인 CHF7.20, 아동 CHF3.60
홈페이지 funicolarelocarno.ch
교통 로카르노 기차역에서 도보 4분 거리 **지도** p.671

추천 코스
로카르노 기차역 → (도보 2분+푸니쿨라 6분) → 마돈나 델 사소 교회 → (푸니쿨라 6분+도보 5분) → 그란데 광장 → (도보 5분) → 비스콘테오성

로카르노의 관광 명소

그란데 광장
Piazza Grande ★★

로카르노 국제 영화제가 열리는 구시가 중심

로카르노의 중심에 자리 잡은 그란데 광장은 매력적인 아케이드가 늘어선 시민들의 사교 공간이다. 광장 북쪽 아케이드에는 골동품, 미술, 스위스와 이탈리아 공예품 그리고 밀라노에서 들여온 패션 의류 상점들이 늘어서 있다. 매년 8월에는 로카르노 국제 영화제가 열리고 광장에 설치된 대형 야외 스크린에서 전 세계 영화가 상영된다.

매주 목요일(겨울철에는 15일마다) 아침부터 늦은 오후까지는 수많은 가판대가 늘어선 시장이 열린다. 특히 수공예품들과 도자기 등이 눈에 많이 띈다. 또한 티치노주의 전통 치즈와 과일, 채소 등 식재료를 파는 가판대도 발견할 수 있다.

교통 로카르노 기차역에서 도보 10분.
지도 p.671

마돈나 델 사소 교회
Santuario Madonna del Sasso ★★★

공중에 떠 있는 듯한 장엄한 황토색 바실리카

성당 회랑

로카르노보다 높은 해발 350m의 언덕 마을 오르셀리나(Orselina)에 있는 마돈나 델 사소 교회 겸 수도원은 스위스의 이탈리아 문화권 지역에서 가장 유명한 곳이다. 로카르노에 간다면 이곳에 반드시 들르기를 추천한다. 숲이 우거진 험준한 바위(사소는 이탈리아어로 바위를 의미한다.) 위에 자리해 마치 공중에 떠 있는 듯한 모습의 황토색의 성당은 바르톨로메오 수도사가 자신의 꿈에 나타났던 성모 마리아를 위해 1487년에 축성한 것이다.

바실리카 내부에는 브라만티노(Bramantino)의 1502년 작 '이집트로의 피난' 등 많은 예술 작품이 전시되어 있다. 바실리카 옆에 있는 박물관에는 라파엘과 같은 대가들의 작품들이 걸려 있다. 눈여겨볼 만한 작품은 안토니오 시세리(Antonio Ciseri)에 의해 1870년에 그려진 '무덤으로 옮겨지는 그리스도(Trans Porto di Cristo al sepolcro)'로, 장중한 슬픔이 느껴지는 작품이다. 이 성당 위쪽 오르셀리나의 산투아리오 거리(Via Santuario)에서 혹은 오르셀리나역 맞은편 카페 아래 계단에 있는 전망 포인트에서 바라보는 로카르노와 호수의 전경은 환상적이다. 햇살에 눈부시게 빛나는 성당과 그 배경으로 반짝이는 푸른 마조레 호수는 한 폭의 그림 같다. 혹은 성당의 로지아(loggia, 발코니)에서 바라보는 로카르노의 지붕들과 마조레 호수 전망도 일품이다.

주소 Via Santuario 2 CH-6644 Orselina
☎091 743 62 65 **개방** 06:30~18:30, 연중무휴
홈페이지 www.madonnadelsasso.org
교통 로카르노 기차역에서 도보 20분. 산 위로 올라가는 코스이므로 체력에 따라 소요 시간이 다를 수 있다. 구시가 로카르노 푸니쿨라역(Locarno FLMS)에서 15분 간격으로 출발하는 푸니쿨라를 타고 종점인 오르셀리나(Orselina)역 하차. 길을 건너서 카페 건물 옆으로 난 계단으로 내려가면 멋진 전망을 감상하며 성당으로 들어갈 수 있다. 로카르노 시내로 돌아갈 때는 성당 옆에 있는 산투아리오(Santuario)역에서 푸니쿨라를 타고 내려가는 것이 편하다. 푸니쿨라는 편도 약 6분 소요.
지도 p.671

수도원과 푸니쿨라

푸니쿨라
운행 편도 6분 정도 소요되며 15분 간격으로 운행된다. 매일 08:05~21:05(운행 간격과 시간은 월별로 조금씩 변동될 수 있다). 11월 중 정기 점검 기간에는 운행하지 않는다.
요금 편도 성인 CHF4.80, 아동 CHF2.20 / 왕복 성인 CHF7.20, 아동 CHF3.60

리도 로카르노
Lido Locarno

티치노주에서 시설이 가장 훌륭한 풀장

1925년 마조레 호숫가에 문을 열었던 리도 로카르노는 2008년 완전히 새롭게 레노베이션을 한 후 현대적인 설비를 갖춘 풀장으로 재탄생했다. 온천욕장과 수영장 등을 갖추고 마조레 호수의 아름다운 호반 풍경과 알프스의 설봉들이 멋진 배경이 되는 독특한 레저 · 휴양 시설이다. 다수의 실내 · 실외 풀장, 4개의 워터 슬라이드, 올림픽 경기 사이즈의 수영장 등을 갖추고 있다.

주소 Via Gioacchino Respini 7 CH-6600 Locarno
☎ 091 759 90 00
개방 월 · 수 · 금~토 08:30~20:00, 화 · 목 07:30~20:00, 일 10:00~19:00, 연중무휴
요금 수영장+사물함 성인 CHF13, 아동 CHF7, 수영장+워터슬라이드 성인 CHF18, 아동 CHF11
홈페이지 www.lidolocarno.ch
교통 그란데 광장에서 도보 20분. 또는 로카르노 기차역에서 도보 17분. 기차역 광장(Piazza Stazione)에서 2번 버스를 타고 10분 소요.
지도 p.671

비스콘테오성
Castello Visconteo ★★

로카르노 조약이 체결된 역사적인 장소

10세기 건설된 이후 폐허가 되었다가 14세기에 재건되었고, 이후 밀라노의 비스콘티 가문의 성으로 사용되었다. 1531년 스위스 연방 군대가 성의 많은 부분을 파괴했고, 성의 핵심 부분만 남게 되었다. 한때 주 법원으로 사용되기도 했던 이 성은 1920년대에 레노베이션을 한 후 현재 고고학 박물관으로 사용되고 있다. 청동기 시대 후기부터 중세까지의 로카르노 유물을 소장하고 있다. 특히 티치노주에서 발굴된 약 200여 개의 로마 유리 공예품들이 인상적이다. 1925년 유럽의 안전을 보장하는 로카르노 조약이 체결된 장소이기도 하다.

주소 Via AI Castello CH-6600 Locarno
☎ 091 756 31 80 **개방** 매일 10:00~16:30
요금 성인 CHF15, 학생(만 18세 이상) CHF8 / 만 18세 미만 아동, 스위스 패스 소지자 무료 **홈페이지** castellolocarno.ch
교통 그란데 광장에서 도보 5분. **지도** p.671

 TIP **100여 개의 계곡을 통과하며 운행하는 열차, 첸토발리 철도**
Centovalli Railway

'백 개의 골짜기'라는 뜻을 가진 첸토발리 철도는 스위스의 로카르노와 이탈리아의 도모도솔라(Domodossola)를 이어주는 약 60km 길이의 노선이다. 또한 고타르트(Gotthard)와 심플론(Simplon) 노선과 이어질 뿐 아니라 티치노와 발레 주까지 연결된다. 첸토발리 철도는 첸토발리의 아름다운 경관과 비제초 계곡(Valle Vigezzo)의 눈부신 비경을 선사한다. 때묻지 않은 자연의 첸토발리는 멜레차(Melezza)강이 시작되는 곳으로 많은 계곡과 특이한 모양의 바위와 푸른 숲이 다채롭게 펼쳐진다. 거미줄처럼 촘촘하게 이어진 하이킹 코스가 있으며 이탈리아와 스위스로 향하는 수많은 열차가 정차하는 곳이기도 하다. 기차가 달리는 동안 총 83개의 다리(스위스 47개, 이탈리아 36개)와 34개의 터널을 통과한다.

로카르노의 축제

로카르노 국제 영화제 Festival del film Locarno

베니스 국제 영화제, 칸 국제 영화제만큼 역사가 깊고 전 세계 영화광
들과 영화 관계자들에게 높은 평가를 받고 있는 국제 영화제. 1946년
이래로 매년 8월에 11일 동안 열린다. 축제 기간 동안 500여 편의 영
화가 상영되고 총 900시간의 스크린 상영 기록을 세운다. 특히 역량
있는 신예 감독을 배출하는 영화제로 명성이 높다. 1989년 배용균 감
독은 〈달마가 동쪽으로 간 까닭은?〉으로 그랑프리상인 황금표범상을
수상했다.

그란데 광장

저녁이 되면 8,000명의 관객을 수용할 수 있는 구시가 중심의 그란데
광장(Piazza Grande)에 설치된 대규모 야외 스크린에서 영화가 상영
되고 낮에는 극장마다 영화가 쉴 새 없이 상영된다. 그란데 광장의 스
크린은 크기가 26x14m인데 세계에서 가장 큰 스크린 중 하나다. 그란
데 광장은 물론 극장마다 매표소가 있다. 극장용 1일 관람권이
CHF42, 그란데 광장 2편 관람권이 CHF32 정도다.

매표소

주소 Via Ciseri 23 CH-6600 Locarno ☎ 091 756 21 21
홈페이지 www.pardo.ch

문 & 스타 Moon & Stars

매년 7월 일주일 동안 열리는 음악 축제. 세계 유수한 음악가들이 참여하는데, 저녁마다 그란데 광장에서 열리는 다양
한 콘서트를 즐길 수 있다.

674

보르게세 Borghese

가족이 운영하는 레스토랑이며 안주인 미르타(Mirta)
가 직접 요리를 한다. 신선하고 전형적인 티치노 지역
요리와 이탈리아 요리를 맛볼 수 있고 생선 요리와 파
스타도 인기가 있다. 음식이 느리게 나오는 편이므로
시간 여유를 두고 방문하도록 한다. 가급적 예약을 하
는 편이 좋다. 라비올리(Ravioli, CHF28 내외), 그날의
메뉴(CHF35~40) 등을 추천한다.

주소 Via Borghese 20 CH-6600 Locarno
☎ 091 751 04 98 **영업** 월~토 17:00~00:00 **휴무** 일
교통 그란데 광장에서 도보 5분. **지도** p.671

델안젤로 Dell'Angelo

구시가 중심 그란데 광장에서 3대째 경영 중인 레스토
랑. 동명의 호텔도 운영 중이다. 17세기 프레스코화가
그려진 우아한 내부가 인상적이다. 대표 메뉴로는 전
통 피자(Pizze Tradizionali, CHF13.50~20), 그릴 폭 찹
과 감자튀김과 채소(Costeletta di Maialeallagriglia,
CHF14.50) 등이 있다. 무료로 와이파이 서비스를 이용
할 수 있다.

주소 Piazza Grande CH-6600 Locarno 6600
☎ 091 751 81 75 **영업** 매일 11:30~14:30, 17:00~23:00
홈페이지 www.hotel-dell-angelo.ch
교통 로카르노 기차역에서 도보 10분. **지도** p.671

TIP 로카르노 명물 빵, 파네토네
Panettone

버터, 달걀, 설탕, 건포도, 설탕에 절인 과일, 피스타
치오, 아몬드, 호두 등으로 진한 맛을 낸 로카르노
의 전통 빵. 밀가루를 발효시킨 첫 반죽으로 나머지
반죽을 부풀리는 과정을 거치며 식히기 위해 거꾸
로 매달아 놓는 과정에서 파네토네 특유의 반원형
모양이 된다. 파네토네를 이탈리아어로 풀이하면
'파네'는 '빵'을 말하며, '토네'는 '달다'는 뜻이다. 화
이트 와인이나 에스프레소와 함께 곁들이면 좋다.
구시가 곳곳의 제과점에서 쉽게 만날 수 있는데, 마
르닌(Marnin), 알 포르토(Al Porto)의 파네토네가 특
히 유명하다.

마르닌 Marnin

그란데 광장에서 7~8분 거리에 있는 산 안토니오 광장(Piazza S. Antonio)에 자리한 로카르노 전통의 빵집 겸 찻집이다. 160년 가까이 대를 이어 전해져온 레서피를 바탕으로 파네토네(Panettone)와 같은 티치노의 전통 빵을 만들고 있다. 모두 6가지 종류의 파네토네가 있으며 다양한 사이즈로 판매되고 있다(100g, CHF4.50~). 전통 기법으로 만드는 수제 쿠키 종류인 아마레티(Amaretti)와 초콜릿도 인기.

주소 Piazza S. Antonio CH-6600 Locarno
☎ 091 751 71 87
영업 월 · 수~금 07:00~19:00, 토 07:00~18:00,
일 08:00~18:00
휴무 화 **홈페이지** www.marnin.ch
교통 그란데 광장에서 도보 7분. **지도** p.671

푸니콜라레 Funicolare

마돈나 델 사소 교회 바로 위에 있는 이탈리안 레스토랑. 로카르노에서 푸니콜라를 타고 오르셀리나역에 내리면 바로 길 건너편에 있다. 음식과 서비스는 평범하지만, 테라스에서 바라보는 마돈나 델 사소와 로카르노 전경이 예술이다.

주소 Via Santuario 4 CH-6644 Orselina
☎ 091 743 18 33
영업 매일 09:30~22:00
홈페이지 www.ristorantefunicolare.ch
교통 로카르노 구시가에서 푸니쿨라를 타고 6분 이동 후 오르셀리나(Orselina)역에서 도보 1분. **지도** p.671

알 포르토 Al Porto

로카르노의 명물 파네토네로 유명한 카페 겸 제과점이다. 기차역 바로 옆 광장에 위치해 있어 편리하다. 기차역 외에, 마조레 호숫가, 그란데 광장에도 가게가 있다.

주소 Piazza Stazione 6 CH-6600 Locarno
☎ 091 743 65 16
영업 월~금 08:00~12:00, 13:30~17:00 **휴무** 토 · 일
홈페이지 www.alporto.ch
교통 로카르노 기차역 광장에 위치. **지도** p.671

SHOPPING

벨레리오 안티치타 Bellerio Antichità

1956년부터 문을 연 골동품 상점으로 구시가 작은 골목에 있다. 내부에는 정원도 있는데, 세월의 때가 묻은 다양한 골동품들을 구경할 수 있다. 마치 작은 박물관에 있는 기분이 든다.

주소 Via St. Antonio 11 CH-6600 Locarno
☎ 091 751 57 94
영업 화~금 09:00~12:00, 14:00~18:30,
토 09:00~12:00, 14:00~17:00,
휴무 일~월
홈페이지 bellerioantichita.wordpress.com
교통 그란데 광장에서 도보 5~6분.
지도 p.671

로카르노의 숙소

호텔 뒤 락 Hotel du Lac

호수 근처 구시가 보행자 구역에 위치한, 유서 깊은 호텔이다. 레노베이션을 통해 깔끔하고 안락한 분위기를 더했다. 대부분의 객실에서 호수 전경이나 그란데 광장을 볼 수 있다. 시티 택스(City Tax)로 1인 1박당 CHF2이 부과된다. 무료로 와이파이를 이용 가능.

주소 Via Ramogna 3 CH-6600 Locarno
☎ 091 751 29 21 **객실 수** 30실
예산 더블 CHF160~250, 조식 포함
홈페이지 www.du-lac-locarno.ch
교통 로카르노 기차역에서 도보 4분.
지도 p.671

호텔 델 안젤로 Hotel dell' Angelo

구시가 중심인 그란데 광장에 자리하고 있으며, 3대째 가업을 이어오고 있는 유서 깊은 호텔이다. 최근 레노베이션을 통해 과거의 매력과 현대적인 안락함이 조화를 이루고 있다. 무료로 와이파이를 이용할 수 있다.

주소 Piazza Grande CH-6600 Locarno
☎ 091 751 81 75
객실 수 55실
예산 더블 CHF100~290, 조식 포함
홈페이지 www.dellangelo.ch
교통 로카르노 기차역에서 도보 10분.
지도 p.671

카사 보르고 Casa Borgo

그란데 광장에서 도보 2~3분 거리에 있는 조용하고 작은 호텔. 자전거를 대여해 주기도 하고, 그릴과 카우치가 있는 뒷마당을 이용할 수 있어 가정적인 느낌이 물씬 풍긴다. 무료로 와이파이를 이용할 수 있다.

주소 Via Borghese 2 CH-6600 Locarno
☎ 091 78 824 56 32 **객실 수** 4실
예산 더블 CHF140~(시즌에 따라 변동), 조식 포함
홈페이지 www.casaborgo.ch
교통 그란데 광장에서 도보 3분. **지도** p.671

빌라 오르셀리나 Villa Orselina

로카르노에서 가장 많은 사랑을 받고 있는 우아한 5성급 호텔. 마조레 호수가 내려다보이는 야외 수영장을 갖추고 있으며 로카르노 위쪽 오르셀리나 거리, 마돈나 델 사소 성당으로부터 50m 떨어진 거리에 있다. 밝고 넓은 객실에서는 호수와 로카르노 전경이 펼쳐지고 대리석 욕실은 넓고 쾌적하다.

주소 Via Santuario 10 CH-6644 Orselina-Locarno
☎ 091 735 73 73 **객실 수** 28실
예산 더블 겨울 시즌 CHF260~, 성수기(7~8월) CHF430~, 조식 포함 **홈페이지** www.villaorselina.ch
교통 구시가에서 푸니쿨라를 타고 종점인 오르셀리나역에서 내린 후 왼편으로 산투아리오 거리를 따라 50m 이동하면 된다. **지도** p.671

스위스 여행 준비

Prepare Travel

여권과 비자

비접촉식 IC칩을 내장한 전자 여권은 신원과 바이오 인식 정보를 저장하고 있다. 바이오 인식 정보는 얼굴과 지문 등을 뜻한다.

여권 발급에 필요한 서류

① 여권 발급 신청서
② 여권용 사진 1매(긴급 여권 발급 신청 시 2매)
③ 신분증
④ 여권 발급 수수료(복수 여권 10년 5만 3000원, 5년 4만 5000원)
⑤ 병역 의무 해당자는 병역 관계 서류(전화 1588-9090, 홈페이지 www.mma.go.kr에서 확인)
⑥ 18세 미만 미성년자는 여권 발급 동의서 및 동의자 인감증명서, 가족관계증명서(단, 미성년자 본인이 아닌 동의자 신청시 발급 동의서, 인감증명서 생략 가능)

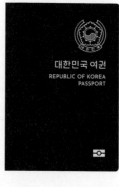

스위스 비자

현재 스위스와 한국은 무비자 협정 체결국이어서 체류 기간이 90일 이내라면 비자 없이 입국이 가능하다. 그러나 이보다 긴 여행이나 체류를 준비하고 있다면 주한 스위스 대사관을 통해 장기 비자를 발급받아야 한다.

TRAVEL TIP

중요 연락처

주 스위스 대한민국 대사관
주소 Embassy of the Republic of Korea, Kalcheggweg 38, p.O.Box 1220, 3000 Bern 16, Switzerland
전화 (한국에서 걸 때) +41 (0)31 356 2444
홈페이지 che-berne.mofa.go.kr
교통 베른 중앙역(Bahnhof) 앞에는 7번 트램(Ostring행)을 타고 5번째 정거장인 툰플라츠(Thun Platz)에서 하차, 오른쪽의 숲속길로 들어서 테니스장을 따라 약 5분 걸어 들어오면 도착한다.
※베른 중앙역에서 주 스위스 대한민국 대사관에 택시로 갈 때는 약 CHF20의 요금이 나온다. 택시운전사가 스위스 주재 북한대사관과 가끔 혼동하는 사례가 있으니 목적지를 사전에 정확히 알려주어야 한다.

스위스행 항공편

우리나라에서 스위스로 가는 직항편은 인천–취리히 구간이 유일하다. 비행 시간은 약 13시간으로, 경유편을 이용하는 경우 약 15~17시간이 걸린다.

경유편을 이용할 때는 환승 시간을 반드시 확인할 것. 만일 제네바로 가려면 경유편을 이용하거나 취리히에서 기차로 이동하는 게 편리하다.

항공권 예약

항공권을 구입하는 일도 일종의 쇼핑이나 다름없다. 반품을 팔아야 마음에 쏙 드는 물건을 저렴하게 구입할 수 있듯, 부지런을 떨어야 보다 저렴한 항공권을 손에 거머쥘 수 있다.

국제 운전면허증과 여행자 보험

국제 운전면허증

스위스는 열차 여행으로도 충분히 편하게 다닐 수 있는 곳이지만, 고속도로와 일반 국도를 따라 직접 운전을 하며 여행을 해보는 것도 낭만적인 여행으로 다가온다. 자동차 여행을 계획하고 있다면 국제 운전면허증이 필수다. 대한민국 운전면허증을 가지고 있다면 가까운 운전면허 시험장이나 경찰서에 들러 즉시 발급받을 수 있다. 위임장을 구비하면 대리신청도 가능하다. 스위스에서 자동차를 렌트할 경우 원칙적으로는 한국의 운전면허증, 국제 운전면허증, 여권을 반드시 구비하고 있어야 한다.

2019년 9월 16일부터 발급 중인 영문 운전면허증은 전국 27개 운전면허시험장 및 경찰서 민원실(강남경찰서 제외), 안전운전 통합민원 홈페이지에서 신청 가능하다. 영문 운전면허증은 앞면은 한글로, 뒷면에는 영문으로 운전면허증의 내용을 표기해서 발급되는데, 영문 운전면허증을 인정해 주는 국가에서 운전할 때 별도의 서류 없이 통용이 된다. 영문 운전면허증만으로도 운전이 가능한 국가(2024년 1월 기준)는 67개국으로 스위스도 포함된다. 발급 비는 1만원이다(허용 국가 현황은 수시로 변경될 수 있다).

발급처 운전면허시험장
준비 서류 여권(사본 가능), 운전면허증, 여권용 사진 1매(반명함판 사진 가능)
비용 1만 원 **유효 기간** 발급일로부터 1년 **전화** 1577–1120

여행자 보험

보험설계사, 보험사 영업점, 대리점, 각 보험 회사의 온라인 사이트에서 가입할 수 있다. 미리 보험을 준비하지 못했다면 비행기에 탑승하기 전 공항 내 보험 서비스 창구를 이용한다. 보상을 받기 위해서는 현지 병원이 발급한 진단서와 치료비 영수증, 약제품 영수증, 처방전 등을 챙긴다. 도난 사고가 발생했다면 현지 경찰이 발급한 도난 증명서(사고 증명서)가 필요하다. 여행 중 구입한 상품을 도난 당했다면 물품 구입처와 가격이 적힌 영수증을 준비한다(가입한 보험 상품에 따라 내용이 다르므로 계약서 내용을 꼼꼼히 읽어볼 것).

공항에서 출국장에 들어가기 전에도 여행자 보험에 가입할 수 있다.

환전과
여행 경비

스위스에서는 거의 대부분의 상점과 레스토랑에서 신용 카드를 사용할 수 있다. 분실 가능성이 있으니 신용 카드는 2개 정도 챙겨가고 각기 다른 곳에 보관하는 것이 좋다.

인터넷 환전

환율이 불리하게 적용되는 공항에서 돈을 바꿀 게 아니라면, 은행 업무 시간 중 시간을 내어 그나마 경제적으로 환전할 수 있다. 그런데 은행을 찾을 시간이 없다면 인터넷 환전으로 눈을 돌리자. 은행 창구에서 하는 것보다 수수료가 싼 데다 인터넷으로 환전을 신청한 뒤 공항 지점에서 환전한 돈을 찾을 수 있어 바쁜 직장인들에게 요긴하다. 일부 은행은 업무가 끝나는 저녁시간과 주말에도 환전이 가능하도록 인터넷 환전 서비스를 확대했다.

현금 환전

영세 중립국 스위스에서는 유로화 대신 자체 화폐인 스위스 프랑(CHF, Fr., SFr.)이 통용된다. 국내에서 출국 전에 미리 환전해 가는 편이 좋다. 달러나 유로처럼 대부분의 시중 은행에서 스위스 프랑으로 환전할 수 있다. 유로화로 환전해서 현지에서 스위스 프랑으로 재환전하면 수수료 때문에 손해

를 볼 수 밖에 없다. 유로화를 받는 상점이나 레스토랑도 스위스 프랑보다 유로를 사용하면 유로:프랑을 1:1로 환산하기 때문에 조금 손해를 보는 경우가 많다. 또한 거스름돈은 스위스 프랑으로 주기 때문에 환율에서 손해를 본다. 스위스에서는 대부분의 상점과 식당, 호텔에서 신용 카드 이용이 가능하기 때문에 여행 경비의 절반 정도는 스위스 프랑으로 환전해서 가져가고, 나머지 절반은 신용 카드를 적절히 사용하는 편이 좋다. 각 은행의 애플리케이션으로 환전을 신청하면 수수료 우대를 해주는 경우가 있으니 미리 확인하자.

신용 카드

보안상 문제점이나 약간의 수수료 부담이 있지만 가장 편리하고 보편적인 결제 수단으로 사용된다. 게다가 신분증 역할까지 한다. 호텔, 렌터카, 단거리 항공권을 예약할 때 대부분 신용 카드 제시를 요구

외국에서도 사용 가능한 신용 카드인지 확인!

한다. 현지에서 현금이 필요할 때 ATM을 통해 현금 서비스를 받을 수도 있다. 국제 카드 브랜드 중에선 가맹점이 많은 비자(Visa), 마스터(Master) 카드가 무난하다. 자신의 카드가 외국에서도 사용 가능한지 반드시 확인하고, 카드 뒷면의 사인을 확인하는 경우가 많으므로 꼭 서명해 둔다.

현금 카드로 인출

신용 카드를 감당하기 어렵다면 해외 현금 카드를 준비한다. 한국에서 발행한 해외 현금 카드를 이용해 현지 ATM에서 현지 통화로 인출한다. 현금을 들고 다니는 것보다 안전하고, 신용 카드보다 규모 있고 알뜰한 소비가 가능하다. 단, 신용 카드처럼 준 신분증 기능은 하지 못한다.

ATM 기기

융프라우 할인 쿠폰

융프라우 여행 필수템

융프라우 할인 쿠폰은 대한민국 여권 소지자만 받을 수 있다. 다양한 액티비티 예약 및 발권, 식당과 대중교통 이용 시에 무료 또는 할인 혜택이 주어진다. 그러므로 쿠폰이 없어 비싼 요금을 지불하는 불상사는 피하자.
융프라우 철도는 민영 철도이므로 스위스 패스는 마을까지만 적용된다. 대부분의 경우 할인 쿠폰만으로 VIP 패스 또는 구간권을 구입하는 게 유리하다.

신청 방법
1. 스마트폰 또는 태블릿PC로 상단의 QR코드를 스캔한다.
2. 시공사 제휴 페이지 안내에 따라 이메일 쿠폰을 신청한다.
3. 메인 화면에서 할인 쿠폰 사용법과 탑승·환승 방법을 확인한다.

할인 쿠폰 이용·현지 발권 방법
발권할 구간권 또는 VIP 패스 체크 후, 현지 역 발권 창구에 요금, 여권과 함께 1인 1매 제출한다.

융프라우 VIP 1~6일 연속 패스
융프라우 VIP 패스 소지자는 융프라우요흐 1회 왕복을 포함해서 열차, 케이블카, 곤돌라, 마을버스 등 교통편을 무제한으로 이용할 수 있고, 겨울에는 스키 리프트권이 무료로 제공된다. 그뿐만 아니라 각종 액티비티와 레스토랑까지 무료나 할인 가격으로 이용할 수 있는 풍성한 혜택이 주어진다.

주의할 점
1. 구간 왕복 티켓은 1회 왕복만 가능.
2. 타인 양도·분할 사용, 타쿠폰과 중복 사용 불가. 구간권·패스 개시 후, 현금 교환·잔액 환불 불가.
3. 모든 티켓·혜택은 현지 사용으로 귀국 후 미 사용 티켓·혜택에 대해 일체의 교환 및 환불 불가. 환불은 현지 발권 역에서만 가능.
4. 모든 노선 탑승 및 혜택은 특정 기간 동안 정해진 횟수 제공(구간·혜택은 천재지변·운영 사정 등에 따라 예고 없이 변경·취소될 수 있음. 여행객의 운행·운영 기간 미확인으로 미탑승·미사용 시 환불·보상·배상·취소 등 불가).
5. 모든 분쟁은 스위스 융프라우 철도의 운송약관 및 정책이 적용되며 동신항운은 여행객의 철도·각종 교통여행·하이킹·액티비티·스키·눈썰매 등 이동·여가 활동 중 발생하는 변경·운휴·취소·피해·상해·사망·사고 등에 대해 일체의 민·형사상 배상·보상의 책임이 없음.

영어 여행 회화

거리 표식	
~대로	~Avenue
~거리	~Street
~광장	~Square
~다리	~Bridge
호수	Lake
중심부	Centre
구시가	Old Town
우체국	Post Office
역	Station
플랫폼	Platform~
출발	Departure
도착	Arrival
승차권(판매소)	Tickets
입구	Entrance
출구	Exit / Way Out
출입금지	No Entry / Private
촬영금지	No Photographs
개점	Open
폐점	Closed
미시오	Push
당기시오	Pull
금연	No Smoking
계산대	Cashier / Pay Here
엘리베이터	Lift
화장실	Toilet / Restroom
신사용	Gentlemen
숙녀용	Ladies
비어 있음	Vacant
사용 중	Occupied
고장	Out of Order

기본 회화	
객실 번호	Room No.
레스토랑	Restaurant
메뉴	Menu
전채	Appetizer
수프	Soup
샐러드	Salad
고기 요리	Meat
생선 요리	Fish
치즈	Cheese
미네랄워터	Mineral water
탄산가스 들어 있음	With gas
탄산가스 없음	Non gas
수돗물	Tap water
커피	Coffee
레드 와인	Red wine
화이트 와인	White wine
맥주	Beer
계산	Bill / check
철도	Railway
등산 철도	Mountain Railway
케이블카	Funicular
로프웨이	Cable railway
어제	Yesterday
오늘	Today
내일	Tomorrow
오전	Morning
오후	Afternoon
밤	Night
~시간	~hours
~분간	~minutes

날짜 · 숫자	
1월	January
2월	February
3월	March
4월	April
5월	May
6월	June
7월	July
8월	August
9월	September
10월	October
11월	November
12월	December
월요일	Monday
화요일	Tuesday
수요일	Wednesday
목요일	Thursday
금요일	Friday
토요일	Saturday
일요일	Sunday
1	One
2	two
3	Three
4	Four
5	Five
6	Six
7	Seven
8	Eight
9	Nine
10	Ten
100	Hundred

인사

- 예 / 아니오 Yes / No
- 안녕하세요. Hello
- 실례합니다. Excuse me.
- 죄송합니다. I'm sorry.
- 고맙습니다. Thank you.
- 건배! Cheers!
- 맛있게 드세요. Good Appetite.

공항 / 역에서

- 제 짐이 없어졌습니다.
I can't find my luggage.
- ~까지 편도(왕복), 2등석 승차권을 ○장 주세요.
○ Single(return) tickets, 2nd Class, to~
please.

호텔에서

- 예약한 ~입니다.
I have a reservation. My name is~.
- 안전금고를 사용하고 싶습니다.
I'd like to have a safety box.
- 열쇠를 방 안에 두고 나왔습니다.
I left my key in my room.
- 택시를 불러 주세요.
Please call a taxi for me.
- 여보세요, ~호실인데요…
This is Room No.~.
- 벨 보이를 불러 주시겠어요?
Could you send a bell boy to the room?

레스토랑 / 상점에서

- 여보세요, 오늘 밤 ○시에 □명 예약을 부탁합니다. 제 이름은 ~입니다.
Hello, I'd like to book a table for □ persons

at ○ tonight. My name is~.
- ~라는 이름으로 예약을 했습니다.
I have a reservation under the name of~.
- 저는 이것과 이것을 주문하겠습니다.
This and this for me, please.
- 죄송하지만 ~를 주시겠어요?
Excuse me, ~please.
- 얼마입니까?
How much is it?
- 이걸로 하겠습니다.
I'll take this.
- 잘 먹었습니다. (돌아갈 때의 인사)
Thank you.

거리에서

- 실례합니다. 이곳은 이 지도의 어느 지점인가요?
Excuse me. Where are we on this map?
- ~에 어떻게 하면 갈 수 있습니까?
How can I get to~?
- 걸어서 어느 정도 걸립니까?
How long does it take by walk?

비행기 예약 재확인 시

- 비행기 예약을 확인하고 싶습니다.
○월 □일 △편이고, 이름은 ~입니다.
I'd like to reconfirm my flight,
△on ○□. My name is~.

긴급 시

- 도와주세요! Help!
- 경찰(의사)을 불러 주세요.
Call the police(a doctor), please.
- 한국어를 할 수 있는 사람은 없습니까?
Is there anyone speaks Korean?

독일어 여행 회화

거리 표식

~대로	~hauptstrasse (하우프트 슈트라쎄)
~거리	~strasse (슈트라쎄)
~광장	~platz (플라츠)
~다리	~brücke (브뤼케)
호수	See (제)
중심부	Zentrum (첸트룸)
구시가	Altstadt (알트슈타트)
우체국	Die Post (디포스트)
역	Bahnhof (반호프)
플랫폼	Gleis~ (글라이스)
출발	Abfart (압파르트)
도착	Ankunft (안쿤프트)
승차권(판매소)	Billette (빌레떼)
입구	Eingang (아인강)
출구	Ausgang (아우스강)
출입금지	Eintritt Verboten! (아인트릿트 페어보텐)
촬영금지	Fotografieren verboten! (포토그라피렌 페어보텐)
개점	In Betreib (인 베트리브)
폐점	Geschlossen (겟슈로쎈)
미시오	Drücken (드뤼켄)
당기시오	Ziehen (치이엔)
금연	Nicht rauchen (니히트 라우헨)
계산대	Kasse (카쎄)
엘리베이터	Lift (리프트)
화장실	Toilette (토일레테)
신사용	Herren (헤렌)
숙녀용	Damen (다멘)
비어 있음	Frei (프라이)
사용 중	Besetzt (베제츠트)
고장	Nicht in Ordnung! (니히트 인 오드눙)

기본 회화

객실 번호	Zimmer- nummer (찜머눔머)
레스토랑	Restaurant (레스토랑)
메뉴	Speisekarte (슈파이제카르테)
전채	Vorspeise (포어슈파이제)
수프	Suppe (주페)
샐러드	Salat (잘라트)
고기 요리	Fleisch (플라이쉬)
생선 요리	Fisch (피쉬)
치즈	Käse (케제)
미네랄워터	Mineral wasser (미네랄 바써)
탄산가스 들어 있음	mit gas (미트 가스)
탄산가스 없음	ohne gas (오네 가스)
수돗물	Leitungs- Wasser (라이퉁스 바써)
커피	Kaffee (카페)
레드 와인	Rotwein (로트바인)
화이트 와인	Weisswein (바이스바인)
계산	Rechnung (레히눙)
철도	Eisenbahn (아이젠반)
등산 철도	Bergseilbahn (베르크자일반)
케이블카	Drahtseilbahn (드라트자일반)
로프웨이(대)	Luftseilbahn (루프트자일반)
로프웨이(소)	Gondelbahn (곤델반)
어제	Gestern (게스턴)
오늘	Heute (호이테)
내일	Morgen (모르겐)
오전	Morgen (모르겐)
오후	Nachmittag (나흐밋탁)
밤	Abend (아벤트)
~시간	~Stunden (슈툰덴)
~분간	~Minuten (미누텐)

날짜 · 숫자

1월	Januar (야누아)
2월	Februar (페브루아)
3월	März (메르츠)
4월	April (아프릴)
5월	Mai (마이)
6월	Juni (유니)
7월	Juli (율리)
8월	August (아우구스트)
9월	September (젭템버)
10월	Oktober (옥토버)
11월	November (노벰버)
12월	Dezember (데헴버)
월요일	Montag (몬탁)
화요일	Dienstag (디인스탁)
수요일	Mittwoch (미트보흐)
목요일	Donnerstag (도너스탁)
금요일	Freitag (프라이탁)
토요일	Samstag (잠스탁)
일요일	Sonntag (존탁)
1	Eins (아인스)
2	Zwei (쯔바이)
3	Drei (드라이)
4	Vier (피어)
5	Fünf (푼프)
6	Sechs (젝스)
7	Sieben (지벤)
8	Acht (아하트)
9	Neun (노인)
10	Zehn (첸)
100	Hundert (훈데르트)

인사
- 예 / 아니오 야 / 나인 Ja / Nein
- 안녕하세요. 그리에치 Grüezi! (굿텐탁 Guten Tag)
- 실례합니다. 엔트슐디궁 Entschuldigung.
- 죄송합니다. 엔트슐디궁 Entschuldigung.
- 고맙습니다. 당케 슈엔 Danke schön.
- 건배! 프로스트 Prost!
- 맛있게 드세요. 굿텐 아페티트 Guten Appetit.

공항 / 역에서
- 제 짐이 없어졌습니다.

  이히 칸 마이넨 코퍼 니히트 핀덴.

  Ich kann meinen Koffer nicht finden.
- ~까지 편도(왕복), 2등석 승차권을 ○장주세요.

  뢱 파르카르테 츠바이터 클라쎄 나하~, 비테.

  ○(Rück) Fahrkarte zweiter Klasse nach~, bitte.

호텔에서
- 예약한 ~입니다.

  이히 하베 에스 레저비어트 마인 나메 이스트~.

  Ich habe es reserviert. Mein Name ist~.
- 안전 금고를 사용하고 싶습니다.

  이히 뫼히테 이렌 호텔세이프 베눗첸.

  Ich möchte Ihren Hotelsafe benutzen.
- 열쇠를 방 안에 두고 나왔습니다.

  이히 하베 덴 슈뤼쎌 인 마이넴 찜머 겔라쎈.

  Ich habe den Schlüssel in meinem Zimmer gelassen.
- 택시를 불러 주세요.

  루펜 지 비테 아인 탁시.

  Rufen sie bitte ein Taxi.
- 여보세요. ~호실인데요…

  할로, 히어 슈프리히트 찜머~.

  Hallo, hier spricht Zimmer~,
- 벨 보이를 불러 주시겠어요?

  라쎈 지 비테 아이넨 게팩트래거 추 미어 코멘.

  Lassen Sie bitte einen Gepäckträger zu mir kommen.

레스토랑 / 상점에서
- 여보세요. 오늘 밤 ○시에 □명 예약을 부탁합니다. 제 이름은 ~입니다.

  할로, 아이넨 티쉬 퓌어 □페르조넨 움 ○우어 비테. 마인 나메 이스트~.

  Hallo, einen Tisch für □ Personen um ○ Uhr bitte. Mein Name ist~.
- ~라는 이름으로 예약을 했습니다.

  이히 하베 아이넨 티쉬 베슈텔트 마인 나메 이스트~.

  Ich habe einen Tisch bestellt. Mein Name ist~.
- 저는 이것과 이것을 주문하겠습니다.

  이히 뫼히테 디스 운트 디스 하벤.

  Ich möchte dies und dies haben.
- 죄송하지만 ~를 주시겠어요?

  엔트슐디궁, ~비테.

  Entschuldigung, ~bitte.
- 얼마입니까? 비피일 코스테트 다스?

  Wie viel kostet das?
- 이걸로 하겠습니다. 이히 네메 디젠

  Ich nehme diesen.
- 잘 먹었습니다. (돌아갈 때의 인사) 당케 슈엔

  Danke schön.

거리에서
- 실례합니다. 이곳은 이 지도의 어느 지점인가요?

  엔트슐디궁, 비테 짜이겐 지 미어 아우프 디저 카르테.

  Entschuldigung, bitte zeigen Sie mir auf dieser Karte.
- ~에 어떻게 하면 갈 수 있습니까?

  비테 짜이겐 지 미어 덴 베크 나하.

  Bitte zeigen Sie mir den Weg nach~.
- 걸어서 어느 정도 걸립니까?

  비 바이트 이스트 에스 비스 추 푸스?

  Wie weit ist es bis zu ~ zu Fuss?

비행기 예약 재확인 시
- 비행기 예약을 확인하고 싶습니다. ○월일 △편이고, 이름은 ~입니다.

  이히 뫼히테 마이넨 푸르크 베슈테티겐 △무어○□마인 나메 이스트~.

  Ich möchte meinen Flug bestetigen. △am ○□, mein Name ist~.

긴급 시
- 도와주세요! 힐페! Hilfe!
- 경찰(의사)를 불러 주세요.

  루펜 지 비테 덴 폴리찌스텐 아이넨 아르츠트.

  Rufen Sie bitte den Polizisten(einen Arzt).
- 한국어(영어)를 할 수 있는 사람은 없습니까?

  스프리히트 히어 예만트 코레아니시(엥글리쉬)?

  Spricht hier jemand Koreanisch(Englisch)?

프랑스어 여행 회화

거리 표식			기본 회화			날짜 · 숫자		
~대로	블루바르 Boulevard~		객실 번호	농브르 드 샹브르 nombre de chambre		1월	장비에 janvier	
~거리	뤼 Rue~		레스토랑	레스토랑 restaurant		2월	페브리에 février	
~광장	플라스 Place~		메뉴	카르트 carte		3월	마르스 mars	
~다리	퐁 Pont~		전채	앙트레 entrées		4월	아브릴 avril	
호수	라크 Lac		스프	수프 soupe		5월	메 mai	
중심부	상트르 Centre		샐러드	살라드 salade		6월	쥥 uin	
구시가	비에유 빌 Vieille ville		고기 요리	비앙드 viande		7월	쥐예 juillet	
우체국	라 포스트 La Poste		생선 요리	푸아쏭 poisson		8월	우 août	
역	가르 Gare		치즈	프로마주 fromage		9월	셉탕브르 septembre	
플랫폼	부아 Voie		미네랄워터	오 미네랄 eau minérale		10월	옥토브르 octobre	
출발	데파르 Départ		탄산가스 들어 있음	아베크 가즈 avec gaz		11월	노방브르 novembre	
도착	아리베 Arrivée		탄산가스 없음	상 가즈 sans gaz		12월	데상브르 d?cembre	
승차권(판매소)	비예 Billet		수돗물	카라페 도 carafe d'eau		월요일	룅디 lundi	
입구	앙트레 Entrée		커피	카페 café		화요일	마르디 mardi	
출구	소르티 Sortie		레드 와인	뱅 루즈 vin rouge		수요일	메르크르디 mercredi	
출입금지	데팡스 당트레 Défense d'entrer		화이트 와인	뱅 블랑 vin blanc		목요일	죄디 jeudi	
촬영금지	데팡스 드 포토그라피 Défense de photographie		계산	노트 note		금요일	방드르디 vendredi	
개점	우베르 Ouvert		철도	슈맹 드 페르 chemin de fer		토요일	삼디 samedi	
폐점	페르메 Fermé		등산 철도	슈맹 드 페르 드 몽타뉴 chemin de fer de montagne		일요일	디망쉬 dimanche	
미시오	푸쎄 Poussez		케이블카	퓌니큘레르 funiculaire		1	욍 un	
당기시오	티레 Tirez		로프웨이(대)	텔레페리크 téléphérique		2	되 deux	
금연	데팡스 드 퓌메르 Défense de fumer		로프웨이(소)	텔레카빈 télécabine		3	트루아 trois	
계산대	께쓰 Caisse		어제	이에르 hier		4	카트르 quatre	
엘리베이터	라썽쇠르 L'ascenseur		오늘	오주르뒤 aujourdîhui		5	쌩크 cinq	
화장실	투알레트 Toilettes		내일	드맹 demain		6	시스 six	
신사용	옴므 Hommes		오전	마탱 matin		7	세트 sept	
숙녀용	팜므 Femmes		오후	라프레미디 l'après-midi		8	위트 huit	
비어있음	리브르 Libre		밤	수아르 soir		9	뇌프 neuf	
사용 중	오퀴페 Occupé		~시간	외르 ~heure		10	디스 dix	
고장	오르 세르비스 Hors service		~분간	마뉘트 ~minute		100	쌍 cent	

인사

● 예 / 아니오 *위 / 농* Oui / Non

● 안녕하세요. *봉주르* Bonjour.

● 실례합니다. *씰 부 플레* S'il vous plaît.

● 죄송합니다. *익스퀴제무아 / 파르동*
Excusez-moi. / Pardon.

● 고맙습니다. *메르씨 보쿠* Merci beaucoup.

● 건배! *상떼* Santé!

● 맛있게 드세요. *본 아페티* Bon appétit

공항 / 역에서

● 제 짐이 없어졌습니다.
주 느 투르브 파 메 바가주 Je ne trouve pas mes bagages.

● ~까지 편도(왕복), 2등석 승차권을 ○장 주세요.
*돈네 무아 ○ 비예 알레 상플(알레 에 르투르) 앙 되지엠 클라스 푸르
~ 씰 부 플레.*
Donnez-moi ○ billet aller simple(aller et retour) en
deuxiéme classe pour ~ s'il vous plaît.

호텔에서

● 예약한 ~입니다.
제 페 라 레제르바씨옹. 주 마펠~.
J'ai fait la réservation. Je m'appelle~.

● 안전금고를 사용하고 싶습니다.
에스크 주 푀 위틸리제 르 코프르 포르?
Est-ce que je peux utiliser le coffre-fort?

● 열쇠를 방 안에 두고 나왔습니다.
제 우블리에 라 클레 당 마 샹브르.
J'ai oublié la clef dans ma chambre.

● 택시를 불러 주세요.
아플레 욍 딱씨, 씰 부 플레. Appelez un taxi, s'il vous plaît.

● 여보세요, ~호실인데요…
알로, 세 샹브르 ○. Allô, C'est chambre ○.

● 벨 보이를 불러 주시겠어요?
(페르 브니르) 욍 바가지스트, 씰 부 플레
(Faites venir) un bagagiste, s'il vous plaît.

레스토랑 / 상점에서

● 여보세요, 오늘 밤 ○시에 □명 예약을 부탁합니다. 제 이
름은 ~입니다.
알로, 불레 부 레제르베 윈 따블 푸르 □ 페르손 아 ○외르? 주 마펠 ~.
Alló, Voulez-vous réserver une table pour □
personnes à ○ heures? Je m'appelle~.

● ~라는 이름으로 예약을 했습니다.
제 레제르베 왼 따블 오 농 드~.
J'ai réservé une table au nom de ~.

● 저는 이것과 이것을 주문하겠습니다.
돈네 무아 쎄씨, 씰 부 플레.
Donnez-moi ceci, s'il vous plaît.

● 죄송하지만 ~를 주시겠어요?
익스퀴제무아, ~ 씰 부 플레.
Excusez-moi, ~ s'il vous plaît.

● 얼마입니까? *콤비앵?* Combien?

● 이걸로 하겠습니다.
주 베 프랑드르 쓸라. Je vais prendre cela.

● 잘 먹었습니다. (돌아갈 때의 인사)
메르씨 보쿠. Merci beaucoup.

거리에서

● 실례합니다. 이곳은 이 지도의 어느 지점 인가요?
익스퀴제무아, 앵디케 무아 쉬르 쎄트 카트르 우 주 스위 맹트낭.
Excusez-moi, Indiquez-moi sur cette carte où je
suis maintenant.

● ~에 어떻게 하면 갈 수 있습니까?
푸베 부 므 디르 코망 옹 바 아 ~?
Pouvez-vous me dire comment on va à ~?

● 걸어서 어느 정도 걸립니까?
콤비앵 (드 땅) 포 틸 푸르 알레 아 ~ 아 피에?
Combien (de temps) faut-il pour aller à ~ à pied?

비행기 예약 재확인 시

● 비행기 예약을 확인하고 싶습니다. ○월 □일 △편이고,
이름은 ~입니다.
쎄 푸르 콩피르메 마 레제르바씨옹. 쎄 쉬르 르 볼 △, □ ○. 르 농
C'est pour confirmer ma réservation. C'est sur le vol
△, ○ □. Le nom de passager est ~.

긴급 시

● 도와주세요! *오 스쿠르!* Au secours!

● 경찰(의사)를 불러 주세요.
아플레 외 나장 드 폴리스(욍 메드쌩) 씰 부 플레.
Appelez un agent de police (un médecin) s'il vous
plaît.

● 한국어를 할 수 있는 사람은 없습니까?
이 아 틸 켈켕 키 파를 코렝(앙글레)?
Y-a-t-il quelqu'un qui parle coréen(anglais)?

이탈리아어 여행 회화

거리 표식		기본 회화		날짜 · 숫자	
~대로	Viale~ *비알레*	객실 번호	numero di *누메로 디 까메라* camera	1월	gennaio *젠나이오*
~거리	Via~ *비아*	레스토랑	ristorante *리스토란떼*	2월	febbraio *페브라이오*
~광장	Piazza~ *삐앗짜*	메뉴	lista *리스타*	3월	marzo *마르조*
~다리	Ponte~ *뽄떼*	전채	antipasto *안티파스토*	4월	aprile *아쁘릴레*
호수	Largo *라고*	수프	zuppa *줍빠*	5월	maggio *마지오*
중심부	Centro *첸뜨로*	샐러드	insalata *인살라따*	6월	giugno *주뇨*
구시가	Alta citta *알타체따*	고기 요리	carne *까르네*	7월	luglio *룰리오*
우체국	La Posta *라 뽀스타*	생선 요리	pesce *뻬쉐*	8월	agosto *아고스토*
역	Stazione *스타지오네*	치즈	formaggio *포르마죠*	9월	settembre *세뗌브레*
플랫폼	Binario~ *비나리오*	미네랄워터	acqua minerale *아쿠아 미네랄레*	10월	ottobre *오토브레*
출발	Partenza *빠르뗀자*	탄산가스 들어 있음	con gas *콘 가스*	11월	novembre *노벰브레*
도착	Arrivo *아리보*	탄산가스 없음	naturale *나뚜랄레*	12월	dicembre *디쳄브레*
승차권(판매소)	Biglietto *빌리에또*	수돗물	acqua del *아쿠아 델 루비네또* ribinetto	월요일	lunedì *루네디*
입구	Entrata *엔뜨라따*	커피	tazza grande *타짜 그란데*	화요일	martedì *마르떼디*
출구	Uscita *우쉬따*	레드 와인	vino rosso *비노 로쏘*	수요일	mercoledì *메르꼴레디*
출입금지	Divieto *디뷔에또 다체쏘* d'accesso	화이트 와인	vino bianco *비노 비앙꼬*	목요일	giovedì *지오베디*
촬영금지	Vietato *디뷔에또 포또그라파레* fotografare	계산	conto *꼰또*	금요일	venerdì *베네르디*
개점	Aperto *아뻬르또*	철도	ferrovia *페로비아*	토요일	sabato *싸바토*
폐점	Chiuso *끼우소*	등산 철도	ferrovia di *페로비아 디 몬타냐* montagna	일요일	domenica *도메니까*
미시오	Spingere *스핀제레*	케이블카	funicolare *푸니꼴라레*	1	uno *우노*
당기시오	Tirare *티라레*	로프웨이(대)	teleferica *텔레페리크*	2	due *두에*
금연	Vietato fumare *뷔에따또 후마레*	로프웨이(소)	cabinovia *카비노비아*	3	tre *트레*
계산대	Cassa *카사*	어제	ieri *이에리*	4	quattro *콰트로*
엘리베이터	Ascensore *아쉰소레*	오늘	oggi *오쥐*	5	cinque *칭꿰*
화장실	Gabinetto *가비네또*	내일	domani *도마니*	6	sei *세이*
신사용	Uomo *우오모*	오전	mattino *맛띠노*	7	sette *세떼*
숙녀용	Donna *돈나*	오후	pomeriggio *뽀메리죠*	8	otto *오토*
비어있음	Libero *리베로*	밤	notto *노떼*	9	nove *노베*
사용 중	Occupato *옥꾸빠또*			10	dieci *디에치*
고장	Guasto *구아스또*			100	cento *첸토*

인사

- 예 / 아니오 *시 / 노* Si / No
- 안녕하세요. *챠오* Ciao(*부온 죠르노* Buon giorno)
- 실례합니다. *페르 파보레* Per favore.
- 죄송합니다. *미 스쿠지* Mi scusi.
- 고맙습니다. *그라찌에* Grazie.
- 건배! *쌀루테* Salute!
- 잘 먹겠습니다. *부온 아페띠또* Buon appetito.

공항 / 역에서

- 제 짐이 없어졌습니다.

  논 뜨로보 이 미에이 바갈리.

  Non trovo i miei bagagli.

- ~까지 편도(왕복), 2등석 승차권을 ○장 주세요.

  ○빌리에또 단다따 쏠라(안다따 에 리또르노) 디 쎄꼰다 클라쎄 페르~.

  ○ biglietto d'andata sola(andata e ritorno) di seconda classe per ~.

호텔에서

- 예약한 ~입니다.

  오 홧또 라 쁘레놋따찌오네. 미 키아노~.

  Ho fatto la prenotazione. Mi chiamo ~.

- 안전금고를 사용하고 싶습니다.

  뽀쏘 우자레 라 까세따 디 씨꾸렛짜?

  Posso usare la cassetta di sicurezza?

- 열쇠를 방 안에 두고 나왔습니다.

  오 라샤또 라 끼아베 넬라 미아 까메라.

  Ho lasciato la chiave nella mia camera.

- 택시를 불러 주세요.

  미 끼아마 운 딱시, 페르 파보레?

  Mi chiama un tassì, per favore?

- 여보세요, ~호실인데요…

  쁘론또 끼 빠를라 까메라 ○.

  Pronto, qui parla camera ○,

- 벨 보이를 불러 주시겠어요?

  미 망디 운 팍키노 페르 이 바갈리?

  Mi mandi un facchino per i bagagli?

레스토랑 / 상점에서

- 여보세요, 오늘 밤 ○시에 □명 예약을 부탁합니다. 제 이름은 ~입니다.

  쁘론또 □ 뽀스띠 알레 ○페르 파보레. 미 끼아모~.

  Pronto, □ posti alle ○ per favore. Mi chiamo ~.

- ~라는 이름으로 예약을 했습니다.

  쏘노 에 오 라 쁘레놋따찌오네.

  Sono ~ e ho la prenotazione.

- 저는 이것과 주문하겠습니다.

  미 다 꾸에스또 Mi da questo?

- 죄송하지만 ~를 주시겠어요?

  미 스쿠지,~, 페르 파보레.

  Mi scusi, ~, per favore.

- 얼마입니까?

  꽌또 꼬스타? Quanto costa?

- 이걸로 하겠습니다.

  쁘렌데로 꾸에스또 Prenderò questo.

- 잘 먹었습니다. (돌아갈 때의 인사)

  그라찌에 Grazie.

거리에서

- 실례합니다. 이곳은 이 지도의 어느 지점인가요?

  미 스쿠지, 도베 시아모 오라 스 꾸에스타 삐안띠나?

  Mi scusi, dove siamo ora su questa piantina?

- ~에 어떻게 하면 갈 수 있습니까?

  뻬르 안다레 아, 뻬르 파보레?

  Per andare a ~, per favore.

- 걸어서 어느 정도 걸립니까?

  꽌또 템포 시 부올레 삐에디?

  Quanto tempo ci vuole a piedi?

비행기 예약 재확인 시

- 비행기 예약을 확인하고 싶습니다. ○월 □일 △편이고, 이름은 ~입니다.

  보레이 리꽁페르마레 라 미아 쁘레놋따찌오네. 델 □ ○. 미오 노메 에~.

  Vorrei riconfermare la mia prenotazione. △del □○. Il mio nome ? ~.

긴급 시

- 도와주세요! *아이우또! Aiuto!*
- 경찰(의사)를 불러 주세요.

  미 끼아마 운 뽈리찌옷또(운 돗 또레).

  Mi chiama un poliziotto(un dottore)?

- 한국어를 할 수 있는 사람은 없습니까?

  꾸알꾸노 께 빠를라 꼬레아노(잉글레세)?

  Qualcuno che parla coreano(inglese)?

INDEX

숫자 · A~Z

11개의 분수들	381
11시 시계	382
3국 국경 지점	200
H.R. 기거 박물관	481
IWC 샤프하우젠 박물관	170
UN 난민 기구 방문자 센터	425
UN 유럽 본부	423

가

감옥탑	360
겜미 고개 전망대	531
고르너그라트 전망대	500
곡물 창고	360
골든패스 라인	464
곰 공원	357
구시가 (슈쿠올)	633
구시가(라인펠덴)	219
구시가(루가노)	652
구시가(루체른)	239
구시가(바덴)	224
구시가(바젤)	198
구시가(바트라가츠)	598
구시가(베른)	355
구시가(벨린초나)	664
구시가(장크트갈렌)	566
국제 적십자 · 적신월 박물관	424
국제 결제 은행	206
그란데 광장	671
그란데성	665
그랑 테아트르	422
그랑드 플라스	472
그로세 샤이데크	311
그로스뮌스터(대성당)	151
그뤼에르성	481
그뤼에르 치즈 공장	480
그르농 호수	538
근현대 미술관	428
글레처 슐루흐트	310
기사의 집	169

나

나시옹 광장 · 부러진 의자	424
노바티스 캠퍼스	207
노트르담 대성당	446
노트르담 바실리카	413
니더도르프 거리	152

다

도르프 거리	308
도르프 지구	620
도르프바트	599
독일 라인펠덴	220
독일 프라이부르크	208

라

라우펜성	175
라인강 나룻배	199
라인강 수영장	199
라인강 유람선	200
라인강 변 산책로	199
라인 폭포	176
라인 폭포 유람선	177
라트 박물관	428
란츠게마인데 광장	575
러시아 정교회	422
레 플레이아드	474
레만 호수 수영장	414
레만 호수 유람선 · 정기선(제네바)	414
레만 호수 유람선 · 정기선(로잔)	451
렝플루	554
로레트 예배당 · 부르기용 문	394
로이커바트 온천 센터	529
로잔 역사 박물관	448
로잔 주립 미술관	449
로젠가르트 미술관	245
로카르노	657
로트링어 광장	206
로트호른 · 수네가 파라다이스	502

론 거리	417	밀리외 다리	394
롱샹 성당(프랑스)	207		
루가노 호수 유람선 · 정기선	654	**바**	
루소섬	415	바르퓌서 교회 역사 박물관	203
루체른 문화 컨벤션 센터 · 시립 미술관	243	바스티옹 공원	421
뤼틀리	281	바이센슈타인	383
르 코르뷔지에 파빌롱	153	바이에르 시계 박물관	149
리도 로카르노	673	바이엘러 재단	205
리폰 광장 & 뤼민 궁전	448	바젤 대성당	197
리하르트 바그너 박물관	245	바젤 만화 박물관	204
린덴호프	153	바젤토르 · 리트홀츠투름 · 바스티온	379
린트부름 박물관	181	바흐알프 호수	309
		반호프 거리(취리히)	148
		반호프 거리(체르마트)	498
마		발리저 알펜테름	530
마돈나 교회	643	백파이프 연주자 분수	363
마돈나 델 사소 교회	672	베르니나 특급 열차	615
마르셰 계단	447	베른 다리	392
마르크트 거리	356	베른 대성당	358
마르크트 광장	196	베른 시립 미술관	362
마리오네트 박물관	393	베른 역사 박물관 · 아인슈타인 박물관	361
마을 중심부(뮈렌)	340	베리 미술관	620
마을 중심부(벵겐)	344	벨린초나	656
마터호른 글래시어 파라다이스	505	보로더 거리	168
마터호른 박물관	499	부르 드 푸르 광장	421
마터호른 전망 포인트(키르히 다리)	499	부르바키 파노라마	240
메세 바젤	207	뷔르글렌	281
멘리헨 전망대(그린델발트)	310	브라우어라이 아펜첼러 비어	576
멘리헨 전망대(벵겐)	344	브루시오 루프 다리	643
멜리데 스위스 미니어처	655	브리엔츠	296
모세 분수	365	브리엔츠 호수 유람선	296
모타 나룬스	634	비스콘테오성	673
모험의 숲	552	비트라 디자인 박물관	205
몬타나	538	빈사의 사자상(사자 기념비)	240
몬테벨로성	665	빌헬름 텔 야외극장	292
몰라르 탑	417	빙하 공원	241
몰레종	482	빙하 특급	612
몽블랑 거리	413		
몽블랑 호반 거리	414		
몽트뢰 호반 산책로	460	**사**	
무노트 요새	170	사격수 분수	364
무어인의 분수	168	사소코바로성	666
무제크 성벽	241	사스 박물관	551
미술 역사 박물관(프리부르)	392	산 살바토레산 전망대	655
미술 역사 박물관(제네바)	427	산양 시계	218
민족 문화 박물관	204		

삼손 분수	364
생메르성	447
생모리츠 디자인 갤러리	621
생피에르 대성당	419
성 니콜라스 대성당	390
성 마우리티우스 교회(체르마트)	499
성 마우리티우스 교회(아펜첼)	575
성 요한 베네딕트 수도원	638
성 피터 교회	149
성 삼위일체 교회	415
세 왕의 집	169
세 호수의 언덕	567
세간티니 미술관	620
수도원 도서관	565
쉬니게 플라테	294
쉴트호른 전망대	340
슈비츠	280
슈타우바흐 폭포	336
슈타트라운지	566
슈타트투름	224
슈팔렌토르	198
슈프로이어교	242
스위스 교통 박물관	243
스위스 국립 박물관	148
스위스 모형 기차 박물관	538
스위스 맥주 박물관 카디날 프리부르	393
스위스 사진기 박물관	473
스위스 산악 박물관	362
스위스 초콜릿 열차	463
시계탑(베른)	356
시계탑(졸로투른)	380
시립 미술관(바젤)	203
시립 미술관(졸로투른)	382
시립 미술관(아펜첼)	576
시옹성	462
시청사 광장(마이엔펠트)	587
시청사 광장(슈타인암라인)	180
시청사(라트하우스)	196
시청사(베른)	360
시청사(제네바)	418
식인귀 분수	364
식품 저장고	551

아

아레강 유람선	382
아르 브뤼 미술관	448
아리아나 도자기 박물관	426
아스코나	657
아이거글레처	329
아이거반트 · 아이스메어	329
아인슈타인 하우스	359
아펜첼 향토 박물관	575
안나 자일러 분수	363
알라린 전망대(미텔알라린)	552
알러하일리겐 뮌스터 대성당	169
알러하일리겐 박물관	169
알리멘타리움	474
알테스바트 페퍼스 · 타미나 협곡(타미나슐루흐트)	600
알트도르프	281
약학 역사 박물관	204
에스파스 루소	418
에스파스 생피에르	420
에스파스 장 팅겔리-니키 드 상 팔레	391
엘리제 사진 박물관	449
엥가딘 바트 슈쿠올	634
엥가딘 박물관	619
엥겔베르크	274
엥겔베르크 수도원	274
여름철 재래시장	552
역사 박물관(바덴)	225
연방 의회	357
연방 의회 광장	357
영국공원	416
예닌스	589
예수회 교회(루체른)	246
예수회 교회(졸로투른)	380
옛 무기고	418
올림픽 박물관	450
와인 장인 협회와 박물관	473
우시성	450
운터젠(구시가)	292
융프라우요흐 전망대	330
이탈리아 코모	657
인셀리섬	220
인형극장	567

자

자연사 박물관(루체른)	242
자연사 박물관(베른)	362
자연사 박물관(졸로투른)	382

장 팅겔리 분수 394
장난감 세계 박물관 203
장미 정원 359
장크트갈렌 수도원(대성당) 564
장크트우르센 성당 378
재봉틀 박물관 394
정의의 여신 분수 365
제토 분수 415
종교 개혁 기념비 422
중세 무기고 박물관 380
직물 박물관 566

차

체링겐 분수 364
충성 분수 393
취리히 호수 유람선 150
츠빙글리 동상 151

카

카바레 볼테르 152
카지노 바리에르 461
카지노 인터라켄(카지노 쿠어잘) 292
카펠교 · 바서투름 238
칼뱅 강당 421
칼의 탑 219
콜롬비레 햄릿 에코 박물관 539
쿤스트하우스 152
크랑 539
크로이츠보덴 554
크리델 전망대 539
크리펜벨트 박물관 182
클라이네 샤이데크 328
클로스터 장크트 게오르겐 박물관 182

타

타미나 테르메 599
타미나 협곡(타미나슐루흐트) 600
타벨 저택 419
테디 베어 박물관 225
통신 박물관 362
툰 295
툰 호수 유람선 296
트뤼멜바흐 폭포 337

트뤼프제 호수 277
티벳 박물관 482
티틀리스 275
팅겔리 미술관 202
팅겔리 분수 198

파

파울 클레 센터 361
파크리조트 졸레 우노 218
파텍 필립 시계 박물관 427
팔레 윌슨 424
팔뤼 광장 451
팔츠켈러 567
페블리츠 터보건 런 551
펠트슐리센 양조장 219
포티세븐 웰니스 테르메 223
푸니쿨라 393
프라우뮌스터(성모 교회) 149
프랑스 스트라스부르 209
프랑스 콜마르 209
프레디 머큐리 동상 461
프론바그 광장 167
프론바그 탑(프론바그투름) 168
피르스트 308
피어발트슈테터제 유람선 244
피촐산 600
피츠 나이르 전망대 621
핑슈테크 전망대 311

하

하더 쿨름 293
하우프트 거리 574
하이디도르프(오버로펠스) 588
하이디의 초원(옥센베르크) 589
한스 에르니 미술관 242
현대 디자인 미술관 449
호반 산책로(브베) 472
호반 산책로(루가노) 654
호프 교회 240
홀츠 다리 225
황금 황소의 집 168
회에마테 289
회에벡 거리 289

저스트고 스위스

개정4판 1쇄 발행일 2023년 7월 28일
개정4판 2쇄 발행일 2024년 2월 6일

지은이 백상현

발행인 윤호권 · 조윤성

편집 이정원 **디자인** 김효정(표지) 양재연(본문) **마케팅** 정재영
발행처 ㈜시공사 **주소** 서울시 성동구 상원1길 22, 7-8층(우편번호 04779)
대표전화 02 - 3486 - 6877 **팩스(주문)** 02 - 585 - 1755
홈페이지 www.sigongsa.com / www.sigongjunior.com

글 ⓒ 백상현, 2023

ISBN 979-11-6925-958-3 14980
     978-89-527-4331-2 (세트)

*시공사는 시공간을 넘는 무한한 콘텐츠 세상을 만듭니다.
*시공사는 더 나은 내일을 함께 만들 여러분의 소중한 의견을 기다립니다.
*잘못 만들어진 책은 구입하신 곳에서 바꾸어 드립니다.

WEPUB 원스톱 출판 투고 플랫폼 '위펍' _wepub.kr
위펍은 다양한 콘텐츠 발굴과 확장의 기회를 높여주는
시공사의 출판IP 투고 · 매칭 플랫폼입니다.